普通高等院校建筑专业“十四五”规划精品教材

高层建筑设计
TALL BUILDING DESIGN

（第三版）

丛书审定委员会

何镜堂　仲德崑　张　颀　李保峰
赵万民　李书才　韩冬青　张军民
魏春雨　徐　雷　宋　昆

本书主审　魏春雨

本书主编　卓　刚

本书副主编　李　雪　刘鼎如

本书编写委员会

卓　刚　刘鼎如　李　雪　钟朝安
杨　烜　尹　文　施　璇　卓东君
许开成　裴清清　游秀华　孙　瀛
郭晓龙　王宏哲　王春青　陈志方
詹　旺　许　毅

华中科技大学出版社
中国·武汉

图书在版编目(CIP)数据

高层建筑设计/卓刚主编.—3版.—武汉:华中科技大学出版社,2020.8(2024.1重印)
普通高等院校建筑专业“十四五”规划精品教材
ISBN 978-7-5680-6378-4

Ⅰ.①高… Ⅱ.①卓… Ⅲ.①高层建筑-建筑设计-高等学校-教材 Ⅳ.①TU972

中国版本图书馆CIP数据核字(2020)第137912号

高层建筑设计(第三版) 卓 刚 主编
Gaoceng Jianzhu Sheji (Di-san Ban)

策划编辑:金 紫
责任编辑:叶向荣
封面设计:秦 茹
责任校对:刘 竣
责任监印:朱 玢
出版发行:华中科技大学出版社(中国·武汉) 电话:(027)81321913
武汉市东湖新技术开发区华工科技园 邮编:430223
录 排:华中科技大学惠友文印中心
印 刷:武汉科源印刷设计有限公司
开 本:850mm×1065mm 1/16
印 张:24.5 插页:4
字 数:658千字
印 次:2024年1月第3版第4次印刷
定 价:78.00元

《高层建筑设计(第三版)》编写说明

主　编：卓刚(广州大学建筑与城市规划学院)
副主编：李雪(广州大学建筑与城市规划学院)
副主编：刘鼎如(深圳市星河房地产开发有限公司)

参编人员：
卓　刚　(广州大学建筑与城市规划学院)
刘鼎如　(深圳市星河房地产开发有限公司)
李　雪　(广州大学建筑与城市规划学院)
钟朝安　(华南理工大学设计研究院)
王宏哲　(吉林建筑大学)
王春青　(吉林建筑大学)
施　璇　(深圳市华汇设计有限公司)
詹　旺　(广州市南沙产业建设管理有限公司)
许开成　(华东交通大学土木建筑学院)
杨　烜　(北京世纪千府国际工程设计有限公司)
郭晓龙　(中国建筑西南设计研究院有限公司)
尹　文　(中国建筑西南市政设计研究院有限公司)
裴清清　(广州大学土木工程学院)
游秀华　(广州大学土木工程学院)
孙　瀛　(长春市鲁辉建设开发公司)
陈志方　(广州市景森工程设计顾问有限公司)
卓东君　(广东省建筑设计研究院)
许　毅　(广州柴炬建筑设计咨询有限公司)

编写分工：

章	标题	编写人员
第一章	高层建筑概论	卓　刚　施　璇
第二章	高层建筑总平面设计	卓　刚　郭晓龙
第三章	高层建筑裙楼设计	卓　刚　刘鼎如
第四章	高层建筑标准层设计	卓　刚　尹　文
第五章	高层建筑停车场库设计	卓　刚　李　雪

第六章	高层建筑电梯配置	卓　刚　李　雪
第七章	高层建筑造型与色彩	卓　刚　许　毅
第八章	高层建筑防火设计	刘鼎如　李　雪
第九章	高层建筑结构	许开成　杨　烜
第十章	高层建筑设备与智能化	
10.1	一般概念	卓　刚　詹　旺
10.2	高层建筑采暖	王春青　孙　瀛
10.3	高层建筑通风	钟朝安　孙　瀛
10.4	高层建筑空气调节	裴清清　钟朝安
10.5	高层建筑防烟与排烟	钟朝安　孙　瀛
10.6	高层建筑给排水	王宏哲　钟朝安
10.7	高层建筑供配电	游秀华　卓东君
10.8	高层建筑火灾自动报警系统	游秀华
10.9	高层建筑智能化	游秀华　陈志方
10.10	设备层与竖井	钟朝安　卓　刚

广州大学建筑与城市规划学院周平、郑隽如、唐宇斌、陈雄燕、卢漾、周智孚、黄剑峰、梁秀霞、陈城池等十多名同学共同完成了本书的插图绘制工作。

哈尔滨建筑大学教授方修睦，广州市勘察设计协会教授级高工俞公骅，广州大学教授黄镇梁、万建武，长春光大设计院教授级高工邵子平，广东省建筑科学研究院教授级高工许国强等为本书提出了许多宝贵意见；何锦超、慎重波、刘智勇、胡文斌等为本书提供了部分资料；向莉、张桂芬、刘国鑫、张勇弢等为本书提供了帮助，张桂芬协助制作封面并描绘部分插图，在此一并致谢！

总　　序

《管子》一书中《权修》篇中有这样一段话：“一年之计，莫如树谷；十年之计，莫如树木；百年之计，莫如树人。一树一获者，谷也；一树十获者，木也；一树百获者，人也。”这是管仲为富国强兵而重视培养人才的名言。

“十年树木，百年树人”即源于此。它的意思是说，培养人才是国家的百年大计，十分重要，不是短期内可以奏效的事。“百年树人”并不是非得100年才能培养出人才，而是比喻培养人才的远大意义，要重视这方面的工作，并且要预先规划，长期、不间断地进行。

当前我国建筑业发展形势迅猛，急缺大量建筑建工类应用型人才。全国各地建筑类学校以及设有建筑规划专业的学校众多，但能够做到既符合当前改革形势又适用于目前教学形式的优秀教材却很少。针对这种现状，亟须推出一系列切合当前教育改革需要的高质量优秀专业教材，以推动应用型本科教育办学体制和运作机制的改革，提高教育的整体水平，并且有助于加快改进应用型本科办学模式、课程体系和教学方法，形成具有多元化特色的教育体系。

这套系列教材整体导向正确，科学精练，编排合理，指导性、学术性、实用性和可读性强，符合学校、学科的课程设置要求。以建筑学科专业指导委员会的专业培养目标为依据，注重教材的科学性、实用性、普适性，尽量满足同类专业院校的需求。教材内容大力补充新知识、新技能、新工艺、新成果。注意理论教学与实践教学的搭配比例，结合目前教学课时减少的趋势适当调整了篇幅。根据教学大纲、学时、教学内容的要求，突出重点、难点，体现建设“立体化”精品教材的宗旨。

作者以发展社会主义教育事业，振兴建筑类高等院校教育教学改革，促进建筑类高校教育教学质量的提高为己任，为发展我国高等建筑教育的理论、思想，对办学方针与体制，教育教学内容改革等方面进行了广泛深入的探讨，以提出新的理论、观点和主张。希望这套教材能够真实地体现我们的初衷，真正能够成为精品教材，受到大家的认可。

中国工程院院士：

2007年5月

前　　言

本书已是第三次修订出版，衷心感谢广大读者的厚爱！

高层建筑已有150多年的历史，是需要而非奇想的产物，它们的复杂起源基于人口增长、位置和地价，是技术发明、城市分区制与天时巧遇以及工业化、商业与不动产非同寻常地结合的结果，是19世纪以来最惊人的建筑奇迹，具有势不可挡的风采，是我们时代的标志。

我国高层建筑建设始于20世纪初，70年代开始建设超高层建筑，90年代后普遍建设高层建筑，21世纪开始雄心勃勃地加入摩天楼的竞争，如今一线、二线城市已完全高层化。美国高层建筑和城市环境协会(CTBUH)统计数据显示：2018年世界200 m以上高层建筑达1478座，其中大部分在中国；2018年中国200 m以上新建且完工的高层建筑达88座，占世界总数的61.5%。不管人们对高层建筑现状持何种态度，世界建筑中心正在向中国转移是一个不争的事实。目前没有迹象表明这种趋势会有所改变。

1. 适用性

本书为建筑师而写，是我国正式出版的第一部高层建筑设计教材。

本书主要讨论高度为150 m以下的高层办公楼和旅馆，40层以下高层住宅和公寓，以及体量不大的高层建筑商业综合体。这是因为初学者和一般设计人员难以接触复杂的高层建筑综合体和层数太多的超高层建筑，本书不讨论高层病房楼和轻工业厂房等其他类型高层建筑。

本书紧紧抓住高层建筑“高”这一基本特征，讨论与建筑高度和建筑设计关系密切的问题，有别于专门类型的高层建筑设计指南。内容取舍举例如下。

(1) 高层建筑的选址和总体布局属于城市设计范畴，已非建筑师的任务，因此本书只讨论住区内的高层建筑布局。

(2) 裙楼功能空间可拆分为相对独立的建筑类型，如餐馆、超市、购物中心以及水疗中心等，并视其为一个个独立的空间模块。本书并不深入探讨这些独立功能模块(包括有固定座位的影剧院和会堂等)的设计问题，仅仅提示各功能模块的联系部位，如大堂和过厅、中庭、多功能厅、专用大厅等裙楼主要公共空间的设计要点。

(3) 不讨论采光、通风、层高、无障碍、构造、节能计算、自行车停车库等建筑设计一般性问题，以及卫生间等一般性辅助功能空间设计方法，设计人员应懂得按常规处理。

(4) 不讨论由专门设计院设计的内容，如人防、玻璃幕墙、机械停车库等。

(5) 高层建筑玻璃幕墙等对材料性能和构造方式均有较高要求，本书着重从空间形态、节能以及防火方面进行分析。

(6) 电梯在高层建筑中举足轻重，电梯数量的确定需要理论依据和繁复的计算，是设计难点。对于非超高层建筑，通常是在满足规范要求的最少数量的前提下，更多地依赖建筑师的经验，或根据电梯制造商和经销商的计算或建议确定，本书对电梯数量的确定也只是简单地查表和计算。

(7) 根据《建筑设计防火规范》(GB 50016—2014)(以下简称《防火规范》)更新了有关内容，这是本版最大的变化。本书尽量按《防火规范》统一用“m”表述有关防火高度,有意省略了较为特殊的内容,如总平面防火设计中的易燃易爆建筑与高层民用建筑的距离关系,因为合格的城市控制性规划一般应该避免这类问题。高层建筑内配置托儿所、幼儿园以及养老设施已非常少见,所以也不讨论这类问题。

(8) 本书亦未讨论商业街或有固定座位的人员密集场所(影剧院和会堂)的消防问题,排除了复杂和大型(面积超过 20 000 m^2)地下商业空间设计,并因此不讨论避难走道等内容,同时还省略了建筑耐火等级和耐火材料等对建筑空间和形态影响不大的章节。

(9) 高层建筑设备系统庞大,非常复杂,本书意在帮助建筑师理顺设备与建筑空间的关系,因而不讨论水、暖、电、通风和空调以及防烟排烟等设备专业本身的内容。

(10) 根据《建筑防烟排烟系统技术标准》(GB 51251—2017)(以下简称《防排烟规范》)更新修改了防烟和排烟与建筑设计关联的内容,这也是本次修订较为明显的一个变化。

(11) 高层建筑生态和节能是贯穿设计全过程的内容,不宜单独成章,本书在 1.2 节“高层建筑基本特征与总体布局”、2.3 节“总平面设计中的高层建筑布局”、3.4.3 节“中庭采光通风”、4.1.3 节“体形系数与节能”、4.3.3 节“带空中花园的标准层设计”、5.3.4 节“剖面设计”、7.2.2 节“高层建筑中部”等章节中分别体现了建筑设计的这一基本要求。

2. 新颖性

本书的新颖性主要反映在四个方面:一是书目结构和分析方法新;二是强调南北方气候对高层建筑的不同要求;三是突出设计重点,提示技术难点,必要时指出错例;四是形式新,功能空间分析模块化,并以链接的方式提供必要的相关信息。虽然 BIM 技术是一种崭新的设计方法,且国家已开始推广,但由于其自成体系,技术操作繁复,且尚未普及使用,本书因此不做介绍,请读者查阅有关操作手册。

本书重视设计产品的市场依据和业主对项目的定位要求,例如,对标准层的设计强调技术经济分析,涉及办公楼租赁跨度和客房楼标准间数量的确定,以及住宅套型结构如何适应市场需求,其目的都是强化标准层形式的经济意义,避免初学者将标准层类型当成单纯的图式来对待,此外,非规范规定的技术参数和经济指标均为参考值。

为了尊重法定历史名称,《居住区规划设计标准》(GB 50180—2018)已弃用的“小区”和“组团”等用语本书仍然使用,特此说明。

这次修订纠正了不少错漏之处,根据读者意见增减了不少内容,强化了本书与新规范的关系。由于作者水平有限,个中不足仍然在所难免,恳请读者批评指正。

卓 刚

2019 年 8 月于广州山语轩

目　　录

第1章　高层建筑概论

1.1　高层建筑定义

1.1.1　什么是高层建筑

“高层建筑”一词在英语中有“tall building”“high-rise building”“tower”“skyscraper”等几种翻译，其中，“tall building”指高层建筑；“high-rise building”本意为高楼，但亦包括有电梯的多层建筑；“tower”(塔楼)则是一个中世纪时期的名称，它意味着单独性(isolation)和防御性(defense)；“skyscraper”最初指船上的桅杆，于1891年最先用于由伯纳姆(D. H. Burnham)和鲁特(J. W. Root)设计的芝加哥第一幢16层楼房——蒙托克大厦(Montauk Building，如图1-1所示)[①]，19世纪末期被广泛用于形容芝加哥和纽约的高楼，现在又被称为摩天楼，其典型代表之一是纽约帝国大厦(图1-2)。

图1-1　早期摩天楼：芝加哥蒙托克大厦[②]

图1-2　现代摩天楼的典型代表：纽约帝国大厦

图片来源：互联网，仅供参考

---

① 吴海遥.高层建筑发展一百年[J].建筑师，1984(3).

② 美国高层建筑和城市环境协会.高层建筑设计[M].罗福午，等译.北京：中国建筑工业出版社，1992.

关于究竟多少层以上或多高的建筑可称为高层建筑,世界各国的定义并不一致。日本高层建筑的起始高度是 31 m 或 11 层以上;美国规定高度 25 m 以上或 7 层以上的建筑称为高层建筑;德国规定,有人经常停留的最高一层楼面至首层室内地面 22 m 以上的称为高层建筑;比利时以室外地面 25 m 以上高度作为高层建筑的起始点;法国提出居住建筑高 50 m 以上,其他建筑高 28 m 以上为高层建筑;而英国则将 24 m 以上的建筑定义为高层建筑。

我国《防火规范》规定,高度大于 27 m 的住宅建筑和建筑高度大于 24 m 的单层厂房和其他民用建筑为高层建筑;《城市居住区规划设计标准》(GB 50180—2018)(以下简称《居住区标准》),将 10～18 层(54 m 以下)住宅明确为高层Ⅰ类,19～26 层(80 m 以下)住宅明确为高层Ⅱ类,意在控制住宅高度;我国《高层建筑混凝土结构技术规程》(JGJ 3—2010)划分高层建筑的起始高度为 28 m,和《民用建筑设计统一标准》(GB 50352—2019)(以下简称《统一标准》)稍有出入。

1972 年美国宾夕法尼亚州伯利恒市召开的国际高层建筑会议,对高层建筑的定义进行统一,9 层为多层和高层建筑的分界线(见表 1-1)。

表 1-1　世界高层建筑委员会对高层建筑的分类

高层建筑的类别	层数	高度/m	高层建筑的类别	层数	高度/m
1 类高层建筑	9～16	<50	3 类高层建筑	26～40	<100
2 类高层建筑	17～25	<75	4 类高层建筑	>40	>100

目前对高层建筑的划分主要以城市登高消防器材、消防车供水能力等条件为主要依据。高层建筑消防安全国际会议(The International Conference on Fire Safety in High-Rise Buildings)对高层建筑的定义是任何高度对疏散产生重大影响的结构。

对建筑师而言,高层建筑物显然不能完全依据其高度或层数来定义,因为外观的高度是相对的。国际上较为权威的美国高层建筑和城市环境协会(council on Tall Buildings and Urban Habitat,简称 CTBUH)对高层建筑的定义是:高层建筑是一种其高度强烈影响其规划、设计、构造和使用的建筑,是一种其高度会产生不同于某一时期、某一区域的“普通”(common)建筑所具有条件的建筑。这里所谓的“高度(tallness)”只是一个相对概念,而在不同的国家和地区、一个国家的不同城市、地震和非地震区、经济发达地区和欠发达地区,甚至不同的建筑类型,所谓“强烈影响”中“影响”的强烈程度也是不一样的。很显然,这里强调的是“高度”所导致的“特殊结果”,即设计、布局和使用等方面的非同一般,而不只是高度本身。

世界著名高层建筑设计专家,美国 SOM 公司工程师坎恩(F. R. Khan)认为高层建筑建筑学明显落后于工程技术的进展。事实上,结构和电梯的发展几乎排除了高层建筑在高度上的所有限制,而高层建筑在规划、设计、美学、材料、环境、管理和使用心理等方面则有大量问题需要解决。用高度和层数来规定或定义高层建筑,只是一种语义学上的表面注释,不能说明高层建筑的全部实质性特征。高层建筑具有强烈的社会属性,人类有很多重要的社会活动特定在高层建筑内进行，在大型高层建筑综合体活动的人有时多达数万。荷兰著名建筑师雷姆·库哈斯(Rem Koolhass)在20世纪70年代以纽约下城体育俱乐部(位于曼哈顿的一座38层高层建筑)"内容的拥挤"，揭示出现代城市环境中摩天大楼作为城市"社会聚合器"进行的不同甚至完全相反的活动的层叠实质(图1-3)。

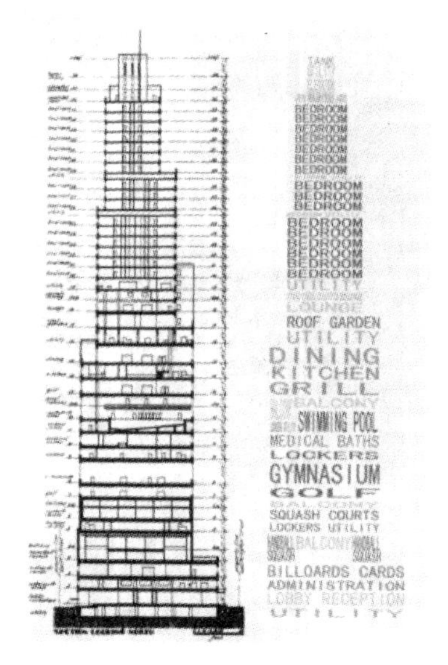

图1-3　纽约下城体育俱乐部①

1.1.2　什么是超高层建筑

1972年的国际高层建筑会议将9层以上高层建筑分为四类，并未明确超高层的概念，说明超高层建筑更难定义。对于由高层到超高层的理解，已不限于高度、美学、安全以及功能等内容，还包括效益、能源与生态环境方面的考虑。

根据理论及经验分析，一般40层左右(大约150 m)是高层建筑设计概念的"敏感"高度。所谓敏感性，是指在这一高度以上意味着设计概念的更新，诸如结构体系的变化(如是否以轴向体系代替弯曲体系等)，以及由于规模的增大所要求的对能源问题更为迫切的回应等。

超高层建筑在英语中对应的词组是"super tall building"，其实大部分"tall building"和"skyscraper"在我国都可以称为超高层建筑。维基百科官方网站(en. wikipedia. org)的有关解释是："high-rise building"指高度在23 m(75 ft)至150 m(492 ft)之间的建筑；"skyscraper"并没有严格的高度定义，只是一个能激发人们想象力、直达天际的、具有文学色彩的名称。欧美许多城市将80 m(262 ft)高的建筑看成是"skyscraper"，但前提是其远高于周围建筑；而美国和欧洲的宽松公约则规定"skyscraper"不得低于150 m(492 ft)，超过300 m(984 ft)的摩天楼则可称为"super tall building"或简称"super tall"。如图1-4、图1-5所示为两个超高层建筑实例。

在由美国高层建筑和城市环境协会(CTBUH)主编的《高层建筑设计》一书中，超高层建筑是指70层或80层以上的建筑；在日本建筑标准法及其实行法令中，将接受日本建设中心的审查、必须通过建设大臣批准的，高度超过60 m的建筑定义为超高层建筑。此外，还有日本学者将高度在100 m以上或25层以上的建筑物定义为"超高层建筑"，并将高度在300 m以上或75层以上的建筑物称为"超超高层建筑"。有的欧洲人根据地震和风荷载变化，将超过700 m的高层建筑称为"超超高层建筑"。

《统一标准》中规定，建筑高度大于100 m的民用建筑为超高层建筑。我国《防火规范》要求高层建筑超过250 m时，建筑设计采取严格的防火措施，并应提交国家消防主管部门组织专题研究和论证，这说明在我国250 m以上的建筑是超高层建筑的一个新类型。

① 卢泳.高层建筑楼层空间的内容聚合——有关高层建筑的思考与实践[J].城市环境设计，2006(2).

图 1-4　香港御峰大厦①
(高 207 m,69 层住宅)

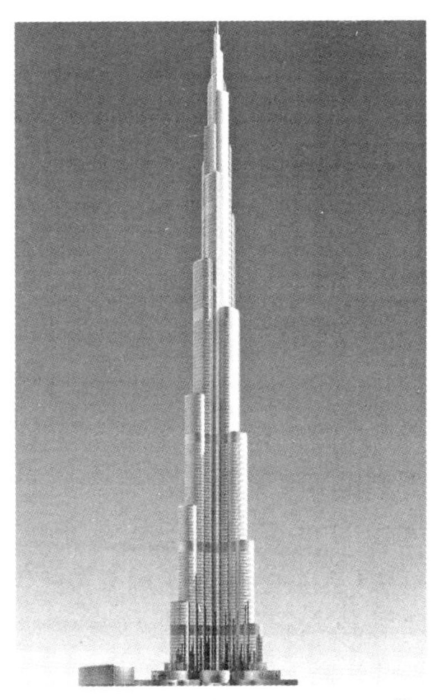

图 1-5　哈利法塔(Burj Khalifa)②
(162 层,总高 828 m,是人类历史上首个高度超过 800 m 的建筑物)

1.2　高层建筑基本特征与总体布局

1.2.1　基本特征

高层建筑的基本特征是“高”,“高”决定了高层建筑建设规模大、功能综合性强、体量大、能耗大、人口容量大且交通复杂。高层建筑对城市规划、城市设计、城市生活、社区划分、人口分异、房地产市场以及社会群体和个人的环境心理行为等方面有较大的影响;而高层建筑体量越大,外部空间效应越大,对已有环境的影响也越大。具体而言,高层建筑有以下五个方面的基本特征。

1) 效率特征

高层建筑适应了现代城市要求的紧凑性和高运转效率。高层建筑的集群化使得城市空间高度集中,出现了城市功能的垂直分区和城市交通立体化组织,从而提高了城市空间综合利用率。

高层建筑缓解了以有限土地容纳更多人口的压力。有关研究表明,一栋 100 000 m^2 的办公综合建筑每日的人流量可高达 5 万人次,相当于一个小城镇的人口总和③。

① 韦尔斯. 摩天大楼结构与设计[M]. 杨娜,易成,邢佶慧,译. 北京:中国建筑工业出版社,2006.
② 澳大利亚 Images 出版公司. 世界建筑大师优秀作品集锦[M]. 袁宏倩,等译. 北京:中国建筑工业出版社,1999.
③ 许安之,艾志刚. 高层办公综合建筑设计[M]. 北京:中国建筑工业出版社,1997.

2）节地特征

高层建筑能够节约用地。据国外有关资料介绍，同样的建筑面积，10层建筑比5层建筑节约用地20%以上，15层建筑则比5层建筑节约用地30%以上，30层建筑则比5层建筑节约用地40%以上。当然，节约并不是无限制的，随层数变化的节约用地百分比曲线的渐近线是百分比值为54%（图1-6）①。需要注意的是：高度超过300 m的摩天大楼将失去其节约用地的经济意义。

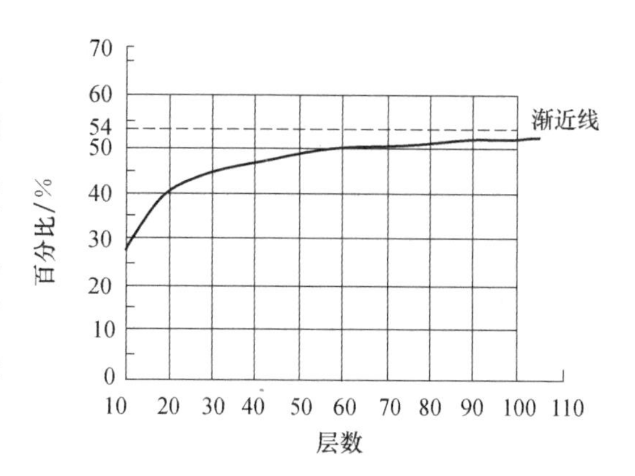

图1-6 不同层数的高层建筑节约用地百分比曲线图（相比5层建筑）

（$L=20$ m，$a=1.1$，$H_1=3.3$ m，$H_2=1$ m，建筑面积相同）

3）功能与空间组合特征

高层建筑竖向层叠大量功能相同和尺度相近的空间，形成高耸的体量；而会议、餐饮、商场、展销、康乐等大小不一的公共空间一般聚集在裙楼（详见本书3.1节“一般概念”），形成变化丰富、扁平舒展的横向体量，竖向层叠和功能集聚是高层建筑功能与空间组合的基本特征，如图1-7、图1-8所示。由于用地局限和结构限制，高层建筑单元空间具有极强的相似性和丰富的韵律感。

图1-7 某高层住宅设计方案

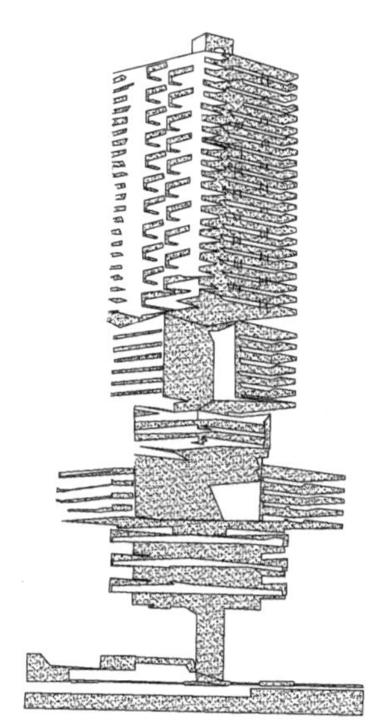

图1-8 有效水平重叠与合理垂直贯穿②

从建筑构图看，高层建筑一般由塔楼、裙楼和地下层三部分组成（见表1-2），其中，塔楼又可分为塔楼顶部和塔楼中部两部分。如图1-9所示为广州华厦大酒店竖向功能空间组成示意图，酒店由（主体）塔楼和东、西、北座裙楼四大部分组成。主体高40层，行政层为分设于东、西、北座裙楼的出租办公区，裙楼高度分别为9、7、6层，均超过24 m，已非一般裙楼。

---

① 吴景祥. 高层建筑设计[M]. 北京：中国建筑工业出版社，1987.

② 杨建觉. 现代高层建筑标准层设计[J]. 建筑师，1989(6)；1990(1).

表 1-2　高层建筑竖向功能空间基本组成

<table>
<tr><th>区域</th><th colspan="2">范围</th><th>备注</th></tr>
<tr><td rowspan="3">塔楼顶部</td><td colspan="2">停机坪</td><td>在标准层面积超过 1 000 m^2 的超高层公共建筑设置</td></tr>
<tr><td colspan="2">设备层</td><td>在超高层设置,高层有可能设置</td></tr>
<tr><td colspan="2">观光层、旋转餐厅</td><td>1. 超高层设观光层、旋转餐厅
2. 有普通高层旅馆设旋转餐厅</td></tr>
<tr><td rowspan="2">塔楼中部</td><td colspan="2">办公区、客房区、公寓、住宅</td><td>1. 综合体同时有多个区
2. 超高层高区一般不设住宅和公寓等居住单位</td></tr>
<tr><td colspan="2">空中花园、中庭、避难层、设备层</td><td>1. 有的高层设空中花园,特别是在南方
2. 超高层一般不设空中花园,设封闭的高位中庭
3. 超高层每隔 50 m 设一个避难层
4. 超高层一般结合避难层设设备层</td></tr>
<tr><td>塔楼与裙楼连接处</td><td colspan="2">设备层、结构转换层、避难层、屋顶花园</td><td>1. 一般设设备层和屋顶花园
2. 设备层可结合结构转换层
3. 超高层往往将避难层、设备层和结构转换层结合</td></tr>
<tr><td rowspan="3">裙楼</td><td>五、六层</td><td>娱乐区、康体区</td><td rowspan="3">1. 高档办公楼一般不设商业区
2. 高层住宅沿街一、二层多为商业区,并设住宅入户大堂
3. 高层旅馆在裙楼配置大量商业服务内容
4. 高层旅馆和办公楼重视大堂,多设中庭
5. 少数高层建筑利用裙楼屋顶高位停车
6. 我国商业裙楼一般不超过 5 层,香港等个别城市商业裙楼高达十多层</td></tr>
<tr><td>三、四层</td><td>商业区、娱乐区、康体区</td></tr>
<tr><td>首、二层</td><td>大堂、中庭、商业区</td></tr>
<tr><td rowspan="2">地下层</td><td>地下一层
至地下三层</td><td>车库、设备房、人防空间</td><td rowspan="2">1. 普通高层地下一、二层设车库,超高层建筑有可能地下三层以下仍为车库
2. 地下设备层多结合车库分层分区布置
3. 多数地下功能空间人防平战结合
4. 有的高层建筑在地下一、二层设商场和影剧院
5. 有的人流量大的高层建筑接驳地铁站
6. 有的高层建筑直接接驳城市人防空间</td></tr>
<tr><td>地下三层以下</td><td>接驳地铁</td></tr>
</table>

4) 象征性与识别性

高层建筑是城市空间的主角,有较好的地标性和可识别性。高层建筑影响城市天际线的分维值,对城市的艺术形象具有决定性作用。作为城市主要的硬质景观,高层建筑可以反映城市不同区域的特征,且明显影响城市边缘的形态(图 1-10)。

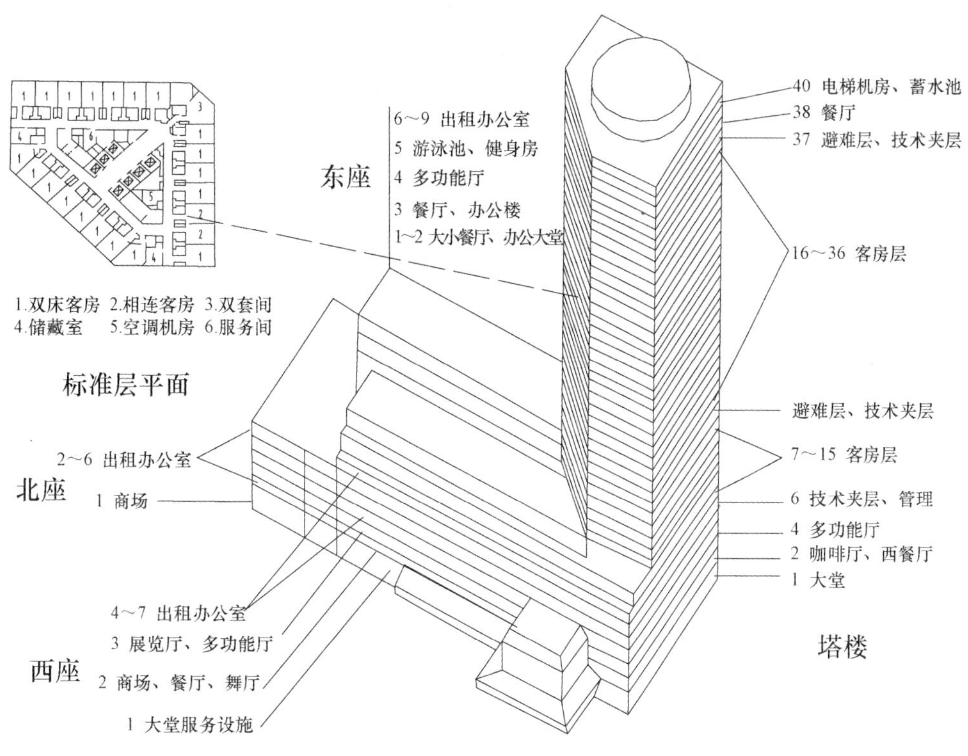

图 1-9 高层旅馆建筑综合体——广州华厦大酒店①

图 1-10 高层建筑是香港城市的主要形态

有代表性的高层建筑表现了拥有者的财富、地位和商业信用，这是高层建筑的美学性质，也是人们乐此不疲地争相建设高层建筑的主要原因。

由于高层建筑体量巨大，造型问题容易引起争议，如果规划设计不当，容易对城市空间的整体性和城市景观形成大尺度的破坏，如导致天际线的破坏或阻断人们观察城市的视觉通廊，尤其是“烂尾”的高楼对城市景观更是一种灾难(图 1-11)。对一座历史城市和一个历史街区来说，高层建筑的负面作用深远且持久，有可能导致城市历史特征的消逝和城市品质的恶化(图 1-12)。

5）环境特征

相对于多层建筑，高层建筑反映出来的环境特征主要为负面特征。

① 雷春浓.高层建筑设计手册[M].北京：中国建筑工业出版社，2002.

图 1-11 “烂尾”5 年的天津高银金融大厦 117 层(596.5 m)

图 1-12 备受争议的上海环球金融中心造型方案与实施效果

图片来源:互联网,仅供参考

其一,高层建筑比多层建筑存在更多的安全隐患。一个小小的意外(如高空坠物)都会带来灾难性的后果,如遇地震、火灾等灾害,易造成更大的伤亡和损失。

其二,高层建筑很可能为城市环境带来多方面的负面影响。一是高层建筑施工带来的固体垃圾污染给城市卫生造成极大压力,高层建筑中生活垃圾的收集方式也是一个令人头痛的问题;二是玻璃幕墙严重的光污染影响交通安全,还会对邻近的建筑产生热辐射;三是高层建筑前部广场铺装挤占本来就已经很少的绿地,使城市热岛效应日趋强烈。

其三,建筑物高度对风速和涡流有明显的增强作用。英国一项研究表明,在 5 层楼底部风速增加 20%,在 16 层楼底部风速增加 50%,在 35 层楼底部风速增加 120%。

若高层建筑组群关系不好或建筑单体形状不佳,均会导致恶性风流的形成,对严寒和寒冷地区影响较大。风吹向高层建筑时,会引起下冲涡效应、转角效应、尾流效应、峡谷效应、漏斗效应以及屏障效应等(图 1-13)。

在这些效应中,屏障效应在行列式布局的高层住区最为普遍,其导致建筑背风面面宽相等的大片区域内的建筑很难组织自然通风,在炎热潮湿地区应尽量避免这种布局。

高层建筑过于密集或高层建筑夹道并列,可能导致峡谷效应,夹道上的风速会增加 3～4 倍,街面上正常的微风轻拂可能会变成险恶的狂风、涡流,刮起尘土和碎片,破坏植物或树木。高层建筑正面的空气流向侧面所引起的加速会导致转角效应,越高越宽的建筑,转角效应越强;下冲涡效应可能会使街道上的风速增大 2～3 倍,建筑迎风面越宽,下冲涡效应越强。转角效应和下冲涡效应以及漏斗效应对环境的负面影响接近狭谷效应,其在严寒和寒冷地区会使街道变得更加寒冷,不过在炎热潮湿地区则会使街道变得舒适凉爽。这三种效应在北方高层化的城市中并不少见,只因每次作用时间短,没有引起人们的重视,但其对建筑门窗洞口的风雨渗透影响却是长期的,加剧了能源消耗。

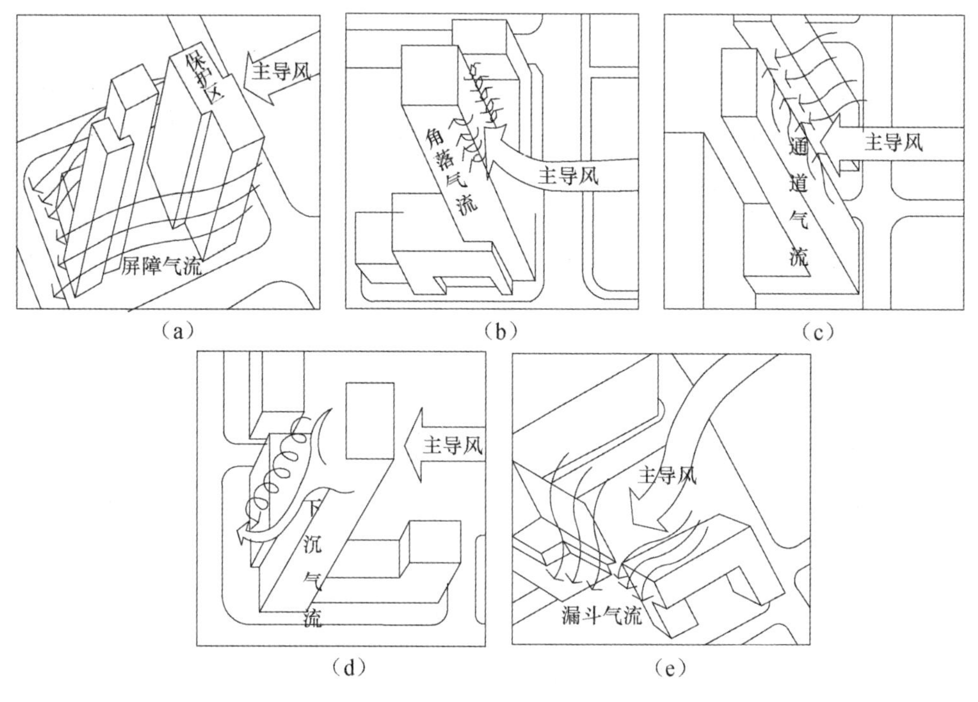

图 1-13　高层建筑引起的恶性风流①

(a) 屏障效应;(b) 转角效应;(c) 峡谷效应;(d) 下冲涡效应;(e) 漏斗效应

其四,由于电气设备多,高层建筑在电磁辐射方面容易对城市环境及周围建筑产生不利的影响,干扰电视信号接收,影响鸟类及飞机的飞行。不过,高层建筑中的灰尘显著减少,且对于热带地区来说,高层建筑有助于避免飞虫的问题。

其五,高层建筑使人远离地面,不利于户外活动,易形成对健康不利的室内环境,诱发高层建筑综合征(图 1-14),易让用户产生停电、停水、停气等恐惧心理,而电梯中发生的犯罪问题也令人担心。此外,恐怖主义者以高层建筑为打击目标更是高层建筑碰到的新问题(图 1-15)。

1.2.2　类型特征

高层建筑是一种复杂的空间形式,其本质上是一种商业建筑类型。

我国高层建筑一般按高度分为民用建筑和工业建筑两个大类,若干小类。在民用高层建筑大类中,从建筑功能来看,高层建筑有办公楼、旅馆、病房楼、住宅与公寓以及综合体等多种类型,其中,办公楼、旅馆、住宅与公寓是主要的建筑类型。不同国家、地区和城市高层建筑的类别比例各不相同。总体而言,高层建筑功能类型有明显的综合趋势,那些综合性很强的建筑被人们称为综合体(即多用途中心"complex")。

1) 高层办公楼

高层办公楼是高层建筑的主要类型,也是高层建筑最早形成的类型。即英文中的"office building"或者"office tower",是主要用于办公职能楼宇的总称,亦称写字楼。

---

① 宋德萱.高层建筑节能设计方法[J].时代建筑,1996(3).

图 1-14　高层建筑对人的心理影响——一个印度学生眼中的高层建筑①

图 1-15　2001 年 9 月 11 日纽约世贸中心被撞塌

图片来源:互联网,仅供参考

高层办公楼按投资的业主可分为政府办公楼和商务写字楼。政府办公楼又分单纯的政府办公楼和专用办公楼。政府专用办公楼是指对社会开设办事窗口的海关、税务等政府办公楼,通常是非营利性的,一般自建自用,在使用上及公共性方面,同商务写字楼设计上有较大的差别。

商务写字楼可分两大类:一类是公司企业自用办公楼;另一类是作为房地产投资的商务写字楼(亦称租赁大楼)。建造商务写字楼的目的是出租或出售,是营利性的。此外,还有公寓式办公楼和酒店式办公楼,分别具有公寓和酒店的性质。酒店式办公楼提供酒店式管理和服务,其在裙楼公共空间配置方面接近酒店标准。

高层办公楼的设计重点在于把握平面效率或租赁跨度,电梯配置数量,标准层办公空间形态、尺度及其与租售的关系。裙楼尺度处理,特别是超高层办公建筑的象征性的表达,以及防灾是高层办公建筑设计的难点。

2）高层旅馆

旅馆分类的依据和方法众多,类型可谓五花八门。国际上一般将旅馆分为豪华旅馆、度假旅馆、会议旅馆和有限服务旅馆,城市中的旅馆一般采用高层建筑的形式。

旅馆的硬件配置标准主要受制于等级,不同国家对旅馆级别划分有不同的标准和称谓。星级制是当前国际上流行的划分旅馆等级的方法。高层旅馆主要有星级旅馆和经济型旅馆(也称星级酒店和经济型酒店)两种类型,其中经济型旅馆中最有代表性的是商务旅馆,也称商务酒店。

旅馆规模一般按其拥有的客房标准间来衡量,但东欧和少数国家以床位数表示。不同国家对规模大小的定义完全不同,我国一般以 200 间以下为小型旅馆,200～500 间为中型旅馆,超过 500 间为大型旅馆②。一般高层旅馆有 300 间以上的客房,超高层旅馆有 1 000 间以上的客房③。

---

① 美国高层建筑和城市环境协会.高层建筑设计[M].罗福午,等译.北京:中国建筑工业出版社,1992.

② 郝树人.现代饭店规划与建筑设计[M].大连:东北财经大学出版社,2004.

③ 邓洁.现代城市旅馆主要功能空间面积指标体系研究[D].北京:北京工业大学,2003.

旅馆功能分区与流线组织均十分复杂，高层旅馆一般都是综合体。由于人员密集，公共设施的利用效率高，装修和设备标准对旅馆建筑造价影响较大，建筑层数的增加对其造价的影响相比其他高层建筑小。

高层旅馆的设计重点在于大堂、客房、宴会厅三大部分；难点在于把握裙楼功能组合、客房档次，处理前后台的复杂流线，以及大堂和宴会厅的大空间布局等。与高度关联度大的内容，如功能垂直分区和标准层以及防火，是本书讨论的重点。

3）高层住宅与公寓

公寓建筑在我国主要指用于出租的小套型住宅，但在使用功能方面，公寓和住宅并没有本质的区别。高层公寓单元面积一般较小，其主要压缩了厨房的面积和卫生间的数量，因而单元之间较多以廊连接，同时在裙楼中提供了较多的公共服务设施；高层公寓的立面风格有些接近高层旅馆。

高层住宅有独特的设计原则。高层住宅是大量性建设的建筑类型，对市场的敏感度极高，因此，开发商很重视的市场策划报告影响和决定了高层住宅产品的许多方面，并对居住空间的建构和套型平面（俗称户型平面）的构成产生越来越重要的作用，甚至建筑层数和风格都服从市场定位需要，而非设计人的选择。

相对高层办公楼和旅馆，高层住宅空间尺度小，细部多，因此对高层住宅空间的设计要求小中见大。高层住宅的设计难点在于保证委托人容积率要求的前提下，保证高层住宅内外部空间的环境质量，精心设计套型并体现居住空间的灵活性，避免附带商业对住宅的干扰，把握好大堂的空间处理，以及地下停车库和住宅的关系。

4）高层建筑综合体

高层建筑综合体是指由三种及三种以上主要使用功能空间组合而成的体积较大的组群式高层建筑。在功能上，它将各个分散的功能空间（如用于居住、办公、出行、购物、娱乐、集会等功能的空间）综合地组织在一组紧凑的高层建筑群组中，充分发挥各功能空间的效益，高密度地利用土地资源，最大限度地满足人们对城市生活多样化的使用要求。

高层建筑综合体基本形式有单体式和组群式。单体式只有一幢建筑，单体式高层建筑综合体常被称为综合楼。组群式有多幢建筑，组群式高层建筑综合体是完整的建筑群，是多种性质及功能的复合中心。塔楼所属功能为主要功能，而裙楼所属功能为从属功能。依据这种功能的主从关系，高层建筑综合体主要有高层办公综合体、高层旅馆综合体和高层商住综合体（商住楼）等几种主要类型。其中高层办公综合体较为常见，而高层旅馆综合体则具有越来越强的开放性，特别是中庭空间的公共化和人性化，使其在一定程度上成为“城市的客厅”。

组群式高层建筑综合体一般处于城市繁华地带，常常通过步行系统和地下空间与其他相邻的建筑相连，甚至引入地铁站、轻轨站以及对外开放的中庭和城市广场，形成庞大而独特的城市空间系统。

1.2.3 经济特征

1）投资

从城市开发建设成本方面分析，高层建筑有利于降低综合投资成本。高层建筑提高了容积率，缩减了相应的市政设施费用，如上下水道、电力网线、煤气、热力管线等的费用都可以缩减，且分摊到单位面积上的地价、基地拆迁费用等也相对下降。

高层建筑需要巨额资金，比其他建筑更直接地反映资本的动向和要求，如果将城市基础设施和管理运作的费用都计算在内的话，可以说高层建筑相当昂贵。特别超高层建筑因为开发资金高得惊人，被称为“资本黑洞”。例如上海金茂大厦耗资 50 亿元人民币，建造投资成本差不多是每平方米 2 万元人民币[①]；迪拜哈利法塔大厦的建造费用至少为 10 亿美元，加上周边的配套项目，总投资超过 70 亿美元。

2）造价

建筑造价通常由土建、装修、设备及其他四部分组成，受多种因素的影响，如建筑物类型、规模、层数、高度、部位（地上、地下）、装修、设施和设备标准以及通货膨胀率与汇率变化等。通常情况下估算，高层办公楼土建、装修以及设备安装的投资费用各占工程总造价的 1/3 左右；高层旅馆土建以及设备安装费与装修费的比例接近1∶1；高层住宅土建与设备安装费以及装修费比例接近 1∶1；而高层建筑地下建筑造价一般是地上建筑造价的一倍左右。

随着建筑高度、设备标准和装修标准的提高，土建部分在总造价中所占比例可能下降，而装修及设备部分的投资费用则明显提高，如电梯系统的造价可能高达建筑总投资的 10％～12％[②]。

高层建筑层数与造价有明确的关系。以高层住宅为例，根据不同的结构体系，高层住宅造价相当于多层住宅的 150％～170％；资料显示，在英国修建高层住宅，造价要比同样标准的多层住宅高出 25％～50％，比用传统方法建造的低层住宅高出一倍。此外，高层建筑层数与造价之间也有一种相对合理的比例关系，国外学者在考虑了电梯数量、水压设置等因素之后得出的结论是：在5～20层的范围内，德国学者认为 8、11、16 为经济层数，俄罗斯学者认为 9、16 为经济层数[③]。表1-3所示为不同层数高层建筑节地和经济性比较。

表 1-3 不同层数高层建筑节地和经济性比较[④]

层数 \ 项目	节约用地率/(％)	平均每增加一层节约率/(％/层)	加层的土地节约效率评价	经济性评价	节约土地和综合经济性评价
11～20	27～40	1.3	效率突出	比较经济	良好
21～30	40～45	0.5	效率明显	经济	优秀
31～40	45～47	0.2	效率中等	最经济	优秀
41～60	47～49	0.1	效率低	经济	良好
61～80	49～50	0.05	效率差	不经济	较差
80 以上	靠近 54 渐进线	趋向于 0	趋向于 0	很不经济	差

注：表中 54 渐进线见图 1-6“不同层数的高层办公建筑节约用地百分比曲线图（相比 5 层建筑）”。

高度变化引起的电梯费用、施工费用、外墙厚度、柱子尺寸、水平（楼板）构件的厚度、服务核心体面积以及楼层高度等方面的变动明显影响了高层建筑的造价。如果是超高层建筑，其建筑造价

① 文鑫，晓学. 慎与天公试比高——高层建筑消防安全现状及思考[J]. 山东消防，2003(10).

② 黄晓文. 高层建筑垂直运输与电梯系统[J]. 电信工程技术与标准化，1999(2).

③ 汤小舟. 高层塔式住宅标准层平面设计浅析[J]. 建筑学报，1998(4).

④ 冒亚龙. 高层建筑的美学价值与艺术表现[M]. 南京：东南大学出版社，2008.

还取决于它的“摇摆因素”，即允许的顶端水平变形最大值与建筑物总高度之比。

高层建筑层数与造价的关系还与结构方式有关，例如，未设置特殊抗风支撑的框架结构高层建筑自第10层以上是不经济的，普通的框架体系自第20层以上也是不经济的。国内学者结合建筑面积、结构以及造价与建筑层数的关系研究，得出了30~40层是经济性最优的层数的结论①。

1.2.4 工程特征

1）结构

高层建筑结构复杂、类型多，从材料上看有钢结构、钢筋混凝土结构、组合结构三种体系，而每一种体系又有框架、剪力墙、框架-剪力墙、筒体等多种类型。

高层建筑结构受力特点与多层建筑明显不同，结构抗风和抗震设计特别重要，主要表现在：强度设计中水平荷载成决定因素，在刚度设计中侧移成为控制指标，结构延性变得重要起来，而结构的这些受力特征随着高度的增加会越来越明显。

因此，高层建筑形体应力求对称、简洁、均衡、稳定，尽量让质量中心与刚度中心重合，可避免或减小结构的扭转效应，避免应力集中或局部受力过大。还要注意，不同建筑类型以及地震区和非地震区采用的结构体系不尽相同，不同的结构体系所能达到的结构高度也不相同，同时还要控制房屋总高度与底部顺风（地震）向宽度的比值（即高宽比）。表1-4为高层建筑艺术形态蕴涵的力学科学规律。

表1-4 高层建筑艺术形态蕴涵的力学科学规律②

序号	艺术形态特征	力学科学规律
1	高层建筑特别是超高层建筑平面通常是规则与对称的	平面对称意在避免扭矩，反映了水平荷载是高层建筑结构的决定因素
2	高层建筑“体态”保持均衡、连续	高层建筑侧向位移与高度的四次方成正比，与结构体系抵抗倾覆力矩的有效宽度的三次方成反比，保持结构的连续性和均匀性可以减少内力，使应力分布比较均匀
3	高层建筑外形设计简洁、光滑	体现了空气动力学规律，简洁、光滑的高层建筑形体能使风荷载顺畅通过表面
4	高层建筑形态在垂直方向上的变化由基础到顶部逐渐缩小	逐渐萎缩的形态与抛物线弯矩图相吻合，并避免结构构件剧变时出现应力集中现象

高层建筑犹如插在地上的悬臂梁，为了满足地基变形和稳定的要求，应尽量减少建筑的整体倾斜，防止倾覆和滑移，高层建筑基础必须有一定的埋置深度。基础埋深越大，建筑就能建得越高，但岩石地基建筑基础埋深不受建筑高度的限制。

① 冒亚龙.高层建筑的美学价值与艺术表现[M].南京：东南大学出版社，2008.

② 冒亚龙.高层建筑的美学价值与艺术表现[M].南京：东南大学出版社，2008.

高层建筑中埋深部分一般用作地下室,不过地下室造价较高,而且安全系数相对较低,因而地下室层数不能太多。

2) 设备

高层建筑设备十分复杂,主要表现在消防要求高,建筑能耗大,考虑各种应急情况多,导致设备系统多、类型多,设备空间复杂。此外,与多层建筑比较,竖向管道空间也明显增多、加长。

高层建筑一般要求有专门的设备层,超高层建筑甚至需要多个设备层。工程实践中一般利用地下空间避难层和屋顶空间的一部分,来满足设备安装和管线转换的需要,同时成为高层建筑外部特征的一部分。

3) 工期

高层建筑基础埋深大,结构复杂,特别是地下和高空作业导致施工工期均要比多层建筑长许多。同样面积条件下,高层建筑比多层建筑一般要多 8~10 个月。由于高层建筑的施工工期不但与工程量和作业面有关,还取决于结构体系、施工工艺和管理水平的高低,因此高层建筑的施工工期悬殊较大。

高层建筑基础和地下室施工工期较长,一般有数月之久,占整个建筑物施工总工期的 25%~28%,与基础形式、埋深以及地下室层数有很大关系。

4) 耗材

我国高层住宅建筑耗钢量一般为 40~65 kg/m^2,而多层住宅建筑耗钢量一般为 20~35 kg/m^2;高层建筑水泥耗量一般为 200~230 kg/m^2,而多层住宅建筑水泥耗量一般为 135~235 kg/m^2;超高层建筑耗钢量则多达 80~115 kg/m^2,水泥耗量多达 276~409 $kg/m^2$①。

1.2.5 可持续发展

1) 生命周期

高层建筑的生命周期是指高层建筑建造、使用和老化阶段以致拆除阶段的全过程,包括外墙、设备及室内装修的寿命,但关键是结构的生命周期,在结构生命周期中施工、使用和老化三阶段是主线。新加坡的一份统计材料显示:高层建筑外墙的平均寿命为 30~50 年,设备为 10~12 年,一般室内装修为 5~7 年,信息网络为 2~3 年②。

2) 能耗特征

高层建筑为保持正常的运作,在电梯、空调、供水、供暖、管理等方面要比多层建筑多消耗大量的能源,超高层办公建筑的能耗可能高达普通公共建筑的 6~8 倍。建筑营运过程中能耗最高的是建筑的供热、通风和空气调节系统(HVAC),其次是人工照明系统,其他因素(如电梯、管道和排放)在建筑营运能耗中只占很小部分。例如,南方地区一栋总建筑面积 30 000 m^2,地面 30 层的高层旅馆综合体,空调工程冷负荷高达 3 000 kW,耗电量 1 500 kW,耗水量 30 m^3/h③。此外,高层建筑常常采用大面积玻璃幕墙,是建筑物热交换和热传导最活跃、最敏感的部位,是传统墙体热损失的 5~6 倍,显然,玻璃幕墙的能耗不容忽视。

---

① 北京市注册建筑师管理委员会.一级注册建筑师考试辅导教材[M].北京:中国建筑工业出版社,2001.

② 许安之,艾志刚.高层办公综合建筑设计[M].北京:中国建筑工业出版社,2003.

③ 钟朝安.现代建筑设备[M].北京:中国建材工业出版社,1995.

在高层建筑较集中的区域，相邻高层建筑由于幕墙或玻璃面位置、面积大小不当，造成了阳光“反射干扰”的现象：原来被认为热稳定性最好的北立面，可能会由于北侧相邻建筑玻璃幕墙反射阳光（图1-16），而造成室内常年被阳光间接照射；而大量红外辐射增加了制冷的空调负荷，造成能耗增加。

图1-16 北京京广中心玻璃幕墙眩光

从节能与高度的关系看，6层左右的建筑对节能较为有利。设计中，建筑师应特别注意建筑高度变化导致的相关参数的变异，会影响建筑能耗的变化。如果高度超过100 m，除了太阳辐射可以假设基本不变以外，其他的气象参数都会发生明显的变化。据测定，在建筑物10 m高处风速为5 m/s时，在30 m高处的风速为8.7 m/s，在60 m高处的风速为12.3 m/s，在90 m高处的风速为15.0 m/s[①]。可见，仅风速的变化就足以使建筑物相当于移动了一个2级气候区，而温度随着高度的升高将会有明显的降低，一般每100 m高度的升高会引起温度下降0.6～1 ℃[②]。

此外，钢筋混凝土结构的高层建筑东西向有可能出现较大面积的剪力墙和异型柱，需要采取隔热措施。寒冷地区和严寒地区高层建筑前后风压差别较大，冷风渗透量较大，需要采用气密性等级更高的外窗；在多台风和暴雨的地区，外遮阳构件存在安全隐患，为达到节能效果，外窗玻璃有可能要选择高性能玻璃。高层建筑幕墙可开启面积小，室内自然通风效果不理想，需要通过空调和机械满足通风要求。

1.3 高层建筑规划与选址

1.3.1 高层建筑总体规划

1）高度控制和高度分区

高层建筑总体规划布局主要体现在城市规划的分区规划中，涉及高度分区和高度控制两个基本问题。其中，高度控制主要考虑建筑物的服务、生命安全系统和社会接受能力等方面的问题，受到自然条件和设备条件的限制，但主要不是建筑技术问题；而高度分区就是在发展高层建筑的城市中，根据城市形态、土地资源、地租条件和基础设施条件按合理的高度将高层建筑进行分区。

高层建筑分区是高层建筑外部空间系统的发展目标和控制方法，前提是城市发展高层建筑达到一定规模，一般中小城市未考虑高层建筑分区。高层建筑分区一般在城市分区规划中体现，属于城市总体规划（国土空间规划）中控制性规划的内容，并非我国城市规划或城市设计的法定内容。

---

① 《建筑设计防火规范》（GB 50016—2014）条文说明。

② 郭彦杰．浅谈超高层建筑节能设计[J]．建筑与工程，2008(13)．

高层建筑分区大致有三种类型,即在中心地区建高层、在周边地区建高层以及高层与多层交错布置。第一种类型是经济发展和土地级差效应的自然结果,城市中心也由于高层建筑显著的群体景观及高度效应而得以明确和强化;第二种类型是当城市中心区需要保持原来较为完整的面貌,采取一定的政策限制中心区新建建筑的高度,而将高层建筑安排在城市的外围;第三种类型是由于功能复杂、城市用地紧张、地价昂贵等原因,城市需要向高空竖向发展,建设多个高层簇群,因而在整个城市内形成高层与多层交错布置的格局。

高层建筑规划布局与城市总体发展方向密切相关,在城市设计时应优先考虑。通过高层建筑界定的大区域空间产生的聚集效应,强化副中心及次一级区中心的作用,使城市均衡和高效发展。

需要注意的是,不同规模和等级的城市中,高层建筑规划布局的概念不同。一些中小城市没有开发超高层建筑的必要和能力,而且高层建筑密度小,高层建筑对城市形态影响大,因而高层建筑规划布局的实质是对普通高层建筑的选址;而高层建筑密度大的一般都是大城市,这些城市甚至具有高层城市的空间特征,如香港、广州,中心区或副中心区已完全高层化,普通高层建筑已成为城市特征或城市区域特征,只有地标性超高层建筑的选址才有特别意义。实际上不存在普通高层建筑的选址问题(项目建议书与可研报告对政府投资项目选址论证例外),当然,每个城市都必须对高层建筑布局进行规划,不足以形成高层建筑片区的,应认真考虑单幢高层建筑的选址。

此外,由于微波通道、机场、多普勒气象站、防汛等设施占据了城市的制高点,从发射到接收装置还要附设高大的天线,城市被这些无形的线和面分隔、覆盖,高层建筑的布局必须依据城市空中管制的要求,以保证航线的安全和通信不被干扰。

2)规划布局的一般方法

高层建筑总体规划布局一般采取定性与定量分析结合的方法,按照影响因子及其作用程度的不同,将整个城市分成不同的高度分区,建立城市高度控制体系,确定高层建筑的禁建区、限建区以及适建区(俗称三区),并制定空间管制措施,从而确定高层建筑的空间布局;然后建立整个城市建筑高度控制体系,对不同的建筑高度分区制定相应的控制图则,并对重要节点的高层建筑和城市天际线提出相应的控制要求,具体方法可查阅有关文献。

【案例1】2006年7月长沙市城乡规划局组织编制的《长沙市高层建筑布局规划》在长沙市城市总体规划(2003—2020)规定的城市建成区范围内,规划选取了土地价格、轨道交通、历史保护、道路交通容量、商业潜力、城市形象等六项对高层建筑布局有重要影响的因子,通过综合分析,得出高层建筑进行分区控制的结果,划分出高层建筑管理的五个级别:高层建筑禁建区(Ⅰ级)为所有高层建筑一律不允许建设的地段;高层建筑严格控制区(Ⅱ级)为不宜建设高层建筑,在条件许可的情况下,可建设40 m以下高层建筑的地段;高层建筑适度控制区(Ⅲ级)为一般情况下允许建设30～60 m高层建筑、特殊情况下可以建设70 m以下高层建筑的地段;高层建筑适度发展区(Ⅳ级)为可适当建设50～90 m高层建筑的地段;高层建筑适宜发展区(Ⅴ级)为适宜建设高层建筑地带,可建设80 m以上高层建筑。

1.3.2 高层建筑规划区建设条件

1)土地出让方式对高层建筑的影响

高层分区可视为高层建筑宏观层面的选址,而单栋高层建筑的选址则可视为微观层面的选址,除了少数超高层建筑综合体,一般普通高层建筑已被规划在高层建筑规划区内。“选址”一词主要出现在政府项目的项目建议书、可行性研究报告以及(大中型项目)选址意见书中。

在市场经济条件下,建筑选址与土地的出让方式有很大关系。招标、拍卖、挂牌(简称“招拍挂”)出让的土地,在招拍挂前,已在每一幅地块的规划控制图则或规划要点中明确了建筑的具体位置等诸多内容,“选址”的概念已悄然发生了变化。

2）高层建筑规划区要求

(1) 有利于发挥土地的经济价值

高层建筑规划控制的实质是土地使用规划管理,亦是城市设计的一部分。高层建筑的布局与选址应促进城市土地的合理使用,反映城市经济发展和土地级差效应的自然结果。

(2) 充分考虑城市基础设施的支撑能力

高层建筑人流量大,城市的水平交通与高层建筑的竖向交通之间的结合关系,决定着城市网络对高层建筑的接纳程度,应根据区段交通便利程度,控制交通便利程度较差地区高层建筑的发展。高层建筑的规划布局受到道路容量的限制,我国明确规定在重大项目建设之前要进行交通影响评价分析,目的在于减少重大项目建设对道路交通产生的负面影响,以免影响整个城市的交通。

人流量特别大的高层建筑综合体应坐落在大容量公共交通走廊内,应与城市交通枢纽,如火车站(高铁站)、汽车站、航空港、码头以及主要交通干道有直接的、方便的联系,应尽量靠近地铁或其他公共交通系统并设计专用通道。如果在规划中没有仔细考虑高层建筑附近的交通负荷问题,那么由高层建筑带来的大量人流和交通堵塞会使整个城市产生严重的交通问题。

此外,高层建筑内部水、电、暖、气等各种设施的负荷很大,城市电力、供水、排污通信、煤气、热力管网等市政设施必须保证区域高层建筑的容量,否则,将造成公用系统服务实施(供电供热等)能力不足,排污和管网系统、垃圾收集和处理不当。

(3) 保证城市抗灾能力

高层建筑安全涉及地震、台风、雷电、火灾、爆炸、疾病等方面,特别不利于抗震和防火。高层建筑布局的区域应根据年用频率和风力情况,一般安排在可能散发可燃气体、可燃蒸气和可燃粉尘的区域的常年主导风向的下风向,与易燃易爆设施和厂房保持安全的距离,尽可能消除一切火灾隐患,选定高层建筑区域位置还要与城市消防配套以及救火网络系统的配套相适应。

高层建筑与城市主干道的联系要便捷,保证畅通便捷的城市干道提供有力的救火时机。高层建筑往往也是人员密集场所,《统一标准》对人员密集场所的建筑基地有明确要求。

虽然目前世界最高的云梯消防车喷水灭火能达到130 m,通常云梯消防车却只能升至限定值的80%左右,如果地面风力达到4～5级,则无法升高作业。但我国除极少数特大城市云梯消防车喷水灭火能过100 m之外,一般小城市消防车灭火仅能达到的高度是8层左右,一般大中城市消防车也仅仅能够达到20层左右的高度,而部分大城市云梯消防车最高可垂直登临70多米。至于无人机对高层建筑灭火,目前还有一定的局限性,尚在探索之中。

此外,抗震和地质要求对建筑高度也有约束。例如,溶洞和土洞密集的地域不宜布局高层建筑,而地震多发地区则应严格控制建筑高度;又如,北京受抗震要求限制板楼一般不超过16层。

(4) 对城市生态的影响减少到最少

高层建筑总体布局应尽量保持原有的地形地貌等自然要素,保护城市生态环境。高层建筑布局应避免过于集中，特别是在特大城市中央商务区和人口稠密的旧城区，否则，中央商务区密集的超高层建筑或孤立于人口和建筑密集的旧城区的高层建筑，会使城市热岛效应日趋强烈，加速大气污染物向城市中心区的聚集，使城市物理环境越来越差。研究发现，过密的高层建筑还可能制造出各种不利的气候现象，如混浊岛效应等。

(5) 注意城市历史文化风貌的保护

高层建筑的布局必须保证将不会危及地方的环境品质、原有的街道生活模式和亚文化群、原有的市景和风貌。一般城市文物古迹及历史街区建筑的专项控制，要求根据城市历史文化保护相关政策、法规及方法，以视觉原理为基础，结合环境噪声分析、文物保护单位安全要求及寺塔等的观赏要求，将各文物保护单位的建控范围与各历史景区、历史街区对高层建筑的控制范围叠加，划出禁止高层建筑建设范围。在对传统城区的保护中，一般采用分区控制法(图 1-17)。该方法的原则是：越接近保护区域的中心，建筑物的高度越被严格地限制。

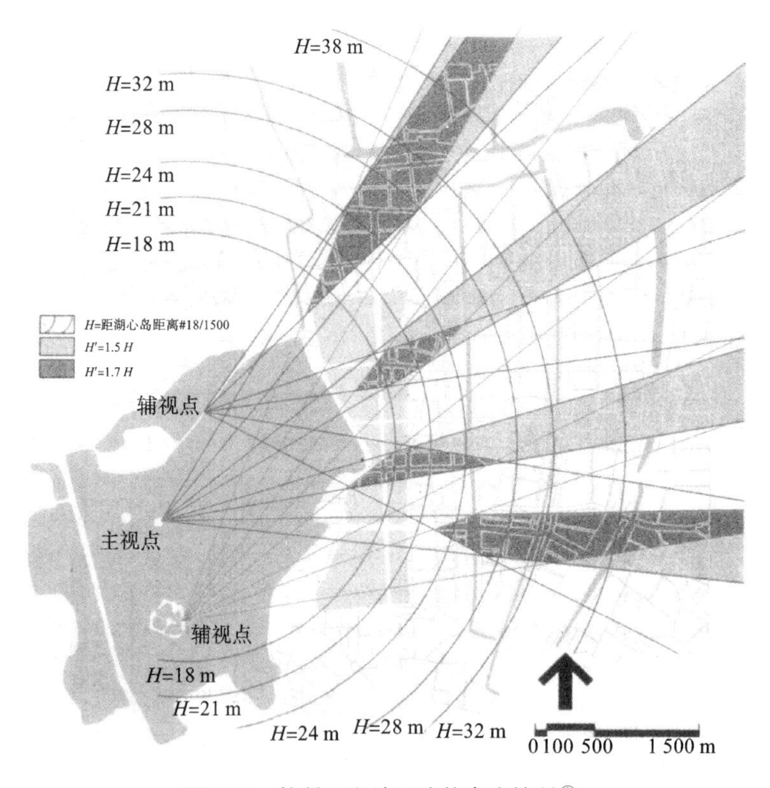

图 1-17　杭州西湖地区建筑高度控制[①]

(6) 有利于城市天际轮廓线塑造

高层建筑一般体量较大，特别是超高层建筑往往是城市或区域的标志，其分布的疏密、高低及建筑的顶部设计，都将明显影响城市的建筑天际线。因此，应合理布局高层建筑，形成错落有致、富有韵律感的建筑天际线，同时，考虑与背景山体的关系，通过多视点、多角度、多层次地观察和分析，塑造日益优美的城市天际轮廓线。

---

① 江苏省城市规划设计研究院. 城市规划资料集：第 4 分册　控制性详细规划[M]. 北京：中国建筑工业出版社，2002.

高层建筑在丰富城市天际轮廓线上具有重要的分形美学价值，而城市轮廓分维数反映天际线的丰富、复杂和优美程度，应尽可能保持较高的分维值(图1-18)。例如，根据不同的城市形态，将一些在高度、体量上有代表性的高层建筑布置在城市突出的地形和地段，如城市的水滨、绿地或广场的周围，也可布置在道路交叉处或弯曲部分，特别是能形成城市干道底景之所在，使楼内有广阔的视野和优美的景观，并对行人有远近和不同角度的透视效果。

图1-18 芝加哥丰富的城市轮廓线

图片来源：互联网，仅供参考

(7) 有利于保护城市视觉通廊

人们一般把通过一定的视线空间来观察城市景观的道路称为视觉通廊。高层建筑巨大的体量就很容易对一个城市的视觉通廊造成影响，从而破坏城市景观。要避免高层建筑在主要景观方向的相互影响，例如，在坡地上布置高层建筑时，一般都将高层建筑设在高处，使自然和人工环境相互衬托，而在较低处不再安排高层建筑，以免遮挡高处的高层建筑。如果高层建筑的选址正处于视觉通廊中，可通过两种方法来处理：一是限制，即在规划上通过视线分析来控制建筑物的高度，否则就会破坏原有的空间结构；二是利用，通过设计手法，如利用视觉穿透性，在高层建筑的底部或局部透空，视线穿过高层建筑的阻碍而维持原有的通道(图1-19)。

图1-19 巴黎德方斯新区对城市视觉通廊的控制[①]

① 韦尔斯.摩天大楼结构与设计[M].杨娜，易成，邢佶慧，译.北京：中国建筑工业出版社，2006.

第2章　高层建筑总平面设计

2.1　总平面设计的要求和方法

2.1.1　总平面设计的基本要求

总平面设计的实质就是确立建筑与环境的关系，从法律角度来看，总平面规划设计中反映的是建筑对城市规划的依属关系。较之于非高层建筑，因建筑体量高大，高层建筑的总平面设计强化了建筑与城市的关系和防灾与安全的要求，表现在高度控制、阴影控制、交通控制、消防控制以及景观效果控制等多个方面。总平面设计是将分区规划对建筑布局的要求落实到建筑单体设计的一个重要环节，具体体现了控制性和修建性详规中的各项要求。

高层建筑类型、规模和裙楼功能配置不同，其总平面布局特点也不同，主要反映在以下三个方面：一是居住类建筑重视朝向和日照间距，重视绿地率；二是高层公共建筑重视沿街商业价值的挖掘，对地面停车有明确的要求，而住宅区为了争取绿地也鼓励地下停车；三是裙楼功能配置复杂的高层建筑出入口较多，交通组织复杂，容易引起流线交叉。

高层建筑总平面设计主要包括场地调查、场地处理、建筑布局以及交通组织设计等方面的内容，修建性详细规划还包括竖向和综合管线内容，但后者非本书的讨论范围。设计中需要考虑的重点问题是场地处理、建筑布局、交通组织及高层建筑在城市中的景观效应等，因而地下车库出入口和塔楼位置的选择和布局方式十分重要。此外，设计人还应了解项目所在地有关技术经济指标的计算方法，特别是住区规划中毛容积率和净容积率，以及毛密度和净密度的区别。

2.1.2　总平面设计的一般方法与参考步骤以及常见错误

1）总平面设计的一般方法与参考步骤

①分析场地条件，特别留意蓝线、绿线、紫线、黄线（俗称四线）和周边建筑与场地的关系。

②注意地形地貌，地形有较大高差时要平衡土石方，设计道路坡度并对建筑进行接地处理。

③根据场地分析、规划控制以及城市景观要求，初定塔楼和裙楼的位置和高度。

④根据规划要求和项目市场定位，计算高层建筑基本层数，估算标准层面积（图2-1）。

⑤根据建筑类型和城市景观要求初选标准层的形式，核算建筑面积和层数。

⑥运用SketchUp等图形软件，多视点生成简单的建筑体量图，推敲建筑的景观效果（图2-2）。经过多方案比较后，初定裙楼位置和形体（注意留出塔楼消防登高面长度），确定塔楼位置和形体，即标准层的几何形式。

⑦选择基地与城市道路的接口，组织消防通道，特别留意消防通道的宽度和距塔楼消防登高面的距离，在消防登高范围内不要布置停车场。

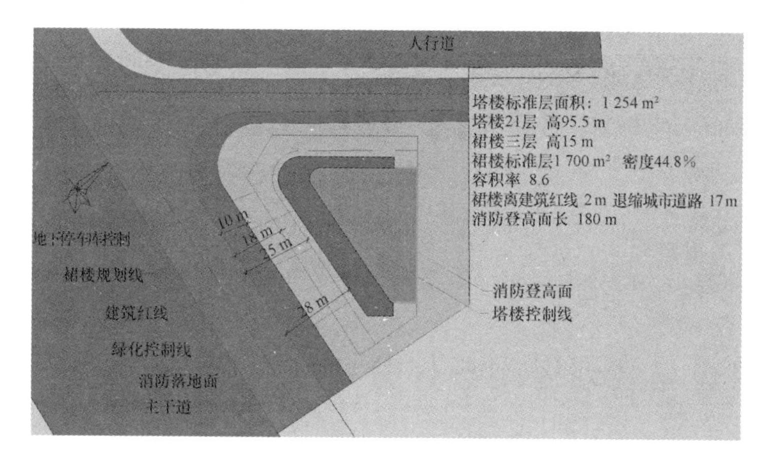

图 2-1　图示设计案例——某道路交叉口高层办公楼设计平面图(梁星广制作)

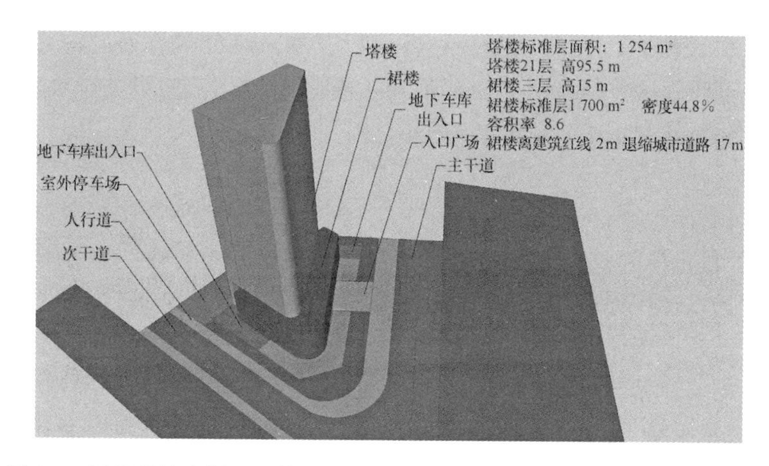

图 2-2　图示设计案例——某道路交叉口高层办公楼设计体量图(梁星广制作)

⑧根据塔楼和裙楼位置大致确定地下车库范围，注意塔楼、裙楼和车库垂直交通的对应关系。匡算地下和地面停车数量，初定(地下)车库车辆出入口位置和数量。

⑨初定建筑主要出入口，既要便于车辆直接到达，又要避免流线交叉，同时保证建筑的疏散出入口和后勤通道直接对外。

⑩确定裙楼的形状和(地下)车库的范围。

2）总平面设计中的常见错误

①忽略规划控制设计要点和规划图则具体要求，导致车行出入口方向等错误。

②缺乏场地和生态意识。不管地形高差，一律平整，使场地失去特色和原生态环境，大量挖填土方，造成浪费(实际工程中完整保留场地特征的案例很少)。

③ 建筑日照间距不够，特别是住宅区未按相邻建筑最近点计算日照间距，导致日照时间不够或主要靠斜日照。

④建筑物长度不合理，导致变形缝位置设置不合理。

⑤缺乏节能意识。建筑形体凹凸面太多，体形系数太大。

⑥仅从平面考虑基地道路系统，地面坡度设计不符合规范要求。车行道变坡水平距离太短

(多见于住宅区),地下车库入口坡道长度不够。

⑦地下室违规超建筑红线。

⑧消防车道紧贴建筑,或在登高区布置车位,或消防车道转弯半径不够,或塔楼登高面的长度和深度不符合消防规范的要求。

⑨车辆不能直达高层公共建筑大堂雨篷(有的未设计雨篷),或车辆行进过程中与人流交叉,甚至住区直接对城市道路交叉口设置车行口。

⑩住区规划总平面中忽略套型(户型)面积标准与景观品质的对应关系。

2.2 场地调查与规划控制条件分析

2.2.1 场地调查

场地调查包括项目背景、基地现状和周边环境以及地域特征等方面的内容,涉及项目用地范围、基地地形地貌、开发强度、项目定位、目标使用人群、项目投资、城市基础设施与能源供应以及项目所在城市的气候特征和城市生活方式等。

1) 项目背景

对项目背景的调查涉及项目定位,包括基于市场分析设定的物业使用者、项目投资和物业档次甚至建筑风格,项目定位的内容主要体现在项目的前期策划报告中。除非是政府项目,否则建设方较少给出明确的设计任务书,因此建筑师特别需要认真解读这类报告。

前期策划一般涉及市场分析、项目定位、规划与产品建议、营销策略等,报告中与设计关系密切的内容主要是规划与产品建议,其主要根据物业的商业价值提出的,主要内容包括物业类型的选择、建筑高度和层数策略、商业功能组合和业态选择、商业空间规模和形态建议、租售比或得房率、投资和利润估算,以及对建筑形体和外观的要求等,因其直接面对市场而有较强的执行力。

建筑师在这方面容易犯的错误是忽视这类报告,用专业知识取代市场要求,以个人直觉取代项目定位,结果得不到建设方认可。高层建筑设计中很多看似属于设计的问题,绝不只是单纯的设计问题,这是很多看似很优秀的设计方案惨遭淘汰的原因。

【案例 1】以租售为主的某高层建筑商业办公楼,限高 100 m,占地不到 1 万平方米,临街面长度也只有 100 m,设计任务书要求裙楼首层为商场,二层布置酒楼。参加投标的四个设计公司中,有三个擅自将写字楼大堂规模扩大了许多,其中一个方案造型特别是中庭空间很有特色,但其将首层几乎全部架空,干道旁首层临街商业面积所剩无几,结果惨遭淘汰。

不同类型物业的前期策划报告内容不尽相同。例如,办公楼项目包括电梯选用以及自用和租售范围等;旅馆的开发和经营一般由专门的酒店策划公司编制前期策划定位报告,重点是确定客房间数和服务配套内容,以及收益和非收益面积的比例;住宅区开发的前期策划报告还会对套型结构、套型比例以及户梯比例(指电梯与户数的比例)有明确要求,甚至主导套型产品特色。

在办公楼、旅馆和住宅三大常见建筑类型中,酒店更强调从经营角度进行规划。一个完整的酒店规划不仅仅是一系列面积指标,它要解决许多问题,包括店址选择、市场需求、市场竞争、饭店等级、经营范围、餐厅特色、人员配备、项目预算以及收入来源等。一般先由酒店经营专家就上述问题结合各种因素提出初步方案，然后由酒店管理公司或经理人员会同投资者和建筑师进行修订，拟定最终规划。

2）基地现状

对基地现状的调查，主要涉及项目用地所在城市规划中的区位，及其周边的规划与环境，特别是城市基础设施为项目提供的建设条件；而场地特征则包括项目基地的地形地貌和所在城市的气候特征，它影响高层建筑的形体和近地空间的形态，影响高层建筑的场所感，对高层建筑的布局有重要意义。

基地现状和周围道路状况直接影响高层建筑主体和裙楼的构成方式以及交通疏散秩序。较大规模和处于特别交通区位的高层建筑，应有专业机构对项目交通流量和项目周边城市道路容量的分析报告作为设计依据。高层建筑规划基地现状和周边环境调查见表 2-1。

表 2-1　高层建筑规划基地现状和周边环境调查

<table>
<tr><th colspan="2">项目</th><th>内容</th><th>信息渠道</th></tr>
<tr><td colspan="2">1. 基地在城市中的区位</td><td>主要考察其区位的商业价值</td><td>—</td></tr>
<tr><td colspan="2">2. 基地地形地貌</td><td>用地形状、高差、原生态地貌、临街面长度</td><td>—</td></tr>
<tr><td colspan="2">3. 周围建筑及规划项目</td><td>类型、高度、层数、结构、风格、建造年代</td><td>城市规划部门</td></tr>
<tr><td colspan="2">4. 城市基础设施条件</td><td>—</td><td>市政管理部门</td></tr>
<tr><td rowspan="8">分项</td><td>城市道路网</td><td>周围城市道路现状及道路规划、交通限制，以及通往该建筑基地的允许开口位置</td><td>城市规划部门
交通管理部门</td></tr>
<tr><td>人防</td><td>区域人防接口或自建人防类型、级别、面积计算方法以及埋深要求</td><td>人防管理部门</td></tr>
<tr><td>煤气</td><td>容量、煤气调压站位置</td><td>煤气公司</td></tr>
<tr><td>供水</td><td>容量、允许接口位置</td><td>自来水公司</td></tr>
<tr><td>供电</td><td>容量、高低压变配电要求允许进线位置</td><td>供电局</td></tr>
<tr><td>电信</td><td>接线容量</td><td>电信局</td></tr>
<tr><td>供热</td><td>容量、热力点规模、城市热网情况及允许接口位置</td><td>热力公司</td></tr>
<tr><td>市政排污（污水、雨水）</td><td>容量、接口位置</td><td>市政管理部门</td></tr>
<tr><td colspan="2">5. 水文和气象资料</td><td>地下水位、最大洪水水位、冰冻线</td><td>水利和气象部门</td></tr>
<tr><td colspan="2">6. 基地地质状况调查</td><td>地质构造（土洞、溶洞）、土层构造、地基承载力</td><td>地质勘察单位</td></tr>
<tr><td colspan="2">8. 基地内外部景观资源</td><td>江、河、湖、海、大树、森林、公园、文物保护单位等</td><td>—</td></tr>
</table>

2.2.2　规划控制条件分析

从总体布局上看，高层建筑规划控制指政府制定政策，确定高层建筑的发展与城市尺度、地形和环境相协调，以及城市硬质景观效果控制等多方面的内容，主要体现在总体规划（国土空间规划）、区域规划及分区规划中。

从执行层面观察，高层建筑的高度控制、间距控制、建筑容积率与密度控制等属于控制性详细规划的内容，主要以规划细则、规程、标准、技术导则和项目规划设计要点以及规划地块控制图则等形式表现出来。其中，控制图则最为典型，有文本和图本两种形式(注意：有的城市不一定称图则，而文本以规划要点的形式出现)，一般包括地块基本情况、土地使用性质、土地使用强度、规划设计要求、配套设施、注释以及控制图则附图七大部分内容(图 2-3、图 2-4)，由政府规划主管部门的规划编制中心，或指定规划设计研究院按照城市总体规划的有关要求制作，在土地招标、拍卖和挂牌的同时公布。每个地块规划控制图则几乎完全不同，是建设用地规划许可证的配套文件，具有很强的法律效力，而且有时效的限制，是高层建筑最直接的规划设计依据。

高层建筑规划控制指标分为规定性和指导性两类，前者是必须遵照执行的，后者是参照执行的。规定性指标包括公共设施配套要求和总用地面积、总建筑面积、控制高度、容积率、密度、绿地率、绿化率、停车泊位等各项技术经济指标，以及基地定位坐标、建筑红线、建筑间距、建筑退让道路距离、车辆出入口方向等强制性指标，其中大部分在规划要点和控制图则中均有反映；指导性指标包括建筑体型、体量、色彩等其他环境要求。全国各大中城市规划主管部门官网均可查阅和下载规划控制有关技术文件。这类技术性文件重点规定红线控制和日照等要求，同时涉及商品房赠送面积计算和层高要求，必须严格执行。

初学者在设计实践中对规划控制条件的理解需要重点把握以下几个方面。

1）高层建筑退让道路红线

出于对城市管线埋设、建筑视觉效果、人流集散、与周围建筑的间距、建筑前部停车或者回车、绿化、广场等各方面的考虑，高层建筑都有后退道路红线的要求。城市规划主管部门会根据建筑性质、所处地段、道路宽窄以及日照测算等予以明确规定，具体城市、区段、各栋建筑的数值相差很大，从几米到十几米、几十米不等，设计时应按照项目规划要点和控制图则的要求严格执行。实践中，有的初学者没有留意大多数城市对塔楼和裙楼退让城市道路有不同的要求，塔楼退让城市道路明显多于裙楼退让城市道路。

初学者需要注意的是：地下建筑物和附属设施(包括挡土桩、挡土墙、地下室地板及其基础、化粪池等)不允许突出道路红线和用地红线，且地下建筑物与用地红线的距离不宜小于地下建筑物深度(自室外地坪至地下建筑物地板)的 70%，其最小距离为 5 m，用地紧张的地区最小距离为 3 m。地下室边线有可能超建筑红线，但有严格要求(一般指不影响城市管网)，这实质是道路红线与建筑退让的关系问题(图 2-5)。

此外，随着城市高架路和轨道交通的增加，还应注意高层建筑与高架路和地面轨道交通的距离控制。一般情况下应按有关城市轨道交通规划要求控制，例如，《广州市城市规划管理技术标准与准则》(2005 年版)规定建筑物相邻城市道路红线内的城市轨道交通，建筑应自道路红线退让 10 m；建筑物相邻城市立交，建筑应自立交规划红线退让 10 m。

从城市设计的角度看，高层建筑整体退后红线，或者通过底部实体界面的内凹，协调与建筑、街道的尺度，形成对城市开放的广场，也是考虑高层建筑近地空间和城市街道空间融合的结果，可见，高层建筑退让道路红线距离，还应结合高层建筑前部空间设计的要求综合考虑。

2）高层建筑间距控制

高层建筑间距包括日照间距、防火间距、卫生间距以及退让地界的距离等，分正面间距和侧面

珠江新城地块规划控制图则

一、地块基本情况

1.1 地块编码：　G3-2

1.2 地块面积：　11 426.3　m^2

二、土地使用性质

商住

三、土地使用强度

3.1 容积率：　8.3

3.2 建筑面积：　94 836.049　m^2

3.3 建筑密度：塔楼　30　%；裙房　40　%

四、规划设计要求

4.1 建筑塔楼控制高度：　100　m（最大值）

4.2 建筑工程临城市道路退让道路红线距离：临江大道北侧退10 m，猎德路两侧退10 m，华南大道退20 m，金穗路两侧、华夏路西侧、冼村路东侧只退5 m。其余道路按照以下标准控制：路宽≥60 m，退让10 m；15 m<路宽<60 m，退让5 m；路宽≤15 m，退让3 m。

4.3 建筑间距：

南北朝向建筑，建筑高度H<30 m时，南北建筑间距≥0.7H，东西建筑间距≥6 m；30 m≤建筑高度H≤80 m时，南北建筑间距≥21+1/2(H−30)，东西建筑间距≥13 m；建筑高度H>80 m时，南北建筑间距保持46 m不再增加，东西建筑间距≥13 m。

东西朝向建筑，建筑高度H<30 m时，南北建筑间距≥6 m，东西建筑间距≥0.5H；30 m≤建筑高度H≤80 m时，南北建筑间距≥13 m，东西建筑间距≥0.5H；建筑高度H>80 m时，南北建筑间距≥22 m，东西建筑间距保持40 m不再增加。

4.4 绿地率：　30　%

4.5 机动车主要出入口方向：西、南

4.6 配建机动车位：　474　个；配建自行车位：　1 233　个

五、配套设施

序号	项目	用地面积/m^2	建筑面积/m^2	备注
1				
2				

六、注释

6.1 本规划设计条件依据国家标准、《广州市城市规划条例》及城市设计原则制定。

6.2 表中所列容积率和建筑密度指标均属允许的最大限值，绿地率为最小限值。

6.3 地下停车场库、建筑底层架空层向公众开放的部分、骑楼等建筑面积可不计入容积率。

6.4 建筑间距为相邻两幢建(构)筑物外墙面各自退缩用地边线或相邻道路中线距离之和。

6.5 建筑塔楼高度控制根据城市设计要求制定，裙房是指与高层建筑相连，建筑高度低于24 m的建筑部分。

6.6 地块规划附图提供用地边界坐标、道路坐标、建筑物后退道路红线距离及车道开口限制的要求。

6.7 建筑场地平整标高由竖向规划确定。一般室内±0.000标高高出周边道路地坪标高0.3～0.6 m。

6.8 以上土地使用规划条件由广州市城市规划局制定，解释权归广州市城市规划局所有。

图 2-3　某城市地块规划控制图则文本

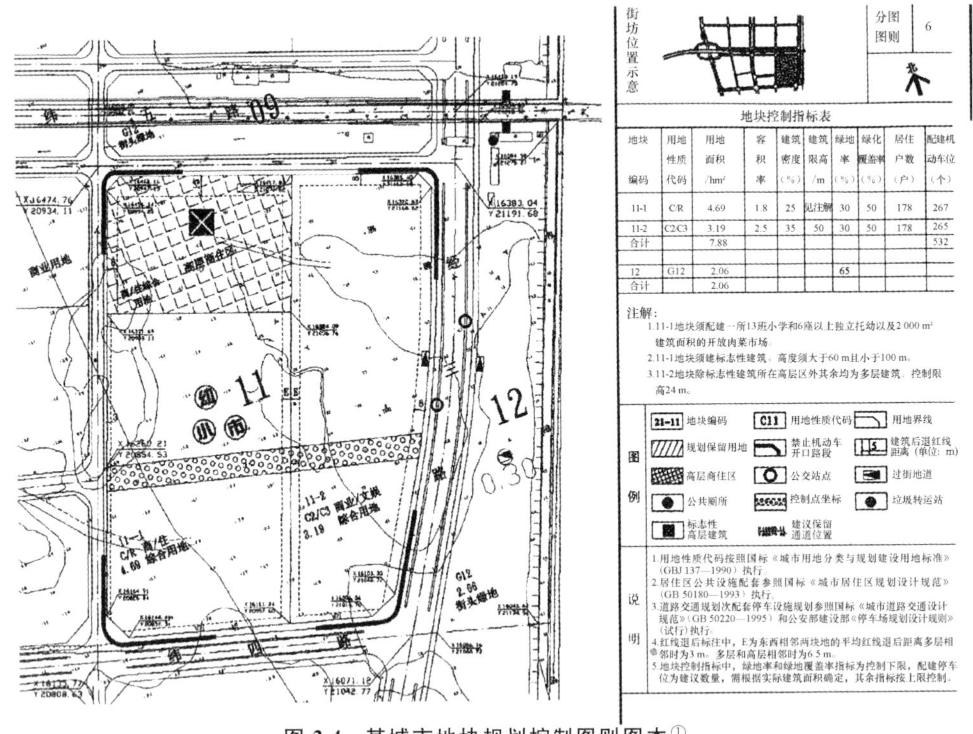

图 2-4　某城市地块规划控制图则图本①

间距两个方面，泛称的间距系指正面间距。不管建筑朝向如何，以日照要求所确定的间距是正面间距，以视觉卫生和管线埋设为主要影响因素所确定的间距是侧面间距。

高层建筑间距控制的关键是日照间距控制。我国绝大多数地区只要满足日照要求，其他间距要求基本都能达到，仅少数地区（如纬度低于北纬 25°的地区）将通风、视线干扰等问题作为主要因素，相对而言，北方地区对建筑日照要求较高。

高层建筑间距控制的基本原则如下：一是高层办公楼和高层旅馆应按所在气候分区日照间距系数要求确定建筑间距；二是居住建筑间距控制以日照间距为基础，而日照间距应以满足《居住区标准》要求的日照标准为前提，且不宜仅靠日照间距确定建筑间距，以免建筑间距过小影响建筑通风、道路、绿化以及管线布置的合理性。

注意：有的城市如广州，不是单纯地按某种因子确定建筑正面间距，而是主要根据日照间距系数，综合建筑高度、建筑朝向、建筑间距方向、建筑短边长度以及密度分区等因子，规定建筑间距的计算方法，同时直接反映在每幅用地的规划控制图则中，如图 2-3 所示。

当建筑超过一定的高度或建筑间距超过一定的宽度时，均不需要再增加任何间距。例如，《北京市建筑设计技术细则》(2005 年版)规定：板式住宅的长边平行布置时，在南北向按日照间距系数计算后，建筑间距大于 120 m 时，可按 120 m 控制日照间距；在东西向按 1.5 间距系数计算后，建筑间距大于 50 m 时，可按 50 m 控制日照间距。

---

① 江苏省城市规划设计研究院. 城市规划资料集：第 4 分册　控制性详细规划[M]. 北京：中国建筑工业出版社，2002.

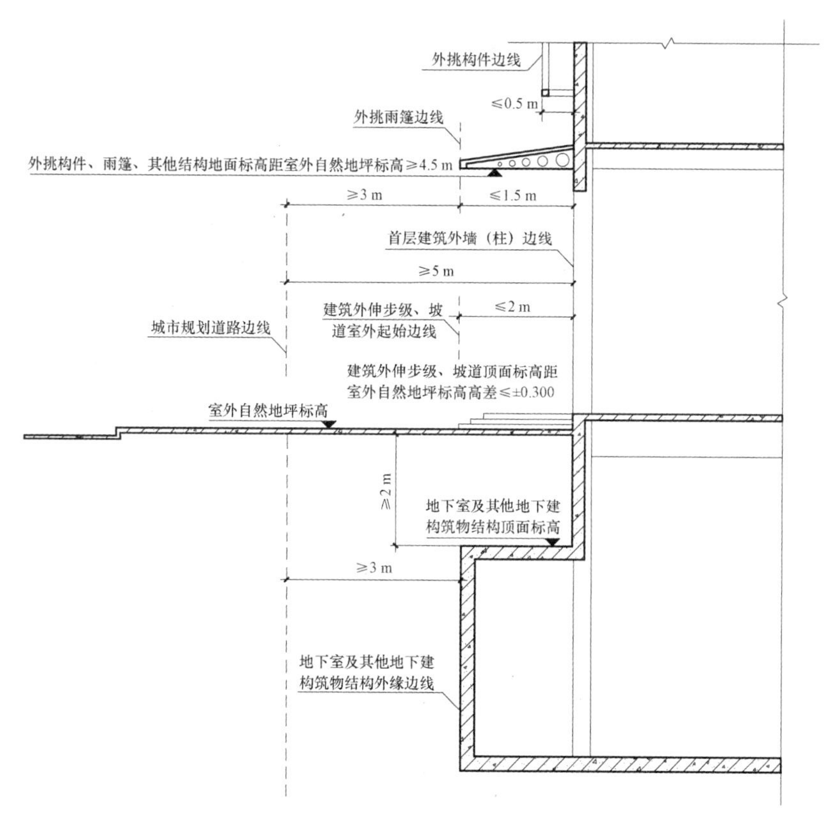

图 2-5　广州建筑地下室突出建筑红线的条件

图片来源:《广州市城市规划管理技术标准与准则》

（1）日照标准

不同类型建筑有不同的日照标准。常见高层建筑中,高层住宅和公寓要求较高,旅馆次之,办公楼日照要求相对较低。居住建筑日照标准用日照时间来衡量,要求符合《居住区标准》,如表 2-2 所示。

表 2-2　居住建筑日照标准

建筑气候区划	Ⅰ、Ⅱ、Ⅲ、Ⅳ气候区		Ⅳ气候区		Ⅴ、Ⅵ气候区
	大城市	中小城市	大城市	中小城市	
日照标准日	大寒日			冬至日	
日照时数/h	≥2	≥3		≥1	
有效日照时间带/h	8～16			9～15	
计算起点	底层窗台面(距室内地坪 0.9 m 高的外墙位置)				

除此之外,还应注意以下几点。

其一,老年人居住建筑日照标准不应低于冬至日日照时数 2 h。

其二,旧区改造项目内新建住宅日照标准可酌情降低,但不低于大寒日日照时数 1 h。

其三,日照时间需用日影图(俗称日照分析图)来检验,即通过日照测算软件计算才能确定。

其四，在城市中有很多建筑的功能是综合的，应执行相应的日照标准。例如，住宅楼的首层或几层为办公、仓库等非住宅用途的部分不按住宅日照要求；当住宅楼下部为托幼用房、学校教室等时，应执行相关的日照标准；当住宅楼底层或底部几层为非住宅时，或首层均为架空层时日照间距均应扣除不算(图 2-6)。

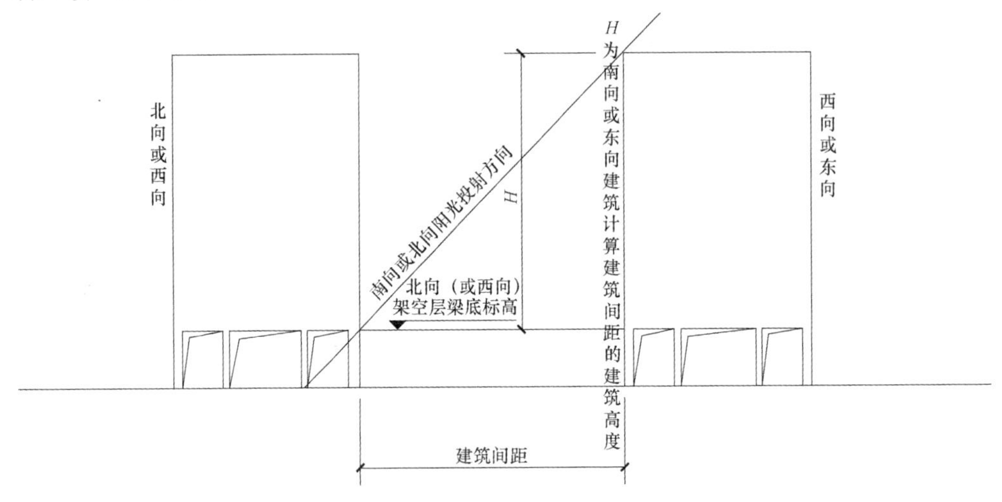

图 2-6 首层架空建筑的日照间距控制

图片来源:《广州市城市规划管理技术标准与准则》

其五，地坪有高差时建筑日照间距计算如图 2-7 所示。

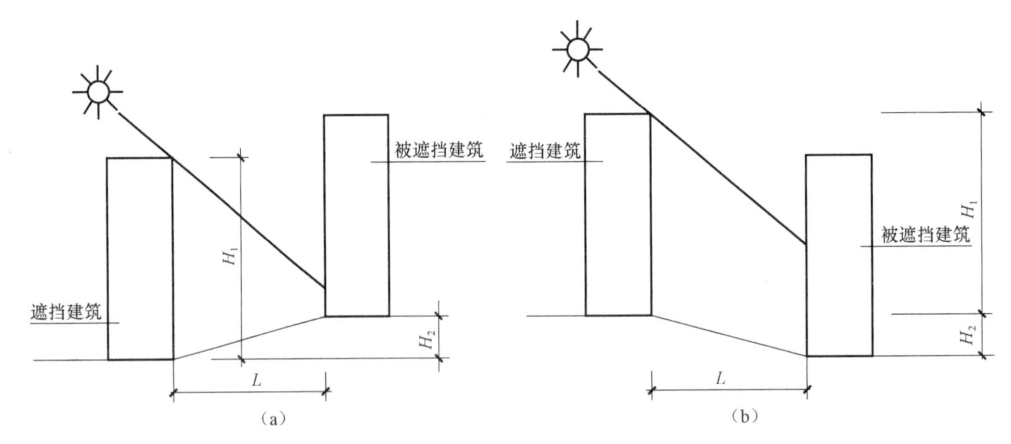

图 2-7 地坪有高差时建筑日照间距计算[①]

注:1.(a) 图中日照间距 L=(遮挡建筑高度 H_1－地面高差 H_2)×当地日照间距系数

2.(b) 图中日照间距 L=(遮挡建筑高度 H_1＋地面高差 H_2)×当地日照间距系数

此外，虽然《居住区标准》已经废弃了日照间距系数的提法，但因新旧建筑日照公平要求，仍然使用日照间距系数在北方也不少见。至于类似广州等地制定规划控制图则时，综合考虑日照间距系数，

① 住房和城乡建设部工程质量安全监管司，中国建筑标准设计研究院. 全国民用建筑工程设计技术措施:规划·建筑·景观(2009 版)[M]. 北京:中国计划出版社，2010.

并不降低其居住类项目报规时，报送的日照(软件)分析报告必须满足规范有关的日照时数要求。

(2) 日照分析

日照分析是住宅规划控制的重要内容，一般要求应用指定软件，采用计算机辅助日照分析的日影图作为规划报建的法定文件。需要注意的是：目前各地一般要求必须使用通过住房和城乡建设部验收的软件进行日照分析计算，这些软件虽有误差但可控制。日照计算分析的目的有两方面：一是保证有日照需要的建筑应有的日照间距，二是避免设计对象对周围有日照要求的建筑(住宅)的日照遮挡，寒冷(特别是严寒)地区日照设计务必注意这一点，日照时数不够或日照遮挡在北方特别是严寒地区会直接导致方案被否决，或者导致建设方对被遮挡户进行经济赔偿。

日照计算分析的一般方法和步骤如下。

第一步：日照计算分析。

• 操作步骤(以天正建筑 7.5 软件为例)

①规划图上只需显示建筑外轮廓，将建筑轮廓外框线处理为闭合线条。

②在天正工具栏选择“日照分析”子目录。

③单击工具栏“建筑高度”按钮，再点选建筑的外轮廓线，此时提示输入其建筑高度，回车后再输入建筑底标高。

④所有建筑都设置完高度以后，单击工具栏“多点分析”按钮。

⑤画面提示选择遮挡物，框选所有建筑。

⑥弹出多点分析设置参数的窗口，输入如下。

a. 日照标准：选择国家标准；b. 当前地点：选择项目所在地的经纬度；c. 时间：按要求选择大寒日 8:00—16:00 或者冬至日 9:00—15:00；d. 计算精度：默认值 1 min；e. 计算设置中输入的计算高度为住宅窗台高度，一般取 900，并根据精度要求调节网格大小值(一般默认值 1 000)。

⑦确定之后提示框选其显示分析数据的范围。

⑧天正自动计算之后会出现用不同颜色显示的数字 0～8，表示此时间段日照的时长。

• 注意事项。

①若周边建筑对本项目住宅日照有影响，也需列入测算范围，即将其轮廓外框线处理为闭合线条。

②在输入建筑高度并确认以后其边框线会变成其他颜色，若没有变色则有可能其外框线不是闭合线条，需闭合才能进行操作。

③设置建筑高度时需考虑地形对建筑的影响，将建筑地形标高输入基地高度，如果坡度不大，一般统一设置为默认值 0 即可。

④选择项目所在区域经纬度参数。天正自带部分城市的参数，其他城市经纬度需要自己查询设置，单击“地点选择”按钮可添加数据。

⑤设置计算时间范围时，参考中国建筑气候区划图来确定所在城市属于哪个气候区，并根据日照标准选择大寒日或者冬至日。

⑥计算高度就是住宅窗台的高度，如果住宅有裙楼的话，需要加上裙楼的高度作为设置的计算高度。而网格大小是影响计算速度的一个因素，网格越小就越精确，时间越长。

⑦计算高度、基底高度、网格设置的数值需和图纸单位匹配才能进行操作。

第二步：计算成果分析。

输入数据生成的日照分析图,需要在项目辐射范围内反复调整,直到满足规定的日照时数要求。日照分析综合计算图上需注明以下四方面的内容:①日照分析依据及标准;②进行日照分析所使用的分析软件;③日照分析技术参数设置;④日照分析结论——日照分析综合计算图及建筑工程设计方案总平面图上均应表述。

日照间距的计算涉及建筑长度、高度和开口天井宽度,以及建筑的布局方位和方式等,要点如下。

其一,日照辐射范围的确定。有日照要求的建筑(或用地)和该建筑(或用地)将产生日照影响的建筑物(或构筑物)均应参与日照计算。

其二,不管是落地窗、推拉门、阳台封窗,还是凸窗,均应以建筑的外墙线对应的室内 0.9 m 高的位置为日照计算的起点。

其三,实体女儿墙、出挑的阳台、檐口等影响因素须纳入计算,一般情况下,檐口是产生遮挡的最高点。高层建筑屋顶有水箱、电梯机房、楼梯间、设备间、阳台雨篷以及造型构件等,累积宽度占建筑总宽度的比例较大时,对日照有影响,应进行控制。

其四,开口天井对日照影响较大。有的城市限制高层建筑单体长度(特别是临街面)和开口天井的长宽比,原则上,开口天井宽度应大于深度。实践中常有开口天井的长宽比控制不当,从而导致日照间距过大或日照分析审查无法通过的情况。

【案例 2】成都市某住宅区总用地面积 56 021.6 m^2,总建筑面积 224 971.37m^2。用地西侧沿三环路布置了一栋 18 层的行政办公楼,中部分别布置了多栋 27 层和 18 层住宅和一栋 18 层公寓。用地周围原有建筑均拆除,如图 2-8 所示为该住宅区总平面规划图。

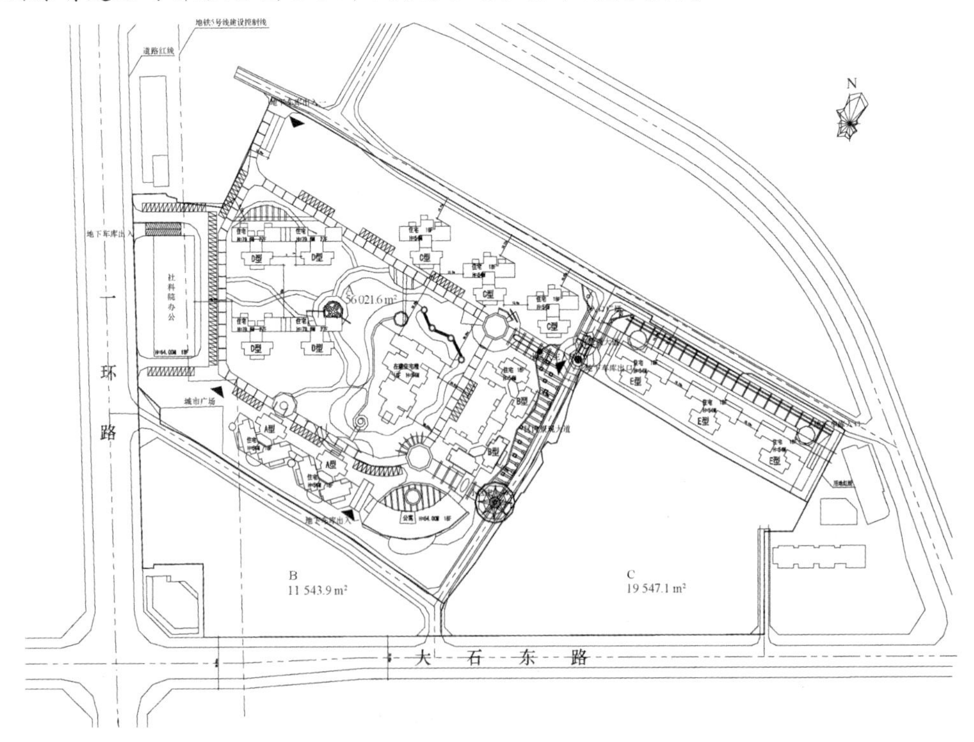

图 2-8 成都市某住宅区总平面规划图

图片来源:中国建筑西南设计研究院有限公司

该住宅区位于成都市三环路内，规划日照要求只需满足主要居住房间（起居室或卧室）大寒日不小于1 h。住宅日照计算起点为受挡住宅底层居室窗台高度（按90 cm计），日照计算高度分别为54 m和79.6 m。

由于建筑东西向长度对日照等影响较大，因此住宅单元拼接不宜太多。成都地区住宅单元（东西）拼接长度一般限制在60 m以内。该住宅区标准层单元东西长30.4 m，两个单元拼接长66 m，最长拼接单元长72.69 m；公寓置于基地的最南端，标准层为一弧形，平面进深15.6 m，日照计算高度54 m；高层办公楼标准层平面长边长69 m，短边长24 m，日照计算高度54 m。

如图2-9为该住宅区日照间距和日照遮挡分析图，使用天正建筑7.0软件进行设计和计算。图中日照分布为大寒日成都市8:00—16:00时日照情况，时间计算精度为5 min。图中数字为每点的日照时长，单位为h。红色为0 h，黄色为1 h，绿色为2 h，天蓝色为3 h，深蓝色为4 h，玫瑰红为5 h，白色为6 h，灰色分别为7 h和8 h。从图2-9中可以看出：办公楼未构成对住宅日照的遮挡；除了办公楼东侧后排2个单元日照受遮挡，日照间距需要调整外，其余住宅日照均符合要求。案例来源：中国建筑西南设计研究院有限公司。

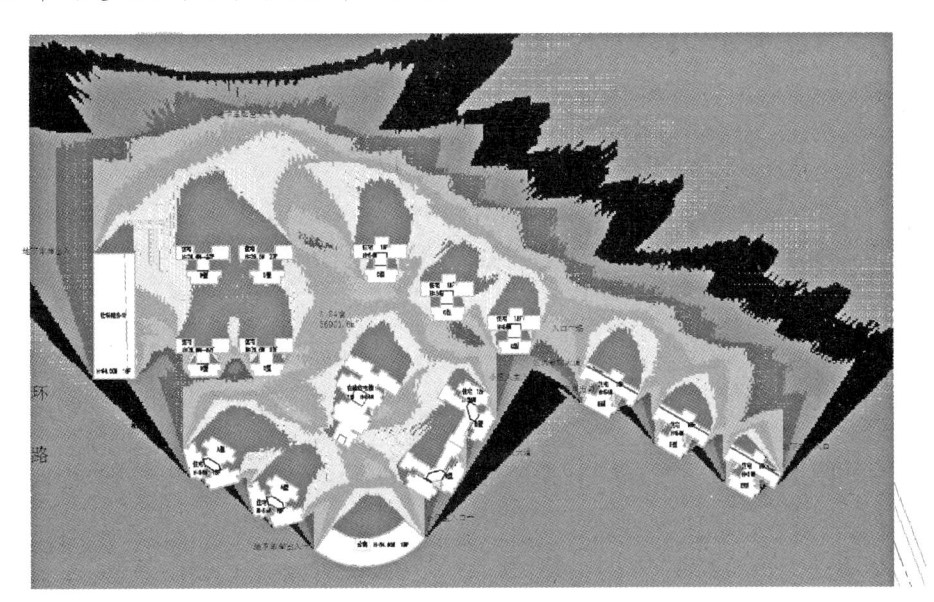

图2-9 成都市某住宅小区日照分析图

图片来源：中国建筑西南设计研究院有限公司

3）高层建筑退让地界的距离

高层建筑退让地界的距离，并非属于单纯日照间距的问题，也是一个法律问题。因此，一般城市都作出了明确且详细的规划控制规定，特别是北方城市，这方面要求非常严格，以确保拟建建筑对周围有日照要求的建筑不构成日照遮挡。

若拟建建筑对界外空地（规划为住宅、托儿所、幼儿园、医院、养老院、教学楼等有较高日照要求的建筑）有日照影响，其不符合日照要求的阴影在本项目用地界线以外的影响距离应有一定限制，例如，成都市规定此距离不应大于10 m，超过此距离需要减少有关建筑层数来调节。

若拟建高层建筑地块周边为拟建住区，须针对该建筑对周边住宅的日照干扰，用政府指定软件,采用“对等虚拟”的镜像方式进行分析,“定性”确定该建筑退让地界距离。何为“对等虚拟”?读者可查阅有关文献释疑。

【案例3】广州市某高层建筑基地两边(北面和西面)临城市道路,建筑不允许在划定的范围开设机动车进出口;南面与一个高层建筑相隔一条10 m宽的规划路;东侧与另一个高层建筑相邻。建筑控制线(红线)的划定主要考虑西面、北面退缩道路红线,临北面城市主要道路一侧退缩道路红线不小于10 m的距离,临西面城市次要道路一侧退缩道路红线不小于5 m的距离。东、南面主要依据拟建建筑本身的高度、朝向,计算出相对应的建筑退缩间距,该建筑控制线如图2-10所示。地下室边界范围要求至少退缩用地红线和道路红线3 m以上的距离。

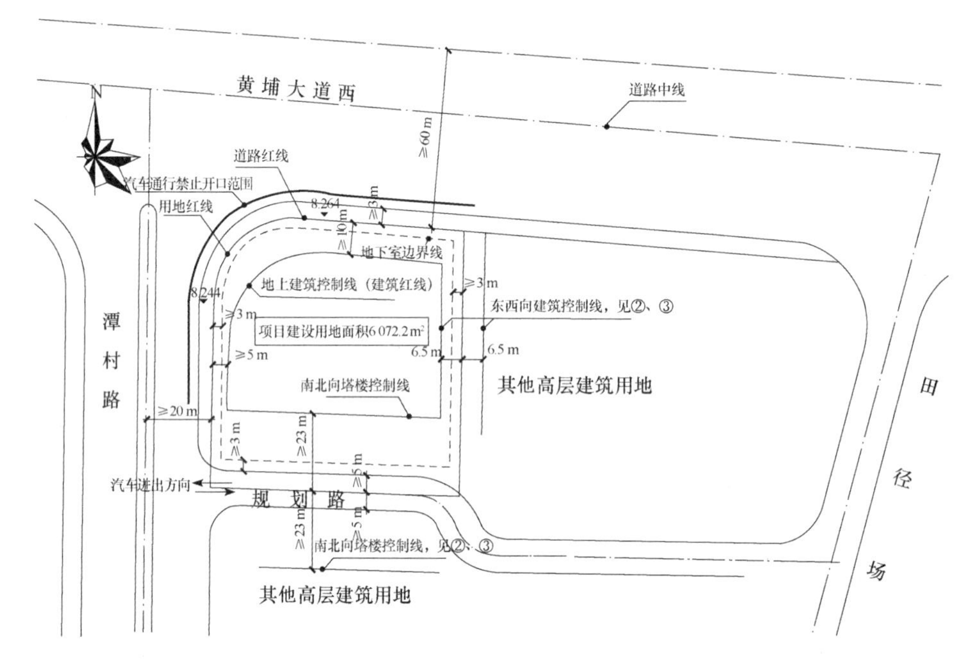

图2-10 广州某高层办公楼建筑控制线

图片来源:李雪

该地块涉及两方面的退缩要求,具体分析如下:

其一,建筑临道路一侧控制线,按照《广州市城市规划审批技术标准与准则(建筑篇)》中的有关要求设置:①路宽>60 m,退让道路红线距离10 m;②15 m≤路宽≤60 m,退让道路红线距离5 m;③路宽<15 m,退让道路红线距离3 m。

其二,建筑间距为相邻两幢建(构)筑物外墙面,各自退缩用地边线或相邻道路中线距离之和。按照《广州市城市规划审批技术标准与准则(建筑篇)》中的有关要求,在广州市密度Ⅰ区的相邻高层建筑的控制线应按照以下原则划定:①南北朝向建筑,建筑高度$H<30$ m时,南北建筑间距≥0.7 H,东西建筑间距≥6 m;②30 m≤建筑高度$H≤80$ m时,南北建筑间距≥$21+1/2(H-30)$,东西建筑间距≥13 m;③建筑高度$H>80$ m时,南北建筑间距保持46 m不再增加,东西建筑间距≥13 m。

如图2-11、图2-12是在该基地上布置一栋近100 m高的高层办公楼建筑的总平面设计图和形象与环境示意图,设计图中全面地标明了建筑的地下室边界范围,以及建筑首层、裙楼、塔楼的位置。建筑主体塔楼尽量布置在基地的西南方向，各项退缩间距均能符合以上原则和要求，从而使设计满足城市规划的要求。案例来源：李雪。

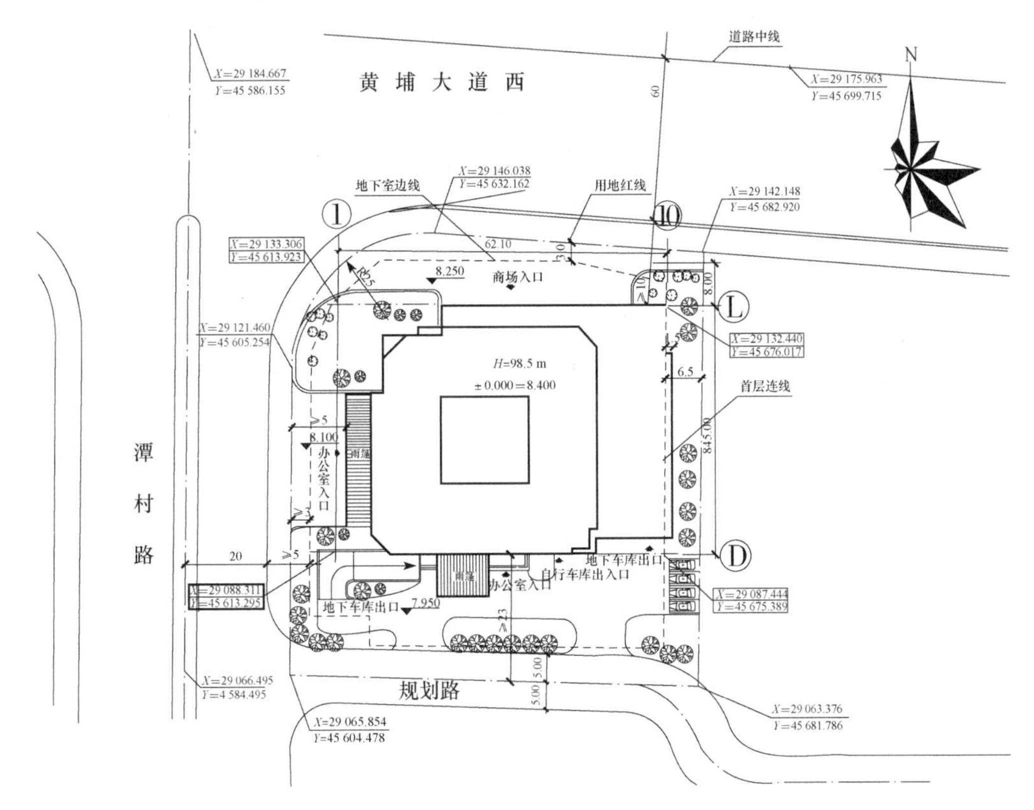

图 2-11　广州市某高层办公楼建筑总平面设计图

图片来源：李雪

4）高度计算与层数策略

（1）高度计算

在重点文物保护单位、重要风景区及有净空高度限制的机场、航线、电台、电信、微波通信、气象台、卫星地面站等地区内，建筑高度是指建筑的最高点，包括楼梯间、电梯间、天线、避雷针等。

一般地区的建筑高度，平顶建筑按建筑外墙散水处至屋面面层计算，如有女儿墙，则按女儿墙顶点高度计算；坡屋顶建筑一般按外墙散水处至建筑屋檐和屋脊的叠加高度计算，否则按当地规定执行。屋顶附属物如楼梯间、电梯间、水箱、烟囱等，其面积不超过屋顶面积的 25%时，不计入建筑高度内。规划实践中一般采用同时限制屋顶附属物面积和总宽度的办法。

特殊体形、屋顶有特殊变化的高层建筑，或地面四角高度不同的建筑物，其建筑高度计算应按当地主管部门要求确定。

（2）层数策略

层数策略涉及层数选择、景观关联、层数控制和层数计算等方面。

层数选择主要是指高层与超高层之间的选择，涉及物业类型和投资，一般高层与超高层之间造价有较大的变化，特别是超高层住宅与公寓物业，市场风险较大，因而发展商选择较为谨慎。

图 2-12　广州市某高层办公楼建筑形象与环境示意图

图片来源:互联网,仅供参考

景观关联主要是指对景观的吸纳,即景观与层数的关联。景观的吸纳方面往往涉及是否值得为景观牺牲建筑朝向的问题,以及一、二线城市的江、河、湖、海景观的取舍问题。例如,有的城市对一线江景建筑限高,因而二线江景建筑自然会拔高。

层数控制关联开发投资策略。高层住宅设计应注意 7 层和 11 层两个关键层数均与电梯数量有关。《统一标准》规定:高度超过 16 m 和 7 层及以上层数的住宅需要设至少一部电梯,而 12 层及以上层数的住宅至少需要设两部电梯。因为电梯费用较高,我国现在很少有 7～9 层的高层建筑;而小于或大于 54 m(18 层和 19 层)是一、二类高层住宅的分界线,涉及疏散梯和安全出入口的数量,因此纯粹从层数考虑,高层住宅较少开发 20～25 层。

此外,高层建筑层数与造价有密切的关系,详见本书 1.2.3 节"经济特征"。

2.2.3　外部空间尺度控制

高层建筑外部空间有宏观、中观和微观三个层面:宏观是城市空间的组成部分,中观是城市街道空间的组成部分,微观是高层建筑的近地空间。裙楼外部空间设计主要考虑中观和微观两个层面,即高层建筑场地范围内的外部空间环境。

假设高层建筑的高度为 h,与相邻建筑之间的距离为 b,按照日本著名建筑师芦原义信的观点,当 $b/h<1$ 时,高层建筑与相邻建筑之间的距离小于建筑高度,外部空间具有紧迫感;而当 $b/h>2$ 时,建筑之间则过于分离,作为外部空间的封闭感就不强了;b/h 在 1 与 2 之间时,空间具有均衡匀称的感觉,是比较好的外部空间的尺度,即 $1\leqslant b/h\leqslant 2$ 时,高层建筑外部空间有良好的尺度感,如图 2-13 所示。

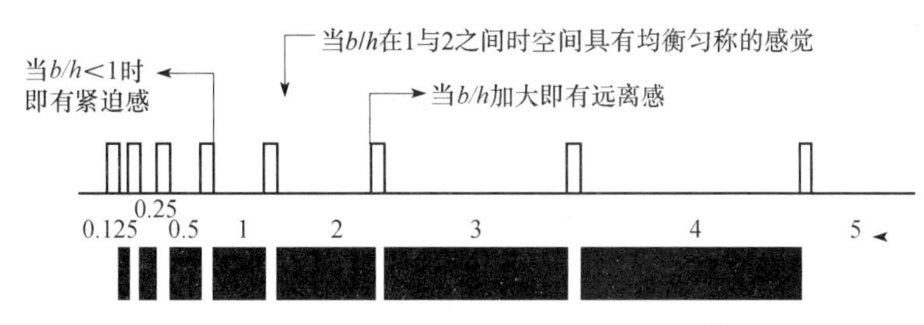

图 2-13　高层建筑外部空间尺度感图示①

在城市中，高层建筑一般总是出现在建筑密度比较高的街区，其外部空间的 b 与 h 之间的比值很难达到 1 以上，因而这种 b/h 值只是适用于高层建筑外部空间的城市广场。因此，通常需要通过高层建筑本身的处理来减弱或消除高层建筑给人的压迫感，例如，底部采用柱廊、骑楼等手法，既创造宜人尺度，又能使高层建筑主体直接临街布置。

当然，b/h 值并不是唯一的衡量标准，高层建筑外部空间的围合与限定是多层次的，其空间气氛还受到自然条件如日照、绿化等条件的影响。在具体研究其外部空间时，应当注意到第二层次限定存在的意义。双塔或多塔式高层建筑群限定的外部空间，其空间的尺度感则不能教条地用 b/h 值来确定。这时外部空间具有内向的感觉，会产生一种安定感、闭合感等类似中庭空间的感觉。

注意：行进的速度或人处的高度不同，人对空间的范围和尺度感受也不同，应该具体问题具体分析。在实际操作时，还要结合考虑场地的日照、通风、绿化、景观以及减少相邻建筑间的视听干扰等要求来确定高层建筑外部空间的尺度和规模。

2.3　总平面设计中的高层建筑布局

2.3.1　布局设计的基本原则

总平面设计中的高层建筑布局就是根据规划条件和控制图则、项目定位以及地域气候条件和基地周边环境等因素，将高层建筑在城市环境中具体定位。涉及红线范围、建筑退让城市道路距离、控制高度、建筑间距和建筑朝向、塔楼标准层平面的初选以及消防设计等内容的确定，其中相当部分是修建性详细规划的内容。设计原则如下。

其一，注意当地的气候特征，特别留意夏季和冬季的主导风向。严寒和寒冷地区建筑应重点满足对日照的要求，炎热和湿热地区建筑应重点满足对通风的要求，此外，在注意严寒和寒冷地区建筑在冬季避风保暖的同时，还须兼顾夏季通风致凉。

其二，注意高层建筑间距、朝向和平面形状对节能的影响。建筑物朝向和平面形状直接影响空调冷热负荷的大小和采暖能耗，设计时应充分考虑建筑的节能和卫生要求：一是建筑物宜在避风、向阳地段，不宜在山谷、洼地、沟底等凹地里，以避免“霜冻效应”；二是合理利用太阳辐射，建筑布局应尽量南北向（特别是北方地区），在争取良好日照的同时，组织建筑的阴影效果达到遮阳的目的；三是利用建筑布局形成良好的界面，建立气候防护单元，注意冬季防风，且夏季尽可能利用

① 石谦飞. 高层建筑外部空间的形态构成[J]. 太原理工大学学报，2005(4).

自然通风;四是建筑形体应避免存在过多的凹凸建筑外表面,控制体形系数,控制塔楼形状、厚度和长度,减少变形缝(特别是在北方地区);五是控制建筑密度和太阳辐射以及界面材质,避免热岛效应。此外,还要注意高层建筑相邻建筑之间、建筑与道路之间,以及建筑立面体型设计造成的风压增强和热反射干扰等问题。

其三,总平面设计中的高层建筑的位置与场地条件、建筑类型等有较大关系,要严格控制交通安全距离、建筑退让距离和防火间距。

其四,运用分形理论来处理高层建筑与场地和外部道路的关系,但不能简单地将高层建筑布局当做两维空间来设计,而是需要进一步推敲标准层平面形式及其与场地的竖向关系。

此外,总平面设计还应处理好高层建筑与设备的主次关系,如有的地下室可能需要在地面考虑通风井出地面的位置(与通风量和通风机房的位置有关),同时还应对各种设备所产生的噪声和废气采取措施,避免干扰办公楼、客房、住宅塔楼以及邻近建筑。下面主要从场地和地域特征讨论高层公共建筑的布局,从住宅区规划探讨高层住宅和公寓建筑的布局。总平面消防设计的内容详见本书第八章“高层建筑防火设计”。

2.3.2 不同场地的高层建筑布局

高层建筑场地条件通常比较复杂,如场地的自然条件、地质状况、高差、与城市管网的相对位置等,设计人首先应认真地分析场地特性和有利或不利条件,注意前部人流集散广场和城市空间的融合。在技术措施上,地形高差的处理是设计难点,例如,山地城市对复杂地形高层建筑就有多个消防登高面的要求。本书讨论的场地处理只是地形高差处理,不含场地设计的其他内容。

1) 高层建筑布局的艺术手法

高层建筑及其环境是独特的空间和文化实体,表现出两者之间尺度不同但相似的分形同构关系。高层建筑体现场地特征,表现城市和地段的空间形态和历史文化,就是其与环境分形美的展现。在区位构图、空间形态、功能要素、地形地貌、规划控制、场地文脉等方面,高层建筑与场地关联着的各要素分形同构。

其一,建筑场地周边轮廓线的分维数可以成为建筑分维数的一种引导,应使建筑和总图的分维数与其环境构图的分维数取得一致,以表达自相似图形的分形美。

其二,映衬场地形态。从地段条件和传统设计中抽取出形式系统和设计法则,以达到与地段环境的融合和对话,与周围建筑、城市空间相协调。

其三,竖向分形,即保持竖向设计与场地地形的一致性,表现人工地形与自然地形相似的图形和尺度层级。

其四,利用高层建筑空间与城市空间的不同层次之间存在的跨尺度的自相似性,分形量化,更准确、有效地协调和把握城市和建筑空间。

此外,总平面建筑布局应特别关注那些被隐藏或关联的场地要素,如场地自然地理、文脉和建成环境,变“潜在”为“显在”,将其加以强化,进而使高层建筑整体体现出远远高于各独立要素相加的效应。

【案例 4】日本东京 Nihon-bashi-Chome 大厦(如图 2-14 所示)表现了分形美学特征的复杂韵律。在总平面图中,各个单体建筑几乎全是由“自相似”矩形构成的分形图案,空间上也是“自相似"立方体的组合，众多大小不同、形状各异的高层建筑通过"自相似"达到与环境的对称，建筑与城市环境十分协调，形成了一幅优美的分形图形。

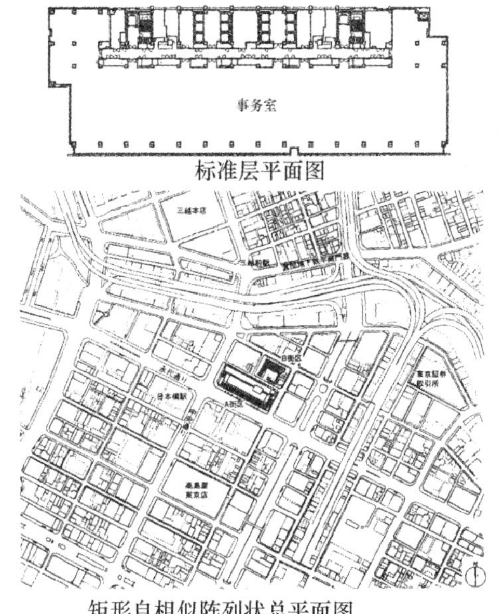

标准层平面图

矩形自相似阵列状总平面图

自相似的建筑体形构成城市空间的分形美

图 2-14　日本东京 Nihon-bashi-Chome 大厦①

2）道路边用地的高层建筑布局

城市道路边的建筑用地多为方形或条形用地。方形用地相对进深较大，用地中的高层建筑对城市道路多有退缩，留出临街面建筑前部广场，应注意临街商业广场进深太大不利于吸引顾客；条形用地临街面多为长轴方向，进深较小的条形用地对城市道路的退缩距离一般只达到城市规划要求，建筑多沿街布置，而且首层多为商业功能，应注意商铺门前道路宽度小于 6 m 时无法满足临时停车的基本要求。

3）道路交叉节点用地的高层建筑布局

一般情况下，总平面设计中的高层建筑布局应该沿基地的临街面展开，即建筑红线与道路红线平行，这样既有利于其在城市获得好的景观面，也有利于保证裙楼商业空间的价值。设计要点如下。

（1）注意基地车行出入口间距控制

市区道路交叉节点商业区位高，常常布置高层建筑，建筑布局有两个突出的问题。一是非支路一般不允许基地对城市道路直接打开车行出入口，即使在次干道上允许打开车行出入口，规划控制图则除了对其有方位要求，还有距道路交叉口距离的限制，这一点往往容易被初学者忽视，详见本书 2.4.1 节"高层建筑与城市交通系统的衔接"。

（2）注意商业对裙楼商业空间尺度和比例的要求

不少品牌商对物业的商业空间尺度和比例有明确要求。例如，不少世界零售业巨头明确要求进驻场地纵深和临街面的长度，有的世界零售业巨头甚至对卖场建筑物长宽比例都提出了要求，读者可在有关网站上查询具体资料。

---

① 冒亚龙.高层建筑的美学价值与艺术表现[M].南京：东南大学出版社，2008.

(3) 防止交通噪声对高层建筑的干扰

道路交叉节点用地建筑布局存在的另一个问题是交通噪声对高层建筑的干扰,尤其在市中心街道两边密集排列高层建筑的地区。

原华南建设学院建筑系高层建筑研究课题组教授汤国华与卓刚组织建筑学专业学生对广州市环市东路(宽约 30 m)的好世界广场(33 层写字楼,控制高度 116.3 m)和世贸大厦(南塔 33 层写字楼和酒店,控制高度 104.5 m;北塔 37 层写字楼和公寓,控制高度 10 m)进行了声环境测试,初步结果表明:随着层数的增加,环境噪声并没有明显的减弱,在一定的范围内,高层建筑随层数的增高,外墙窗受城市噪声干扰更大。其原因是层数提高了,离街道虽远一些,但衰减值很少,可以接收到的声音却更远。在某些情况下,位于低层的房间由于裙楼或其他低层建筑的遮挡和气流的影响小,其噪声级反比位于高层的房间低。

实测表明:对于紧邻干道的高层建筑,随着高度的增加,噪声源的干扰从线声源的效果逐渐变成了面声源的效果。同时,由于高层建筑阻挡,噪声不易迅速消失,高层建筑外墙玻璃和铝板等光面材料对声音的大量反射形成回声,延长了噪声的干扰时间,因而紧邻干道的高层建筑受中高频噪声的干扰尤为严重。为了避免交通噪声因在高层建筑之间回响而增强,设计时应简化高层建筑的外形,尽量减少墙面凹凸物并对街道开敞。

由于不同建筑类型对避噪的要求不同,设计避噪的方式也不尽相同。高层办公楼和旅馆临街多为幕墙,窗户开启面积小,常年使用空调,因而交通噪声影响相对较小,而高层住宅则易受噪声干扰。但开发商面对交通噪声对住宅区的干扰,一般会选择牺牲住宅的均好性,要求设计人在干道两侧布置小户型高层住宅。显然,在城市道路偏窄的条件下,将较高住宅置于路边防噪等于将部分住户更加暴露在噪声之中,因此,规划时可以将某些低层的商业建筑放在街道与高层建筑之间,也可以筑土堤、种植稠密和高耸的乔木作为防噪声的屏障。

(4) 较高的景观要求

道路交叉节点用地高层建筑有较高的视觉景观要求,这是因为其至少有两个立面面对城市道路,往往还是主要大街,在某种程度上有可能成为城市节点和区域地标。如果道路交叉的角度不是 90°,则其有两个立面面对城市道路的特征,对塔楼标准层也提出了特别要求,平面形式可能采用梯形、三角形等。例如,约翰·波特曼设计的华沙威斯汀酒店,通过一个观景兼乘客电梯的通高玻璃筒体,强调了街道转角部位的高层建筑标志形象,如图 2-15、图 2-16 所示。

4) 水岸边地的高层建筑布局

水岸边地的高层建筑布局首先要留意城市规划对江、河、湖、山、海岸线的保护规划控制(即蓝线要求,一般已在建设用地规划要点和控制图则中体现,目的是避免“墙式”的效果),做到资源共享。由于有江、河、湖、山、海的景观,水岸边地有较高的景观价值,使得高层建筑的总平面布局一般会出现“向日葵”般的特征,即长边总是向主景观面展开。设计时要注意合理观赏景观的距离:一般 3~7 层观园景最佳,8~11 层观园景尚可,12 层以上只能观湖景和海景,应根据具体情况进行视线分析。

其次,要注意景观与朝向可能的冲突。实际工程中,建筑师往往受市场左右,做出景观优先于朝向的选择,但如果设计师面对一个窄窄的泄洪沟渠也做出景观优先于朝向的选择就有些得不偿失了。我国冬季北风很猛,北向江景的高层住宅还应考虑冬季北风倒灌入室的问题。

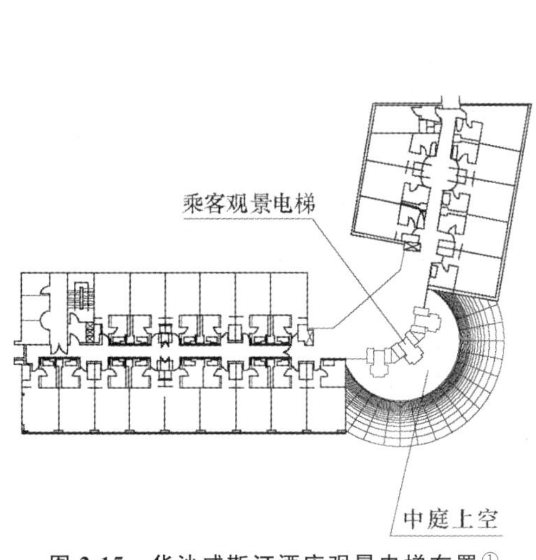

图 2-15 华沙威斯汀酒店观景电梯布置[①]

图 2-16 华沙威斯汀酒店通高玻璃大堂外观

【案例 5】广州中海蓝湾北临珠江，两栋 32 层的全板式建筑呈 S 形，自东向西以流线形沿着珠江展开，并采用台阶式的造型，每户都能凭窗近望到无边的江景，如图 2-17 所示。

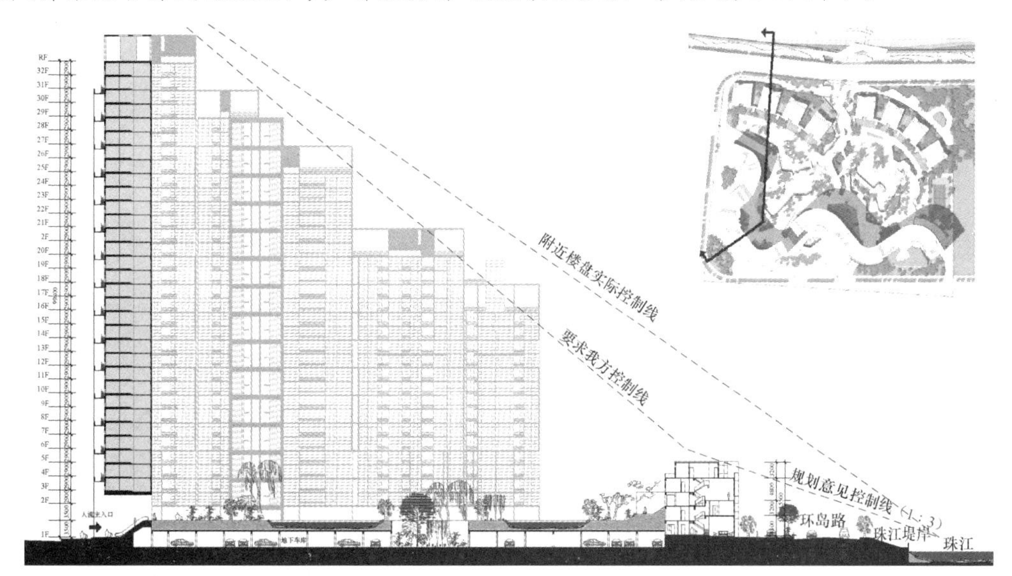

图 2-17 广州中海蓝湾临江面视线分析

图片来源：互联网，仅供参考

5）地形有高差的高层建筑布局

单纯按地形坡度分级标准建筑用地可分六级，坡度分级标准见表 2-3。但平原和丘陵城市用地评价一般将坡度大于 25%的用地列为不适于作为建筑用地的类别，并规定用地坡度在 20%～

① 澳大利亚 Images 出版公司. 世界建筑大师优秀作品集锦[M]. 北京：中国建筑工业出版社，1999.

25%时采取一定的措施后才可以适当利用。不过,我国人多地少,在山地城市如重庆等,建筑用地坡度大于25%的情况很常见,不利用必然造成浪费。

表 2-3　坡度分级标准[①]

类型	地形坡度	建筑区布置及基本特征
平坡地	<3%	基本上是平地,道路及房屋可自由布置,但须注意防水
缓坡地	3%～10%	建筑区内车道可自由布置,不需要梯级,建筑群布置不受地形约束
中坡地	10%～25%	建筑区需设梯级,车道不宜垂直于等高线布置,建筑布置受一定限制
大坡地	25%～50%	建筑区内车道须与等高线成较小锐角布置,建筑群布置及设计受较大限制
陡坡地	50%～70%	车道须曲折盘旋而上,梯道须与等高线成斜角布置,设计需作特殊处理
岩坡地	70%～100%	车道与梯道布置极困难,建筑工程费用大,一般不适于作建筑用地

从表2-2可见,建筑地形高差处理十分复杂,无疑是高层建筑设计的难点之一,特别是在地形坡度大于25%的情况下。因此,应根据因地制宜的原则,合理利用地形,少开土石方,灵活组织建筑物内部空间的竖向关系,节约用地和投资。存在地形高差的高层建筑常见接地方式如图2-18所示。此外,在严寒和寒冷地区处理不当的洼地或槽沟,会在冬季产生雨雪堆积,雨雪融化蒸发过程中会带走大量的热量,造成高层建筑外部环境温度降低,高层建筑下部若保持所需的室内温度,能耗将会增加。

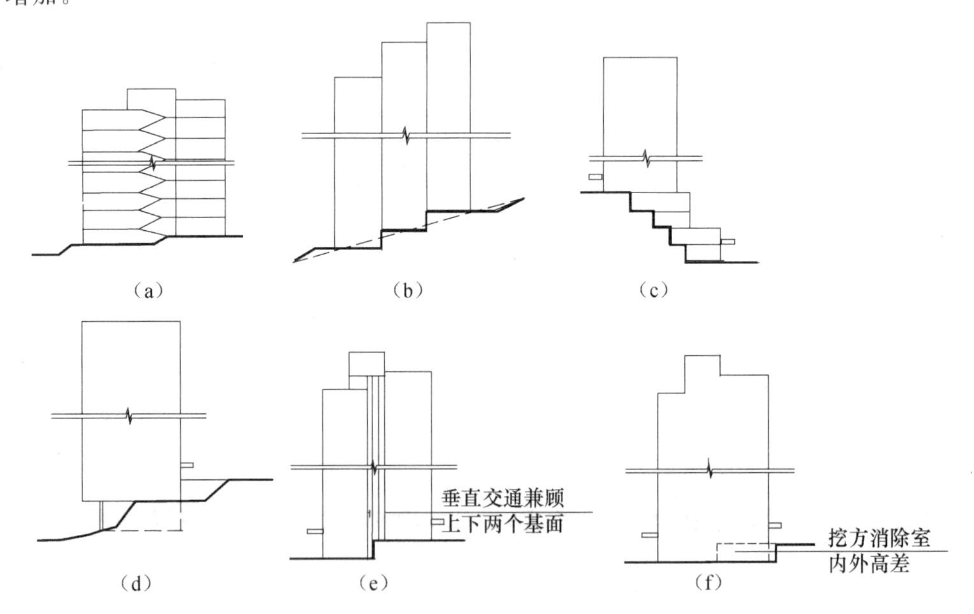

图 2-18　存在地形高差的高层建筑常见接地方式

(a) 高差相差半层左右,高层住宅错层接地;(b) 高层住宅通过挖填跳落接地;
(c) 风景区爬坡高层旅馆亦可用裙楼层层错叠;(d) 高层建筑吊脚接地,下部空间亦可利用;
(e) 地形高差一层左右,高层建筑常用错层;(f) 通过挖方消除室内高差

① 《建筑设计资料集》编委会. 建筑设计资料集[M]. 2版. 北京:中国建筑工业出版社,1994.

（1）架空式

架空式接地方式对地形有很强的适应性。架空使得建筑与基地的接触缩小到点状的柱子或建筑的局部，因此对地表的破坏较小，有利于保护生态环境，适用地形坡度为 50％～100％。根据建筑底面与基地表面的脱开程度，架空式又可分为架空和吊脚。吊脚的建筑一部分与坡地地表发生接触，一部分以支柱架空，造型轻盈，有一种凌空的视觉感受。重庆融侨半岛高层住宅架空接地如图 2-19 所示。

图 2-19　重庆融侨半岛高层住宅架空接地

（2）筑台

筑台指对地表进行适当填挖，使之形成平整的台地后在其上建筑，适用于平坡地和缓坡地，可将建筑垂直于等高线布置在坡度小于 10％的坡地上，或平行等高线布置于坡度小于 20％的坡地上。当基地坡度较大时，提升的勒脚较高，可增设半地下车库。

（3）错层与掉层

对基地有高差但不足一层或中、缓坡度的地形，可垂直等高线布置建筑在坡度为 12％～18％的坡地上，可平行等高线布置建筑在坡度为 15％～25％的坡地上。为避免过大的土石方量，在建筑内部形成不同标高的底面即为错层。

基地高差在一层或一层以上，或在中坡、大坡和陡坡坡度的地形环境中，可垂直等高线布置建筑在坡度为 20％～35％的坡地上，可平行于等高线布置建筑在坡度为 45％～65％的坡地上。采用掉层的手法可以避免对基地的大规模动土，使建筑在不同标高所见到的层数和高度不同，具有多个立面形态。

坡地对高层建筑的外部交通组织，特别是总平面消防设计有较大影响，重庆等市规定，高层建筑垂直方向根据接地条件必须设置不止一个消防扑救场地，详见本书 8.2 节“总平面防火设计”。

2.3.3　不同气候条件下的高层建筑布局

高层建筑对气候的敏感性比多层建筑大，导致从规划模式到建筑形式均有很大的不同。在总平面布局中严寒、寒冷以及干热地区的高层建筑强调保温，主朝向为南北向，要求标准层平面形式方正、简洁、集中，体形系数小，多为塔式和短板式标准层，很少有围合式和长板式标准层的布局，且板式建筑较少采用锯齿和错叠等形状,主要是为了避免冷山(墙);而炎热和湿热地区的高层建筑对朝向则相对没有那么敏感,形体开敞,形式多样,塔式、长板式、围合式标准层均有,而高层住宅广泛采用了塔板结合的围合式,且对建筑山墙没有特别要求。

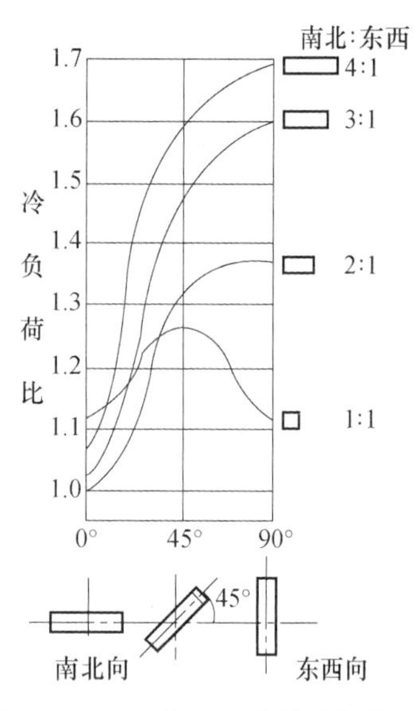

图 2-20 不同朝向建筑的冷负荷比①

1)朝向选择

在北纬 40°~45°地区,建筑的朝向在冬天所得到的辐射能量几乎比夏天多两倍,而在夏天,东、西向所得到的能量比南向多 2.5 倍。因此,北方地区应避免在山的北面布置建筑,为高层建筑保温提供先决条件。任何无法改造的遮挡都会令高层建筑采暖负荷增加,此外,北方建筑一定要保证足够的日照间距和日照时间。

建筑的朝向和平面形状直接影响空调冷热负荷的大小。图 2-20 所示为不同朝向建筑的冷负荷比。同样平面形状的建筑物,南、北向建筑物比东、西向负荷少,而且主朝向面积越大,这种倾向越明显。当外墙面积之比为 2 倍时,东、西向负荷比南、北向负荷增加 35%;当面积之比为 3 倍时,东、西向负荷将增加 60%。因此,高层建筑在满足规划要求的日照间距的同时,在夏季制冷时,有条件的情况下应争取阴影保护,遮蔽不必要的阳光直射,以减少空调负荷。

2)通风与防止恶性风流

合理利用自然通风是建筑节能设计的重要手段,应注意不同的风向、地形坡度及坡向对高层建筑间距产生的不同影响。在平坦地区,当 $b=2h$ 时,通风效率可视为良好;当 $b=h$ 时,则通风效率较差。在山坡地区,由于地形高差变化,h 与 b 的关系发生了变化:在迎风坡上,通风条件优于平地,b 只需要大于 h,通风效率即为良好,因此可以相应提高建筑密度;在背风坡,通风条件较差,要满足 $b=2h$,就要增大间距,则建筑密度低,用地不经济。

风对外部空间的影响是高层建筑,尤其是超高层建筑特有的问题,设计时一定要避开冬季恶性风流,同时又要争取夏季良性风流。可通过风玫瑰图作为节能设计的依据,借助制作包含基地周围高层建筑在内的模型,利用风洞实验装置吹送风流(如图 2-21 所示),测出建造前后的风向以及速度的变化,并以此进行预测,现在已有专门程序用计算机模拟高层建筑的风环境。通风节能设计要点如下。

其一,严寒和寒冷地区应避免在多风地区如山顶布置建筑,以避免山顶冷风。如果建筑处于山地,应布置在南向山坡的中部,不宜布置在山谷、洼地、沟底等凹地里,以避免山谷冷空气引起的"冷池"效应。所谓"冷池"效应是指凹地冬季冷风环流在低洼地带形成的冷气流集聚,对采暖极为不利。空间的下沉处理有别于"冷池"效应,其可利用高差取得较强的避风效果。

其二,我国各地的夏季主导风向一般都在南到东南方向之间,因此,高层建筑应该从形状上最大限度地面向所需要的(夏季)风向展开,进深应相对较浅,易于形成穿堂风;亦可将高层建筑底部

① 章孝思,张楠.现代高层建筑的可持续发展[J].世界建筑,1998(1).

图 2-21 高层建筑风洞实验①

架空形成开敞空间，或与园林一体，或与街道空间结合，有利于改善风环境。我国各地的冬季主导风一般为北风和西北风，当主导风向相对建筑的入射角为 45°时，冬季寒风的侵袭比较严重。如果处理不好，不同方向的风压会使高楼的入口大门开启困难，并影响空调和通风的吸入和排出，对门、窗等也有一定的破坏作用。北方地区建筑不宜设计过街门洞。

其三，建筑高度最好小于上风向建筑平均高度的两倍。如果建筑比上风向的相邻建筑高得多，其迎风面就应设水平突出物并呈阶梯退台状，以减弱下冲涡效应。具体办法是：高层建筑设 1～3 层高的基座式裙楼（一般高于街道 6～10 m，裙楼外墙到塔楼外墙至少应为 6 m）②，强风到达裙房的顶部就会受到限制；或者在高层建筑的二、三层加设出挑的平台，且平台上面留有通风洞口，如在裙房上部设有可供气流穿越的通道，则效果更佳。

其四，设计有利避风的建筑形态，如采用流线形平面，并使窄面朝向主导风向，或与风成斜角等。例如，将建筑物的外墙转角由垂直相交成 90°直角改为圆角，有利于消除风涡流；屋顶面层为粗糙表面可以使冷风分解成无数小的涡流，既可以减小风速，也可以获得更多的太阳能。图 2-22 所示为日本电气本社方案设计时的 8 种体形实验及最后选择方案。

其五，严寒和寒冷地区建筑应减少开口，主要开口布置在冬季主导风的下风向，开口不宜朝向冬季主导风向和冬季最不利风向，而且不宜过大，注意不宜封闭夏季盛行风的入风口。开口背向冬季主导风向的 L 形建筑布局和∩形建筑布局对防寒风有利。

为避开冬季恶性风流，还应注意高层建筑主要入口处的防风，可利用周围场地的地形、树木和其他建筑物来挡风，或设置防风墙、防风板、防风林带之类的挡风设施以利于避开寒风，如利用花园墙保护建筑入口处。以实体围墙作为阻风设施时，应注意防止在背风面形成涡流，可在墙体上作引导气流向上穿进的百叶式孔洞，使小部分的风由此流过，而大部分的气流在墙顶以上的空间流过，这样就不会形成涡流。

① 三栖邦博. 超高层办公楼[M]. 刘树信，译. 北京：中国建筑工业出版社，2003.

② 冉茂宇，刘煜. 生态建筑[M]. 武汉：华中科技大学出版社，2008.

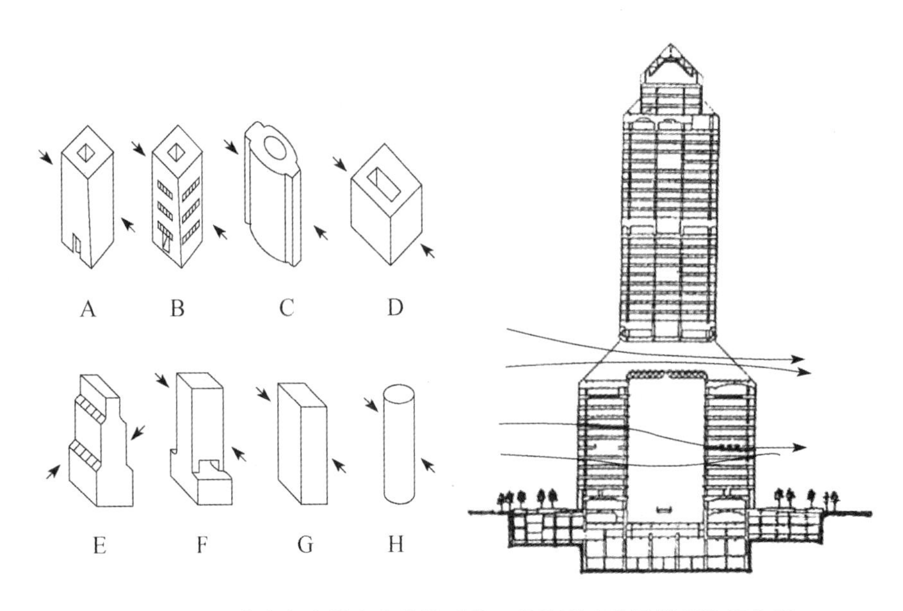

图 2-22 日本电气本社方案设计时的 8 种体形实验及最后选择方案

其六,减少烟囱效应。建筑物在冬季受到冷气流的侵入,主要是通过门窗等构造周围的缝隙以及通风孔口,这些气流是通过风力作用和室内外温差产生的热力作用(烟囱效应)而造成的。为了改善室内空气质量,在寒冬季节,寒地建筑物应设置必要的水平或垂直的通风道,这也必然带来热损失。因此,应根据当地风环境、建筑物的位置、建筑物的形态,选择合适的位置设置通气道,并通过设计计算确定通气道的断面尺寸和形式。北方地区建筑不宜设计过街门洞,高层建筑布置不要过于密集,以避免峡谷效应。

其七,在严寒和寒冷地区建筑物布局紧凑,$b\leqslant 2h$ 时,可以充分发挥风影效果,使后排建筑避开寒风侵袭。建筑物越长、越高,进深越小,其背风面产生的涡流区就越大,流场越紊乱,对减小风速、风压有利,不过夏季通风较差。从避免冬季季风对建筑的侵入考虑,应减小风向与建筑物长边的入射角度。但高层建筑布置不要过于密集,以免产生峡谷效应。

其八,利用建筑组合将高层建筑背向冬季寒流风向,降低寒风对中、低层建筑和庭院的影响,并使场地获得充分日照,避免恶性季风的干扰,组织内部气流,达到节能的效果。这种有微气候功能的庭院空间亦称气候防护单元。一些建筑的避风组团方案如图 2-23 所示①。

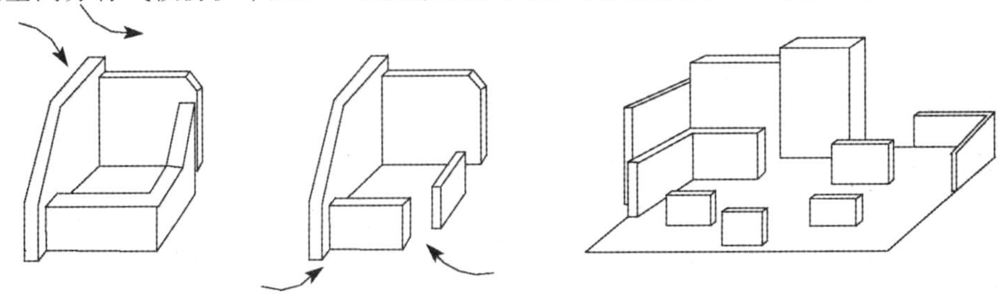

图 2-23 一些建筑的避风组团方案

① 王立雄. 建筑节能[M]. 北京:中国建筑工业出版社,2004.

2.3.4 高层住宅和公寓布局

按照区位和环境以及场地条件的不同，高层住宅布局模式主要有行列式、错列式、斜列式、周边式、自由式等。实际工程中，高层住宅布局一般以保证规定的容积率为前提，随景观不同而有较多的变化。

我国夏季主导风向为东南向，为减少夏季空调运行时间，并保证在不使用空调的季节中室内的热舒适性，在群体空间布局上采用前后错列、斜列、前疏后密等方式以疏导气流，并使建筑物处于周围建筑物的气流漩涡区以外。

从节能的角度来看，行列式和自由式都能争取较好的朝向，使大多数房间能获得良好的自然通风和日照，其中错列式和斜列式的布局较好。例如，多排多列楼栋布局中采取错位布置，利用山墙位置争取日照；而周边式太封闭，不利于夏季风的导入，而且会使较多的房间受到强烈的东晒和西晒。

1）行列式

行列式用地效率高，是最常见的高层住宅布局形式，尤其在我国北方地区。行列式又可分为并列式和错列式。行列式，特别是错列式，能争取较好的朝向，使大多数房间能获得良好的日照和自然通风。实验结果表明：当采用错列式布置方式时，利用住宅山墙间的空气射流，下风向住宅的自然通风效果显著，若条件许可，山墙间距应以较宽为宜。

北方行列式排列的高层住宅多为短板，正南北朝向，也有斜向布置的，如图2-24所示。而南方行列式多为长板，不一定朝向正南北。在行列式布局中，住宅长度的划分还应考虑变形缝的因素，尽量少设变形缝，特别是在北方地区。

在南方炎热和湿热地区，当总平面采取行列式布置时，应避免使建筑物正对夏季主导风（风向入射角为0°），以避免对后排建筑的自然通风产生不利影响。经验表明，在此种情况下，建筑的朝向宜与夏季主导风向入射角呈30°～60°，而且应将建筑主要使用房间的朝向尽量布置在与夏季主导风向入射角45°的朝向上，以使建筑获取更多的穿堂风。

单纯从日照质量和日照效应来讲，无论南方还是北方，高层住宅偏轴式布局（即相对于正南北向有一个偏角）最合理，但居住习惯和文化心理决定了中国人在非场地条件限制下，一般不会接受非正南北向的高层住宅，这一点在北方尤为明显。调查表明：如果采用偏轴较大的斜向布置（所谓西班牙式方格网布局），即所有街道都转45°，两边布置高层建筑，这种方式在我国的接受度最低。

在我国北方地区，如果将板式高层建筑顺着道路斜向布置，建筑背面全天将出现大片的连续阴影，但若将正方体的塔式住宅斜向布置，以对角线为轴南北方向放置（如图2-25所示），则在减少体形系数的同时，增加了受热外界面，实现了得热增量化和失热减量化的统一，有利于节能。但如果将塔式住宅倾斜45°按方位角日照考虑，则在夏至和大暑季节，东北角住宅受遮挡而无日照，大寒和冬至时，位于西北角和东北角的住宅无日照；如果将塔式住宅正南北向布置，则春分、大寒、冬至时，东、西、南、北均受到影响。

2）围合式

围合式即建筑围合成院落布置，亦称周边式，而不同气候要采用不同的围合方式。

我国南方地区日照充足，一般用L形和∩形围合居多（如图2-26所示），而且多半板塔接合，围

图 2-24　天津万科水晶城总平面设计

图片来源:互联网,仅供参考

(a)

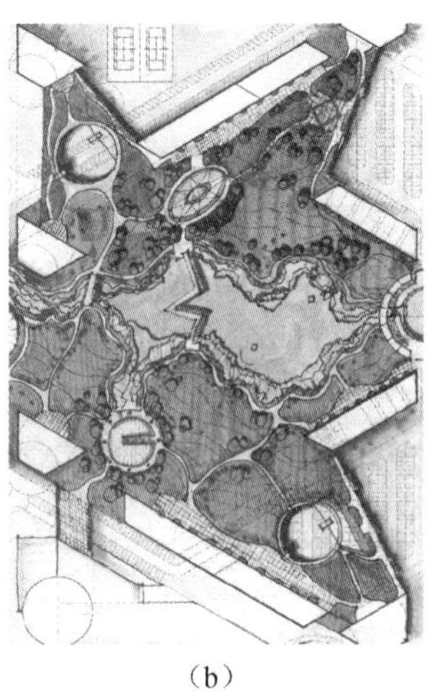

(b)

图 2-25　北京某住宅区高层住宅斜向布置方案

(a) 透视图;(b) 平面图

图片来源:互联网,仅供参考

合的原因主要是提高容积率，也是为了避噪和营造集中的中心园景，但不宜采取全围合的方式，因为太封闭不利于夏季风的导入，导致较多的房间东晒或西晒。此外，设计布局时还要避免挡住夏季主导风的风口，从生态角度来看，在此处配置景观水体可使夏风更凉。

图2-26　广州美林海岸鸟瞰图

北方地区则可采用将南北向住宅与东西向住宅围合成封闭或半封闭的周边式，这种布局可以扩大南北向住宅建筑间距，减少对日照的遮挡，对节能、节地均有利。但是，需要合理选择出入口的方向和半封闭式的开口方向和位置，封闭冬季主导风口（一般在西北或正北方向），使高层建筑达到避风节能的目的。

周边式布局不利于夏季通风，因而东、西、南面临街位置不宜采用过长的条式高层建筑，否则不但建筑的朝向不好，而且影响小区进风。周边式布局宜采用点式或条式低层（作为商业网点等非居住用途），或将建筑底层架空，可起到一定的弥补作用。

3）混合式

这里讨论的混合式包括板塔混合和层数混合两个方面的内容。

一是板塔混合。板式高层与塔式高层采用一样的间距，这样的规定不太合理，因此利用塔式高层的斜日照间距来确定板式高层日照间距。板塔混合对场地的适应性大，可合理缩短日照间距。高层住宅板塔结合日照分析图如图2-27所示。

二是层数混合，即在基地平坦的住宅区将高层和多层住宅混合布置，或高层住宅高低错落，使后排住宅高度超过前排住宅产生负压，以扩大后排住宅的迎风面积，而且能使部分气流下行，改善较低住宅的自然通风。但实验结果表明：如果高层住宅只比前排增加1～3层，对自然通风的改善作用不大。建筑高度宜南低北高，北面临街的建筑可采用较长的条式高层住宅，既可以提高容积率，又不影响本居住区的日照间距。

建筑之间道路的不同走向对风向和风速有明显的影响，因为建筑群和道路之间多为速度较小、方向竖直的管状气流,很难穿越建筑物,所以必须考虑建筑群体的形状与体量的组合和布局,使高层、低层错落排列,并利用道路和植被,形成空气流动和自然通风。

住宅高低错落的布置方式能增强区域景观,并能利用道路、广场等作为高层住宅的日照阴影区,是一种合理利用高层建筑阴影的办法,可有效地提高净密度,特别适合北方地区。此外,错位布置的高层住宅合理利用山墙间距(如图 2-28 所示),亦可争取高层日照间距,不过这种模式不利于组织纵向车行交通。

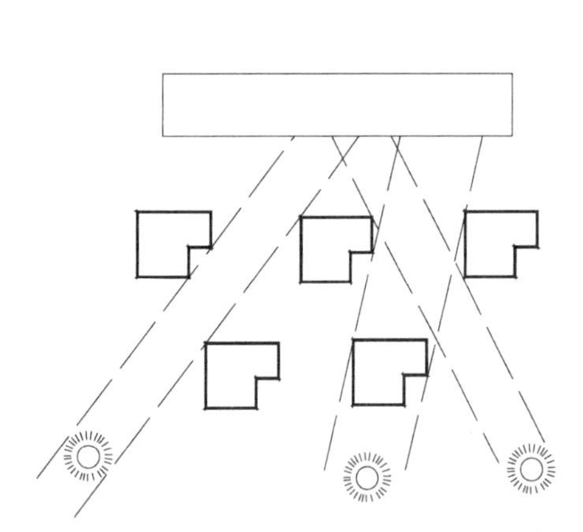

图 2-27 高层住宅板塔结合日照分析图①

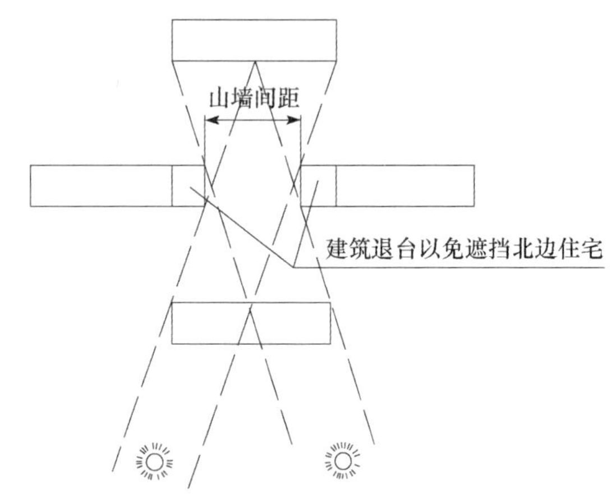

图 2-28 错位布置的高层住宅合理利用山墙间距

【案例 6】海景花园第三期位于深圳天安数码城东侧,紧邻高尔夫球场,北部为厂房办公区,建筑界面较差,东面一期塔式高层住宅和西面四层会所对东、西两面的景观均有不同程度的遮挡。如何争取高尔夫球场和远处海景的景观成为规划设计的重要原则。从景观角度看,东北向最佳,东南向较好,如图 2-29~图 2-31 所示。

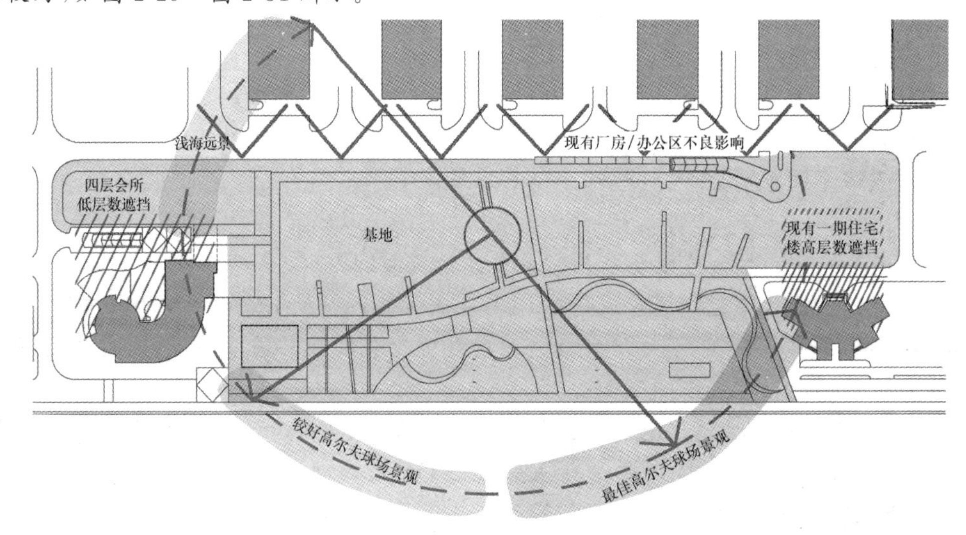

图 2-29 深圳天安数码城海景花园基地环境分析

① 宋德萱. 建筑环境控制学[M]. 南京:东南大学出版社,2003.

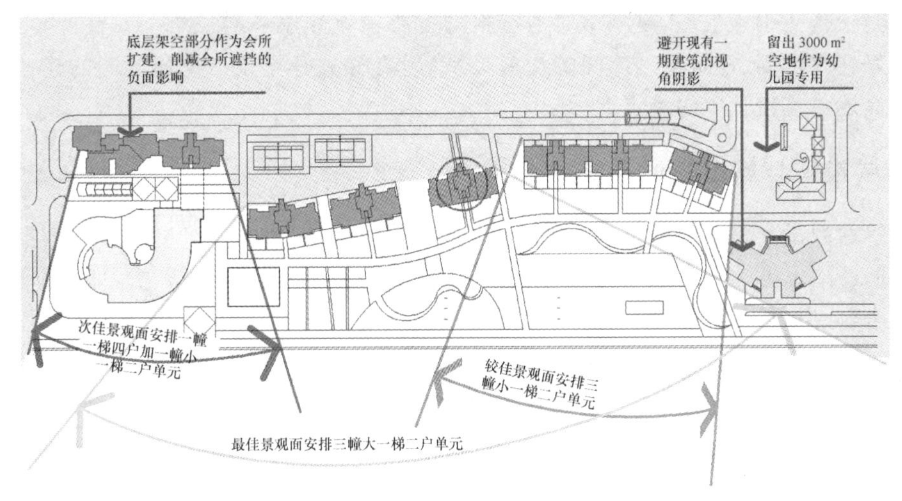

图 2-30 深圳天安数码城海景花园住宅布局策略

图 2-31 深圳天安数码城海景花园效果图

2.4 总平面设计中的交通组织

高层建筑交通组织设计主要包括高层建筑与城市交通系统之间的衔接协调、高层建筑内部对外交通设施的平衡分配，以及高层建筑交通环境设计三个方面的内容。高层建筑对交通环境和交通安全及其人性化提出了要求：一是要求选择高层建筑基地内部交通人车冲突模式，譬如，是人车分流、人车混流，还是部分人车分流；二是要求体现交通设施（道路和停车场等）的人性化程度，要求充分考虑弱势群体的交通出行，进行交通设施无障碍设计。

高层建筑往往位于城市中心繁华地带，集群式的高层建筑往往还是某一地区的中心，由于其规模大、功能复杂、使用人数多,是城市交通产生的主要源点和服务对象之一。高层建筑交通组织不但要解决好建筑内部、建筑集群之间的交通关系,还要解决好与城市交通之间的连接,因而交通组织设计是高层建筑设计中的难点。

2.4.1 高层建筑与城市交通系统的衔接

高层建筑与城市交通系统的协调主要考虑高层建筑所在的区位、人口容量及其与周边路网交通关键节点的匹配程度。若是大型高层建筑综合体,还应进行交通需求分析,即根据专业机构提供的评估报告,分析周边路网中影响高层建筑交通出入的关键节点或路段,可能需要对这些节点或路段进行少量的工程改造。

特大城市的地标式超高层建筑,还应考虑其交通产生与吸引量对周边主要出入通道的冲击程度,以及高层建筑至中央商务区、重要文化娱乐设施,市内交通枢纽之间便捷交通联系的需要和可能性。

【案例 7】杭州市民中心位于杭州市新中央商务区钱江新城的核心区。用地总面积约 18 hm^2,规划总建筑面积 45 万平方米,容积率为 1.65。该中心以行政办公和政府对外服务为主,兼具商务贸易、金融会展、文化娱乐和部分商业服务功能。由于市民中心位于城市景观主轴,与杭州歌剧院等公共活动中心毗邻,因此,还需要考虑市民参观、旅游和少量商业服务功能,是一个典型的高层建筑综合体。

杭州市民中心建筑综合体中心由 6 幢高层建筑构成环形,周围的四片为裙楼。一环四片建筑布局在街区内形成了三条环状道路,分别位于裙楼外侧、中心建筑群外侧和内侧。裙楼之间有道路连接街区外部道路和主建筑群。根据交通需求预测,杭州市民中心建成后有 7 200 个工作岗位,每日吸引人流大约 24 000 人次,高峰时段每小时进出车辆 1 600～2 000 辆,街区总体供应停车泊位 2 200 个,如图 2-32 所示。

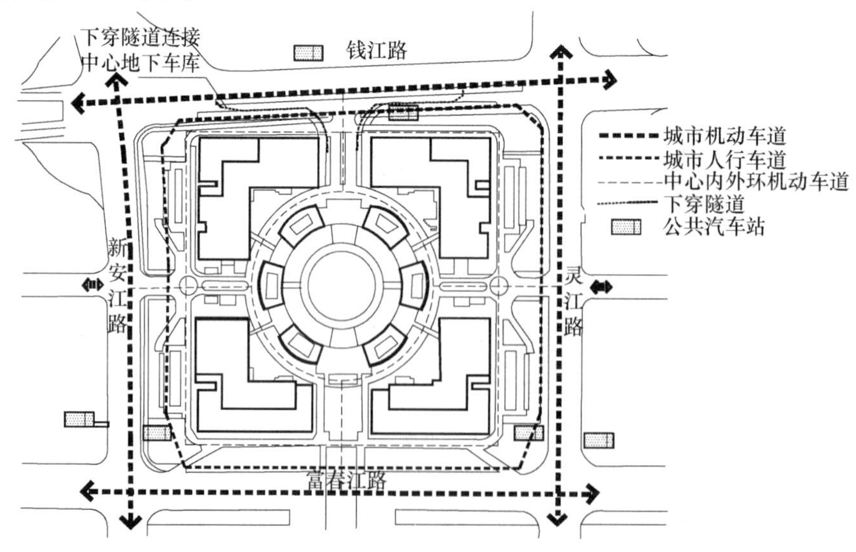

图 2-32 杭州市民中心交通组织方案

图片来源:李晔

设计人主要根据人车分流及地下停车库的不同出入方式，提出三种比选方案(见表2-4)。

表2-4 杭州市民中心交通协调设计比选方案

方案名称	方案要点	方案优点	方案缺点
方案一 地面方案	街区东、西、北三个主要出入口，南面一个次要出入口，每个出入口均为双向四车道、两块板，行人与自行车共板，机动车八车道；街区内部道路全部单行，规划内、外两个环，各分区环通，机动车流进入街区后分散至各车库入口	完全符合区域规划中主要干道的规划与建设方案，满足城市主轴线“通透”的要求	外围交叉口与街区出入口交通压力均很大；机动车进入“内环”后，人车冲突大；街区内有大量地下出入口，破坏了街区景观
方案二 机动车人车 分流下穿方案	新安江路和灵江路在钱江路北建下穿隧道，连接地下二层车库，供小型通勤车流使用。隧道为三车道，其中一车道为行驶方向可变车道	体现“步行—公交—小汽车”的优先设计原则，步行距离短，交通环境好	与区域规划的道路设计思想不同，需要将刚竣工的市政道路重新施工，造价高，协调难度大，地下车库交通组织复杂
方案三 地面与下穿 结合方案	钱江路主线下穿解决两关键外围交叉口交通压力；钱江路建地下车库专用出口匝道；地面设东、西出入口	充分利用外部交通条件，外围交通服务水平高，出入便捷；达到大部分人流与车流的分离	地下车库管理较为复杂，还存在一定量的人车冲突

注：评价标准和指标：1. 安全 (a) 人车冲突点个数；(b) 冲突概率；(c) 出入地下车库的安全度
2. 高效 (a) 社区出入口延误；(b) 到达目的地时间；(c) 会议疏散时间
3. 舒适 (a) 区内步行距离；(b) 停车步行距离
4. 可靠 (a) 对岗位数敏感性；(b) 对高峰交通量敏感性

分析说明：方案一不能适应市民中心交通特点和要求；方案二需要调整原有规划，对区域交通组织影响较大，造价过高，协调难度大；方案三抓住钱江路正在施工设计的有利时机，是一个满足需要、造价合理、技术可行的方案。最后，采用方案三作为市民中心交通组织规划总体方案。案例来源：李晔. 城市建筑综合体交通协调设计——以“杭州市民中心”为例. 城市交通，2006(2).

高层建筑与城市交通系统的衔接主要体现在接口形式上，这也是基地内部交通组织的先决条件。高层建筑与城市交通系统的接口形式有常规交通系统接口、城市步行系统接口和城市客运交通枢纽接口三大类型，有平面和立体两大形态，其中，立体接口一般为高层商业综合体使用，除了山地城市，高层住宅和城市交通系统之间一般较少有立体接口。

我国绝大多数城市高层建筑基地与城市交通系统的接口形式完全由城市有关主管部门确定，特别是对立体接口的限制更严。最常见的是基地与常规城市道路的平面接口、城市步行系统接口以及高层建筑商业综合体与地铁接口。

1）平面接口

高层建筑基地应与城市道路相邻，否则应设基地道路与城市道路相连接。建筑项目规划要点和控制图则一般都规定了基地车流出入的方向。

裙楼规模大且功能复杂的高层建筑多为人员密集建筑，《统一标准》规定：人员密集建筑基地或建筑物的主要出入口，不得和快速道路直接连接，也不得直对城市主要干道的交叉口；基地机动车出入口位置与大中城市主干道交叉口的距离，自道路红线交叉点量起不应小于 70 m，与人行横道线、人行过街天桥、人行地道(包括引道、引桥)的最边缘线不应小于 5 m；距地铁出入口、公共交通站台边缘不应小于 15 m；距公园、学校、儿童及残疾人使用建筑的出入口不应小于 20 m。初学者在确定高层建筑基地车行道路出入口时，往往忽略了这些距离要求。

高层建筑基地机动车出入口的通过能力受城市道路上已有的交通量的限制。当相邻城市道路交通量较大时，基地出入口宜采取机动车"右进右出"的形式(初学者容易忽视基地被允许的车流出入方向)。当城市道路设定的行车速度过高时，应在出入口两侧设减速和加速辅助车道，辅助车道长度视城市道路和基地道路的车速而定，一般为 20～40 m(单侧)。住宅区与城市道路的接口和道路系统有特殊的要求，请读者查阅《居住区标准》。

2）立体接口

立体接口是指建筑基地道路以立体交叉的形式与城市道路相连接。这种形式通常用于高层建筑直接与轨道交通、封闭式汽车专用道或空中和地下步行系统连接。这种方式减轻了高层建筑产生的大量机动车交通对城市道路的压力，因而为不少大型高层建筑项目所采用(如图 2-33、图 2-34所示)。

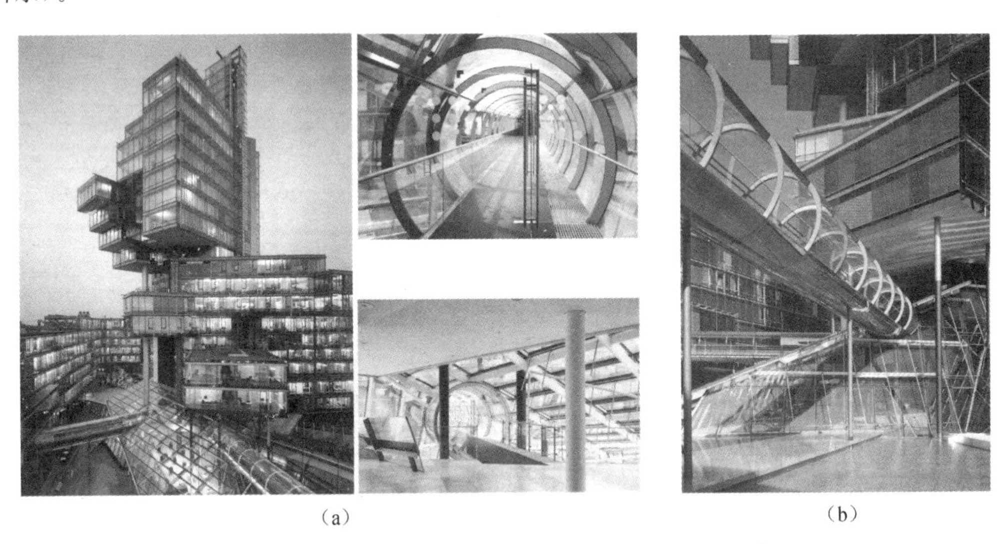

(a)　　(b)

图 2-33　德国 Clearing 银行与城市道路的立体接口[①]

(a) 立体接口之一；(b) 立体接口之二

城市交通立体接口与高层建筑连接主要有以下两种形式。

其一，从城市高架道路引出的机动车匝道直达建筑群裙楼顶层，通过内部交通广场连接各栋高层建筑的大堂入口，地下车库入口设在广场中央。与上述交通组织方式相适应，各高层建筑均有垂直交通设施连通裙楼内的每一交通集散层。办公楼可分别从停车场及裙楼直接进入。旅馆则设专门电梯将地下停车场及各层裙房的人流集中到大堂后再行分配。

其二，高层建筑地下商业空间与地铁相连，俗称地铁上盖物业。地铁专用通道通往高层建筑

① 澳大利亚 Images 出版公司. 世界建筑大师优秀作品集锦[M]. 北京：中国建筑工业出版社，1999.

图 2-34　重庆融侨半岛高层住区用天桥连接城市道路

地下的交通枢纽(一般为中庭或大堂)，联系方式便捷、通畅，但处理不好会引起人群的聚集和混乱。为使大量人流迅速疏散，应设置良好的空间导向或明确标志。

高层建筑商业综合体与地铁的接口在建筑内部完成，其本身也是城市交通系统的一个组成部分，因而其裙楼内部的公共交通面积较大，水平与垂直交通的设计可以将过路人流引入裙楼，以提高裙楼的商业价值。高层建筑结合客运交通枢纽是大型高层建筑商业综合体外部交通组织发展的趋势(如图 2-35 所示)。

2.4.2　高层建筑基地内的交通组织

高层建筑基地内的交通组织就是基地内交通设施的平衡与分配，设计时应主要考虑三个方面的内容：一是交通流线特征，即高层公共建筑是单座建筑或建筑群的人流、车流、物流特征，而高层住宅涉及的则是住宅区的道路交通体系；二是交通设施的分配与平衡，即停车量与建筑物面积之间的比例，停车方式的要求，以及地面和地下停车的比例，后者一般在项目规划要点和控制图则已有规定(详见本书 5.3 节“停车库”)；三是在道路设施及其路权上体现人车冲突模式，清晰划分人行道、非机动车道、机动车道、人非混用车道、机非混用车道。

图 2-35　地铁与高层建筑的关系——广州政务中心旁的地铁出入口

1) 对外交通流线分析

一般高层公共建筑对外交通流线组织方式较为相似，只是不同规模和类型的出入口数量略有差别，其取决于裙楼功能组合。

(1) 高层公共建筑对外交通人流流线类型及设计要点

其一,出入高层建筑塔楼的人流路线,包括正常状态的人流路线和紧急状态的人流路线。受垂直交通的约束,流线设计应明确而单纯。应注意,塔楼的疏散人流从首层出到室外的距离一般不宜超过 20 m。

其二,出入高层建筑裙楼的人流路线,包括正常状态的人流路线和紧急状态的人流路线。其中,正常状态的人流路线因出入多种类型的功能空间,可能多次分流,其流线复杂程度受裙楼功能组合类型和空间容量的影响,详见本书 3.2 节“裙楼功能分区与流线组织”。

其三,出入基地外部广场或休闲等场地活动的人流路线,取决于广场的性质和活动的内容,相对复杂,较难把握,设计的关键是避免休闲场地人的停留区受交通流线的干扰。

其四,高层建筑裙楼通常配置有大型文化娱乐、商业服务等人员密集场所。《统一标准》规定:建筑物主要出入口前应有供人员集散用的空地,其面积和长宽尺寸应根据使用性质和人数确定;绿化和停车场布置不应影响集散空地的使用,并不宜设置围墙、大门等障碍物。

(2) 高层公共建筑对外交通车流流线类型及设计要点

其一,出入地面各种大堂口部的外部车流,有可能进出停车场库,设计时特别要注意车行方向(右行)的一致性,不能迂回或逆行。

其二,出入地面停车场的内外部车流,根据不同的建筑类型流量有较大的区别,必要时需提供物流专用场地。较大型的商业裙楼还要考虑 40 尺(约 13.3 m)货柜车的进出,其转弯半径不小于 18 m。

其三,出入地下停车库的内外车流量较大,对地面的车道(坡道)占地面积较大,因而对位置有一定要求(往往上部还要求覆盖),对场地有较大影响。

其四,出入高位停车库的内外部车流,入库坡道占地面积更大,较为少见。

其五,一般应设环形消防车流线,详见本书 8.2 节“总平面防火设计”。

【案例 8】郑州某高层旅馆项目,定位要求利用基地北部已有的餐饮和娱乐设施,建筑师将新、旧建筑之间处理为消防车道,采用天桥和旧楼连接,整合商业出入口并与其靠近,而将旅馆主入口面临另一条城市道路,同时通过退缩城市道路 38 m,增加了主入口的纵深感和气势,合理做到了人车分流。

由于用地较为充裕,总平面规划提供了充裕的地面停车场,并用柱廊强调了主入口横向展开的尺度,同时巧妙地利用入口车行柱廊兼顾停车场的出入口,由于旅馆面临的是两条城市支线,所以车行口与道路交叉口的距离不受规划特别控制,如图 2-36 所示。

(3) 高层住宅交通流线特征分析

高层住宅交通流线实质是高层住宅区交通流线,流线分析请查阅住区规划有关书籍。

2) 平面交通组织设计

(1) 平面混合型交通的组织

平面混合交通型是传统的交通组织形式。这种形式的主要特征是:人流、车流进入基地后,通过共用的建筑前广场将不同目的的交通分配至各自的入口,建筑前广场供人车混合使用。

大中型商业设施的主要出入口前,应留有集散场地,根据建筑规模设置相应的机动车和非机动车停放场。当停车量较少时,行人可在广场内休息;当停车量大时,整个广场除留出必要的人行通道外,在不影响项目绿地率的情况下,全部用来停车,从而减少地下停车面积,降低造价。

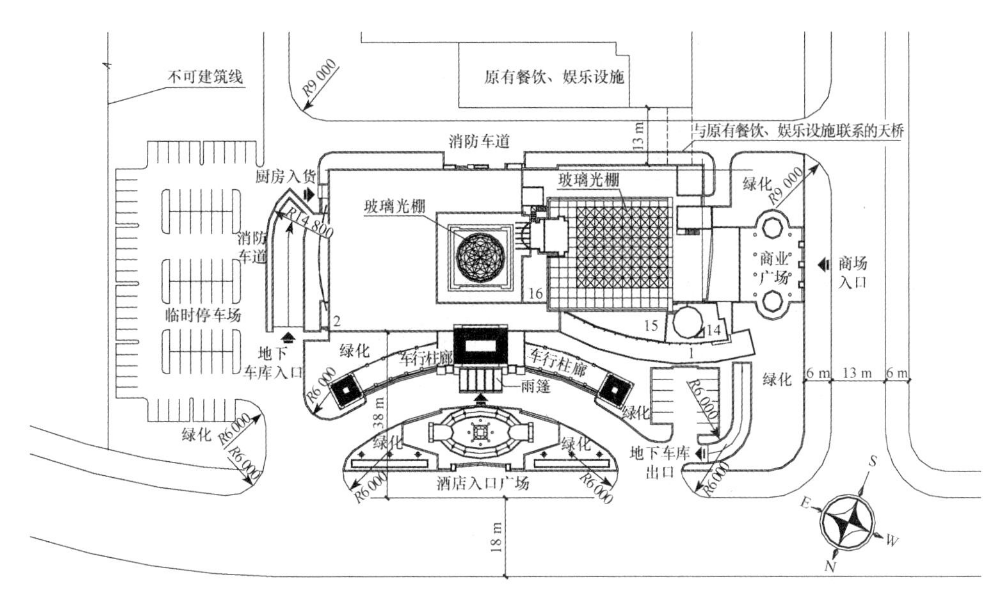

图 2-36　郑州某高层旅馆外部交通组织设计总平面

人车合用通道可减少基地出入口数量，便于实施封闭式管理，但(车行)交通量较大时，人车混行易造成混乱。因此，混合交通组织仅适用于功能简单、建筑面积较小或机动车使用率较低的一般高层建筑。

(2) 平面分流型交通的组织

平面分流型交通组织最简单的方式是临街面只对商业开放，塔楼人流和车流均通过消防通道从建筑的背街面进入，分区明确，裙楼和塔楼之间干扰少，有利于发挥裙楼的商业价值。

平面分流型交通组织的另一模式是人流和车流分别从两个或三个方向进入基地，建筑前广场相应划分为人流集散广场、停车场和公交站场。这种模式适合于高层建筑商业综合体。在有大型商业裙楼的高层建筑基地中，以步行、非机动车为主的慢行交通在外部交通中占有很大的比例，需要配置足够的交通空间。

高层住宅区一般采用平面分流型交通的组织。虽然《居住区标准》已用居住街坊—步行生活圈—居住区生活空间结构取代了组团—小区—居住区生活空间结构，但道路分级并无实质变化。居住区道路设计具体内容请查阅有关规划方面的书籍。除了道路分级和控制要求(如图 2-37 所示)，还需要注意以下两点。

其一，尽端式道路长度超过 120 m 时，应在尽端设置不小于 12 m×12 m 回车场地；如车道宽度为单车道，则应每隔 150 m 左右设置车辆会让处。

其二，有条件时应选择人车分流，或至少做到部分人车分流。人车分流最有效的办法是设地下车库(设地面采光井)，均匀分布且相互连接，同时使地面消防车道下沉(住户活动面和车道处于不同标高)，既方便住户停车取车(从地下车库通往住宅的楼梯出入)，又不干扰住户的活动。

3) 立体交通组织设计

对于人流量极大，功能流线复杂的高层建筑商业综合体，一般应采用立体化、多层次的交通组织方式。所谓立体化，就是增加建筑与城市空间的多层次立体接口；所谓多层次分流，则是按照交

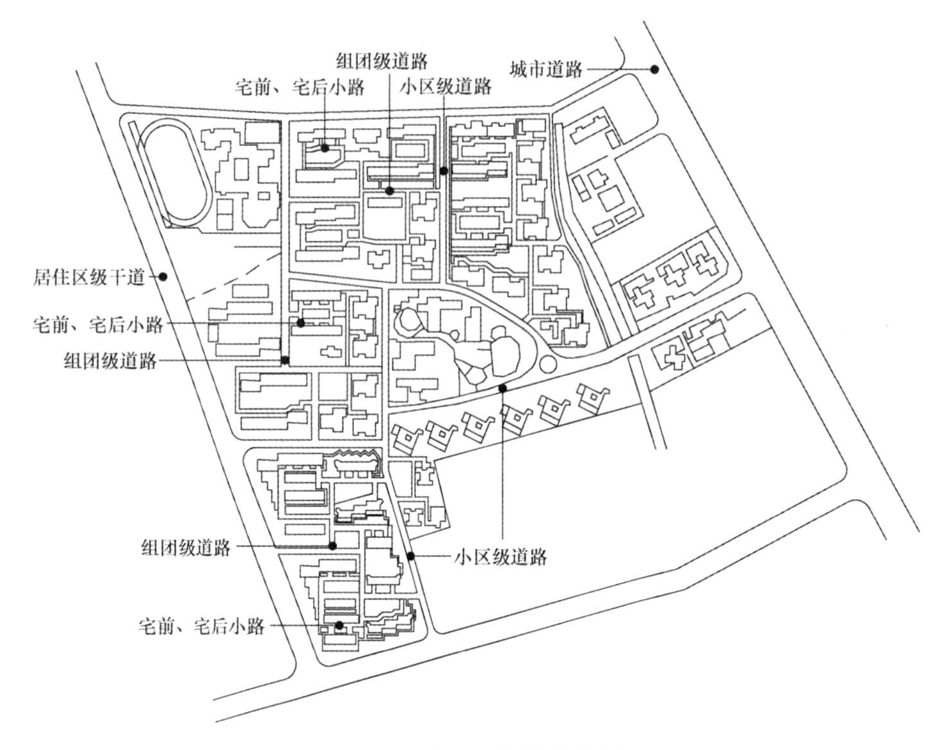

图 2-37 无锡沁园新村道路分级

通工具的不同，如汽车、步行、轨道交通等来分别组织人流和车流的出入口，通过整个区域的人流动线设计，形成大规模的步行网络体系。

两层的人车交通分流系统是高层建筑最常用的立体交通系统，也就是人流从上层步行道进入建筑，车流从下层进入停车场。人流出入口分设在两层，上下层之间以楼梯或自动扶梯联系。这类空间有时还是城市公共交通的集散、转换和分配枢纽。

街道空间中的人行天桥、连廊是最简单也是最常见的双层人车交通分流模式；也有的高层建筑通过外部空间与地下步行系统相连接，而且利用下沉式广场作为地下商业空间的出入口。

【案例 9】CBX 塔楼位于巴黎拉德方斯区主要干道边缘，占地面积 2 780 m^2，总建筑面积 43 800 m^2。拉德方斯区区划委员会要求车行道及高架人行道连接通道，在人行道层面有景观通道穿过场地。建筑师将大楼入口垂直划分为车辆街道层面和人行道层面，上下分设两个大堂。建筑主体 32 层，其中塔楼 26 层均为写字间，裙楼 4 层，大堂占了上面两层。首层(街面层)为装卸设施和设备空间，二层为咖啡厅与厨房，位于三层上两层高的主大堂高 14 m(行人入口)，符合穿越楼座景观通道之高度要求，亦可俯视下面天窗照明的咖啡厅，如图 2-38～图 2-40 所示。

【案例 10】南方某高层建筑综合体设计人将旅馆、办公楼、住宅入口大堂置于基地南面，使建筑商业面能最大限度占据商业价值最高的城市主干道与东向规划路边，并保证其连续性；商业裙楼面向城市主干道方向设置一个开口及步行商业广场，吸引人流进入；在主入口附近设置立体交通系统(观光电梯和自动扶梯)，引导客流进入地下层商业空间，并在用地范围内局部挖出下沉式庭院以改善地下一层的采光通风，如图 2-41、图 2-42 所示。案例来源：广州翰华建筑设计有限公司。

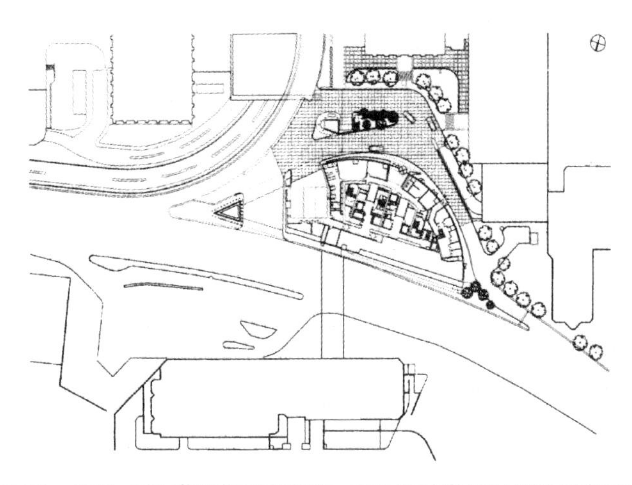

图 2-38　巴黎 CBX 塔楼街面层平面,显示通过塔楼下侧的汽车通道①

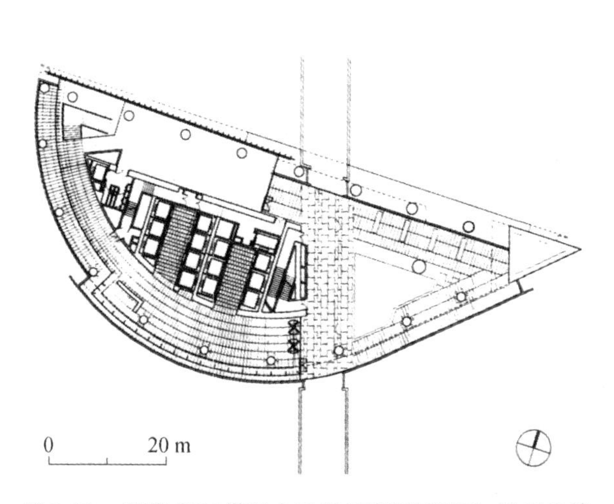

图 2-39　巴黎 CBX 塔楼人行道层面平面显示,联系拉德方斯地区各楼座的高架人行道从塔楼下面穿过

图 2-40　巴黎 CBX 塔楼外观及与城市连接的立体交通组织效果图

【综合案例 1】东方濠璟商务大厦位于西安开发区未央路西侧,北邻东方濠璟酒店,南面为超高层建筑,东面道路另一侧的西安市图书馆退后未央路有一大片广场,有一定的景观价值。建筑师将塔楼沿未央路方向布置,尽可能多地利用开敞景观,同时在未央路上形成完整的街景形象,将裙楼沿未央路展开布置,使裙楼有足够的沿街长度,提高裙楼的商业价值。

塔楼采取东、西两片布置,东部 24 层,西部 26 层,楼高 96.30 m。平面上相对略有错开,这样可使办公用房及走廊都有良好的采光及通风条件。基地沿未央路为银行对外出入口和办公入口,南侧为办公次入口,北侧设一个消防车入口。写字楼入口设在塔楼南侧,与裙楼人流分开。裙楼北侧各设一个工作人员入口及后勤入口。地下停车库设两个出入口,其中一个设于广场南侧,另

① 澳大利亚 Images 出版公司. 世界建筑大师优秀作品集锦[M]. 北京:中国建筑工业出版社,1999.

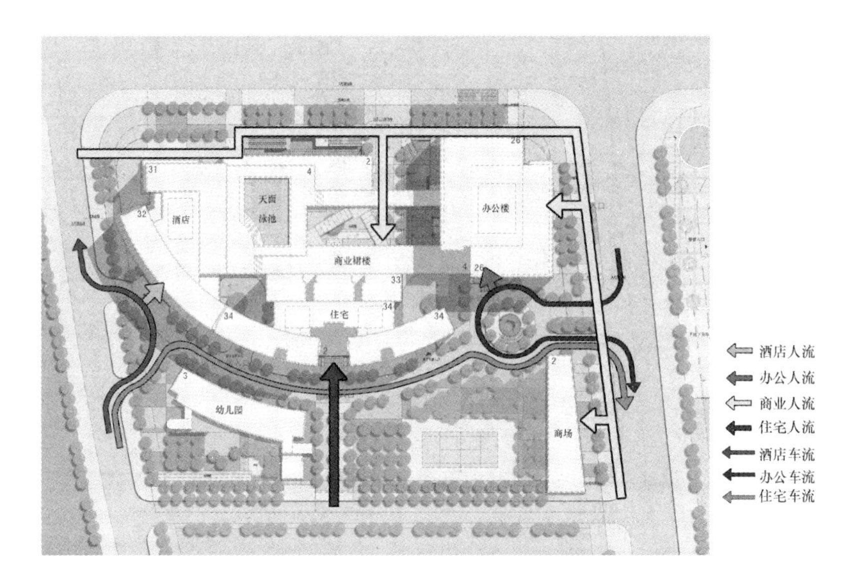

图 2-41　南方某高层建筑综合体外部交通流线分析之一

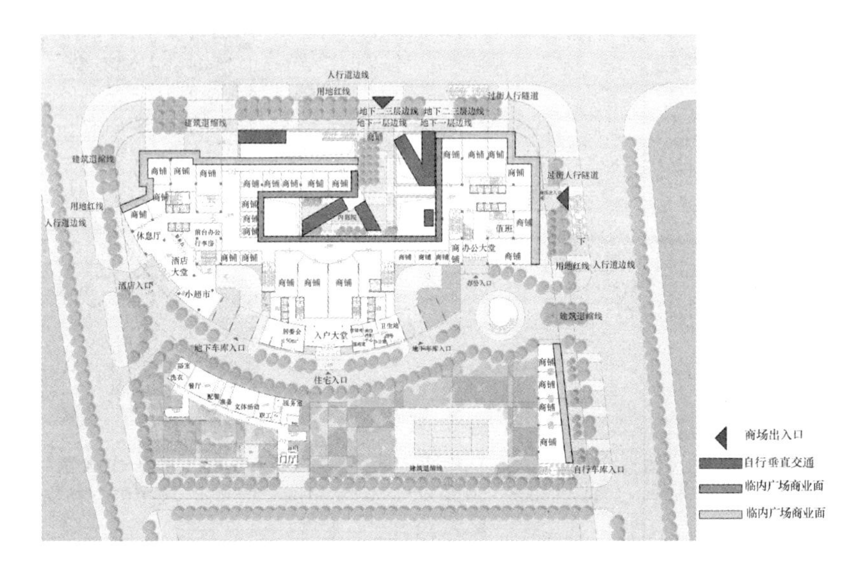

图 2-42　南方某高层建筑综合体外部交通流线分析之二

图片来源:广州翰华建筑设计有限公司

一个与北侧酒店地下车库车道共用,基地广场西面设地面停车场,停车仅 12 辆(可在基地东面布置停车场)。如果不与酒店地下车库连通,则停车量明显偏少。此外,应注意其将锅炉房置于地下且独立布置,如图 2-43 所示。案例来源:深圳市鑫中建建筑设计顾问有限公司。

【综合案例 2】惠州建设局大楼项目用地位于惠州江北新城区文明路和三新南路交叉口,城市中轴穿越的市中心广场东北侧,周围建筑为已建和拟建的政府各个机构办公楼。南侧为城市景观区,基地环境良好(如图 2-44 所示)。建设项目综合了办公、餐饮以及展示功能,如何处理好三者之间的关系,特别是建筑与中心广场的关系成为总平面设计的关键。

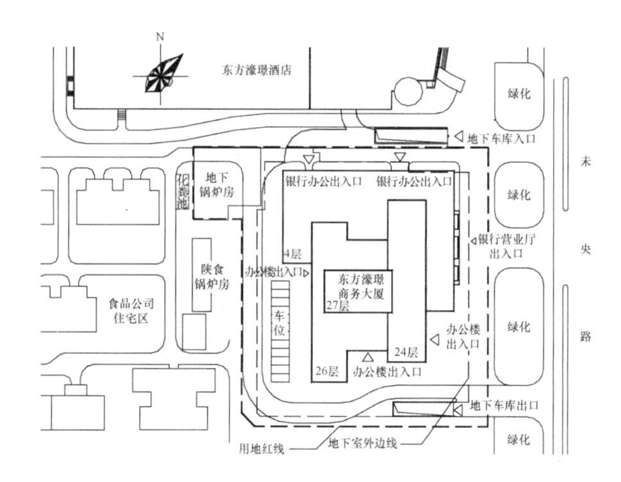

图 2-43　西安东方濠璟商务大厦总平面布局

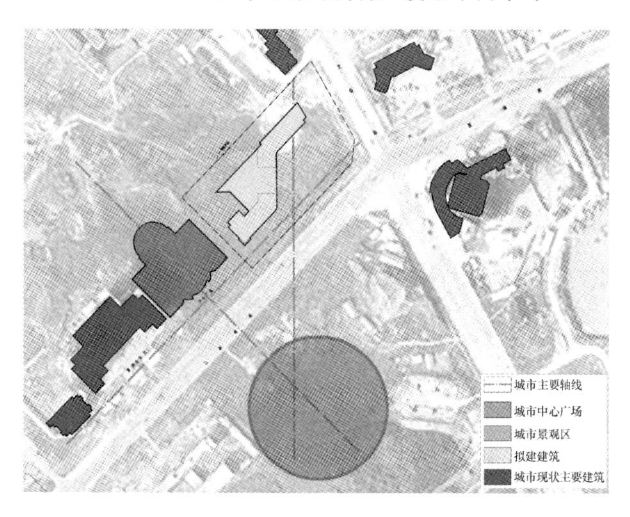

图 2-44　惠州建设局大楼基地环境分析

图 2-45 所示为该大楼总体布局的三个方案，建筑体量一致，即 22 层主楼（办事大厅和办公空间）、15 层配楼（首层、二层为商业用房，三层为 200 人餐厅）和 4 层附楼（城市规划展馆），三方案均在基地接驳城市道路交叉口布置了广场。

方案一街角形成广场，但主楼过于靠后，不利于交通组织和体现形象；方案二虽然克服了方案一的问题，但广场与主楼关系不佳；方案三主楼和副楼对调，主楼形象突出，广场关系良好，副楼虽在主楼后，但与西南中央广场关系紧密，有利于向公众开放，主楼靠近十字路口，有利于突出其建筑形象，主楼向后退面积作为城市广场，配楼布置在地块右侧，不至于遮挡主楼的建筑形象，并与主楼围合成半封闭广场，最后确定方案三。

按规划要求在地块东、北和西南角分别设置了车行出入口，东、北入口主要为主楼和展览馆服务，西南角入口为配楼服务，各出入口附近布置地下车库出入口。西北角入口主要作为物流入口，东入口旁设地面停车场地。几大广场共同构成步行系统，如图 2-46～图 2-48 所示。案例来源：华南理工大学建筑设计研究院。

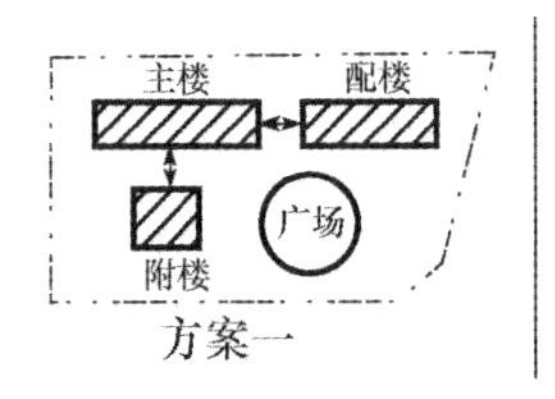

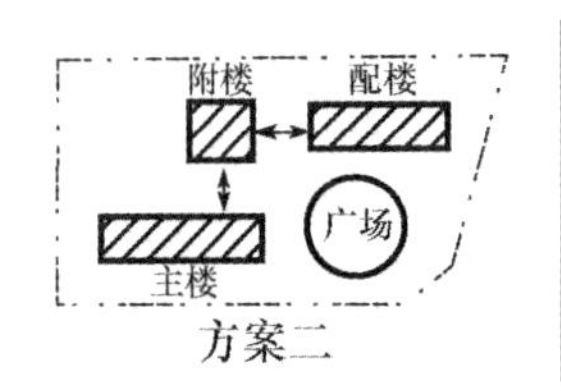

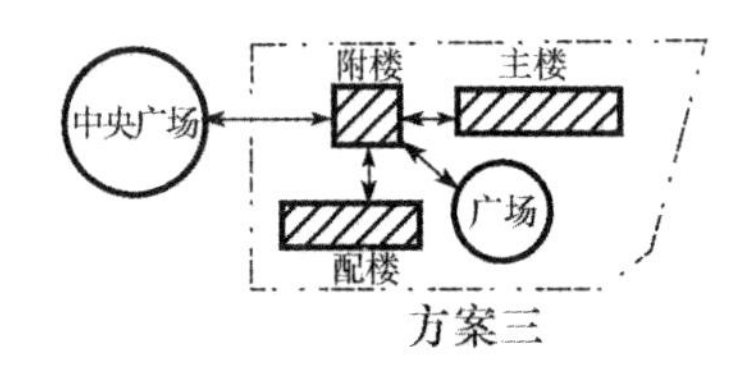

图 2-45 惠州建设局大楼总体布局方案与比较

图片来源:华南理工大学建筑设计研究院

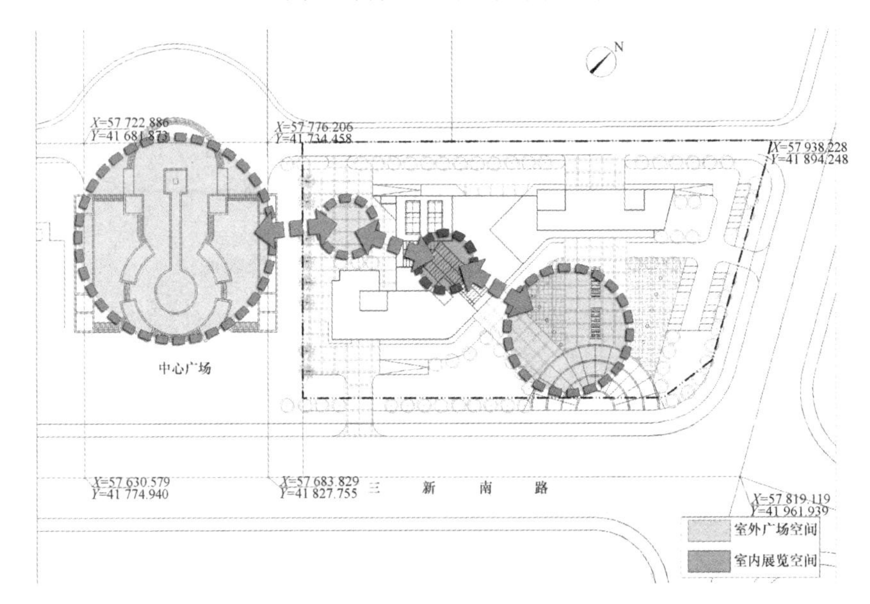

图 2-46 惠州建设局大楼中标方案城市空间分析

图片来源:华南理工大学建筑设计研究院

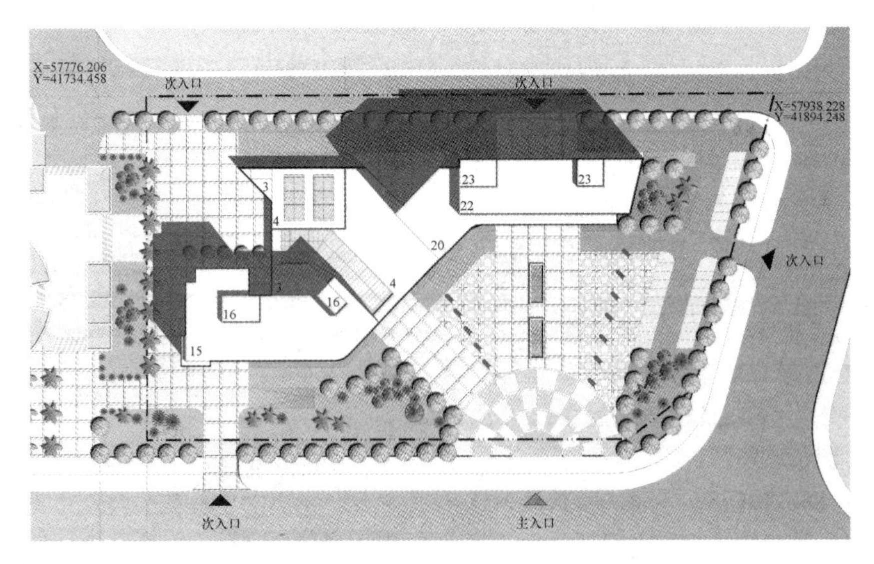

图 2-47 惠州建设局大楼总平面图

图片来源:华南理工大学建筑设计研究院

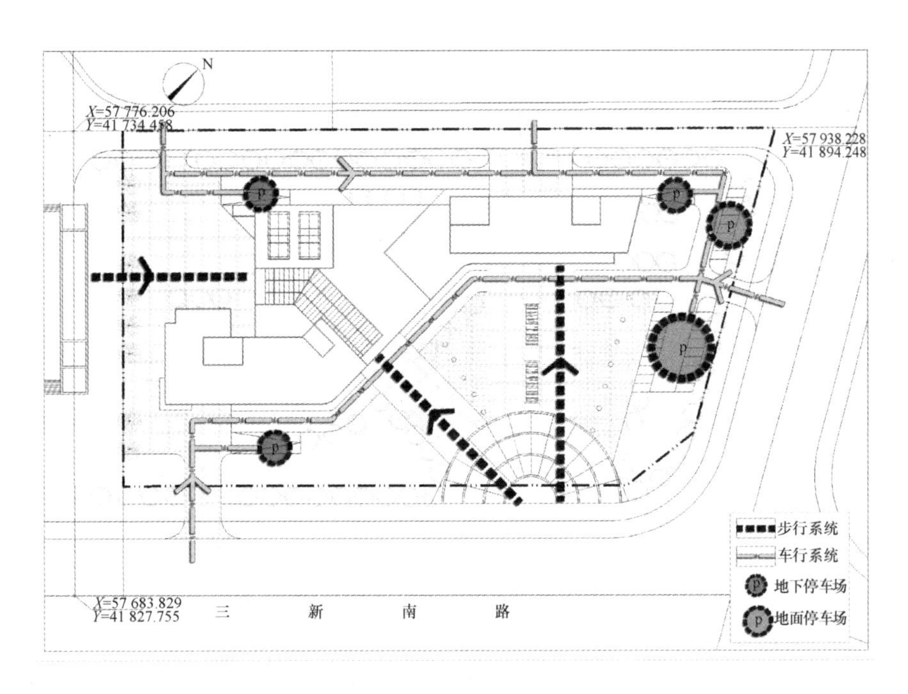

图 2-48　惠州建设局大楼中标方案交通组织分析

图片来源:华南理工大学建筑设计研究院

第 3 章　高层建筑裙楼设计

3.1　一般概念

高层建筑往往将功能相同或相近的空间，如办公间、客房、公寓等重叠在高层建筑主体里，形成高矗兀立的竖向体量，即通常所说的塔楼。将绝大部分服务性和辅助性的公共空间，如会议、餐饮、商场、康乐和商务等用房，安排在高层建筑塔楼底部或毗邻的附属建筑中，避免了因大小不一的空间上下叠置带来的结构难度与不合理性。还有一些高层旅馆和办公楼甚至将部分公共空间(如旋转餐厅和会议室等)布置在塔楼顶部。塔楼和裙楼功能的结合是高层建筑功能配置的特点。

从功能的角度看，裙楼(podium)是塔楼功能的补充，为塔楼业主或租户服务；从地产的角度观察，裙楼作为一种引力源，在塔楼周围形成一个强大的磁场带动塔楼的租售。如果项目有良好区位和相当规模，往往会配置较为集中的商业功能，但应注意人员密集场所对建筑基地的特别要求。

在我国，高层建筑有“塔楼”和“裙楼”之分，以及“主体”和“裙房”之别，后者亦为结构和防火规范用语。所谓“主体”是指塔楼标准层正投影的范围，主要是基于结构的划分；而“裙房”则是指高层建筑底部的公共用房和附属用房在平面布局上超出高层主体的平面范围，形象上类似于塔楼的基座，这种扩大的低层及附属的横向体量部分被形象地称为裙房。《防火规范》将裙房明确定义为与高层建筑主体范围外，高度不超过 24 m 的附属建筑。作为相对较矮的基座部分，裙楼对城市生态的影响较小，对于街道尺度和城市公共空间却有很重要的影响。

3.1.1　裙楼的基本形式

裙楼布局反映高层建筑公共性、服务性以及辅助性空间与塔楼空间的联系，而多套垂直交通系统是高层建筑的显著特征，也是裙楼设计的核心内容之一。根据基地条件与裙楼的功能要求，裙楼形态一般有以下四种类型，设计时应特别注意功能组合与布局的基本模式，如图 3-1 所示。

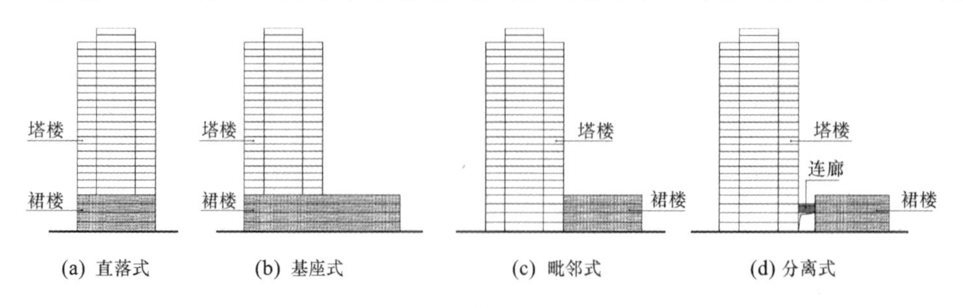

图 3-1　裙楼基本形式示意

图片来源：李雪

1）直落式

没有“裙边”的裙楼称直落式裙楼，可以看作是标准层空间的直接下落，裙楼空间明显受到限制。由于主体建筑柱网较密，且柱子断面较大，在其柱网范围内往往还有部分剪力墙落下，并附带大量的设备竖井，使直落式裙楼难以满足有大空间的功能要求。因此直落式裙楼必须有大空间时，一般在塔楼和裙楼之间做结构转换，也可将大空间设在塔楼顶部，但对使用功能和面积均有限制，同时增大了塔楼疏散通道的宽度。

2）基座式

基座式裙楼将高层建筑公共用房集中于底部，并扩大柱网形成基座，在扩大的范围内解决裙楼对大空间的要求，在裙楼商业价值较高时，有利于在建筑红线范围内争取尽可能多的裙楼建筑面积，但要保证高层主体建筑所必需的消防登高面，并应对塔楼疏散人流通过裙楼到达室外的水平距离有所限制。

3）毗邻式

裙楼单独形成体量且与塔楼上下连通、左右贴邻时，称为毗邻式裙楼，如第7章的图7-16所示。毗邻式裙楼便于划分功能分区，容易组织各种对外、对内的出入口与交通流线，便于火灾扑救。结构上主体与裙房之间的矛盾也大为减弱。毗邻式适合于高层建筑功能较为复杂、基地面积较大或裙楼商业价值较高的情况。

4）分离式

当基地条件允许时，可将高层主体建筑与裙房完全分离，两者之间只有连接体相联系（即与主体建筑脱开一定距离），这种裙楼称为分离式裙楼。分离式裙楼的优点是主体建筑与裙楼在功能布置中不受结构与设备等技术因素干扰，相互都无约束，有利于防火，同时两者的结构形式也可根据各自的功能特点来选择。分离式裙楼便于组织复杂功能和大空间，但占地面积大，有利于建筑师自由地采取各种建筑形式。总体布置上可通过造园手法使内外部环境得到很好的协调。分离式裙楼适合于高层建筑功能复杂、基地面积大或建筑外部环境要求高的情况，多用于高层旅馆建筑综合体。

3.1.2 裙楼的功能组合模式

各类高层建筑裙楼功能已形成了许多共同的特征，不同的只是各类功能空间的大小和搭配关系。因此，很难对高层建筑的裙楼功能划定一个准确的范围，也就是说高层建筑类型和裙楼功能配置之间并没有牢固的联系。事实上，大型高层建筑几乎均为综合体，一般裙楼层数较多，功能流线更加复杂，综合程度和配置内容视塔楼功能性质和建筑区位有少许区别。

实际工程中，房地产的市场定位决定裙楼功能配置，因而裙楼功能配置往往是复杂而又动态的。开发商在制定设计任务书时，一般根据咨询公司的市场分析报告决定公共部分的内容和规模。此外，裙楼的功能配置与城市定位、人口规模以及消费习惯有一定的关系，例如，有的城市餐饮业发达，有的城市重视娱乐业，这些对裙楼的功能组合模式都有一定的影响。

1）办公裙楼

（1）行政办公楼

行政办公楼裙楼功能较简单，一般增设快餐厅、商务以及大中型会议功能。

(2) 行政专用办公楼

除了一般行政办公裙楼基本的功能配置,海关、税务、邮政、公安、地产交易中心等政府专用办公楼因对社会开设服务窗口,往往会有一个或多个办事大厅,分布在首层甚至裙楼各层。高层法院建筑是行政专用办公楼的特殊类型,一般也会将审判大厅等布置在裙楼。

(3) 租赁大楼

租赁大楼的裙楼一般层数较多,功能较为复杂,除了高层办公楼必须置于裙楼的大堂和辅助用房以及管理用房外,商业和餐饮设施占了大部分裙楼空间。

(4) 公司专用办公楼

公司专用办公楼属于大公司企业自用的办公楼。其中,银行、证券公司和保险公司等专用办公楼裙楼除了一般商业办公裙楼基本的功能配置外,往往会有一个或多个营业大厅分布在首层甚至裙楼各层。

2) 旅馆裙楼

旅馆建筑设计首先应明确对象的等级,因为等级规定了旅馆的档次和规模,也就规定了旅馆的功能配置和面积大小。我国旅游旅馆一般按《旅游饭店星级的划分与评定》(GB/T 14308—2010)定级,星级旅馆分六个星级,具体内容读者可自行上网查阅。

最有代表性的经济型旅馆是商务旅馆。商务旅馆是典型的城市旅馆,是一种集合住宿、商务和餐饮的形式。商务旅馆充分利用区域的商业服务设施,公共部分配置较为简单。除了公共大堂,只有简单的餐饮配套(有的商务旅馆不提供餐饮功能),行政和辅助部分也相应简单,各项面积标准均不高,稍微讲究点的会增加健身休闲区,上规模和档次的可再增加专门的会议区。

高层旅馆的主要功能空间大致可分为两类:一类是客房,通常位于塔楼;另一类是公共空间(用于商业、康乐、餐饮、休闲等)和相应的辅助空间和管理空间,一般设在裙楼,功能复杂,不同的旅馆类型裙楼的功能组合不尽相同。

图 3-2、图 3-3 所示为高层旅馆建筑功能组合的两个实例,现在普通高层建筑已较少在顶部设置旋转餐厅。

3) 商住裙楼

商住裙楼是指临街高层住宅和公寓用于商业功能的裙楼。一般商住裙楼规模较小,常常用作小超市、餐饮店及街铺等,承担社区商业服务网点部分功能。

商住裙楼的设计首先要处理好商业与住宅大堂的关系,尽量不要将塔楼的消防登高面设在临街面,因为疏散楼梯要占用商业空间,很难安排住宅塔楼在临街面的疏散逃生口。此外,还应注意,高层住宅裙楼在配置餐饮设施时一定要设附壁烟囱,并处理好厨房排烟。显然,从居住环境质量考虑,商住结合并非一件好事,现在已不鼓励这种功能组合,我国不少城市严格控制在住宅楼底层设置餐饮设施。

3.1.3 裙楼设计的方法和步骤

1) 裙楼设计的要点和难点

裙楼设计的要点和难点主要包括以下几个方面。

其一,应注重裙楼与周围环境及城市空间的协调与近地空间的营造。一是裙楼临街面的尺度

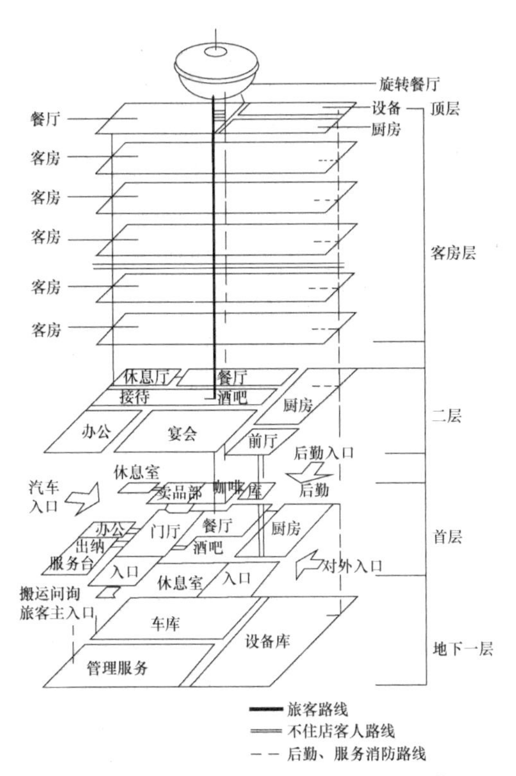

图 3-2　高层旅馆建筑功能立体示意①

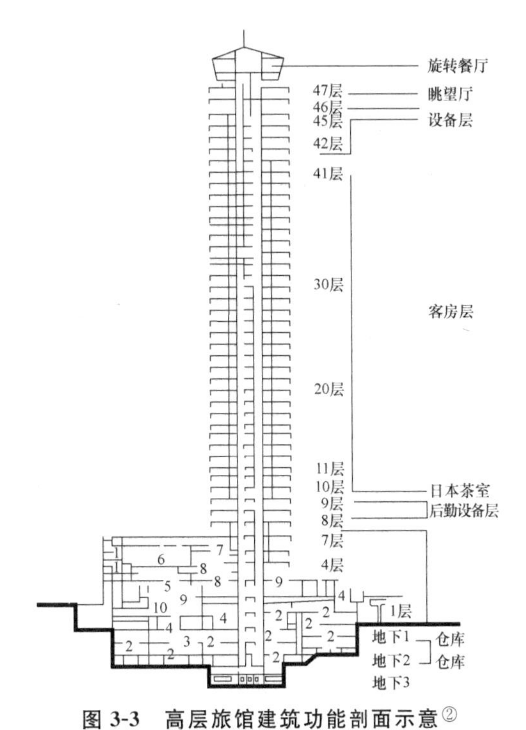

图 3-3　高层旅馆建筑功能剖面示意②

1—厨房；2—停车场；3—杂品库；4—冷藏库；5—中宴会厅；
6—大宴会厅；7—食堂；8—前厅；9—门厅；10—酒吧

比例和城市街道的协调；二是我国南北方对商业空间的开敞度和围合形式以及外部空间利用有不同的要求，由于气候的原因，北方商业空间较为封闭，南方商业空间较为开敞；三是临街面商业价值的挖掘，如商业空间开间和进深尺度的控制。初学者的典型错误是：在裙楼中布置商业空间时，商铺的开间比进深还大，或进深太大；也没有商业区位的级差概念，仅从内部空间效果决定商铺的大小，或每个商铺的面积均匀分配，没有加大商业价值高的位置（如两面临街的转角位）的租售面积。

其二，应注重建筑主、次入口空间及各种流线的组织。一是不要忽视裙楼用于餐饮、康体、娱乐等功能的物流和员工的通道及出入口；二是注意人流量大的空间，如商业空间，一般应有两个以上的出入口；三是大堂入口应有人车分流的引道形式。

其三，裙楼空间的设计需要一定的通用性和灵活性。这是为了满足不断变化的市场要求，也就是说功能变更对空间的要求能够通过装修调整。首层大堂的空间尺度把握，尽量中心无柱（特别是旅馆），且应注意中庭的尺度和空间的艺术效果。

其四，得房率（即租售面积比）的考虑。建筑师不能只考虑建筑平面系数，还要注意从经营角度区分直接收益、间接收益以及非收益三大部分。初学者在这方面的意识较弱，设计中的典型错误是平面系数和功能空间效益均较低。

---

① 《建筑设计资料集》编委会. 建筑设计资料集 4[M]. 2 版. 北京：中国建筑工业出版社，1994.

② 许安之，艾志刚. 高层办公综合建筑设计[M]. 北京：中国建筑工业出版社，1997.

其五,裙楼交通系统的组织及与塔楼和地下车库交通系统的关系。注意塔楼、裙楼和地下车库三套流线的分离,以及内部与外部流线的划分,矛盾的焦点往往集中在首层平面的布置上。

其六,层高的把握。裙楼的层高与物业类型、单元空间大小、结构类型和吊顶剖面处理以及造型尺度要求等均有关系,可以说非常复杂。不含中庭空间和特别的空间(如影视厅堂、室内球类运动场所以及货仓式购物商业空间等)的裙楼层高一般有 4～6 m,首层一般 5～6 m;二层及以上楼层一般为 4.5～5 m;住宅大堂一般不低于 6 m。应特别注意容积率计算对层高的影响。

此外,有的功能空间还有特别的技术要求。例如,厨房的防火和排烟处理,游泳池、桑拿室的排水处理,大空间的结构选型,以及机房设备布置等;而中庭防火、裙楼和住宅塔楼垂直交通、防火疏散和结构体系的分离,以及可能需要的结构转换等,都是裙楼设计的技术难点,除了查阅本书有关章节外,还请读者阅读有关参考书籍。

2) 推荐设计方法与参考步骤

裙楼设计的一般方法与参考步骤如下。

①根据设计任务书或地产项目前期策划报告,选择裙楼功能组合模块类型;

②根据总平面确定的塔楼位置,结合地下停车的空间、尺度和位置要求,初定塔楼标准层的基本柱网布置;

③结合塔楼核心体的基本位置确定各个功能组合模块在总平面图中的具体位置和空间范围;

④分配功能模块的外部出入口,基地窄小或建筑规模不大时,可合并裙楼和塔楼的人流出入口,以避免基地流线的交叉;

⑤延伸对应标准层的基本柱网,进行每个功能模块平面布置和环境与空间设计;

⑥尽量将消防电梯和疏散楼梯靠登高面外墙,保证防火疏散通道的宽度和安全,计算裙楼的每层防火分区的面积和人流疏散所需要的楼梯和安全出口宽度;

⑦结合塔楼柱网,根据地下停车库柱网布置要求综合确定裙楼柱网,尽量避免设置结构转换层,同时有利于提高停车效率;

⑧有条件时将消控中心和消防泵房布置在首层,并保证出入口直接对外。

3.2 裙楼功能分区与流线组织

前面一节讨论了裙楼的功能组合的内容,本节将进一步探讨裙楼功能组合的模式,也就是裙楼的功能分区与流线组织。这是高层建筑与非高层建筑空间最大的区别,即高层建筑功能以垂直分区为主,而且垂直的交通流线也占据了主导地位。因此,水平和垂直流线交织的裙楼首层平面布置特别重要,设计中应避免标准层楼电梯分割裙楼大空间的情况,避免疏散楼梯从首层到室外的疏散距离过长。

裙楼功能分区与流线组织与裙楼的功能组合方式有关。为了简化设计,不妨将裙楼功能分为若干空间模块来研究。虽然不同的功能模块在裙楼中的空间比例不同,但在高层和多层建筑中,同样的功能模块内部,细分的功能区和流线组织却没有本质差别,不同的只是各功能模块之间的连接方式,这也是裙楼的交通流线组织的主要内容。垂直分区和功能模块之间的连接均为裙楼设计的重点。

3.2.1　高层办公楼

1）功能布局与分区

按照功能组合模块的概念，本书将高层建筑裙楼划分为基本模块和附加模块。其中基本模块与建筑类型特征关联度大；而附加模块与建筑类型特征关联度小（见表 3-1）。一般行政办公裙楼基本模块，可简单地划分为大堂、餐饮、会议、后勤等模块，行政专用办公楼则增加专用大厅模块。商业办公裙楼可简单地划分成大堂、餐饮、会议、后勤和商业等模块，有时还有康乐模块。公司专用办公楼则增加专用大厅模块。每一个大模块就是一个大的分区，每一个细分模块就是一个小的分区，以此类推，可分成若干模块即若干个功能区。

表 3-1　办公裙楼基本功能配置和分区

序号	大模块	细分模块	位置	备注
基本模块				
1	大堂	门厅、大堂	首层或贯通多层	包括公共和专用大堂
2	餐饮	餐厅或卡座、厨房	裙楼中上部，裙楼屋顶花园层，有时设于塔楼	一般为快餐，非酒楼性质
3	会议区	会议室、报告厅	上部，会议区有的设塔楼，报告厅宜设于首层	有别于租赁客户的会议室，一般政府办公楼设报告厅
4	专用大厅	办事大厅、营业大厅	裙楼或独立设置	仅在专用办公楼内设置
5	后勤	辅助用房、管理用房	分散布置	包括消防中心等少量机房
附加模块（取决于区位，多见于办公综合体裙楼）				
5	商业	超市、购物中心	首、二、三层，设独立大堂	面积大，每个品牌零售商要求的基本规模不同
6	餐饮	餐厅和包房、厨房	首、二层，设独立大堂	面积较大，酒楼性质
7	康乐	桑拿、按摩、健身、棋牌、夜总会	首层设大堂为一般选择，三、四、五、六层一般不设大堂	面积较大，一般专用办公楼不设桑拿、按摩、夜总会等

表 3-1 反映了高层办公裙楼模块划分以及在裙楼中布局的基本位置，要注意每个模块在不同的办公裙楼中的重要性不同，位置也会有变化。模块布局应注意以下几个问题：一是要把握模块的主次关系，不能单看面积大小；二是要注意基本模块和附加模块的区别，附加模块应各自单独成区，有独立大堂和独立的出入口，应尽量避免对办公环境造成干扰。此外，每个模块一般都有配套的卫生间。

2）流线组织

高层办公建筑流线交通较为简单，重点是人的流线组织。

工作、进餐、休息是使用者在办公楼中最基本的三个行为。其中工作是最重要的，后两项是对工作的必要补充，这三项基本需求就是基本模块的内容。高层办公建筑人流组织设计要注意以下几点。

其一,从某种意义上讲,裙楼模块之间的关系处理即裙楼的流线组织。设在裙楼的专用大堂、专用大厅、商务和会议模块等与塔楼办公区有紧密的联系,以及餐饮、康体模块与塔楼办公区有一定的联系,除此之外,娱乐模块和商业(购物中心)模块则完全独立为区,和塔楼办公区并没有必然的联系。

其二,在标准层上班的人群是高层办公建筑的主要人流。这部分人的活动一般受时间限制,需要以尽量短的路程和尽量直接的方式进入建筑。对于步行上班的人,在裙楼应有单独且直接的出入口进出塔楼;对于开车上班的人,通常先进入(地下)停车场,然后直接通过电梯进入标准层,或通过转换电梯进入首层大堂。高层办公楼一般设两个出入口,次入口供内部管理人员使用,同时也是物流通道;高层办公综合体则有多个出入口,必须充分考虑大楼里各种人群活动的需要。

其三,办公建筑有明确的人流高峰期,主要出现在上下班时间。高峰期的人流量、主要人流路线及安全疏散,是办公建筑的楼梯、电梯和出入口的设计依据,也是场地内车行道路和停车设施的设计依据,应考虑上下班高峰期排队等待电梯的空间。

其四,高层办公综合体对外商业设施人流量大。流线组织一般要求能使标准层工作人员通过内部走廊抵达商业裙楼的中庭或商业大堂,但顾客却不能随意到达上部塔楼。此外,商业活动中的人流和物流也要求互不干扰,很难处理,这是办公楼商业裙楼设计的难点。

【案例 1】西安东方濠璟商务大厦项目按功能分为两个部分:裙房部分为银行办公用房,塔楼部分为办公用房。这种关系在首层平面布置中已十分清晰(如图 3-4 所示)。建筑师将对外的银行营业厅出入口置于东部的未央路,而柜台办公区与内部办公区相连。大楼北部为银行办公的主次出入口,由于北部消防控制中心出入口扩大,可兼作塔楼办公区次出入口,西部塔楼办公区次出入口可取消,在西面设落地玻璃窗以增加休息厅的采光。案例来源:深圳市鑫中建建筑设计顾问有限公司。

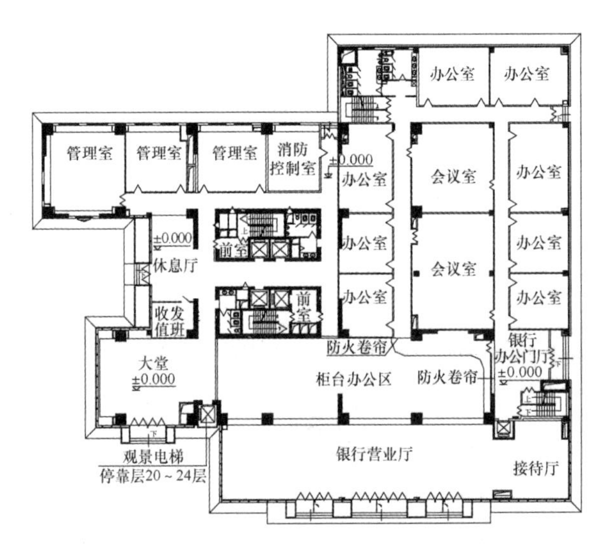

图 3-4　西安东方濠璟商务大厦首层平面布置图

3.2.2　高层旅馆

1）功能分区

按照本书功能模块的划分方法，高层旅馆裙楼主要包括大堂、餐饮、商业（精品类）、会议商务、康乐以及管理与辅助七大模块。高层旅馆是高层建筑裙楼中功能模块最丰富的。旅馆功能分区关系如图3-5所示，详细的功能布局设计读者可参阅相应的专著，这里只简单提示旅馆功能模块布局应注意的几个问题。

其一，旅馆功能模块需要多次细分为若干模块，模块布局上较为分散。有的旅馆将风味餐厅和自助餐厅置于屋顶（多见于超高层旅馆综合体），吧类空间和卫生间布置则更为分散，而日式料理等还有专用卫生间要求。

其二，门厅、大堂和中庭三者的分与合具有不确定性；而多功能厅和宴会厅两大空间有时合并，亦设前厅或序厅，因此旅馆大厅空间模块的布局较为复杂。

其三，四星级及以上旅馆设商务中心，而白金五星级商务中心的功能多以商务走廊的形式设在塔楼行政楼层专用服务区之中。

其四，KTV是娱乐和餐饮结合的特殊形式，从功能分区的角度，应划入康乐模块。

其五，用地面积紧张时，餐饮模块中的餐厅和厨房，康乐模块中桑拿和保健按摩等多为垂直分区，水平和竖向双向联系。

其六，旅馆规划定位与区位有关，技术经济指标的市场性很强。我国实际工程多为旅馆建筑综合体，即使是两星的旅馆建筑功能也很齐全，并未受旅馆定级标准和指标的约束。

2）流线组织

从使用者的角度来看，旅馆可以分为两大区域：客人活动区域又称为前台区域（front of house，FOH），后勤办公区域又称后台区域（back of house，BOH）。客人只能在前台区域活动，有的酒店员工在这两个区域之间活动，而有的员工只在客人看不到的后台区域工作。

客房部分、公共部分、餐饮部分的大部分空间属前台，管理部分和辅助部分属后台，餐饮配套的厨房一般划归后台。前台与后台装修标准和通道宽度完全不同。旅馆建筑前后台分区是一种服务分区，与旅馆建筑功能分区不尽相同，即使一些有经验的建筑师，对前后台分区的概念也较模糊。前台、后台分区对旅馆流线组织至关重要。能否在前台、后台严格分区的情况下保持旅馆整个流线的顺畅，是旅馆内部流线设计成败的关键。

高层旅馆裙楼公共部分和塔楼客房之间联系较为紧密，同时应强调大堂总服务台的中心作用。从流线的角度观察，高层旅馆公共空间组织设计的基本模式，就是各空间围绕大堂或中庭（详见3.4节“裙楼中庭设计”）“生长”：住房登记区域、各种餐厅、沙发座椅、会议前厅、客用电梯、夹层跑马廊等，都在这同一个大空间里共享。这种布置确保来到旅馆的客人可以较为轻松地找到各种设施，同时提供有趣的交流空间。

（1）访客流线的设计要点

一般旅馆的主要访客流线是指住宿客人的流线，即从入口到电梯厅、楼梯间和入口到总服务台。因此，旅馆电梯、公共楼梯和总服务台应接近入口，位置要明显，以便分散人流，使直接到上部

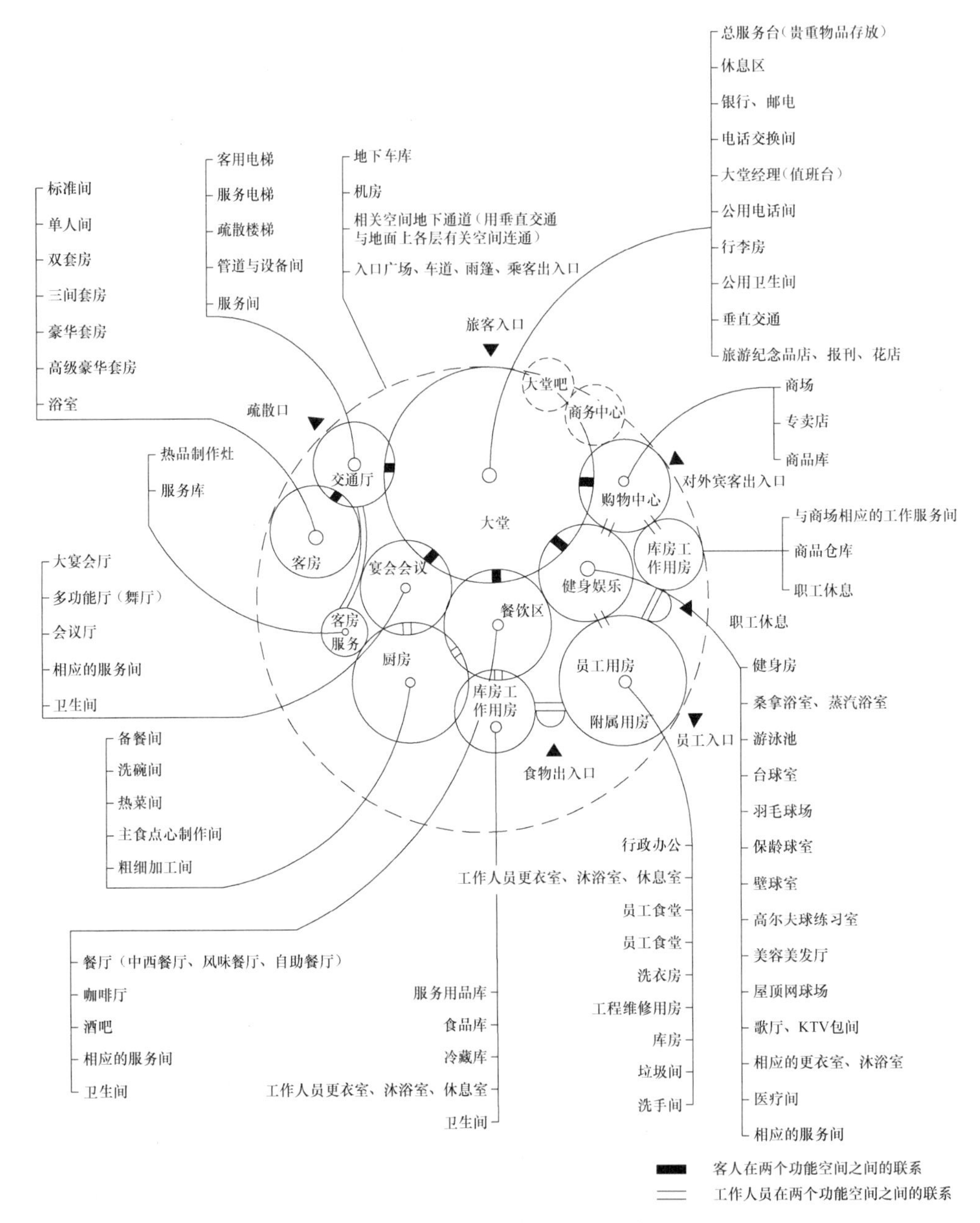

图 3-5 旅馆功能分区关系图①

公共部分和客房的客人,减少穿越门厅的活动,缩短入口到电梯(楼梯)和到总服务台的路线,避免总服务台距离大堂入口太远(如图 3-6 所示)。

非住宿客人的流线较为复杂,其中最重要的是餐饮流线和康乐流线,设计时要注意以下两方面的问题。

① 龚欣.现代城市旅馆的功能空间关系研究[D].北京:北京工业大学,2003.

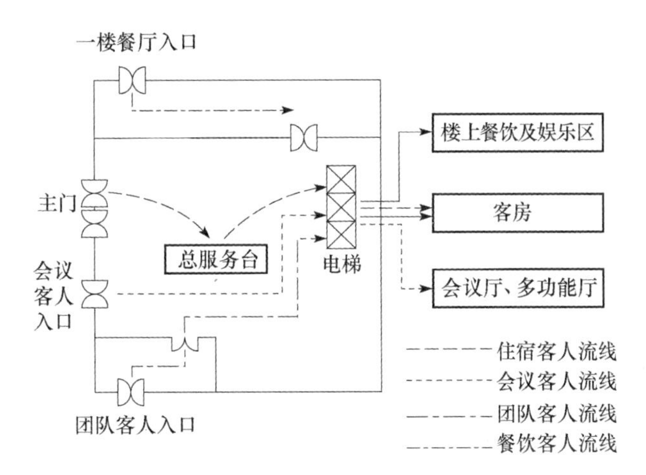

图 3-6　旅馆大堂客人流线分析①

其一，非住宿客人的人流不能影响住宿客人的活动。一个负面的案例是：日本大阪新大谷旅馆将住店客人出入口设在一层，两条汽车坡道将宴会客人直送至二层出入口，该出入口十分醒目，宴会厅出入口几乎成了主要出入口。

其二，注意流线组织对客人消费心理的影响。由于客人就餐、康体和娱乐的消费心理不同，导致这几种流线的组织有很大的不同：就餐流线明显，而桑拿与保健按摩流线较为隐蔽。在高层建筑中配置这类空间时，应高度重视防火疏散设计，详见有关专业书籍。

(2) 服务流线设计要点

力求避免客人流线与服务流线交叉，服务性出入口一般设在建筑的背部，靠近大楼的后勤系统服务与仓库，人员与物品出入口应明确分开。

(3) 物品流线的设计要点

旅馆均设计物品流线，以保证清洁卫生。高层旅馆物品出入口一般设于地下室。流线组织与多层旅馆的不同之处主要在于电梯通道的选择，其他方面无本质区别。

旅馆物品出入口和垃圾清除口应分设，位置应远离客人活动区，在高层建筑中这两个出入口一般位于地下车库旁边。旅馆进货口有装卸平台，装卸平台与货梯直接相连。一般需容纳两辆卡车同时卸货(大于 600 间客房规模时，应容纳三辆卡车同时卸货)，设计时应注意其净高要求不同于一般地下车库。图 3-7 所示为北京长城饭店物品出入口布置实例。

3.2.3　高层住宅

除了沿街布置的商住楼，高层住宅一般不设裙楼。北方高层住宅首层多为住宅或作采暖车库；南方高层住宅首层多架空用作停车、居民活动场地或泛会所，与架空层层高 3 米以上或以下是否计容有直接关系。电梯井、门厅、过道等围合部分需计入容积率。而不计容架空层则应满足以下条件：以柱、剪力墙落地，只作为休闲、交通、绿化等公共开敞空间使用。注意裙楼作为商业服务网点使用时，商业空间设住宅首层及二层，且每个分隔单元建筑面积不宜大于 300 m^2。

---

① 王捷二. 饭店规划与设计[M]. 长沙：湖南大学出版社，2006.

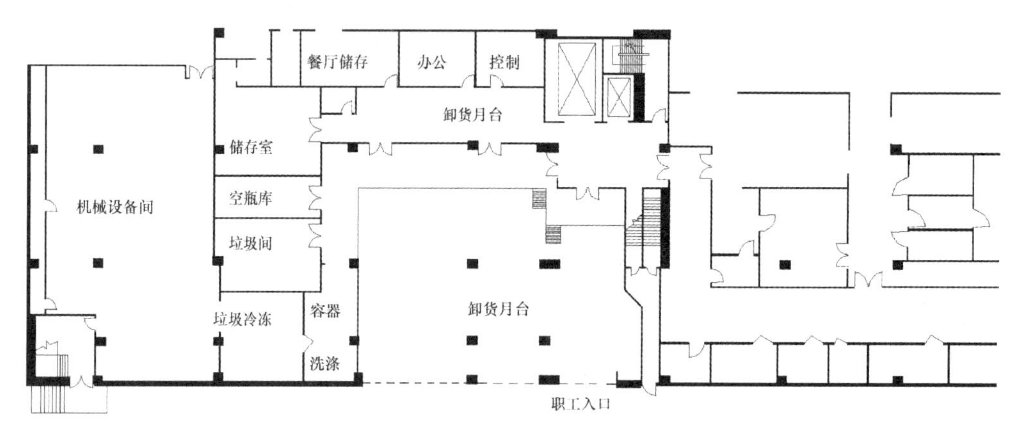

图 3-7 北京长城饭店物品出入口①

一般高层商住楼裙楼功能组合,多为规划要求的住宅区公建配套中的商业、文化、医疗、金融、市政、管理与服务等内容,大部分面积很小。裙楼只有一层的,多以街铺形式出现;裙楼有两层的,有可能配置中小型超市和餐馆之类;更多楼层的,多设置休闲中心一类。高层商住楼裙楼流线较为简单,不再赘述。

【案例 2】明昇凯悦酒店位于石狮市城市主干道石泉公路旁,为酒店、商业及公寓综合体,设计要求保留利用基地北面的一栋六层旧厂房。酒店用地面积 8 000 m^2,总建筑面积约 58 750 m^2,酒店客房 200 间,面积 21 670 m^2,酒店式公寓 24 310 m^2;首层商业面积 2 500 m^2。裙楼三层有一个 2 300 m^2,可供 1 000 人同时进餐的宴会厅。建设方要求商业部分设计为商业街形式,宴会厅要求室内无柱。各功能部分及宴会厅均要求有专用电梯和专用出入口,功能配置和流线组织可谓十分复杂。

设计人巧妙地在新旧建筑之间必须保留的内街两旁和新建筑的东、西两侧布置内外商业街,以充分利用临街面的商业价值,将六层旧厂房作酒店的配楼和娱乐部分,将公寓两塔楼布置在相对安静的基地西部,而酒店塔楼面临主街布置,同时使酒店大堂前突,并在顶层(第三层)裙楼的塔楼之间布置宴会厅以保证厅堂内无柱,同时减轻屋盖的负荷。

六层旧厂房作酒店的配楼(后勤空间)和娱乐部分,充分保证了酒店前后台流线的分明,以及娱乐部分的相对隐蔽和独立经营的便利;宴会厅在首层的主要出入口突出于主街旁,和酒店大堂入口主从并列,而且有观景电梯保证客人方便直达,如图 3-8 所示。

【案例 3】天诚广场位于深圳市罗湖区东门路与童乐路相交处,地下 3 层,地上 33 层,总建筑面积 73 436.43 m^2,建筑高度 99.78 m,为高层商住楼。首层至四层为商业用层;五层为架空层,作为绿化和休闲用;六层至三十三层为住宅,地下一层至地下二层平时为停车库和设备用房;地下三层平时为停车库,战时为人防掩蔽所。

流线组织的关键是处理好住宅大堂与商场出入口的关系。建筑师将住宅塔楼置于基地北侧和西侧,相应在住宅北侧和西侧设住宅大堂出入口,在西侧设地下车库出入口,保证裙楼大空间面

① 《建筑设计资料集》编委会. 建筑设计资料集 4[M]. 2 版. 北京:中国建筑工业出版社,1994.

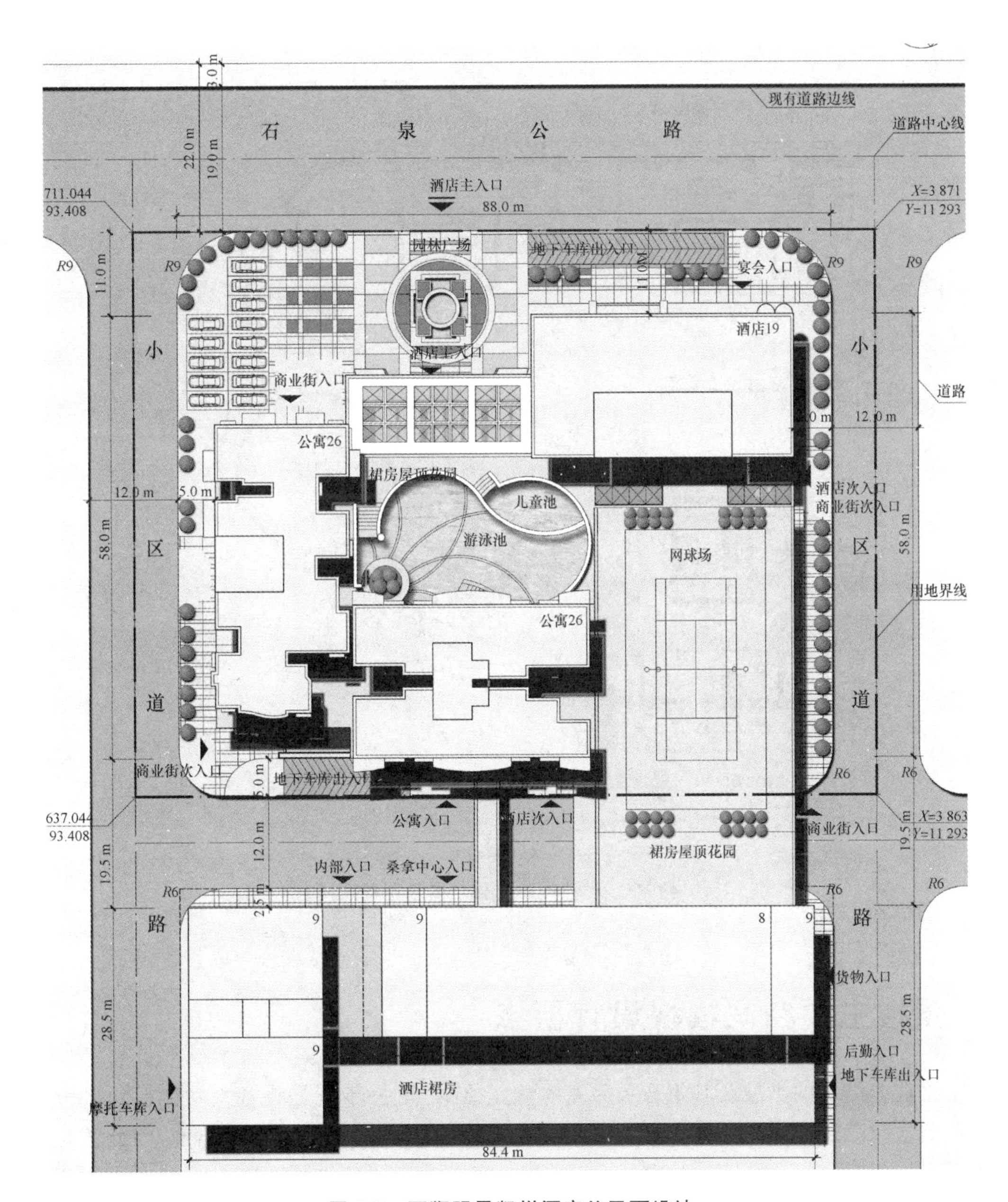

图 3-8 石狮明昇凯悦酒店总平面设计

图片来源：卓刚 刘智勇 冯浩

临东门路商业区，并在东门路为裙楼商场设两个主要出入口，其中一个是突出的圆形主门厅，以吸引行人的眼球。

童乐路人流较少，因而采用街铺的小空间业态形式。但商场的卸货区在大楼西侧，毗邻住宅大堂，位置欠佳。此外，从图 3-9 中可以明显看出住宅结构对商业空间的不利影响，特别是大楼东北入口处空间明显受到结构限制。

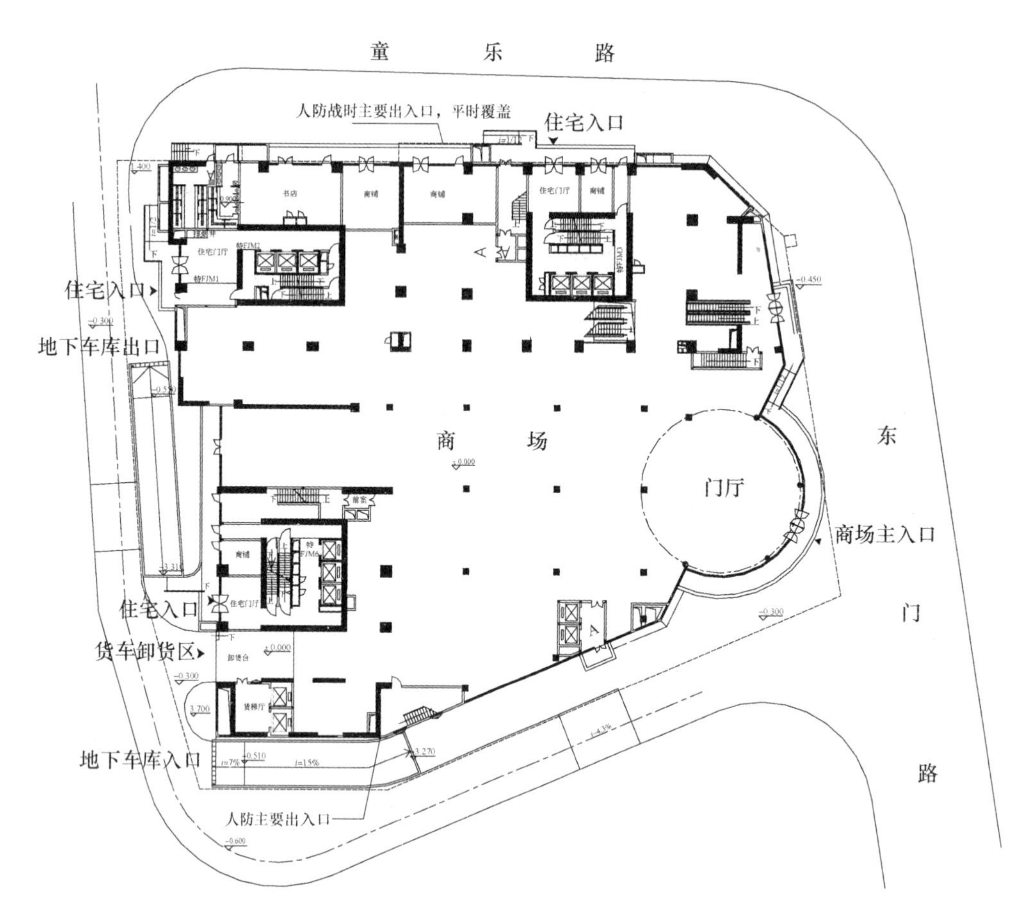

图 3-9 深圳天诚广场首层平面设计

图片来源:深圳电子工业设计院

3.3 裙楼主要空间模块设计要点

在裙楼功能模块的类型及其组合关系基本确定之后,下一步就是将各大功能模块细分为相对较小的典型空间模块。由于这些典型的空间模块在不同的建筑类型中交替出现,因此裙楼功能分区与流线组织的深化设计,就是裙楼的主要模块空间设计。这种方法有助于设计者将裙楼复杂的功能、空间和流线问题进一步简化,但深入到每一个典型空间模块详尽的设计原理,需要读者阅读办公楼、旅馆、住宅、商业娱乐、康体中心等有关设计专著,本书只讨论裙楼的主要模块空间设计的要点和难点。

3.3.1 前厅空间模块

前厅是旅馆业务的中心和宾客集散的中转空间,具有接待服务、公共活动、经营活动、后勤服务四大功能,一般包括入口门厅和中庭空间。与办公楼不同,旅馆大堂常以中庭的形式出现。业界也称中庭为中厅,以示和前厅的区别。有关中庭的主要设计内容详见本书 3.4 节“裙楼中庭设计”。

1）主出入口

高层建筑一般都有多个出入口，这既是经营管理的需要，也是安全疏散的需要。门厅—大堂（中庭）—总服务台这条流线是高层建筑裙楼的中枢（如图 3-10 所示），在建筑内部给人的第一印象中起到至关重要的作用。

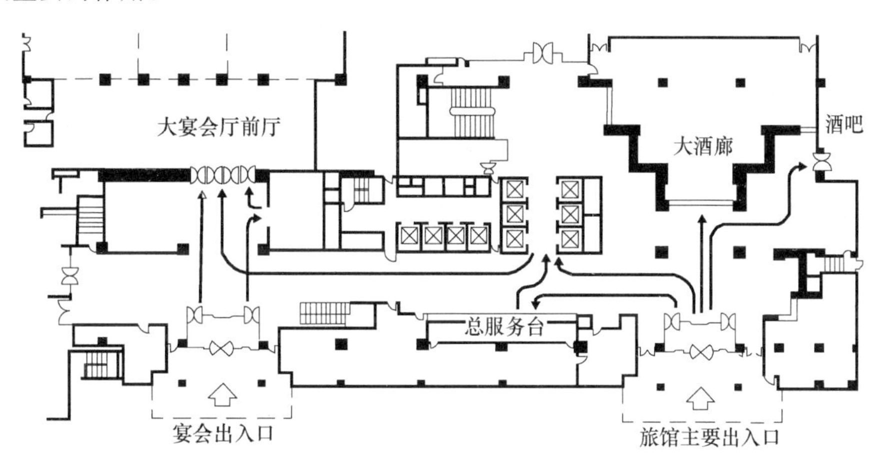

图 3-10 北京香格里拉酒店客流出入口①

根据高层建筑的人流特点，一般裙楼与塔楼应分别设置主要出入口。占地面积大的综合体裙楼，往往被水平分为几个独立的功能区，因而应有多个出入口，方便分流，如宴会厅、超市、水疗中心等一般单独设出入口。

高层公共建筑主出入口宜在基地外部主要道路旁，在裙楼最突出的位置。主出入口设计与高层建筑前部广场空间的形成有直接的关系，应结合景观设计立体引导交通，或通过出入口左、右两条汽车坡道，可将主要出入口设在二层。注意：出入口车行道应至少宽 5.5 m，以便两辆小客车通行；车行道上部净空往往大于 4 m，出入口回转半径和雨篷高度必须考虑大型客车的停车空间，以保证大型客车通过，如图 3-11 所示，也可参考本书 2.4.2 节图 2-36。当室内外高差较大时，除台阶外，人行主入口还应设置行李搬运坡道。

此外，北方地区建筑出入口应设门斗，以免冬季西北风灌入，或应利用门斗、阳光间以及阳光廊做节能缓冲空间，即温度阻尼区（buffer zone）；南方多风地区的建筑中，朝向西北方向的出入口也常常设门斗挡风。

【案例 4】郑州信乐酒店前部通过横向展开的车行柱廊和花园烘托酒店主入口，通过一个通高 5 层多的玻璃穹顶组织大堂空间（中心无柱），总服务台、大堂吧、休息等候区和电梯厅以及通往二楼的两个弧形大楼梯均围绕大堂中心布置，空间绰约气派，主入口处的转门和挡风门斗表明了建筑的地域特征。该酒店总服务台位置突出，同时与前台办公室有密切的联系，但前厅办公区设置建筑外部出入口似乎没有必要，如图 3-11 所示。案例来源：华南理工大学设计研究院。

2）面积与尺度

单纯用于聚散和交通功能的办公大堂，一般仅设等候区和服务台；档次高一些的，包括休息

① 《建筑设计资料集》编委会．建筑设计资料集 4[M]．2 版．北京：中国建筑工业出版社，1994.

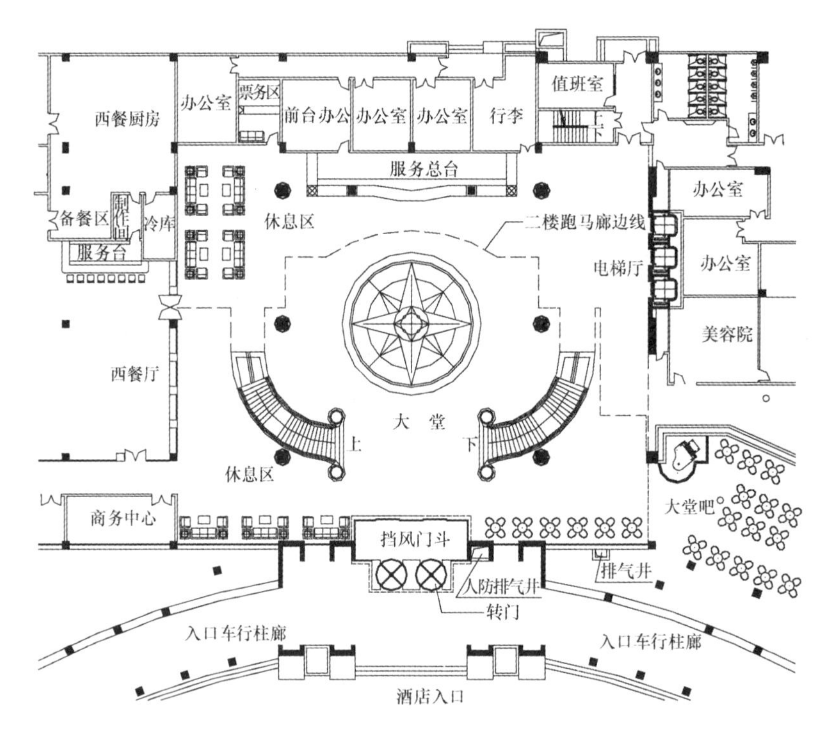

图 3-11 郑州信乐酒店典型的门厅大堂空间模式

区、大堂吧和展示区,面积为 200～800 m^2[①];旅馆前厅面积一般以前厅总面积与客房间数之比来衡量,旅馆规模越大,档次越高,前厅面积越大。

大堂空间竖向尺度与建筑的类型和规模有很大关系,一般都有 9 m 以上,甚至两三层楼高。相对而言,住宅大堂尺度最小,办公楼大堂尺度较大,而旅馆大堂一般开间至少 3 个柱距,进深至少 2 个柱距,一般要求大堂中间无柱,二至三层通高(如图 3-11、图 3-12 所示)。初学者设计门厅和大堂的典型错误是没有把握好两者的空间比例和尺度。

3) 总服务台

一般而言,塔楼办公区专用大堂、康乐中心等服务大堂,仅在大堂内设简单的咨询服务台。住宅大堂一般不设服务台,当代旅馆一般不设分层服务台。而旅馆总服务台的功能较为复杂,需要一定的长度和面积才能适应功能要求。实际工程中,我国三星级以上的旅馆,不管规模大小,总服务台的长度一般都不小于 15 m,15 m 以下无法承担这些服务。

3.3.2 餐饮空间模块

1) 流线特征

餐饮部分的流线组织是一个难点。餐饮部分一般布置在公共活动部分中客人最易到达的部位,规模较大时应设独立的门厅,还必须考虑餐厅与厨房、厨房与后勤供应的频繁联系,并尽可能区分客人进餐流线与传菜流线。经营海鲜的餐厅应强调餐厅前部空间的设计(有条件时设计序

---

① 郑凌.高层写字楼空间组成建筑策划研究[D].北京:清华大学,2002.

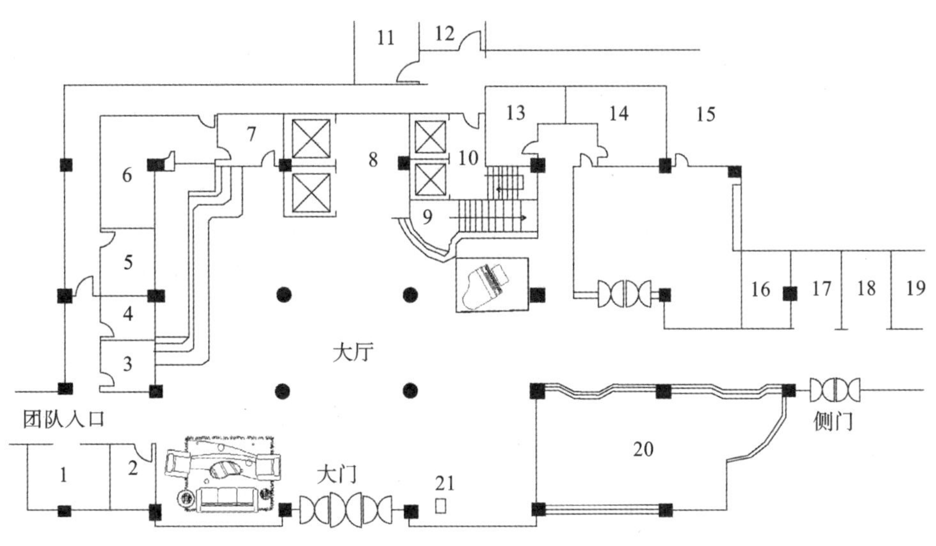

图 3-12　旅馆前厅功能配置和典型空间构成模式①

1—团队休息室；2—行李寄存；3—值班经理室；4—消防控制室；5—监控中心；6—前厅办公室；7—贵重物品寄存；8—客用电梯；9—步行梯；10—员工电梯及通道；11—女员工更衣室；12—男员工更衣室；13—女卫生间；14—男卫生间；15—西餐厅厨房；16—商务中心；17—精品店；18—鲜花店；19—其他小商店；20—大堂吧；21—礼宾台

厅)，以方便向食客展示海鲜(如图 3-13 所示)。面积狭小时，餐饮空间一般在裙楼竖向分层布局，有关厨房也分层重叠在餐厅之侧，客人到餐厅依靠竖向交通，路线很短，餐厅与厨房联系密切，不过厨房物品均需垂直运输。有条件时应尽量将餐厅、宴会厅及宴会前厅(序厅)、食品储藏间、厨房等设置在同一楼层，否则需要设中心厨房和分厨房(主、副厨房)，并增设食梯。

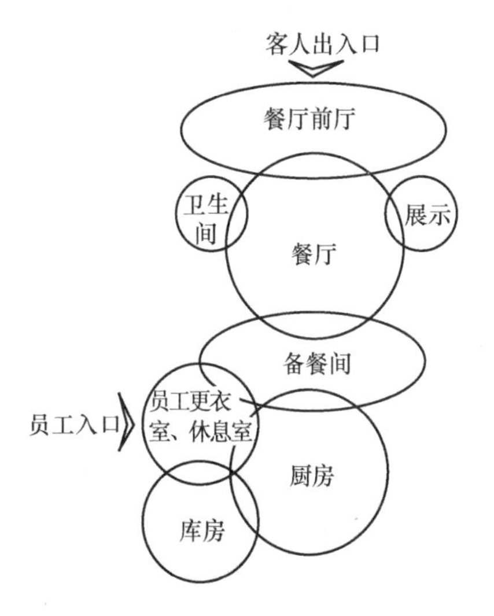

图 3-13　餐厅功能关系框图

2) 宴会厅

所有餐饮的空间类型中，应特别重视宴会厅的设计。小宴会厅净高一般取 2.7～3.5 m，大宴会厅净高一般 5 m 以上。宴会厅人流量大，有的经营者甚至要求宴会厅能让上千人同时进餐，因而要求配有前厅集散人流；有的宴会厅还具有会议、展览、时装表演等多功能性质，因而应设休息廊以便各部分单独直接对外。

宴会厅空间宜独立设置，以近地面层为佳，便于大量宴会人流集散；基地有限时，一般置于裙楼顶，但一般高度不宜超过三层。设在楼层的宴会厅应配置专用的大容量垂直交通设施，如大楼梯、自动扶梯或大轿厢电梯等以运送客人。

宴会前厅(序厅)是宴会前活动场所，面积按宴会厅的 1/6～1/3 计算，设专用卫生间，必要时附设贵宾室，附近宜设家具库。前厅与宴会厅分隔可采用灵活隔断，必要时可打开以组织大型酒

① 王捷二. 饭店规划与设计[M]. 长沙：湖南大学出版社，2006.

会;同时还要考虑宴会厅内部分隔的灵活性,分隔后的各小空间必须有单独的出入口等。

【案例 5】东京京王广场饭店是一家位于新宿中心地带的豪华型饭店。其宴会厅规模大,规格高,配有专门的宴会厨房。宴会厨房设有专用的货梯和食梯,以保持和中心厨房的联系。北部沿宴会厅长边设有专用而阔绰的宴会前厅,前厅通往宴会厅有宾客使用的三个出入口;南部沿宴会厅长边设有专用的服务廊,服务廊通往宴会厅有两个送餐出入口。宴会厅呈矩形,可按两个送餐出入口对应的送餐通道,将宴会厅分隔成三个部分,每个区域均能保持相对的独立性。宴会厅东西两端分别配置了一个和两个家具库,便于宴会厅转换使用功能,如图 3-14 所示。

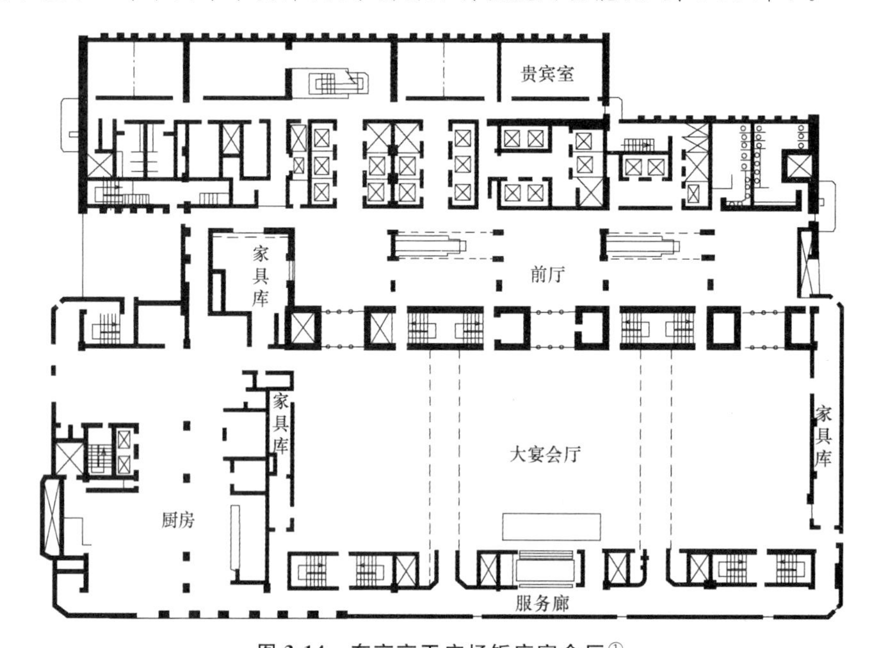

图 3-14　东京京王广场饭店宴会厅①

(分隔后,每个区域还能保持相对的独立性)

3) 厨房

空间组合关系较为明显的厨房有两种类型。

①按主次关系分为主厨房和一般厨房。主厨房(亦称中心厨房)面积大,含厨房工艺流线中多个工序。在高层建筑中主厨房多数位于首层或地下层,应避免紧邻易燃易爆和忌水、汽的房间,净高不应低于 3 m,并注意其排水沟(至少深 20 cm)对高度的影响。在设有主厨房的情况下,一般厨房面积较小,仅精加工和烹饪两个工序,位置可在高层建筑中部、上部和顶部。

②按空间布局分为统间式、分间式和大小结合式。实际工程中,受场地限制的高层建筑厨房布局,大多是大、小间结合式或垂直分层式的,因此服务电梯和食梯布置十分重要。

【案例 6】图 3-15 所示为某综合楼三层厨房和餐厅部分平面布置的错误案例。设计方面的问题主要有:一是厨房与餐厅的比例不恰当,厨房面积明显偏小;二是宴会厅前厅面积小;三是厨房内部空间分隔太细,以致厨房流线组织难以流畅;四是厨房粗加工区的面积太小,库房分类不细;

---

① 《建筑设计资料集》编委会. 建筑设计资料集 4[M]. 2 版. 北京:中国建筑工业出版社,1994.

五是豪华包间大过中餐厅，有些夸张，而房中有柱、无档次；六是厨房未设专用的物料出入口和污物出入口；七是防火设计问题多，厨房与相邻房间之间未安装防火墙和防火门。

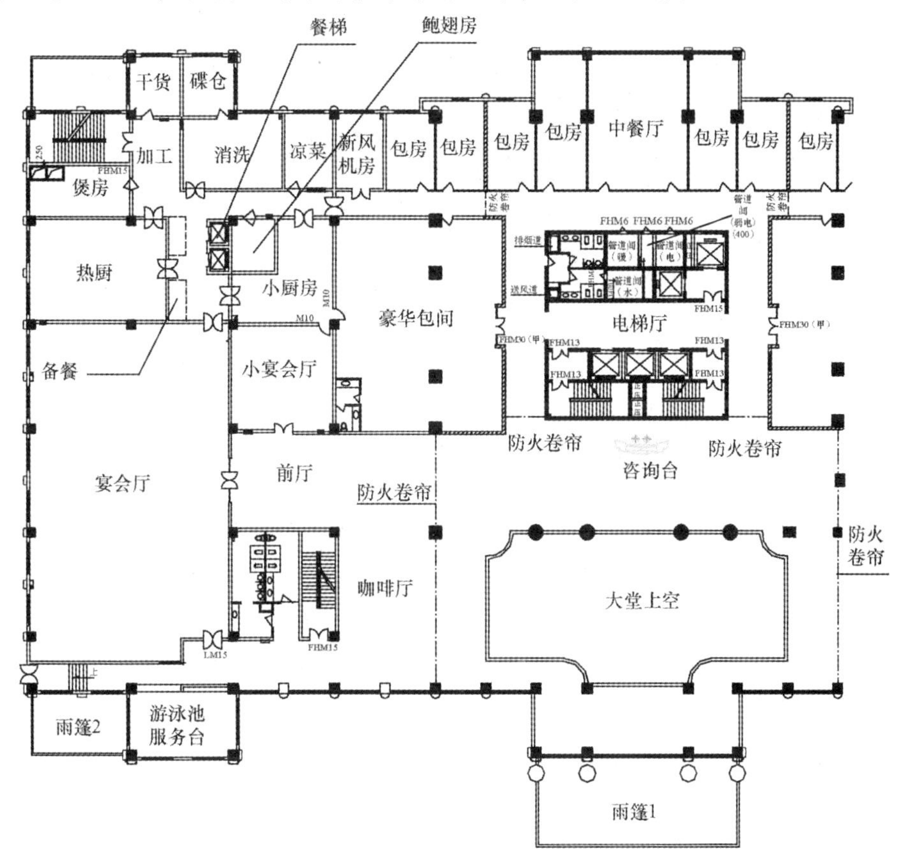

图 3-15　某综合楼三层厨房和餐厅部分平面布置(错例)

【案例 7】图 3-16 所示为本章案例 2 所述的石狮明昇凯悦大酒店餐饮空间方案设计。餐饮空间占据了该酒店的二、三层，本案例为第三层，主要功能空间为宴会厅。设计人将酒店南部原六层轻工厂房同层改造为厨房，而北部新建部分全部为餐饮空间，前后台流线清晰。宴会厅传菜供应量大，所以厨房紧靠宴会厅，备餐间直通宴会厅。按照建设方要求，宴会厅可供 1 000 人同时进餐，宴会厅西面有休息廊，北面和垂直交通结合设宴会前厅，显得高档又有气派，而且宴会厅可分成三小间，每间有独立的服务通道。

因系改造工程，本案例利用厨房东部原有疏散梯作为宴会厅舞台的安全出口，并将原来 L 形平面完善成矩形，保证厨房面积，使厨房的设计较为轻松，特别是考虑宴会厅的要求，备餐间较大。本方案的缺点是，非宴会厅的餐饮空间送餐距离偏远。

3.3.3　会议厅空间模块

高层建筑会议室一般设在裙楼和塔楼顶层，一般不置于地下室。裙楼中的会议部分宜自成一区，并应与餐饮供应系统有较方便的联系，当规模较大时，会议区周围要设卫生间、衣帽室以及为会议室服务的办公室。

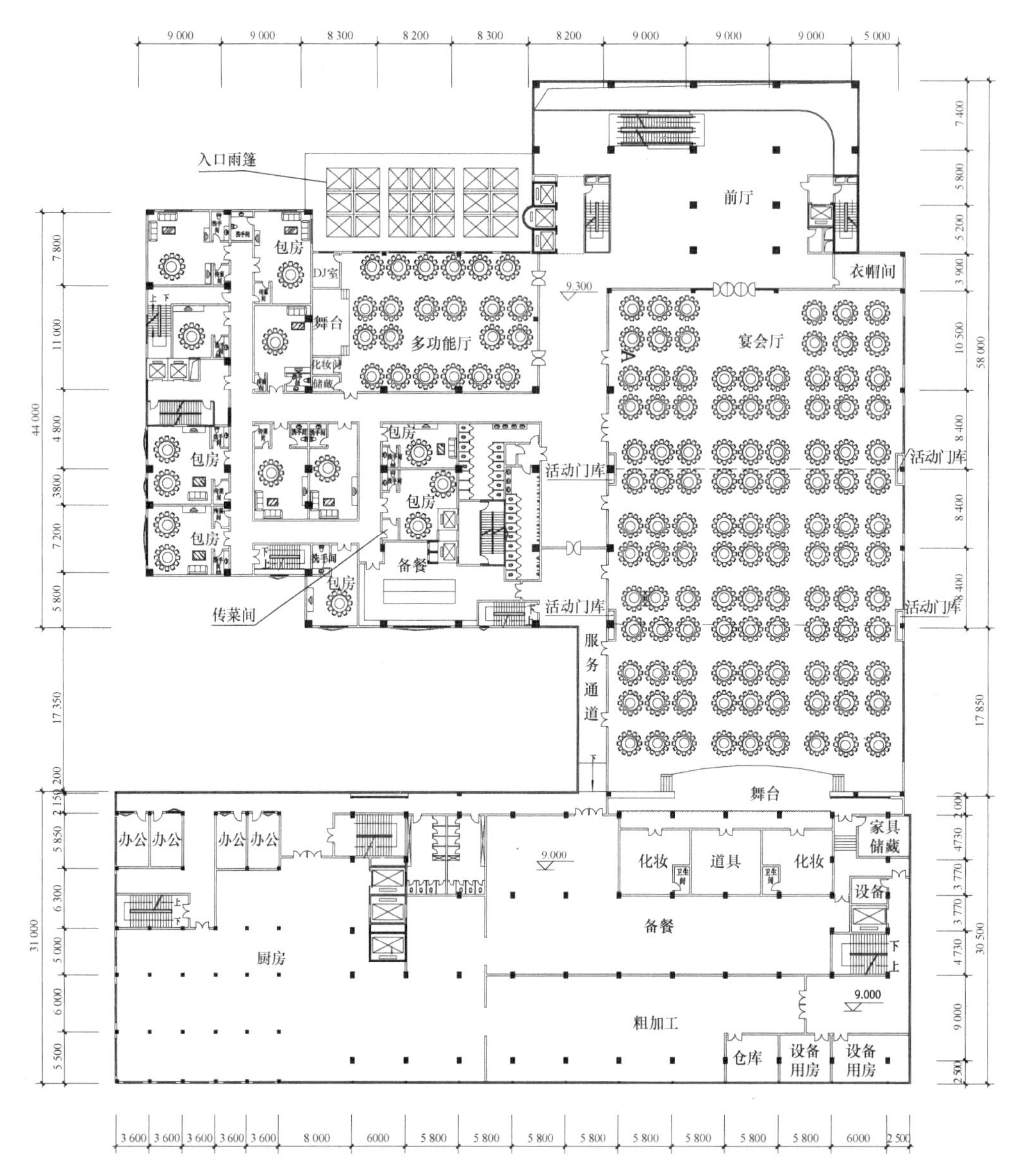

图 3-16　石狮明昇凯悦大酒店餐饮空间方案设计

图片来源:卓刚　刘智勇　冯浩

【**案例 8**】图 3-17 所示为某市公安局业务指挥大楼裙楼配置的会议空间布置方案,功能较为完善。250 人会议厅居于平面的中心位置,中心无柱,且为其配置前厅和专用休息室。中小型会议室围绕大会议厅布置,亦配置有宽敞的休息厅。除了电梯作为垂直交通,建筑师在平面的东南和西南两个角位配置了两部专用大楼梯。

3.3.4　专用大厅空间模块

专用大厅是海关、税务、地产交易中心等办公楼的对外交易、报关、报税大厅,以及银行证券等公司办公楼在裙楼配置的大空间营业办公场所。空间形态上有大空间和中庭两类,以大空间居

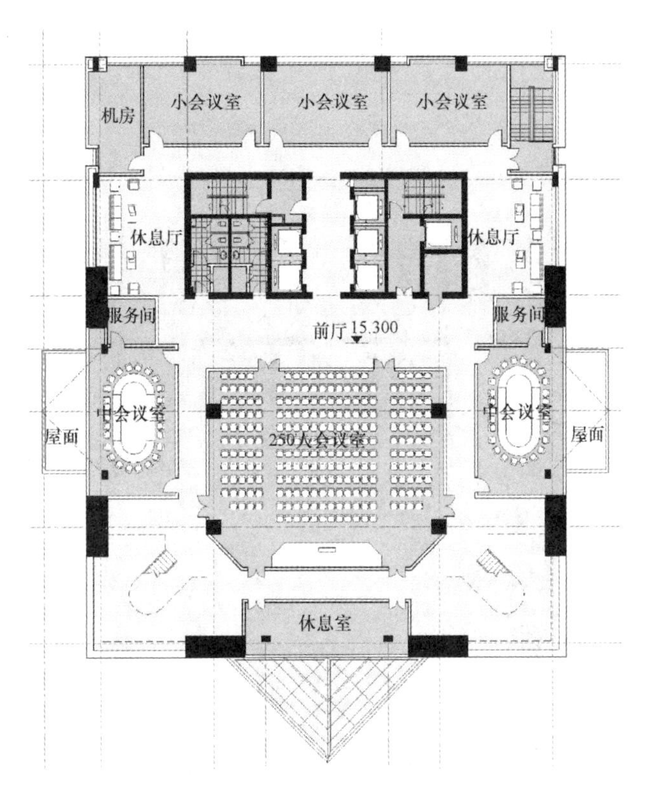

图 3-17 某市公安局业务指挥大楼裙楼配置的会议空间布置方案

多,虽然两者空间形态和内部布置不同,但均有“共享”性质。

专用大厅常见三种布局方式:一是将大厅置于塔楼外围的临街面(如图 3-18 所示),特别大型的营业大厅呈 U 形布局,设计时须考虑塔楼核心体可能对大厅的视线造成阻断;二是将大厅置于塔楼两核心体之间,多见于“一”字形标准层平面;三是大厅独立于塔楼布置,但其建筑用地面积较大,因而并不多见。

【案例 9】图 3-19 所示为石狮明昇凯悦大酒店第四层娱乐空间的方案设计,包括一个舞厅和若干 KTV 包房,由三楼的主厨房通过食梯供应 KTV 包房用餐,娱乐客人亦可到三楼用餐(自助)。设计人将原来 L 形平面完善成矩形,将 KTV 包房围绕舞厅布置,舞厅面积不超过 200 m^2,同时保证了内部无柱,原有的多部疏散楼梯保证了歌舞娱乐场所活动人员的安全疏散。

【案例 10】图 3-20 所示为石狮明昇凯悦大酒店第五层桑拿空间方案设计,包括接待厅(大堂)、更衣区、沐浴区、组合式按摩浴池、休息区以及按摩区(贵宾房)等多个区域。功能分区合理,流线组织得当,防火设计符合有关规范要求,原有的多部疏散楼梯保证了歌舞娱乐场所活动人员的安全疏散。

3.3.5 游泳池空间模块

游泳池空间模块由游泳池、更衣室和淋浴间以及消毒池等组成,投资较大,占用面积也较大,并且室内游泳池对建筑结构要求较高。一般低星级饭店从经济效益角度出发,不修建游泳池。建筑密度高时,一般修建室内游泳池(如图 3-21 所示)或屋顶游泳池,注意:北方因气候原因一般不修

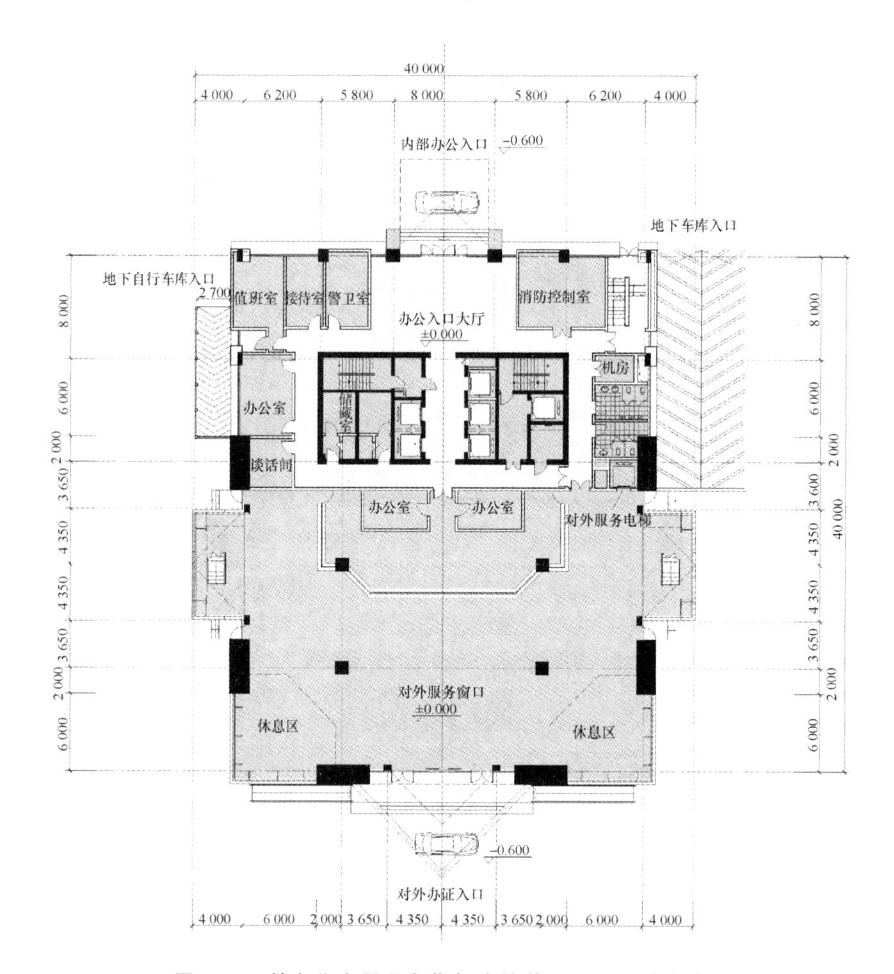

图 3-18 某市公安局业务指挥大楼首层平面设计方案

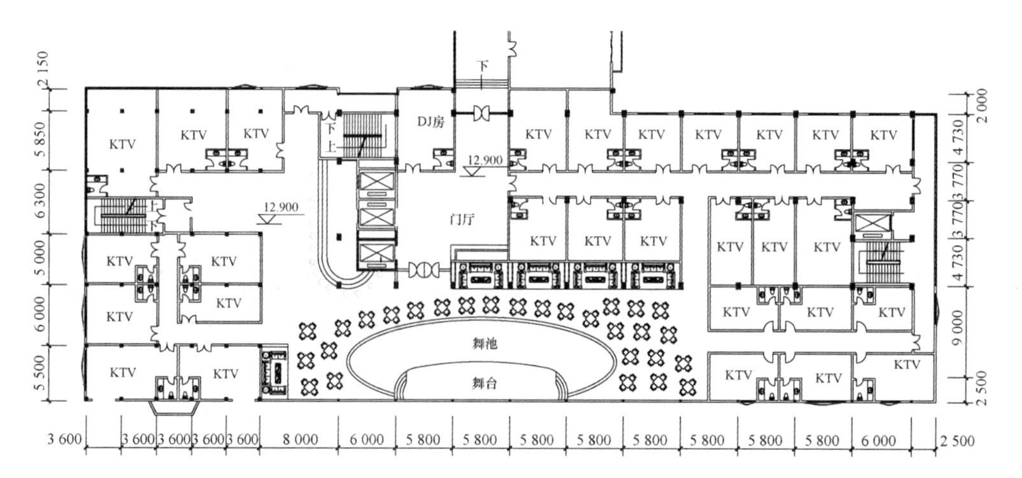

图 3-19 石狮明昇凯悦大酒店第四层娱乐空间方案设计

图片来源:卓刚 刘智勇 冯浩

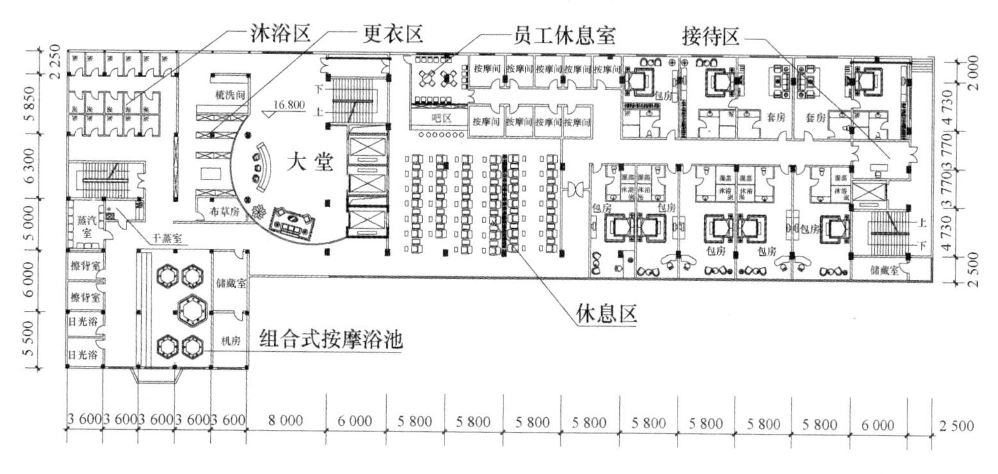

图 3-20　石狮明昇凯悦大酒店第五层桑拿空间方案设计

图片来源：卓刚　刘智勇　冯浩

建室外游泳池。室内游泳池，特别是空中游泳池的设计要保证楼板的结构承载力以及池底坡度设计，并注意防水处理。旅馆游泳池剖面示意如图 3-22 所示。

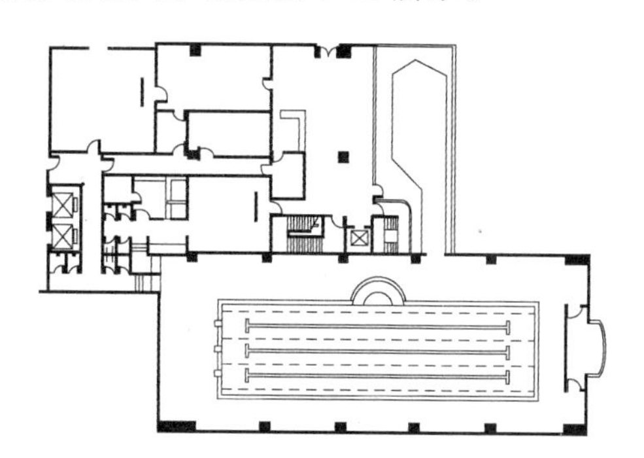

图 3-21　上海花园饭店的室内游泳池①

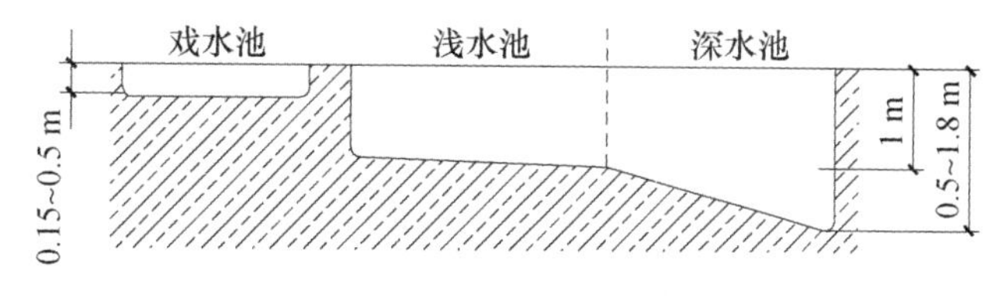

图 3-22　旅馆游泳池剖面示意②

3.3.6　商业空间模块

旅馆和办公裙楼以及综合体中配置的超市和购物中心等，应作为独立的附加区域来设计，有单独的主、次出入口，建筑面积与区位、业态有密切的联系，应按商业地产的要求来设计(见表3-2)。

① 《建筑设计资料集》编委会. 建筑设计资料集 4[M]. 2 版. 北京：中国建筑工业出版社，1994.

② 王捷二. 饭店规划与设计[M]. 长沙：湖南大学出版社，2006.

注意当商业建筑层高为4.5～6 m和6～7.8 m时，一般应分别按该层建筑面积的1.5倍和两倍计容，而面积为2 000 m^2以上的大型商业用房(如超市、大型商场、专卖店等功能集中布置的商业用房)，可适当提高区间层高，且无需多计容积率。另一方面，公共建筑门厅、大堂、中庭、内廊、采光厅等均可按其实际建筑面积计算容积率。需要提醒初学者的是，商业区位越高，商业空间进深越大；而商业空间的开敞和封闭程度与气候有很大关系，应注意我国南北方气候差异较大。有关商业建筑的设计，可阅读有关专业书籍。

表3-2 零售商业建筑面积参考

序号	名称	面积/m^2	备注
1	百货商店	大型6 000～20 000 中型5 000～10 000	《零售业态分类》(GB/T 18106—2004)
2	普通超级市场(标准超市)	500～1 000	—
3	大型综合超市(大卖场GMS)	>2 500	—
4	便利店	100	—
5	餐饮	600～2 500	—

资料来源：互联网，仅供参考。

零售品牌商是开发商极力引进裙楼的对象，不少品牌商对商业空间(零售商称卖场)的位置、面积、柱距、楼板承重荷载、层高、净高、出入口数量、垂直交通形式，以及停车位、卸货区甚至免费外立面广告位等均有明确要求，这一点对商业空间的设计很重要，可浏览相关网站资料。

3.3.7 管理与辅助空间模块

管理与辅助空间模块包括管理用房和辅助用房，其中管理用房包括行政管理用房和财务管理用房，辅助空间又包括后勤用房和工程用房(主要指设备用房)。大多数工程用房均设地下室和塔楼设备层，裙楼设备房较少。

高层建筑管理与辅助空间模块多置于裙楼，至于功能要求、空间尺度和面积指标与同类多层建筑并没有大的不同，下面只讨论与高层建筑有关的特点。

其一，旅馆设备比办公楼设备多，特别要注意设备噪声的屏蔽。设备机房的面积与设备选型有关，一般纯设备空间占总建筑面积的5%～7%①。由于城市地价高，设备机房、洗衣房一般都设在地下室，此外，厨房、储藏室、员工区甚至物业管理用房有时也设在地下室，有关设备机房的设计详见本书第10章“高层建筑设备与智能化”。

其二，裙楼前厅、餐厅、宴会厅等均设有专用卫生间，且卫生间数量配置有根据档次增多的现象，设计时应适当增加女性卫生间厕位。

3.4 裙楼中庭设计

中庭在高层建筑特别是高层建筑综合体中较为常见，是高层公共建筑特别是高层旅馆内部的

---

① 郑凌.高层写字楼空间组成建筑策划研究[D].北京：清华大学，2002.

重要节点。在功能上往往兼有大堂空间作用,在视觉空间上也是裙楼甚至整个建筑的中心,在交通上则起到在水平和垂直两个方向组织人流的作用。

为了方便讨论问题,这里将位于裙楼的中庭称为裙楼中庭(包括位于塔楼之间通高的裙楼中庭),将位于塔楼的中庭称为高位中庭。以交通功能为主的高位中庭多见于超高层建筑,亦称为空中大堂。生态和开敞的高位中庭称为空中花园(详见本书4.3节"特殊标准层"),本节只讨论裙楼中庭。中庭设计是高层建筑空间设计的重点和难点,特别是通风与防火设计是一个技术难题。

3.4.1　一般概念

1）中庭的性质与定义

"中庭(atrium)"空间形态的原型来自传统庭院。自从20世纪60年代美国建筑师约翰·波特曼(John Portman)将中庭引入大型公共建筑之后,中庭的性质发生了根本的改变。现代中庭还没有很明确的定义,人们对于中庭叫法不一,一般称为"四季厅""共享空间""内院大厅"或"中厅"。

中庭是一种复合空间,大空间处于多层小空间的包围之中,即"小中有大",而小空间又包含在大空间之内,即"大中有小"。中庭既是交通枢纽,也是空间序列的高潮部分。

中庭是人的"共享空间",由运动着的人、露明电梯、扶梯、水池、喷泉、动雕等与建筑空间一起构成,追求的是"运动中的空间感"与"空间中的运动感"。共享空间与人们的活动、观感密切相关,人既是空间的感受者,又是动态空间的要素。

中庭也是一种连接高层建筑与城市空间的中介空间,是具有室外特征的内部空间,其与外部空间既隔离又融合,一般情况下内部充满了阳光。通过高层建筑的中庭与城市街道或广场结合,为人们提供步行、购物或休息、娱乐的空间。城市空间与建筑空间紧密融合,使人们的活动与城市生活紧密地结合在一起。

2）中庭的类型特征

裙楼中庭面积大,位置灵活,布局有多种方式,设计人首先考虑的应是中庭的布局。

裙楼中庭一般处于建筑的中心位置,可置于塔楼之下、塔楼之外以及塔楼之间,而且同一座建筑物内可设多个中庭,有时彼此还有联系。中庭的位置决定了中庭的围合方式,相应地决定了中庭的类型。下面主要讨论最常见的内嵌式中庭和贴附式中庭。

(1) 内嵌式中庭

内嵌式中庭是指中庭置于塔楼之下或塔楼之间的布局,一般位于塔楼中间,侧界面的两边或三边围合,利用一侧或两侧作为外界面,或四边围合。内嵌式中庭是高层建筑中运用很普遍的类型,特别是多用于高层旅馆建筑。

根据中庭与相邻房间的关系,内嵌式中庭可进一步划分为内置式中庭和贯通式中庭。内置式中庭完全处于建筑物内部(一般高层建筑少见);贯通式中庭贯穿整个建筑物,中庭的顶部也是建筑物的顶部,顶棚上按一定面积比设置自动开启的天窗。贯通式中庭界面为回廊时,又称为回廊式中庭。中庭空间与相邻楼层大空间互通时,则称为互通式中庭。

(2) 贴附式中庭

贴附式中庭是指中庭置于塔楼之外附着于塔楼的布置,是局部围合方式的一种。附贴式中庭与建筑物主体的首层相通,与主体的其他楼层有外墙分隔,有的只是贴附于建筑物一侧,透光面较多,容易与外部环境形成一致相融的场景,往往兼有大堂的作用。

【案例 11】纽约福特基金会总部楼高 12 层,平面作 C 形敞向街面。前庭位于临街广场一面,以玻璃幕墙和顶光棚围蔽覆盖而成。该大楼正门位于曼哈顿第一大道和第二大道之间的 42 街上,北门在 43 街上。42 街和 43 街之间有一层楼的高差,在较低的 42 街上有一小片城市绿地,室内中庭与它紧靠对齐,成为它的延伸。办公部分围绕中庭呈 L 形布局,中庭成为各办公室的共同景观,也使办公部分与较宽的 42 街隔开,减少了交通噪声,如图 3-23、图 3-24 所示。

图 3-23　福特基金会大楼外观

图 3-24　福特基金会大楼中庭

上述几种中庭形式并不是独立存在的,而是相互组合的空间形式。有内置式带回廊、贯通式带互通、贯通式带回廊等丰富的组合形式,加上还能与贴附式中庭进行组合,其形式更是千变万化。中庭空间的复杂性对防火及防排烟设计造成了很大的困难,因而中庭空间的细分对防火有特别重要的意义,详见本书 8.5 节“特殊空间防火”。

3.4.2　中庭空间设计要点

1) 比例与尺度把握

虽然中庭的面积没有明确规定,但中庭的尺度很重要。中庭的比例与尺度的把握并非只从防火的角度考虑(详见本书 8.5 节“特殊空间防火”);从节能的角度要求,采光顶的面积不应大于屋顶总面积的 20%①;从中庭的空间效果看,应避免坐井观天的感觉,特别是中庭的高宽比不能失衡,短边尺度不能太小,否则会让人感到压抑,具体尺度与中庭高度有关,主要依赖于建筑师的经验,一般人视觉感觉合理的中庭高度为 21～24 m②。

---

① 住房和城乡建设部工程质量安全监管司,中国建筑标准设计研究院. 全国民用建筑工程设计技术措施:规划・建筑・景观(2009 版)[M]. 北京:中国计划出版社,2010.

② 王捷二. 饭店规划与设计[M]. 长沙:湖南大学出版社,2006.

2）界面特色与构思

中庭界面材料的选择是决定中庭空间品质的重要方面，也是其特色所在。中庭界面主要包括地界面、侧界面和顶界面。其中，地界面在随后的中庭置景中讨论，在这里主要讨论侧界面和顶界面。

中庭侧界面赋予中庭空间的基本形状和体积，因而特别重要。侧界面围合的方式主要有直面和斜面两种，而斜面又有虚实之分。虚的斜面由悬挑的层层平台面组成，形式自由活泼，常常和直面结合使用。例如，旧金山海特摄政旅馆，其中一个侧界面为斜面，多个侧界面为直面（如图 3-25、图 3-26 所示）。

图 3-25 旧金山海特摄政旅馆内景一

图 3-26 旧金山海特摄政旅馆内景二

中庭顶界面一般采用采光天棚，采光天棚的设计是体现中庭环境丰富性的重要方面。采光天棚的主要形式是天窗（亦称玻璃顶）。中庭天窗架一般用铝合金成型，类型丰富，如圆拱形、筒拱形、屋脊天窗、多脊天窗、棱锥形以及多锥形天窗等。天窗架的组合涉及玻璃顶的平面划分、外排水组织等，由建筑师根据中庭的平面形状、气候特征、材料性能、造价，特别是要创造的气氛和艺术效果等因素设计，构造复杂。这对初学者是个难点，详细设计请参阅相关书籍。

3）中庭置景的方式

中庭与大堂是既相联系又有所不同的两个概念，大堂强调的主要是交通功能和空间尺度，中庭除了功能较为丰富，空间尺度较大，最重要的在于“共享”的程度不同，而置景是达到“共享”效果最直接的手段。在很多情况下，中庭都兼作大堂使用。

（1）电梯构景

中庭置景的方式首推电梯构景。中庭人流量大，主要交通设施是电梯和自动扶梯。观景电梯上上下下，造型优美，自动扶梯连续不断地运行，为人看人提供了条件，成为中庭主景。一般高层旅馆将电梯柱状排列置于中庭中央，水平方向穿插以交通廊道，很是壮观（如图 3-27 所示）。旧金山海特摄政旅馆高 15 层，中庭平面呈梯形，约 1 800 m^2，设有大型观景电梯 5 台；坎布里奇海特摄政旅馆，高 14 层的中庭设 4 台观景电梯；伊利诺伊州政府大厦直径约 48 m、高 17 层的中庭，设置每组 6 台的两组观景电梯，在中庭中作伸出式布置，这些观景电梯均作客梯使用。也有在中庭用自动扶梯造景,商业综合体中最为常见,读者可参考本书6.3节图6-18。

(2) 雕塑置景

现代雕刻、挂饰是中庭造景的重要元素。例如,图3-25、图3-26所示的旧金山海特摄政旅馆中庭的现代雕刻十分引人注目;旧金山恩巴卡德罗旅馆还采用了一种“音雕”,给人的印象是一群小鸟飞进来落在树上开始唱歌,颇有野趣。

(3) 自然与人文造景

现代中庭引入自然光线、绿体、山、石,甚至传统民居等元素,使空间充满自然和人文气氛,极具地域特色。例如,成都世纪城洲际酒店(如图3-28所示),室外景色优美,建筑师一般采用大面积侧窗或玻璃幕墙,将室外景色引入室内,使室内外融为一体。

图3-27 新加坡摄政旅馆电梯置景

图3-28 具有地方特色的中庭——成都世纪城洲际酒店

图3-29 新加坡摄政旅馆

【案例12】新加坡摄政旅馆(如图3-29所示)通过光的直射、反射、折射,以及不同季节不同时刻的光影变化,塑造出千变万化的视觉环境,使空间明亮、轻快、亲切宜人,使大厅光彩夺目、五色缤纷,充满节日气氛,使中庭产生戏剧化的气氛,达到辉煌壮丽或神秘莫测的效果。

【案例13】广州白天鹅酒店的裙房部分设计了一个高3层的中庭,由顶部天窗采光,中庭的一角筑有假山,假山上建有小亭,人工瀑布从假山上分三级跌落而下,名之曰“故乡水”,以唤起海外华人的思乡之情。中庭的四周由挑廊环绕,藤蔓低垂,底部曲桥蜿蜒,流水潺潺,整个空间生机盎然(如图3-30所示)。

即使是缺少天然光线的封闭中庭,也可以通过水景、树木花草等使人感到置身于室外环境中,其中,水是最活跃、最生动的要素。比较大型的中庭空间可将高大的树木布置在空间的中心位置,成为空间中人可以围绕其行、靠、坐的突出标志,如香港黄金海岸酒店中庭(如图3-31所示)。

图 3-30 广州白天鹅酒店中庭造景

图 3-31 香港黄金海岸酒店中庭

【案例 14】美国建筑师波特曼设计的亚特兰大 20 层高的桃树中心广场旅馆，中庭布置在建筑的底部 6 层，通过天窗进行采光，大厅内有长 30 m 的瀑布，宽阔的水面使本身宏大的空间向下延伸一倍，整个大厅仿佛漂浮在水面上，水中生动的倒影增加了欢快愉悦的气氛。

3.4.3 中庭采光通风

1) 温室效应与界面材料选择

温室效应是由于太阳的短波辐射，通过玻璃温暖室内建筑表面，而室内建筑表面的波长较长的二次辐射不能穿过玻璃反射出去，因此中庭获得并积蓄了太阳能，使得室内温度升高。

中庭屋顶或外墙的一部分一般由钢结构和玻璃构成，因而界面的透光材料与构造是中庭空间最富有表现力的因素，玻璃、复合纤维等除了自身的质感色彩，还决定着中庭空间的光影效果。中庭顶部是建筑接收太阳辐射热最多的部位，即使是西晒对建筑的辐射热也远不及此。中庭获得大面积采光的同时，带来了夏季入射热量过多的问题（初学者较少考虑这方面的问题），如水平天窗比同样面积垂直窗的进光量多 5 倍甚至更多[①]。

从表面上看，温室效应对北方冬季中庭的室内环境有利，但北方冬季辐射热远不足以抵消中庭的能量损耗（夜晚情况更糟），而温室效应在南方炎热的夏季会直接导致中庭闷热。因此，中庭内部的热环境多数还得依赖空调设备。从节能的角度考虑，中庭的面积不可太大，玻璃界面不可太多，否则会引起灾难性的后果。为了减少进入中庭的直射辐射，设计时可在构造上将玻璃材料与实体材料混合使用，或减少天窗的面积，亦可以采用玻璃幕墙的内遮阳和屋顶悬浮遮阳。

① 栗德祥. 内院大厅[J]. 世界建筑，1981(2).

在采暖为主的地区,可选用镀膜玻璃,能有效地透过可见光、遮挡室内长波辐射,发挥温室效应;亦可采用双层玻璃或热阻较大的玻璃,来增大围护结构的热阻,防止热量的散失。在供冷为主的地区,选用的玻璃窗应能有效地透过可见光,并能遮挡直射辐射和室外长波辐射;在室外温度较低的情况下,可在遮阳与采光玻璃间设置通风间层,通过不断引入室外温度较低的空气,将内遮阳的产热源源带出,从而保证室内宜人的气候。

【案例 15】伊利诺伊州中心建筑物整个外壳全部采用透明玻璃,以象征政府的透明度(如图 3-32、图 3-33 所示)。然而这幢建筑物中 17 层高的中庭引起了无比巨大的噪声和小气候控制的难题。当大厦落成后第一个夏天的某时,室内气温高达 43.3 ℃,而在冬天则相反,室温会降到 15.6 ℃。工作人员在这样差的小气候条件下狼狈不堪,伊利诺伊州后来花了 2 000 万美元控告了建筑师海默特·扬。

图 3-32　伊利诺伊州中心外观

图 3-33　伊利诺伊州中心中庭

2）中庭通风

高层建筑通过中庭进行自然通风是比较普遍的方式。建筑的中庭没有条件用侧墙采光,只能靠顶部采光时,可在中庭上部侧面开设开启扇,或是采用电动控制的可开启天窗,采用热压和风压的通风方式,利用自然通风降温,形成烟囱效应;必要时可在上部增设机械通风装置,采取强制通风措施,强化烟囱效应,在夏季有效降低中庭内的温度,达到节能的目的。

【链接 1】烟囱效应

利用烟囱效应引入自然通风是建筑节能的方式之一,目的在于利用热压和风压带走夏季聚集在中庭内的过多热量。热压主要取决于室内外空气温差和进出风口的高度差,可通过空间布局、门窗洞口的合理设计,设置一定数量的低窗与高窗相结合,增加进、出气口的高差,热空气上升,经由高窗排出,凉爽的空气由低矮的洞口进入室内,这就是常见的烟囱效应。

建筑师常在高层建筑设计中通过中庭组织自然通风,利用中庭的烟囱效应实现对相邻房间的自然通风,但有的建筑师没有真正掌握烟囱效应的基本原理。如图 3-34 所示为利用中庭烟囱效应实现对相邻房间自然通风相关原理图，并为诸多建筑师在设计中引用，然而，该图未充分考虑到一个物理现象，即中和面效应的不利影响。

在图3-34中a点，空气由室内向室外运动，其原理在于该处中庭内空气压力高于室外；同样，在底部b点，中庭空气压力低于室外，空气由室外流入。在中庭垂直方向上存在一点，此处室内外压力相同，通过该点的水平面，物理学上称之为中和面。显然，只有处于中和面以下的窗洞，空气才由室外流入中庭并由顶部排出，中和面以上的窗洞如若开启，必将成为出风口（如图3-35所示）。也就是说，在某些情况下，利用中庭的烟囱效应，只可对建筑的一部分房间实现自然通风。高楼层房间为避免污浊空气的回灌，相邻中庭的窗应关闭，或者将通风窗像烟囱一样高高顶出屋面，通过提高出风口的高度来提升中和面的高度，强化中庭的通风效果。否则，低楼层房间内充满空气污染物的污浊空气随着热压效应到达高楼层后，会因为正压而进入高层用户室内。

也就是说，室内外空气温度差越大，进出风口高度差越大，热压通风作用越强。在室外风速不大的情况下，增加中庭、楼梯间、通风竖井出屋面的高度，形成"高烟囱"，一方面可以增加烟囱效应，另一方面提高了热压通风的中和面。由于热压取决于室外温度差与气流通道的高度（即开口之间的垂直距离）的乘积，因此只有当其中的一个因素有足够大的量时，才具有实际重要的意义。在夏季，可以充分利用自然通风，白天关闭进出风口，减少摄取外界的热量及室内冷量的散失；晚上通过安装在顶部的可开启的天窗及可调节的遮阳格栅，利用烟囱效应形成的自然通风消除室内余热，有明显的排热效果。

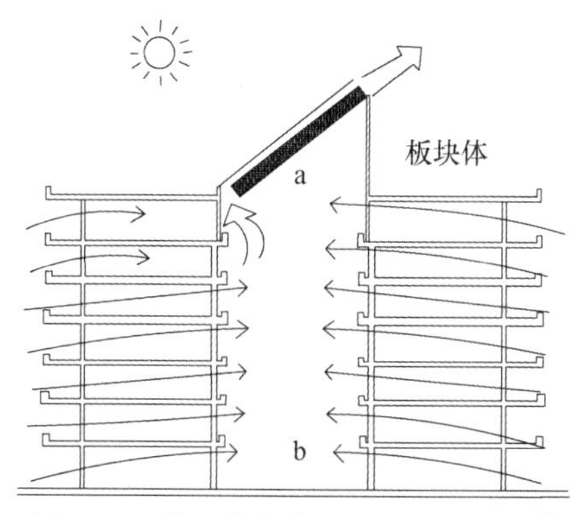

图3-34 错误的中庭热压通风示意图①

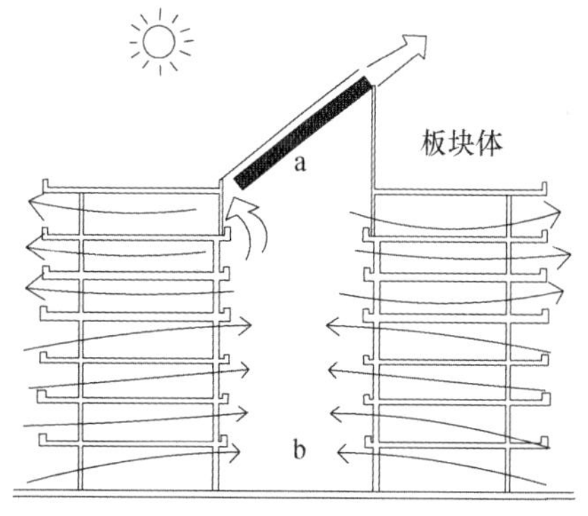

图3-35 正确的中庭热压通风示意图

利用烟囱效应引入自然通风的目的，在于利用通风带走夏季聚集在中庭内的过多热量，设计时要保证由进风口引入的室外空气温度足够低，至少不应高于室内空气温度，否则效果不明显，甚至会导致适得其反。实践中，有的建筑师在中庭进风口侧设置大片水面和绿化，其目的在于保持该处较低的表面温度，从而保证经由该表面吹入中庭内的空气温度较低，以获得良好的降温效果。

【案例16】马来西亚著名建筑师杨经文1997年提出上海军械大楼（Armoury大厦）设计方案。该大厦位于上海浦东，处于北纬31.14°地区，高36层，平面为圆形，电梯、楼梯及服务设施均置于建筑的外围一侧，内部有中庭，外墙采用双层墙技术，双层墙之间设有可调节的水平百叶窗。

该大楼十七层以下为酒店，以上为办公楼，中部均为共享空间，设两个开敞避难层，下开敞避

① 理查·萨克森.中庭建筑——开发与设计[M].北京：中国建筑工业出版社，1990.

难层(十七层)下界面应为中和面,其下中庭由客房环绕,较为封闭。两层皮外立面内侧设置的百叶窗实为挡风器。夏季利用挡风器引导东南风,春秋季节挡风器开启以利于通风,同时通过中庭热压和机械抽风加强自然通风;冬季挡风器关闭以阻隔冬季风,同时机械送风量达到最小,百叶窗关闭,从而形成空气中空层,实现温室效应。经测算,综合能耗为普通建筑的 1/4,再生能源利用率占建筑使用能耗的 20%(如图 3-36、图 3-37 所示)。

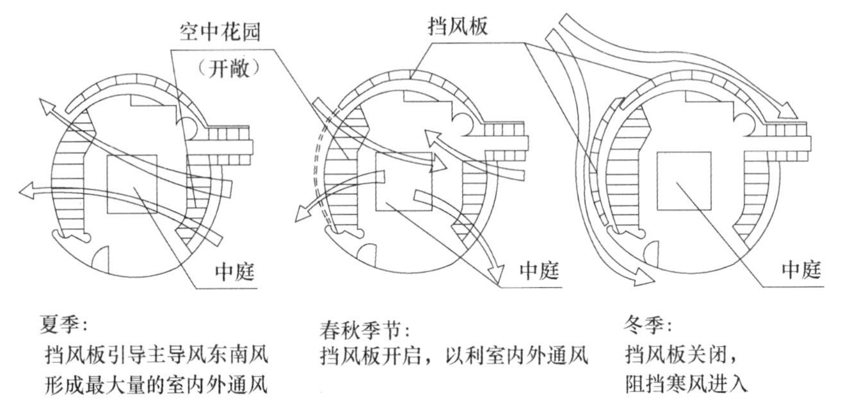

图 3-36 上海军械大楼设计方案标准层通风分析①

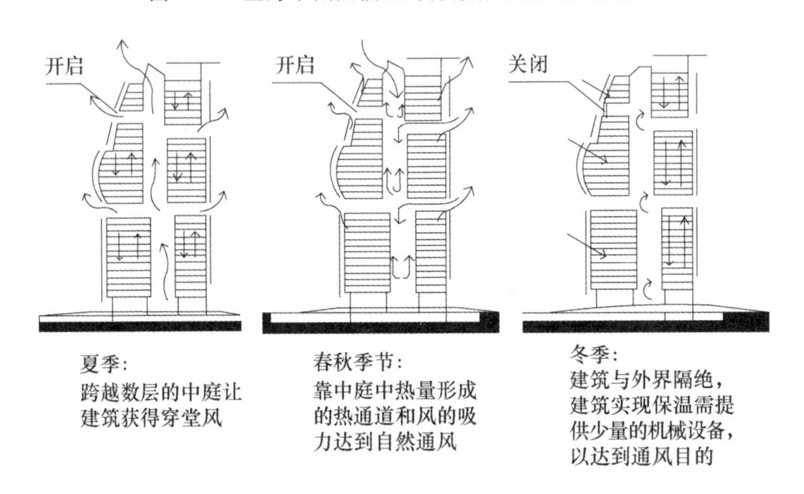

图 3-37 上海军械大楼设计方案剖面节能通风分析

3.5 裙房柱网布置与变形缝

一般高层建筑设计方案的结构表达多以柱网布置的形式出现。方案阶段的结构柱网布置和变形缝的位置初定一般是建筑师的任务,而即使对于有经验的建筑师,裙房的柱网布置也是件麻烦的事情,因此,准确的结构选型和柱网布置需要结构工程师来确定。

柱网布置和变形缝的设置是初学者在高层建筑设计中首先遇到的结构和构造问题,其与建筑

① 吴向阳. 杨经文[M]. 北京:中国建筑工业出版社,2007.

内部空间的功能布局、使用效率以及艺术效果都有很大关系，尤其是标准层和地下车库结构的关联与协调，使柱网布置变得非常复杂。因此，设计时要求结构工程师与建筑师密切配合，从建筑空间布局、立面造型、结构形式、地基基础等方面综合考虑合理的方案。

3.5.1 柱网布置

结构柱网由跨度和柱距两个方向上的尺寸组成，在多跨结构中，几个跨度相加后和柱距形成一个柱网单元。一般情况下，高层建筑主体由于结构体系的限制，往往采用较小跨度柱网，但不同的建筑类型差别较大，高层住宅和公寓主体结构跨度较小，而高层办公楼和非剪力墙结构的旅馆主体结构跨度较大，裙房和地下室因为功能需要较大空间，也往往采用较大跨度柱网。

裙房部分的结构多以较大跨度柱网为主。一般从经商的灵活性和地下车库停车要求考虑，工程实践中对裙房和地下室采取了多种结构布置结合的方案。

裙房柱网布置还与空间类型有很大关系。当裙房为商业建筑时，商业空间柱网尺寸受制于标准货架的要求，跨度从6～12 m不等，多为8～9 m。不少大品牌零售商对卖场的柱网布置、层高甚至楼板承重荷载等都提出了明确要求。

裙房与地下车库柱网尺寸也有很大的关联。地下车库标准柱网一般要求(8.0～8.4)m×(8.0～8.4)m(详见本书5.3节“停车库”)，在柱网尺寸严重影响停车使用与数量的情况下，裙房的柱网尺寸主要根据停车库的要求来确定。

裙房柱网布置与结构体系有很大关系，若采用钢筋混凝土楼盖体系，柱距以7～10 m为宜，若柱距加大，则应采用预应力楼盖(注意：我国北方有的地区不接受预应力)。此外，还要特别注意大空间功能房间对裙房结构的影响，如裙房中的旅馆大堂、宴会厅内部一般都要求无柱。在总体布局有条件时，应尽量将大堂、多功能厅和商场等有大空间的部分，移到主体覆盖的面积之外。在层数不多的情况下，实践中很多方案将多功能厅和会议厅、展厅置于裙房的顶层。跨度太大时，屋盖应采用钢桁架或网架结构，除了保证内部空间净高，还需要解决防火疏散问题。

初学者常犯一些低级错误，例如，在房和厅的中心布置柱子或使厅和主要房间中心有梁穿过，或布置楼梯时为了能够通行随意将框架梁折断。不少初学者缺乏技术经济概念，在设计中随意加大柱距，殊不知柱距的增加会使楼盖的结构高度加大，使得建筑层高增加；有的设计师在不是很有必要的情况下，裙房和主体采用轴线斜交或曲直结合的两套柱网，导致裙楼的商业空间很不规整，难以布置货架，或需要大面积的结构转换来保证裙楼商业空间的效果，导致造价增高和层高紧张，且过密的柱网亦不经济。

3.5.2 变形缝

1）变形缝的设置

在一般房屋结构的总体布置中，考虑到沉降、温度收缩和体形复杂对房屋结构的不利影响，常采用变形缝(沉降缝、伸缩缝、防震缝合称变形缝)将房屋分成多个较规则的结构单元，上部结构须在缝两侧均设独立的抗侧力结构，形成双梁、双柱、双墙，从而消除沉降差、温度应力和体形复杂对结构的危害。图3-38、图3-39所示为两个变形缝。

高层主体建筑与裙房之间是否应设置变形缝，实质是主体与裙房之间的连接问题。初学者要

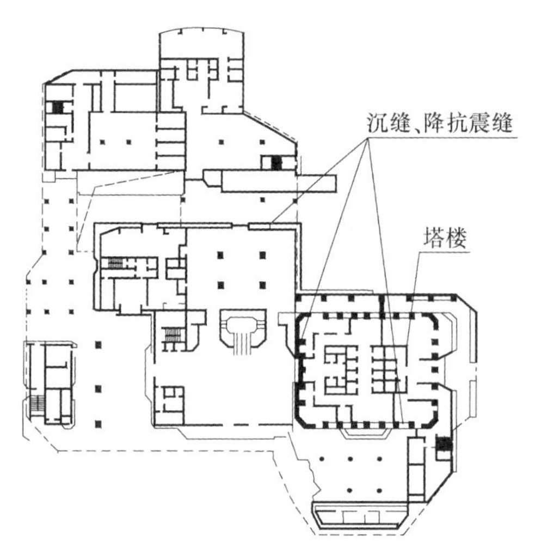

图 3-38　广东国际大厦变形缝

图 3-39　某高层建筑室内变形缝

注意的是,板式高层公共建筑标准层要避免超过设置缝(伸缩缝)的长度要求,而高层住宅的变形缝一定选择在居住单元的分户墙之间,还要考虑多个住宅单元拼接长度和设置伸缩缝的长度要求之间的关系,尽量争取少设缝。

主体与裙房设缝后对平面功能、建筑立面、室内外装修等有明显的影响,采暖通风、电气管线设置不便,且费工、费料;屋面、墙面、地下室等防水处理的难度(尤其北方地区)也明显加大。例如,寒冷和严寒地区的设计要求缝两侧内全部做保温,但实际工程中很多都只是在外边上做(里面没有做),结果产生冷桥,造成变形缝处保暖效果不好,导致变形缝两侧的住宅单位市场抗性较大。显然,从建筑的角度来看,不设缝较好。

从结构抗震来看,虽然有时设缝能简化结构体型,但设缝也带来不少麻烦:一是主体的埋置深度不易保证;二是由于施工原因,极易造成缝内堵塞,不利于抗震。

由于以上原因,在实际工程中常常通过构造措施减少设缝或避免设缝。事实上,主体和裙房之间是否设缝的关键在于其沉降差的大小。如果主体与裙房沉降差不大,采取措施后能减少沉降差,则可不必设沉降缝。在抗震地区设置的沉降缝及伸缩缝都应满足防震缝的要求,因而主体与裙房之间可不必单独为抗震而设防震缝。防震缝的宽度应通过计算确定,一般要宽于沉降缝及伸缩缝;地基压缩性高、厚度大,以及主体与裙房沉降差异大时,应设沉降缝,沉降缝应于设缝处从上至下全部断开,而伸缩缝及防震缝只需在地面以上留设,在地下室不必断开。

由于变形缝对建筑功能和空间以及立面设计等有较大影响,因而应在初步设计阶段就做出选择。一般先由建筑师按有关规范考虑变形缝的设置(大部分初学者常忘记设置),并对结构工程师提出哪些部位不宜或不接受变形缝。虽然主体与裙房之间分不分缝最终由结构工程师根据规范决定,但结构工程师需要与建筑师协商,而建筑师需要建立相应的概念,才能争取到合理的结果。

【链接 2】地下室不设缝的条件和方法

(1) 采用桩基的方法。桩支承在基岩上,或利用刚度很大的基础,可以不设沉降缝。端承桩将荷载直接传到坚硬的基岩上,主体与裙房之间沉降差很小,但用刚度很大的基础抵抗不均匀沉降产生的内力和变形时,用料较多,造价较高。

(2) 采取后浇带的施工方法。地基承载力较高,沉降计算较可靠时,在设计和施工中调整主体与裙房之间的沉降量,减少沉降差,控制混凝土收缩和温度伸缩,降低由沉降差产生的内力,目前很多工程都采用这一方法。后浇带法适合于主体和裙房沉降及沉降差可控制的情形,如在主体与裙房之间设置的情况。

2) 变形缝处的柱网布置

对柱网布置产生影响的是沉降缝和防震缝的形式,常见形式为裙房基础后退,然后用挑梁的办法将主楼和裙房完全脱开。这样处理有两种选择。一是室内增加一排柱子,虽然此举或多或少会影响裙房的使用功能,但其不受裙房层数和跨度限制,适应面较宽。初学者需要注意的是:若是沉降缝,一定要保证缝两边两排柱之间的轴线距离,一般经验值为 1.8～2.0 m。二是在基础挑梁端头设柱子,此举对裙房的层数跨度都有一定的限制,适合于较矮且结构形式较简单的裙房;对较高较复杂的裙房,这种浅基础及偏基础往往会因无法支承此建筑物而造成破坏,如图 3-40 所示。

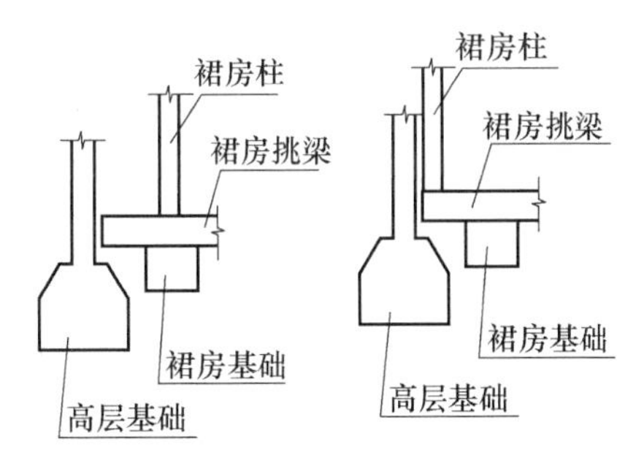

图 3-40 变形缝处柱位布置方式①

① 傅伟平.浅谈高层建筑主楼与裙房的连接[J].中外建筑,1999(6).

第4章　高层建筑标准层设计

4.1　一般概念

高层建筑塔楼部分由多层叠置的水平空间与贯穿各层水平空间的垂直空间两部分构成。各层水平空间的形式相同或相近，重叠并以有效的方式组合；在若干个水平面之间，用一定形式和内容的垂直体，以某种方式贯穿其中，如电梯井、楼梯间和竖井及结构支撑系统等，构成水平面与水平面之间的支撑和联系，从结构及交通等方面确保水平使用空间各功能顺利实现。截取这种水平面和垂直体交汇处的任一单元段，得到的这种按竖向空间积层相同或相近楼层称为高层建筑标准层。

标准层是高层建筑的本质载体，决定了高层建筑的空间形态和外部造型，标准层的设计是高层建筑设计的核心问题。影响高层建筑标准层平面形式的因素很复杂，包括建筑类型、场地条件、节能以及审美心理等，设计的基本原则是尽量规整、对称、简洁。标准层设计合理与否，在很大程度上决定了高层建筑整体设计的优劣。

4.1.1　要点与难点、设计方法、步骤

1）要点与难点

标准层设计的要点：一是标准层平面形式的设计；二是结构选型与柱网布置；三是防火分区与安全疏散设计；四是确定各类管道井的位置和数量。

标准层设计的难点：一是处理建筑表皮材料与造型和节能的矛盾；二是把握地下车库、标准层和裙楼柱网布置的对位关系；三是确定疏散楼梯和消防电梯的位置。

标准层的实质是由组成标准层的“元空间单元”，在整体逻辑的网格上进行的叠加和累积，表现的是数学美学的整体秩序和关系肌理。高层建筑受垂直高度、风力和地震力的约束，单元与单元之间的整体和结构秩序的重要性远大于单元本身的重要性，否则异常复杂的设备和结构关系会导致高层建筑整体的失衡和技术上的不可行。

2）设计方法与推荐步骤

（1）高层公共建筑

①根据总平面设计初定的塔楼形式，初定标准层平面形式，注意控制体形系数。

②从功能、结构安全性和节能效率初定核心体位置，特别留意核心体位置与首层大堂或门厅的对应关系（标准层和裙楼互动设计）。

③合理选择塔楼结构类型，地下车库、标准层和裙楼柱网互动布置，重点推敲标准层租赁跨度和地下车库的柱网。旅馆建筑柱网布置要符合客房标准间的尺度要求。

④控制标准层面积规模，匡算平面系数和出租率，基本确定标准层平面形式。

⑤初定乘客电梯的位置和数量。

⑥确定疏散楼梯和消防电梯(兼货梯)的位置和数量、疏散距离和方向。

⑦初定各类管道井的位置和数量。

⑧标准层"壳体"空间布置,如是大空间办公室则应标明防火疏散通道。

⑨验算防火分区面积和疏散楼梯宽度,计算标准层平面系数,优化方案以提高标准层平面系数。

⑩使用空间的家具布置。

⑪确定标准层平面。

(2) 高层住宅与公寓

①根据总平面设计初定的标准层平面形式,探讨套型的组合方式。应注意尽量减少外墙的凹凸,特别是采暖地区应严格控制体形系数,避免冷山墙。

②初定核心体的位置,通过核心体组合模块比选,尽量保证电梯间直接通风采光。注意楼梯和电梯与首层门厅(大堂)出入口的对应关系。

③针对不同的目标客户群,反复进行套型设计,避免访客、家庭、家政流线相互的干扰,并注意设计标准与档次,即使北方也应尽量避免高层住宅卫生间为暗房。

④结构选型一般考虑(短肢或异型柱)钢筋混凝土剪力墙结构。

⑤保证剪刀梯合用前室双向出入口,控制直接开向前室的户门数量,避免三合一前室。

⑥注意塔楼和裙楼垂直疏散系统分离,及建筑层数、高度与疏散楼梯类型的关系。

⑦注意家具布置和空间利用,特别注意卫生间和厨房的设备布置。

⑧按地产营销要求的计算方式,计算套型建筑面积(含公摊面积)和套内面积(不含公摊面积),从市场角度检验和提高标准层平面使用系数。

⑨确定标准层平面。

4.1.2 规模控制

1) 影响标准层面积的因素

确定了平面形式之后,标准层设计需要考虑标准层的规模,即标准层面积。

标准层规模受很多条件的制约和影响:一是场地特征,诸如用地大小、形状、建筑红线、容积率和建筑高度等的限制;二是作为一个开发项目受到投资额度和市场需求的影响,市场对租赁跨度的要求和采光通风,以及节能对照明的要求都会影响标准层的进深,从而间接地影响标准层平面的规模;三是防火要求,如防火分区的面积控制和防火救援措施(如安全出口和消防电梯的数量,屋顶是否设直升机场等,详见本书8.4"安全疏散");四是标准层平面的利用效率,即平面系数,主要指结构柱与剪力墙的占用面积,其随建筑层数增加而分段增加。

2) 标准层面积建议值

从面积上看,高层公共建筑标准层一般可分为小型(800 m^2 以内)、中型(1 200～1 500 m^2)、大型(1 500～2 000 m^2)和特大型(2 000 m^2 以上)等几种。高层住宅标准层面积则小得多,特别是户数少于4户的标准层,很少超过800 m^2。18层及18层(54 m)以下的高层住宅标准层面积宜控制在650 m^2 以内。

办公楼标准层面积小于 1 500 m^2 或者大于 3 000 m^2，平面效率均下降较快，说明面积过小则核心体占据面积的相对比例较大，导致使用率低；而面积过大，则由于办公人数的增加导致电梯数量增加，当超过一定规模时，垂直交通的剧增令使用面积越来越小。可见，面积的增大也是有限制的，并非越大越有利。

旅馆标准层规模主要与客房间数、旅馆类型有关：每个客房层的房间数越多，规模越大；不同类型旅馆对客房层面积也有影响，度假型旅馆相对城市商务旅馆，低层旅馆相对高层旅馆，客房层面积更大些。档次也是影响客房层面积的因素，随档次的提高，饭店客房层面积增大(如图 4-1 所示)。

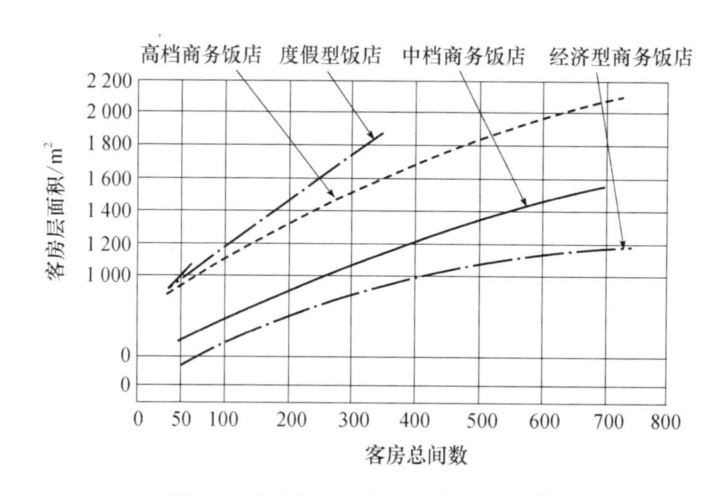

图 4-1 客房层面积与总间数的关系[①]

因此，综合考虑到节约用地、市场适应性、有效使用面积系数、自然采光要求、节约能源，以及大进深、大空间办公模式等因素，一般高层公共建筑每层面积不宜低于 1 200 m^2，也不宜高于 2 500 m^2，在 1 200～2 000 m^2 之间的标准层大多能有较高的使用效率。

4.1.3 体形系数与节能

1) 体形系数概念

高层建筑标准层多，外围护墙体消耗能量较大，占整个建筑能耗 25%左右[②]，因此控制标准层的体形系数成为节能措施的重要方面。

体形系数(一般用 K 表示)是指建筑外表面积与建筑体积的比值，$K=F/V$(注意，这里讨论的体形系数不同于结构计算风荷载的体形系数)，有关节能标准对不同气候区建筑体形系数有不同要求。体形系数越大，说明单位建筑空间的热散失面积越大，能耗越多。有研究资料显示，体形系数每增加 0.1，耗热量指标就增加 0.48～0.52 W/m^2[③]；体形系数每增大 0.01，耗热量指标约增加

---

① 王捷二. 饭店规划与设计[M]. 长沙：湖南大学出版社，2006.

② 苏士敏，陈恩甲，杨光辉. 节能与高层建筑设计[J]. 低温建筑技术，1999(1).

③ 宋德萱. 高层建筑节能设计方法[J]. 时代建筑，1996(3).

2.5%[①]，欲增大建筑的体形系数，则应增加围护结构保温能力。常见平面形式中，圆形拥有最小的外表面积，其次是方形，常见的建筑平面形状与能耗关系见表4-1。

表4-1　常见的建筑平面形状与能耗关系

平面形状	正方形	长方形	长条形	L形	“回”字形	“门”字形
F/V	0.16	0.17	0.18	0.195	0.21	0.25
热耗/%	100	106	114	124	136	163

值得注意的是，建筑的体形系数与热工品质的关系非常复杂，因为有效的体形系数本身就是一个难以确定的参数，涉及建筑形态的许多细节。体形系数不是一个简单的比值，它不仅取决于建筑外表面积，还与其围合形态有关。从冬季利用太阳能的角度出发，受热外界面，特别是南向外界面的面积越大，补偿给建筑的热量就越多，对节能就越有利。因而，建筑的体形不是以外表面越少越好来评价，而是应以南向外界面足够大，同时其他方向外界面尽可能少为标准来评价，用建筑南向外界面与外界面总面积之比来进行比较，更能说明建筑体形对太阳辐射能的利用情况。如图4-2所示为一些高层建筑节能形体的示例。

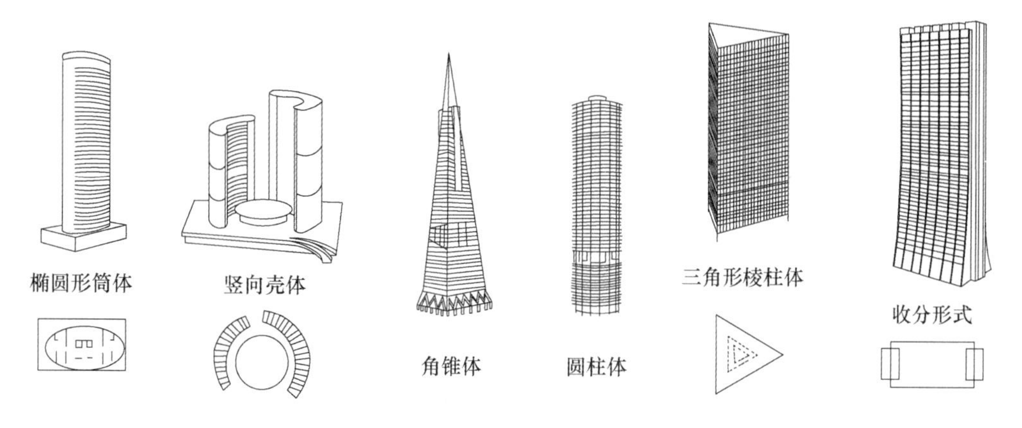

图4-2　高层建筑节能形体

【链接1】美国著名景观设计师、规划师、生态规划的倡导者麦克哈格(Mc Harg)在《设计结合自然》(*Design with Nature*)一书中，根据世界四个主要气候带提出相关具有普适性意义的概念与原则，指出纬度较低地区的建筑需要较为扁平的平面比例，以减少东西向面积。例如，热带地区建筑东西向面宽与南北向面宽比例以1∶3左右较为合适，而纬度越高这一比例就越小；寒带地区就以1∶1左右为佳，例如使用圆柱体形式，这样可以最大限度地获取日照(如图4-3所示)。

2）体形系数控制

如何控制或降低体形系数是建筑节能设计的一个重点，对建筑平面形状的推敲通常被视为一种减小体形系数的有效办法。

其一，减少建筑面宽，加大建筑进深。

① 梁柏青.对建筑节能设计的探讨[J].四川建材，2008(6).

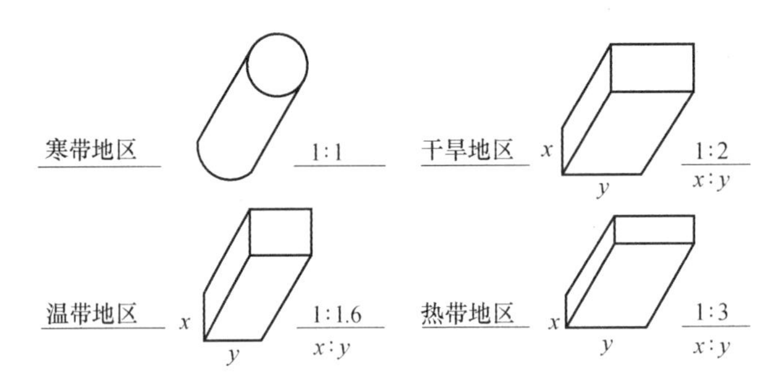

图 4-3 不同气候地区最适宜的建筑比率①

其二,增加建筑层数,增加层数一般可以加大体量,降低耗热指标。

其三,选择体形系数小的平面形式,减少墙面凹凸和架空层,平面形状尽可能规整。

其四,不宜大规模采用单元式错位拼接,不宜采用塔式住宅拼接,否则住宅外墙面多。

其五,减少和避免设置天井和开敞式楼梯。天井大大增加了建筑的体形系数,不论是开口天井、内天井,都不可避免地会导致外界面增加。北方高层建筑特别应避免开口天井,必须设置的,可通过可控的玻璃界面封闭天井,在满足自然采光的同时减缓热交换,以降低热工能耗。

其六,在选择住宅单元规模时,应避免建筑面积在 2 000 m^2 以下的小体量,一般以建筑面积等于或大于 4 000 m^2 为宜②。

3) 南北方对体形系数的不同要求

采暖建筑对体形系数有明确的要求。有关规范提供的数字显示:当住宅由条形改为塔式时,体形系数将由 0.28~0.30 增加为 0.36 左右,采暖能耗将增加 20%左右,如果日照不足,采暖能耗更会成倍增加③。

《夏热冬冷地区居住建筑节能设计标准》(JGJ 134—2010)4.0.3 款规定:夏热冬冷地区居住建筑的体形系数不应大于表 4-2 规定的限值。

表 4-2 夏热冬冷地区居住建筑的体形系数限值

建筑层数	≤3	4~11	≥12
建筑的体形系数	0.55	0.40	0.35

《夏热冬暖地区居住建筑节能设计标准》(JGJ 75—2012)将夏热冬暖地区划分为南、北两区,北区建筑考虑夏季空调,兼顾冬季采暖,南区考虑夏季空调,可不考虑冬季采暖。北区内,单元式、通廊式住宅的体形系数不宜超过 0.35,塔式住宅的体形系数不宜超过 0.40。《严寒和寒冷地区居住建筑节能设计标准》(JGJ 26—2018)的规定见表 4-3。

① 梁呐,戴复东.高层建筑的生态设计策略研究[J].建筑科学,2005(1).

② 隋艳娥.居住建筑节能研究[D].西安:西安建筑科技大学,2005.

③ 钱本德.高层塔式住宅日照环境堪忧——高层塔式住宅区室内日照质量分析[J].建筑学报,1998(9).

表 4-3 严寒和寒冷地区居住建筑体形系数

层数 \ 地区	严寒地区	寒冷地区
≤3	0.55	0.30
≥4	0.57	0.33

注：体形系数大于规范要求数值时应进行围护结构热工性能权衡判断，考虑加强屋顶和外墙保温的构造措施。

控制体形系数对防热不如防寒有效，尽管控制体形系数可以在总体上降低热工能耗，但由体形系数控制的外界面的热传导能耗，在夏季不像冬季时那么有效。当夏季建筑不使用空调，且室内温度高于外界气温时，较大的体形系数利于室内通过外界面向外散失热量，因此，实际工程中，我国南方地区对建筑体形系数的控制远没有北方严格。体形系数太大，在北方很可能直接导致设计方案被否决。

4.1.4 热环境分区与节能

由于人们对房间热环境的需求各异，应根据实际需要对热环境合理分区，通过室内的温度分区来满足热能的梯级应用。

热环境质量要求较低的房间，如一些辅助用房及人员停留时间比较短的房间，如住宅中的厨房、厕所、走道等，布置于冬季温度相对较低的区域内（如北向），而在环境质量好的向阳区域布置居室和起居室，使其具有较高的室内温度，同时利用附属用房减少居室等主要房间的散热损失，以最大限度地利用能源。

从节能的角度提高房间的热环境质量，可在温度要求高的室内空间和温度变化幅度很大的室外空间之间设置温度阻尼区。温度阻尼区像一道热闸，不但大大减少了外墙传热损失，而且降低了房间的冷风渗透量，夏季也可以打开门窗进行自然通风，使之成为一个可调节、可应变的缓冲空间。北方高层建筑南向的温度阻尼区，往往以附加阳光间和暖廊的形式出现；而南方高层建筑东西向的温度阻尼区，一般以空中花园的形式出现。

此外，处于室内外之间的楼梯间、坡屋顶下空间、地下室、阳台等空间都可以成为温度阻尼区，设计时可将楼梯、电梯等交通核置于东西向。注意：北方地区应设封闭北阳台，并做好栏板的保温措施，以减少冬季西北风对室内的直接渗透，即使是 11 层及 11 层以下的单元式住宅，因采暖和节能要求亦不适合采用开敞楼梯。

4.1.5 通风与节能

建筑通风与节能就是利用通风改善室内热环境，使建筑物冬天保持室内热量，避免冷风渗透，夏天形成穿堂风，通过自然风降温达到节能目的。设计要点如下。

其一，良好的建筑形体组合与平面布局可形成局部的风压差，有利于通风。对于夏热冬暖地区中的湿热地区，由于昼夜温差小，相对湿度高，应适当控制进深，(住宅)采用南北通透套型，利用建筑物一定的凹凸形状引导自然通风。

其二，南北向房间门窗相互对应，避免气流转折，保证水平通风的通畅均匀。相对而言，两个房间的门窗位于同一直线上对流效果最佳，若两门相错，则效果次之。因此，应尽可能让位于走廊两侧的门对称布置,为夏季通风提供便利条件。采用单侧通风时,窗口设计应使进风气流深入房间;通过设置导流板、绿化等方法组织正、负压区,可以改变气流方向,但应注意门窗开口位置要使室内气流均匀,并力求风能吹过房间主要使用部位。

其三,合理选择房间开口位置和面积,在正负压区同时设置开口引导穿堂风,设置高低开口创造热压通风,利用外廊提供阴凉的户外空间,利用架空屋面通风,减少室内隔墙对风的阻碍作用;应使窗口开启朝向和窗扇的开启方式有利于向房间导入室外风,自然排风应利用常开的房门、户门、外窗、专用通风口、与室外连通的走道、楼梯间、天井等,直接或间接地将室内空气排出户外。

其四,构件导风。增设简易导流板(砖砌矮墙、木板、纤维板等)组织气流,亦可利用窗扇来导风,加强室内的自然通风。除门窗外还有通风花格墙、墙间通风洞、檐下通风口和通风屋脊等多种方式,这些处理都能取得不同程度的防热效果。

其五,由于自然通风效果与建筑体形系数和窗墙比控制有较大的矛盾,因此,北方地区应防止片面追求自然通风效果而对建筑保温不利,并谨慎对待烟囱效应,防止冬季冷风和寒流对建筑的直接渗透和对建筑保温效果的影响;在南方地区也要避免盲目开大窗(避免玻璃窗面积大而可开启面积小)而不注重遮阳设施设计的做法,否则容易把大量的太阳辐射带入室内,引起室内过热。

4.2 一般标准层平面

高层建筑标准层平面形式很多,主要是塔式和板式两种类型及其变种,下面分别探讨三种主要高层建筑类型的标准层平面形式。

4.2.1 办公楼和旅馆

高层办公楼和旅馆的标准层形式主要有板式、塔式和组合式三种。一般说来,随着建筑层数的增加,标准层呈现由板式向塔式变化的趋势。

1) 形态构成手法

纯粹从形态构成角度来看,标准层平面构成的规律是:复杂的标准层面由简单的标准层面交合而成。复杂的标准层平面采用“形生形”的构成方式,利用简单的原型进行交合、群化、打散重构、变形处理等,以此建构满足建筑创意构思的图形。标准层平面形态构成的许多手法是互相关联的,很难明确分区。在实际创作过程中要灵活运用。

(1) 组合连接

组合连接是将相同或不同的若干个形状有序连成一体的构成方式,即几何图形采用“并集”的形式连接在一起,彼此并不相交;或采用桥式构件,如用核心体作为连接体,可以改变立面虚实和竖向比例关系。

(2) 复合叠加

复合叠加是将相同或不同的几何平面采用“交集”相叠,形成新的平面形式,如方形的叠加、圆形的叠加、方形与圆形的叠加等,在基本几何形体的基础上衍生出多样化的建筑体形。尽管复合叠加在实际使用中有时会增加结构的复杂性,但引起的建筑体型和空间变化十分丰富,如图 4-4 所示。

(3) 网格旋转

网格旋转简称旋转，一般是利用单一的几何形平面单元，在平面构成网格上进行圆周式转动，打破简单形体重复的单调，获得非同一般的形体效果；也可将不同的形状以几何中心为圆心进行多角度旋转，此种构成方式虽然平面形式简单，但逻辑性很强，对构件尺寸设计及施工的精度要求很高。

(4) 边角切割

边角切割简称切角，是在完整基本几何形上做局部的简单剪切，是标准层构成及建筑造型上最为常用的手法之一。例如，为了便于布置使用空间和削弱风振影响，而对三角形平面的角部进行的各种切割处理。随建筑高度增加而变换的平面转角切割，不仅能改变标准层内部空间的形态，还能获得立面上的高耸感，如图 4-5、图 4-6 所示。

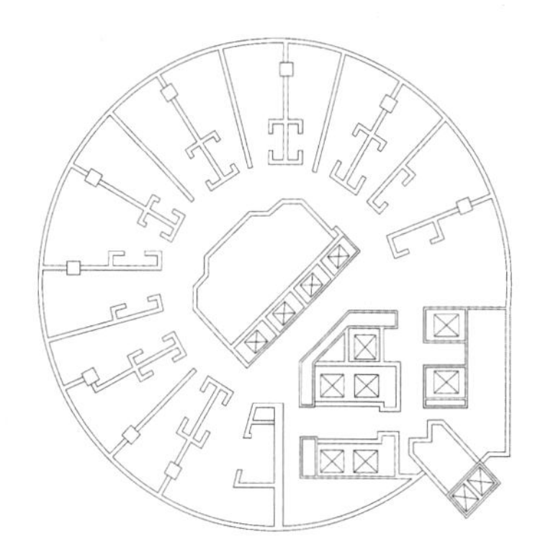

图 4-4　深圳发展中心大厦圆形和方形结合的标准层①

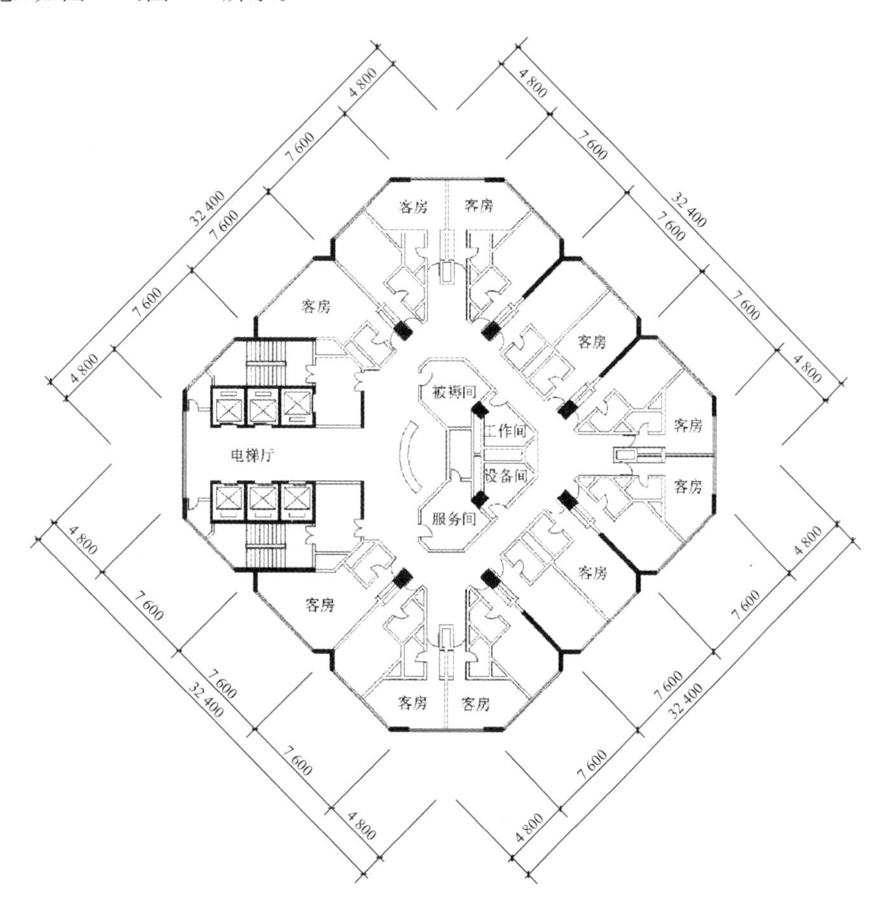

图 4-5　东莞银城大酒店(28 层，标准层面积 989 m^2)

图片来源：广东省建筑设计研究院

① 刘建荣. 高层建筑设计与技术[M]. 北京：中国建筑工业出版社，2005.

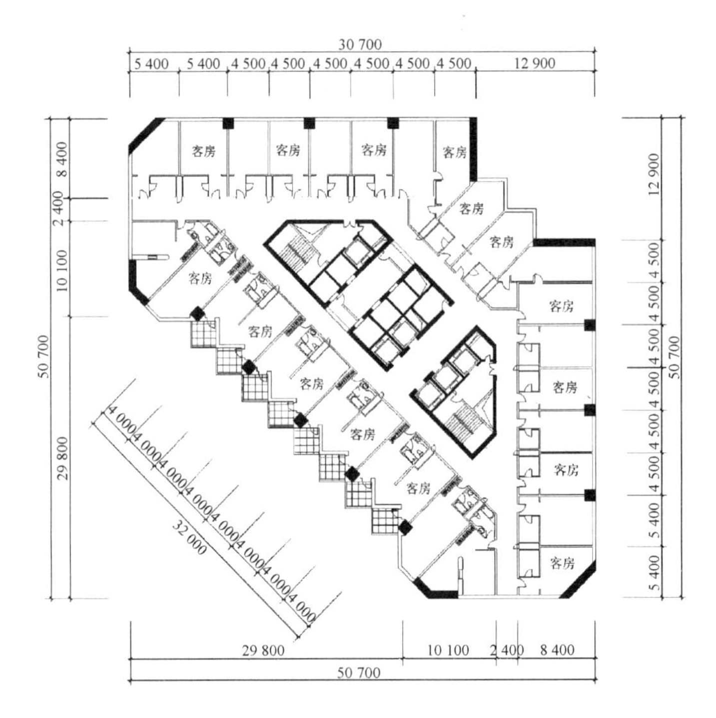

图 4-6 西北石化大厦(38 层,标准层面积 1 780 m²)

图片来源:广东省建筑设计研究院

(5) 多向扭曲

多向扭曲是将基本几何形标准层平面按照某种规律,进行不同角度的扭曲变异而形成的整体变化和富有雕塑感的建筑形象,但内部空间不够规整,如图 4-7 所示。

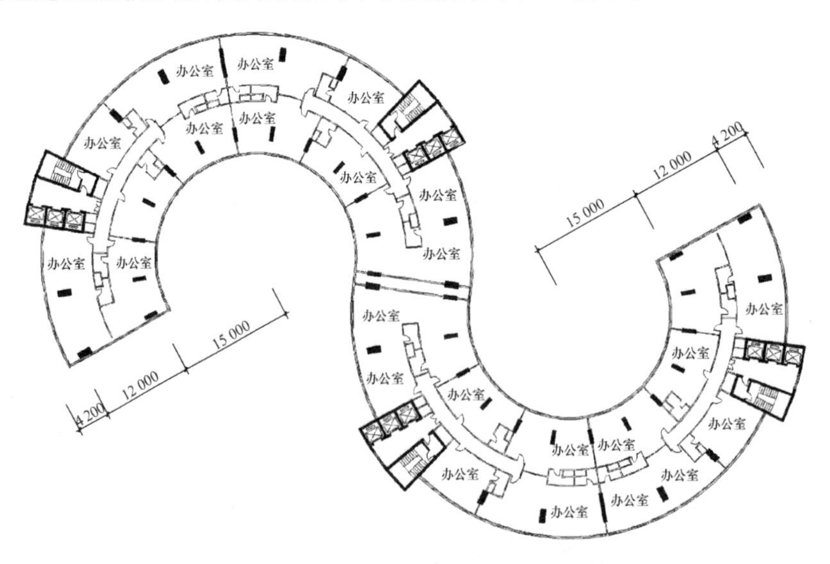

图 4-7 广州东峻广场(36 层,标准层面积 2 518 m²)

图片来源:广东省建筑设计研究院

2）塔式平面分析

当标准层平面长、宽相等或相差并不悬殊时，即形成塔式平面，其基本平面形式为方形、三角形、圆形等。塔式平面常将核心体集中布置于平面中心，使用空间围绕核心体布置，平面紧凑，流线便捷，其环形走廊有利于组织双向疏散，塔式的向心性带来了更好的公共性。

塔式平面各方向刚度接近，抗风性能好，建筑高度越高，越能比板式平面发挥抗风能力与结构材料的优越性，而其形成的细窄阴影对周围建筑的遮挡影响却相对较小；塔式平面便于布置进深较大的办公空间，适用于需要大空间的办公机构，是高层办公建筑标准层的基本形式。塔式平面外墙面少，利于节能；但塔式平面东、西向房间偏多，较大进深造成自然采光通风困难，当标准层面积较大时，办公空间必须辅助大量人工照明；塔式平面的旅馆客房区围绕核心体布置在四面周边，由于核心体面积有限，标准层客房数量受到限制，“壳体”的面积受客房进深的限制。塔式平面主要有以下几种形式。

(1) 正方形或矩形平面

方形平面(长宽比为 1～2)是塔式平面中最常用的一种形式，这种形式平面规整，便于空间上的划分与使用，平面均衡对称，利用率高。为丰富造型，方形平面常常利用切角和旋转等设计手法，形成变体的方形平面，如图 4-5、图 4-8 至图 4-10 所示。

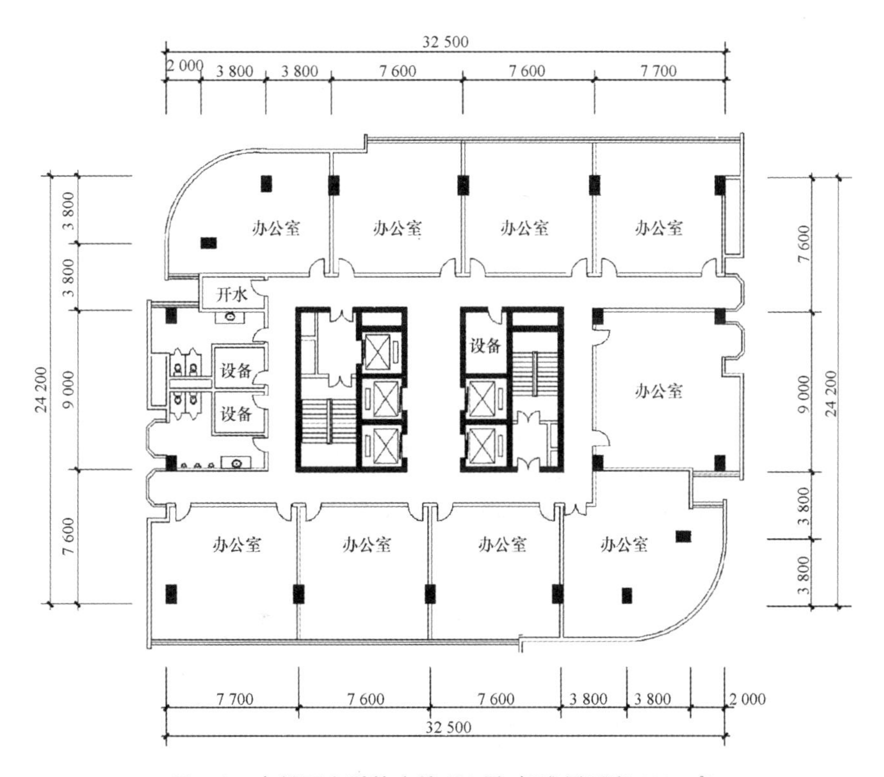

图 4-8　广州万宝科技大楼(26 层，标准层面积 939 m^2)

图片来源：广东省建筑设计研究院

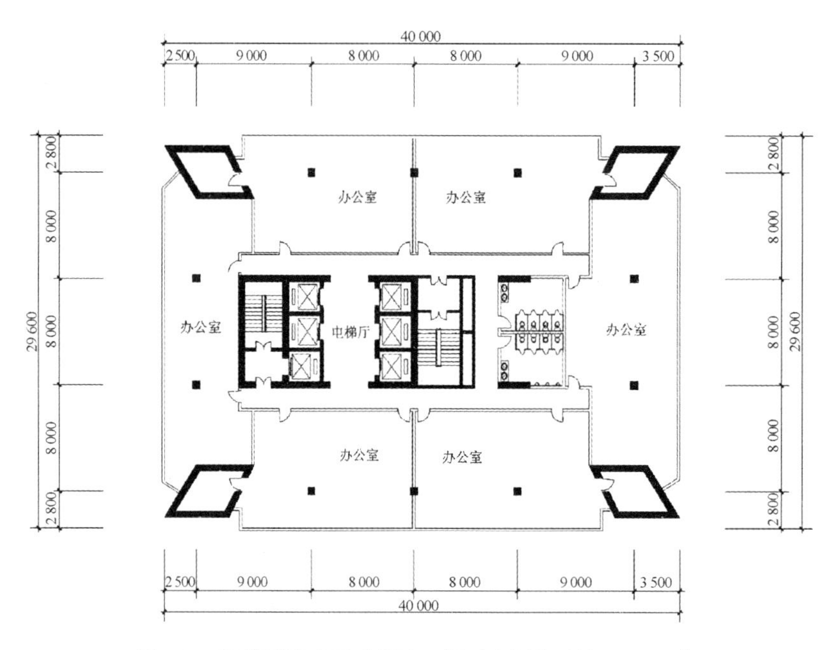

图 4-9 深圳国际金融大厦(35 层,标准层面积 1 140 m^2)

图片来源:广东省建筑设计研究院

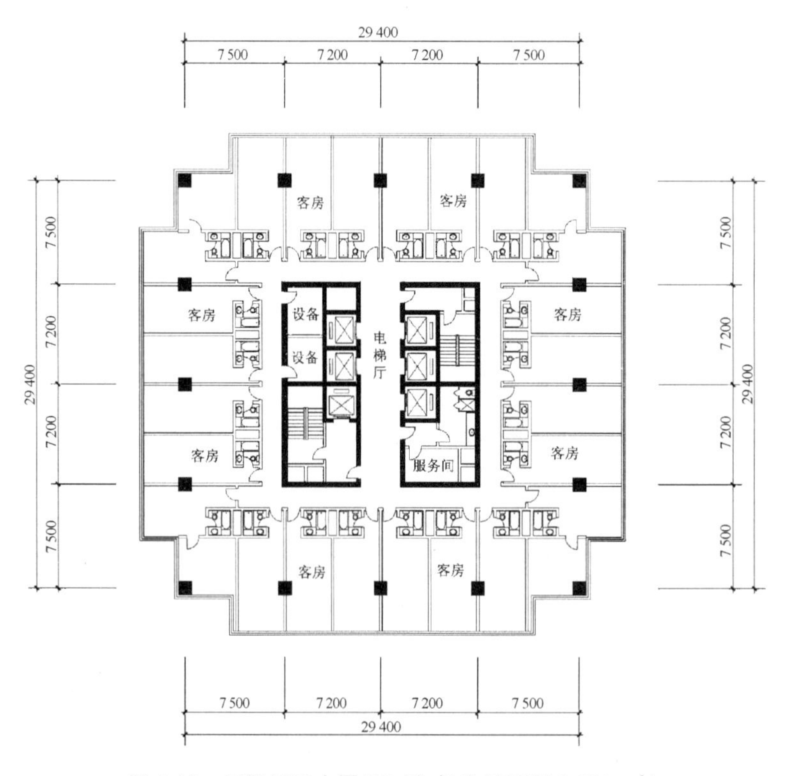

图 4-10 深圳开元大厦(29 层,标准层面积 1 183 m^2)

图片来源:广东省建筑设计研究院

（2）三角形平面

三角形平面标准层多为等腰直角三角形和正三角形两种形式，一般在中心布置核心体，也有将垂直交通分散在三个角位布置。三角形平面朝向较好，但外墙面积大，有效使用的面积较小，平面锐角处内部空间不好利用，往往加以切角，若形成独特造型效果，则保留锐角；三角形平面产生的棱柱体结构能顺应地势、风向，具有良好的抗侧移性能，其内部空间应加以合理使用，可作为竖井或楼梯间使用；三角形平面的客房视野开阔，景观良好。

三角形塔楼施工较复杂，并非一种经济合理的标准层形式，一般只在地形环境有特殊要求时采用；但作为丰富建筑造型及城市景观的活跃因素，或者为了与基地条件紧密结合，三角形标准层平面也是可取的，如图4-6、图4-11所示。

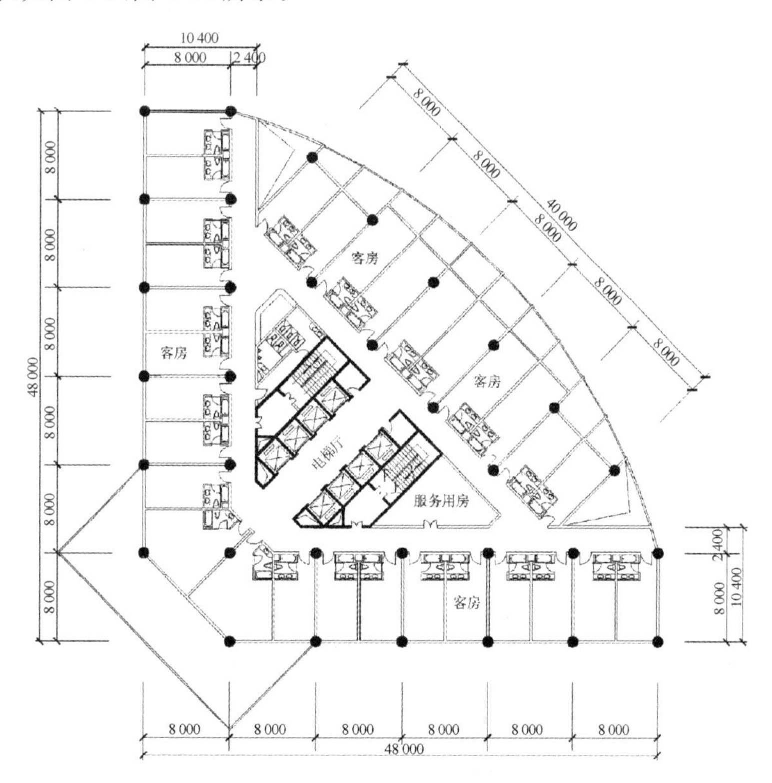

图4-11　广东中岱国际商务广场（28层，标准层面积1 670 m²）

图片来源：广东省建筑设计研究院

（3）圆形平面

圆形平面与其他各形式相比周长最小，比相同面积的方形平面外墙约少10%，圆柱形建筑体形系数小，风荷载比矩形建筑减少20%～40%[①]，各向刚度均等，受力性能好。椭圆形、梭形、腰鼓形平面也具有类似的优点。

圆形标准层平面中的核心体一般置于中央，走廊长度减至最短，平面系数高，具有高效、节能和经济的优点。圆形形体造型优美，圆柱体与其他几何体组合，可以形成独特的造型效果（如第7

① 陈集珣，盛涛. 高层建筑结构构思与建筑创作[J]. 建筑学报，1997(6).

章图 7-25、图 7-27、图 7-28 所示)。

旅馆圆形标准层放射状平面的客房,有开阔的视野,但入口处狭窄。例如,客房靠外墙一端宽 4.9 m,靠走廊一端仅为 2.4 m,如何布置卫生间及管道井、客房入口及衣橱就成了设计关键。圆形平面视野开阔,空间富有动感,适合布置大空间办公室或景观办公室,但其内部空间不好使用,如图 4-4、图 4-12 所示。

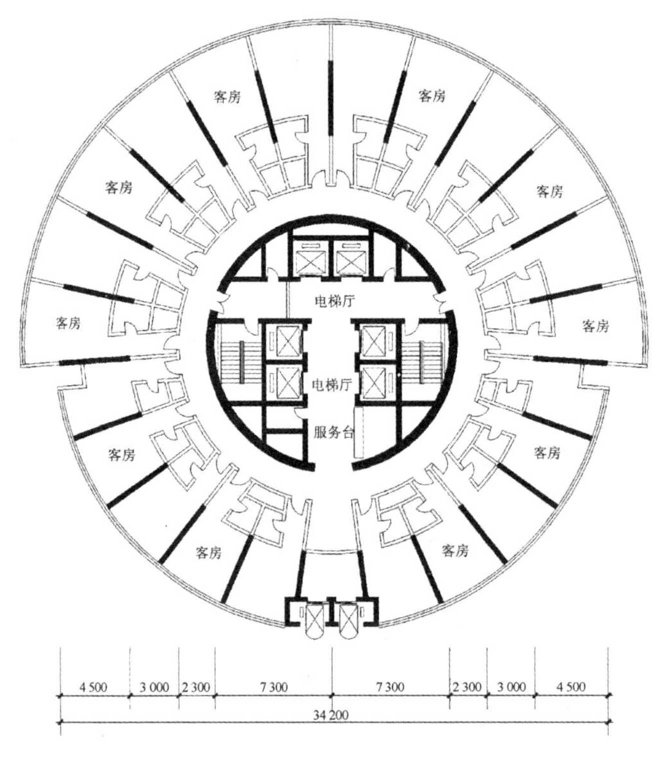

图 4-12　肇庆星湖大厦(30 层,标准层面积 1 028 m^2)

图片来源:广东省建筑设计研究院

(4) 组合形平面

组合形平面即多种平面形式组合,具有易分、好用的特点。组合形平面多用复合叠加、旋转、切角和错叠等设计手法,多边形和围合式是最基本的组合形式,具有较强的丰富性、韵律感和节奏感(如图 4-13 所示)。例如,广州三星大厦标准层平面采用矩形为基本形的组合形式,建筑师将面临城市主干道的斜边处理成锯齿形,外立面层次丰富,韵律感极强。围合式并不多见,一般在超高层旅馆中,多与高位中庭结合使用;而组合形平面要尽量避免尖角(中国民间认为尖角为凶煞之象)。图 4-14 所示的南方国际(原广州嘉应宾馆)角部十分尖锐,业主重修装修后角部圆润了许多。

3) 板式平面分析

板式平面是相对塔式平面而言的,指平面长宽比大于或等于 2 的情况,适宜建于狭长地段内。板式平面进深较浅,采光通风较好,中间(或一侧)为公共走廊,适合于布置客房或分隔成中小型的独立办公空间。这种布置有可能争取到明楼梯、明电梯厅、明厕所和明走道,令使用者方向感明确、条理清晰。

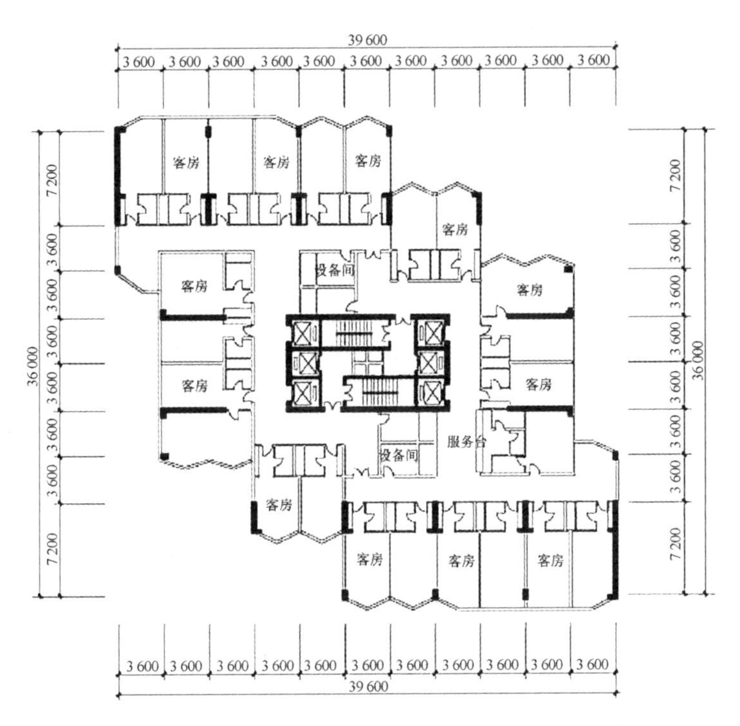

图 4-13　北京陶然宾馆(20 层,标准层面积 1 066 m^2)

图片来源:广东省建筑设计研究院

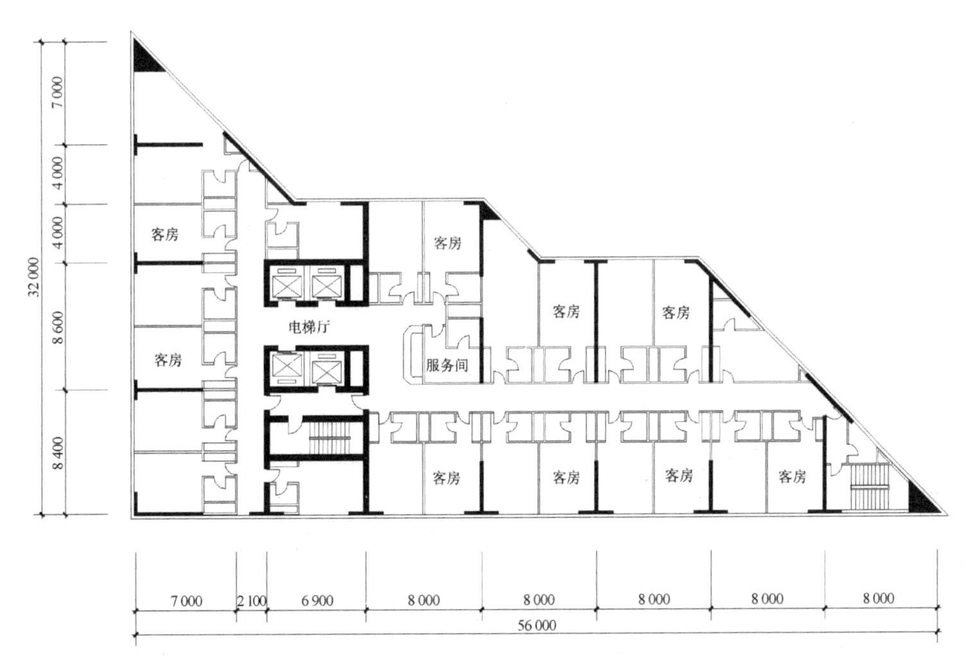

图 4-14　南方国际(原广州嘉应宾馆)标准层平面

图片来源:广东省建筑设计研究院

从受力角度而言，板式高层建筑沿长边方向的抗风性能很好，但短边方向大片迎风面要承受很大的风荷载，背面又有很大的吸力，抗风性能很不理想，即使采取结构措施，也难以根除这种不利局面。为增加其整体抗侧刚度，可以设计成曲线形、折线形或"口"字形平面。

板式相对塔式在单元均好性、自然通风采光和使用私密性上有优势，但也势必增加走道的长度，平面利用率不高；而楼梯、电梯也可能分散布置，不利于结构筒体的形成，抗侧移性能不理想，结构体系所能达到的高度有限；体形系数较大，外墙面积相对较大，不利于节能，同时易造成大面积阴影。常见板式标准层有以下四种。

(1)"一"字形平面

"一"字形平面是最为常用的狭长矩形平面，亦称直线式或平板式，其结构简单，造价经济，核心体可布置于中间，也可布置于两侧。"一"字形平面紧凑、经济，交通路线明确、简捷，在高层旅馆中最为常见。

根据走廊在平面中的位置，"一"字形平面可分为外廊式、内廊式及复廊式。外廊式平面能使绝大多数客房有良好景观，多见于海滨、风景区旅馆，但其走廊面积占客房面积比例较高，经济性差，在城市高层旅馆中很少选用。内廊式平面集中体现了直线形平面经济、简洁的优点，客房层平面效率较高，若将标准层平面进深加大，将客房置于矩形平面外侧，交通和后勤服务位于复廊式之间，则形成复廊式平面，因其横向刚度大，构件规整，更适用于高层旅馆。

(2) 错接板形平面

错接板形标准层平面简称错板式，由互相错动的板式组成，核心体通常位于错位处(如图4-15所示)。错接板形平面用于旅馆时，客房视野开阔，避免了互视问题。直角相交的L形部位有利于组织疏散楼梯，但需防止阴角部位两翼客房的互视，常采用锯齿形平面以避免视线干扰。

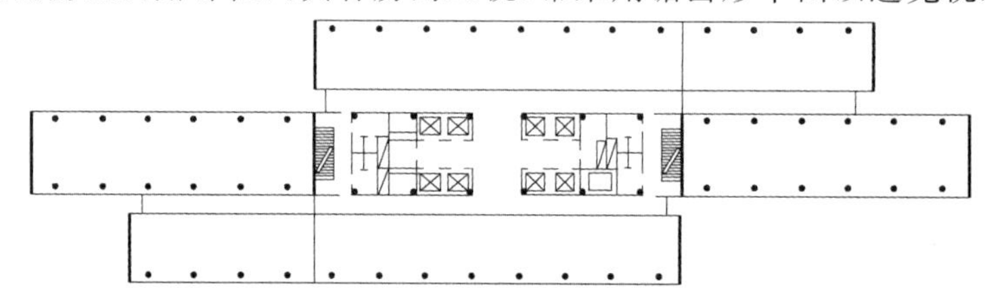

图 4-15 错接板形标准层平面(杜塞尔多夫大楼)①

折线状的错接板形平面的变体称为折线形平面。折线形平面多为钝角相交或多折形等形式，平面紧凑，内部空间略有变化，交通枢纽和服务核心常位于转折处，如图4-16所示。

(3) 曲线形平面

曲线形平面一般由"一"字形平面多向扭曲和自由成形而成，设计、施工复杂，工程造价高(如图4-7所示)。为了充分展开曲线，需要占用大量基地面积，且交通路线长。为了表现其宛转柔美的形象，设计中常将凹面作正立面，形象美观。弧板形平面常与平板形平面结合处理，以弥补平板楼形象单调的缺陷或适应基地的形状，曲线形平面多用于高层旅馆。

(4) Y形平面

Y形平面有较好的灵活性与适应性，根据标准层面积与地形，三叉翼可等长，也可异长，每叉翼内布置的房间均无暗室，可在中间设走廊服务于两边房间，也可取消分隔形成相对独立的大空间，节省通道面积。但Y形平面占地较大，因此多用于郊外旅馆，如图4-17所示。

① 澳大利亚Images出版公司.世界建筑大师优秀作品集锦[M].北京：中国建筑工业出版社，1999.

图 4-16　广东大厦(20 层,标准层面积 1 758 m^2)

图片来源:广东省建筑设计研究院

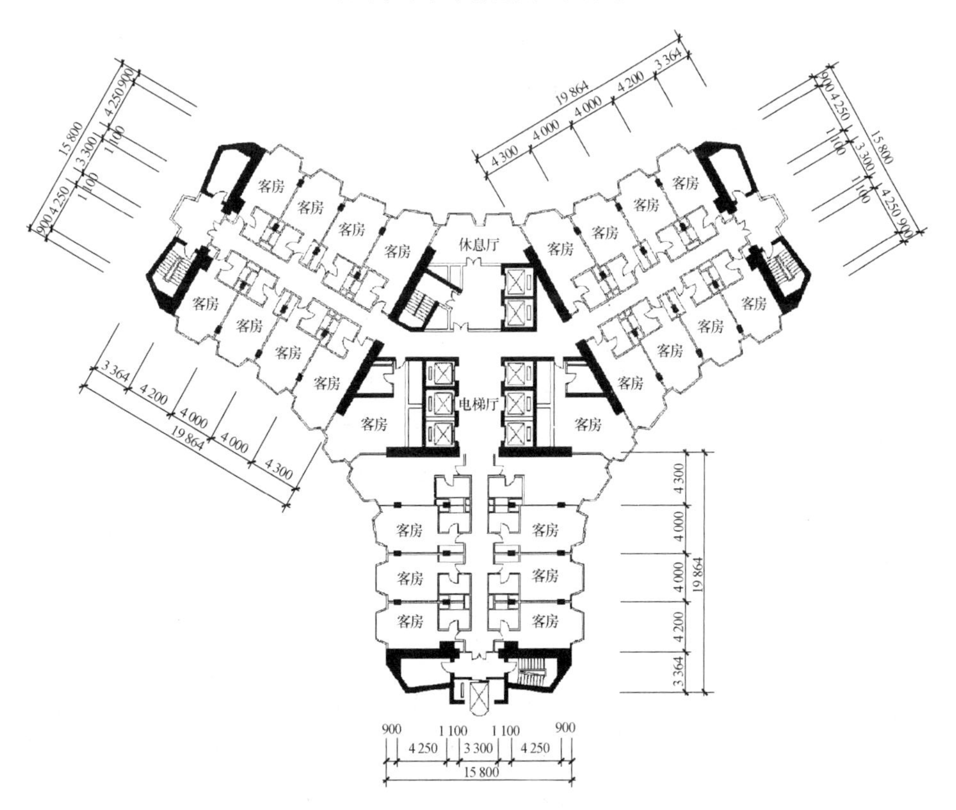

图 4-17　深圳香格里拉(28 层,标准层面积 1 360 m^2)

图片来源:广东省建筑设计研究院

4.2.2 住宅与公寓

高层住宅标准层是几种不同套型的组合,各个套型单元围绕核心体组织,每一个套型单元中包含多种大小不同的房间;而高层公寓则有普通公寓、酒店式公寓和商务公寓三种。

与高层住宅比较,高层普通公寓单位居住人数较少,面积标准较低(装修标准不一定低)。标准层一般有三个基本特征:一是采用走廊(主要是内廊)连接居住单位的形式,有多个核心体,居住单位线性布置;二是居住单位面积和厨房面积较小,卫生间数量较少,可能没有阳台或阳台面积较小;三是物业管理提供餐饮和洗衣等配套服务。地产界往往混淆了小套型高层住宅和公寓的概念。

酒店式公寓单元和酒店客房单元空间形态没有本质区别,只是在入口位置增加了一个简易橱柜(有的设独立厨房空间),相对面积有所增加;商务公寓主要有公寓式办公楼和 LOFT 两种,前者由一种或数种平面单元组成,它与一般办公单元不同的是单元内除了办公空间,还有卫生间和少量卧室(如图 4-18 所示);LOFT 则为一种复式住宅空间,商住两用,现在已不多见。

图 4-18 广州广晟大厦公寓式办公楼标准层平面

图片来源:广东省建筑设计研究院

与高层办公建筑和高层旅馆完全不同,高层住宅和公寓标准层“外壳”和“内核”形态上的区分并不明显,核心体的内容主要是楼梯、电梯和电井、水管井(有的不设)、水暖管井(北方采暖设备管井一般与水管井合并称水暖管井),占用面积相对较小,与使用空间的联系相对松散,联系方式也十分多样。与其他建筑类型相比,住宅中各套型单元中绝大部分房间都需要直接对外采光通风,并尽量争取好朝向,这在一定程度上限制了标准层平面的规模和形式。

高层住宅的标准层也可分为塔式和板式两种，但不同气候区标准层平面形式有较大不同，造型手法南北方也有差异。北方(特别是东北地区)建筑相对重视日照，为了保证保温节能效果，要求体形系数小，避免出现冷山墙，一般平面形式方正、集中，标准层多采用塔式方形和短板平面；南方建筑相对重视通风，往往以蝶形、“工”字形、“品”字形平面围合连接，建筑体形系数较大，造型上一般朝夏季主导风向展开。

高层普通公寓和酒店式公寓标准层的平面形式接近高层旅馆建筑，商务公寓中的公寓式办公楼的性质是办公楼；而 LOFT 的平面和空间则是客厅(餐厅)空间挑高的复式住宅的翻版。下面只讨论大量性的高层住宅典型标准层平面。

1) 塔式平面分析

塔式高层住宅明确的定义是指以一组垂直交通枢纽为中心，各户环绕布置，不与其他单元拼接，自成一栋的高层住宅。户数较少的塔式高层住宅标准较高，是目前南方楼市上高档住宅常采用的平面布局形式。由于其交通面积较少，干扰少，采光通风俱佳，舒适度很高；其不足之处是相对于板式高层来说电梯服务户数少，住户电梯使用分摊费用较高。有的高层住宅装修时将两部电梯一分为二(疏散楼梯用疏散走道连通)，户均一部电梯来服务住户，这是资源和能源的极大浪费。

高层住宅与公寓标准层有多种形式，有的形式如“十”字形、“井”字形等平面已很少使用。

(1) 方形平面

方形平面空间紧凑，公共内走道简捷，视野开阔。平面分隔较为灵活，可形成一层 4～6 户多种套型组合。在平面类型中属于实用率高、利于节能、较经济的体形，在北方地区十分普遍，南方地区则较少使用。方形平面每层户数越多，越容易产生不利朝向的套型，通风较差，极易形成暗厕。相对而言，南方地区不接受暗厕，北方地区某种条件下可接受暗厕。

(2) “工”字形平面

“工”字形平面(如图 4-19 所示)为南方地区最为常见的住宅套型，有等肢和不等肢(一般南肢较短)两种，以后者较为常见。“工”字形平面核心体居中，结构合理，朝向采光好，北部两户的通风效果取决于核心体的长度或是否有入户花园。

(3) “品”字形平面

“工”字形平面前肢缩短就演变成了“品”字形平面，其朝向、通风、视野俱佳，由于自由面多，可灵活调整套型及每户的建筑面积；核心体居中，结构合理，南北方均适合。“品”字形平面市场定位高，适合于大套型。

(4) Y 形平面

Y 形平面(如图 4-20 所示)采光、通风较好，视野开阔，平面形式对造型有利；但其朝向欠佳，体形系数大，节能效果较差，而且用地不经济，交通面积较大，可变性较差，实用率偏低，柱网不规整，特别是底层布置商场的住宅应慎重采用。

(5) V 形平面

V 形平面进深大，用地经济，布局紧凑，交通面积少，每户均有较好的朝向，在寒冷和严寒地区能保证每个户型的日照均匀，适合于寒冷地区。但由于受到方位、采光的限制，户数不宜太多，以 4～6户为宜。此外，V 形平面会出现异形房间，结构布置较为复杂。

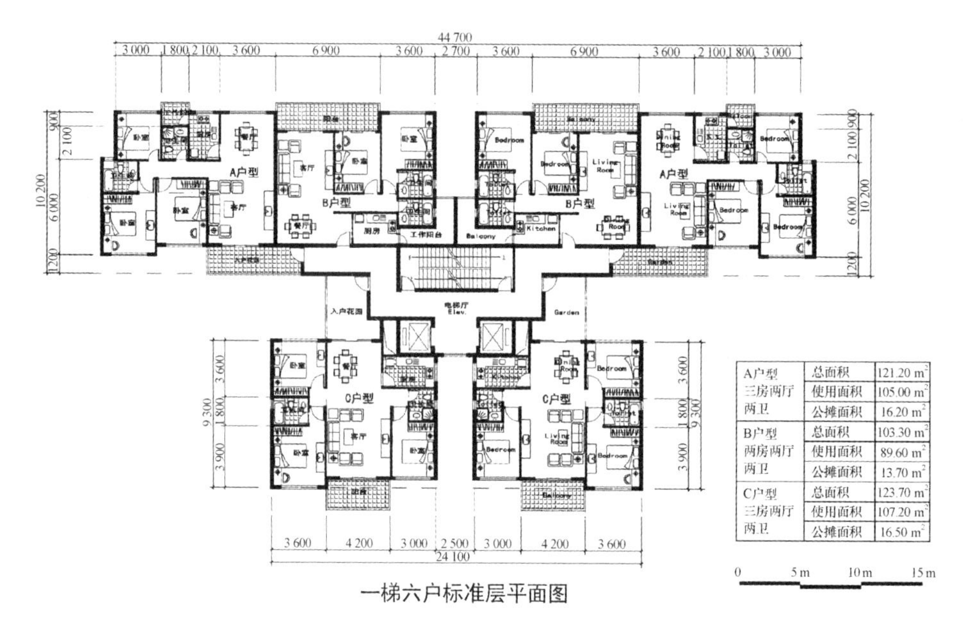

户型	面积	数值
A户型 三房两厅两卫	总面积	121.20 m²
	使用面积	105.00 m²
	公摊面积	16.20 m²
B户型 两房两厅两卫	总面积	103.30 m²
	使用面积	89.60 m²
	公摊面积	13.70 m²
C户型 三房两厅两卫	总面积	123.70 m²
	使用面积	107.20 m²
	公摊面积	16.50 m²

图 4-19 长沙上海城“工”字形标准层方案

图片来源:慎重波

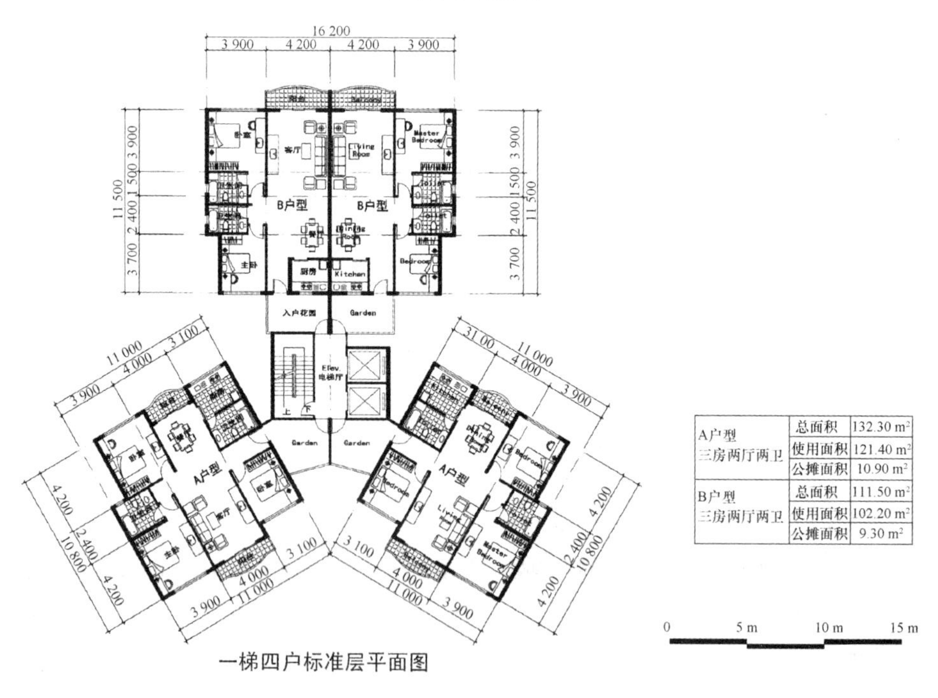

户型	面积	数值
A户型 三房两厅两卫	总面积	132.30 m²
	使用面积	121.40 m²
	公摊面积	10.90 m²
B户型 三房两厅两卫	总面积	111.50 m²
	使用面积	102.20 m²
	公摊面积	9.30 m²

图 4-20 长沙上海城 Y 形标准层方案

图片来源:慎重波

(6) 蝶形平面

蝶形平面(如图 4-21 所示)一般每梯 6～8 户,能保证户户有较好朝向,视野开阔,通风、采光条件较好。蝶形平面凹凸变化较大,其造型容易取得较为突出的虚实对比效果,但其体形系数大,节

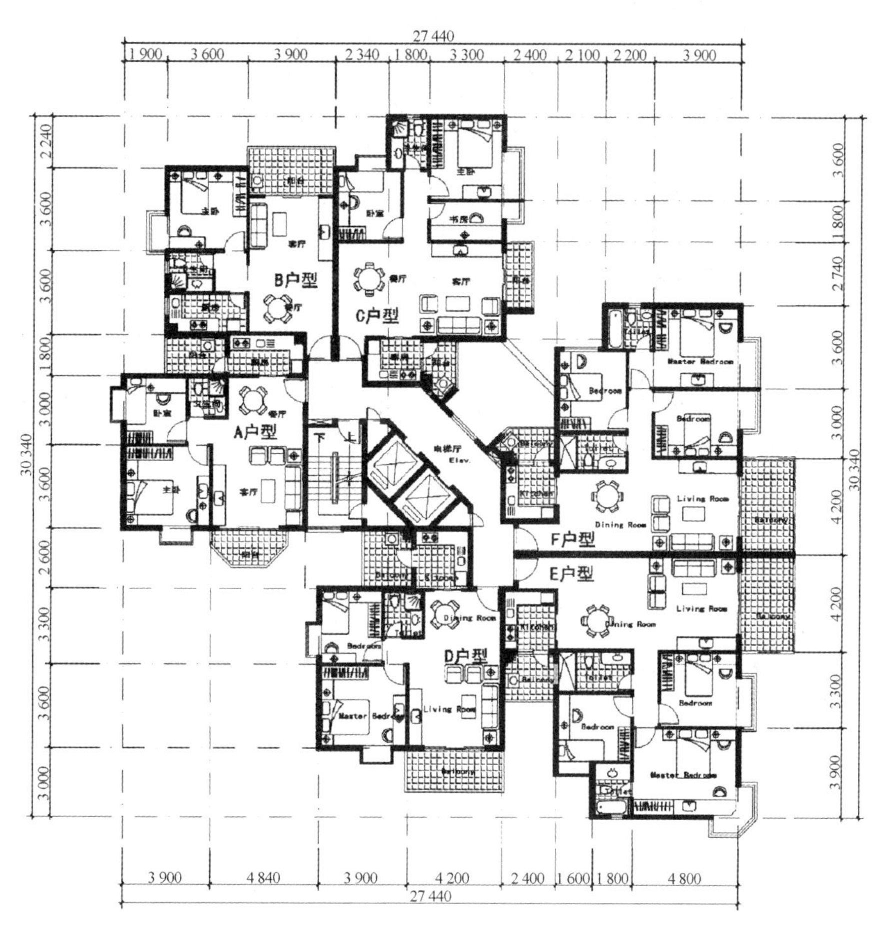

图 4-21　长沙上海城蝶形标准层方案

图片来源:慎重波

能效果较差,不适合于北方。

此外,蝶形平面转角相折处必然会产生一些不规则形状房间,在设计中应尽可能将这些异形空间安置为走道、厨房、浴厕、竖井等辅助空间,以保证客厅、卧室平面规整。蝶形平面适于建在地基地块形状特殊的地段。

2）板式平面分析

板式高层住宅目前并没有一个严格的定义,理论上非塔式即板式。一般从外观来对其进行定义:设高层住宅的高度为 H,住宅宽度为 L,当 $H/L<1/2.5$ 时,就称为板式①。但这种定义并不准确,例如,有的高层住宅高宽比符合 $H/L<1/2.5$,但从外形上似乎和塔式高层更类似,这种形式一般称为短板。

板式标准层具有采光通风好、容量大、造价低、施工方便等优点,在地势平坦的地区应用较广,按平面形式可分为单元组合式、叠加复式、内廊式、内廊跃层式、外廊式、跃廊式几种类型,还包括

① 方翔.对板式高层住宅建筑设计的探讨[D].北京:北京工业大学,2003.

这几种形式的混合。其中,内廊跃层式、外廊式和跃廊式已很少采用,高层住宅一般采用单元组合式和叠加复式,内廊式主要为高层公寓采用。

因为气候的原因,单元组合形成的板式住宅有很强的适应性,无论在南方或是北方皆宜采用,其体形没有绝对的差异,只是在北方地区为了争取斜日照,减少变形缝,一般多采用短板;为了减少能源消耗,需要减少过多的转折和凹凸,减小体形系数,对阳台也要进行封闭处理。此外,板式高层应有适当的进深,一般 12～14 m 的进深较为合理。进深再减小,则用地不经济;进深再增大,则套型中部可能出现一个采光通风较差的区域,削弱了板式的优势。

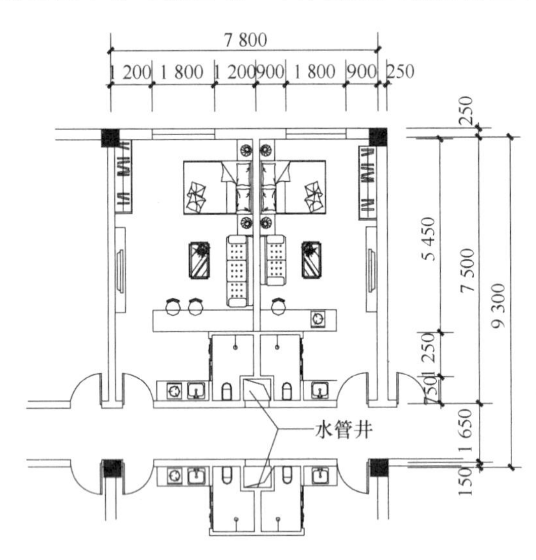

图 4-22 典型的高层公寓标准层平面

(1) 内廊式

内廊式平面是典型的高层公寓标准层(如图 4-22所示)的主要形式。内廊式主要通道位于平面中部,各住户沿通道两侧布置,这样可以提高通道的利用率,使电梯服务户数增多。其缺点是每户面积狭窄,采光、通风条件较差,往往出现暗厨和暗厕,套型标准较低。

(2) 叠加复式

叠加复式高层住宅每隔 1～2 层设公共走廊,电梯每隔 1～2 层停靠,大大提高了电梯利用率,既节约了交通面积,又减少了户间干扰,套型灵活多样,面积大的套型采用这种布置方式较有利。其缺点是住宅的上下层平面常不一致,结构和构造以及设备管线也较复杂。

(3) 板塔结合

板塔结合即短板,既有塔式也有板式的特征。板塔结合具备板式的采光、通风充分,套型均好性特性,使用方便,物理环境好。如图 4-23 所示的一梯三户的短板式高层住宅十分典型,端头两户沿袭了板式南北通透、朝向均好的优势,中间的户型通常以上、下两层作为一个复式居住单元,吸收了板式高层采光好且户户朝南以及塔式高层平面紧凑、交通核利用率高的优点。

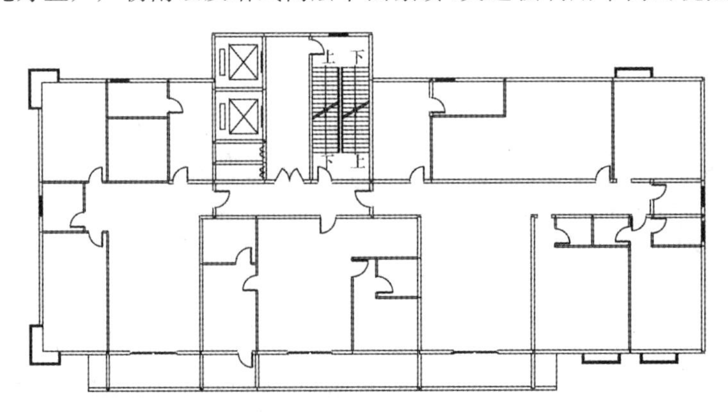

图 4-23 短板式高层住宅典型标准层平面

塔式的主要优点是节地，板式的主要优势是居住的舒适性，板塔结合型则适合于大规模的成片开发，其功效是节约用地，提高容积率。板塔结合在南方地区使用较多，寒冷地区对日照要求高，因而需要有选择性地应用。

4.3　特殊标准层

上述平面形式仅仅是高层建筑一般标准层的基本形式，实际工程中还有在标准层基本形式上组合或衍生出来的特殊标准层形式。这些特殊的标准层丰富了高层建筑的造型和环境，但对建筑面积和进深的不同要求同时也引起结构偏心和管线偏移的问题，导致塔楼结构、构造及管线较难处理，层高和造价相应增加，因此在实际工程中，特殊形式的标准层并不多见。下面讨论几种常见的特殊标准层形式。

4.3.1　分段型标准层

分段型标准层指的是标准层在垂直方向有明显不同的几种形式的情况，引起的原因可能是造型需要，也可能是垂直方向不同的功能组合，如高层建筑综合体中办公区和客房区的组合叠加。一般情况下，从结构原理和视觉要求出发，分段型标准层面积总是上段小于下段。

分段型标准层有利于塔楼的造型，但前提是标准层有相当大的面积，建筑基部有足够大的平面尺寸，经过几次分段切割后，塔楼上端仍有足够使用面积，符合“标准层规模效率”的基本要求，如图 4-24 所示。

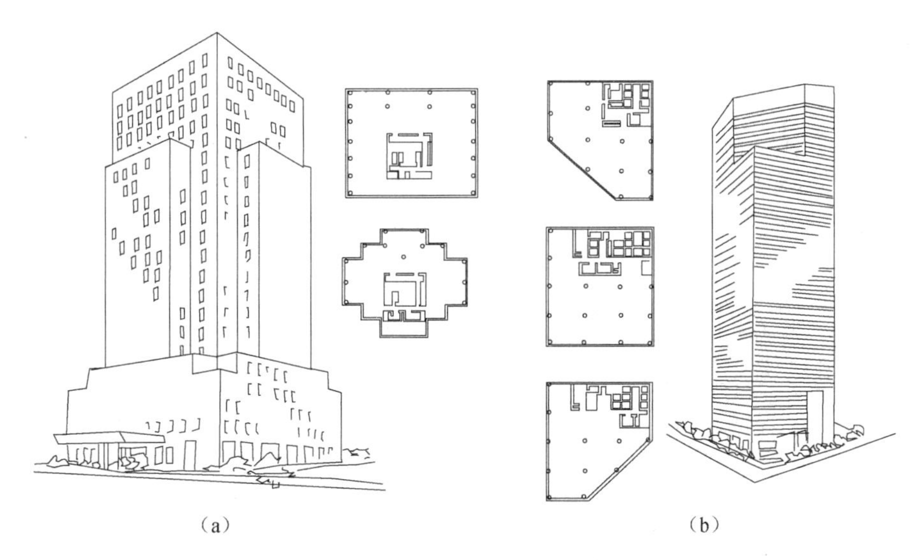

图 4-24　分段型高层建筑①

(a) 台北纺织大厦；(b) 纽约麦迪逊大街 535 号楼

① 杨建党. 现代高层建筑标准层设计[J]. 建筑师，1989(36)；1990(37).

4.3.2 渐变型标准层

"渐变"是指基本形逐渐的、顺序无限的、有规律的变化,使形体构成产生自然、有规律的韵律感。渐变型标准层是指标准层的大小沿垂直方向逐渐变化,变化的原因主要是造型需要和垂直方向不同功能区的转换。渐变型标准层叠加的塔楼有强烈的韵律感,在垂直方向空间的张力很大。一般情况下,渐变型标准层面积总是从下往上逐渐变小或等面积扭转。

由于标准层平面的变化,建筑结构、构造及管线方面相应增加了难度。特别是上段为大量卫生间的客房区或住宅区时,发生错位的竖向管线,尤其是上部竖向的排污管,如何水平过渡到下部的竖井是一件十分复杂的事情,需要增加水平管道及其坡度需要的层高,因此,设计时应尽量将卫生间等空间和管井布置在不需要错位的位置。

渐变型标准层按设计手法可分为韵律性收分渐变、台阶型渐变、切削与扭转渐变三种基本形式。其中,切削与扭转渐变要求建筑有相当的高度,用于超高层建筑较为合适。下面仅讨论适合初学者尝试的韵律性收分渐变和台阶型渐变。

1)韵律性收分渐变

韵律性收分渐变是指建筑造型在高度上逐渐由小到大或由大到小的均匀变化,具体表现有直线坡形、曲线坡形、单斜面形、双斜面形、四个斜面形、复式曲面形及倒收进形等,建筑体形表现出强烈的韵律感。建筑变化趋势平缓,标准层平面形式从底到顶是一致的,只是在规模尺度上有所收分。典型的示例如明尼阿波利斯卢费伦兄弟大楼,其渐变边主要沿街面上进行,提供各种面积的办公用房渐变边朝向主要街道,以求建筑与环境、道路和周围建筑协调,如图 4-25 所示。

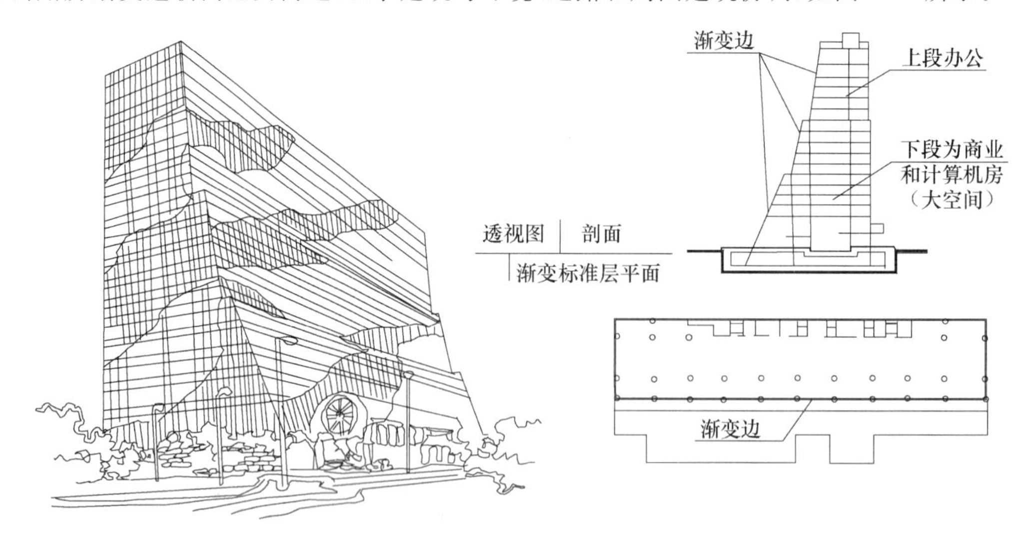

图 4-25 明尼阿波利斯卢费伦兄弟大楼[1]

设计韵律性收分渐变的标准层应注意三个问题:一是由于沿竖向逐层收缩的幅度有限,因此韵律性收分渐变适用于相当高度的建筑,多用于超高层建筑的裙楼造型,如广东国际大厦;二是单斜面渐变对建筑进深的不同要求,引起了核心体偏移,对结构和交通产生了不利影响,塔楼建筑结构、构造及管线处理均很复杂;三是从结构原理出发,应谨慎使用倒收进形,特别是由于倒收进形

① 杨建觉.现代高层建筑标准层设计[J].建筑师,1989(36);1990(37).

建筑上层影响下层采光，在北方地区基本不用。

2）台阶型渐变

台阶型渐变指标准层向上呈台阶式收缩，每段台阶由一个或多个相同标准层组成，有单向台阶形、双向台阶形及多向台阶形等。台阶型渐变和分段型标准层最大的不同在于前者有强烈的规律性，设计时尽量按柱网规律作退台式处理，以保证结构的完整性。

标准层台阶型渐变并非指高层建筑顶部的台阶造型，而是指塔楼楼身的台阶型变化，沿竖向逐段收缩楼层面积，可能会减少可租售面积，影响开发强度。但台阶型渐变的标准层有利于消解建筑的体量感，有利于争取日照，每层台阶设置屋顶平台或花园时，对高层建筑环境很有意义。台阶型渐变标准层实例可见于深圳平安大厦和弗兰克·盖瑞设计的杜赛道夫 The New Zollhof 集合住宅，如图 4-26 所示。

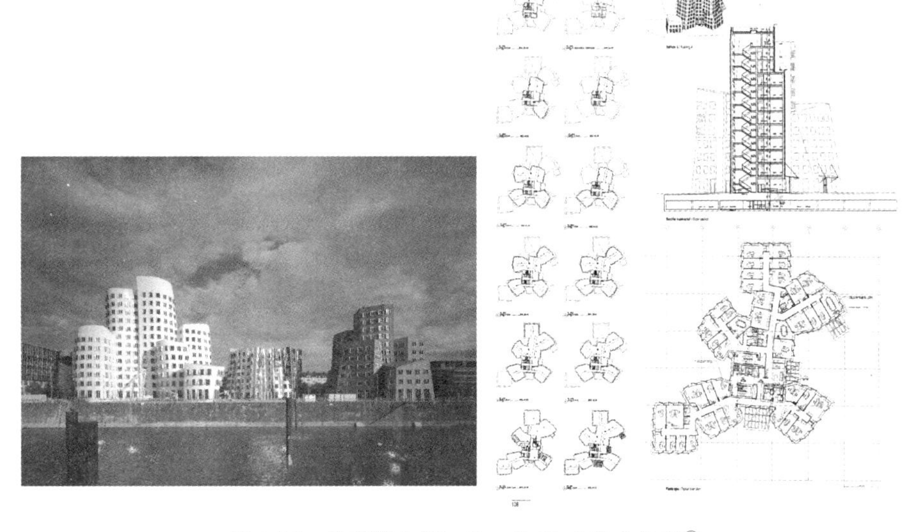

图 4-26　杜赛道夫 The New Zollhof 集合住宅①

4.3.3　带空中花园的标准层设计

所谓空中花园并没有一个权威的定义，一般狭义上讲，指非地面的、有一定生态含量的户外休闲空间。和地面花园相比，空中花园植物生长条件差，生态含量较低，特别是寒冷和严寒地区因采暖要求封闭的空中花园，基本无法种植植物。所以，广义的空中花园泛指非地面的任何共享空间，本书中若未特别说明即为泛指。

根据空中花园公共和私有化的性质，空中花园相应分为公共花园和私家花园两种形式。高层公共建筑的空中花园均为公共花园，高层住宅的空中花园则有公共花园和私家花园之分，而高层公寓一般很少有空中花园。

公共花园分为一般空中花园、空中大堂以及高位中庭三种类型。有的空中大堂有空中候梯功能，称为空中候梯厅，高位中庭一般含空中候梯厅。空中候梯厅和高位中庭多见于超高层综合体，是非初学者研究的主要对象。本书所指带空中花园的标准层，主要是指带一般空中花园的标准层。

---

①　澳大利亚 Images 出版公司. 世界建筑大师优秀作品集锦[M]. 北京：中国建筑工业出版社，1999.

1）高层公共建筑

高层公共建筑的空中花园主要有三种形式：一是带有一般空中花园的标准层；二是围绕中庭空间组织的标准层；三是带屋顶花园的空中花园。

一般空中花园指带有围绕核心体布置的空中花园，多见于高层办公楼。具体设计手法是围绕核心体适当挖去或抽空标准层的一部分。设计时应注意空中花园在塔楼的位置，应朝向夏季主导风向，避免冬季主导风向(特别是寒冷和严寒地区)，也不宜穿透标准层，以避免峡谷效应。考虑到对标准层平面系数的影响，空中花园的面积不宜太大(如图 4-27、图 4-28 所示)。

围绕中庭组织空间的标准层即裙楼中庭上部的标准层，多见于高层旅馆，客房沿中庭围合布置，在标准层平面中央形成贯通多层的共享空间，如亚特兰大桃树中心海特摄政旅馆标准层(如图 4-29、图 4-30 所示)。

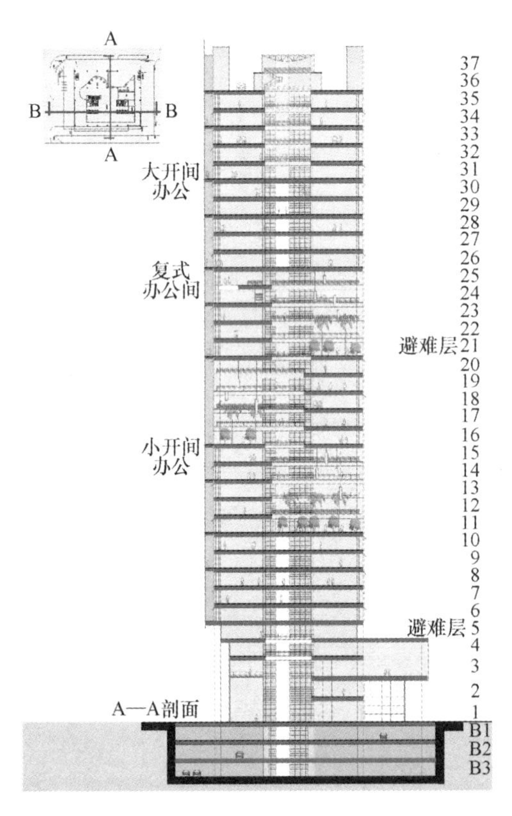

图 4-27　深圳安联大厦空中花园剖面

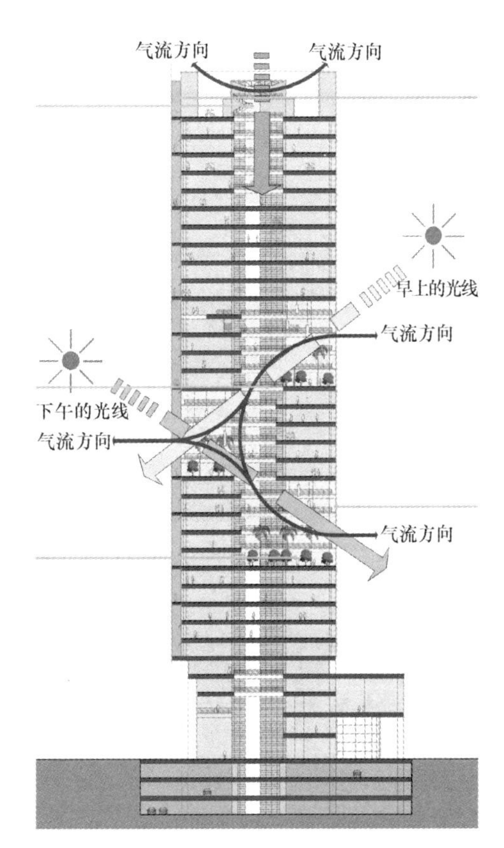

图 4-28　深圳安联大厦空中花园生态效应分析

注：1. 标准层南北开口中庭错位有利于空中花园自然通风气流的运动；2. 南面开口大，北部开口小有利于争取南向日照，削弱冬季风影响。

马来西亚建筑师杨经文(Ken Yeang)用建筑技术结合生物气候设计的空中花园是生态含量较高的空中花园，吉隆坡梅纳拉大厦和新加坡 EDITT 大楼等已成为空中花园设计的典范，如图 4-31、图 4-32 所示。

图 4-29　亚特兰大桃树中心海特摄政旅馆[①]

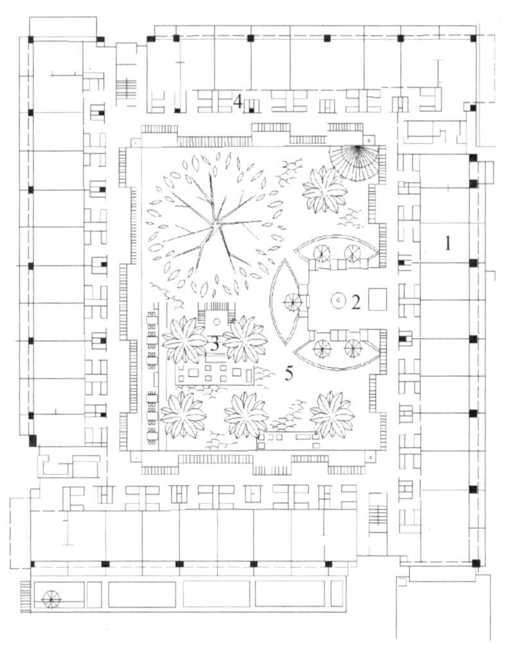

图 4-30　亚特兰大桃树中心海特摄政旅馆标准层

1—客房；2—交通厅；3—服务厅；4—卫生间；5—中庭

图 4-31　新加坡 EDITT 大楼方案模型

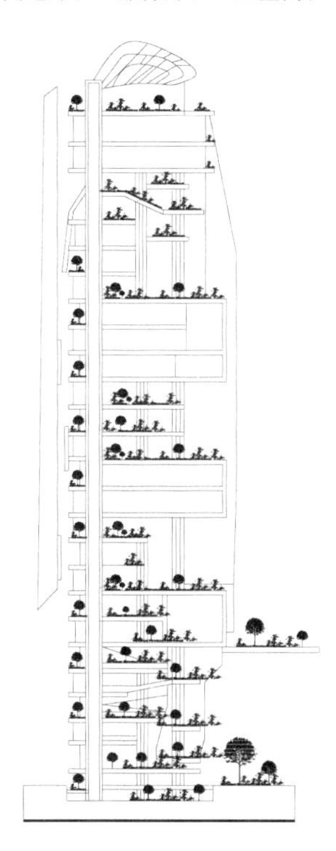

图 4-32　新加坡 EDITT 大楼方案剖面

① 澳大利亚 Images 出版公司. 世界建筑大师优秀作品集锦[M]. 北京：中国建筑工业出版社，1999.

从生态的角度观察,杨经文设计的带空中花园的标准层有如下特点:一是核心体往往放置在东西向的位置,作为能量转换的缓冲;二是花园沿建筑周边布置,起到调节自然通风的作用;三是立面插入凹进的平台空间和向室内开敞的花园;四是植物栽培从楼的一侧护坡开始,然后螺旋式上升,种植在楼上向内凹的平台上,整个建筑从底部街道到楼顶都披上了绿装;五是通过植物调节气候,通过固定或活动遮阳板以及与主导风向平行的导风墙把凉风引入空中花园和室内空间,从而使空调的使用程度降低到最低;六是这种空中花园只适用于热带地区,且必须做好防水处理,而亚热带地区潮湿,其并不适合。

2)高层住宅

高层住宅空中花园在我国南方地区较为常见,有前花园、后花园和入户花园几种形式,除了扩大公共空间产生的花园,其余均为私家花园,如图 4-33、图 4-34 所示。因为气候原因,北方地区的建筑较少设置空中花园,有的大套型住宅在南向设阳光室,为空中花园的变体。由于建筑面积的限制,设计高层住宅的空中花园时,扩大阳台是营造空中花园的主要手段;由于强风和烈日的影响,私家空中花园不能设得太高,一般不宜超过 18 层。

图 4-33 成都骄子世纪城空中花园

图 4-34 广州华南新城空中花园

(1)平台入户式

平台入户式指在单元入户处设置一个平台,亦称入户花园和前庭,作为从公共交通核心到居住空间的过渡,通过这个花园平台进入客厅、餐厅等空间,以提升高层住宅的环境质量,如图 4-19～图 4-21 所示。

(2)扩大阳台式

扩大阳台式即扩大观景阳台,使之成为半室外的活动平台。这里的阳台不同于“厅出阳台”或“房出阳台”的设计模式,是作为厅、房共享的“庭院”概念来设计的,可称之为高层住宅内的“边庭”“侧庭”或“中庭”。

一般采用在客厅侧面布置阳台花园的方式,厅、卧室等起居空间围绕花园布置,阳台成为客厅、餐厅、卧室共享的“侧庭”或整个住宅单元的“中庭”。这种侧置阳台的方式同时还能够避免大进深阳台花园对客厅采光和景观视野的遮挡,北方地区特别要注意避免对厅室阳光的遮挡。

【案例 1】广州珠江新城金碧华府的设计理念是让每户拥有一个自己的花园,其标准层为一梯四户的风车形平面,板式高层住宅平面为一梯两户,均是大面积的三房两厅或四房两厅平面层户型。阳台面积加大至25～40 m^2 而成为厅、卧室的"边庭"，同时将单数层与双数层的阳台错开布置，使得每户阳台均为两层高(6 m)，从而使阳台空间更为开放，减少了大面积阳台对厅和卧室阳光的遮挡，也有利于阳台植物的生长，单双层数的两户之间还可以方便地交流、沟通。由于阳台面积较大，四角用圆形柱子支撑，外观上结合绿化形成层次交错的亚热带绿色建筑景观，打破了住宅建筑通常的刻板形象，如图4-35、图4-36所示。

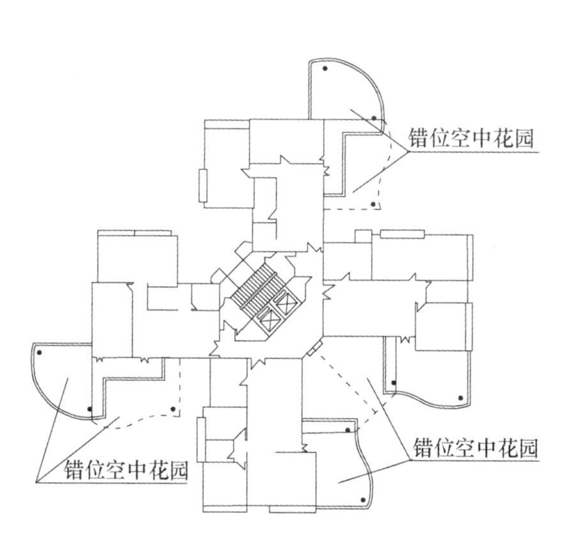

图4-35　广州金碧华府标准层平面

图4-36　广州金碧华府空中花园外观

(3) 扩大公共空间式

扩大公共空间式是指通过扩大公共空间，在高层住宅中创造多户共享的公共型空中院落。这种形式的花园由于面积相对较大，一般为两层或三层通高，从整体上改善了高层住宅的自然通风采光，同时通过空中绿化平台营造邻里活动的场所，促进了高层住宅中居民的交往，同时也造成了邻里间的视线干扰。

寒冷地区一般不宜开敞住宅公共空间形成空中花园，即使开敞也要既避开北向，又保证居室的南向，且涉及公共空间的使用效率和冬季是否采暖的问题，一般应用玻璃封闭，致使空中花园的生态效应大为降低。

【案例2】北京现代城的高层住宅标准层的开口天井每6层用楼板封闭，形成每6层住户共用的、通高6层的共享空间，从每层电梯厅内和东西两侧入户走道上都可以观赏内庭。为避免冬日凛冽的北风侵扰，设计人对中庭的北向外开口均用窗加以封闭。同时，为减少住户们负担的中庭公摊面积，设计人将中庭上面两层的靠外窗部分增设为卧室。经计算，每100 m^2 建筑面积中，中庭所占仅为2.2 m^2，整幢楼的平面系数达到70%的要求，如图4-37、图4-38所示。案例来源：吴霄红，林红.将共享空间引入高层住宅——北京现代城5号楼空中庭院设计构思[J].建筑学报，2001(7).

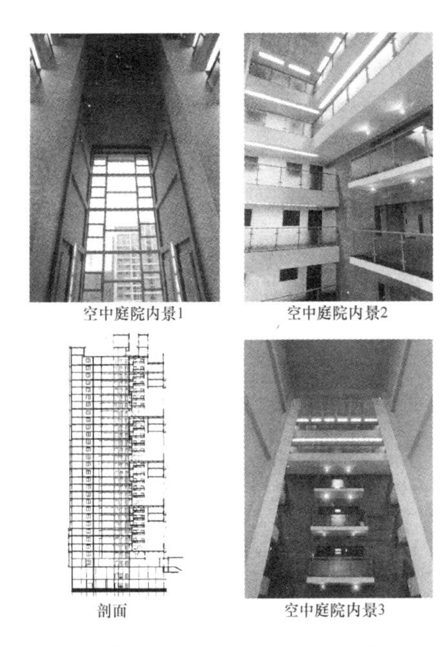

图 4-37　北京现代城高层住宅空中花园实景
图片来源:吴霄红　林红

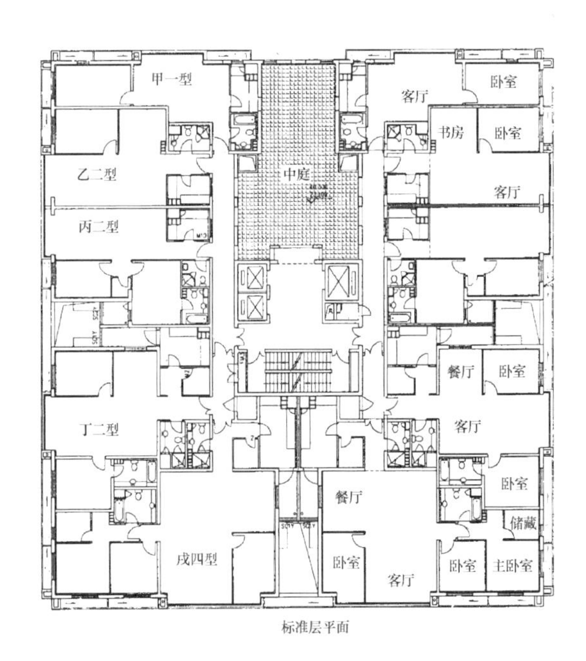

图 4-38　北京现代城高层住宅空中花园平面
图片来源:吴霄红　林红

4.4　标准层核心体设计

4.4.1　核心体组成与作用

在标准层设计中,由于垂直体需要竖向贯通,常将楼梯、电梯、设备辅助用房、竖井等集中布置,并与相应的结构形式构成"核心",以抵抗巨大的风力及地震力,这部分通常称为"核心体"(初学者易将"核心体"和"核心筒"混淆,后者是结构概念),而将用于办公、居住等人们日常使用的部分称为"壳体","壳体"水平空间组合取决于塔楼的功能类型。

核心体的作用有:一是结构作用,因而一般业界将核心体称为核心筒,其实这个提法较为片面,仅强调了核心体的(筒体)结构作用,排除了核心体的其他功能,核心筒有其基本的高宽比要求,建筑高度越高,筒的面积及面宽也应该越大;二是垂直和水平交通的转换站,因而核心体内往往设有电梯厅、电梯间、楼梯间等交通设施;三是公共服务空间,设有整个标准层的洗手间、开水间、垃圾间、服务台等;四是相关的设备空间,如配电房、空调机房以及水、电、暖通的各种管线竖井也多数设在核心体内(如图 4-39 所示),不过要注意这些设施不一定都在核心体之内,其位置与标准层规模和结构选型有关。

4.4.2　核心体面积与使用效率

1) 核心体面积与尺度

核心体的面积很难明确地定量规定,它受多种因素的影响,如结构体系稳定性的要求,楼电梯数量以及设备空间的要求等。核心体面积过大,势必导致使用空间面积减小,从而影响标准层的

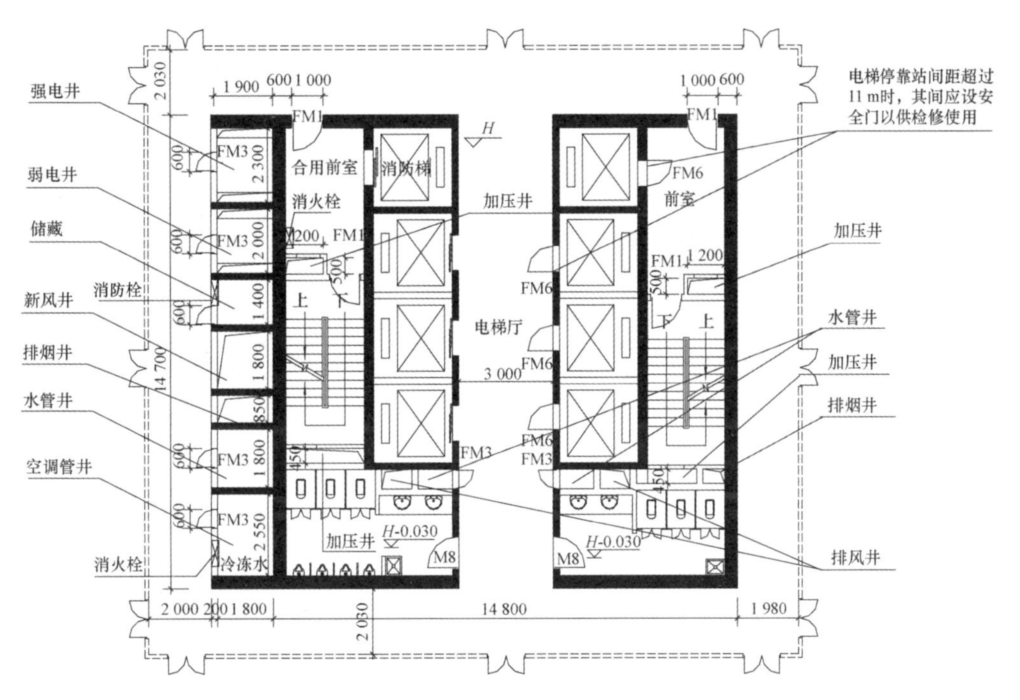

图 4-39　高层公共建筑典型核心体平面布置(注意：电梯有分区，封闭井道设安全门)

平面系数；相反，如果核心体面积过小，使其内部设施不完善而导致使用不便，则从根本上失去了其作为核心体的意义。因而，服务设施是否在核心体内，要依据具体情况作出判断(见表 4-4)。

(1) 高层公共建筑

统计表明，一般高层公共建筑核心体中，服务空间面积占标准层面积 3%～5%，洗手间和卫生设备占标准层面积 3%～5%，机械设备、电气等设备空间占标准层面积 8%～12%，但不同建筑类型有明显差异；经验表明，在所有服务设施均在核心体内的情况下，一般高层办公楼核心体占标准层面积比一般在 20%～30%之间，而旅馆略小[①]。例如，北京华贸中心办公楼建筑高度 167 m，地下 4 层，地上 36 层，标准层 2 000 m^2，其中核心体面积 440 m^2，占整个核心筒面积的 22%，核心体内布置了 12 台电梯、2 台货运/消防电梯、标准男女卫生间、两部疏散楼梯、机电设备及电信用房。

随着层数增加，核心体面积会逐渐加大，建筑平面系数逐渐降低，核心体面积是影响高层建筑平面系数的主要因素。表 4-4 为高层公共建筑核心体面积比较案例。

表 4-4　高层公共建筑核心体面积比较案例[②]

序号	办公楼名称	标准层核心体位置示意图	地上层数	标准层面积/m^2	核心体面积/m^2	核心体所占面积百分比
1	北京金融大厦		20	801	核心 180	22%
					核心加走道 234	29%

① 许安之，艾志刚．高层办公综合建筑设计[M]．北京：中国建筑工业出版社，2003.

② 翁如璧．现代办公楼设计[M]．北京：中国建筑工业出版社，1995.

续表

序号	办公楼名称	标准层核心体位置示意图	地上层数	标准层面积/m^2	核心体面积/m^2	核心体所占面积百分比
2	北京国际大厦		29	1 170	核心 231	21%
					核心加走道 320	29%
3	北京国际科学中心赛特大厦		23	1 450(其中,办公 1 085)	核心 193	18%
					核心加走道 253	23%
4	京信大厦		27	1 591	核心 348	22%
					核心加走道 505	32%
5	中国国际贸易中心		38	2 054	核心 403	20%
					核心加走道 466	23%
6	北京发展大厦		20	1 901	核心 391	20%
					核心加走道 479	25%
7	中央彩色电视中心大楼		24	968	核心 212	22%
					核心加走道 298	30%
8	中国专利局业务大楼		23	862	核心 204	24%
					核心加走道 302	35%

注:本表核心体所占面积百分比显示的面积,已包括核心体与办公楼使用空间之间的走道面积。

(2)高层住宅和公寓

高层住宅核心体内一般设有电梯厅、楼梯间以及相关的设备管道,人流少,功能单一,核心组织较高层公共建筑简单。建筑平面系数较高,核心体面积较小,占标准层的面积比一般控制在10%~20%。如图 4-40 所示为高层塔式住宅核心体形式与面积。

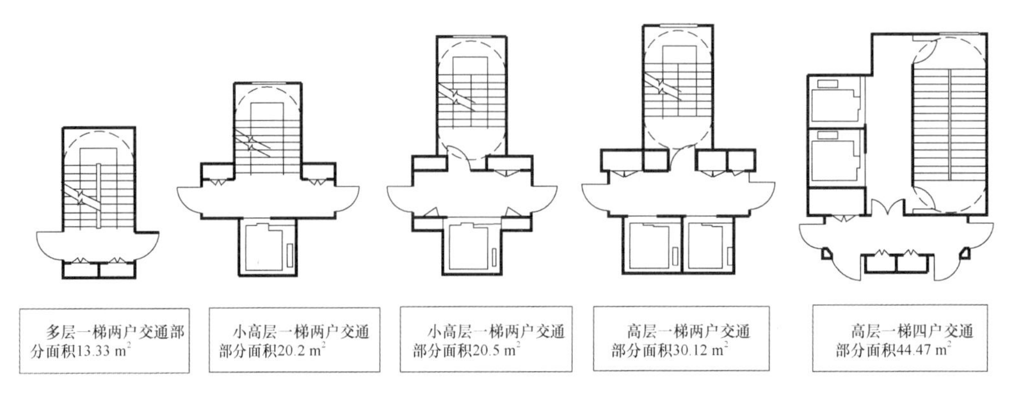

图 4-40 高层塔式住宅核心体形式与面积

初学者需要特别注意的是：高层住宅核心体内容虽然简单，由于事关住宅可销售面积，开发商对平面系数要求很高，一般 7～11 层住宅（地产界称小高层）要求平面系数为 85%～88%，12～30 层平面系数为 82%～84%，具体视项目档次而定。

2）核心体平面形状对标准层的使用效率的影响

核心体的平面形状影响标准层平面系数。对圆形、方形、矩形、直角三角形、任意三角形五种常见的核心体形式进行比较，假定核心体周边布置走道，核心体各边与标准层平面各边平行，并且各核心体组织的内容相同。由计算结果可知，以直角三角形核心体走道面积为最大，而以圆形核心体走道面积为最小，方形核心体走道面积比圆形稍多。圆形、任意三角形等核心体平面在布置电梯厅、疏散楼梯间等时，易出现难以使用的异形房间，因此设计时，圆形和三角形应比同样面积的方形、矩形面积偏大一些考虑。

4.4.3　核心体类型与组织设计要点

核心体在标准层中的组织，实质上是核心体本身构成及其与使用空间的关系，包括核心体的构成方式及其在标准层中的位置两方面的内容。

1）核心体类型

从系统的关系出发，标准层核心体的组织可以是集中的、分散的或是成组的。集中的核心体是指核心体中的各组成内容全部集中于一处，这是塔式标准层最常见的组织形式；分散的核心体是将核心体分为若干部分，各部分组合在一起才能成为一个完整的核心体系统，各部分之间有主辅之分，这是板式标准层最常见的组织形式；而成组的核心体系统则是将标准层平面分为若干个区，每个区的核心体相对独立，适用于特大型标准层平面。根据核心体的具体位置和形态划分，一般有中央型、外周型、偏心型、分离型以及复合型五种形式。

（1）中央型

中央型亦称中心核式。核心体位于平面中心，围绕其四周的使用空间占有最佳位置，采光、视线良好，交通路线便捷。中央型核心体标准层交通疏散系统位于中心部位，有利于结构布置，结构多采用框筒体系，是高层建筑采用较多的一种平面形式。中央型中的中长核（见表 4-5 中中央型的 B、D 型）两边可布置较大空间的办公室，交通路线短捷，便于分组布置电梯，结构均衡规整。

表 4-5　核心体类型①

分类	核心体类型	一般事项	结构设计要点
中央型		A、B、C 是最一般的类型：W：10～15 m D 适于需要大房间的情况：W：20～25 m 标准层面积： A、B：1 000～2 500 m^2 C、D：1 500～3 000 m^2	· 作为结构核心体是最理想的类型 · A、B、C 适于仅外围有柱的设计 · 作为高层建筑的外围框架和承重墙，多采用与中央核心整体化了的抗震框架

① 翁如璧. 现代办公楼设计[M]. 北京：中国建筑工业出版社，1995.

续表

分类	核心体类型	一般事项	结构设计要点
外周型		能得到具有高度灵活性的大房间,适于各层功能、层高不同的复合建筑 W:20～25 m 标准层面积: A:1 000～1 500 m^2 B:1 500～2 000 m^2	·由于抗震墙随核心体置于外围,因此当A的核心体间隔较大时,应研究中央部分框架的抗震性能 ·B的核心体可看做刚性很高的柱子 ·在核心体之间架设大型梁,可以组成巨大框架
偏心型		如果平面的规模较大,那么在核心体以外也需要有疏散设施和设备管道竖井 A、B:W:10～20 m C、D:W:20～25 m 标准层面积: A、B:500～2 000 m^2 C、D:500～1 000 m^2	·使重心与刚心一致,要有防止偏心的设计 ·结构上不适于太高的建筑
分离型		A、B与偏心型具有大体相同的特征 C与外周型有大体相同的特征 设备管道及配管在各层的出口受结构的制约	·设计时要注意核心体接合部的变形不能过大 ·多数情况一般房间的抗震墙仅限于外围部分 ·核心体部分可以采用适用其形态的结构方式
复合型		A是中央型B的变形,可得到具有灵活性的大房间:W:10～20 m B由中央型A和4条独立的竖井组成 C:W:10～20 m	·A:通过整体框架负担水平力 ·B:外围竖井位置、形态自由,中央核心体用以垂直交通,外围竖井用以服务设备 ·C:通过整体框架负担水平力,核心体主要用以垂直交通,设备竖井分散设置

注:A、B、C、D指表中图例从左至右的顺序。

(2) 外周型

外周型亦称双侧核式。核心体位于建筑的两端,可避免不利朝向,减少能耗;使用空间大而方整,交通便捷,有利于物业租售。中央使用部分的结构体系多采用框架。若在核心体之间架设大型梁,则可以组成巨型框架,形成无柱使用空间。

(3) 偏心型

偏心型亦称单侧核式。核心体位于建筑的一侧,使用空间完整;核心体还可为使用空间遮蔽灼热阳光，减少能耗。当核心体位于标准层短边时，可布置大空间景观办公室。此外，核心体内楼梯间、电梯厅可靠外墙开窗，利于自然通风和排烟。偏心型的缺点为交通中心偏于一侧，路线较长，因而标准层面积受限，在结构上不适于超高层建筑。由于交通距离的限制，偏心型常用于楼层面积较小的办公建筑。

(4) 分离型

分离型亦称体外核式。分离型是分散式的独立核，是典型的多核心体类型，核心体布置在建筑的外部，数目应根据标准层的规模和交通组织而定，还要注意核心体与使用空间连接处的结构变形和设备连接问题。分离型标准层进深及面积随核心体的数目与布置而变化，有利于创造大面积、完整、开敞的使用空间，通常为大公司办公楼所使用(如图 4-41 所示)。

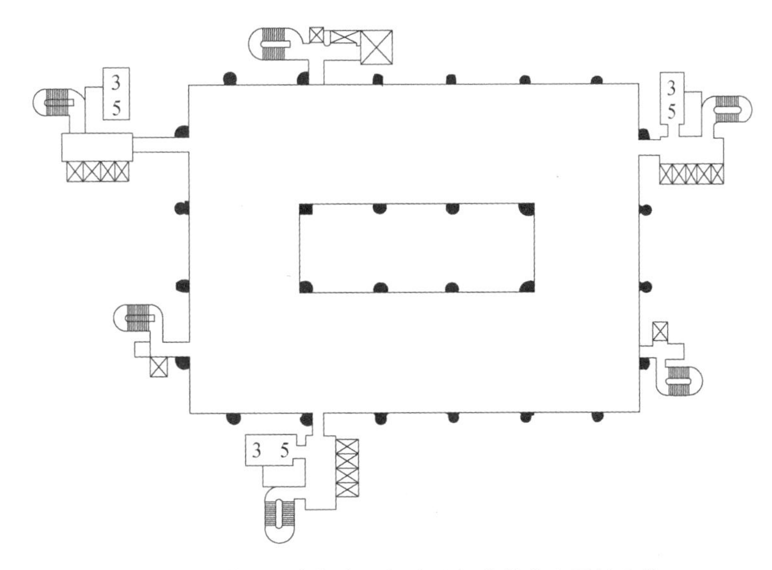

图 4-41　英国利奥得海上保险总部大楼分离型核心体

(5) 复合型

复合型即多种类型的综合，例如，当分离型在平面中心添加核心体时，其面积可以更大(见表 4-4 中复合型的 B 型)。

2) 核心体组织设计要点

(1) 核心体内部设计

以核心体走廊为参照，高层公共建筑核心体可分为内、外两区，从内走道进入的空间为内区，由核心体和“壳体”之间的走道(外走道)进入的空间为外区。核心组织考虑的第一因素是电梯，在确定了电梯数量和排列方式以后(详见本书 6.3“电梯组合与布置”)，一般以电梯为中心确定核心体的位置和形式。

电梯厅一般布置于内区。疏散楼梯间的距离受水平安全疏散距离的限制，一般不少于 5 m，宜安排在较明显的位置，其设置必须满足《防火规范》要求。

核心体中的卫生间可置于内区隐蔽处，亦可置于外区适当位置，但不宜占采光面。空调机房及送回风管道需由水平管穿墙与各使用空间相联系，且洞口面积较大，为减少影响，宜安排在外区。各种竖井应置于内区，见缝插针，与联系较紧密的空间相结合，并避免发生竖向转折。

图 4-42　某高层建筑柜台式开水间

(2) 标准层服务用房

高层公共建筑标准层服务用房的设计容易为初学者所忽视。办公楼标准层服务用房只有开水间(茶点间)等少量用房,其中,开水间的形式已由传统封闭形式演变成开敞的柜台式(如图 4-42 所示),并和办公空间整合,高层旅馆服务面积与客房规模有关(见表 4-6),一般每层设置或隔层隐蔽设置,可设于标准层中部或端部。服务用房区应有出入口供服务人员进出客房区。服务用房包括服务电梯厅、布草间、休息间、卫生间、垃圾间和污物管道间等,服务用房常常成组团布置。

表 4-6　旅馆标准层服务部分面积参考①　　单位:m^2/间

客房间数	100 间	250 间	500 间	1 000 间
服务间及一般库房	1.4	1.11	0.93	0.74
服务管理办公部分	0.46	0.46	0.37	0.28

(3) 核心体组织与建筑大堂的关系

由于垂直交通是标准层核心体最重要的组成部分,除了保证其在核心体中的位置合理之外,还应和首层裙楼设计相结合,因此标准层核心体与裙楼外部出入口距离不能太远,电梯厅和疏散楼梯应分别靠近入口大堂和直通室外的疏散出入口。

(4) 核心体组织对租赁的影响

核心体组织对租赁的影响主要反映在租赁跨度和租赁面积的控制两方面。

从市场的角度看,出租空间的进深即租赁跨度。不同功能类型的租赁空间(商业和办公)有不同的租赁跨度。租赁跨度取决于租赁空间对室外阳光和空气的需求,以及对层高的要求,一般以核心体外壁到标准层外墙的距离为参照标准(业界又将核心体外走廊外边至标准层外墙距离称为小租赁跨度,显然不够规范)。租赁面积(得房率)主要体现在对核心体的面积控制上,分散的或成组的核心体因为垂直交通和出入口便于分割,有利于标准层拆分招租(如图 4-43 所示)。

(5) 核心体位置与节能的关系

核心体的位置对高层建筑的能耗有很大影响。从节能的角度看,由于太阳运行的轨迹是东西向的,因而核心体最好布置在建筑的东西两侧,为内部的使用空间提供"隔热带",阻止阳光的直接射入,从而减少空调的负荷,亦可为交通厅提供良好的视野和自然通风,避免中心核机械通风和人工照明必需的大量能耗。

【案例 3】吉隆坡梅纳拉大厦

杨经文设计的吉隆坡梅纳拉大厦高 15 层,曾有三种不同的核心体布置方案(如图 4-44 所示),三种方案标准层和核心体面积均相同。

方案一中核心体居东侧,用于抵挡东面的日晒,电梯间、楼梯间和卫生间等服务空间拥有自然采光。在西北方向设遮阳板,南北面为无遮阳玻璃幕墙;办公空间集中,进深较大,租赁跨度大约

① 《建筑设计资料集》编委会.建筑设计资料集 4[M].2 版.北京:中国建筑工业出版社,1994.

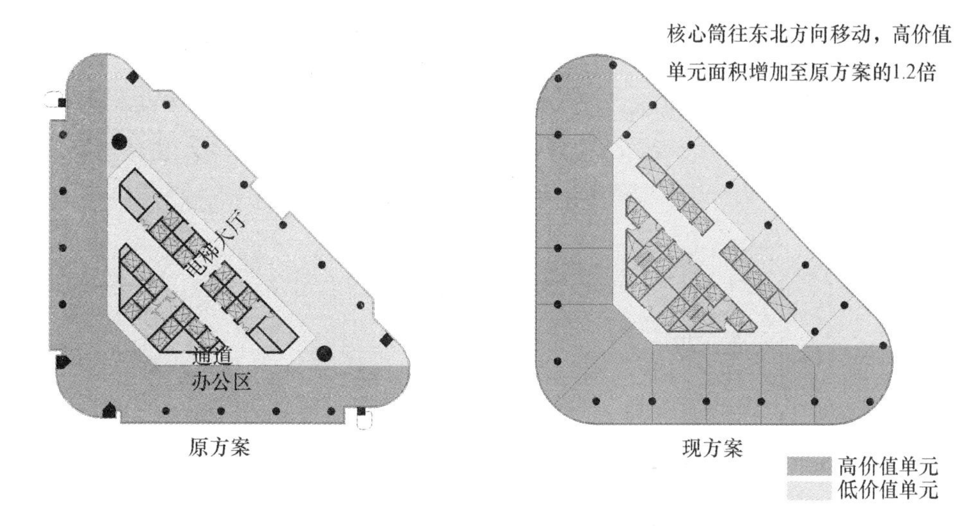

图 4-43　广州天河商旅大厦办公租赁跨度调整

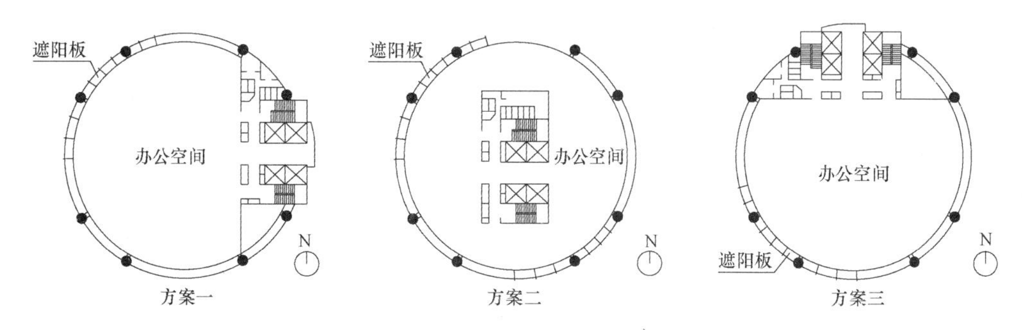

图 4-44　核心体不同布局与建筑得热分析

为 25 m，有利于组织大空间办公室。建筑内部得热少于 90%，比不采取措施的情形少，是较为节能的布置方式。

方案二中核心体居中部，四周布置办公空间。办公空间进深较浅，租赁跨度小，东西向约为 11.5 m，南北向约为 7 m，可以利用建筑周围的自然景观，但核心体部分必须采取人工照明和机械通风，在东南向和西北向外墙布置遮阳。此布置方式建筑内部得热较多，约为 99%。

方案三中核心体居北侧，能获得较多南向集中的、大进深（约 25 m）的办公空间，日照时间长，建筑仅在西南向设置遮阳。东面、东南面、西面为玻璃幕墙，不设遮阳，这使得建筑外墙的隔热能力较差，建筑得热最多，几乎达到 100%。这是一种不太节能的布置方式。

根据在不同的核心体布局方式情况下建筑得热的分析比较结果，OTTV（overall thermal transfer value，综合热传值）最小的方案一作为实施方案。

方案一（核心体居东侧）

北＝37.0，东＝55.7，南＝38.8，西＝52.0，OTTV 总值＝43.3 W/m^2，少于 90%

方案二（核心体居中部）

北＝37.0，东＝61.7，南＝38.8，西＝52.0，OTTV 总值＝47.5 W/m^2，少于 99%

方案三（核心体居北侧）

北＝39.0，东＝53.0，南＝38.8，西＝52.0，OTTV 总值＝47.6 W/m^2，100%

(6) 高层住宅核心体组织

高层住宅核心体组织有明显的特点,主要是核心面积小,平面效率要求高。案例4以19层以上高层住宅典型单元式住宅为例,讨论了高层住宅核心体楼梯布置与标准层平面系数的关系。

【案例4】将高层住宅的两个安全出口,即两座楼梯布置在一起设为剪刀楼梯,这是大部分19层以上高层单元式住宅所采用的垂直交通平面布置方法,如图4-45、图4-46所示。

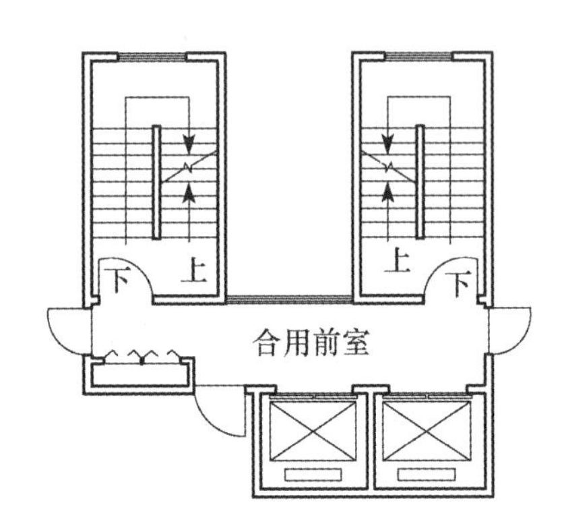

图4-45 剪刀楼梯间竖向布置平面

图片来源:姚砥中

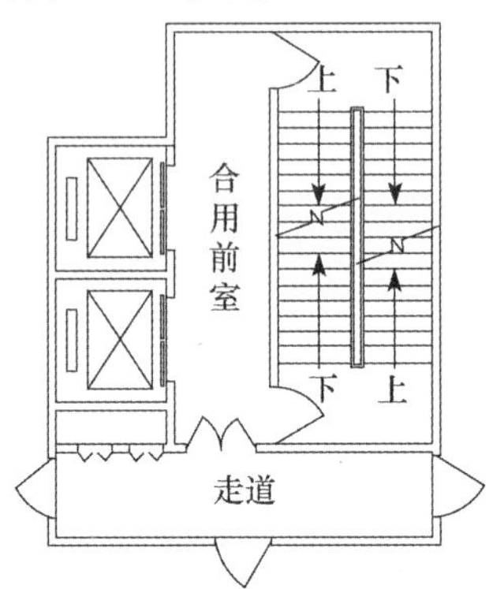

图4-46 楼梯间分开布置的平面

图片来源:姚砥中

假设剪刀楼梯可节省建筑面积,但除了楼梯间入口处的合用前室外,进入户门前另需户外走道,又增加了建筑面积,如图4-45所示的公共部位建筑面积按轴线围合计算为52.77 m^2,其面宽为6.7 m。

如果将剪刀楼梯分为两座两跑楼梯分别设置,而将合用前室及户外走道合而为一,如图4-46所示,虽然两座独立楼梯比剪刀楼梯增加面积,但总面积还是有所减少,此时按轴线围合计算建筑面积为47 m^2,节约了5.77 m^2,合10.9%,其面宽为7.40 m。

如果在如图4-46所示的合用前室及户外走道合而为一的基础上仍采用剪刀梯,但横向布置,如图4-47所示,则轴线围合建筑面积为45.5 m^2,可节约面积7.27 m^2,合13.8%,其面宽为9.40 m。

案例来源:姚砥中.高层单元式住宅公共部位平面布置分析[J].住宅科技,2004(4).

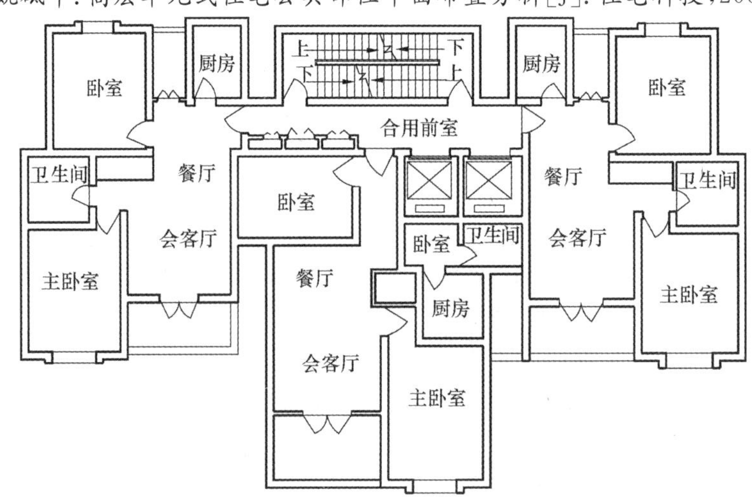

图4-47 合用前室及户外走道合而为一的平面布置

图片来源:姚砥中

4.5 标准层使用空间设计

标准层使用空间是指标准层被称为“壳体”的部分，即塔楼办公区、客房区以及住宅套型单元模块。本书主要针对其与高层建筑有关方面的设计要点作必要的提示，有关这些功能模块的深化设计请参阅其他相关书籍。

4.5.1 办公空间设计要点

《办公建筑设计标准》(JGJ/T 67—2019)(以下简称《办公建筑标准》)将普通办公室按办公空间形式分单间式、开放式、半开放式、单元式、公寓式以及酒店式办公六种形式。其中，酒店式办公空间和酒店客房空间类似，每个单元都有独立的卫生间，一般不设厨房，实行酒店式管理；而公寓式办公空间和复式公寓类似，是公寓兼有商务功能的特殊形式，内部配置和标准办公单元有很大的差距，下面主要分析其他四类办公空间类型。

1) 办公空间类型

(1) 单间式办公空间

单间式是指将办公空间分隔成一个个相对标准小间的传统办公空间类型，是封闭式办公的典型空间形式。单间式以走廊联系各个办公室，一般进深在 6～8 m，每间净面积不宜小于 10 m^2。其优点是平面简洁、流线顺畅便捷，特别利于防火疏散，也便于分散出租给小公司办公；缺点是空间较小，类型单一，使用灵活性较差。

(2) 单元式办公空间

单元式是指将办公空间成组布置的空间类型，大小空间搭配，具有公司大堂和会议等内部大空间，可与空中花园组合，是封闭式与开敞式办公结合的典型空间形式。其优点是空间类型丰富且利用率高，有利于出租；缺点是流线较为复杂。单元式办公空间适合于中型公司使用(如图4-48、图 4-49 所示)。

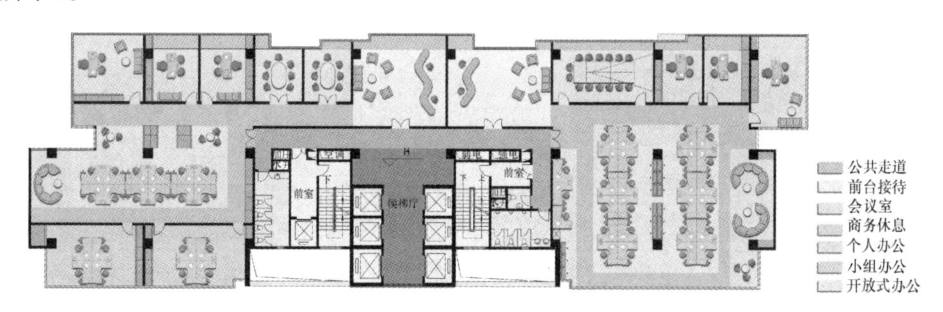

图 4-48 广州众胜大厦标准层平面

(3) 开放式办公空间

开放式办公空间是指灵活隔断的大空间办公形式，它与单间式办公空间组合而成的办公空间形式称为半开放式办公空间。开放式办公空间外墙多为玻璃幕墙，室内一般用标准办公家具单元布置，辅以绿体(盆景)时称景观式办公空间。其优点是空间气派，视野开阔；缺点是私密性差，相互间有干扰，亦不利于组织防火疏散，因而设计布置要求明确防火疏散路线。开放式办公空间适

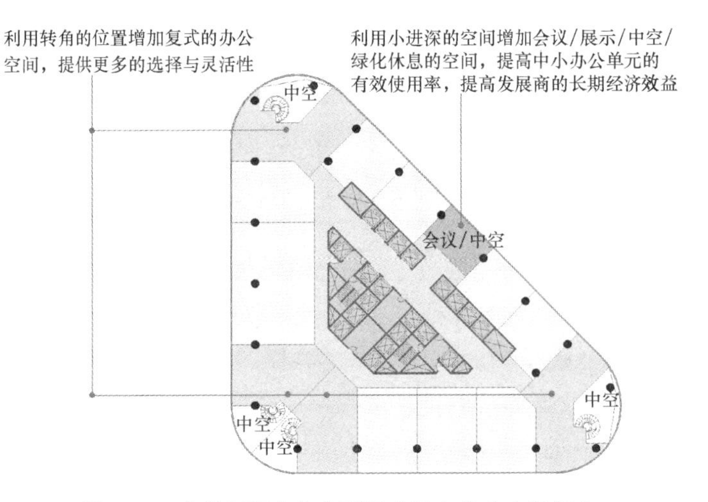

图 4-49　广州天河商旅大厦标准层办公室空间组合

合于大中型公司使用，如图 4-50、图 4-51 所示。

图 4-50　典型的开放式办公空间①

从卫生和环境心理因素综合考虑，要形成比较标准的开放式办公空间(没有明显的走道)，则连续无阻隔(没有墙体)空间不能太小，办公空间进深一般不宜小于 20 m，但由于空气质量较差，室内噪声较大，大空间办公室的最大面积亦不宜超过 400 m^2。

2）办公空间面积

《办公建筑标准》规定：普通办公室人均使用面积不应小于 4 m^2，实际工程中可能高达 10～15 m^2；设计绘图室人均使用面积不应小于 6 m^2；研究工作室人均使用面积不应小于 5 m^2。理论上可根据办公房间类型的不同，按照各类办公空间的比例和平面系数推算办公建筑标准层面积。计算办公建筑的建筑面积时，应将首层不使用电梯的建筑面积和裙楼的建筑面积扣除。

日本一般出租办公楼办公空间中，普通办公空间面积占 50%；高级单间办公面积占 16%；会议面积占 17%；其他附属业务面积占 17%②。

在工程实践中，租赁大楼一般按项目定位的出租办公单元数量和单位面积确定标准层建筑面积。出租单元的大小决定于目标租户群。一般而言，小型公司需要的办公单元面积为 100～200 m^2；中型公司需要的办公单元面积为 200～300 m^2；如果面向的是大型公司，则一般将整层作为出租单元。

① 澳大利亚 Images 出版公司. 世界建筑大师优秀作品集锦[M]. 北京：中国建筑工业出版社，1999.

② 翁如璧. 现代办公楼设计[M]. 北京：中国建筑工业出版社，1995.

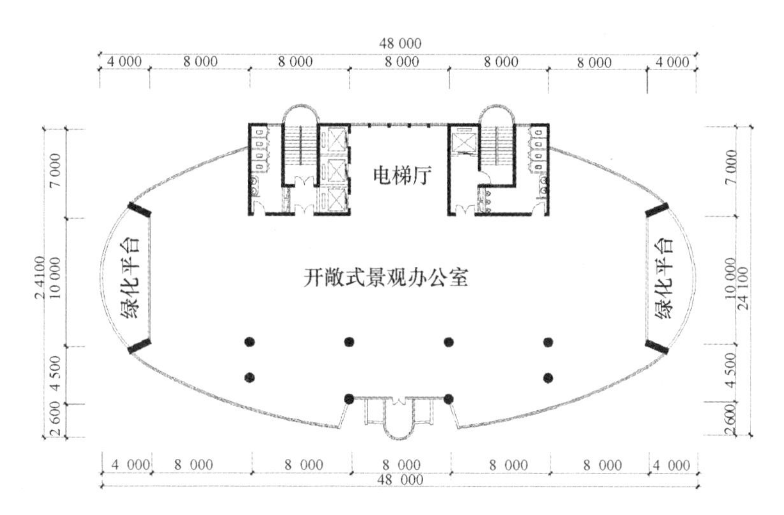

图 4-51　江门电视中心景观式办公空间平面图(标准层面积 896 m²)

图片来源:广东省建筑设计研究院

3) 办公空间组织

进深、租赁跨度以及柱网尺寸是三个联系密切又有区别的概念,也是初学者容易弄混的概念。一般进深是相对于开间而言的,强调的是空间与采光通风的关联性。租赁跨度是指核心体外壁剪力墙至外窗墙面的距离,装修分隔空间的墙体不影响租赁跨度的概念。租赁跨度反映的是市场对商业空间利用效率的要求,因而与家具模数有相当的关联(如图 4-52 所示)。柱网尺寸是指结构布置中柱的轴线定位尺寸,进深方向可能和租赁跨度重合,有可能小于租赁跨度,对租赁跨度和空间均有一定影响。

(1) 办公空间进深的物理要求

办公空间的进深首先与采光有关,受房间长宽比一般不大于 2 的限制。小间办公室开间尺寸较小,考虑自然采光及房间比例的要求,一般取值为 4.8～6.6 m,加上 2 m 走道,一般办公区总的进深为 6.8～8.6 m。租赁大楼标准层办公空间多采用开放式,一般单面自然采光的办公室的进深不大于 12 m,双面自然采光办公室的进深不大于 24 m,进深过大的标准层平面不能提供自然采光[①]。

设计中常常根据智能化要求加大层高和人工照明辅助采光,以及通过标准层剖面的局部形式变化,来保证各种大空间办公室的进深。但根据卫生健康的标准要求,办公室进深也不宜过大,对身体不利。不过,办公室进深过小,则标准层平面设计明显不经济。

(2) 租赁跨度

不同国家和地区对租赁跨度的要求不同。欧洲重节能和环保,对办公人员接近空气和阳光的条件有明确要求,租赁跨度通常不大于 8 m;而亚洲则应满足对面积的巨大需求,例如,东京等城市的租赁跨度通常是 18 m[②];美国侧重于办公场所的效率和产出率,按照美国高层建筑和城市环境

① 翁如璧.现代办公楼设计[M].北京:中国建筑工业出版社,1995.

② A.尤金·科恩,保尔·卡茨.办公建筑[M].周文正,译.北京:中国建筑工业出版社,2008.

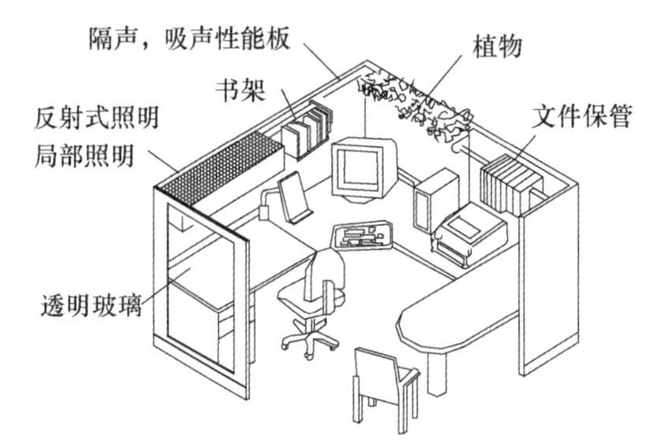

办公工作站（办公单元）的构成

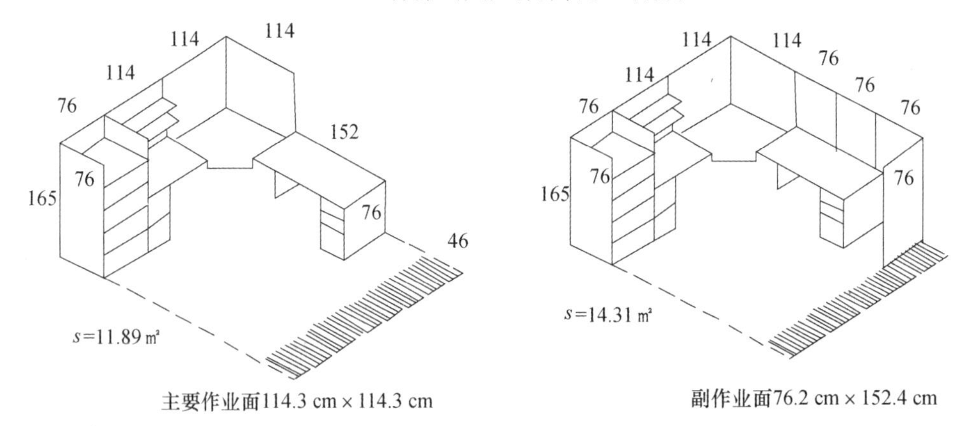

主要作业面114.3 cm × 114.3 cm　　副作业面76.2 cm × 152.4 cm

图 4-52　典型办公工作站(办公单元)的构成[①](单位:cm)

协会的推荐,通常中心核式办公空间,租赁跨度进深为 10～14 m(33～46 ft),但那些需要容纳很大单独承租集团的用房除外[②]。

出租单元大小对租赁跨度的影响很大。如果按照大约人均 10 m² 的办公建筑面积,若一个小公司在 10 人左右,其需要的建筑面积就是 100 m²;如果出租单元的面宽和进深大致相同,并按目前的标准柱网大约 8 m 计算,则租赁跨度约为 12.5 m。如图 4-53 所示为不同核心体常用理想的租赁跨度。

可租赁面积是可出租写字楼设计追求的目标之一,设计人应特别注意各地的计算方法不尽相同:纽约租赁跨度是量到外墙中线,伦敦则是量到外墙玻璃里侧,两者相差 2%。我国较少使用租赁跨度的概念,一般按销售面积计算方式计算可租赁面积,租赁跨度量到外墙外皮。

(3) 柱网布置

柱网布置既要考虑结构选型的要求,也要考虑租赁跨度的要求。普通高层办公建筑多采用框架结构、框架剪力墙结构以及框筒结构,其中,框筒结构能获得较大的内部空间。标准层柱网平面应简单规整、对称均匀和传力直接。标准层柱子将直落下部商业裙房及地下室,柱网尺寸应放大些。地下室多为停车库,柱网选择应与柱间车位数目结合考虑,但柱网选择也要考虑楼板的结构

① 窦志,赵敏. 建筑师与智能建筑[M]. 北京:中国建筑工业出版社,2003.

② 美国高层建筑和城市环境协会. 高层建筑设计[M]. 罗福午,等译. 北京:中国建筑工业出版社,1992.

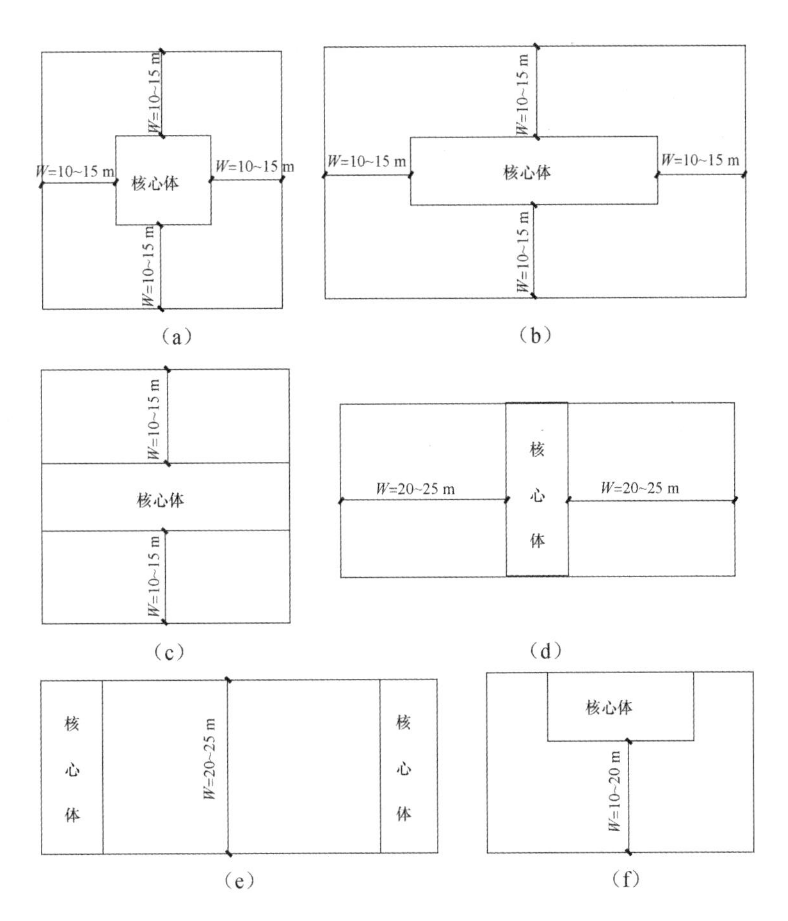

图 4-53　常见办公空间租赁跨度

(a)中央型 A;(b)中央型 C;(c)中央型 B;(d)中央型 D;(e)外周型 A;(f)偏心型 B

高度,如果柱距过大,梁的高度增加,则势必增大层高,这是很不经济的。此外,采用框架剪力墙结构和框筒结构要留意剪力墙不致阻隔地下车库车道。有关结构体系的详情参见本书第 9 章"高层建筑结构"。表 4-7 为一些高层办公建筑的柱网实例。

表 4-7　高层办公建筑的柱网实例

工程项目	柱网(开间×进深)/(m×m)	结构形式
杭州大厦	7.5×7.0	框架
南京商场	8.7×8.7	框架
郑州商业大厦	8.6×8.6	框架
深圳国贸中心	3.75×7.75	筒中筒
深圳中国银行	8×8 或 8×9	群筒框架
北京国贸中心	3×12	钢框剪

(4) 设计模数

办公空间设计模数是绝大多数办公空间(亦称写字间)室内设计的基本尺度。美国典型的办公空间设计模数是1.5 m(5 ft),日本是1.6 m和1.8 m,欧洲为1.2 m[①]。如图4-54所示,标准办公家具设计模数通常与办公空间设计模数相协调,因而,由办公家具组合的标准办公单元模数自然成为确定办公租赁跨度的重要依据。初学者需注意家具设计模数有多种标准,有关内容请参阅相关书籍。

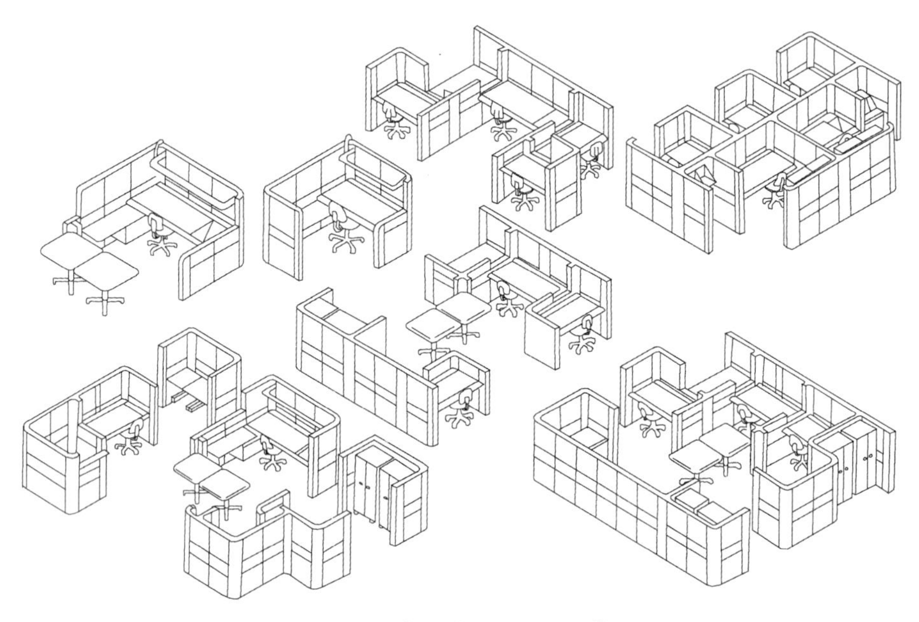

图4-54 标准办公单元组合[②]

【案例5】北京财源中心设计采用一种纯粹、单一的三维办公模块,且可任意组合、适应各种可能的空间模式。采用9 m×9 m柱网,其中按3 m作为最小的独立办公单元可划分出6个单元,最终形成多种办公单元组合[③]。

该中心考虑租、售两用型公司的经营架构,一般由二至三个部分组成:其一为高层管理者,其二为基层员工团队,另外也存在中层结构直接带领基层小组工作的模式。因此就办公空间形式而言,至少需要两级结构:一是高层管理者的独立办公单元,二是基层员工的开放式景观办公室。如果有中层结构的话,则需在开放办公空间附近设较小的独立办公空间。建筑师由此确定办公模块:30 m×30 m构成较大办公空间,30 m×9 m构成小型独立办公单元,中间配以30 m×12 m的交通服务核心,其中较大的办公空间也可依据需要隔出中层管理单元。案例来源:刘震宇,高志.至纯至简的建筑实践:国际财源中心设计综述[J].城市建筑,2005(7).

4) 公共走廊

公共走廊不但是划分办公空间的手段,也是疏散通道。不能随意缩减走道宽度来加大租赁跨

① A.尤金·科恩,保尔·卡茨.办公建筑[M].周文正,译.北京:中国建筑工业出版社,2008.

② 雷春浓.高层建筑设计手册[M].北京:中国建筑工业出版社,2002.

③ 王捷二.饭店规划与设计[M].长沙:湖南大学出版社,2006.

度，此举似乎提高了平面系数，但疏散通道不够宽或不明确。因此，大型的开放式办公空间(例如，标准层整层为一个大办公空间)中，公共走廊虽然没有明确分隔出来，但作为走廊的空间仍然是必须存在的，消防报建图上必须明确。

5）卫生间

《办公建筑标准》规定了卫生间设置标准，实际工程中卫生间的数量与办公楼档次和租赁分区关联，档次越高，数量越多，但每个卫生间厕位不多。办公楼塔楼公共卫生间的大便器多为男女各 2 个，小便器 2 个，手盆 2 个。例如，1 000 m^2 以下的办公标准层，如果每层人数按大约 150 人考虑，男女各半计算，男厕内 2 个厕位就够，加上 3 个小便斗，而女厕内需要 4 个厕位(适当增加女厕位)，洗手盆男女也各 2 个即可。办公标准层占用卫生间 1 个厕位的面积作为清洁间时，或有大会议厅(室)的楼层应相应增加厕位。

相对于多层建筑而言，高层建筑卫生间平面布置难了许多，主要是排污困难，设计时要注意卫生间上下应对齐，男、女卫生间应尽量紧邻布局，这样方便管线布置。初学者需要注意的是，卫生间、盥洗室、浴室不应直接布置在餐厅、食品加工、食品贮存、变配电等有严格卫生要求或防水、防潮要求用房的上层，且在设计公用男、女卫生间时，应考虑有视线遮挡措施，一般在入口部分别设盥洗间，同时避免女厕位过少。

4.5.2　客房单元设计要点

客房标准层规模应按照有关咨询公司的意见，结合该建筑用地条件、管理方式、规模等级与造型等多种因素综合确定。客房标准层设计参数见表 4-8，标准层面积太小，客房标间太少，不经济；标准层面积太大，客房标间过多，也不利于服务与管理(服务员的工作模数一般为 12～18 间/人)。一般情况下，旅馆标准层客房数量不宜少于 20 间，亦不多于 40 间。

表 4-8　客房标准层设计参数①

指标＼类型	板式		塔式			中庭围合式(组合式之一)
	单侧客房	双侧客房	三角形	方形	圆形	
宽×长/(m×m)	10×任意长	18×任意长	—	34×34	27～40(直径)	—
每层客房房间数	12～30	16～40	24～30	16～24	16～24	24
客房百分比/%	65	70	64	65	67	62

1）标准客房单元

标准客房单元指由一个住宿空间和一个卫生间组合的标准客房，有单人间、双人床间、双床间(亦称标准间，俗称“标间”)以及三床间之分，其中最有代表性的是标准间。如图 4-55 所示，舒适级 3.8～4.0 m，豪华级 4.0～4.5 m。标准间净进深(不包括卫生间)一般为 4.6～4.8 m，实际工程中可能高达 7～9 m。标准间开间要求为：经济级 3.6～3.8 m。

① 《建筑设计资料集》编委会. 建筑设计资料集 4[M]. 2 版. 北京：中国建筑工业出版社，1994.

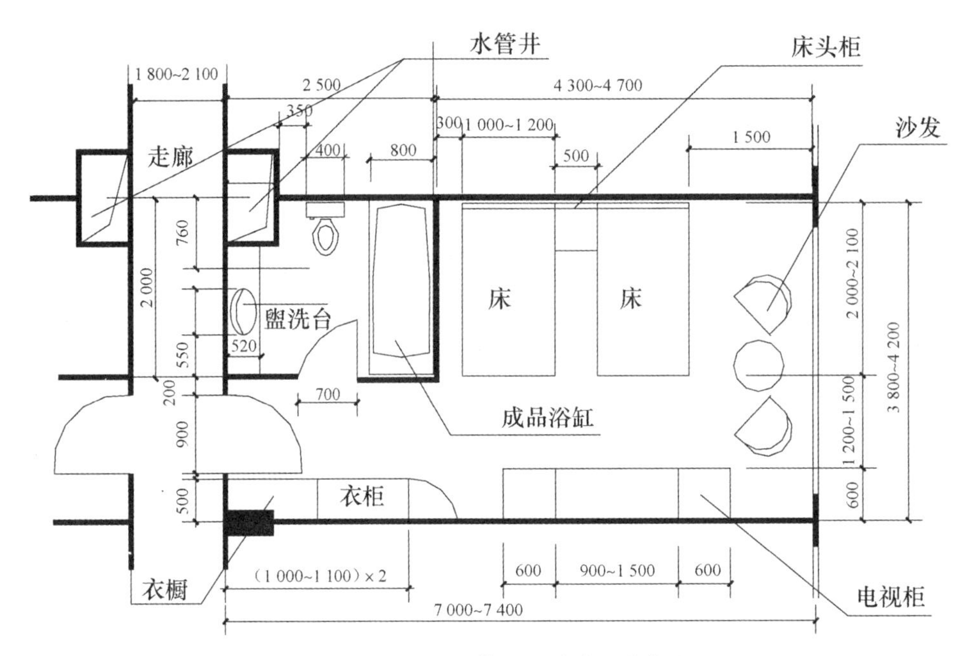

图 4-55 典型客房标准间布置和尺度[①](壁柜宽度平均每人 6 00～1 000 mm)

2) 套房单元

套房单元俗称"套间",一般由两间以上标准间组合而成,分为普通套间、复式套间、连通房、商务套间以及总统套间等多种类型(如图 4-56 所示)。一般将两个客房标准间连通形成套间,或是利用标准层变化部位做套间。旅馆客房的设计细节,请读者查阅相关书籍。

3) 公共走廊

旅馆的公共走廊必须与每间客房有很好的联系。除了在风景区多层的风情旅馆标准层采用外廊的形式以外,一般高层旅馆标准层多采用内廊的形式,一般公共走廊的长度不宜超过 60 m。

旅馆标准层直内廊的净宽一般为 1.8～2.0 m,靠近的两间客房门共同后退至走廊墙壁而形成的葫芦形内廊的净宽度尺度,如图 4-57 所示。

图 4-56 成都世纪城洲际酒店豪华客房

(卫生间和卧室用玻璃分隔,客人可边沐浴边看电视)

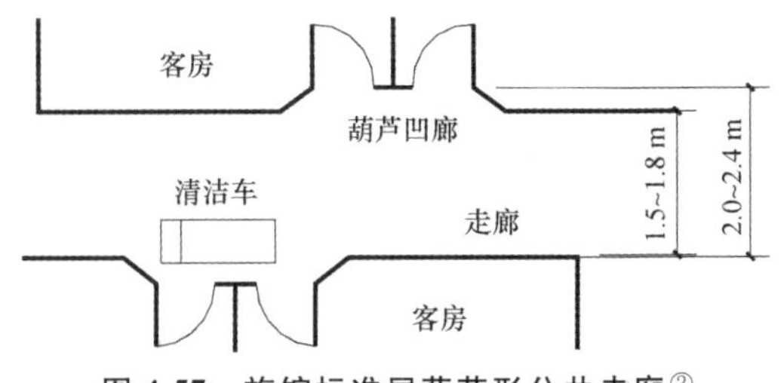

图 4-57 旅馆标准层葫芦形公共走廊[②]

① 王捷二. 饭店规划与设计[M]. 长沙:湖南大学出版社,2006.

② 王捷二. 饭店规划与设计[M]. 长沙:湖南大学出版社,2006.

4）客房标准间的开间、进深

客房开间尺寸的确定是旅馆标准层设计的关键。客房开间与旅馆标准和结构形式有关，一般客房开间尺寸为3.8～4.2 m。高层旅馆建筑多采用框架-剪力墙和框筒结构，有时也用剪力墙结构，这种结构形式能获得均匀的内部空间，和标准层客房的空间形态十分吻合。

高层建筑的地下停车场的柱网布置很大程度上影响客房开间取值。较经济的车位布置是在一柱距之间排3辆车，停车跨度通常为8.2～8.4 m，因此将客房开间定在4.1～4.2 m较为经济。也有的中低档旅馆考虑客房加床位，即在两床中间加入一床变成三床间，则客房开间可能达到4.5～4.8 m。如表4-9所示，高层旅馆客房标准间进深为6.6～9 m。有关结构体系的详情参见第9章“高层建筑结构”。

表4-9 我国部分高层旅馆客房标准层柱网尺寸

工程项目	开间×进深/(m×m)	结构形式
广州中国大酒店	8.0×19.0	剪力墙
深圳洲际酒店	10.0×14.8	框架-剪力墙
北京燕莎中心旅馆	8.4×19.8	剪力墙
南京金陵饭店	8.1×19.0	现浇框架
广州凯旋华美达酒店	7.8×16.0	框架-剪力墙

4.5.3 住宅与公寓套型设计

套型是一个居住单位的基本形态，地产界称之为户型。套型设计是住宅标准层设计的重点，初学者应多在地域性、舒适性、有效性等方面下功夫，修补功能缺失，还应特别留意时尚档次和消费层次的对应关系。

初学者的典型错误如下：一是套用小套型空间结构布置大套型；二是套用平层空间结构布置复式套型；三是将别墅的设计方法直接搬到空中，借用别墅的设计手法设计高层住宅。即使一些有经验的建筑师用跃式、错层交替酝酿出来的双跃、双错以及跃错联姻的多种空间，留下了结构、抗震以及通行障碍等方面的诸多隐患。

1）规模和标准

住宅是政策性很强的建筑类型，一个国家的房地产政策对住宅发展的走向起决定作用，因而初学者首先需要建立住宅设计的社会意识。

（1）套型面积比

套型面积比包括宏观和微观两个方面。前者是指一个国家的房地产政策对项目住宅套型面积比直接影响；后者是指开发商或地产咨询公司根据市场需求提出的套型面积比，即一个住宅开发项目大、中、小套型占总套数的比例。

（2）套型面积标准

住宅套型有大、中、小的不同，住宅档次首先由面积确定。目前，我国普通住宅面积标准为单套销售面积小于140 m^2，非普通商品住宅（高档住宅）单套销售面积不小于140 m^2，各地面积标准不尽相同，而保障房套型建筑面积为40～60 m^2。地产交易过程中，国家对不同社会标准的套型面积采用了不同的税收标准,对套型面积标准的选择有很大影响。当然,初学者需要注意的是,商品房套型大小只是个相对概念,不同城市有较大差异。

(3) 公摊面积

公摊面积是地产界对每套住宅分摊的共有建筑面积的别称,它与套内面积之和构成了一套房屋的销售面积(地产界称建筑面积)。公摊面积小,说明建筑得房率高,因此,一般主张压缩公摊面积,往往要求设计人提供销售面积和套内面积两套指标。建筑师因此需要掌握其计算方法,具体可查阅《房产测量规范》(GB/T 17986—2000)等。

2) 主要空间类型分析

(1) 公寓套型

一般公寓是面对出租人群的一种套型结构,居住功能相对没有住宅(特别是大套型住宅)完善。公寓不设厨房,餐区乃至卫生间的空间受到挤压,一般也没有独立的私家花园,甚至阳台面积也不算大,一般公寓采用类似酒店的内廊式标准层平面。公寓位于大型商圈内,保持统一的装修风格,配置全套中高标准硬件设施,由管理公司进行统一管理。

(2) 复式套型

复式是指一种通高两三层的居住单位,按垂直划分功能分区是其主要特色。复式有顶层复式、底层复式和叠加式复式三种,其中,叠加式复式处于建筑中部,一般设有空中花园,而顶层复式有屋顶花园,底层复式有地面花园。显然,无障碍住宅不适合采用复式和跃式。

复式住宅功能分区明确、流线清晰、空间丰富。一般复式多为两层高,首层一般布置客厅、餐厅(通高区域)、厕所、厨房;二层一般布置卧室和起居室。客厅兼作商务办公场所的称为"商务公寓",为公寓式办公的一种空间形式,实为高层办公楼的亚种(用地性质多为商业用地),政府严格限制办公楼层高(不超过 4.5 m),这里不展开讨论。

3) 功能配置和流线处理

住宅套型设计的关键是对住户生活方式的把握,要求从套型结构上划分套内公共、私密和服务三大空间,要求组织家政、家人和访客三大流线,要求功能分区、干湿分区、洁污分区、动静分区、内外分区合理。初学者设计套型在功能配置方面主要存在以下三个方面的问题。

(1) 住宅功能、面积与档次的关系不好

住宅功能配置和套型标准与档次有很大关系。套型标准与档次主要体现在面积大小、功能细化程度、私密性保证和户外空间环境等方面。例如,超大套型中多有休闲空间,多套房,主人房带大型衣帽间、卫生间、书房等都是档次的表现,但对于哪种档次的套型需要将客厅、餐厅和起居厅严格分区,哪种档次的套型需要附加休闲、小书房、储藏间、衣帽间等功能,以及各种主人套房、卫生间和空中花园的不同标准等,在初学者设计的套型中往往不能清晰地体现出来。

由于缺乏对住户生活方式的真正了解,初学者往往不知豪宅的主人除了基本生活需求,需要拓展何种功能,以致在设计超大套型家庭区时甚至缺少起居厅;或用观景阳台拓展而成的空中花园等休闲空间,却又不能让客厅和餐厅或者书房、主卧共享;有的多功能房间是套型组合余下的窄小空间,除了让人清谈不知还能做什么用;或储藏空间不敷使用,无衣帽间,或少有考虑如何晾晒衣服,即使在超大套型中,洗衣、晒衣似乎也没有合理的位置。

（2）三大流线组织不合理

通过流线细分来划分空间是套型设计的根本要求。初学者设计大套型时往往追求客厅的气派，一个客厅的面积往往达数十平方米，功能上却将起居室和客厅合并，而且流线处理不够得当，三大流线多有交叉。如果来访者只是家庭中某个成员的客人，那么大的客厅就只属于这两个人，其他家人就得回避，这样既浪费空间，还影响其他家庭成员正常的活动；有的设计虽然做到了客厅与餐厅相对独立或错位分离成区，但接近入口的餐厅成了交通厅。

当然，也有建筑师在处理流线时十分娴熟，例如，广州罗马家园 157 m^2 的套型流线设计十分精彩，其功能分区明确，通过几片挡墙保证了各区的私密性，通过“十”字形通道使三大流线互不干扰，如图 4-58 所示。

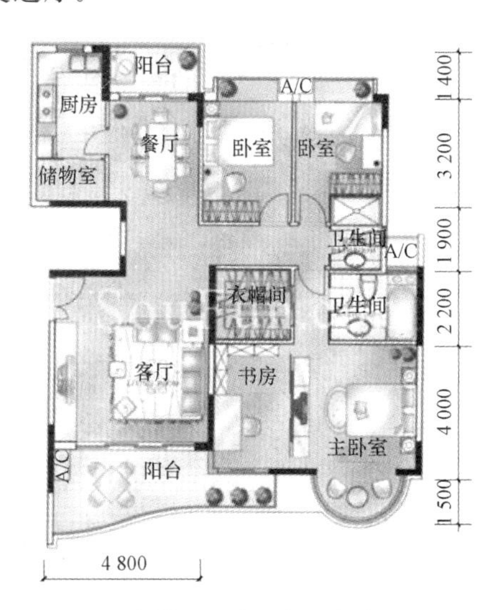

图 4-58 广州罗马家园极品皇宫平面图

（3）细部处理欠佳，尺度比例失当

一是带空中花园住宅深阳台对卧室阳光的遮挡，图 4-59 所示南方某住宅标准层三个阳台进深分别为2.5 m、2.95 m、3.5 m，被遮挡的居室采光无法满足要求。

二是将小套型客厅的开间做得过小，甚至不足 3.3 m，而主人房面积不足 10 m^2；有的客厅主景墙（沙发正对一般放置电视机和音响设备）太短，除了视觉效果欠佳，还会影响音响效果。按 3 m 左右的层高，主景墙一般至少长 3.4 m（如图 4-59 所示）。

三是卫生间的标准，特别是其面积大小易被初学者忽视，导致卫生间或不紧凑或放不下标准洁具（标准浴缸长 1.7 m 以上，每个厂家规格不同）或没有档次。卫生间尺度取决于档次和卫生器具的数量，应适当加大，以免施工误差导致设备安装困难，而且豪宅主人房卫生间太小，则会显得没档次，但也不宜太大，否则浪费面积。

四是厨房卫生间应上下对应，尽量相邻，以利于集中布置管线，洁污分区。特殊情况下，如上下层卫生间不对应时，应考虑排水管道走向，适当增加层高或吊顶的高度。初学者特别要注意的是：除本套住宅外，卫生间不应直接布置在下层住户的卧室、起居厅室、厨房和餐厅的上层。

五是住宅厨房使用面积明显偏小，主要表现为灶台长度不够，操作空间逼仄，而且按现在国人的生活习惯，电冰箱一般置于厨房，因而更难以布置。有的套型设计在窄小的厨房空间内靠墙三面置台，几乎完全没有操作空间（如图 4-59 所示）。厨房的设计应注重其使用功能的多样化和干湿分区与洁污分区，位置一般靠近户门，便于垃圾出户，但有的将厨房门窗直接开向入户花园，或在入户花园开窗，导致厨房烟气在花园扩散，影响花园档次（如图 4-59 所示）。

4）地域特征

由于住宅是生活方式的外化，套型结构有强烈的地域特征，设计时要特别注重南北方气候对套型设计的特别要求。例如，北方地区住宅保温节能要求高，套型设计时首先要注意体形系数的控制，避免冷山墙（平面少错位），标准层平面外形应平直方正，尽量减少开口；辅助用房应布置在冬季主导风的上风向，北向基本不设阳台，南向因怕挡客厅光线也很少设阳台，可利用阳光间或阳光廊做缓冲空间。

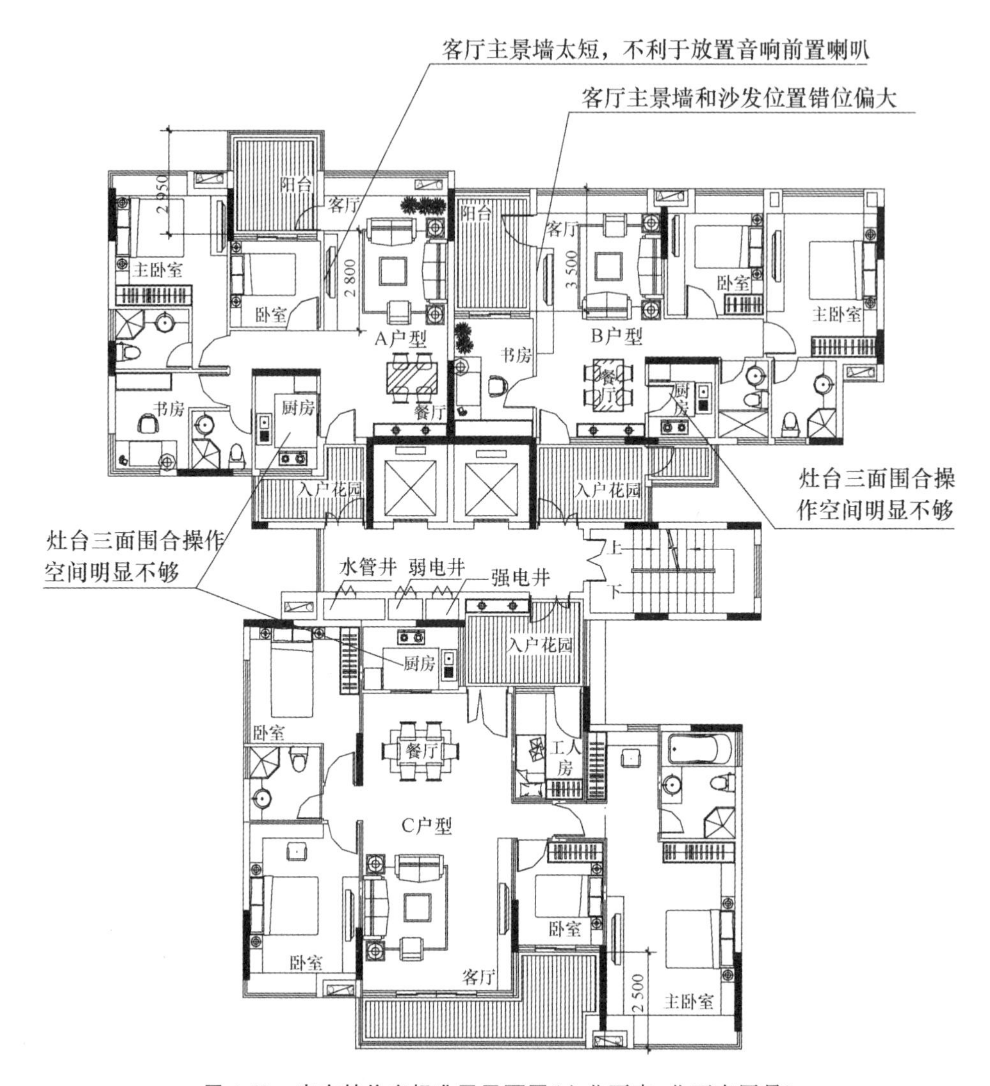

图 4-59　南方某住宅标准层平面图(上北下南，北面有园景)

北方地区应根据实际需要对热环境合理分区。热环境质量要求较低的房间，如住宅中的附属用房(厨房、厕所、走道等)，一般布置于冬季温度相对较低的区域内，而将环境质量好的向阳区域用于布置居室和起居室，使其具有较高的室内温度，并利用附属用房减少居室等主要房间的散热。选用保温性能好的门窗，不设开敞式楼梯间，封闭北阳台，并做好栏板的保温措施，减少冬季西北风对室内的直接渗透，并应控制南阳台及其外伸长度，以免遮挡楼下一户的冬季日照。

由于南方住宅的套型丰富多彩，有的建筑师直接借鉴，但没有考虑北方的地域特征，特别是气候差异，几乎完全照搬了南方高层住宅的套型，形体复杂，体形系数极大，甚至还在北向设置较大的开敞阳台，屋顶北向花园。

南方地区强调自然通风，基本不受体形系数的控制。由于建筑开口的大小和位置直接影响自然通风效果，南方住宅标准层开口多，外轮廓丰富，但要注意有的城市对天井开口有明确规定。试验表明，开口宽度为单元开间宽度的1/3～2/3，开口面积为单元总面积的15%～25%为最好；开口的相对位置宜根据房间的使用功能来确定，从通风效果来看，错开进、出风口的位置，使气流在室内改变方向后再流出则更好。

5）柱网布置

高层住宅较少使用钢结构，一般为钢筋混凝土框架结构、剪力墙体系中的框支剪力墙结构、短肢剪力墙（含异形柱结构）以及框架-筒体等结构。

由于钢筋混凝土框架柱的截面尺寸往往大于墙厚，其突出部分对室内空间（特别是小房间）和家具布置不利，因而框架结构很少使用。异形柱和短肢剪力墙结构户内不见明柱，有利于充分利用空间；剪力墙结构室内无外凸柱角，利于家具布置和分隔，结构整体性好。因而，现在这两者已成为一般高层住宅普遍采用的结构形式。有关这些结构形式的介绍详见本书 9.2 节“结构类型”。

4.6　标准层层高设计

高层建筑标准层层高是指楼层结构面到结构面的高度，一般由本层楼面面层高度、房间净高、吊顶高度以及上层楼板结构厚度四部分组成。标准层层高与建筑标准、造价、规划控制高度、楼宇智能化程度以及设备体系有很大的关系。不同功能房间的净高要求、结构构件高度、设备管线排列要求以及房间面积等都会对层高产生影响。在各种影响标准层层高的因素中，房间的净高尺寸是决定层高的首要因素；其次是吊顶，从技术设计的角度看，吊顶高度的设计较为复杂，是建筑师和设备工程师最为关心的问题；第三种对层高影响较大的因素是采暖楼面和智能化楼面。

确定高层建筑标准层层高最主要的前提是项目定位，而智能化程度和地产策略是影响项目定位的最重要的方面。设计中应避免因盲目提高办公楼的智能化程度而攀比办公楼的层高，并避免因追求豪气或规避楼面地价而盲目提高住宅层高，以免造成结构安全隐患和空间浪费。

4.6.1　标准层吊顶高度设计

一般吊顶内所要安排的设备管线很多，对建筑的舒适性、安全性和智能化程度影响大，确定吊顶高度的基本原则是：合理确定梁高，合理布置管线以及合理压缩吊顶内的空间高度。

影响吊顶内空间高度的因素主要是相关结构主梁和空调、排烟设备和自动喷水消防管道（简称喷淋管）等，如图 4-60、图 4-61 所示。在结构跨度不大（即梁高较小）和管线不复杂的情况下，这一空间高度为 0.9～1.1 m；在结构跨度较大（即梁高较大）和管线复杂（智能化办公楼）的情况下，吊顶要求略高，高度在 1.1～1.6 m 之间取值。不过，随着各类建筑设备及配件的发展，吊顶高度将会逐渐减小。

1）梁高的确定

我国高层建筑楼面大部分采用的是钢筋混凝土梁板结构体系，梁高一般取跨度的 1/12～1/10，照这样计算：8 m 的柱距就需要 0.67～0.8 m 的梁高，占去了吊顶的大部分空间。因此，要减少吊顶尺寸，首先要求优化结构设计，降低梁高尺寸，在层高特别紧张的情况下，可参考案例 8 的做法。

【案例 8】宁波鄞州商会大厦主体高 27 层，裙楼 4 层，建筑控制高度为 99.9 m，塔楼为矩形平面，框筒结构。建设方要求不超总高，不减层数，办公空间净高不低于 2.7 m。因而标准层层高只能取 3.5 m，设计人通过采用下列技术措施满足了要求。

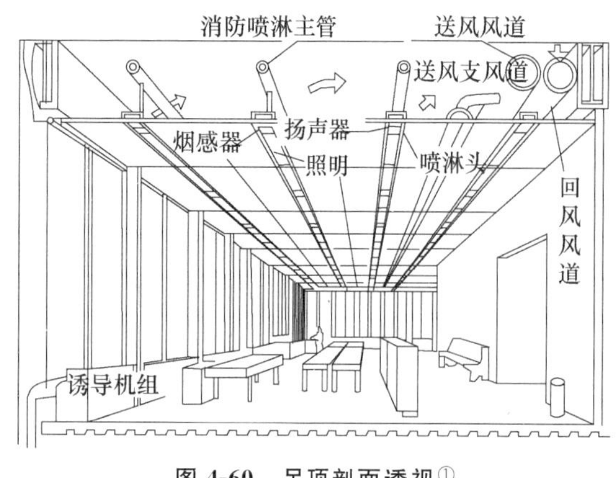

图 4-60　吊顶剖面透视①

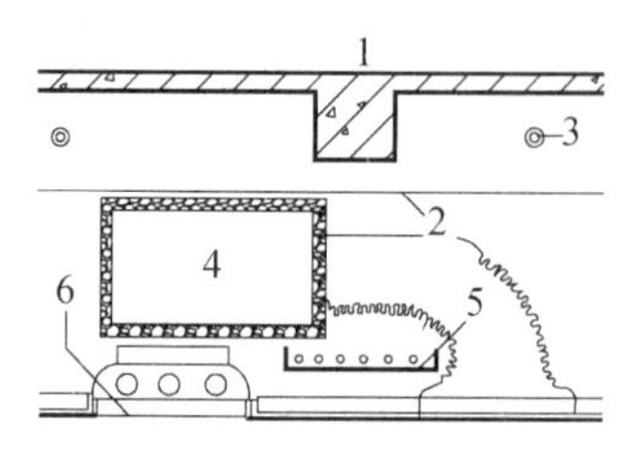

图 4-61　吊顶剖面示意

(1) 在核心筒外圈增设一排柱,即通过减小结构跨度降低梁高。

(2) 将环形走廊上部作为设备通廊,通过加厚板(150 mm)的做法取消了梁,满足了核心筒连接的强度与刚度要求。板下净高为 3.35 m,所有设备管线在设备通廊内汇集进入核心筒内的设备管井或进入各办公区域。

(3) 框架梁采用宽扁体系。7 m 跨框架梁为 600 mm×500 mm,梁的高跨比仅为 1/14,在柱边局部加腋,但框架梁的配筋比常规梁的配筋高 15%～20%。

(4) 将沿设备通廊外圈框架梁放大为 600 mm×1 075 mm,梁上开洞,供所有设备管线穿梁进入办公区域布线。

案例来源:许笑冰.鄞州商会大厦标准层层高研究与分析[J].辽宁工业大学学报(自然科学版),2008(2).

通过减小结构跨度降低梁高的做法有时会妨碍空间的使用,可考虑能否采用诸如双向密肋板等有利于减小梁板厚度的其他结构形式,争取将梁高压缩在一定的范围内(例如,将 8 m 柱距的梁高压缩在 0.45～0.6 m 范围内)。必要时采用复合楼面体系,将混凝土浇在折形钢板上,不但减小结构高度,还可在楼盖内布置管线,如图 4-62 所示。

2) 吊顶所需高度

吊顶内可能容纳的设备很多:空调设备,包括各种形式的送风管、回风管、顶装式风机盘管(后者现在较少使用)等;消防设备,包括各类防火报警器、消防喷淋器、紧急照明灯、紧急广播设备等;照明设备,包括各种暗装或半暗装的照明灯具及各类电缆、电线等;自控设备,包括温度感应控制设备、通风量感应控制设备等。这些设备中,对吊顶高度影响最大的为风管和喷淋管。

(1) 风管形式及吊顶高度估算

风管所占高度视风速和风量的大小有所不同,有关规范规定风管断面宽高比一般宜大于 4∶1。高层民用建筑中,主风管一般断面高度在 200～500 mm 之间,加上保冷(保温)层厚度,断面高度在 300～600 mm 之间,变化幅度很大;而新风支管断面高度尺寸则相对小一些,不同保冷或保温材料需要的厚度应通过计算确定,见表 4-10。

① 窦志.智能办公楼的层高设计[J].建筑学报,1999(2).

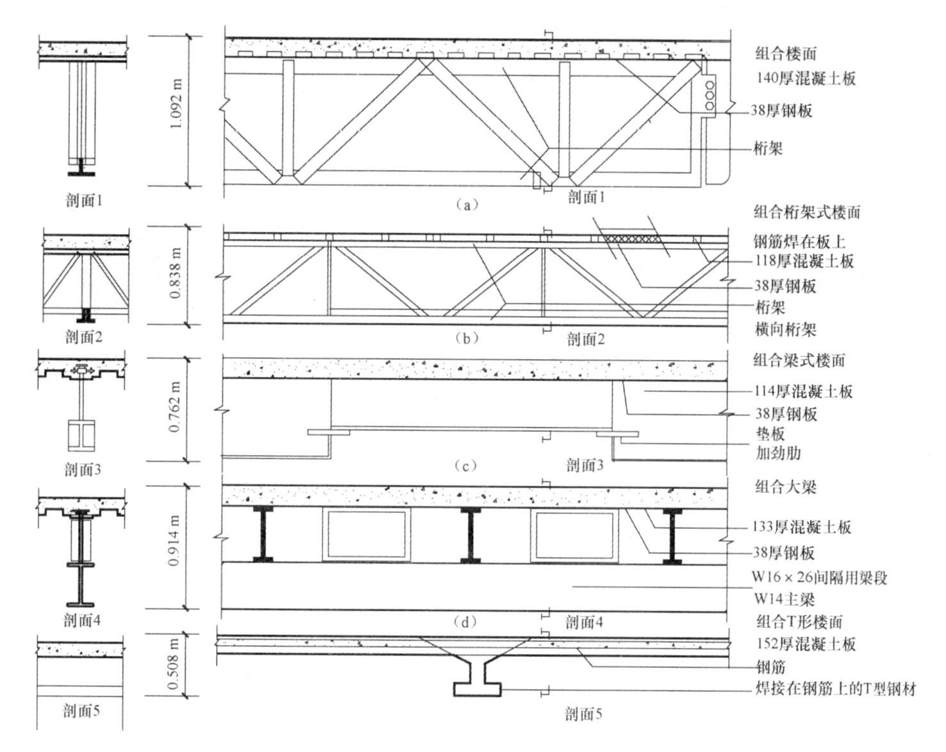

图 4-62　复合楼面体系①

表 4-10　管线复杂的吊顶所需高度估算

序号	内容	在吊顶中的位置	高度/mm	总高度/mm
1	楼板主梁(按 8 m 柱距计)	最上面(其中板厚按 100 mm 计)	670～800	1 100～1 600
2	新风主管(有保温)	主梁下方	300～600	
3	喷淋管	风管上方穿梁	150～200	
4	照明电缆桥架	风管下方	100～200	
5	吊顶构造	最下面	30	

注:此表为办公空间吊顶高度估算。住宅采用户式中央空调系统时,吊顶空间最小高度宜留 250～300 mm(侧送下回),如图 4-63所示;办公空间采用户式中央空调系统(下送下回)时,吊顶底标高按办公空间要求,一般多平主梁底,如图 4-64 所示。

此外,高层旅馆标准层风机盘管在吊顶内的空间高度一般需要 400 mm 左右。空调管道及喷淋管都在走廊吊顶内时,管道所需空间高度从梁底起至少需要 400 mm。

在不影响风量的情况下,可采用增大风管的宽度,减小其高度的做法(风管太扁不利于节能)来适当降低吊顶高度(如图 4-65 所示);或将风管经过主梁时做弯曲处理(需复核风压使其满足使用要求);或调整材料类型减少保冷(保温)层的厚度(如将岩棉变更为橡塑)。当然,也可根据具体的工程情况选用一些对高度要求较低的空调系统,如 VRV 空调系统等。

① 高层建筑设计手册[M].北京:中国建筑工业出版社,2002.

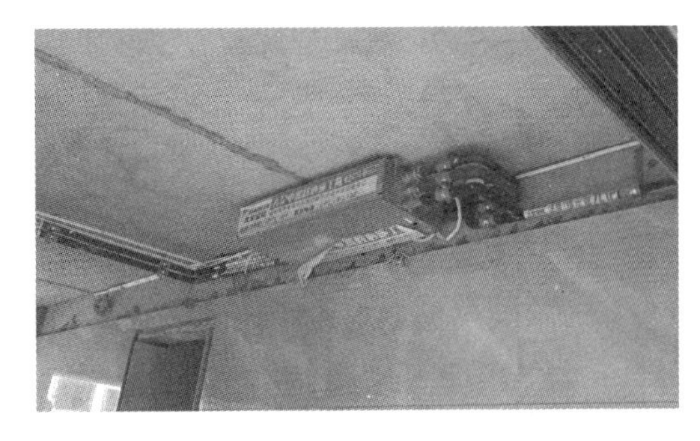

图 4-63 住宅户式中央空调吊顶高度控制实例

图 4-64 办公空间户式中央空调吊顶高度控制实例

(2) 吊顶高度设计原则和步骤

确定吊顶内设备系统所需高度时，应严格遵循小管让大管、水电分立和检修方便的原则。首先需要在平面上确定梁与风管的位置，特别是空调主风管的位置，其后，才能进行其余管线的垂直和水平排列，再依次安排吊顶龙骨、灯具、出风口、进风口、烟感探测器、消防喷淋口等设施。显然，仅有平面设计是不够的，还需要有剖面设计以精确定位梁、风管、灯具、电缆桥架、消防喷淋管的竖向位置，并优化组合它们之间的位置关系，从而取得吊顶的最小尺寸。例如，喷淋管需占空间一般约为 150 mm，建筑结构跨度较大时，一般考虑在风管上方穿梁来降低层高(如图 4-66 所示)，不方便穿梁时喷淋管也可在梁下做弯曲处理。当然，如果设备管道外置或外露则更有利降低层高。

图 4-65 深圳商务中心吊顶内空间扁形风管

图 4-66 深圳商务中心吊顶内空间消防管穿梁

4.6.2 采暖楼面构造对层高的影响

采暖楼面构造对层高影响最大的是直埋式低温热水楼面，其辐射供暖方式大多采用在绝热层(亦称保护层)上敷加热管(亦称加热盘管或地暖管)、填充层和地面层的做法(如图 4-67 所示)。绝热层有两种形式：一种是采用聚苯乙烯泡沫塑料板(简称泡沫聚苯板，多用)；一种是发泡水泥，有塑料管(多用)及铜管两种加热管材料。绝热层一般采用 20 mm 厚、20 kg/m^3 的泡沫聚苯板，填充层为细石混凝土，厚度不宜过小(含加热管直径 30 mm，因而至少需要 50 mm，房间面积较大时，如公共建筑，填充层厚度应适当增加)，否则人站在上面会有颤动感。因此，同一建筑采用采暖楼面比采用非采暖楼面的层高增加 70～100 mm。

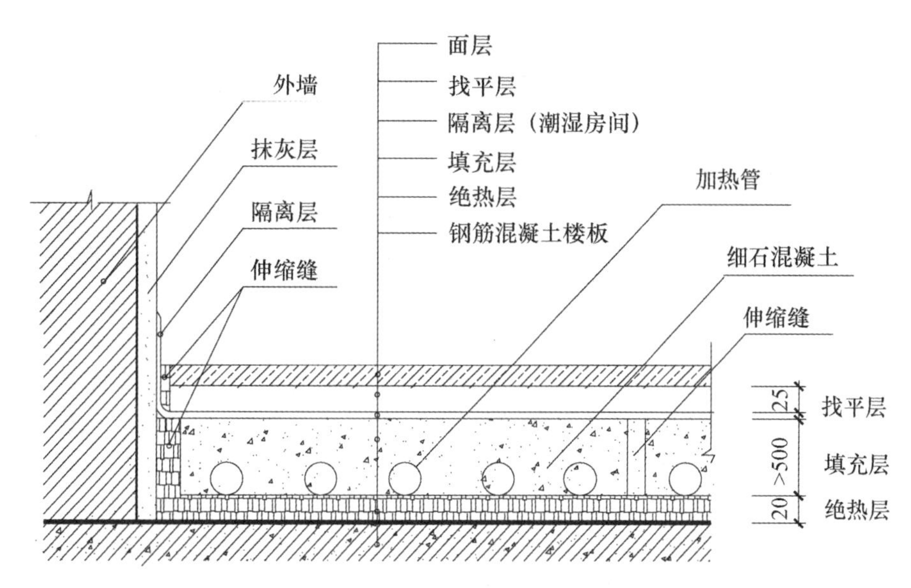

图 4-67　直埋式低温热水(楼)地板构造示意[①]

4.6.3　几种主要使用空间层高设计

层高设计特别需要心理尺度的感受经验，初学者可以通过多次比较方案图与实物获取，否则建筑施工完成后层高不是太高就是太矮，读者需要特别重视地方政府有关城市规划控制的技术性指导文件中对层高均有严格的要求，因涉及容积率计算方法，影响楼面地价而有很强的执行力，对建筑设计方案影响很大。

实际工程中，一般情况下，办公楼层高大于等于 4.8 m 时，不论层内是否有隔层，计算容积率指标时，建筑面积均按该层面积乘 1.5 倍计算；住宅建筑层高大于等于 4.5 m 时，不论层内是否有隔层，计算容积率指标时，建筑面积均按该层面积乘 1.5 倍计算；跃层式住宅、别墅等当起居室(厅)层高在户内通高时，可按其实际面积计入容积率。

1）办公室层高设计要点

(1) 净高的确定

房间净高确定的依据是房间使用者的生理和心理要求，其最小值应按相关规范要求确定。净高太低，空间容易产生压抑感；净高太高则会加大空调与照明能耗，不利于噪声的控制，造价亦不经济。据国外资料可知，如果层高增加 10%，造价则要增加 2%～4%[②]。

按照《办公建筑标准》：一类办公建筑办公室净高不得低于 2.7 m；二类办公建筑办公室净高不得低于 2.6 m；三类办公建筑办公室净高不得低于 2.5 m。实际工程中一般还要综合面积因素考虑建筑层高，表 4-11 是办公室净高与楼面面积关系。

---

① 宋波，邹瑜，黄维，等. 地面辐射供暖工程中敷设方式的探讨[J]. 建筑科学，2004(8).

② 窦志. 智能办公楼的层高设计[J]. 建筑学报，1999(2).

表 4-11 办公室净高与楼面面积关系[①]

办公室楼面面积/m²	<100	100～500	500～1 000	1 000～1 500	>1 500
办公室净高(最小值)/m	2.5	2.6	2.8	3.0	3.5

智能化是办公建筑的基本要求。按照国民平均身高和通常采用的空调和采光方式,综合功能、房间等级、舒适度、建筑节能等因素考虑,我国智能办公楼净高的取值范围为 2.5～3.0 m,实际工程中多取 2.6 m;欧美国家一般取 2.6～2.75 m。注意:如果采用反射型顶棚照明,与标准荧光灯相比需要额外增加 0.25 m 的高度[②]。

(2) 智能化布线对层高的要求

智能化布线是一个比较广泛的概念,通常是指在智能办公楼内为了满足智能化的需求而采用的设置各类电线、电缆和馈线的方式。在智能办公楼内,往往需要敷设比普通办公楼多几倍的管线,这些管线通常被隐藏在吊顶以上或地板以下。

智能化布线有多种类型,其中对层高影响较大的两种。一是架空双层地板布线方式,亦称防静电活动地板、OA 地板或抬高地面,构造高度为 60～200 mm 不等,而通信机房 OA 地板可能高达 200～300 mm。准确高度由办公自动化等级与地板下的设备以及是否采用地板下空调系统等决定(如图 4-68、图 4-69 所示)。二是顶棚布线方式,导致吊顶高度增加 100 mm 以上。表 4-12 为不同布线方式所需空间尺寸。

图 4-68 某智能化办公楼架空双层地板构造展示
(架空高度 100 mm,上层面板为 8 mm 厚钢板,
注意楼板下面的智能化布线槽和地面的接口关系)

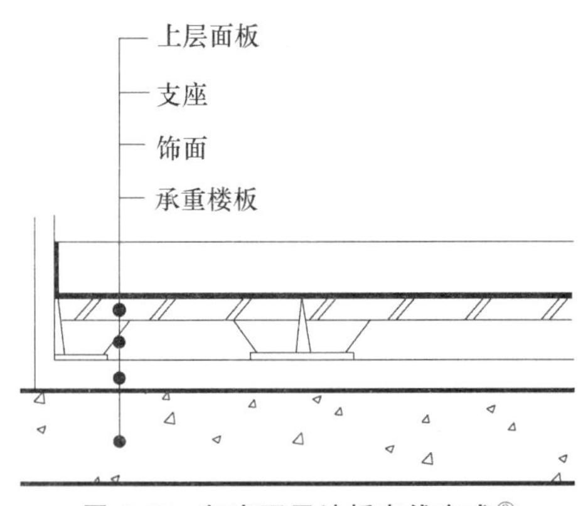

图 4-69 架空双层地板布线方式[③]

表 4-12 不同布线方式所需空间尺寸[④]

布线方式	所需高度	备注
预埋管布线方式	没有要求	—

① 窦志.智能办公楼的层高设计[J].建筑学报,1999(2).

② A.尤金·科恩,保尔·卡茨.办公建筑[M].周文正,译.北京:中国建筑工业出版社,2008.

③ 窦志.智能办公楼的层高设计[J].建筑学报,1999(2).

④ 窦志.智能办公楼的层高设计[J].建筑学报,1999(2).

续表

布线方式	所需高度	备注
架空双层地板布线	通常为60～150 mm	当高度小于60 mm时，地板造价相对较高
地坪线槽布线方式	现浇结构时：板厚≥200 mm	—
预制结构时垫层≥70 mm	板厚、垫层高度视线槽所需的截面面积而定	—
单元式线槽布线方式	楼板厚：155 mm左右	—
干线式布线方式	楼板厚：155 mm左右	电缆沟处楼板厚度≥180 mm，并视电缆沟截面面积而定
扁平电缆布线方式	扁平电缆厚：2 mm左右	—
网络地板布线方式	楼板厚：150 mm左右	国内尚未见采用
顶棚布线方式	吊顶高度要增加100 mm以上	需与吊顶设施协调处理

(3) 智能办公楼层高的计算

根据智能办公楼净高在2.5～3.0 m之间，吊顶的高度为1.1～1.6 m，而地面布线所占高度随布线方式的不同在0.02～0.35 m之间取值，照这样计算(不考虑采暖地面高度)，层高的取值一般不会低于3.8 m，显然，智能化设施的大量应用不应以不断增加层高的方式来解决。在实际工程中，考虑到诸如造价、施工习惯作法、业主要求和规范等因素，智能办公楼的层高以3.8～4.2 m居多。例如，广州粤海天河城大厦楼标准层面积约2 270 m²，层高4.05 m，减去结构设备及130 mm厚的架空地台以及吊顶后净高为2.8 m。

大规模集成技术的应用，使电缆、电线、接线盒、探测头等部件变得更小、更薄、更集中，吊顶和地板布线所要占用的空间将不断减小。应通过合理设计，同时采用先进的设备与施工技术，努力降低吊顶及结构高度。

2）客房层高的确定

关于客房部分净高度，《旅馆建筑设计规范》(JGJ 62—2014)规定：设空调时不应低于2.4 m；不设空调时不应低于2.6 m，客房层公共走道和卫生间及客房内过道净高度不应低于2.1 m；利用坡屋顶内空间作为客房时，应至少有8 m² 面积的净高度不低于2.4 m。

建筑师设计高层旅馆时一般将截面较大的干线、干管布置于走廊的吊顶内，以充分利用走廊空间。相对而言，高层旅馆塔楼较高层办公楼塔楼结构跨度小，如果公共走道的吊顶净高取2.1 m，横穿公共走道的结构梁可做到不大于400 mm(含楼板100 mm)，吊顶梁下总高不大于500 mm(包括新风管高300 mm、吊顶板30 mm)，楼面面层加找平层厚50 mm，则该旅馆公共走道层高最小值为：2.1＋0.4＋0.5＋0.05＝3.05(m)。如果采用采暖楼面则层高还应增加0.07～0.1 m。

如果客房采用3.2 m层高，则一般情况下可以满足入口上方结构梁和风口高度的要求：新风管及风机盘管需250～300 mm；梁高约600 mm；门高2 200 mm；楼面面层加找平层厚取50 mm。所以，需要的上层楼板底至下层楼板面最小高度为：2.2＋0.6＋0.25＋0.05＝3.1(m)。如果采用采暖楼面，层高还应增加0.07～0.1 m；如果结合旅馆建筑中供水压力的要求(即每若干层需设一层水主管道层)，则该层层高需额外加高200 mm。因此，综合考虑多种因素，旅馆建筑标准层层高一般应取 3.3～3.5 m。

此外,还应注意层高与其空调系统的分布形式有密切关系:垂直分布系统时,空调管道全部在管道井内,走廊吊顶内只有自动喷水消防管道及照明灯具,最低层高可降至 2.8 m(非采暖楼面,如广州白天鹅宾馆、广州湖天宾馆等),一般以 3.0～3.3 m 居多;水平分布时,所有空调管道及自动喷水消防管道都在走廊吊顶内,即使不设采暖楼面,旅馆标准层层高仍需要 3.3～3.5 m。

3) 住宅层高的确定

因为采用局部空调方式和结构跨度较小,相对于高层公共建筑,高层住宅标准层层高较少受到设备管道空间和梁高的限制。高层住宅标准层层高基本上根据有关设计规范、房间面积大小、室内采光通风质量要求以及物业档次等因素来确定。

根据我国国民的平均身高状况及卧室内采用的空调和采光方式,卧室适宜的净高数值一般为 2.4～2.8 m,实际工程中多取 2.6 m,当然卧室的面积越大,净高也应相应提高;而起居(厅)室中需要有大屏幕电视、音响系统等,要求有比较开阔的视觉与听觉效果,且厅一般面积较大,因此起居(厅)室的净高应大于卧室。但从经济的角度考虑,起居(厅)室与卧室的净高差别在小套型中较难体现。综合经济和结构等因素,一般住宅层高取值为 2.7～3.0 m,多取 2.8 m,平层面积超过 180 m^2 套型(地产界称大平层)层高取值一般为 3.1～3.2 m。

在市场经济条件下,商品住宅特别是所谓豪宅局部层高常常超过 3 m,从住户对厅堂空间的心理效应考虑,面积超过 30 m^2 的起居厅层高宜在 3.1～3.2 m 之间;复式套型起居厅一般局部挑高,层高宜在 3.5～4.5 m 之间,实际工程中多为 4～6 m。

由于《防火规范》中强调住宅建筑防火、疏散与高度的关系,淡化了住宅建筑防火、疏散与层数的关系,因此《住宅建筑规范》第 9.1.6 条关于住宅按 3 m 折算层数的规定,影响住宅消防高度计算,对建筑层数和层高确定直接影响不大。

第 5 章　高层建筑停车场库设计

5.1　一般概念

5.1.1　设计内容和方法

1）设计内容

高层建筑停车场库是指高层建筑内部的停车库和露天停车场。其中，停车库为高层建筑附建式停车库，分为高层停车库（指利用裙楼和裙楼屋顶停车，不太常见）、地下停车库以及地面架空层停车，前两类停车库与地面都是利用坡道连接，特别是地下停车库，其连接方式较为复杂。因此，本书主要讨论露天停车场和附建式地下停车库，由于自行车停车数量小，本书不讨论自行车停车的问题。

停车场和停车库设计的主要内容有五个方面：一是停车场库的布局，主要指停车场和停车库与高层建筑裙楼的关系；二是停车方式和停车流线，主要讨论垂直式停车；三是停车场的柱网布置和停车效率；四是停车库口部及坡道设计；五是地下停车库和设备机房的关系。

停车场和停车库有各自的特点和不同的要求：如果停车场不受停车高度限制，则需要考虑停放大中型车辆，若停车库停车高度受层高限制，则一般不考虑停放大中型车辆；两者均以小型车为计算当量，但外廓尺寸并不相同，导致了停车带宽度、通车道宽度以及转弯半径均有所不同；此外，《车库建筑设计规范》（JGJ 100—2015，简称《车库建筑规范》）和《汽车库、修车库、停车场设计防火规范》（GB 50067—2014），简称《汽车场库防火规范》），两者交叉关系较为复杂，读者应注意。

有关高层建筑停车库的消防设计详见本书 8.5 节“特殊空间防火”。

2）推荐方法与参考步骤

①根据规划要点、法定图则以及其他依据确定停车数量，明确地面和地下停车数量的比例以及停车区域服务的对象，如有交通环境评估报告，则应认真解读，它可能影响停车场库和城市交通的接驳位置。

②根据裙楼和塔楼的布局初定停车场库的位置，并初步布置地面停车场，特别要注意控制性详规对停车场，特别是地下停车库车行出入口的方位和数量要求。

③初定地下车库的范围，特别注意其和塔楼主体以及设备机房等区的关系，非停车功能用房亦应相对独立成区。若有通向塔楼的竖向管线的机房，则应尽量布置在高层建筑主体范围之内。

④根据裙楼和塔楼的柱网，结合停车方式布置地下停车库的停车带和通车道，初定车库柱网布置，并确定机房等位置，确定地下停车库的车行出入口。注意通车道应尽量形成回路，如有停车支线，则不宜太长。

⑤根据停车类型确定停车区停车跨和行车跨尺度，调整地下停车库的柱网布置。

⑥进行地下停车库剖面设计，重点是车行出入口。

5.1.2 停车空间组合模式和停车指标

1) 停车空间组合模式

高层建筑按空间组合一般有几种停车模式(如图 5-1 所示)。

图 5-1 高层建筑停车方式示意①

其一,地面停车场与地下停车库的组合,是高层建筑最常见的停车模式,停车位与建筑联系方便,用地省,但地下停车库造价相对较高。

其二,地面停车场与地上多层车库(包括屋顶等高位停车)的组合,因占地大,不太多见。

其三,地面停车场、地上停车库与地下停车库结合,亦不多见。适于基地条件许可,停车量特别大的高层建筑综合体。

其四,全部地面停车。适用于市郊旅馆,虽造价低,施工方便,停车灵活,但占地面积大。

由于城市用地紧张,地面停车场多为临时停车用,面积不可能很大,而高层建筑有结构埋深的要求,因此,利用地下空间(箱型基础等)作为地下停车库较为合理。不过,我国严寒地区因冰冻等原因一般尽量不建地下室,或地下室层数有限。裙楼一般直接用作商业空间,裙楼屋顶结合结构转换多做屋顶花园,因此一般情况下,高层建筑不会采用高层停车,何况高层停车出入库坡道占用地面较大。

2) 停车指标

停车空间的设计一般从停车指标入手。理论上,高层建筑的停车量可根据国家有关建筑设计规范和当地政府主管部门的有关规定而设定,并适当考虑发展的可能性。机动车停车指标见表 5-1,居住区停车位控制指标见表 5-2。

表 5-1、表 5-2 只是给初学者一个基本概念,其实各个城市对停车要求不尽相同,停车指标一般体现在规划条件和法定图则中,广州等城市有停车指标规定的专门文件,按居住和公共停车指标类型提出,设计应以此为准。需要注意的是:设计特大型项目和特殊区位(如人口稠密的旧城)的高层建筑,还应阅读专业机构做的交通环境评估报告。

不少城市对地上地下的停车比例也有要求,规定了地面与车库内停车数量之间的比例,一般

① 雷春浓.高层建筑设计手册[M].北京:中国建筑工业出版社,2002.

要求至少 70%的机动车在地下停放,而《城市居住区规划设计标准》要求地面停车量不宜超过住宅总套数的 10%。

表 5-1　机动车停车指标①

建筑类型		单位	车位	备注
办公楼		每 1 000 m^2	0.65	证券、银行、营业场所
旅馆	一类	每套客房	0.6	一级
	二类	每套客房	0.4	二级、三级
餐饮	建筑面积≤1 000 m^2	每 1 000 m^2	7.5	—
	建筑面积>1 000 m^2	每 1 000 m^2	1.2	—
商业	一类建筑面积>10 000 m^2	每 1 000 m^2	6.5	—
	二类建筑面积<10 000 m^2		4.5	—
	购物中心		10	—
住宅	高档住宅	每户	1	包括公寓
	普通住宅	每户	0.5	包括经济适用房等

表 5-2　居住区停车位控制指标②　　单位:车位/100 m^2 建筑面积

名称	非机动车	机动车
商场	≥7.5	≥0.45
菜市场	≥7.5	≥0.30
街道综合服务中心	≥7.5	≥0.45
社区卫生服务中心(社区医院)	≥1.5	≥0.45

裙楼商业如果引入品牌零售商经营,一般都会对停车位数量提出明确要求,有可能超出规划要求的停车指标,超出规划指标的部分是否满足取决于委托方的意见。设计中应注意,品牌零售商要求的停车位中,一般包含供货车辆的停车位,需要考虑装卸场地的面积。

5.2　停车场

1) 停车场的布局

停车场设置首先要确定停车场在高层建筑近地空间中的位置,宜结合高层建筑底部开放空间的常年阴影区设置。停车场布局的基本原则是实现方便有序的停车,又不影响人流活动和外部景观效果。一是避开公共活动领域,但与车流、人流的连接应方便停车;二是出入停车场的道路便捷

① 住房和城乡建设部工程质量安全监管司,中国建筑标准设计研究院.全国民用建筑工程设计技术措施:规划·建筑·景观(2009 版)[M].北京:中国计划出版社,2010:26-27.

② 《城市居住区规划设计标准》(GB 50180—2018),其对住宅车位没有明确要求。

易行,停车后的步行无须跨越车道;三是停车场与建筑的联系方便,距离目标建筑出入口的步行距离最短;四是距住宅外墙不宜小于 6 m。

停车场车位指标以小型汽车为计算当量,表 5-3 是停车场(库)设计车型外廓尺寸和换算系数。

表 5-3　停车场(库)设计车型外廓尺寸和换算系数①

车辆类型		各类车型外廓尺寸/m			车辆换算系数
		总长	总宽	总高	
机动车	微型汽车	3.5	1.6	1.8	0.7
	小型汽车	4.8	1.8	2.0	1.0
	轻型汽车	7.0	2.1	2.6	1.2
	中型汽车	9.0	2.5	3.2	2.0
	大型汽车(客)	12.0	2.5	3.2	3.0

注:车辆换算系数按面积换算。

停车场的中小型车位一般按每位 2.5 m×5 m 布置(地面划分尺寸,注意和停车库的不同),但建造停车场应能容纳常用的较大车辆,如仅按中小型车辆布置平面,则会导致使用不便,因此,设计中要考虑使停车场车型受限少,车位布置要求的灵活性较大。假设较大型车辆全长为 5.8 m,全宽为 2 m,车门开启时在车身全宽外突出 1 m,停车位至少应为 2.75 m 宽②,如果场地不太受限制,停车场的中小型车位按每位 3 m×6 m 布置为宜。因此,停车场(不包括驶入停车场的行车道)每个停车位所需面积按照不同情况可从 25 m^2 至 30 m^2 不等。小型车位在停车场中所占比例越高,平均车位面积越小;停车场的规模越大,单位车位分摊的公共面积平均值越小,也就是说,平均车位的面积随着停车场规模的增大而缩小。

停车场布局还要认真考虑停车场的位置、大小和出入口以及使用和管理两方面的便利,设计时应尽可能保证停车场形状规则,易于有效布置车位;对同样大小、形状的停车场,应设计多种布置方案进行比较,以占地面积小、疏散方便、保证安全为原则,采用停车效率最高的方案。

根据场地条件,以占地面积小、疏散方便、保证安全为原则,停车场的停车方式有平行式、垂直式、斜列式或混合式。停车有前进停车和后退停车之分,一般最常见的是垂直后退停车方式,占地少,出车方便,设计中一般也以其作为重点来考虑。

一般情况下,车位与行车道中心线的夹角越小,车位平均占地越大,双排车停车和 90°的停车方式最为省地,而斜向停车对驾车员较为方便,可减少必要的车道宽度,但总的面积则需要更多。停车场车位宜分组布置,每组不宜超过 50 个车位,组与组间距不小于 6 m。

2) 通道与出入口

停车场的出入口应有良好的视野,停车场通道如与其他通道或道路交叉,应保证一定的行车视距。停车场出入口应有明确标志;出入口车流应避免干扰正线道路上的交通。机动车出入口距离人行过街天桥、地道和桥梁、隧道引道须大于 50 m;距离交通路口须大于 80 m。机动车停车场

---

① 住房和城乡建设部工程质量安全监管司,中国建筑标准设计研究院. 全国民用建筑工程设计技术措施:规划·建筑·景观(2009 版)[M]. 北京:中国计划出版社,2010.

② 佳隆,王丽颖,李长荣. 都市停车库设计[M]. 杭州:浙江科学技术出版社,1999.

车位指标大于50个时，出入口不得少于2个；大于500个时，出入口不得少于3个。出入口之间的净距须大于10 m，出入口宽度不得小于7 m，并应右转入出入车道。

车辆入口双车道行车宽应有7.0 m(如设收费门岗，应加宽车辆出入口部，并分车道)，单行车道宽应有3.7 m。如果场地前方有限，需采用直角转向的，则车道应有7.6 m宽，道牙(路肩)半径应有9 m，小型汽车最小转弯半径为6 m。

此外，特别需要注意的是：对餐饮等商业建筑类型，无论地下停车库的停车量有多少，都需要一定量的地面停车位置，否则对经营影响很大。初学者易犯的典型错误是：偏重高层建筑前部广场的景观效果，而随意削减地面停车位。

城市道路边的商业裙楼前部通常设有停车带，也应按规定设置机动车出入口，机动车不能随意跨越人行道和城市道路之间的道牙进入停车场。在布置车位的时候，初学者往往为了多设车位而将停车带过于贴近裙楼，没有留出裙楼前面的人行商业通道，或导致尽端的停车位只能进车不能出车；或没有布置供货车辆的停车位，或供货车辆停车位缺少相应的装卸平台。品牌零售商一般要求为商场供货车辆提供物流专用场地，设计时应保证大型货柜车的转弯半径不少于18 m。

5.3 停车库

5.3.1 一般概念

根据垂直运输方式，停车库可分为坡道式和机械式两类，但高层建筑中很少采用机械式停车方式，多采用坡道式地下停车库的方式。优点是进出车方便迅速，造价低，能耗小，不受电源和机械性能的影响，只是进出车坡道占地面积较多。初学者首先应对坡道式类型和地下停车库有关的面积指标有所了解，见表5-4。

表5-4 地下停车库主体建筑的面积指标①

指标内容	小型车停车库
每停一辆车需要的建筑面积/(m^2/辆)	35～45
停车部分面积占总建筑面积的比例/%	75～85

注：①由于建筑布置有许多复杂情况，这几项指标在统计和归纳上相当困难，变化幅度也较大，表中数字是在国内20世纪90年代末建造的一些地下停车库有关资料的基础上提出的，仅为参考值。

②每停一辆车需要的建筑面积包括停车位、车行道、基本的附属设施以及结构和墙体建筑面积等。

根据停车面的特点，坡道式可分为错层式、斜坡式和水平式三种类型(如图5-2所示)，其中斜坡式和错层式较少使用，本书主要讨论水平式停车库的设计。

水平式停车库是坡道式的基本类型，停车库分层设置，通过相对独立的坡道系统连接各层，其坡道形式有直线坡道和曲线坡道两种。直线坡道一般为整层长坡道，且有库内、库外之分，应注意严寒地区车库需要采暖，不应采用库外坡道。除了必须对首层地板采取保温措施外，还应提高地

① 佳隆，王丽颖，李长荣. 都市停车库设计[M]. 杭州：浙江科学技术出版社，1999.

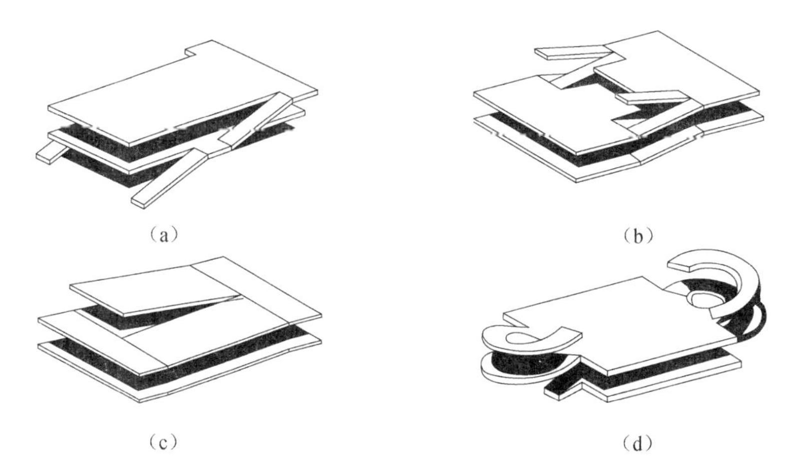

图 5-2　坡道式停车库类型[1]

(a) 水平式(直线坡道);(b) 错层式;(c) 斜坡式;(d) 水平式(螺旋坡道)

下室窗的保温和密闭性能,在楼梯口处设保温门,以阻止地下室中冷空气渗入楼梯间。

曲线坡道则分为圆形坡道(螺旋形)和半圆形坡道两种,多用于高层停车。设计双行螺旋坡道式时,上行应采用在外环的左转逆时针行驶,下行应采用内环行驶,外环道半径和宽度应按《车库建筑规范》第 4.1.10 款规定的计算值适当加大,坡道宜布置在建筑主体的一端或不规则平面的凸出部位;设计跳层螺旋坡道式时,其楼层上进口和出口应对直,其坡道宜靠近建筑平面中心。除螺旋形外,坡道式停车库均应使其坡道系统在每层楼面上周转,设计中应防止上下行车交叉。

坡道式地下水平式停车库的设计,主要涉及停车方式与柱网布置、坡道设计以及车库剖面设计三大部分,其中的重点是前两部分。

5.3.2　停车方式与柱网布置

停车方式与柱网布置是紧密联系的两个方面,关系到停车库的停车效率。初学者容易混淆停车带、车位跨、通道跨和停车跨等概念。在停车库柱网单元中,车行通道的跨度简称通道跨(亦称通行跨,一般大于车行通道宽),停车位垂直于通车道的柱网跨度简称车位跨,停车位平行于通车道的柱网跨度简称停车跨,而车位跨与通道跨之和即为停车带宽度。

停车库柱网布置的关键是平衡柱距、柱位与车位跨、通道跨以及停车跨的关系,而车行通道是否作为汽车疏散通道考虑,对通道宽度有较大影响。

1) 停车方式与尺度计算

停车方式与停车库柱网布置和车型有很大关系,停车场库设计的车位指标以小型车为计算当量(见表 5-5)。由于高层建筑地下车库一般限制大中型车出入,故这里只讨论小型车的停车方式与柱网布置。

---

① 佳隆,王丽颖,李长荣. 都市停车库设计[M]. 杭州:浙江科学技术出版社,1999.

表 5-5　垂直式停车车位尺寸、车位面积、柱网尺寸①

车型	小型车			中型车		
车位尺寸/m	2.4×5.0(2.4×5.3)			2.5×6.5(3.5×9.4)		
车位面积/m^2	25～40			40～55		
柱间停车数/辆	1	2	3	1	2	3
柱间最小净距/m	2.4	4.8	7.2	3.3(3.5)	6.8(7.0)	10.3(10.5)
车库净高/m	2.2(住宅 2.0)			2.8(轻型车),3.4(大中型车)		

注:此表柱间最小净距未考虑停车位前端线与柱外侧的相对关系,一般情况下柱边车位和端部车位加宽 30 cm 以方便出车。

(1) 停车方式

停车库的停车方式应以排列紧凑、通道短捷、出入迅速、保证安全和柱网相协调为原则,分为平行式、垂直式、斜列式,也可混合采用此三种停车方式(如图 5-3 所示)。停车有前进停车和后退停车之分,一般最常见的是垂直后退停车方式,这样占地少,出车方便,设计中一般也以其作为重点来考虑。

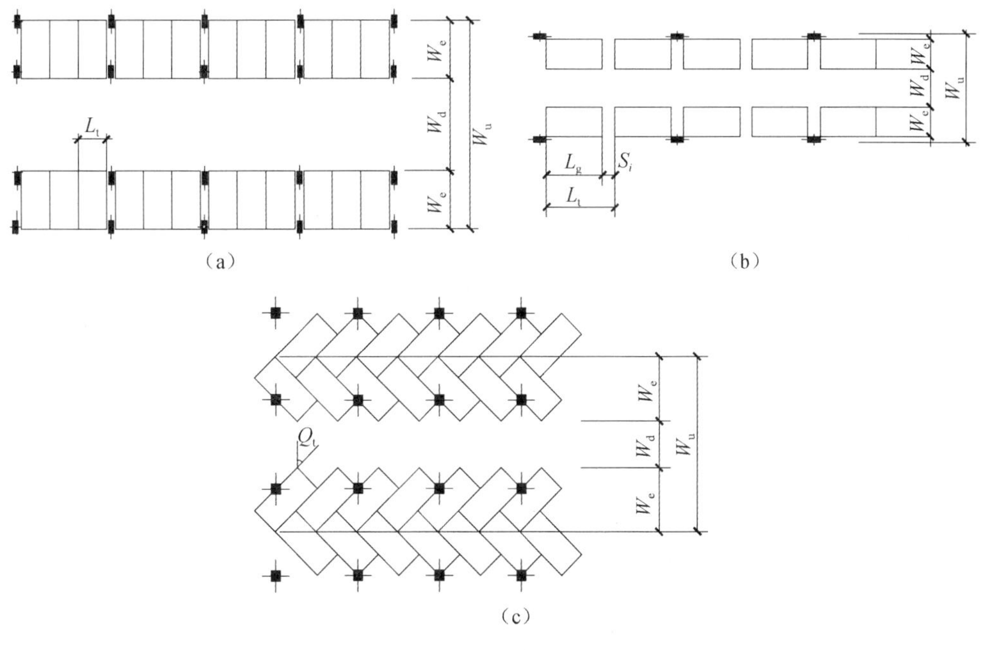

图 5-3　停车方式

(a) 垂直式;(b) 平行式;(c) 斜列式

图片来源:《车库建筑设计规范》(JGJ 100—2015)

通常停车带宽度用 W_u 表示;车位跨宽度用 W_e 表示,亦称最小停车带宽度或停车位尺寸;通车跨宽度用 W_d 表示,亦称通车道最小宽度;平行于通车道的最小停车位宽度用 L_t 表示,汽车倾斜

① 住房和城乡建设部工程质量安全监管司,中国建筑标准设计研究院. 全国民用建筑工程设计技术措施:规划 · 建筑 · 景观(2009 版)[M]. 北京:中国计划出版社,2010.

角度用 Q_t 表示;汽车长度用 L_g 表示,汽车间净距用 S_i 表示,其中,当量小型车建筑设计最小停车带、停车位、通车道宽度见表 5-6。

表 5-6 当量小型车建筑设计最小停车带、停车位、通车道宽度

停车方式 \ 项目			垂直于通车道的最小停车带宽度(W_e)	平行于通车道的最小停车位宽度(L_t)	通车道最小宽度(W_d)
平行式		前进停车	2.4 m	6.0 m	3.8 m
斜列式	30°	前进停车	3.6 m	4.8 m	3.8 m
	45°	前进停车	4.4 m	3.4 m	3.8 m
	60°	前进停车	5.0 m	2.8 m	4.5 m
	60°	后退停车	5.0 m	2.8 m	4.2 m
垂直式		前进停车	5.3 m	2.4 m	9.0 m
		后退停车	5.3 m	2.4 m	5.5 m

资料来源:《车库建筑设计规范》(JGJ 100—2015)。

(2) 车行路线设计

地下停车库车行路线和出入口设计应尽量简单明了,切忌弯弯曲曲,最重要的是行车通道应尽量设计成环形,即使有支线也很短,方便一次出车。初学者设计车行路线容易犯下的典型错误有:一是尽端式停车通道支线太长,进出车不方便,设计中应注意端部停车位宽度要比一般停车位宽 30 cm,尤其是受到墙、柱或其他障碍物或车道约束时,小型车停车位宽度至少也要 3.35 m;二是通车道转弯半径太小,最小转弯半径不到 6.0 m。

(3) 车行通道宽度计算

车行通道亦称通车道,与停车方式、停车线与柱的关系,以及一定车型的转弯半径等有关。通常可用计算方法或作图法,求出某种停车方式所需最为理想的宽度值。停车线与柱的关系是车行通道宽度计算的难点。

一般而言,车型越长,所需通道越宽;车的侧面到柱边的距离通常用 L_c 表示,L_c 值越大,所需通道越窄。以上海 SH760A 小轿车为例:垂直停车时,当停车位前端线与柱外侧相平或退后时,即车头平柱边或退后时,车身不能紧靠柱边,车头的前面要留够出车环行外半径的距离,仅留表 5-5 所示通车道最小距离是不够的,除非保证 L_c=0.5~0.6 m;若停车位前端线在柱外侧之前时(一般为 0.5~1.0 m),对柱旁车出车有利,L_c 值可减为 0.3 m,此举相应减少了停车跨的宽度,初学者在布置车位时应特别注意这一点,如图 5-4 所示。

此外,通道宽 5.5 m 是车库内最常见的垂直式后退停车一次出车的单车道宽度,但如果车道有 90°的转弯,转弯处的宽度最少要 6 m。因而实际工程中,当地下车库车辆以小型车为主时,采用斜列式停放时单行车道宽度多为 4 m,双行车道宽度为 6 m,采用垂直式停放时单行车道宽度多为 6 m,双行车道宽度为 7 m,这和有关规范规定的数值也较接近。

2) 柱网布置

确定了停车方式、车行路线、车行通道和停车带宽度之后,应结合塔楼和裙楼的柱网进行地下车库的柱网布置,柱网布置将会直接关系到车库的使用效率和经济性。地下车库的柱网布置设计

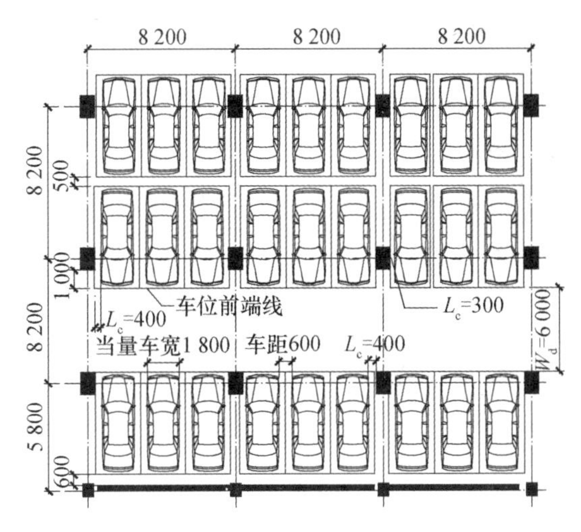

图 5-4　停车线与通车道关系示意

要点有以下五个方面。

其一，在选择停车库柱网时，除满足停车技术要求和使面积指标达到最优外，要考虑到地下车库与上部裙房和标准层的柱网的协调，以及结构是否经济合理，包括结构跨度尺寸不应太大或太小，材料消耗量尽可能减少。例如，大跨度柱网使停车空间内柱的数量少，行车通畅，对不同车型的适应性强，但柱大、梁高，空间利用上不够合理。

其二，尽可能减少柱网种类，统一柱网尺寸，并与其他部分柱网保持协调一致。柱网单元种类不应过多，应尽可能统一，柱网单元的尺寸合理，不盲目扩大柱网。两柱之间一般至少停放 2 辆、3 辆为宜。两柱之间停 2 辆车，与停 3 辆车相比，每停 20 辆车可相差 1 辆车。

其三，适应一定车型的停车方式和行车通道布置的各种技术要求，同时保留一定的灵活性。由于小型车与中型车的尺寸相差较大，在一个汽车库内同时停放小型车和中型车，会导致柱网尺寸加大，不但在结构上不经济，而且在面积和空间的使用上都会造成浪费。例如，两柱之间停 3 辆中型车时，若按标准车型的宽度计，则柱距尺寸过大，一般不宜采用，但如果在两柱之间停放 1 辆载重量为 5 t 的中型货车和 2 辆载重量为 2 t 的轻型货车，则比较适宜。

其四，尽可能缩小停车位所需面积以外的、不能充分利用的面积，行车通道两边都能垂直布置车位。设计中要特别注意地下停车库中结构部分(如柱子)占去的空间不能用于停车，因而合理减少结构所占空间可以提高停车数量；在结构允许的情况下应尽量减少柱宽，做成扁柱即长方形柱，有利于减少停车跨度，例如，将 60 cm×60 cm 方柱改成 50 cm×70 cm，90 cm×90 cm 方柱改成 80 cm×100 cm。

其五，保证足够的安全距离，使车辆行驶通畅，避免遮挡和碰撞。在大跨无柱的停车间中，柱网的选择比较简单，但多数情况下停车空间内有柱，应在柱距、车位跨和通道跨三者之间找到一个合理的比例关系。一般的规律是：当加大柱距时，柱对出车的阻挡作用开始减小，通道跨尺寸随之减小，但加大到一定程度后，柱不再成为出车的障碍，这时通道跨的尺寸主要受两侧停车外端点的控制；当柱距固定不变，调整车位跨尺寸时，通道跨尺寸也随之变化，车位跨越小，即柱向里移，所需行车通道的宽度越小，超过车后轴位置后，柱不再成为出车的障碍；如将柱向外移，超越停车位前端线后,通道跨尺寸就需要加大。下面以两柱之间停小型车为例,说明地下车库上部有无塔楼时停车跨的确定方法。

【案例 1】停车跨的确定

①地下车库上部没有塔楼的部分

假定停车位前端线与柱外侧齐平,柱子断面为 600 mm×600 mm,小型车外廓尺寸 4 800 mm×1 800 mm×2 000 mm,垂直式后退停车,汽车间横向净距取 0.6 m,L_c=0.6 m(规范最低要求 0.3 m)为设计参数,则两柱间停 2 辆小型车的柱距最小尺寸为 6.0 m;如果两柱间停 3 辆小型车则柱距最小尺寸为 8.4 m,如图 5-5 所示。

②地下车库上部有塔楼(假定塔楼高 100 m 左右)的部分

假定停车位前端线与柱外侧齐平,柱子断面为 0.9 m×0.9 m,小型车外廓尺寸 4 800 mm×1 800 mm×2 000 mm,垂直式后退停车,汽车间横向净距取 0.6 m,L_c=0.6 m 为设计参数,则两柱间停 2 辆小型车的柱距最小尺寸为 6.3 m;如果两柱间停 3 辆小型车则柱距最小尺寸为 8.7 m,如图 5-6 所示。

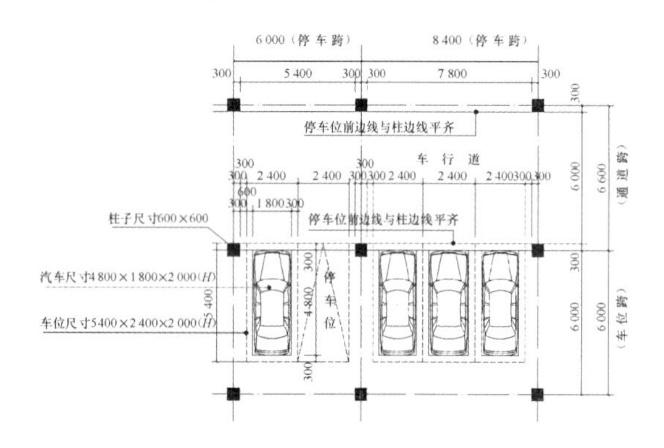

图 5-5 地下车库上部没有塔楼时停车跨的确定

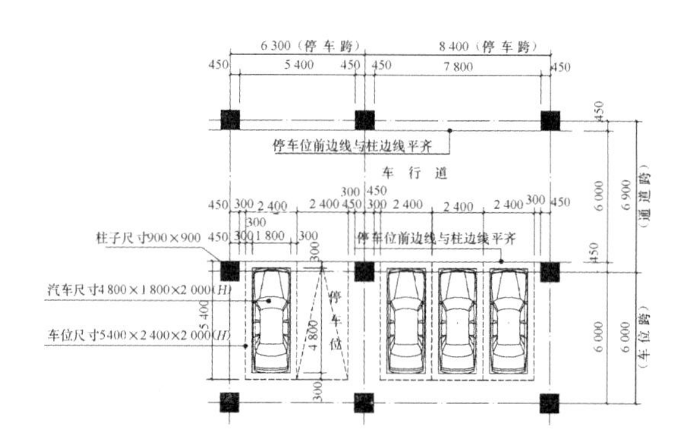

图 5-6 地下车库上部有塔楼时停车跨的确定

5.3.3 坡道设计

车库坡道的类型主要有直线坡道和曲线坡道两种。直线长坡道上下方便,结构简单,与地面层的切口规整,是最常见的坡道形式,但其占地大,在基地小时难以采用;而曲线坡道则可节约面积和空间,适合于多层地下车库的层间交通和高层停车与地面的连接。

1) 汽车出入口的位置和数量

(1) 出入口坡道的位置

地下车库出入口位置的确定主要与建筑外部交通与城市道路的接口和场地条件有关。《统一标准》要求基地机动车出入口位置与大中城市主干道交叉口的距离,自道路红线交叉点量起不应小于 70 m;与人行横道线、人行过街天桥、人行地道(包括引道、引桥)的最边缘线不应小于 5 m;距地铁出入口、公共交通站台边缘不应小于 15 m;距公园、学校、儿童及残疾人使用建筑的出入口不应小于 20 m。

车辆出入的方向应与道路的交通管理体制相协调,且不宜设在城市主干道上,宜设在宽度大于 6 m、坡度小于 10%的次干道上。当基地道路坡度大于 8%时,应设缓冲段与城市道路连接。车行出入口之间的净距应大于 15 m(如果仅作为汽车疏散出口,则两个出入口间距不应小于 10 m),两个汽车坡道毗邻设置时应采用防火隔墙隔开,详见本书 8.5 节“特殊空间防火”。

车辆出入口应处在相对建筑外边缘的位置,不与建筑前广场的人流路线相交叉,以保证人们活动空间的完整性与安全感。停车库出入口的坡道终点面向城市道路时,车辆出入口距离城市道路的规划红线不应小于 7.5 m,并在距出入口边线内 2 m 处作视点的 120°范围内至边线外 7.5 m 以上不应有遮挡视线的障碍物,如图 5-7 所示;平行城市道路或与城市道路斜交时,停车库出入口应后退建筑基地的出入口不小于 5 m。

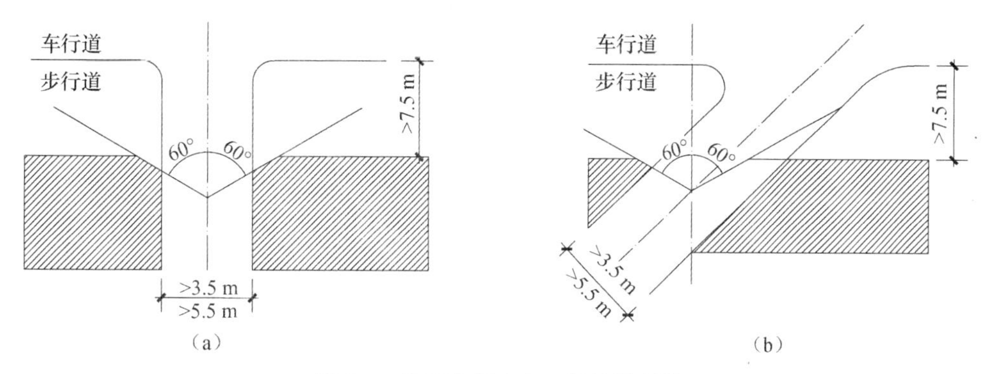

图 5-7　地下车库出入口视线控制[①]

(a) 与道路垂直;(b) 与道路成一定角度

设计中还应注意对地下车库的口部形式的要求,《车库建筑规范》提出宜于出入口上方设防坠落物措施。有的城市只需在满足规范的条件下,在地面上用空间覆盖物标志地下车库的口部,但有的城市则要求地下车库出入口,一定要在建筑主体架空或裙房覆盖的范围内。

高层住宅地下停车库车辆出入口位置则与住宅区规划有关,设计时重点考虑的问题之一是取车的距离。设计最好能使住户直接开车入库,从库内直接到各幢住宅的电梯厅,但应注意采取防盗措施。即使不能直接到达电梯厅,其步行距离也不应太远,出行取车距离一般不宜超过 100 m,最多不超过 150 m。

设计方法上,一是采用架空层停车,虽然建造成本低,直达性好,但不便于人车分流,而且只适用于南方地区;二是沿街面在高层住宅设地下停车库,在规划条件允许的前提下,车辆出入口直接对外,这种模式有利于人车分流,但大部分住户停取车距离较远,而高层住宅多采用短肢剪力墙和异形柱结构,其下部空间停车效率不高,必要时需做结构转换;三是将地下停车库设在两排住宅之间的地下,长条形布局,设地下人行通道与住宅地下电梯厅连通,这种模式有利于人车分流,停车效率高,存取车方便,但车库占用了高层住宅之间的中心绿地,对景观设计不利,可在车库顶面覆土 1.5～2.0 m,将其作为绿地使用。设计时应注意覆土厚度要求各地规定不一,覆土少于 0.8 m,则不能种植乔木,生态效应太差,一般也不会计入绿地指标。

(2) 出入口坡道的数量

在坡道式车库中,坡道的数量与坡道的通过能力有关。地下车库车行出入口的数量一般不少于 2 个,主要取决于进出车速度、数量和安全要求,以及车辆在库内水平行驶的长度、出入口位置

---

① 王文卿. 城市汽车停车场(库)设计手册[M]. 北京:中国建筑工业出版社,2002.

等,一般按每小时通过约 300 台小轿车进行设计。

有关规范对各级地下停车库的车辆和人行出入口数量有明确要求:《车库建筑规范》规定大中型停车库车辆出入口不应少于 2 个;特大型停车库车辆出入口不应少于 3 个,并应设置人流专用出入口。实际工程中,车行出入口的数量主要由消防疏散要求决定,详见本书 8.5 节“特殊空间防火”。

2) 坡道宽度和转弯半径

车库车行出入口(坡道)最小宽度分直线型和曲线型,单、双车道的坡道最小净宽应符合表 5-7 的规定,转弯半径均(如图 5-8 所示)不应小于 6 m 车道,同时严禁将宽的单车道兼作双车道使用。《车库建筑规范》规定:车库出入口宽度,单车行驶时不宜小于 3.5 m,双车行驶时不宜小于 6 m,但如果出入口坡道作为车库疏散坡道,则单车道宽度不应小于 4 m,双车道不宜小于 7 m,详见本书 8.5 节“特殊空间防火”。一般情况下,地下车库出入口坡道亦是汽车疏散坡道。

表 5-7 坡道最小宽度

坡道形式	计算宽度/m	最小宽度/m
		微型车、小型车
直线单行	单车宽+0.8	3.0
直线双行	双车宽+2.0	5.5
曲线单行	单车宽+1.0	3.8
曲线双行	双车宽+2.2	7.0

注:此宽度不包括道牙及其他分隔带宽度。

资料来源:《车库建筑设计规范》(JGJ 100—2015)。

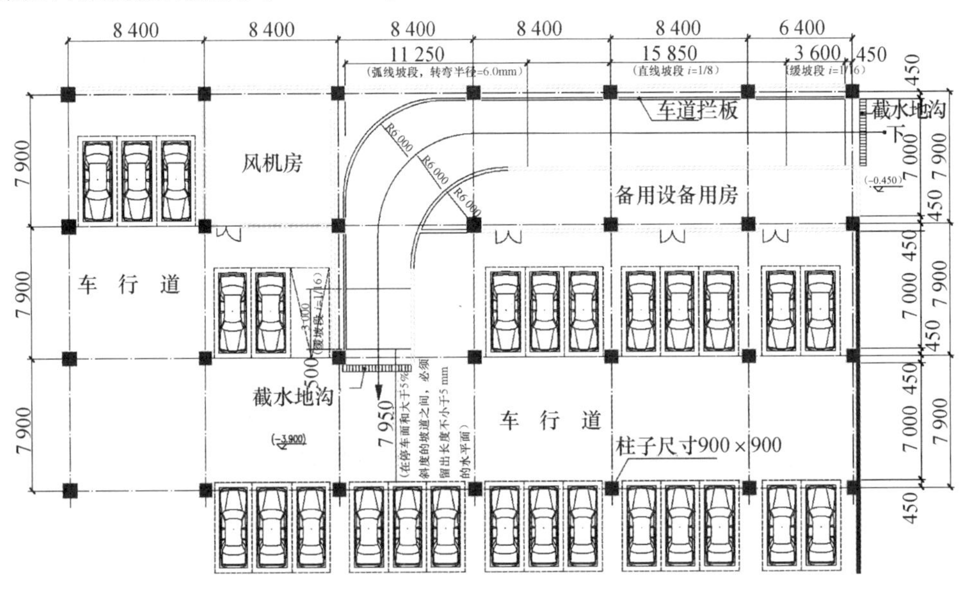

图 5-8 地下车库出入口坡道转弯半径

3) 坡道坡度和缓坡

坡道坡度取决于安全和驾驶员的心理影响,其次是汽车爬坡能力和刹车能力。《车库建筑设计规范》规定见表 5-8。

表 5-8　汽车库内通车道的最大纵度

通道形式 / 坡度 / 车型	直线坡道		曲线坡道	
	百分比/%	比值(高∶长)	百分比/%	比值(高∶长)
微型车、小型车	15	1∶6.67	12	1∶8.30
轻型车	13.3	1∶7.50	10	1∶10
中型车	12	1∶8.30		

注:曲线坡道坡度以车道中心线计。

资料来源:《车库建筑设计规范》(JGJ 100—2015)。

地下车库坡道常用纵向坡度为 12%,也可以提高到 15%。在实际工程中坡道的坡度通常被控制在 12%以下,坡道大多弯曲。

坡道的横向坡度:直线坡道采用 1%～2%,曲线坡道应保持横向超高,采用 5%～6%。当通车道纵向坡度大于 10%时,直线坡道上、下端均应设缓坡,缓坡坡度是正坡坡度的 1/2,以防止车辆底板擦伤并减轻在坡道上行驶的不适。缓坡段的中点为坡道起点或止点,其直线缓坡段的水平长度不应小于 3.6 m,曲线坡道控制曲率半径,不设缓坡,长度不小于 2.4 m,曲线的半径不应小于 20 m(如图 5-9 所示)。此外,特别要注意的是,在停车面和大于 5%斜度的坡道之间,必须留出长度不小于 5 m 的水平面,这常为初学者所忘记。

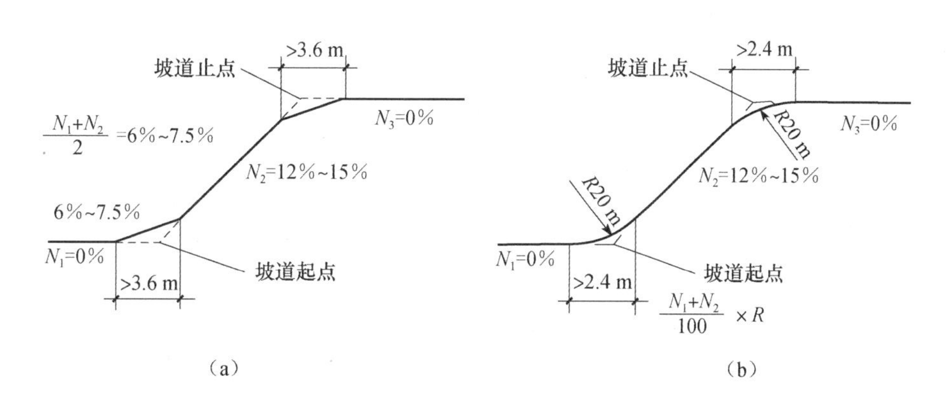

图 5-9　车库出入口坡道坡度控制

(a) 直线缓坡;(b) 曲线缓坡

图片来源:《车库建筑设计规范》(JGJ 100—2015)。

5.3.4　剖面设计

1) 车库层高与口部高度的确定

地下车库的层数不宜太多,车辆上下频繁,行驶距离较长,不利于安全和防灾,一般以 1～3 层为宜。将地下车库和地铁、地下商业街等综合考虑时,它的埋深、层数、层高等都应综合各种因素,使其在水平和垂直两个方向都能保持合理的关系。

地下室的层高不能太高，太高则出入口坡道长，不经济；太低则空间不敷使用，车库设计中经常碰到的问题多是净空不够。车库的层高决定于停车位的净高要求，并加上各种管线所占用空间的高度以及结构高度。《车库建筑设计规范》规定车库内最小净高为：小型车 2.2 m，轻型车2.8 m，坡道垂直高度 2.3 m。

在地下车库设备中，风管对层高的影响最大。车库内有排风管、排烟风管、自动喷水消防器，这些管道所需空间高度从梁底起需 500～600 mm。如果风管无法贴墙边、只能在车库中间穿行，且有一定的交叉，一般跨度的车库层高至少要 3.5 m，跨度较大时，至少需要 4 m；如果风管可贴在两侧墙边，车库中间只有喷淋管，综合梁高、管线铺设、建筑面层厚度等因素，车库层高可酌情降低，但空间大时要适当提高，以避免压抑感。住宅区可结合顶部设采光井等，将地下车库设计成景观车库。

【案例 2】杭州山水人家住宅小区美林泉组团的地下车库面积较大，形状复杂，部分风管无法贴墙边，只能在车库中间穿行且有一定的交叉，整个车库层高设计仅为 3.25 m。为了消除压抑感，建筑师在其顶部设置采光天窗；诗家谷组团地下车库较为规整，风管可贴在两侧墙边，车库中间只有喷淋管。综合梁高、管线铺设、建筑面层厚度等因素，车库层高取 2.95 m，同时结合顶部采光天窗，使空间显得较为宽敞。采光天窗露出地面部分做成百叶玻璃锥，与地面景观有机结合。汽车尾气通过风管送至住宅附壁烟囱，到住宅顶部高处排放。

案例来源：李宁.城市住区地下停车空间组织分析[J].建筑学报，2006(10).

建筑师确定地下车库的层高需要结构工程师和设备工程师的密切配合。一般是建筑师首先提出建议值，对照结构平面图，发现梁太高，板太厚，空调风管和水管需要从梁底过，导致车库层高太高，提出调整高度的要求，或要求结构工程师换一种梁板形式（部分加厚底板，变更梁截面），或建议设备工程师寻找另外的地方穿管。很多情况下，净空不足的问题只看平面图是看不出来的，只有通过画剖面图才能发现问题。

出入口坡道的剖面设计是个难点，初学者所犯的典型错误有两个：一是坡度选择不当，导致坡度太大或坡道太长；二是建筑物内坡道开口长度不够，可通过适当抬高地下车库顶板（即首层地面），缩短开口长度。此外，地下车库在出入地面的坡道端，应设置与坡道同宽的截流水沟和耐轮压的金属沟盖及闭合的挡水槛。

2）车库与机房高度的协调

高层建筑地下通常有设备层，由于环境与经济以及空间使用效率等多种因素，高层建筑地下车库多与地下设备用房毗邻。地下设备层和地下车库的关系基本上有三种。

第一种方式：设备用房和停车空间水平分区，分设备区地面下沉和不下沉两种情况（如图 5-10中(a)、(b)方式），以争取合理利用层高。可采用局部降低地坪或楼板（如制冷机房下层布置贮水池等净高要求低的房间），或提高机房顶板标高（突出地面一般不超过 1.2 m）的处理方式来布置机房设备，这样可以不为局部而提高整层的层高。

这种方案分区明确，便于管理，也较为安全，停车环境较好。但机房偏移核心体使竖向管线处

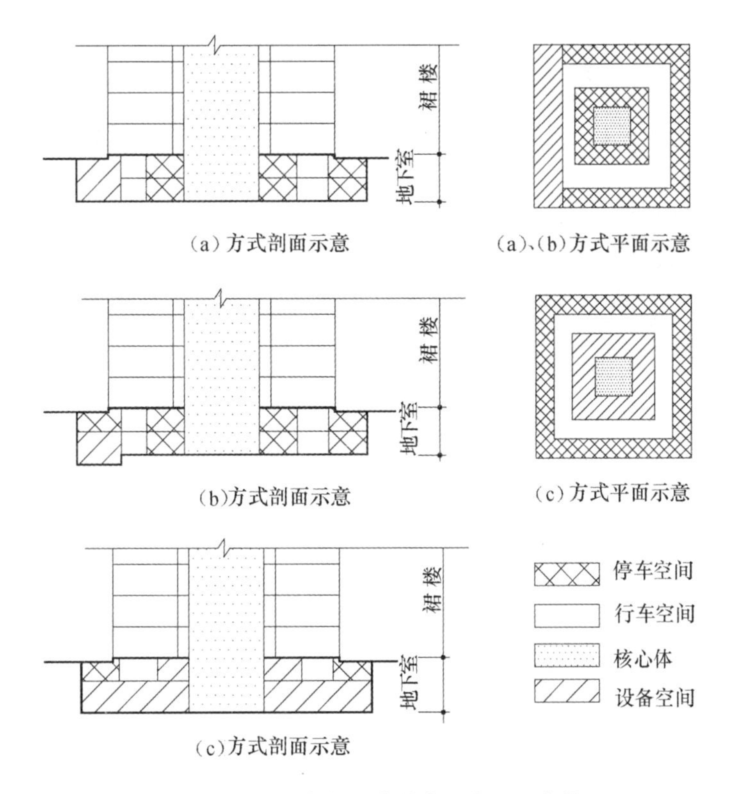

图 5-10　地下停车与机房的常见空间组合关系

理复杂，而机房集中布置可能造成外部进线距离长，不适合机房面积不多的地下室，设计时要注意地下室分区边界相对规整。此外，还要注意裙房的埋深不宜超过主体的埋深，因为要保证结构安全和有一个合理的施工顺序。一般情况下，主体的埋深至少应平于紧邻的附属地下建筑物，假如后者的埋深超过了塔楼的设计埋深，那么主体的埋深可能被迫加大。

第二种方式：设备房和停车空间垂直分区（如图 5-10 中(c)方式）。这种方式的优点是分区明确，空间效率高，地面没有高差，对于有大型设备的地下室较为有利。

第三种方式：设备房和停车空间混置。这是普通高层建筑地下室最常见的布置方式，有利于节省管线与合理利用空间。但其车库与机房同层高，造成空间浪费，而且机房火灾隐患大，对停车环境安全度有影响，机房管理也不方便。

3）景观停车剖面设计

景观停车是一种新型的停车空间模式，由于造价较低、生态功能好、停车环境好而在南方地区较为流行；因为景观停车不利于保温节能，故北方地区很少采用。车库顶板往往比室外地面高 1.2～1.5 m（修建性详规对此上限值有要求）。其通过设置开口天井，将流水和绿体引入车库内，采光天窗露出地面部分做成百叶玻璃锥，与地面景观有机结合，成为景观环境的组成部分，特别是将自然光和新鲜空气引入地下停车库，充分改善了车库的内部环境。典型实例如广州中海名都和中海蓝湾地下景观停车库，如图 5-11、图5-12所示。

高层建筑电梯下到地下停车场是常见的做法，设计中可在载人电梯的部位，在地面首层设开

图 5-11 广州中海名都地下景观停车库

口天井,侧向为全地下室和多层地下室引入自然采光和自然通风,可大幅度降低车库的设备投资,而且也有一定的景观效果。由于开口天井要占用首层地面,因此主要适合于高层居住小区,典型实例如广州中海名都结合住宅入口大堂的地下车库人行入口设计。

【综合案例 1】某高层办公建筑设两层地下室,功能为设备用房和停车空间。设备用房围绕核心体分两层安排,便于管线集中于竖井上行到各层;停车空间则安排在设备用房的外围,用单向行驶的环形车道相连,使行车线路较为清晰、通畅。

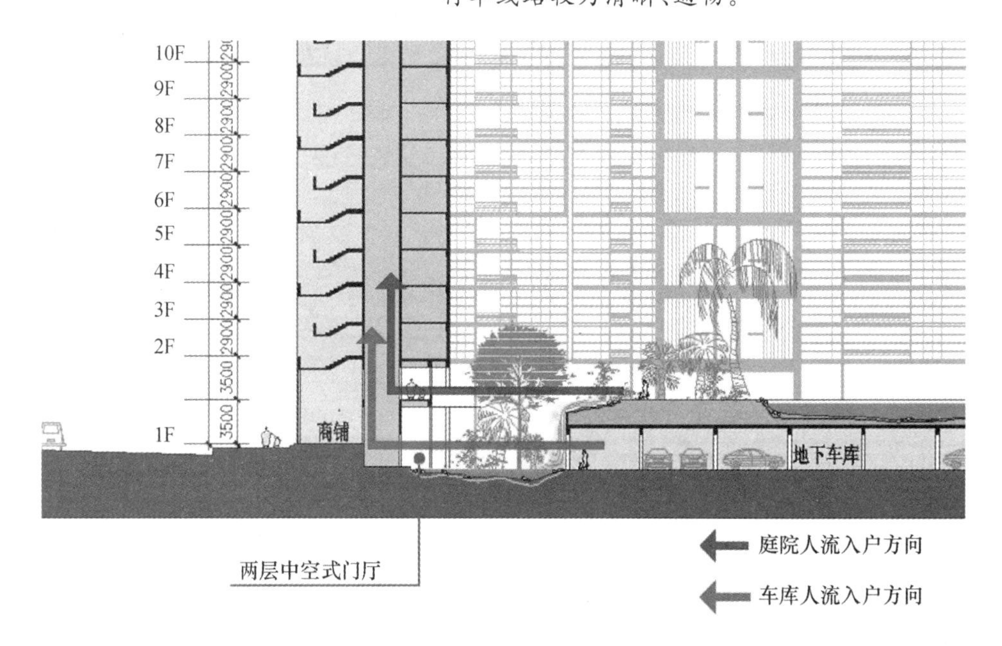

图 5-12 广州中海蓝湾地下景观停车流线

因为地下车库停车数量超过 100 辆,建筑师在首层按有关规范要求设了两个单行坡道出入口,间距大于 10 m,坡道净宽与坡度均符合要求。考虑到进出车互不干扰,两个车行出入口分别置于大楼办公次入口南部广场的东西两端。经过计算,坡道需要在首层形成约 20 m 的开口长度,每个坡道占据了约 80 m^2 的使用面积,如图 5-13～图 5-16 所示。

该高层办公楼地下一层设车位 108 个,地下二层设车位 55 个,共计 163 个。地下一层至首层设两个单行直线坡道(设缓坡段),地下二层至地下一层设一个双向行驶的直线坡道(设缓坡段)。无论是单向还是双向坡道宽度(净宽),坡度均满足防火疏散要求。

停车方式基本采用垂直式停车。停车空间柱网的布置考虑了车位、行车线路宽度、进出车的合理尺度要求等,但由于上部结构复杂,柱网密集,因而停车效率不高。

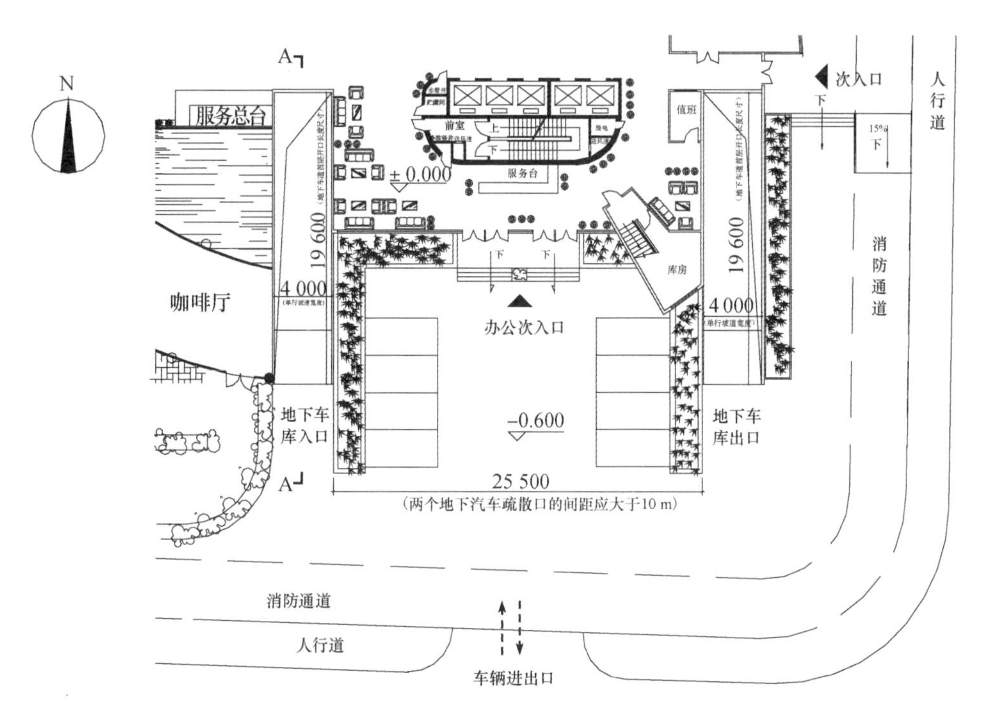

图 5-13　某高层办公楼总平面

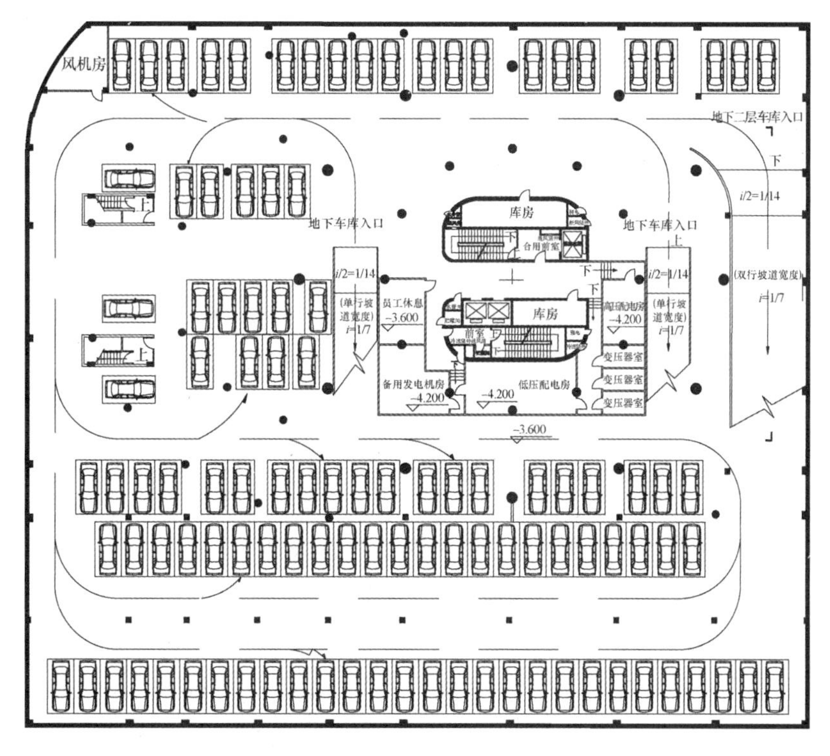

图 5-14　某高层办公楼地下车库一层平面（停车位 108 个）

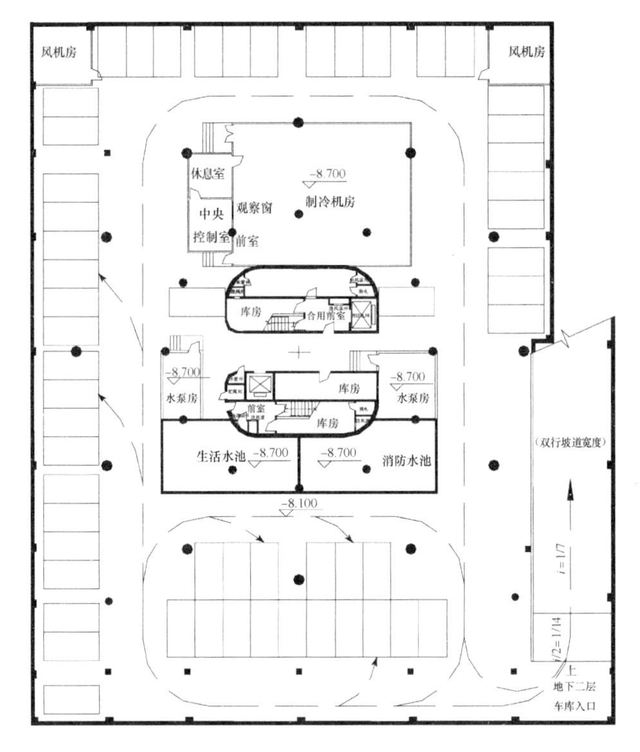

图 5-15　某高层办公楼地下车库二层平面(停车位 55 个)

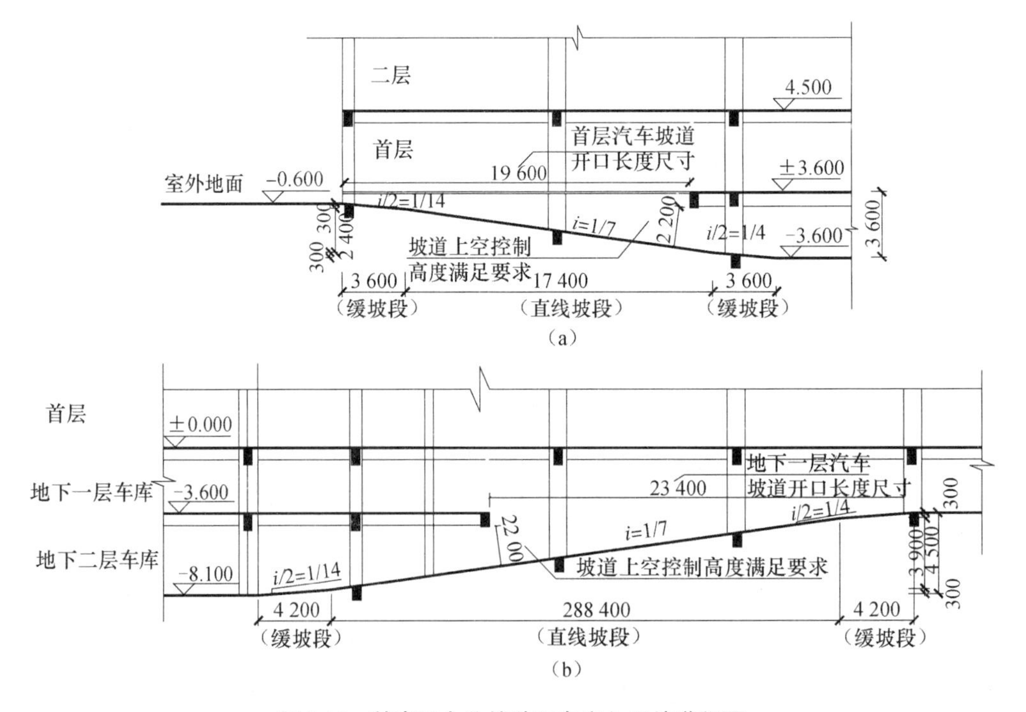

图 5-16　某高层办公楼地下车库入口坡道剖面

(a) 地下一层车库入口坡道剖面；(b) 地下二层车库入口坡道剖面

第6章　高层建筑电梯配置

6.1　一般概念

电梯是高层建筑的显著标志。由于脱离地面，垂直运输在高层建筑中非常重要，高层建筑必须设置电梯和楼梯。电梯的配置关系到裙楼的流线组织和标准层平面设计的成败；电梯是高层建筑主要的垂直交通工具，楼梯主要起垂直安全疏散的作用，本书对高层建筑楼梯设计的讨论集中在本书8.4“安全疏散”。

6.1.1　设计基本要求

1）电梯配置的基本要求

电梯的设置与建筑性质和档次有关，并非高层建筑的专利。我国有关规范规定，五层及五层以上的办公楼，四层及四层以上的图书馆、档案馆、医疗建筑、老年人建筑，七层及七层以上或居住层距入口地面高度超过16 m的住宅应设电梯；居住层距入口地面高度超过15 m的宿舍宜设电梯（建筑高度大于18 m应设电梯）。星级酒店要求更高，两星级和三星级要求四层及四层以上建筑有客用电梯；四星级以上要求三层及三层以上建筑有数量充足的高质量客用电梯，并配有服务电梯。

《防火规范》规定，我国高层建筑电梯的配置设计适宜分为一般高层建筑（100 m以下）、一般超高层建筑（100～250 m）和非一般超高层建筑（250 m以上）三种情况，因为三者电梯数量、服务方式以及电梯厅空间形式已有很大的不同。

一般高层建筑电梯设计的重点是选型和布置，一般按经验确定电梯数量；一般超高层建筑电梯配置设计的重点为选型、分区与布置，应按计算结合经验确定电梯数量；非一般超高层建筑电梯设计的重点，为选型、布置、分区与空中转换，应按计算确定电梯数量。

2）电梯设计的基本要求

电梯配置涉及建筑功能、面积、层数、层高、人数、布局方式、输送能力、服务质量标准以及控制系统等众多因素，还取决于高层建筑的标准、造价以及市场定位等。设计时应根据具体情况，认真计算、比较、分析，最终选定合理、高效的电梯配置方案。

电梯配置设计中电梯数量的确定及其布局对高层建筑正常使用及效率有决定性影响，电梯一经选定和安装使用就几乎成了永久的事实，以后想增加或改型非常困难。

电梯配置需要结构、设备专业的密切配合。这是因为如果电梯井道、电梯厅布置不合理，将导致结构核心体难以形成或面积太大不经济；而电梯服务方式与电梯数量的密切关系又涉及复杂的电梯性能参数，电梯数量的确定往往需要电梯经销商的配合。在超高层建筑设计中，电梯数量的确定一般由电梯制造厂家提供计算依据。

6.1.2 电梯的类型和构造

1) 电梯类型和规格

(1) 基本类型

高层建筑电梯依据不同的用途主要分为六大类型(见表 6-1),其中主要是乘客电梯、载货电梯两大类型,消防电梯通常与载货电梯合用。常用电梯井道基本规格尺寸见表 6-2。

表 6-1 电梯类别和性质、特点

类别	名称	性质、特点	备注
Ⅰ类	乘客电梯	运送乘客的电梯	简称客梯,分住宅电梯和一般用途电梯,一般用途电梯运行高度不超过 15 层,速度不超过 2.5 m/s
Ⅱ类	客货电梯	主要为运送乘客,同时亦可运送货物的电梯	简称客货梯
Ⅲ类	病床电梯	运送病床(包括病人)和医疗设备的电梯	简称病床梯
Ⅳ类	载货电梯	运送通常有人伴随的货物的电梯	简称货梯
Ⅴ类	杂物电梯	供运送图书、资料、文件、杂物、食品的提升装置,由于结构式和尺寸关系,轿厢内人不能进入	简称杂物梯
Ⅵ	频繁使用电梯	为适应大交通流量和频繁使用而特别设计的电梯,速度为 2.5 m/s 及以上	—

注:本表内容摘自国家标准《电梯主参数及轿厢、井道、机房的型式与尺寸:Ⅰ、Ⅱ、Ⅲ、Ⅵ类电梯》(GB/T 7025.1—2008)。该标准等效采用《电梯的安装》(ISO/DIS 4190—1:2007)。Ⅰ类、Ⅲ类电梯与Ⅱ类电梯的主要区别在于轿厢内的装修。住宅与非住宅用电梯都是乘客电梯,住宅用电梯宜采用Ⅱ类电梯。

表 6-2 常用电梯井道基本规格尺寸

<table>
<tr><th rowspan="2">名称</th><th rowspan="2">额定载重量/kg</th><th colspan="2">厅门尺寸/mm</th><th colspan="2">井道尺寸/mm</th></tr>
<tr><th>净宽</th><th>净高</th><th>宽</th><th>深</th></tr>
<tr><td rowspan="4">住宅电梯</td><td>630</td><td>800</td><td rowspan="4">2 100</td><td>1 600</td><td>1 900</td></tr>
<tr><td>900</td><td>800</td><td>1 600</td><td>2 600</td></tr>
<tr><td>1 000</td><td>900</td><td>1 700</td><td>1 900</td></tr>
<tr><td>1 050</td><td>900</td><td>1 700</td><td>2 600</td></tr>
<tr><td rowspan="5">一般用途电梯</td><td>800</td><td rowspan="2">900</td><td rowspan="5">2 100</td><td rowspan="2">2 000</td><td rowspan="2">2 200</td></tr>
<tr><td>1 000</td></tr>
<tr><td>1 000</td><td rowspan="3">1 100</td><td>2 400</td><td rowspan="2">2 200</td></tr>
<tr><td>1 275</td><td>2 500</td></tr>
<tr><td>1 350</td><td>2 550</td><td>2 350</td></tr>
</table>

续表

名称	额定载重量/kg	厅门尺寸/mm		井道尺寸/mm	
		净宽	净高	宽	深
频繁使用电梯	1 275	1 100	2 100	2 600	2 300
	1 350			2 650	2 450
	1 600			2 700	2 600
	1 800	1 200		3 000	2 500

注：1. 本表内容根据国家标准《电梯主参数及轿厢、井道、机房的型式与尺寸：Ⅰ、Ⅱ、Ⅲ、Ⅳ类电梯》(GB 7025.1—2008)第1部分“Ⅰ Ⅱ Ⅲ Ⅵ类电梯”有关电梯井道的部分内容综合得出；

2. 本表只是说明常用电梯井道的基本规格尺寸，不适合速度超过6 m/s的电梯，与电梯厂家的有关资料可能不一致；

3. 本表适用于一个出入口的电梯，如果将对重侧置，可增设一个贯通的出入口，但可能需要增加井道的深度尺寸；

4. 本表所列电梯井道能满足服务于病残人的轿厢尺寸(≥1 100 mm×1 400 mm)。

(2) 小机房电梯

小机房电梯节能环保、洁净静音、安全舒适、紧凑灵活，主要包括客梯、观光电梯、病床梯三种类型，典型的产品技术参数见表6-3。小机房电梯最大优势是所需机房面积不大(可与电梯井道同大)，特别有利于电梯服务分区，因此应用也越来越广泛。

表6-3　典型小机房电梯主要参数

额定载重量/人数/(kg/人)	额定速度/(m/s)	轿厢尺寸 W×D	开门净距/mm	井道尺寸/mm			机房尺寸/mm		最大提升高度/m
				W×D	顶层净高	底坑深度	W×D×H	机房净高	
800/10	1.0	1 400×1 350	800	2 000×1 970	4 600	1 500	2 000×1 970×2 500	2 300	60
	1.6				4 750	1 700			90
	1.75			2 000×2 050	4 850	1 800	2 000×2 050×2 500	2 350	105
	2.0								120
1 000/13	1.0	1 600×1 500	900	2 200×2120	4 600	1 500	2 200×2 120×2 500	2 300	60
	1.6				4 750	1 700			90
	1.75								105
	2.0			2 200×2 200	4 850	1 800	2 200×2 200×2 500	2 350	120
1 250/16	1.0	1 950×1 400	1 100	2 600×2 100	4 600	1 500	2 600×2 100×2 500	2 300	60
	1.6				4 750	1 700			90
	1.75								105
	2.0				4 850	1 800		2 350	120

资料来源：根据日立电梯有限公司的乘客电梯系列样本和巨人通力电梯有限公司的运通系列乘客电梯样本中的相关数据整理。

(3) 无机房电梯

无机房电梯将驱动主机安装在井道或轿厢上,控制柜放在维修人员能接近的位置,无须设置专用机房。无机房电梯最大提升高度小于 60 m,顶层板下净高大于 3.9 m,适用于低速、低行程且无条件设电梯机房的场合,多用于高层建筑裙楼。表 6-4 为典型无机房电梯主要参数。

表 6-4 典型无机房电梯主要参数

<table>
<tr><th rowspan="2">额定载重量/人数/(kg/人)</th><th rowspan="2">额定速度/(m/s)</th><th rowspan="2">轿厢尺寸 W×D</th><th rowspan="2">开门净距/mm</th><th colspan="3">井道尺寸/mm</th><th rowspan="2">最大提升高度/m</th></tr>
<tr><th>W×D</th><th>顶层净高</th><th>底坑深度</th></tr>
<tr><td>400/5</td><td>1.0</td><td>1 100×1 000</td><td>800</td><td>2 000×1 700</td><td>4 200</td><td>1 600</td><td>45</td></tr>
<tr><td rowspan="3">630/8</td><td>1.0</td><td rowspan="3">1 400×1 100</td><td rowspan="3">800</td><td rowspan="3">2 200×1 700</td><td>3 900</td><td>1 600</td><td>45</td></tr>
<tr><td>1.6</td><td rowspan="2">4 000</td><td>1 700</td><td rowspan="2">60</td></tr>
<tr><td>1.75</td><td>1 900</td></tr>
<tr><td rowspan="3">800/10</td><td>1.0</td><td rowspan="3">1 400×1 350</td><td rowspan="3">800</td><td rowspan="3">2 200×1 800</td><td>3 900</td><td>1 600</td><td>45</td></tr>
<tr><td>1.6</td><td rowspan="2">4 000</td><td>1 700</td><td rowspan="2">60</td></tr>
<tr><td>1.75</td><td>1 900</td></tr>
<tr><td rowspan="3">1 000/13</td><td>1.0</td><td rowspan="3">1 600×1 500</td><td rowspan="3">900</td><td rowspan="3">2 400×1 950</td><td>3 900</td><td>1 600</td><td>45</td></tr>
<tr><td>1.6</td><td rowspan="2">4 000</td><td>1 700</td><td rowspan="2">60</td></tr>
<tr><td>1.75</td><td>1 900</td></tr>
</table>

资料来源:根据日立电梯有限公司的乘客电梯系列样本和巨人通力电梯有限公司的运通系列乘客电梯样本中的相关数据整理。

(4) 观景电梯

观景电梯是有观景可能的乘客电梯,形式多样(如图 6-1 所示),一般采用中小容量 750 kg、900 kg、1 000 kg、1 150 kg、1 350 kg、1 600 kg,低速度 1 m/s、1.5 m/s、1.75 m/s,当做层间客梯用的观景电梯则需要有较大容量与较高速度,但速度高的电梯不利于在轿厢内对外观景。

2) 电梯间基本构成

(1) 井道

井道是轿厢和对重(平衡锤)或液压缸柱塞运动的空间,井道的大小与电梯选型有关。井道小噪声大,井道壁应垂直,不宜将使用房间和电梯井道毗邻布置,标准较高建筑应对井道进行隔声处理。

电梯井道尺寸的确定是电梯设计的难点。因为方案设计过程中不可能指定电梯型号,甚至在施工图设计的过程中,建设方有可能还未确定电梯厂家,故电梯井道的设计要适合多种电梯型号的要求,一般要满足 3～5 家电梯厂家的电梯井道尺寸的要求,才能满足建设方电梯招标的需要。一般 20 层左右的办公楼,井道尺寸取 2 400 mm×2 400 mm～2 600 mm×2 600 mm,基本能满足使用要求①。

① 林红,林琢.办公建筑电梯设计思路初探[J].建筑,2006(13).

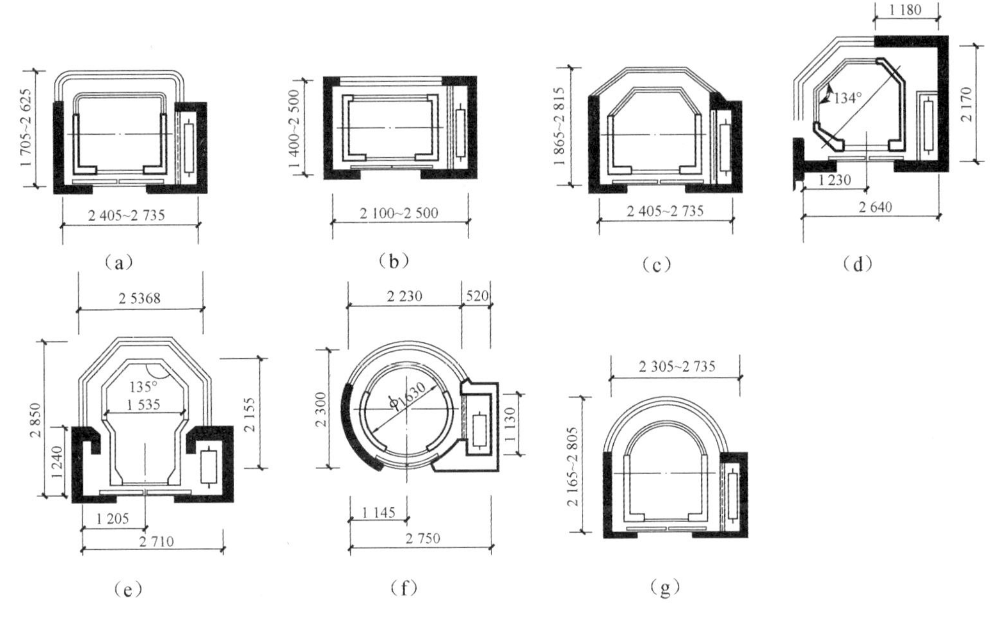

图 6-1　观景电梯平面形式①

(a) 方形；(b) 矩形；(c) 双切角形；(d) 单切角形；(e) 钻石形；(f) 圆形；(g) 马蹄形

电梯载重量是影响选择电梯井道尺寸的关键。有些建设方为了节省建筑面积，往往将井道面积取得很小，只能选择载重量小的电梯或采用了非标的电梯，前一种会影响建筑物内的交通情况，而后一种则会增加一笔额外的设计费用。

井道内是否有突出的梁、柱等结构，井道形状是否规则，都会影响井道的有效面积，过于复杂的井道对安装不利。井道内尺寸的变化，只能用导轨支架去找补，但采用不同的导轨支架，无疑会增加建筑成本。一般说来，轿厢的宽度与深度之比较大时，乘客进出电梯方便，轿厢美观，反之易于运送较大的物件，故办公楼和旅馆电梯常选择前一种类型，而住宅楼常选择后一种类型。

当电梯相邻两层门地坎间的距离大于 11 m，或底坑至电梯停靠站间距超过 11 m 时，其间应设检修安全门以供救援和检修使用，洞口尺寸不小于 350 mm×1 800 mm。需要注意电梯分区运行时，高区电梯在低层区快速通过不停站，井道垂直方向上也需要按不大于 11 m 的间距设置安全门。

检修安全门应具有与层门一样的机械强度和耐火性能，且均不能开向井道里。多台电梯在同一井道内，当两轿厢相对一面设有安全门时，位于该两台电梯之间的井道壁不应为实墙体，应设钢梁或混凝土梁，留出的间隔宽不小于 200 mm（如图 6-2 所示）；速度不小于 2 m/s 的载人电梯应在井道顶部和底部设不小于 600 mm×600 mm 的带百叶窗的通风孔，井道较高时，中间需酌情增设。此外，消防电梯井道和相邻电梯井道及机房应用耐火极限不低于 2 h 的墙体隔开，如需在墙上开门，应为甲级防火门。

(2) 机房

机房是安装一台或多台拽引机及其附属设备的专用房间，平面位置可任意向井道平面两相邻

① 陈新. 高层建筑的垂直运输与电梯[J]. 建筑师，1989(6)—1990(2).

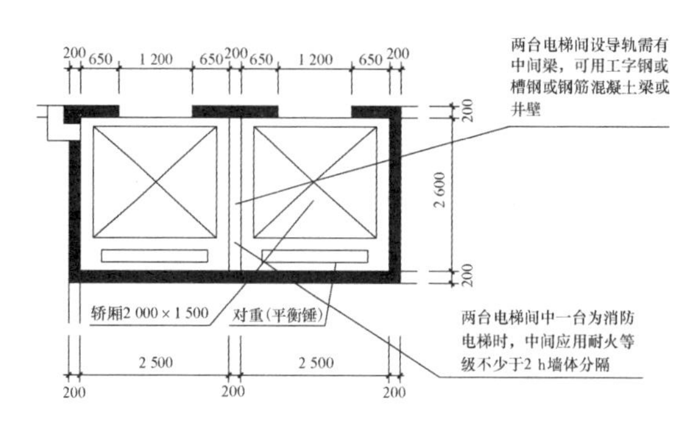

图 6-2　普通乘客电梯井道典型平面图

方向伸出。

机房要有足够的有效面积，多台电梯共用机房最小宽度应等于多梯井道总宽度，再加上最大的一台电梯安装时所需侧向延伸长度的总和；多台电梯共用机房最小深度应等于电梯单台安装所需最深井道的深度再加上 2 100 mm。机房面积不够时，可采用复式空间，将控制柜放在机房上部，前提是机房高度足够。一般交流电梯机房面积为井道面积的 2～2.5 倍，直流电梯为井道面积的 3～3.5倍①，机房面积和电梯速度有关，应根据设备大小和便于维修管理的原则进行机房设计。

电梯机房位置设在建筑顶部时，机器及控制设备装置可安装在有其他设备的机房内，但两者应用高度为 2 m 的金属网格相分开，两者之间连通时门不得用自关门或自锁门；电梯机房位置不在建筑顶部时，电梯机房内只允许装为电梯操作所必需的设备。

如必须通过屋顶才能到达机房，电梯机房专用楼梯的坡度应小于 60°，宽度不小于 1.26 m；如果机器必须通过此楼梯才能到达机房，则其楼梯宽度应不小于 1.80 m，须附设栏杆；通往机房的门口宽度应不小于 1.20 m，若机器必须通过时，则门口最小尺寸应为 1 800 mm×1 800 mm，此门应为自关门。电梯(屋顶)机房典型平面如图 6-3 所示。

普通电梯和消防电梯不能共用机房，两者须用耐火极限不少于 2 h 的墙体隔开，需开门时为甲级防火门。井道剪力墙不需出屋顶，可转换为框架柱。

电梯机房内景如图 6-4 所示，机房的围护结构应保温隔热，寒冷地区应考虑采暖，风沙严重的地区应防尘，室内应有良好的采光、照明、通风、防水、防潮措施，机房屋顶下应设置起吊钢梁或吊钩。不应在机房顶上直接设置水箱。

国产电梯的机房净高为 2.7～3.0 m，若井道上部设有绳轮设备，其净高可降低约 1.2 m，但应考虑自然通风或机械通风，实际工程中机房层高一般不小于 3 m。

机房最好在井道上方，这样机房及整个拽引机系统的受力情况比较理想。当机房出屋面受限制时，可将机房置于底层或中间层，称下机房，其土建要求同屋顶的上机房一旦属非标机房，须与生产厂家落实后方可采用。除了在底层或地下室设置的液压传动机房，一般情况下乘客电梯采用出屋顶的上机房；分高低区运行时电梯一般为小机房电梯，其机房平面空间与井道相同，低区井道上部空间可以加以利用，如图 6-5～图 6-11 所示。

---

① 钟朝安.现代建筑设备[M].北京：中国建材工业出版社，1995.

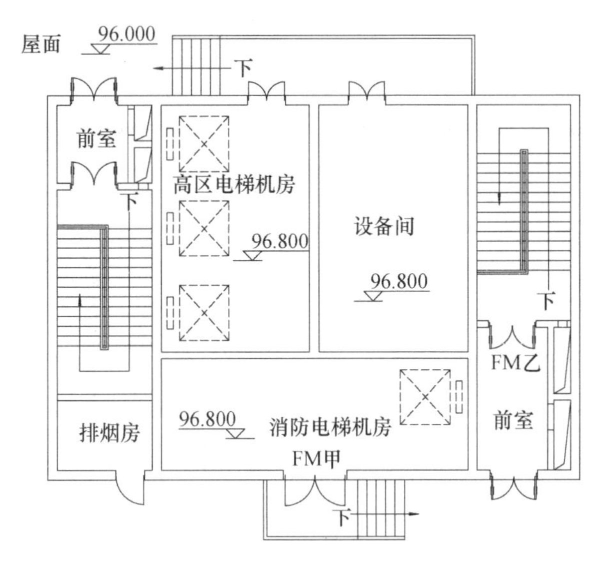

图6-3 电梯(屋顶)机房典型平面

图6-4 电梯机房内景

(3) 底坑

底坑是电梯底层端站地板以下的井道部分,其深度与电梯速度有关,电梯厂家资料会有明确数据要求。底坑深度是指由底层端站地板至井道底坑地板之间的垂直距离,底坑通道内的门口高度应不低于1.80 m;若底坑地面低于底层端站地板超过2.5 m时,须用难燃材料制成的固定阶梯到达底层地板。这里所指的底层有可能是楼层、地面首层和地下层。初学者应特别注意:假如底坑不落地,其下部空间人能通过时,应在(楼)地面和底坑之间,根据负荷在对重(平衡锤)下方设置立柱,即将对重缓冲器安装在一直延伸到坚固地面上的实心柱墩上,否则必须由厂家附加对重安全钳,并应通过当地工程安全部门的同意。

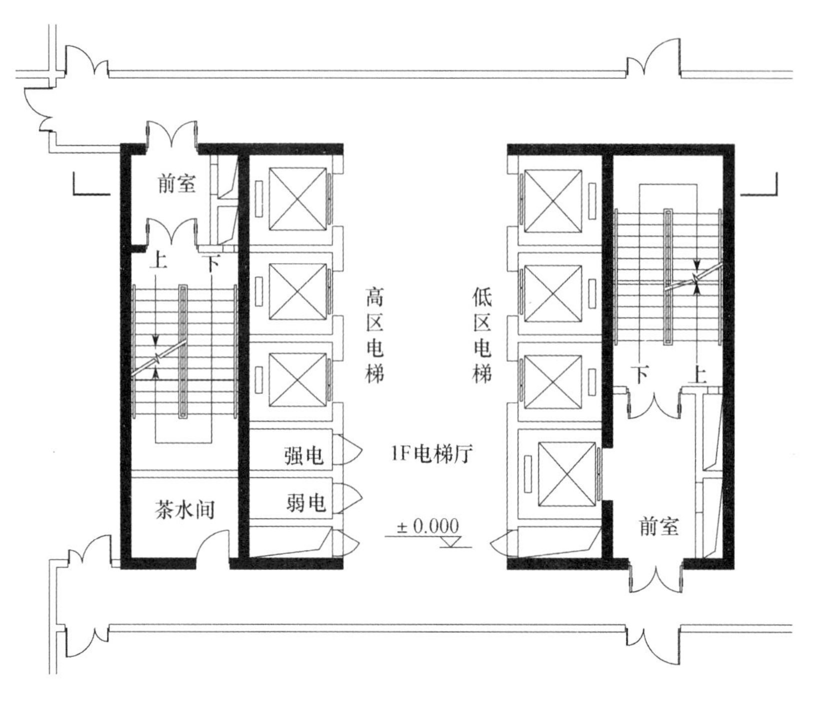

图 6-5 电梯分区出发层典型平面

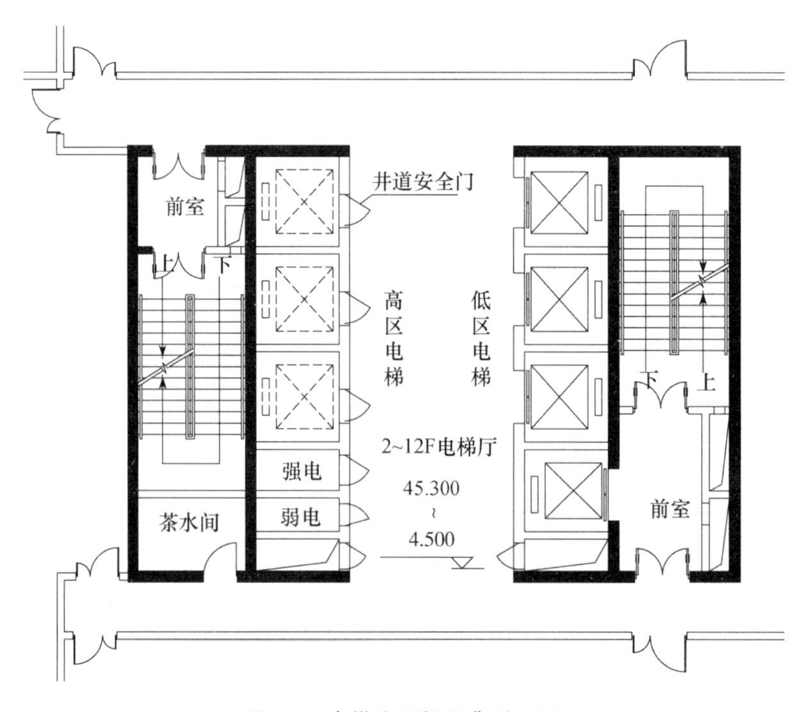

图 6-6 电梯分区低区典型平面

(注意:高区电梯井道需设安全检修门)

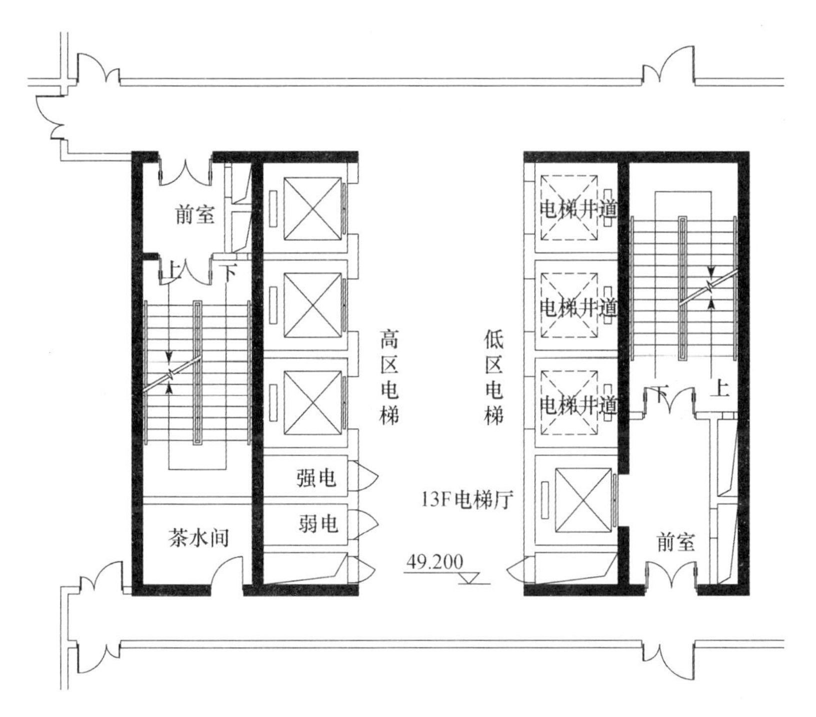

图 6-7　高区电梯典型平面

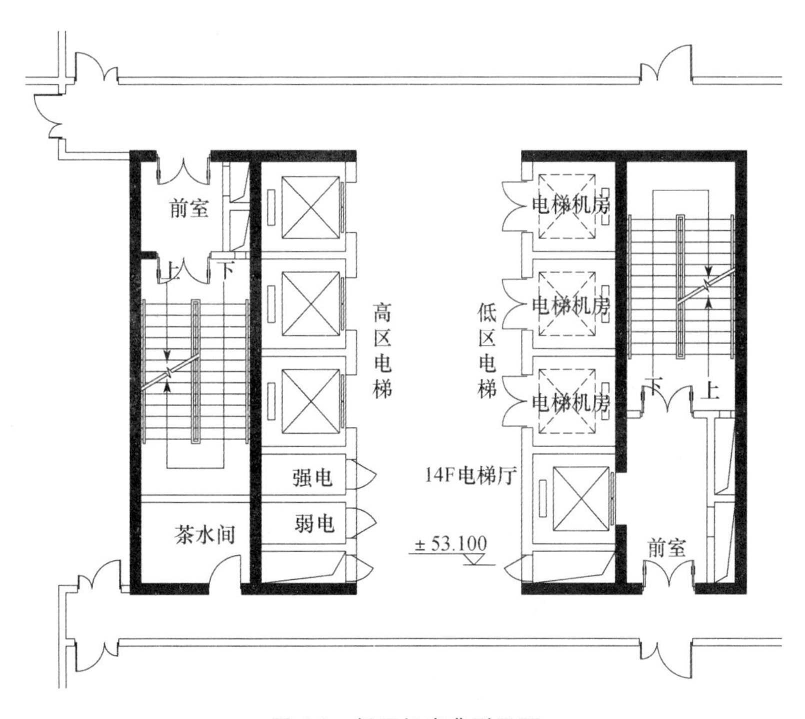

图 6-8　低区机房典型平面

（注意：高区电梯照常运行）

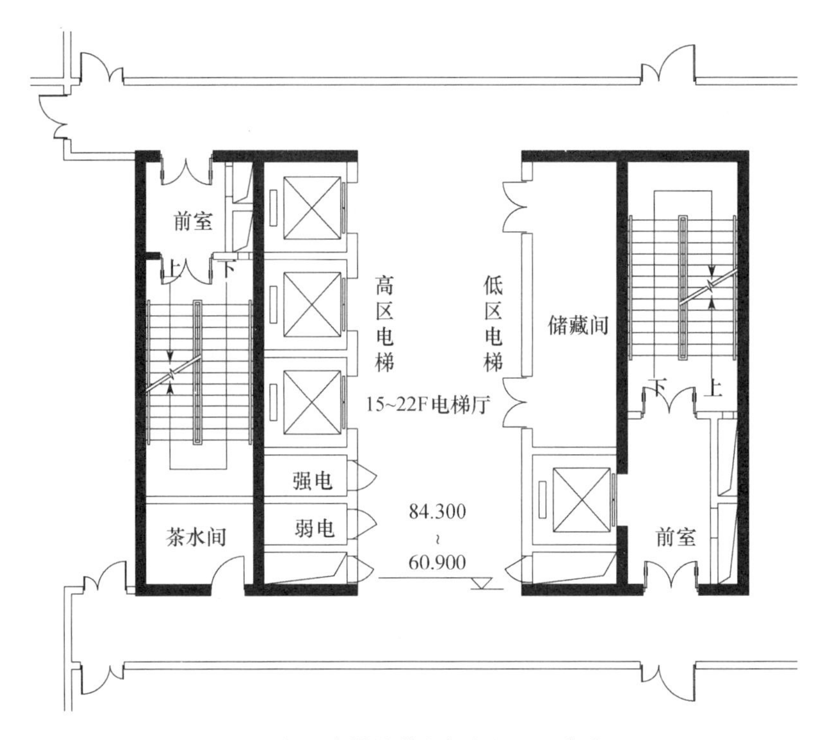

图 6-9 低区电梯井道上部空间利用方式一

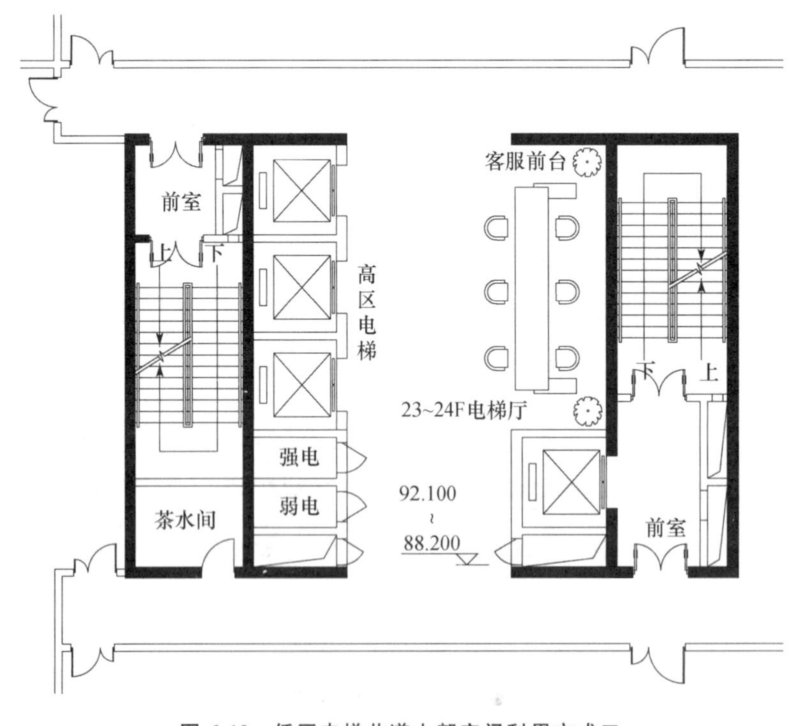

图 6-10 低区电梯井道上部空间利用方式二

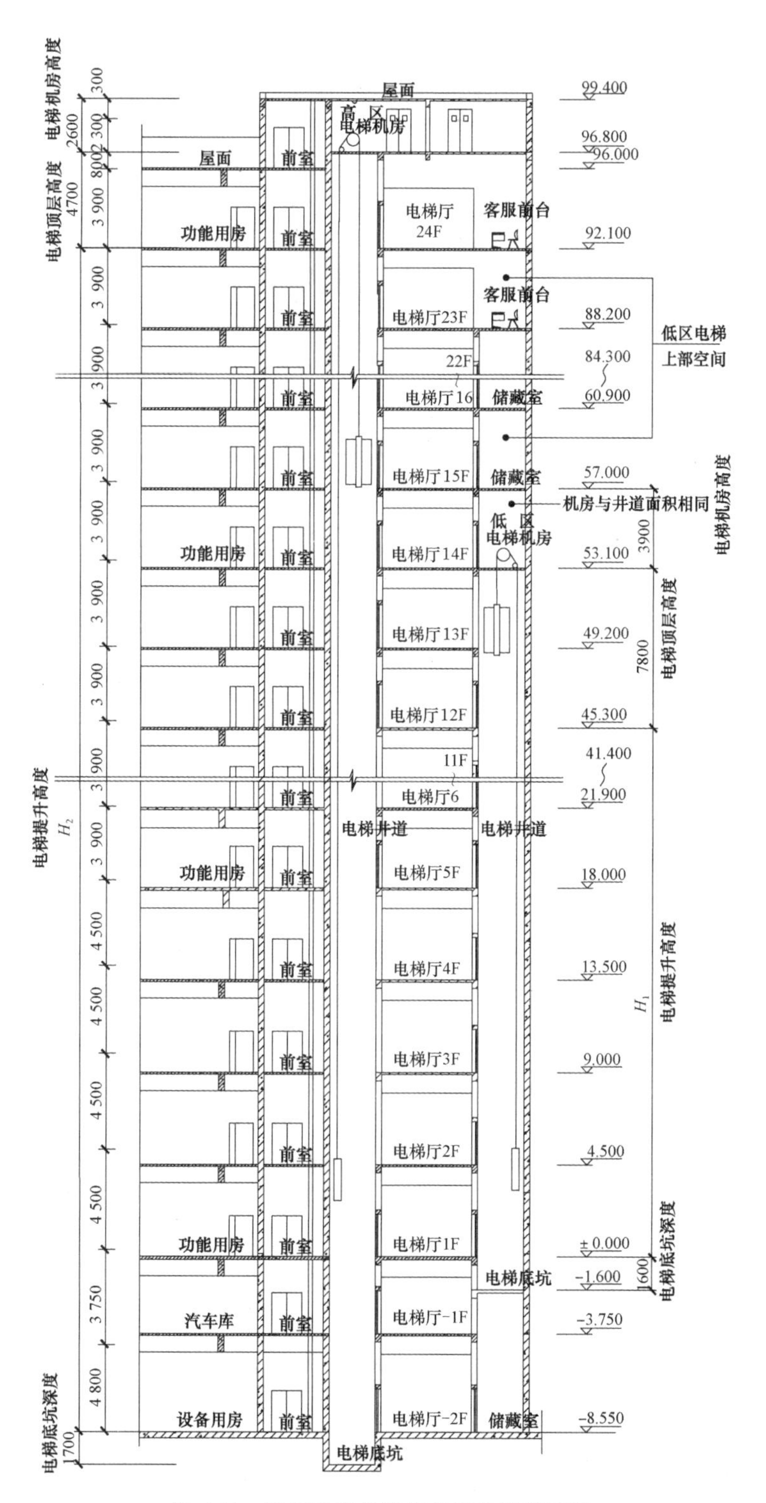

图 6-11　乘客电梯井道和机房典型剖面图

6.2 电梯数量确定

电梯数量是电梯档次的重要标志。一般说来,高层办公楼工作人员多,上下班时间集中,加上来访者较多,交通量较大,电梯数量较多;高层旅馆,特别是高层住宅人流分散,电梯数量相对少一些。《统一标准》规定:有关以电梯为主要垂直交通的高层公共建筑和十二层及十二层以上的高层住宅,每栋楼设置电梯的台数不少于两台,以备客流高峰和检修需要。

住房和城乡建设部工程质量安全监管司和中国建筑标准设计研究院编制的《全国民用建筑工程设计技术措施——规划・建筑・景观》(2009 年版)则要求高层住宅每层 25 人,层数为 24 层以上时,应设 3 台电梯;每层 25 人,层数为 35 层以上时,应设 4 台电梯,可视为高层住宅电梯数量的基本要求。高层住宅往往按居住单元配置电梯,人数不是特别多时,往往按经验设置,无需计算。

由于一般裙楼专用电梯的数量相对较少,本节主要讨论高层建筑塔楼客用电梯的数量。塔楼服务电梯的数量一般以客梯为基数计算:例如,高层旅馆服务电梯的数量一般为客梯数量的 1/4～1/3,有的甚至为客梯数量的一半;而对于规模较小、高度较低的高层办公楼,设一台服务梯也已够用,一般由消防电梯兼做服务电梯。

6.2.1 电梯数量和服务质量确定的依据

电梯数量确定的依据主要包括服务总人数、高峰期 5 min 电梯运客量、间隔时间三个方面,涉及电梯容量与速度等,实质是电梯质量标准。

1) 服务总人数

建筑使用的总人数是电梯配置的根本依据,一般有下列两种计算方法。

(1) 按人均使用面积计算

高层办公建筑一般按照人均使用面积(亦称有效净面积)计算总人数。因办公家具和陈设以及对空间舒适度要求等不同,该面积指标有较大差异。按我国国情,办公楼一般可按每人有效使用面积 8～10 m^2 估算,也有的学者提出表 6-5 的建议。注意:一般裙楼和塔楼分设电梯,旅馆、住宅、办公楼乘梯总人数一般不计算裙楼公共部分人数。

表 6-5 我国各类建筑楼内总人数估算建议指标①

建筑性质	总人数估算指标(面积为有效使用面积)
办公	4～10 m^2/人
住宅	3.5 人/户
旅馆	1 人/床

(2) 按人口系数关系计算

根据高层建筑每层平面系数的变化,人口系数也相应变化(见表 6-6),应将对外联系方便、人员众多、活动频繁的功能空间,布置在高层建筑的低层区或中层区。

---

① 住房和城乡建设部工程质量安全监管司,中国建筑标准设计研究院.全国民用建筑工程设计技术措施:规划・建筑・景观(2009 版)[M].北京:中国计划出版社,2010.

表 6-6 楼高与净面积及人口系数关系[1]

楼高(层数)	楼层数	平面系数/%	人口系数/(m^2/人)
1～10	1～10	65	9～12
1～20	1～10	65	9～12
	11～20	70	9～13
1～30	1～10	65	9～12
	11～20	70	9～13
	21～30	75	11～16
1～40	1～10	65	9～12
	11～20	70	9～13
	21～30	75	11～14
	31～40	80	12～19

2) 电梯通用性能指标

(1) 5 min 运输能力

在人流高峰期,即乘梯高峰期 5 min 内,楼内整个电梯系统运载总人数的百分率,亦称 5 min 载客率,一般用 CE 表示,有的用 P 或 W 表示,其与建筑类型和人流高峰期出现的时段有关。由于不同建筑类型产生高峰期的原因、方向、时间不同,因而存在不同的标准,见表 6-7。5 min 运输能力涉及载客人数和载客集中率两个变量,本书分别用 P 和 ρ 表示。

表 6-7 5 min 载客集中率[2]

建筑类别		5 min 载客集中率	上行∶下行(交通量)
办公楼	同时上班	25%～16%	早晨上班,下行为零
	非同时上班	16%～12.5%	
住宅、公寓、旅馆		5%～12.5%	3∶2

高层办公楼的客流高峰一般出现在上下班时间,通常以这段时间来考虑电梯的输送能力;在午餐时间也会出现上行和下行方向的客流高峰。如果这段时间的客流量大于上班时的客流量,就要以这段时间的客流量来考虑电梯的输送能力。

高峰期运载量既可用数量多的小容量电梯来解决,也可用数量少的大容量电梯来解决。一般认为电梯台数多,不如略微增大轿厢尺寸,减少台数更经济。不过,容量大的电梯停靠站时上下人数多,停站次数多,可能降低电梯效率。

(2) 平均间隙时间与平均候梯时间

所谓平均间隙时间(average interval time),有的称平均间隔时间或发梯间隔时间,指达到基站(main terminal)的相邻两台电梯轿厢之间的时间间隔,一般用 AI 表示,也有的用 INT 或 R_t 表示,是描述人们等候电梯时间长短的一个物理量,见表 6-8。超过平均间隙时间,需增加电梯数量,并相应降低电梯载重量。

① 陈新.高层建筑的垂直运输与电梯[J].建筑师,1989(6)—1990(2).

② 《建筑设计资料集》编委会.建筑设计资料集 1[M].2 版.北京:中国建筑工业出版社,1994.

表 6-8　我国电梯平均间隔时间[①]

建筑物类型	多层建筑	高层办公楼、旅馆	高层住宅
发梯间隔时间	20～30 s	30～60 s	60 s、80 s、100 s

与平均间隙时间有关的另一个概念是平均候梯时间(average waiting time)，是指乘客在乘站登记之后，直接到登梯进入轿厢前的一段等待时间，一般用 AWT 表示。

(3) 平均行程时间(average journey time)

平均行程时间指电梯轿厢从始发站关门启程运行至最后一名乘客到达目的站所用时间的统计平均值，一般用 AP 表示。如果将行程时间加上候梯时间，那就是乘客的输送时间了。正常情况下，乘客从首层大堂门厅到达电梯厅的时间一般要求不应超过 3 min，电梯从底层直达顶层的运行时间一般为 45～60 s。

初学者特别要注意不同物业和使用方式，电梯采用的通用性能指标也不尽相同，甚至相差较大，设计时根据具体情况选用。我国电梯交通系统性能指标期望值见表 6-9。

表 6-9　我国电梯交通系统性能指标期望值[②]

<table>
<tr><th>建筑类别</th><th></th><th>5 min 载客集中率</th><th>平均间隙时间</th><th>平均行程时间</th></tr>
<tr><td rowspan="5">办公楼</td><td rowspan="5">公司专用楼
机关办公楼
分区出租办公楼
分层出租办公楼</td><td>20%～25%</td><td rowspan="6">30 s 以下为良好，
30～40 s 为较好，
40 s 以上为不良</td><td rowspan="7">60 s 以下为良好，
60～75 s 为较好，
75～90 s 为较差，
120 s 为极限。
住宅和公用事业类可稍长些</td></tr>
<tr><td>16%～20%</td></tr>
<tr><td>14%～18%</td></tr>
<tr><td>12%～14%</td></tr>
<tr><td>14%～16%</td></tr>
<tr><td colspan="2">旅馆</td><td>10%～15%</td></tr>
<tr><td colspan="2">住宅楼</td><td>3.5%～5.0%</td><td>60～90 s</td></tr>
</table>

3）与电梯数量有关的服务质量参数

与电梯数量有关的服务质量参数，主要指电梯速度和电梯载荷。其中，电梯载荷对于客梯而言主要指轿厢的载客人数，与物业类型和电梯运行高度有关，决定电梯井道面积的大小，见表 6-10。

表 6-10　由建筑物类型和规模确定电梯台数[③]

<table>
<tr><th colspan="2">建筑功能与规模</th><th>电梯载荷/(kg/人)</th><th>轿厢行程/m</th><th>电梯速度/(m/s)</th></tr>
<tr><td rowspan="6">办公楼</td><td rowspan="2">小型</td><td rowspan="2">1 000/15
1 150/17</td><td>0～36</td><td rowspan="2">1.75～2</td></tr>
<tr><td rowspan="2">36～70</td></tr>
<tr><td rowspan="2">中型</td><td rowspan="2">1 350/20</td><td>2.5～3</td></tr>
<tr><td rowspan="2">70～85</td><td>3.5</td></tr>
<tr><td rowspan="2">大型</td><td rowspan="2">1 600/24</td><td>4</td></tr>
<tr><td>≥115</td><td>≥5</td></tr>
</table>

① 《建筑设计资料集》编委会. 建筑设计资料集 1[M]. 2 版. 北京：中国建筑工业出版社，1994.

② 朱德文，牛志成. 电梯选型、配置与量化[M]. 北京：中国电力出版社，2005.

③ 朱德文，牛志成. 电梯选型、配置与量化[M]. 北京：中国电力出版社，2005.

续表

建筑功能与规模		电梯载荷/(kg/人)	轿厢行程/m	电梯速度/(m/s)
旅馆	中小型	700/11 900/13 1 000/15 1 150/17	85～115	1.75～2
			36～70	2.5～3
			70～85	3.5
	大型 400 间以上	1 350/20 1 600/24	85～115	4
			≥115	≥5
住宅		600/9 750/11 900/13 1 000/15 1 150/17	0～20	0.75
			20～40	1
			40～60	1.5
			＞60	≥1.75～2

电梯速度与建筑高度和平均行程时间有很大的关系。一定容量与速度的电梯，只能服务一定的层数，否则会超过平均行程时间标准，从而促使电梯系统需要有更迅速、方便的服务品质与分区布局。电梯分区宜以建筑高度 50 m 或 10～12 个电梯停站为一个区，一般第一个 50 m 采用 1.75 m/s 的常规速度，然后每隔 50 m 升一级，每升一级速度加 1～1.5 m/s，即高度 50～100 m段的梯速用 2.5 m/s，100～150 m 段用 3.5 m/s，150～200 m 段用 4.5 m/s，200～250 m 段用 5.5 m/s，以此类推。一般情况下，6～15 层可取 1.5～2.5 m/s，15～25 层可取 2.5～3.5 m/s①。一般高层建筑梯速不超过 6 m/s。高层公共建筑电梯运行参考速度如图6-12所示。

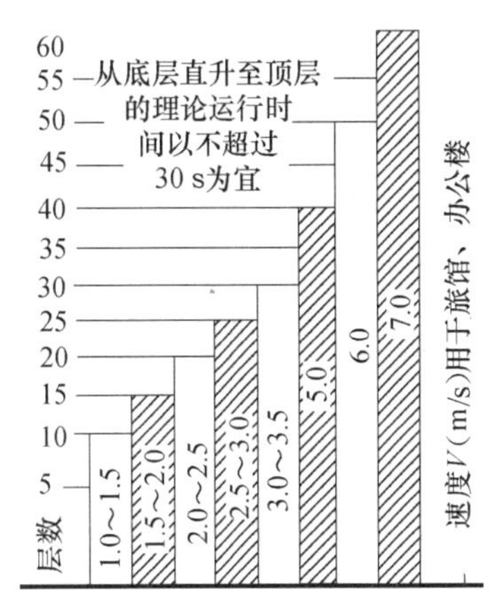

图 6-12　高层公共建筑电梯运行参考速度②

注：世界最快电梯速度达 17.5 m/s，装在迪拜哈利法塔。

提高建筑电梯服务质量最根本的方法是增加电梯数量，但会加大工程在设备上的投入，增加交通面积，降低建筑的使用面积，电梯参数与服务质量见表 6-11。

表 6-11　电梯参数与服务质量③

调整方案	调整后效果		
	5 min 输送能力	平均间隔时间	说明
增大电梯轿厢载重量	提高	加长	电梯载客人数增多，进出电梯人数增加，运行时间加长

① 住房和城乡建设部工程质量安全监管司，中国建筑标准设计研究院. 全国民用建筑工程设计技术措施：规划 · 建筑 · 景观(2009 版)[M]. 北京：中国计划出版社，2010.

② 《建筑设计资料集》编委会. 建筑设计资料集 1[M]. 2 版. 北京：中国建筑工业出版社，1994.

③ 史信芳. 电梯选用指南[M]. 广州：华南理工大学出版社，2003.

续表

<table>
<tr><td rowspan="2">调整方案</td><td colspan="3">调整后效果</td></tr>
<tr><td>5 min输送能力</td><td>平均间隔时间</td><td>说明</td></tr>
<tr><td>提高电梯速度</td><td>提高</td><td>缩短</td><td>改善程度不明显，性价比不高</td></tr>
<tr><td>增加电梯数量</td><td>提高</td><td>缩短</td><td>总人数及运行时间分摊到每台电梯上</td></tr>
</table>

6.2.2 确定电梯数量的方法

确定电梯数量的方法通常有：估算法、查表法、计算法、计算机模拟法和实例比较法。在高层建筑方案设计阶段，建筑师一般根据建筑的性质、等级、规模等因素，首先进行实例比较，然后按建筑面积估算电梯数量，或者查阅厂家图表，必要时进行计算。

1）估算法

估算法是根据建筑性质、等级、总面积、总客房数或总户数等因素，确定电梯数量的方法。估算法根据国内外的经验公式用统计表进行，虽然不是很精确，但在方案设计阶段却很适用，待设计进一步深入时可借助其他方法调整，电梯数量、主要技术参数见表6-12。

表6-12 电梯数量、主要技术参数表[①]

<table>
<tr><td colspan="2" rowspan="2">标准
建筑类别</td><td colspan="4">数量</td><td colspan="5" rowspan="2">额定载重量/kg，
乘客人数/(人/台)</td><td rowspan="2">额定速度/(m/s)</td></tr>
<tr><td>经济级</td><td>常用级</td><td>舒适级</td><td>豪华级</td></tr>
<tr><td colspan="2" rowspan="2">住宅</td><td rowspan="2">90～100户/台</td><td rowspan="2">60～90户/台</td><td rowspan="2">30～60户/台</td><td rowspan="2"><30户/台</td><td colspan="2">400</td><td colspan="2">630</td><td>1 000</td><td rowspan="2">0.63,1,1.6,2.5</td></tr>
<tr><td colspan="2">5</td><td colspan="2">8</td><td>13</td></tr>
<tr><td colspan="2">旅馆</td><td>120～140客房/台</td><td>100～120客房/台</td><td>70～100客房/台</td><td><70客房/台</td><td>630</td><td>800</td><td>1 000</td><td>1 250</td><td>1 600</td><td rowspan="4">0.63,1,1.6,2.5</td></tr>
<tr><td rowspan="3">办公</td><td>按建筑面积</td><td>6 000 m^2/台</td><td>5 000 m^2/台</td><td>4 000 m^2/台</td><td><2 000 m^2/台</td><td rowspan="3">8</td><td rowspan="3">10</td><td rowspan="3">13</td><td rowspan="3">16</td><td rowspan="3">21</td></tr>
<tr><td>按办公有效使用面积</td><td>3 000 m^2/台</td><td>2 500 m^2/台</td><td>2 000 m^2/台</td><td><1 000 m^2/台</td></tr>
<tr><td>按人数</td><td>350人/台</td><td>300人/台</td><td>250人/台</td><td><250人/台</td></tr>
</table>

注：①本表的电梯台数不包括消防和服务电梯，且删除了医用电梯相关内容。

②旅馆的工作、服务电梯台数等于0.3～0.5倍客梯数。住宅的消防电梯可与客梯合用。

③十二层及十二层以上的高层住宅，其电梯数不应少于2台。当每层居住25人，层数为24层以上时，应设3台电梯；每层居住25人，层数为35层以上时，应设4台电梯。

④在各类建筑物中，至少应配置2台能使轮椅使用者进出的无障碍电梯。

① 住房和城乡建设部工程质量安全监管司，中国建筑标准设计研究院．全国民用建筑工程设计技术措施：规划·建筑·景观(2009版)[M]．北京：中国计划出版社，2010.

人流量不是特别大的非超高层建筑，电梯计算结果与经验数据往往相差无几，因此，一般建筑师多用估算法来确定电梯台数。实际工程中，高层办公楼一般按建筑面积每 3 000～5 000 m^2 一部电梯进行估算；高层旅馆电梯数量估算一般取决于客房的数量，常按每 100 标准间一部客梯进行估算；高层住宅电梯数量与住宅户数和档次有关。一般而言，在高层住宅中一台电梯承担 50 户左右的运送量较为合理[①]。

2）查表法

查表法是根据各电梯公司提供的电梯选用表，计算电梯所需服务的楼内总人数及高峰期人流（5 min 内运输能力）后，查出的电梯台数、速度及载重量。由于我国目前经济所限，查表所得电梯数量按经验应有折减。

如图 6-13 所示为普通客梯选用图表，由中国迅达电梯有限公司提供，适用于只有一个主楼层的旅馆和办公楼，平均层高为 3.0～3.6 m，不包含楼内大型公共场所的异常交通量。主楼层是指乘客可从街道直接进入的楼层，如果建筑有几个不同的楼层均可通向街道，则选取电梯通向街道的最低楼层作为主楼层。

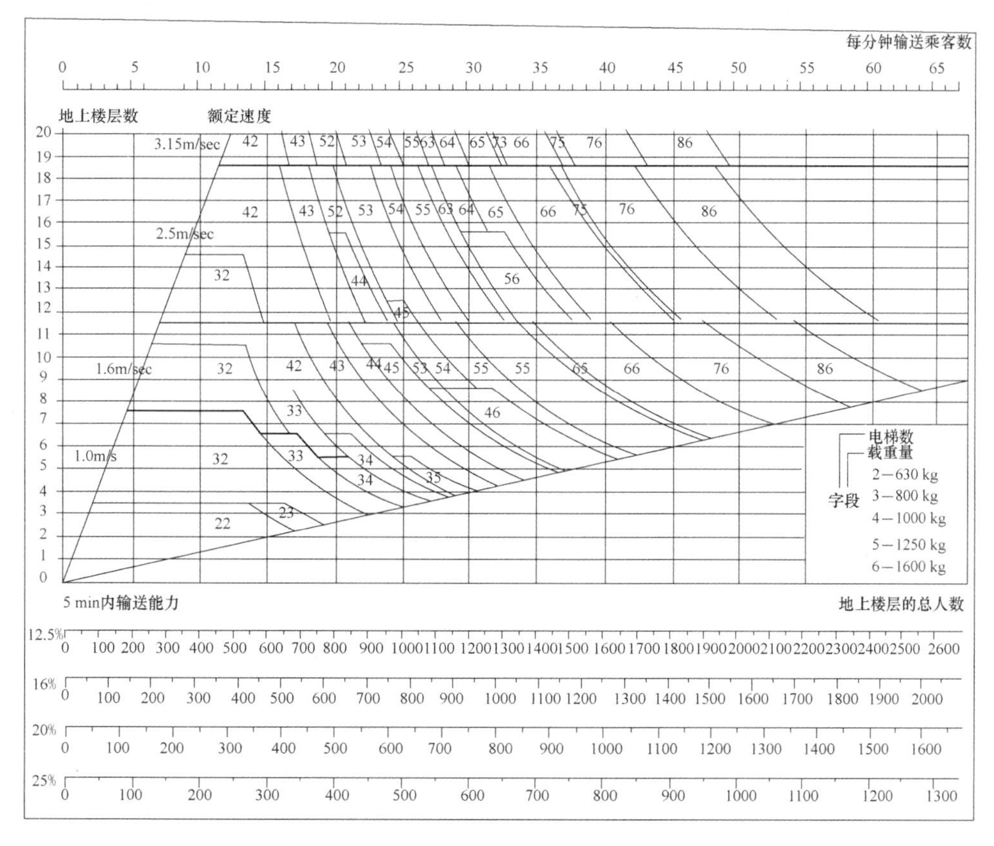

图 6-13　普通客梯选用图表

图片来源：由中国迅达电梯有限公司提供，原系端士资料，仅供参考

① 方翔．对板式高层住宅建筑设计的探讨[D]．北京：北京工业大学，2003．

图 6-13 所示为一般标准要求(电梯理论运行时间为 25 s,发梯最大间隔时间为 31.5 s),未包含高标准要求的部分。图表内字段第一个数字表示电梯台数,第二个数字表示载重量型号。

【案例 1】某拟建中型办公楼,地上 18 层。1～4 层为商场,5～18 层为办公室,标准层面积 1 410 m^2。办公总人数:1 410÷11×14≈1 800(人);5 min 载客集中率为 12.5%。

在图 6-13 下 4 条横线中最上一条 1 800 处用竖线从下往上查找,该楼层为 18 层,按表左侧竖坐标楼层 18 处拉横线,横线与上述竖线下相交的地方得出[86]字段,其含义包括:

8——表示共用 8 台电梯;

6——表示用 1 600 kg/台的电梯。

向左横向查出电梯额定速度为 2.5 m/s。

由于当前我国的经济条件所限,在国内设计办公楼时,若查本表,一般应在电梯台数方面约比图表内减少 2/5,梯速往下降一档为宜,这是供参考的经验值①。

3)计算法

计算法一般用于人流量较大的非一般高层建筑,特别是大型高层建筑综合体。本书 6.4 节“电梯分区”通过案例详细地展示了电梯数量计算的基本方法和基本步骤,电梯配置程序如图 6-14 所示。

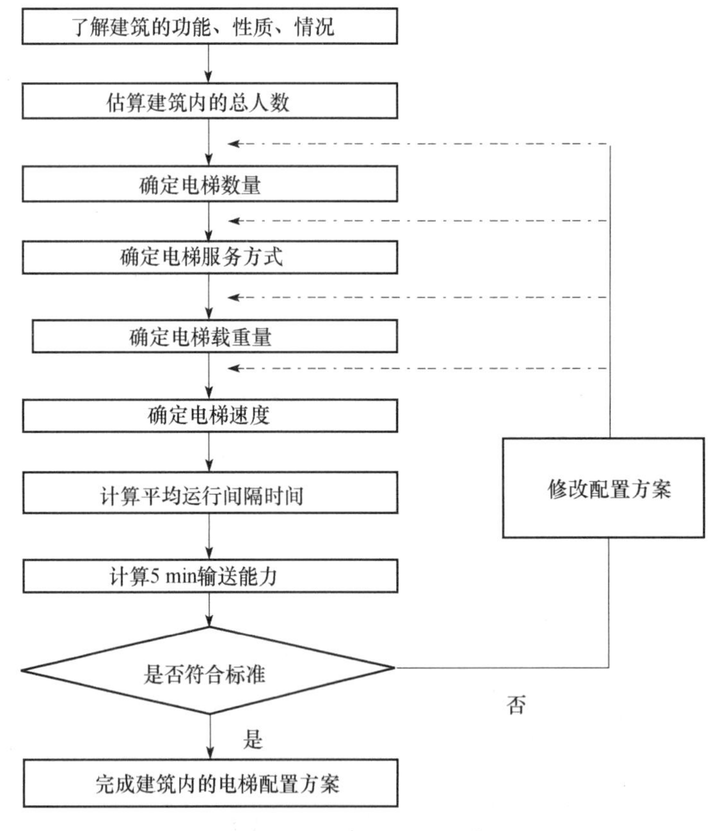

图 6-14　电梯配置程序②

① 翁如璧.现代办公楼设计[M].北京:中国建筑工业出版社,1995.

② 史信芳.电梯选用指南[M].广州:华南理工大学出版社,2003.

电梯数量计算的基本流程看似十分简单，其实计算过程十分繁复。以计算电梯运行一周的时间为例，它包括：电梯逐层上行时间乘以所停层数；分层段电梯从始发站到第一停站时间、电梯下降时间、加减速附加时间、电梯门开闭时间、乘客出入时间及损失时间。其中的每一项都需要查表或计算，电梯有关参数的详细计算公式见表 6-13、表 6-14。

表 6-13　详细计算步骤和计算公式[①]

电梯的服务方式（n：出发层除外的区间内服务楼层）		1.单道快行　2.单道区间快行	3.全楼自由	
电梯额定速度/(m/s)	V	根据不同建筑类型中电梯服务楼层数选择电梯速度		
底层出发时预计进入轿厢人数/人	r	电梯额定载人数×0.8（满载系数）	升方向 r_u	降方向 r_d
每班梯预计停站数（第 1、2 中服务方式按表需要增加 1）	F	$n\left[1-\left(\frac{n-1}{n}\right)^{r}\right]+1$	$n\left[1-\left(\frac{n-1}{n}\right)^{r_u}\right]$	$n\left[1-\left(\frac{n-1}{n}\right)^{r_d}\right]$
每班梯往返一周的行驶时间/s（电梯额定速度行驶时间＋加、减速度时间）	T_1	$\frac{2H}{V}+\frac{1}{2}\left(\frac{1}{a_p}+\frac{1}{a_t}\right)V\cdot F$	式中：a_p—平均加速度（m/s²） a_t—平均减速度（m/s²） 一般近似取 $a_p=a_t=0.8$（m/s²）	
电梯开关门总的时间/s	T_2	自动开关门(4～6)F 手动开关门(5～8)F	—	
乘客进出轿厢所需时间/s	T_3	办公楼：2.4r 住宅、旅馆、商店： 3.4(r_u+r_d)		
每班梯计划外占用时间/s	T_4	0.1(T_2+T_3)		
每班梯往返一周总的运行时间/s	T	$T_1+T_2+T_3+T_4$		
一台电梯 5 min 的输送能力/人	P	300r/T		
需要的电梯台数	N	$\frac{\rho}{P}$		
发梯间隔时间/s	R_1	T/N		

注：P——5 min 内需要输送的人数；ρ——建筑物内乘电梯总人数×载客集中率。

① 《建筑设计资料集》编委会. 建筑设计资料集 1[M]. 2 版. 北京：中国建筑工业出版社，1994.

表 6-14　每班梯预计停站数 $n[1-(n-1/n)^r]$[①]

n \ r	6	7	8	9	10	11	12	13	14	15	16	17	18
5	3.5	4.0	4.0	4.5	4.5	4.5	4.5	4.5	5.0	5.0	5.0	5.0	5.0
6	4.0	4.5	4.5	5.0	5.0	5.0	5.5	5.5	5.5	5.5	5.5	5.5	6.0
7	4.0	4.5	5.0	5.0	5.5	5.5	6.0	6.0	6.0	6.5	6.5	6.5	6.5
8	4.5	5.0	5.0	5.5	6.0	6.0	6.5	6.5	7.0	7.0	7.0	7.0	7.5
9	4.5	5.0	5.5	6.0	6.0	6.5	7.0	7.0	7.5	7.5	7.5	8.0	8.0
10	4.5	5.0	5.5	6.0	6.5	7.0	7.0	7.5	7.5	8.0	8.0	8.5	8.5
11	5.0	5.5	6.0	6.5	7.0	7.0	7.5	8.0	8.0	8.5	8.5	9.0	9.0
12	5.0	5.5	6.0	6.5	7.0	7.5	8.0	8.0	8.5	9.0	9.0	9.5	9.5
13	5.0	5.5	6.0	6.5	7.0	7.5	8.0	8.5	9.0	9.0	9.5	9.5	10.0
14	5.0	5.5	6.5	7.0	7.5	8.0	8.5	8.5	9.0	9.5	9.5	10.0	10.5
15	5.0	6.0	6.5	7.0	7.5	8.0	8.5	9.0	9.5	9.5	10.0	10.5	10.5
16	5.0	6.0	6.5	7.0	7.5	8.0	8.5	9.0	9.5	10.0	10.5	10.5	11.0
17	5.0	6.0	6.5	7.0	8.0	8.5	9.0	9.5	9.5	10.0	10.5	11.0	11.5
18	5.5	6.0	6.5	7.5	8.0	8.5	9.0	9.5	10.0	10.5	11.0	11.5	11.5
19	5.5	6.0	6.5	7.5	8.0	8.5	9.0	9.5	10.0	10.5	11.0	11.5	12.0
20	5.0	6.0	6.5	7.5	8.0	8.5	9.0	9.5	10.0	10.5	11.0	11.5	12.0

【案例 2】电梯算例(电梯运行高度 61.2 m,服务不分区)

南方某城市旧城区一地块上拟建一座地上 17 层的租赁型办公楼,功能设置为:一层为入口大堂和小型商业,二层至四层为餐饮、娱乐和小型商业,五层以上为出租办公区。建筑占地 5 000 m^2,总建筑面积为 20 000 m^2,裙楼密度约为 28%,塔楼密度约为 22%,建筑总高度控制在 80 m 以内(含机房、天线等)。

根据初步的设计和计算,确定了建筑办公塔楼共 13 层,建筑面积约 14 690 m^2,每层建筑面积约为 1 130 m^2。接下来需要对电梯进行仔细的配设,按如图 6-14 所示电梯配置的计算步骤。

第一步　初步估算塔楼内使用电梯的总人数(人)

因建筑层数为 17 层(小于 30 层,塔楼实际为 13 层),办公塔楼的有效净面积系数可考虑按 78%计,人均净面积取 12 m^2/人,则塔楼内使用电梯的总人数(人)=1 130×78%×13÷12≈955(人)。

第二步　初步估算塔楼电梯的数量(台)

①按照办公建筑面积 4 000 m^2/台的指标估计,该大厦塔楼需要的客用电梯数量(台)=14 690÷4 000≈4(台);

---

① 《建筑设计资料集》编委会. 建筑设计资料集 1[M]. 2 版. 北京:中国建筑工业出版社,1994.

②服务电梯按1/4客用电梯数算，可配1台，且可考虑与1台客用电梯或消防电梯合用；

③标准层面积按一个防火分区控制，按《防火规范》要求，配置1台消防电梯。

综合以上三项，初步估算该大厦塔楼需要配设4台客用电梯和1台消防电梯。

第三步 确定客用电梯的服务方式

考虑客用电梯为单道区间快行服务方式，4台电梯均运行1层及5～17层，停站14个，服务楼层 $n=13$ 层。

第四步 计算客用电梯轿厢的行程 H(m)

按照裙楼层高4.5 m，塔楼层高3.6 m计算，电梯轿厢的单边行程 $H=4.5\times4+3.6\times12=61.2$(m)。

第五步 确定电梯轿厢的速度 V(m/s)和载重量 G(kg/台)

按照电梯速度 $V\geqslant H/30$ s的标准和图6-12的电梯速度选用参考值，可估算出电梯的速度应选择 $V=61.2\div30\approx2.0$(m/s)。

初选客梯载客量 $G=1\ 350$ kg/台，最大载客数20人。经查阅有关电梯资料，此规格的三菱电梯井道尺寸为2.60 m(宽)×2.45 m(深)，可以此进行核心体平面布置设计。

第六步 计算每班梯往返一周总的时间 T(s)

根据表6-13的计算步骤，利用表6-14和前述有关参数，可计算出每班电梯往返一周总的时间 $T=193$ s，具体步骤如下：

①计算底层出发时预计进入轿厢人数(人)

$r=20\times0.8=16$(人)；

②计算每班梯预计停站数 F

根据电梯服务层数 $n=13$，电梯单道区间快行，查表6-14，每班梯预计停站数(站) $F=9.5+1=10.5$；

③计算每班梯往返一周的行驶时间 T_1(s)

$T_1=2\times\frac{H}{V}+\frac{1}{2}\left(\frac{1}{0.8}+\frac{1}{0.8}\right)\times V\times F=2\times\frac{61.2}{2.0}+\frac{1}{2}\times\left(\frac{1}{0.8}+\frac{1}{0.8}\right)\times2.0\times10.5=61.2+26.25=87.45$(s)；

④计算电梯开关门总的时间 T_2(s)

取手动和自动开关门的中间值 $5.5\times F$，则

$T_2=5.5\times F=5.5\times10.5=57.75$(s)；

⑤计算乘客进出轿厢所需时间 T_3(s)

查表6-13，取办公楼 $2.4r$

$T_3=2.4\times r=2.4\times16=38.4$(s)；

⑥计算每班梯计划外占用时间 T_4(s)

$T_4=0.1\times(T_2+T_3)=0.1\times(57.75+38.4)=9.615$(s)；

⑦计算每班梯往返一周总的时间 T(s)

$T=T_1+T_2+T_3+T_4=87.45+57.75+38.4+9.615=193.215\approx193$(s)。

由上述计算过程可以看出，每班电梯往返一周的总时间与建筑的层高、层数成正比，层高越高、层数越多，所需时间越多。

第七步　计算一台电梯 5 min 输送能力(人)

一台电梯 5 min 输送能力(人)$P_1=300r/T=300\times16/193\approx25$(人)。

第八步　验算需要配设的电梯台数(台)

乘客 5 min 的集中率 ρ 按 12.5%计,则:

电梯 5 min 的乘梯人数(人)$P_2=1\ 130\times78\%\times13\div12\times12.5\%\approx120$(人);

需要配置的电梯台数(台)$N=P_2/P_1=120/25=4.8\approx5$(台)。

以上计算结果与初步配设的 4 台电梯数量相差 1 台,应配设 5 台客梯。

第九步　验算平均运行间隔时间(s)

电梯平均运行间隔时间 $R_t=T/N=193/5\approx38.6$(s)。

从计算结果看,配设 5 台乘客电梯,R_t 可满足一般办公建筑电梯平均运行间隔时间在 30～60 s的要求,且电梯服务水平较好。

第十步　验算电梯 5 min 输送能力

每台电梯 5 min 内运送乘客数(人)$P_3=300\ r/R_t=300\times20\times0.8\div38.6\approx125$(人);

电梯 5 min 内运送乘客数的百分比(%)$=P_3\times100\%$/塔楼内使用的人数$=125\times100\%/(1\ 130\times78\%\times13\div12)\approx13.1\%$。

以上计算结果显示,电梯配设略高于普通高层办公建筑电梯 12%～13%的 5 min 处理能力的标准要求。

结论

由以上计算结果分析得知,该建筑为地上 17 层,建筑高度低于 75 m。采取电梯不分区运行的服务方式,需要配置 5 台客梯才能取得较好的服务效果,但同时核心体的面积及总体投资均需要增加。采取原先 4 台的配设方式的情况如何,则需要进行验算、比对,并结合投资、楼宇档次定位进行抉择。

6.3　电梯组合与布置

电梯组合与布置是高层建筑垂直交通设计的核心内容。电梯的布置与建筑类型、裙楼功能组合以及核心体的布局方式有很大的关系;电梯组合涉及乘客电梯之间,乘客电梯与疏散楼梯之间,消防电梯(服务电梯)和疏散楼梯之间的关系。消防电梯一般兼作服务电梯,其布置详见本书 8.4 节“安全疏散”。

6.3.1　电梯位置确定

1) 一般电梯的布置

(1) 裙楼电梯的布置

功能配置简单的高层建筑一般只有塔楼一套电梯,但功能类型复杂且裙楼层数较多的高层建筑则可能有多套电梯,至少有裙楼和塔楼两套电梯系统。

裙楼电梯一般成组分散布置。一般商场以公共楼梯和自动扶梯为主,电梯只是辅助性质,故商场乘客电梯和货梯一般偏于角部布置。裙楼货梯较多时,应尽量靠物流通道和出入口布置。根据物业的档次，餐饮单独分区的亦设有专用电梯；康体娱乐一般均设有专用电梯，且应尽量靠近专用出入口。裙楼专用电梯的详细配置请读者查阅相关书籍。

(2) 塔楼电梯的布置

高层建筑塔楼电梯的布置与标准层的平面形式有关，一般塔式标准层的电梯集中布置，而板式标准层电梯则有可能需要分组布置，除了观光电梯，每组电梯不能少于两台。在不同的核心体形态中，电梯的位置也不尽相同，从提高运输效率、缩短等候时间以及经济性考虑，电梯应尽可能地集中在一个区域设置，以便乘客在同一个地方候梯。注意电梯不应与卧室和起居室紧邻布置，否则必须采取隔声和减震措施。

电梯应设置在高层建筑入口层人们容易看到且离出入口较近的地方，塔楼电梯在裙楼入口层的位置，应有良好的易识别性和较好的集散空间。一般可以将电梯对着裙楼大堂正门或大厅出入口并列布置，也可将电梯布置在裙楼大堂正门或大厅通路的一旁或两侧；候梯厅应避开裙楼主要流线，设在凹进部位，以免影响裙楼的人员流动；塔楼电梯在始发站还应明显标示出分区的情况，便于人员选择乘坐；在各使用层，电梯应处于距各个使用空间步行间距均匀、便捷的位置上。

(3) 停车空间电梯的布置

裙楼人流量大，电梯一般都通往(地下)停车空间。我国《车库建筑设计规范》规定四层及以上的多层机动车库或地下三层及以下机动车库应设置乘客电梯，电梯的服务半径不宜大于60 m。但没有必要所有的塔楼电梯都通到地下停车场，除了货梯和兼货梯的消防梯(消防梯不需要下地下室)，一般每组客梯有1台通到地下室就能满足地下停车者的需要。考虑到检修的需要，一般至多不超过两台，但档次高的写字楼在首层大堂和地下室之间设VIP转换电梯。

2) 观景电梯的布置

观景电梯一般用于旅馆、餐饮和商场，其位置与高层建筑内外景观有密切关系：一是露明在中庭(详见本书3.4节“裙楼中庭设计”)，二是嵌在主要的墙面部位。例如，许多高层旅馆客房环绕一个巨大中庭布置，观景电梯设置在一个重要而适当的部位，客人进入中庭底层，乘观景电梯一边欣赏巨大的中庭空间，一边进入各自客房层(图3-27)。

有的高层建筑顶部设置的空中观光厅和旋转餐厅，既是物业档次的标志，也是旅客或市民观赏市容的一个景点和经营者招揽顾客的重要设施。为避免与楼内住客、工作人员流线混杂，一般均以观景电梯作为专用电梯，沿着某处外墙面设置，从首层大堂或某公共层，直达楼顶。深圳亚洲大酒店平面呈“Y”字形，观景电梯设在南翼山墙面，从底层大堂进梯，冲出小型中庭，再冉冉升入高空中，可以隐约远眺香港的新界远景及近处罗湖桥，最终直达三十层的旋转餐厅。

观景电梯一般置于独立的玻璃井筒中，有时浮出墙面，有时设在主体之间的连接体里。例如，洛杉矶波拿文彻旅馆高36层，1 318间客房分设在5个圆塔里，客梯采用12台观景电梯，成组设在5个主体之间的4个连接体里，此连接体实际上是连廊。

如有必要且平面布置巧妙，可将观景电梯作一般客梯使用。旧金山海特摄政旅馆正门入口、主电梯厅与裙楼屋顶餐厅在同一平面位置，5台观景电梯作为主客梯用，其中2台可直达屋顶餐厅，3台电梯位置在屋顶餐厅部位成为其入口庭院。图6-15所示为北京朝阳公园东小区景观电梯布置。

极少数高层豪宅也用观景电梯，意在提高物业的档次，如广州汇景新城(如图6-16所示)。但

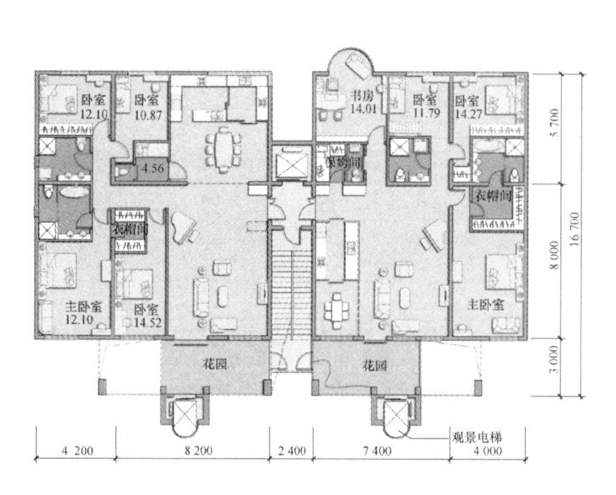

图 6-15 北京朝阳公园东小区景观电梯布置

图 6-16 广州汇景新城住宅电梯

是,观景电梯运行速度慢,造价高,有的轿厢和露明轨道不够美观,有的人乘坐时有恐高的感觉,此外,考虑综合造价、效率等因素,应慎用。

3) 自动扶梯的布置

一般高层建筑商业裙楼多以自动扶梯为主要交通工具。为有效地组织人流垂直流动,商业裙楼通常设置了大量的自动扶梯。当建筑物的人流量大,主要出入口为两层或以上时,可用自动扶梯连接出入口层间的交通,使始发站集中在其中一层,从而提高运输效率。超高层建筑的空中大堂的功能转换也可能会用到自动扶梯,但非本书讨论的内容。

自动扶梯应布置在比较醒目的位置。大型商业中心一般每隔 20～40 m 就布置一组自动扶梯,以方便顾客乘坐。中庭、出入口等位置,特别是中庭作为商业中心内部平面交通和垂直交通的枢纽,是布置自动扶梯的主要区域和最为集中的区域,自动扶梯具体布置时应避免出现人流死角,如图 6-17 所示。

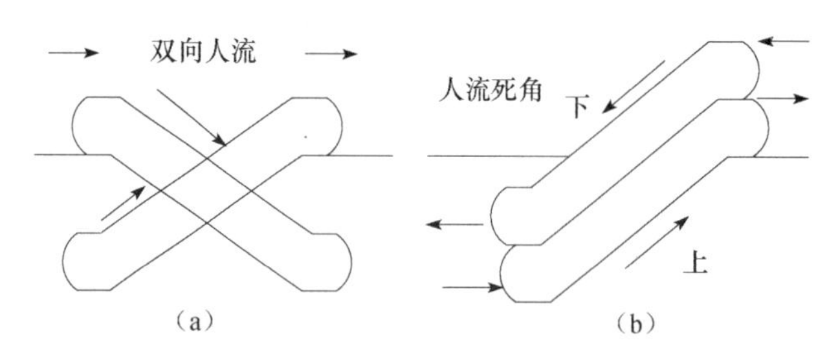

图 6-17 自动扶梯排列组合方式

(a) 剪刀形自动扶梯人流走向示意;(b) 单向形自动扶梯人流走向示意

自动扶梯的布置往往需要大空间的支持,长度方向往往会使框架梁中断,因而应避免设在高层建筑主体内。由于自动扶梯角度可定制,当长度方向空间局促时,一般应尽量通过调整自动扶梯的角度以保证建筑结构不受影响。图 6-18 所示为深圳京基 100KKMall 自动扶梯造型。

图 6-18 深圳京基 100KKMall 自动扶梯造型

6.3.2 电梯组合方式

高层电梯一般成组集中布置构成电梯群筒，以便提高使用效率并构成结构核心筒。电梯组合方式既要满足交通转换的空间尺度要求，也要满足楼宇交通服务质量与能力的形象要求。电梯组合方式是由提高服务效率、适应控制系统特点并力求候梯厅面积经济、使用合理等因素决定的，且与电梯的数量有关，一般应相对集中设置，组成电梯厅。

1）电梯排列方式选择

电梯的排列多为成排成组的集中布置形式，大体上分为多台单侧并列（亦称直接式）和多台对列（亦称巷道式和插入式）两种类型。有的学者归纳的凹室式只是多台对列的变种，"丁"字形布局的组合式排列在一般高层建筑中较为少见，电梯基本组合方式如图 6-19 所示。

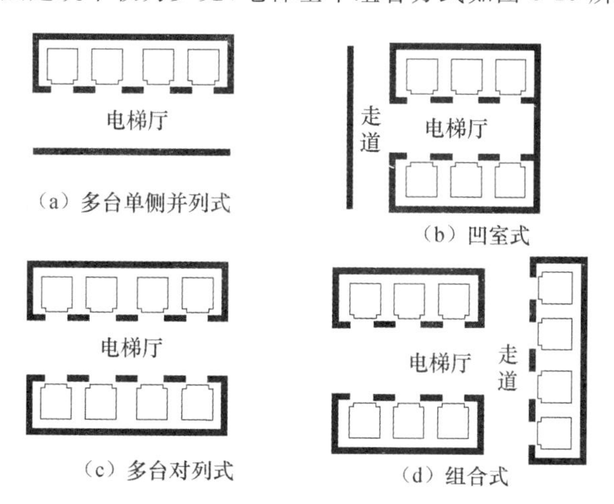

图 6-19 电梯基本组合方式

对于层数多，标准层面积和人员流量均较大的建筑而言，由于电梯需要量多，采用多台对列较节省交通面积，还可以用防火门或防火卷帘，在电梯厅与公共走廊之间进行防火分隔，配合排烟竖井设计，使候梯厅兼作消防前室。

2）控制系统对电梯排列的影响

为适应控制系统的特点，一般电梯多台单侧排列一般为2～4台，凹室式一般为4～6台，候梯厅独立、安静，运行效率高；多台双侧排列不宜多于8台；超过8台时应分成两组布置，但巷道不能兼作通路。

单区服务(同组群控)的电梯服务楼层一般要一致，电梯部数不宜过多。为了提高电梯的运行效率，在设置多台电梯时，尽量采取联控(2台以上)或群控(3台以上)方式。比如同样四台电梯，如果同侧排列，可采用群控方式；如果背向排列，那么最多只能2台联控，若是每台之间相隔一段距离或中间有障碍物时，就只能采用单控的形式了。

3）电梯厅大小的确定

一般档次的电梯厅面积相当于电梯井道的大小，电梯厅过大不经济。

电梯厅的深度与电梯台数和排列方式有关，表6-15为《统一标准》有关规定。电梯单侧排列电梯不宜超过4台(双侧排列不宜超过2排×4台)，电梯厅过宽，乘客来回路程过长，尤其采用程序控制电梯组时运行效率更低，当然，电梯厅的深度也不能太小，以避免高、低区乘客间相互干扰。

表6-15　电梯厅深度尺寸

电梯种类	布置形式	电梯厅深度/mm
住宅电梯	单台	≥B
	多台单侧排列	≥B^*
	多台双侧排列	≥相对电梯B^*之和，且小于3.5 m
公共建筑电梯	单台	≥1.5B
	多台单侧排列	≥1.5B^*，当梯群为4台时，应≥2.4 m
	多台双侧排列	≥相对电梯B^*之和，且小于4.5 m

注：①B为轿厢深度，B^*为电梯群中最大轿厢深度；

②供轮椅使用的电梯厅深度不应小于1.8 m；

③本表规定的深度不包括穿越电梯厅的走道宽度；

④货梯电梯厅深度同单台住宅电梯。

⑤《住宅设计规范》(GB 50096—2011)6.4.6条规定，住宅电梯厅深度不应小于1.50 m。

初学者要特别注意：电梯厅不能作为水平交通通道使用，非乘梯人员不应穿过电梯厅；若电梯厅必须兼作交通走廊，电梯厅应留一定宽度，以适应乘客等候的需要。

6.3.3　电梯与楼梯之间的组合关系

大多数情况下，一般高层建筑塔楼楼梯即疏散楼梯，电梯与楼梯之间的组合关系即乘客电梯与疏散楼梯之间，消防电梯、服务电梯和疏散楼梯之间的组合关系，应主要从消防要求和物流要求考虑，以便于既能发挥电梯交通枢纽的效率和疏散楼梯的消防作用，又利于结构核心筒的形成为原则，注意避免电梯被楼梯环绕的布局。

楼梯与电梯应尽量成组就近布置，以方便上下相邻楼层人员同时上下。高层建筑消防电梯和疏散楼梯一般应共用前室，并尽量靠外墙消防登高面布置。同时，疏散楼梯布置还应满足有关防火安全疏散距离的要求，详见本书8.4节“安全疏散”。

此外，服务电梯的位置要求隐蔽且联系方便，与服务间、服务站以及服务楼梯接近或连通。

6.4 电梯分区

随着建筑高度的增加，电梯占用的建筑面积也在增加，越往下部电梯井道所占面积越多，电梯运行效率低。为了提高电梯的运载能力与运行速度，减少人在轿厢内的停留时间以提高效率，节省电梯数量以提高标准层净有效面积，电梯应分区运行。电梯分区属于电梯服务方式的内容，亦是建筑师和电梯工程师必须合作的范围，电梯服务方式的选择是电梯配置设计的又一个难点。

6.4.1 电梯服务的基本方式

高层建筑电梯服务有多种形式。按电梯的运行方式，电梯服务方式主要有三种，即分区方式、双层方式以及空中大厅方式（如图6-20所示）。其中，分区方式是最为常见的方式，主要是指高层建筑同组乘客电梯之间的协调运行方式。

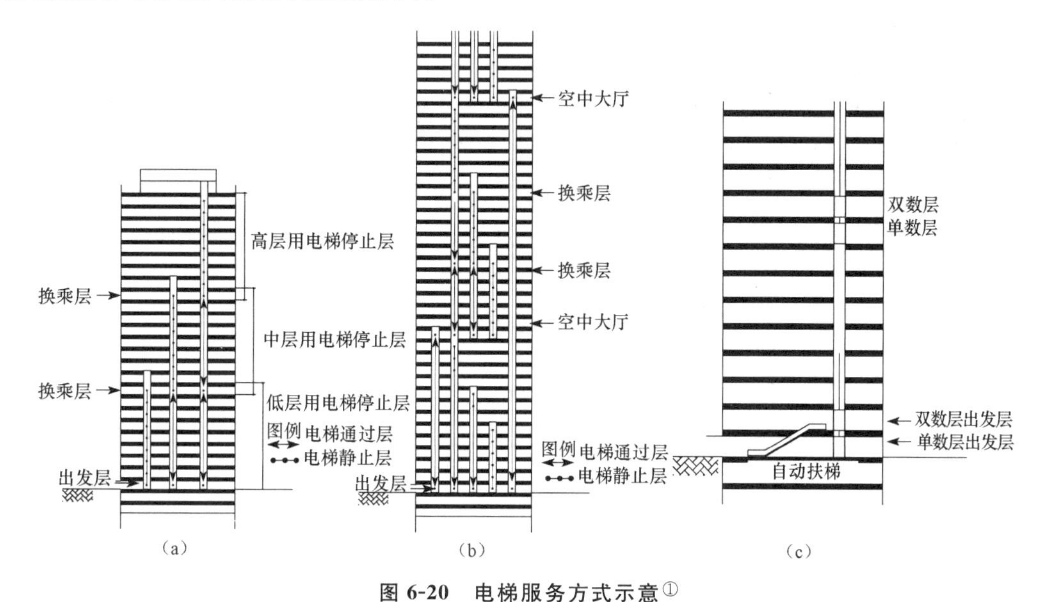

图6-20 电梯服务方式示意[①]

(a)分区方式；(b)空中大厅方式；(c)双层方式

双层方式并不多见，它是轿厢分区的特殊分区方式。在同一梯井内安装上、下两层重叠的双层轿厢，每次运行均有2台电梯的运输能力。出发层分上下两层，停止层分别为偶数层专用和奇数层专用，乘客分上下层同时上下。双层方式的优点是节省空间，能够提高同一井道的运输能力；缺点是会给使用者带来一些不便，乘客的诱导路线如果不明确，就容易发生混乱，因此常在单、双层之间设置楼梯或自动扶梯加强联系。这种服务方式适合于大流量的专用办公大楼，不大适用于租赁办公大楼。

空中大厅方式可视为最复杂的分区方式，采用空中候梯厅的超高层建筑一般都超过100层。一般先将50层以上的人员，用大容量高速电梯从底层送到50层上的“空中大厅”(sky lobby，亦称

① 三栖邦博.超高层办公楼[M].刘树信，译.北京：中国建筑工业出版社，2003.

空中候梯厅),然后在此改乘区间电梯达目的层,一般以 30～35 层为一区间,因此空中大厅又称区中区电梯系统,或高空门厅电梯系统(the double-deck elevator for system and the sky lobby elevator system)。虽然空中候梯厅方式需要换乘才能达到高区的楼层,但上、下两段电梯井对齐,可省去部分电梯井的面积,空中大厅还可以在多用途建筑中成为另一类功能用房的起点。

高度在 150 m 以下的建筑电梯服务一般只采用简单的分区方式。因此,本书主要讨论初学者最常见的单区和多区两种服务方式。

6.4.2 电梯分区的方法

为了有效使用电梯,一组电梯的提升高度一般不宜超过 50 m,人们遇到火灾时,向上或向下走 24 m 是合理的。因此建筑高度在 50 m 以下且人数不多时,可设 2～4 台电梯,一般不作分区,几台一组的电梯从底层到顶层为全楼服务,可分为连层停、隔层停和两者的混合。

50 m 以上的建筑采用单区服务方式不经济,这是因为电梯层层停靠,运行周期长,人在轿厢内停留时间长,运转效率低,导致电梯数量多。而且电梯厅门多,造价高;而分区服务方式的楼内,竖向交通分成几个区,各个区由不同容量与速度的电梯服务,减少了上述不利因素。我国《办公建筑设计标准》(JGJ/T 67—2019)规定建筑高度超过 75 m 的办公建筑电梯应分区或分层使用。

电梯分区是将电梯划分为若干组,每组分担某个层段的垂直运输,层段的划分须通过计算确定。一般原则是每十层或十几层分作一区,每区电梯服务层站不宜超过 15 层(大约 50 m,即一个避难层的高度),以免影响电梯的服务质量。分区标准应通过计算确定,一般上区层数应少些,下区层数应多些。表 6-16 所示为电梯分区与排列组合的关系。

表 6-16 电梯分区与排列组合的关系[①]

良好的配置		不良的配置	
1 组情况	2 组情况	1 组情况	2 组情况
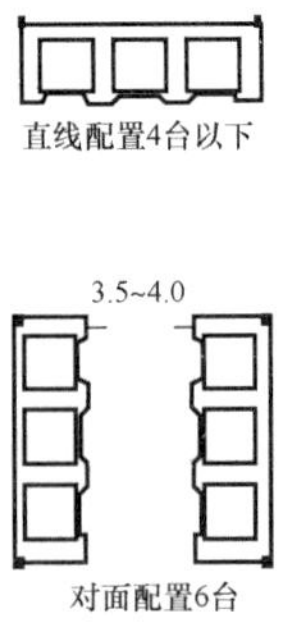 直线配置4台以下 3.5~4.0 对面配置6台	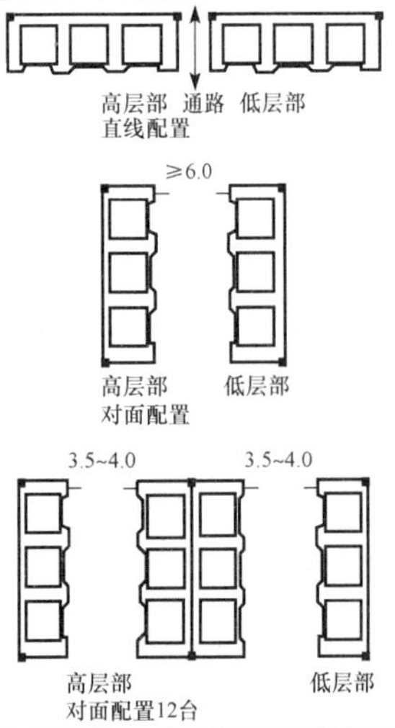 高层部 通路 低层部 直线配置 ≥6.0 高层部 低层部 对面配置 3.5~4.0 3.5~4.0 高层部 低层部 对面配置12台	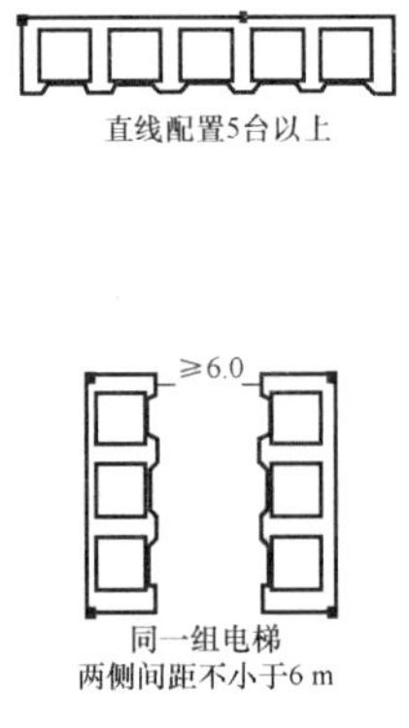 直线配置5台以上 ≥6.0 同一组电梯 两侧间距不小于6 m	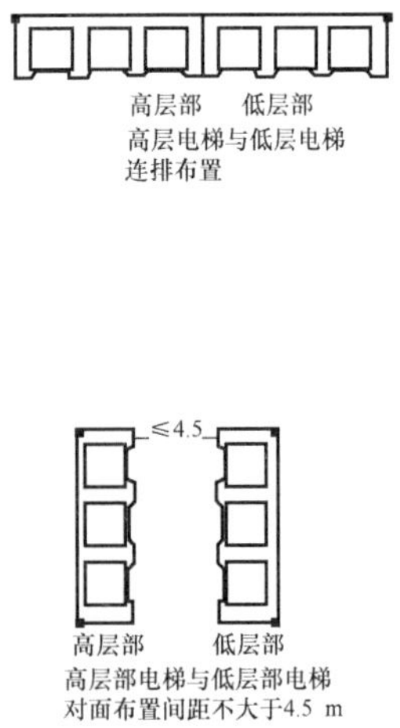 高层部 低层部 高层电梯与低层电梯 连排布置 ≤4.5 高层部 低层部 高层部电梯与低层部电梯 对面布置间距不大于4.5 m

注:实际工程中多台双侧排列电梯的电梯厅深度取值与规范有所不同,电梯是否分高低区对电梯厅深度影响较大。

① 翁如璧.现代办公楼设计[M].北京:中国建筑工业出版社,1995.

每个分区由一部或数部电梯组成，互相连成一排布置，每排不超过4部。对服务站和运行速度一致的电梯，应采用并联和群控管理，这样电梯速度可随分区所在部位的增高而加快，即高层区速度比中低层区快，再加上高层区电梯在中低层不停站，大大缩短了运行时间，从而减少电梯数量。表6-17所示为日本世界贸易中心大厦电梯布局及各项指标。

表6-17 日本世界贸易中心大厦电梯布局及各项指标①

电梯分区	低区	中低区	中高区	高区
电梯服务层数	2～12	2～23	2～32	2～39
各区电梯数	5	6	6	5
电梯容量/(kg/人)	1 600/24	1 600/24	1 600/24	1 600/24
各区电梯速度/(m/s)	3	3.5	4	5
电梯运行一周时间/s	140.9	161.2	175.9	175.9
轿厢间平均间隔时间/s	28.2	26.9	29.3	35.2
5 min内运载人数/人	230	241	221	184
5 min内运载本区内总人数的百分比/(%)	11.6	12.9	12.1	11.7

【案例3】北京华贸中心办公楼

北京华贸中心一期工程包括135 m高的1号办公楼和151 m高的2号办公楼，二期工程为167 m高的3号办公楼。KPF按照国际5A智能写字楼标准，为1、2号办公楼(核心体面积440 m^2)设计了两组6台电梯，共12台客梯、12台货运消防电梯，并根据电梯数量对其载重、速度、等候时间、轿厢容量进行了精确调节。二期工程要求3号楼外形看起来必须与1、2号楼完全一样，但高度要增加4层。为了保持3号楼与1、2号楼相同的出租率和进深，设计人采用了相同大小的核心体。同时，增加的4层办公楼意味着客梯承载量和设备负荷要增加14%。为了在电梯效率和3号楼核心体布局之间寻求最佳的平衡，KPF与国际电梯顾问紧密合作，做了许多模拟研究，最后把增加的4层安排在低区，为其配置3台低层电梯，6台中层电梯，6台高层快速电梯，其速度比1、2号楼所选用的电梯更快，而3号楼中高区电梯的机能与1、2号楼高低区电梯(6+6)的配置方式相同。

案例来源：大卫·马洛特，穆英凯，林颖松.高层建筑的进化和发展——以KPF的高层建筑设计为例[J].时代建筑，2005(4).

由于建筑竖向空间布局时一般都将人数多的空间布置在低层区，人数少的布置在高层区，因此一般低层区层数宜多些，高层区层数宜少些。在出发层，由于几组电梯厅并列，设计时应使平面简明，路线流畅，同时，中、低层区机房的上部空间应加以利用，这一点常常为初学者所忘记。

此外，高层住宅电梯宜每层设站，非每层设站时，不设站的层数不应超过两层。单元式高层住宅每单元只设一部电梯时，应采用联系廊连通，以免当电梯发生故障时用户只好爬楼梯的情形发生。

6.4.3 电梯配置综合算例

【案例4】电梯综合算例一(电梯运行高度82.8 m，分两区服务)

南方某城市中心地块拟建一座地上23层的高科技产业租赁型办公楼，功能设置为：1层为入

① 雷春浓.高层建筑设计手册[M].北京：中国建筑工业出版社，2002.

口大堂和小型商业，2层为西式餐厅，3～4层为商务会议和小型商务会所，5层以上为办公区。建筑占地6 072 m^2，总建筑面积为31 000 m^2，裙楼密度约为36%，塔楼密度约为20%，建筑控制高度在100 m以内。

根据初步的设计和计算，确定了建筑办公塔楼共19层，建筑面积约23 180 m^2，每层建筑面积约为1 220 m^2。接下来需要对电梯进行仔细的配置，按如图6-14所示的电梯配置程序和表6-13中的详细计算步骤和计算公式进行计算。

第一步　初步估算塔楼内使用电梯的总人数(人)

因建筑层数为23层(小于30层，塔楼实际为19层)，办公塔楼的有效净面积系数可按75%计，人均净面积取13 m^2/人，则塔楼内使用电梯的总人数(人)＝1 220×75%×19÷13≈1 337(人)。

第二步　初步估算塔楼电梯的数量(台)

①按照办公建筑面积4 000 m^2/台的指标估计，该大厦塔楼需要的客用电梯数量(台)＝23 180÷4 000≈6(台)；

②服务电梯按1/4客用电梯数算，可配1台，且可考虑与1台客用电梯或消防电梯合用；

③标准层面积按一个防火分区控制，按《防火规范》要求，配置1台消防电梯。

综合以上三项，初步估算该大厦塔楼部分需要配设6台客用电梯和1台消防电梯，共7台电梯。

第三步　确定电梯的服务方式

因建筑高度超过了75 m，为提高电梯的运行效率和降低乘客的候梯时间，如图6-20所示，将6台客用电梯均匀分为高低两个区域运行，而每区电梯服务层站不宜超过15层，即第一区为低区，设3台电梯，单道区间快速运行1层和5～14层，停站11个，服务楼层$n_{低}$＝10层；第二区为高区，设3台电梯，单道区间快速运行1层和14～23层，2～13层不停站，停站11个，服务楼层$n_{高}$＝10层。第14层为高低区电梯换乘层。

第四步　计算电梯轿厢的行程 *H*(m)

按照裙楼层高4.5 m，塔楼层高3.6 m计算，低区电梯轿厢的单边行程$H_{低}$＝4.5×4＋3.6×9＝50.4(m)；高区电梯轿厢的单边行程$H_{高}$＝4.5×4＋3.6×18＝82.8(m)。

第五步　确定电梯轿厢的速度 V(m/s)和载重量 *G*(kg/台)

按照电梯速度$V \geq H/30$ s的标准和如图6-12所示的电梯速度选用参考值，可估算出低区电梯的速度$V_{低}$＝50.4÷30＝1.68(m/s)≈2.0(m/s)；高区电梯的速度$V_{高}$＝82.8÷30＝2.76 (m/s)≈3.0(m/s)。

初选客梯载客量G＝1 350 kg/台，最大载客数20人，两扇中开门，门宽1 000 mm。经查阅有关电梯资料，此规格的三菱电梯井道尺寸为2.60 m(宽)×2.45 m(深)，可以此进行核心体平面布置设计。

第六步　计算每班梯往返一周总的时间 $T_{低}$、$T_{高}$(s)

按表6-13的计算步骤，利用表6-14和前述有关参数，可分别计算出低区电梯每班梯往返一周总的时间$T_{低}$＝165 s和高区电梯每班梯往返一周总的时间$T_{高}$＝181 s，具体步骤如下：

①计算底层出发时预计进入轿厢人数 r(人)

$r_{低}=20\times0.8=16$(人);$r_{高}=20\times0.8=16$(人)

②计算每班梯预计停站数 F

根据电梯服务层数 $n_{低}=10$ 和 $n_{高}=10$，电梯单道区间快行，查表 6-14，得每班梯预计停站数(站)$F_{低}=8.0+1=9$;$F_{高}=8.0+1=9$

③计算每班梯往返一周的行驶时间 T_1(s)

$T_{低1}=2\times H_{低}/V_{低}+\frac{1}{2}\left(\frac{1}{0.8}+\frac{1}{0.8}\right)\times V_{低}\times F_{低}=2\times50.4/2.0+\frac{1}{2}\left(\frac{1}{0.8}+\frac{1}{0.8}\right)\times2.0\times9=50.4+22.5=72.9$(s)

$T_{高1}=2\times H_{高}/V_{高}+\frac{1}{2}\left(\frac{1}{0.8}+\frac{1}{0.8}\right)\times V_{高}\times F_{高}=2\times82.8/3.0+\frac{1}{2}\left(\frac{1}{0.8}+\frac{1}{0.8}\right)\times3.0\times9=55.2+33.75=88.95$(s)

④计算电梯开关门总的时间 T_2(s)

取手动和自动开关门的中间值 $5\times F$，则

$T_{低2}=5\times F_{低}=5\times9=45$(s);$T_{高2}=5\times F_{高}=5\times9=45$(s)

⑤计算乘客进出轿厢所需时间 T_3(s)

查表 6-13，取办公楼 $2.4r$

$T_{低3}=2.4\times r_{低}=2.4\times16=38.4$(s);$T_{高3}=2.4\times r_{高}=2.4\times16=38.4$(s)

⑥计算每班梯计划外占用时间 T_4(s)

$T_{低4}=0.1\times(T_{低2}+T_{低3})=0.1\times(45+38.4)=8.34$(s)

$T_{高4}=0.1\times(T_{高2}+T_{高3})=0.1\times(45+38.4)=8.34$(s)

⑦计算每班梯往返一周总的时间 $T_{低}$、$T_{高}$(s)

$T_{低}=T_{低1}+T_{低2}+T_{低3}+T_{低4}=72.9+45+38.4+8.34=164.64(s)\approx165$(s)

$T_{高}=T_{高1}+T_{高2}+T_{高3}+T_{高4}=88.95+45+38.4+8.34=180.69(s)\approx181$(s)

由上述计算过程可以看出，每班电梯往返一周的总时间与建筑的层高、层数成正比，层高越高、层数越多，所需时间越多。在建筑层高、层数确定不变的条件下，要缩短乘客的候梯时间，选用高速、大容量的电梯，同时进行合理分区是有效的解决办法。

第七步　计算一台电梯 5 min 输送能力(人)

低区电梯一台电梯 5 min 输送能力(人)$P_{低}=300r_{低}/T_{低}=300\times16/165\approx29$(人)

高区电梯一台电梯 5 min 输送能力(人)$P_{高}=300r_{高}/T_{高}=300\times16/181\approx27$(人)

第八步　验算需要配设的电梯台数(台)

因第 14 层为高低区换乘层，乘梯人数按高低区人员各占一半计算，乘客集中率 ρ 按 12.5% 计，则：

低区电梯 5 min 的乘梯人数(人)$\rho_{低}=1\,220\times75\%\times9.5\div13\times12.5\%\approx84$(人)

高区电梯 5 min 的乘梯人数(人)$\rho_{高}=1\,220\times75\%\times9.5\div13\times12.5\%\approx84$(人)

低区电梯需要配置的电梯台数(台)$N_{低}=\rho_{低}/P_{低}=84/29\approx2.90$(台)$\approx3$(台)

高区电梯需要配置的电梯台数(台)$N_{高}=\rho_{高}/P_{高}=84/27\approx3.1$(台)$\approx3$(台)

以上计算结果与初步配设数量一致，无需调整。

第九步　验算平均运行间隔时间(s)

低区电梯平均运行间隔时间 $R_{t低}=T_{低}/N_{低}=165/3=55$(s)

高区电梯平均运行间隔时间 $R_{t高}=T_{高}/N_{高}=181/3\approx60$(s)

计算结果显示,$R_{t低}$、$R_{t高}$均满足普通办公建筑电梯平均运行间隔时间在60 s以内要求。

第十步　验算电梯5 min输送能力

低区每台电梯5 min内运送乘客数(人)$P_{低}=300r/R_{t1}=300\times16/55\approx87$(人)

低区电梯5 min内运送乘客数的百分比(%)=5 min内运送乘客数×100%/塔楼内使用的人数=87×100%/(1 220×75%×9.5÷13)≈13.0%

高区电梯5 min内运送乘客数(人)$P_{高}=300r/R_{t1}=300\times16/60=80$(人)

高区电梯5 min内运送乘客数的百分比(%)=5 min内运送乘客数×100%/塔楼内使用的人数=80×100%/(1 220×75%×9.5÷13)≈12.0%

以上计算结果满足普通高层办公建筑电梯12.5%~16%的5 min处理能力的标准要求。

结论

由以上计算结果分析得知,该电梯选配方案(见表6-18和表6-19)合理、可行,满足相应的要求。如不作更高标准的要求,则可以据此进行深入的设计。同时也会发现,$R_{t低}$、$R_{t高}$两值较接近指标的上限,主要原因是该建筑为地上23层,建筑高度不足90 m,如果采取电梯分区运行的服务方式,电梯的配置条件还需要适当提高,如增加电梯数量、选用更高速度的电梯,才能有效缩短电梯的等候时间,获得更好的服务效果。

表6-18　电梯配置计算结果

	项目	高区客梯3台群控	低区客梯3台群控
建筑参数	最高层站/站	23	14
	服务楼层/层	10	10
	提升高度/m	82.8	50.4
	服务高度/m	32.4	32.4
	使用人数/人	669	669
	出勤率/%	80	80
电梯配置	电梯速度/(m/s)	3.0	2.0
	电梯载重/kg	1 350	1 350
	组内台数/台	3	3
指标计算结果	高峰时段5 min输送能力/(%)	12	13
	高峰时段5 min输送人数/人	80	87
	平均运行间隔/s	60	55

注:服务楼层(层)是指除出发层以外的服务楼层数。

表 6-19 电梯配置方案示意

层号	功能	层高	标高	人数/(人/层)	H1	H2	H3	L1	L2	L3
23	办公	3.60	82.80	70	1	1	1	—	—	—
22	办公	3.60	79.20	70	1	1	1	—	—	—
21	办公	3.60	75.60	70	1	1	1	—	—	—
20	办公	3.60	72.00	70	1	1	1	—	—	—
19	办公	3.60	68.40	70	1	1	1	—	—	—
18	办公	3.60	64.80	70	1	1	1	—	—	—
17	办公	3.60	61.20	70	1	1	1	—	—	—
16	办公	3.60	57.60	70	1	1	1	—	—	—
15	办公	3.60	54.00	70	1	1	1	—	—	—
14	办公	3.60	50.40	70	1	1	1	1	1	1
13	办公	3.60	46.80	70	—	—	—	1	1	1
12	办公	3.60	43.20	70	—	—	—	1	1	1
11	办公	3.60	39.60	70	—	—	—	1	1	1
10	办公	3.60	36.00	70	—	—	—	1	1	1
9	办公	3.60	32.40	70	—	—	—	1	1	1
8	办公	3.60	28.80	70	—	—	—	1	1	1
7	办公	3.60	25.20	70	—	—	—	1	1	1
6	办公	3.60	21.60	70	—	—	—	1	1	1
5	办公	3.60	18.00	70	—	—	—	1	1	1
4	会议	4.50	13.50	—	—	—	—	—	—	—
3	会所	4.50	9.00	—	—	—	—	—	—	—
2	餐饮	4.50	4.50	—	—	—	—	—	—	—
1	大堂	4.50	0.00	—	1	1	1	1	1	1
电梯序号	—	—	—	—	1	2	3	4	5	6

因建筑方案采取了交通核心体居中、四周布置办公空间的标准层平面形式，因此电梯的布置采取 3 台联排、6 台两两相对、分高低两区运行的布置方式，分别如图 6-21、图 6-22 所示。低区电梯井上部的空间可以加以利用，以提高平面的使用效率。

【案例 5】电梯综合算例二（电梯运行高度 138.7 m，分三区服务）

中国南方城市拟建一座集办公、餐饮、娱乐为一体的综合性大厦，塔式造型，建筑高度控制在 150 m 以内。地上共 35 层（其中拟在 14 层和 25 层设两层避难层），地下 4 层。地上部分功能安排：1 层为大堂；2～3 层为餐饮、娱乐；4～35 层为办公写字楼。塔楼建筑面积 2 400 m^2/层，楼层净面积比例为 70%，办公净面积指标取 12 m^2/人，出勤率为 80%。同时由于该项目地下层较多，且

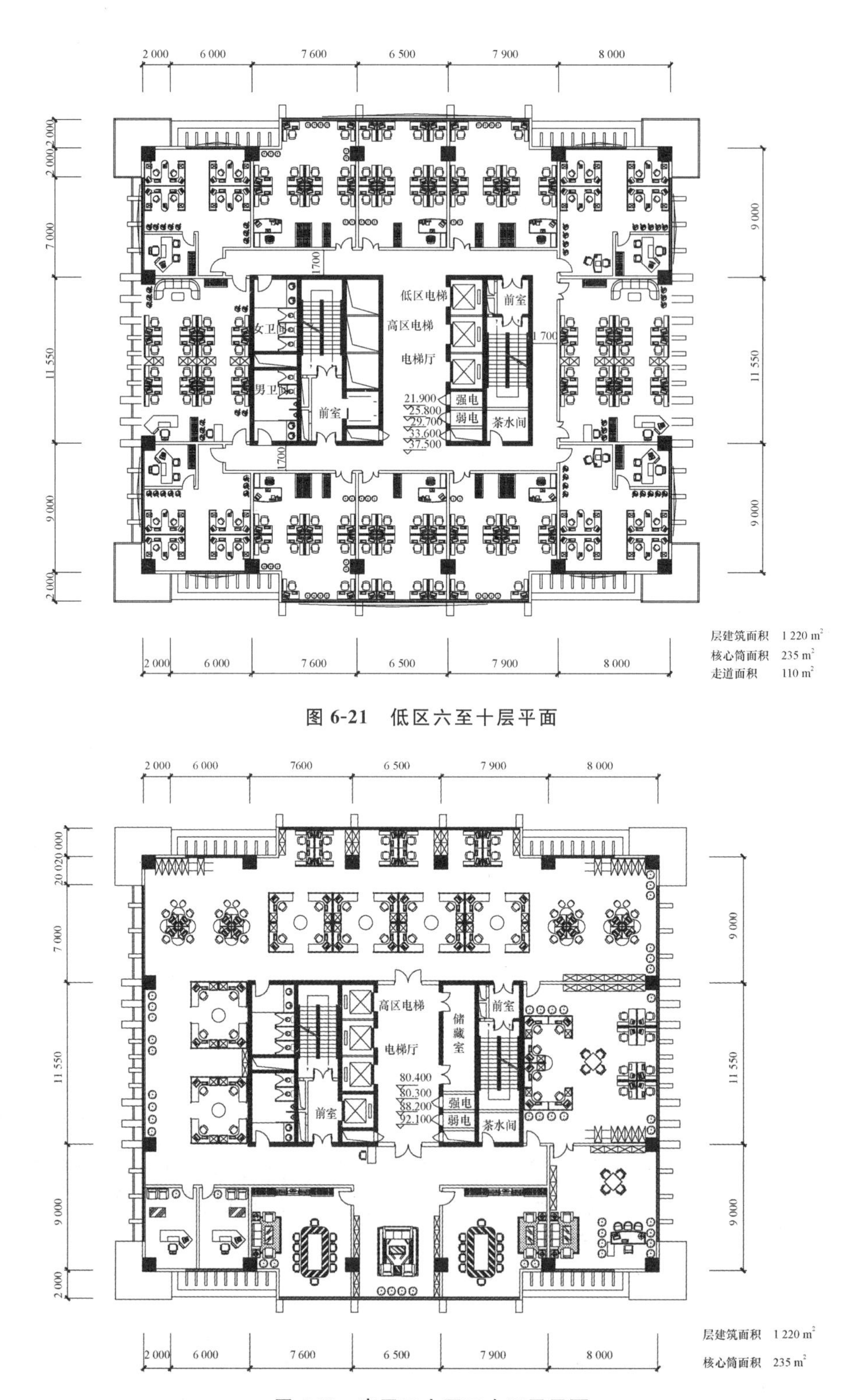

图 6-21 低区六至十层平面

图 6-22 高区二十至二十三层平面

根据项目规划，地下层和 2～3 层餐饮、娱乐部分另有专梯应对，故不考虑办公区客梯停靠地下层和 2～3 层的情况。试分析大厦内的载客电梯配置情况（电梯选用群控服务方式，电梯门两扇中开）。

按如图 6-14 所示的电梯配置程序和表 6-13 中的详细计算步骤和计算公式进行电梯台数的计算和选配电梯系统的性能（平均运行时间）评价验算。

第一步 估算大厦内办公区载客电梯数量

①用办公区总建筑面积估算：

办公区总建筑面积＝2 400×(35－5)＝72 000(m^2)

查表 6-12，按舒适型考虑，则初步估算大厦客用电梯数量＝72 000÷4 000＝18(台)

②还可以用办公总人数来估算客用电梯的数量，如：

办公区总人数（电梯总使用人数）＝72 000×70％÷12＝4 200(人)

办公区每层人数＝4 200÷30＝140(人/层)

根据表 6-12，按豪华级考虑，初步估算大厦客用电梯数量＝4 200÷240＝17.5(台)≈18(台)

根据表 6-9 初步选择电梯的规格：电梯的速度 3.5 m/s 左右，电梯荷载 1 600 kg/台（24 人左右），两扇中开门，门宽 1 000 mm，按双程高峰时考虑。

第二步 计算大厦内办公区载客电梯配置

由于大厦超过 20 层，拟设两个避难层，所以客用电梯还应考虑分区设置，以提高利用率。

①大楼拟在 14 层、25 层设两个避难层，利用图 6-20 中的电梯分区方式，则将电梯分为三组，按高、中、低三区布置，单道区间快行，并在 13 层、24 层设换乘层，具体分区方案如下：

高区：1F～24F、26F～35F（25 层为避难层），服务 11 个楼层

中区：1F～13F、15F～24F（14 层为避难层），服务 11 个楼层

低区：1F～13F，服务 10 个楼层

②计算过程

a. 低区电梯

电梯总使用人数(人)$A_{低}$＝(13－3)×2 400×70％÷12＝1 400(人)

电梯额定速度(m/s)$V_{低}$＝3.0 m/s

电梯额定载人数(人)$B_{低}$＝21 人

电梯服务层数(层)$n_{低}$＝13－3＝10(层)

底层出发时预计进入轿厢人数(人)$r_{低}$＝21×0.8＝16.8≈17(人)

电梯运行高度(m)$H_{低}$＝1×10＋(12－1)×3.9＝52.90(m)

每班梯预计停站数(站)$F_{低}$＝8.5＋1＝9.5(站)

每班梯往返一周的行驶时间(s)$T_{低1}=\dfrac{2H_{低}}{V_{低}}+\dfrac{1}{2}\left(\dfrac{1}{a_p}+\dfrac{1}{a_t}\right)V_{低}\cdot F_{低}=2\times\dfrac{52.90}{3.0}+\dfrac{1}{2}\times\left(\dfrac{1}{0.8}+\dfrac{1}{0.8}\right)\times 3.0\times 9.5=35.27+35.625=70.892$(s)

电梯开关门总的时间(s)$T_{低2}$＝5×9.5＝47.5(s)

乘客进出轿厢所需时间(s)$T_{低3}$＝2.4r＝2.4×16.8＝40.32(s)

每班梯计划外占用时间(s)$T_{低4}$＝0.1(T_2＋T_3)＝0.1×(47.5＋40.32)＝0.1×87.82＝8.782(s)

每班梯往返一周的行驶时间(s)$T_{低}=T_{低1}+T_{低2}+T_{低3}+T_{低4}=70.892+47.5+40.32+8.782=167.494$(s)

一台电梯5 min输送人数(人)$P_{低}=300r_{低}/T_{低}=300\times16.8/167.497=30.09\approx30$(人)

参考表6-7,5 min载客率取15%

需要的电梯台数(台)$N_{低}=\rho_{低}/P_{低}=A_{低}\times15\%/30=1\ 400\times15\%/30\approx7$(台)

发梯间隔时间(s)$R_{t低}=T_{低}/N_{低}=167.494/7=23.93$(s)

将$R_{t低}$的计算结果与表6-8对比,低区电梯发梯间隔时间在30 s以下,表明设7台电梯的配置标准偏高,需要重新进行选配。例如,将电梯台数减为6台,更能适合国情条件,具体配设指标见表6-20。

b. 中区电梯(计算方法同上,略)

c. 高区电梯(计算方法同上,略)

电梯配置计算结果见表6-20,电梯配置方案示意见表6-21。

表6-20 电梯配置计算结果

项目		高区客梯6台群控	中区客梯6台群控	低区客梯6台群控
建筑参数	最高层站/站	35	24	13
	服务楼层/层	11	11	10
	提升高度/m	138.70	95.80	52.90
	服务高度/m	42.90	42.90	52.90
	使用人数/人	1 540	1 540	1 400
	出勤率/(%)	80	80	80
电梯配置	电梯速度/m/s	4.0	3.5	3.0
	电梯载重/kg	1 600	1 600	1 600
	组内台数/台	6	6	6
指标计算结果	高峰时段5 min输送能力/(%)	13.1	14.4	13.2
	高峰时段5 min输送人数/人	146.7	161.1	177.2
	平均运行间隔/s	35.73	32.18	27.71

注:服务楼层(层)是指除出发层以外的服务楼层数。

表6-21 电梯配置方案示意

层号	功能	层高	标高	人数/(人/层)	H1	H2	H3	H4	H5	H6	M1	M2	M3	M4	M5	M6	L1	L2	L3	L4	L5	L6
35	写字楼	3.90	138.70	140	1	1	1	1	1	1	—	—	—	—	—	—	—	—	—	—	—	—
34	写字楼	3.90	134.80	140	1	1	1	1	1	1	—	—	—	—	—	—	—	—	—	—	—	—
33	写字楼	3.90	130.90	140	1	1	1	1	1	1	—	—	—	—	—	—	—	—	—	—	—	—
32	写字楼	3.90	127.00	140	1	1	1	1	1	1	—	—	—	—	—	—	—	—	—	—	—	—

续表

层号	功能	层高	标高	人数/(人/层)	H1	H2	H3	H4	H5	H6	M1	M2	M3	M4	M5	M6	L1	L2	L3	L4	L5	L6
31	写字楼	3.90	123.10	140	1	1	1	1	1	1	—	—	—	—	—	—	—	—	—	—	—	—
30	写字楼	3.90	119.20	140	1	1	1	1	1	1	—	—	—	—	—	—	—	—	—	—	—	—
29	写字楼	3.90	115.30	140	1	1	1	1	1	1	—	—	—	—	—	—	—	—	—	—	—	—
28	写字楼	3.90	111.40	140	1	1	1	1	1	1	—	—	—	—	—	—	—	—	—	—	—	—
27	写字楼	3.90	107.50	140	1	1	1	1	1	1	—	—	—	—	—	—	—	—	—	—	—	—
26	写字楼	3.90	103.60	140	1	1	1	1	1	1	—	—	—	—	—	—	—	—	—	—	—	—
25	避难层	3.90	99.70	—	—	—	—	—	—	—	—	—	—	—	—	—	—	—	—	—	—	—
24	写字楼	3.90	95.80	140	1	1	1	1	1	1	1	1	1	1	1	1	—	—	—	—	—	—
23	写字楼	3.90	91.90	140	—	—	—	—	—	—	1	1	1	1	1	1	—	—	—	—	—	—
22	写字楼	3.90	88.00	140	—	—	—	—	—	—	1	1	1	1	1	1	—	—	—	—	—	—
21	写字楼	3.90	84.10	140	—	—	—	—	—	—	1	1	1	1	1	1	—	—	—	—	—	—
20	写字楼	3.90	80.20	140	—	—	—	—	—	—	1	1	1	1	1	1	—	—	—	—	—	—
19	写字楼	3.90	76.30	140	—	—	—	—	—	—	1	1	1	1	1	1	—	—	—	—	—	—
18	写字楼	3.90	72.40	140	—	—	—	—	—	—	1	1	1	1	1	1	—	—	—	—	—	—
17	写字楼	3.90	68.50	140	—	—	—	—	—	—	1	1	1	1	1	1	—	—	—	—	—	—
16	写字楼	3.90	64.60	140	—	—	—	—	—	—	1	1	1	1	1	1	—	—	—	—	—	—
15	写字楼	3.90	60.70	140	—	—	—	—	—	—	1	1	1	1	1	1	—	—	—	—	—	—
14	避难层	3.90	56.80	—	—	—	—	—	—	—	—	—	—	—	—	—	—	—	—	—	—	—
13	写字楼	3.90	52.90	140	—	—	—	—	—	—	1	1	1	1	1	1	1	1	1	1	1	1
12	写字楼	3.90	49.00	140	—	—	—	—	—	—	—	—	—	—	—	—	1	1	1	1	1	1
11	写字楼	3.90	45.10	140	—	—	—	—	—	—	—	—	—	—	—	—	1	1	1	1	1	1
10	写字楼	3.90	41.20	140	—	—	—	—	—	—	—	—	—	—	—	—	1	1	1	1	1	1
9	写字楼	3.90	37.30	140	—	—	—	—	—	—	—	—	—	—	—	—	1	1	1	1	1	1
8	写字楼	3.90	33.40	140	—	—	—	—	—	—	—	—	—	—	—	—	1	1	1	1	1	1
7	写字楼	3.90	29.50	140	—	—	—	—	—	—	—	—	—	—	—	—	1	1	1	1	1	1
6	写字楼	3.90	25.60	140	—	—	—	—	—	—	—	—	—	—	—	—	1	1	1	1	1	1
5	写字楼	3.90	21.70	140	—	—	—	—	—	—	—	—	—	—	—	—	1	1	1	1	1	1
4	写字楼	3.90	17.80	140	—	—	—	—	—	—	—	—	—	—	—	—	1	1	1	1	1	1
3	娱乐	3.90	13.90	140	—	—	—	—	—	—	—	—	—	—	—	—	—	—	—	—	—	—

续表

层号	功能	层高	标高	人数/(人/层)	H1	H2	H3	H4	H5	H6	M1	M2	M3	M4	M5	M6	L1	L2	L3	L4	L5	L6
2	餐饮	3.90	10.00	140	—	—	—	—	—	—	—	—	—	—	—	—	—	—	—	—	—	—
1	大堂	10.0	0.00	140	1	1	1	1	1	1	1	1	1	1	1	1	1	1	1	1	1	1
电梯序号	—	—	—	—	1	2	3	4	5	6	7	8	9	10	11	12	13	14	15	16	17	18

第7章　高层建筑造型与色彩

7.1　一般概念

高层建筑美学的基本功能就是一种居高临下的形象。高层建筑之父、芝加哥学派的创始人路易·沙利文(Louis Sullivan)的观点就是：不管一栋摩天楼的形式语汇如何，它必须“每英寸都带有自豪与向上的东西”①。这句话表明了高层建筑造型最高的艺术准则。

影响高层建筑造型与立面设计的因素很多：一是由于高层建筑强烈的象征性要求的新颖性和独特性；二是城市规划对区域节点和地标的形象和色彩要求；三是抗震和抗风等结构要求，其通过对标准层平面的控制，使其成为对称的塔状物；四是由于突出屋顶的电梯间、水箱等，既强化了高层建筑的性格特征，又为设计出了难题；五是设计标准化容易造成建筑形式千篇一律，特别是高层住宅的造型。此外，裙楼的形态和比例对塔楼的造型和尺度有很大影响：裙楼功能复杂，形式多样，往往形成高低有别、扁平舒展的横向体量，与高层塔楼形成水平与竖向的对比。塔楼和裙楼的结合是高层建筑基本的形体特征。

高层建筑造型设计包括形体处理、立面划分以及色彩设计。形体处理的基本原则是保持形体的均衡、简洁和稳定，突出竖向元素；需要设计人有正确的比例和尺度概念。建筑立面与外部环境的相互关系涉及房地产市场价值和社会价值观的取向。

本节以高层建筑造型的各种要素为脉络，对造型和立面设计的探讨限于一般的方法和手段，较为特殊的方法和手段需要读者在当代高层建筑风格特征中去寻找。

7.1.1　高层建筑视觉尺度分析

1）视觉尺度

比例与尺度概念是高层建筑立面与造型设计的基础。由于高层建筑的特殊性，高层建筑具有双重的视觉尺度特性：一是城市尺度，二是近人尺度。其实，高层建筑存在着连续的各种尺度层级关联。当一个人接近一栋高层建筑时，随着距离的不同，总是存在下一个嵌套的、适合人的更小细部，表现出吸引力、趣味性和丰满度的分形之美，如图7-1所示。

高层建筑应与其所处的城市环境尺度相宜，因而必须首先解决体量问题。高层建筑体量大，高度高，是城市重要的硬质景观，对城市天际轮廓线和景观通道有很大的影响，因此，高层建筑造型应充分考虑城市尺度，不当的尺度会对城市产生不良的影响。

其次，要考虑街道上行人与高层建筑之间的关系，或者说高层建筑临街面尺度对街道行人的视觉影响。高层建筑底部是人们常接触的部位，是人对高层建筑近距离感知的重点，其尺度应该

---

① 美国高层建筑和城市环境协会.高层建筑设计[M].罗福午，等译.北京：中国建筑工业出版社，1992.

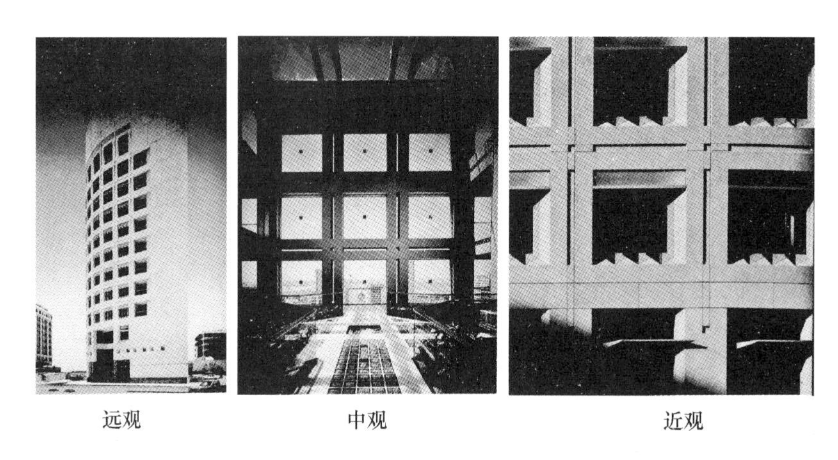

图 7-1　巴林马拉马联合海湾银行体现了尺度层级的分形美学价值

为近人尺度。一般可以通过尺度等级划分,将整体划分为细小的单位构成来体现。

其三,应考虑细部尺度。细部装饰可以使巨大的立面尺度细化而接近于人的尺度,特别需要注意的是标准层平面中一个细小的尺度,在高层建筑立面都会被绝对放大。过于粗壮或过于纤细的立面划分,都会因为失去正常尺度感而有损于整体的统一。设计时要考虑远观和近看的效果,等级分明的尺度设计可以使人在趋近建筑的过程中,由远至近的范围内都有可以观赏的内容:从近处看的装饰应当处理得纤细一些,如栏杆等;从远处看的装饰则可以粗壮一些,如高高在上的檐口。表 7-1 为颗粒可辨认的最大距离。图 7-2、图 7-3 所示为尺度明显失调的两个实例。

表 7-1　颗粒可辨认的最大距离①

颗粒尺寸/mm	距离/m
50	200
25	100
20	60
10	25

2)三段式立面划分

路易·沙利文(Louis Sullivan)在高层建筑发展初期,根据功能组织提出了高层建筑立面三段式的处理手法。他根据人的视觉感知特征,将高层建筑造型分成下段、中段和上段三个部分,即通常说的底部(裙楼)、中部(塔楼主体)和顶部三部分。图 7-4 所示为人平视高层建筑的最大高度 H_1 与视距 D、视角 α 及人眼高度 h(取平均值 1.6 m)之间的关系,其中 $H_1=D\mathrm{tg}\alpha+h$。表 7-2 为垂直视角与心理感受的关系。

① 张画景.高层建筑造型及立面细部设计研究[D].北京:北京工业大学,2003.

图 7-2 长春吉祥饭店裙楼和塔楼尺度明显失调

图 7-3 香港东荟城裙楼和塔楼尺度明显失调[①]

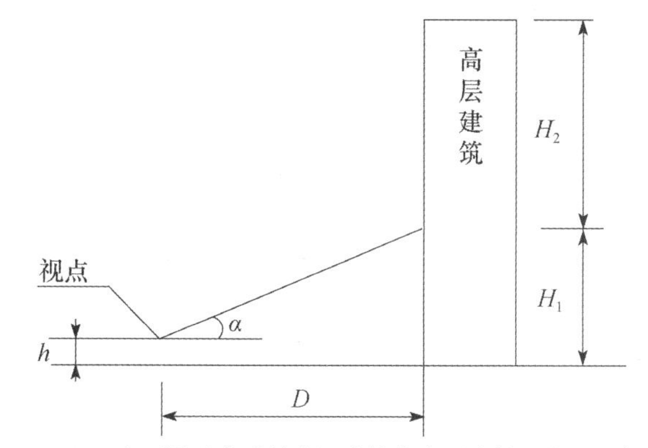

H_1—人平视观察到的高层建筑高度（建筑下段，一般为裙楼高度）；
H_2—建筑中上段（一般为塔楼高度）；D—视距；h—人高；α—视角

图 7-4 观察高度与视距、视角关系图

表 7-2 垂直视角与心理感受的关系[②]

视距/建筑高度（D/H）	垂直视角	观察内容	心理感受
1/2	63.4°	仰观建筑与天空	压迫感
1	45.0°	观察建筑细部和局部	亲近感
2	26.6°	观察建筑主体	平等感

① 车学娅.玻璃幕墙与建筑节能设计[J].上海建设科技，2007(z1).

② 王英姿.高层建筑外部空间优化设计的研究[D].武汉：华中科技大学，2004.

续表

视距/建筑高度(D/H)	垂直视角	观察内容	心理感受
3	18.4°	观察建筑全局	开放感
4	14.0°	观察建筑轮廓	对比感
5	11.3°	观察建筑环境	疏远感
10	5.7°	观察城市天际线	空旷感

人平视观察高层建筑的最大高度 H_1 亦即高层建筑的底部，一般为裙楼高度，也是高层建筑竖向外部空间下部接近底界面的近人尺度的部分。根据日本著名建筑师芦原义信有关建筑外部空间的理论，20～25 m 是适宜观察的距离，而人在日常活动中以双眼平视居多，向上的视角为 30°。因此，可将双眼平视时距 25 m 处观察到的高层建筑空间界面高度，即 $H_1=25\text{tg}30°+1.6=16(\text{m})$（相当于 4 层裙楼的高度），作为底部的参考高度；当人的视角在 60°时，$H_1=25\text{tg}60°+1.6=45(\text{m})$，因此，可将 45 m 作为高层建筑中部和顶部的分界，16～45 m 作为中段，16 m 以下为下段，而 45 m 以上则为上段。

对高层建筑底部空间高度的界定与建筑的总高度和其前部空间的开敞度有关，并没有一个绝对的标准。例如，美国著名建筑师保罗·鲁道夫(Paul Rudolph)认为高层建筑底部的高度是六层。一般建筑师遵循三段的顺序或规律展开建筑立面造型设计，三部分形态及形态转换关系的处理是否得当，是决定高层建筑整体造型优劣的关键。

并非所有的高层建筑立面都有明确的三段式划分，不少高层建筑没有突出的顶部造型，但从视觉心理的要求出发，或多或少会对高层建筑立面的三段做出暗示。图 7-5 所示为美国著名建筑师 A. J. Lumsden 设计的高层建筑形体分解图。注意：在尺度和造型上完全没有标志底部（下段）的高层建筑有明显的下坠感，例如，长春中山大厦由于首层标高低于街面很多，从主要的临街面看过去没有“下段”（如图 7-6 所示）。

7.1.2 设计难点和推荐设计方法

1）设计要点和难点

①理解多层、高层、超高层建筑巨大的尺度差别和高层建筑双重的视觉尺度特性。了解城市尺度，把握近人尺度，力求高层建筑尺度与环境空间的融合。

②恰当地划分高层建筑底部、中部和顶部三段的比例，即使没有“裙边”的直落式高层，在构图上一般也要三段式划分。

③掌握高层建筑形体组合的技巧，通过立面划分和色彩等手段对于“太胖”和过于对称的形体进行处理。

④注意高层建筑各部分比例的协调，留意裙楼的高度和顶部的尺度不能太小。

⑤注意顶部和入口（雨篷）造型既是难点，也是识别高层建筑的重点部位，特别是地标建筑。

2）设计方法与步骤

在高层建筑的总平面设计阶段，应通过三维图像和模型模拟、比选、协调高层建筑的形式，恰当地控制高层建筑的体量，避免高层建筑臃肿的体积和墙式的效果。在设计中，必须充分运用设

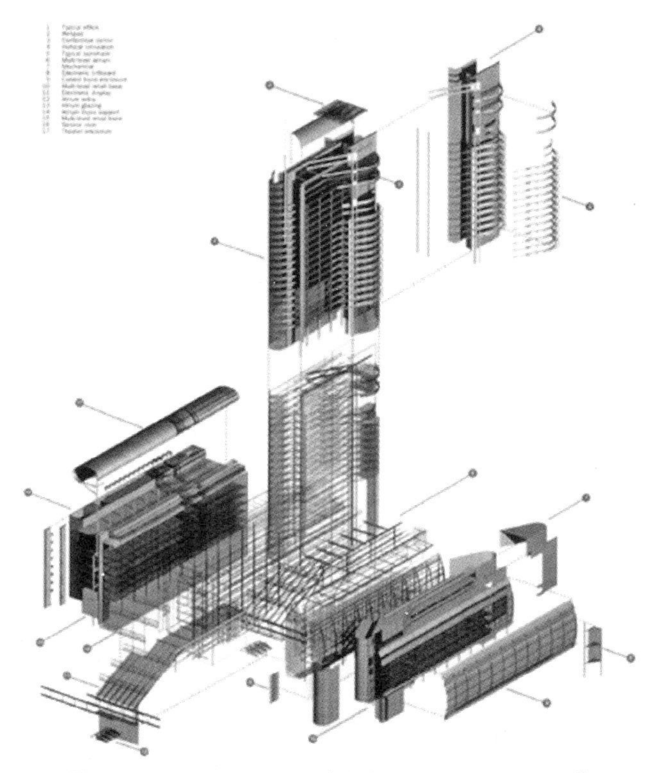

图 7-5　A. J. Lumsden 设计的高层建筑形体分解图[①]

图 7-6　从街面看，长春中山大厦有下坠感

计语汇表现富有创造力的形式，一般可参照下列方法和步骤进行高层建筑立面造型设计。

①根据总平面阶段设计确定的位置关系，结合已基本确定的各层平面，特别是标准层平面，建立三维模型。

②通过正式的三维作图和实体模型，对塔楼进行进一步的形体分析，再次推敲并修正其在城市中的景观效果。这个过程可能会反复多次。

③将修正结果返回各层平面，再次确定高层建筑的体量和体积关系。

④手绘建筑立面和造型效果图，并进行多方案比较。要求效果图表达基本的造型要素，并对建筑的重要部位进行强调，避免由于图面过于粗糙、尺度失真、环境渲染过多等，误导委托方选择，最后还得返工。

⑤根据委托方确认的方案草图，对立面造型进行计算机建模。这一步无需赋予材质光影，但这个过程亦可能会反复多次。特别是高层住宅项目因市场波动大，委托方在这个阶段还可能改变套型设计。

⑥委托方确认计算机模型方案后，一般意味着不再改变建筑平面和建筑风格，可赋予模型方案材质与光影效果，以能清晰表达建筑立面细部为目的。

⑦制作后期效果图。

图 7-7 所示为某商住楼形体推敲过程，图 7-8 所示为深圳招商城市公寓造型方案比较。

---

① 澳大利亚 Images 出版公司. 世界建筑大师优秀作品集锦[M]. 北京：中国建筑工业出版社，1999.

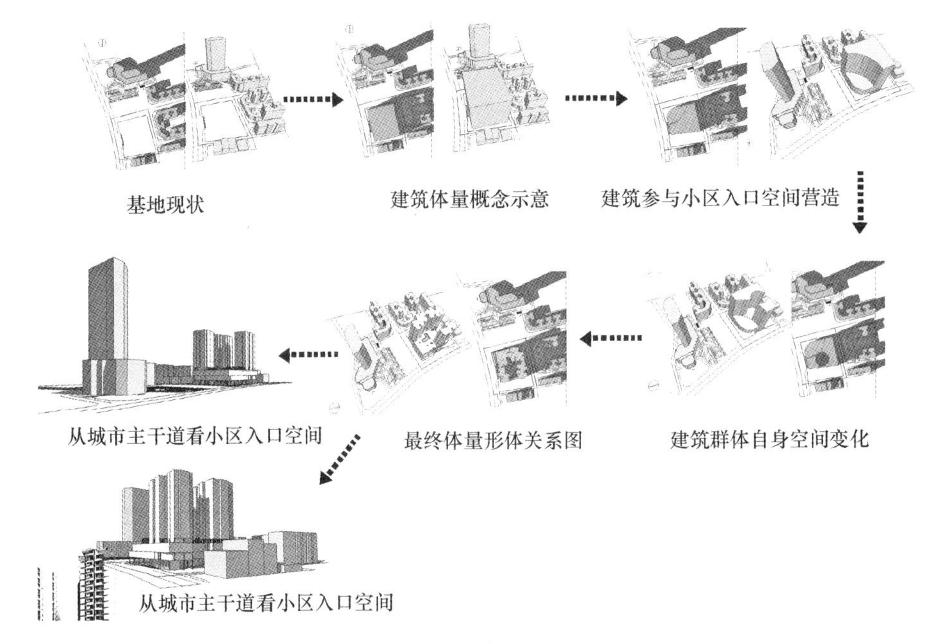

图 7-7 某商住楼形体推敲过程图

图片来源:周平

(a) (b)

图 7-8 深圳招商城市公寓造型方案比较

注:方案 a:从塔楼极其规律的水平线组织感觉到设计人对公寓建筑性格的认识,建筑师同时利用山墙和阳台形成的凹槽强化了竖向线,很好地把握了建筑形体水平与竖向的平衡关系,但裙楼有些琐碎的造型(特别是水平线),严重影响了高层建筑应有的气质表达。

方案 b:塔楼立面划分看起来和方案 a 类似,但由于其空中花园粗壮的水平线,使高层塔楼竖向表现力受到削弱,导致立面形象较为平淡;不过裙楼造型丰富而且干净,特别是架空部分的开敞度和尺度处理较为宜人。

图片来源:中建国际建设有限公司

7.2　高层建筑形体分析与立面设计

7.2.1　高层建筑底部

高层建筑在城市环境中的双重视觉尺度特征，导致造型设计需考虑两种视觉尺度体系的衔接，而高层建筑底部是调整这种视差的关键部位。

高层建筑底部与地面相接且承载千钧重量，形体上要达到视觉平衡。设计时一般将尺度过大的高层建筑主体后退，使裙楼沿街布置，减少高层建筑对街道的压迫感。不过如果退后太多，高层建筑就会变得与街道分离。

1）形体组合

从实体上观察，高层建筑底部主要是裙楼的范围。根据裙楼布局的基本类型，裙楼与塔楼主体一般也有四种形体组合关系，如本书第 3 章的图 3-1 所示。

其一，塔楼与裙楼完全叠置，造型挺拔利落，但处理不当易于产生单调、压抑、不稳定的感觉。裙楼的外部特征多反映为高层建筑底部的架空或柱列（如图 7-9 所示）。

其二，塔楼与裙楼不完全叠置，整体上有一种构图稳定感，裙楼与塔楼形成水平与垂直方向的对比。裙楼作为基座有收分和不收分两类，以不收分为常见，而收分者又分为锥台式和台阶式两种，均为上小下大，在立面上逐层向内收进，裙楼和塔楼并没有明显的分界线。

其三，塔楼与裙楼毗邻，底部横向展开与主体形成水平与垂直的对比，也有很强的视觉稳定感，但处理不好会导致塔楼和裙楼分离（如图 7-10 所示）。

图 7-9　底部架空的深圳腾讯大厦

图 7-10　长沙南方明珠国际大酒店裙楼和塔楼尺度与风格均不协调

其四,塔楼与裙楼分离,既能作为前景衬托主体,又能以个性化形象自成一体。主体部分以竖向线条为主,强化高耸挺拔之感,而底部则强调水平线条的舒展平稳,与主体形成鲜明对比(如图7-11 所示)。

2)临街面和出入口处理

(1)临街面

高层建筑底部必须与所在街区的城市结构相联系,应将其内部空间与外面街道生活联系在一起,否则,有可能降低物业商业价值;为了保持街道空间及视觉的连续性,高层建筑临街面应与沿街的其他建筑尺度相一致,风格宜有所呼应,但每个建筑都必须有各自的特点,除了丰富空间外,还可以缓解人的视觉疲劳(如图 7-12 所示)。

图 7-11　北京新世纪日航饭店采用基座式裙楼

图 7-12　纽约华尔街高层建筑临街面与沿街的其他建筑相协调

此外,必须注意高层建筑临街面的尺度。沿街边单调的墙面延续很长,街道就容易形成非人性尺度。芦原义信建议建筑沿街立面超过 200 m 时,每 20～25 m 应做节奏或材料的变化处理,通过对底部横向尺度进行变化和划分,如局部凸起或凹进,从而减小冗长带来的单调和乏味;而近地空间则可布置座凳、花池、灯具等,这样可以获得人性的尺度感。

底部立面设计着重于人的具体感知,在构件尺度上需要精心设计,特别需要把握好裙楼与塔楼构图上的联系(如图 7-13、图 7-14 所示)。例如,要突出建筑的细部装饰和材质,利用一些出挑对其进行强调等;还要重视商业裙楼广告位的留置或可能性,这一点常被许多建筑师忽视(如图7-15 所示)。立面形式不宜采用过于烦琐的手法,如各种异型门窗、构件的无规则排列、玻璃幕墙的不合理运用等,这些都易造成形式上的支离破碎感,这种自身的混乱也必然破坏整个高层建筑的平衡与稳定。

图 7-13　裙楼与塔楼构图缺少联系(左),深圳书城裙楼与塔楼关系较好(右)

左图来源:水晶石数字科技有限公司

图 7-14　裙楼与塔楼虽有构图上的联系,但构件尺度偏小

图片来源:水晶石数字科技有限公司

(2) 主要出入口

高层建筑底部立面设计的重点当属出入口,特别是临街面的主要出入口。出入口的设计有三个重点:一是尺度,即出入口与建筑高度的协调,出入口的尺度应比非高层建筑放大许多,同时有主次的区别,但要避免雨篷位置太高或太低(如图 7-16 所示),实践中即使名师也犯此错误,例如,沙特阿拉伯国家银行次主入口尺度明显偏矮(如图 7-17 所示);二是功能,即考虑雨篷挡风避雨的需要,很多高层建筑入口雨篷高高在上,形同虚设;三是入口空间需要有一定高度,高层建筑底部常常在入口处衬以高大的门廊或柱廊,远观建筑能有宏伟的体量感,近观建筑能有可接受的尺度感,例如,高层住宅层高较低,有条件时可在两塔楼之间设主要出入口(如图 7-18 所示);四是应具

图 7-15　南京苏豪大厦裙楼广告杂乱无章

有可识别性，可用符号和色彩进行重点装饰，或利用墙面凹凸、地面高差或者其他方法让空间产生突变，突出出入口。

图 7-16　广州达镖国际中心入口雨篷尺度欠佳

图 7-17　沙特阿拉伯银行大楼的雨篷过于低矮①

① 澳大利亚 Images 出版公司. 世界建筑大师优秀作品集锦[M]. 北京：中国建筑工业出版社，1999.

图 7-19～图 7-21 所示为一些入口处理较为适当的实例。

图 7-18　广州新世界花园两住宅之间的出入口

图 7-19　深圳诺德中心（雨篷和门廊采用双重尺度，恰当地解决了雨篷的功能和门廊与城市街道尺度的协调问题）

图 7-20　成都富豪酒店主入口形态和尺度处理较为恰当（外观）

图 7-21　成都富豪酒店主入口形态和尺度处理较为恰当（内观）

7.2.2　高层建筑中部

高层建筑中部是其体量的主要组成部分，建筑构件的群集化构成中部基本的立面形式，呈现出强烈的韵律感。中部的设计内容主要有两方面：一是形体处理；二是立面划分。美国著名建筑师海蒙特·扬（Helmut Jahn）的俄亥俄州辛辛那提西喷泉广场大楼造型设计草图即可供初学者参考；立面划分就是确定立面构成要素，如柱、墙、窗户等的比例关系和材料、色彩与装饰的搭配，在立面划分的过程中对比例的把握最为重要。

1）形体分析与处理

（1）板式

板式造型即平面轮廓的纵轴向长度比横轴向进深尺度大得多的体量形式，其体型较薄，有明确的主侧立面之分。有平板、折板、曲板以及叠板（亦称错板）多种类型。其中，折板形将平面轮廓进行不同角度、长度、数量的弯折，同时在各折段中还可变化高度，曲板形有强烈的韵律感。但板式结构在抗风方面有明显弱势，其高度一般不宜超过 70 m。

短板体量易显敦实，高层住宅多用；长板体量易显舒展，高层旅馆多用。为了突出体型特征，不少板式高层建筑塔楼与裙楼完全叠置(如图 7-22、图 7-23 所示)。

图 7-22　错板式高层建筑体型(草图)

图 7-23　杜塞尔多夫菲尼克斯·莱偌(Thyssenhaus)公司大楼

(2) 柱体

柱体造型是指平面轮廓在纵横两个轴向的尺度等同或相差不悬殊，而高度向量上尺度则远大于纵横轴向的体量形式。柱体易于塑造高耸挺拔的建筑形象，叠板和堆积是柱体造型的主要手段，在高层建筑特别是高层办公楼中较为常用。

①棱柱体：棱柱体即平面轮廓采用方形、矩形、菱形(旋转正方形)、梯形及其他多边形等直线形而形成的柱体体量，不同的平面轮廓在形象上表现出各异的性格特征。例如，方形、矩形、菱形叠合而成的棱柱体体量挺拔庄重(如图 7-24、图 7-25 所示)，其中锥体最利于抗风、抗震。计算表明，外柱内倾 8%，可使 40 层高层建筑的侧移值减少 50%①。

②圆柱体：圆柱体是最简捷的体形，有卵形、核形、梭形柱体等多种变体，经过建筑师的精心塑造，往往可以成为极具雕塑感的标志性建筑。圆形塔楼外观显得轻巧活泼，太阳下玻璃幕墙会发出耀眼的光芒(如图 7-26、图 7-27 所示)。

(3) 组合形

组合形即非独立体量的门式造型，或平面非简单几何形的情况，后者的复合方式主要有板块组合、柱体组合与板柱组合三类，高层建筑渐变形标准层产生的形体组合，一般表现为台阶处理方式，如图 7-28～图 7-30 所示。图 7-31 所示为数字化设计自由曲线的旅馆造型。

---

① 陈集珣，盛涛. 高层建筑结构构思与建筑创作[J]. 建筑学报，1997(6).

图 7-24　棱柱体的东莞银城大酒店
（28 层，高 99 m）

图 7-25　Y 形平面的深圳香格里拉大酒店

图 7-26　棱柱和圆柱组合的深圳发展中心造型
（采用剥离的设计方法，层次丰富而有变化）

图 7-27　圆弧形的广州东峻广场
（36 层，高 126.2 m）

【案例 1】海蒙特·扬设计的俄亥俄州辛辛那提西喷泉广场（Fountain Square West）建于 1991 年，总建筑面积 11 148 m^2，钢筋混凝土内筒加钢框架结构，塔楼综合了多组办公室和 250 间客房，裙楼为三个层次的零售商业，停车位 750 辆。建筑采用了方与圆组合的柱式造型，挺拔有力，通过立面体块的律动和水平线划分，消减了庞大体积感，与城市特别是河道尺度取得了很好的协调（如图 7-32、图 7-33 所示）。

图 7-28　旧金山某高层办公建筑

(渐变结合的高层建筑标准层引起中部台阶造型)

图 7-29　广州琶洲会展展览综合大楼

(渐变形标准层造型方案表现了新构成主义建筑风格)

图片来源:互联网,仅供参考

图7-30 KPF设计的板柱形体与裙楼台阶(左),深圳平安大厦台阶造型明显不够成熟(右)[①]

图7-31 数字化设计自由曲线的旅馆造型

图片来源:水晶石数字科技有限公司

2)面的设计

高层建筑中部立面构成的要素在设计中可以抽象为基本的点、线、面等几何图形。其中,面的要素的具体形态主要表现为玻璃幕墙、遮阳面和实墙面以及各种面的要素组合。下面重点讨论幕墙特别是玻璃幕墙造型设计与节能和技术的关系,这是初学者学习的难点之一。

① 澳大利亚Images出版公司.世界建筑大师优秀作品集锦[M].北京:中国建筑工业出版社,1999.

图 7-32 俄亥俄州辛辛那提西喷泉广场

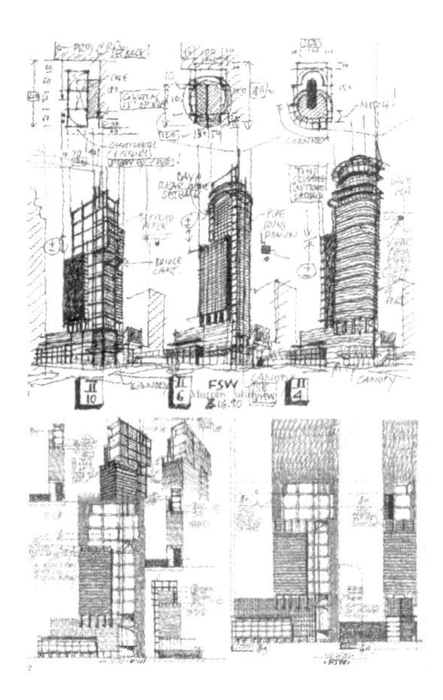

图 7-33 俄亥俄州辛辛那提西喷泉广场构思草图

(1) 玻璃幕墙设计的一般要求

普通玻璃幕墙是一种透视、借景和扩大空间的建筑处理手法。玻璃就其透明度来说,分为镜面反射玻璃、半反射玻璃和透明玻璃三种(有关幕墙材料性能和构造方法请查阅有关规范和书籍),对高层建筑造型最有影响的是镜面反射玻璃,其白天可使建筑的外立面反映周围环境景色,夜晚则将建筑内部景色展现无遗,具有创造虚幻意境的独特效果,给人一种华丽高贵的感觉,还可以消除建筑自身的沉重感。

从不同角度看,它们的凹凸层次会产生明暗变化的色光,建筑师应充分利用反射玻璃这一特殊性能,在体型上作多角度的切削,或作有韵律的凹凸变化,以求得多变的反射折光,产生丰富的色光效果(如图 7-34、图 7-35 所示)。

玻璃幕墙按支承结构方式可分为框支承、点支承以及全玻璃幕墙三种。由于技术含量较高,玻璃幕墙的施工图设计一般由专业公司进行。建筑师的主要工作是确定玻璃幕墙的位置、面积和简单的立面划分。框支承玻璃幕墙墙面划分主要有明框、隐框以及半明半隐三种,其中以竖明横隐与全隐框居多。玻璃幕墙墙面分格以竖长方形和方形为主,划分的要点是尺度和比例。

幕墙装饰构件与幕墙面分格关系密切,分为整体型装饰构件、外挑型装饰构件、装饰格栅三大类,以及竖向装饰柱、竖向装饰翼板、水平装饰挑板、水平装饰挑架四小类,涉及铝材、石材以及玻璃等多种材料。设计时应考虑玻璃规格和框料大小,如 150 m 左右的竖明横隐玻璃幕墙竖向装饰柱断面深度一般为 400 mm 左右,宽度一般为 200 mm 左右,在立面才有较明显的线条效果。要避免框料对视线的遮挡,以及立面装饰照明布线的可能性,同时考虑必需的开启窗扇对立面的影响。即使一个有经验的建筑师,对高层建筑玻璃幕墙的分格也不敢大意(如图 7-36 所示)。

点支承玻璃幕墙的构造节点多数由拉杆、钢索和螺栓等构件组成,全玻璃幕墙则由玻璃肋支承,两者与面板连接方式多为螺栓式连接,技术精美,形式多样,已被赋予特殊美学意义,建筑师需要了解其形式语言才能选型,如图 7-37、图 7-38 所示。

图 7-34　深圳国际金融大厦的玻璃幕墙

（35 层，高 127.6 m）

图 7-35　成都成达大厦

（立面线和斜面的组织由于没有突出竖向线，塔体软弱无力）

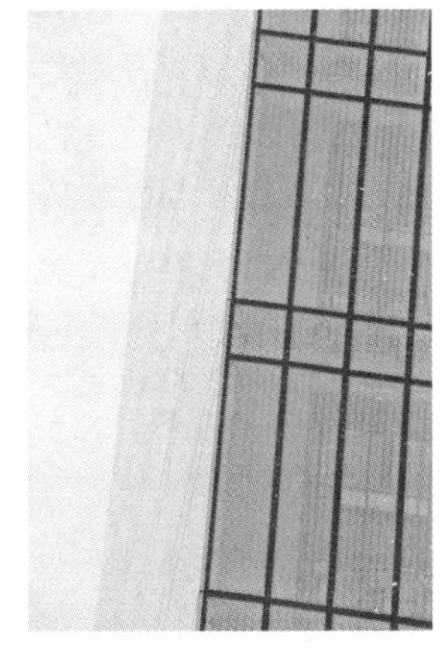

图 7-36　保利国际广场明框玻璃幕墙的划分

（注意角位的处理）

玻璃幕墙的设计应结合节能要求；采暖建筑的北向、有空调的建筑或房间的东西向应尽量避免大面积采用玻璃幕墙；设计时还应遵守项目所在城市的有关规定，例如，广州规定在城市道路交叉口、城市主干道、立交桥、高架路两侧，建筑物 20 m 以下和其余路段 10 m 以下部位不宜设置玻璃幕墙。由于大面积玻璃幕墙易产生光污染，不利于建筑节能，在建筑立面设计时就谨慎采用。

（2）普通玻璃幕墙窗墙比的控制

窗墙比是指建筑物每个朝向单面透明部分面积与对应每个单面整个（包括透明和不透明两个部分）建筑外表面面积的比值。《公共建筑节能设计标准》（GB 50189—2015）第 4.2.4 条规定：公共建筑每个朝向的窗（包括透明幕墙）墙面积比均不应大于 0.7。

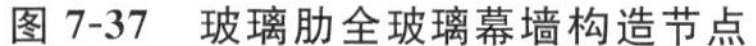
图 7-37　玻璃肋全玻璃幕墙构造节点

图 7-38　点支承玻璃幕墙构造节点(张拉索杆结构)

外表全玻璃幕墙的建筑,由于结构承重的要求,每层楼板处的结构梁、柱必不可少,即使是楼板外挑,消防要求的 800 mm 高防火窗槛墙也必须设置。在实际工程中,一般利用这一部分设计成非透明的"不可视玻璃"幕墙,以满足透明幕墙窗墙比不超过 0.7 的规范要求。但并非所有的柱、梁、楼板或窗槛墙的面积都可以占到外墙面积的 30%,在层高和柱网开间尺寸较大的情况下,扣除楼板、梁柱或 800 mm 高窗槛墙面积后,透明玻璃的面积仍有可能会超过 70%。设计时,可取一个柱网开间和层高的外墙面积,乘以 30%后扣除已知的结构柱面积,预测窗下非透明幕墙的最小面积和高度。假设结构柱宽 0.5 m,层高和开间的不同,窗下非透明幕墙(不可视玻璃)的高度就会不同,见表 7-3。

表 7-3　当柱宽为 0.5 m 时,窗墙面积比不大于 0.7 时窗下墙高 h 的最小值

建筑层高/m h_{min}/m 柱网开间/m	3.6	3.9	4.0	4.2	4.5
4.5	0.77	0.83	0.85	0.89	0.96
4.8	0.79	0.85	0.87	0.92	0.98
5.1	0.81	0.87	0.90	0.94	1.01
5.4	0.82	0.89	0.91	0.96	1.03
5.7	0.84	0.91	0.93	0.98	1.05
6.0	0.85	0.92	0.95	0.99	1.06
6.6	0.87	0.95	0.97	1.02	1.09
6.9	0.88	0.96	0.98	1.03	1.10
7.2	0.89	0.97	0.99	1.04	1.11
7.5	0.90	0.98	1.00	1.05	1.13
7.8	0.91	0.98	1.01	1.06	1.13

由表 7-3 可知，在柱子宽度为 0.5 m，当建筑层高超过 4 m，柱网开间尺寸大于 5 m 时，仅靠 800 mm 高的防火窗槛墙或梁，是不能满足窗墙面积比控制在 0.7 以内的要求的，应重新考虑建筑立面的虚实关系，调整窗下非透明幕墙的最小面积和高度。

各层楼板及楼板以下的梁或是防火所需的窗槛墙，若通过透明玻璃反映在立面上并不美观，一般应在此位置设置阴影盒（幕墙装饰构件，一般为铝制）遮挡这部分结构面积，并造成后退阴影以求立面上达到与透明幕墙一致的效果；也有采用不透明彩釉玻璃遮挡立面结构构件。在节能构造上，可以通过在阴影盒与结构构件之间，或在不透明的彩釉玻璃与结构构件之间衬以保温材料，达到节能的保温隔热要求。

不可视玻璃幕墙在节能设计上可以作为非透明幕墙按照墙体计算窗墙面积比，但是在分析玻璃幕墙光反射时，不可视玻璃仍应作为玻璃计入玻璃面积。

（3）非透明幕墙立面的划分

非透明幕墙包括金属板材和石材幕墙等，应按照实体墙对待。实墙面的划分是指用分割线条对墙面进行尺度划分，经过专门设计而确定的饰面材料分缝。大面积的实墙经过划分，尺度变小，便于施工和适应材料温度变形，同时有利于表现墙面的层次感和丰富感。

高层建筑外墙饰面材料分缝的自由度很大，但具有一定规格的金属饰面材料，如铝合金板、不锈钢板、彩色钢板等，墙面分缝既要符合比例和尺度要求，也要适应材料的规格和构造特征。

高层建筑体量远距离观看，其大面积的墙面即使有分割线条也会显得单调和苍白，而大型墙面装饰图案，则可以赋予建筑形象远观的艺术效果。例如，深圳华侨城桂花苑在其主体上绘制了世界地图的图案，既有“五湖四海”的寓意，还有很强的识别性。

（4）双层玻璃幕墙与节能

双层玻璃幕墙是构造精致复杂的生态节能墙体系统，在现代高强轻质材料、钢结构、空间结构等技术的支持下，其复杂的表皮设计可以产生诸如光滑仿生感、编织性、几何体块感等多种意象。

最常见的双层玻璃幕墙外层玻璃为单层玻璃，内层玻璃为中空玻璃或是中空充有氢气或氩气（Ar）的玻璃（如图 7-39 所示）。外层玻璃可以阻隔环境噪声，可以使内层幕墙开启窗扇而不受高层风压的限制，得到自然通风。冬天，空气腔利用太阳辐射被动得热，通过内层幕墙传入室内，从而提高室内的温度，降低采暖能耗；夏天，空气腔中的遮阳帘落下，抵挡太阳辐射，通过自然通风或机械通风有效地冷却空气腔，空气腔形成了缓冲层，减少了内层幕墙的得热。

图 7-39 德国邮政大厦的双层玻璃幕墙

特别提醒初学者注意的是：双层玻璃幕墙造价远远高于单层幕墙，结构构造也比单层幕墙复杂很多，且双层玻璃幕墙不能排除火灾时，烟气蔓延影响相邻房间或楼层的可能性，还会比单层幕墙占有更大的建筑面积。此外，双层玻璃幕墙用于冬季采暖有较好的通风和保温作用，而在气温较高的夏季，必须保证空气腔中理想的气流，才有可能带走热量，降低室内的空调能耗，否则，夏季空气腔中的空气温度过高，造成室内过热，反而增加空调能耗。

若必须采用机械通风带走空气腔中的热量，同样会产生用电能耗，节能效果不及冬季。因此，空气腔的宽度尺寸如何取值才能保证冬季、夏季都有较好的节能效果，应进行气流的计算，也有待于进一步研究。综上可知，应慎用双层玻璃幕墙。

3）线的组织

高层建筑立面构成中，线的要素的具体形态主要表现为装饰线、分割线、长窗、遮阳、阳台挑板、露明的(梁)柱以及缝隙等，明确的线条划分给人以尺度分明的秩序感和强烈的韵律感。高层建筑立面线的组织应按照建筑结构秩序，一般情况下以竖向线为主，非超高层建筑也不乏强调水平线的，线的组织应和建筑开间、层高以及立面上的部分构件，如门窗洞口、阳台、梁、柱等找到相应的关系，以使建筑构造合理，外表和结构相对应。

(1) 构架、遮阳和水平长窗

构架在高层建筑的外立面造型中是十分有效的装饰构件，有些构架为暴露的结构横梁，具有加强建筑整体刚度的结构意义。由于构架往往有遮阳功能，有时很难将构架和遮阳分开。在高层建筑中，构架常与凹廊、阳台、挑檐和花池等建筑功能构件结合形成综合遮阳，或直接和百叶组合成遮阳面(如图 7-40、图 7-41 所示)。

图 7-40　深圳中信红树湾高层住宅构架控制立面构图

图 7-41　用阳台挑板强化的高层建筑的水平长窗

就遮阳设计而言，首先考虑的部分是中庭，然后依次是西、东、西南、东南、南向和北向墙面；夏热冬暖、夏热冬冷地区的建筑以及严寒和寒冷地区中制冷负荷大的建筑，玻璃幕墙(特别是透明部分)宜设置外部遮阳；但建筑外窗玻璃的夏季太阳辐射透过率小于或等于 0.3，或通过低辐射玻璃(Low—E 玻璃)，将太阳辐射透过率降低到 0.3 及以下，则不需设户外遮阳。此外，多台风和暴雨地区应避免外遮阳构件存在的安全隐患。

水平长窗在高层公共建筑中十分常见，在立面构图中主要表现为水平线的组织。有两种设计思路：一种是玻璃和铝幕墙结合为一个整体，尽量让两者的色彩接近；另一种是通过水平遮阳、水平构架甚至色彩突出水平长窗的效果（如图 7-42 所示）。需要注意的是，水平式遮阳板适用于南向的房间，综合式遮阳板（亦称网格式）适用于东南向或西南向的房间（如图 7-43 所示）。

图 7-42　某高层公寓致密的构架形成的网格式遮阳板影响采光

图 7-43　广州和平大厦东西向采用挡板遮阳的设计方案

图片来源：广州金汇丰房地产开发公司

（2）遮阳面

遮阳面是密集的线组织，能对建筑立面起到重塑的作用。遮阳面和窗墙的结合可视为简单的双层墙面系统，亦是被动节能的建筑外围护结构。遮阳面是相对遮阳板而言的，一般由百叶遮阳和挡板遮阳形成，设计时应避免过于密集的遮阳影响建筑采光的效果。百叶遮阳一般成组布置或直接组织在立面构架中，挡板遮阳则与窗高有较密切的关系。

垂直式、综合式以及挡板式遮阳板适用于东西向的房间，设计中要注意遮阳板和遮阳片角度的控制，有人工调节遮阳以及高成本的自动控制遮阳，实例如广州发展中心大厦外立面的百叶遮阳设计（如图 7-44 所示）。

【案例 2】广州发展中心大厦外立面四周采用了电动竖向遮阳百叶，可根据太阳照射角度、风力、天气等因素自动调节角度，又可按具体需要以每三组为一个整体单独调节，从而保证办公室内光线柔和、温度适宜。

遮阳铝板上布满了直径约 5 mm 的圆孔，即使处于关闭状态，也可透过遮阳板看到窗外景色，具有类似竹帘的奇特视觉效果。镂空圆孔的设计还具有减轻重量、减少风荷载、降低反射光的作用。每块板的尺寸为 0.9 m×7 m，设计时应对结构的安全性进行反复验算。

根据太阳位置和具体需要自行调节遮阳板时，大厦的外观形态也在随之变化，当遮阳板与建筑立面平行时阳光不能照入室内，此时建筑立面外观有一定的封闭感；当遮阳板与窗口“相交”立面则呈现出开放和透明的状态。

图 7-44 广州发展中心大厦外立面的百叶遮阳设计

(3) 装饰线

高层建筑的装饰多为线脚装饰,且多见于高层住宅。线脚装饰加强了建筑立面的细腻感,强化了建筑的风格特征,使高层建筑的尺度宜人。线脚装饰通常成组出现在建筑的底部、顶部或中间的某个部位。截面可成圆弧形或组合形状,可凸出墙面亦可和墙面平齐,凸出线角能在墙面上形成不错的小面积阴影效果(如图 7-45、图 7-46 所示),色彩一般也不同于墙面。

图 7-45 广州雅居乐高层住宅装饰线图

图 7-46 惠州帝景湾高层住宅装饰线

设计中应注意,我国南北方建筑线脚装饰材料可能不同:北方建筑线脚往往由外墙保温材料形成(多用聚苯板加涂膜);南方建筑线脚多用成品 GRC(玻璃纤维增强混凝土)等线材,或结构梁外露面层上贴马赛克或小面砖,选材时注意材料的安装方式和耐久性。此外,高层建筑立面常见的非暗装的各类（排水）管线影响建筑美观，需当作特殊的装饰线来处理，如图 7-47 所示。

图 7-47　高层住宅明装排水管在建筑立面的组织

（4）缝隙

缝隙是指高层建筑造型中长度远大于宽度的凹槽或空洞，其深度越大，表现力越强。其通过对几何形体的组合和分离，强调各空间体量的边缘与转角，重新划分高层建筑各部分的比例，以丰富空间体量的视觉表现力。

高层建筑形状和深度不一样的缝隙，在光的作用下，在不同时空形成的各种阴影赋予高层建筑强烈的雕塑感。高层建筑的缝隙宜通体使用，多为垂直方向，也有水平方向的（如图 7-8、图7-34、图 7-48、图 7-49 所示）。

图 7-48　巴西利亚议会大厦

图 7-49　广州 W 酒店立面水平错动使幕墙产生丰富性

图片来源：水晶石数字科技有限公司

【案例 3】建于 1958 年的巴西利亚议会大厦矗立在巴西利亚市的三权广场上，设计人是巴西建筑师尼迈耶。在一个矮平的建筑物上有两个碗形屋顶，一个正放，一个反扣，分别为上、下议院的会场，其后是 27 层办公楼，为两片紧贴的板式建筑。为了加强垂直感，办公楼设计成并行的两条，中间有过道相连，平面和正立面都呈“H”形。“H”是葡萄牙文“人类”的第一个字母，因此，这个造型寓含“以人为本”和“人类主宰世界”的理念。整个议会大厦外形十分简洁，体现了横与直、高与低、方与圆、正与反的强烈对比(如图 7-48 所示)。

4) 点的处理

高层建筑立面构成点的要素的具体形态主要表现在门、窗、洞、阳台等，在高层居住类建筑特别是高层住宅多有表现，高层建筑窗的样式、开启方式(如高层建筑普通外墙窗多采用推拉方式，玻璃幕墙开启扇多用下悬窗)和排列方式直接影响建筑整体造型效果，点的连续排列亦呈现出线的状态(如图 7-50、图 7-51 所示)。下面着重讨论高层住宅中部立面设计中点的处理。

图 7-50 广州财富中心立面方窗分格形成点状装饰

图 7-51 惠州百合花园的凸窗

(1) 窗墙比

我国居住建筑均规定窗墙比的最高限制，其中《严寒和寒冷地区居住建筑节能设计标准》(JGJ 26—2018)规定相对较严，居住建筑窗墙比不能大于表 7-4 规定的数值，过大的洞口率会导致墙体厚度和节能费用增加。

表 7-4 严寒和寒冷地区居住建筑窗墙比

地区 朝向	严寒地区	寒冷地区	说明
北	0.25	0.30	①北向指北偏东和偏西 60°以内； ②东西向指东和西向偏北和偏南 30°以内； ③南向指南偏东和偏西 30°以内
东、西	0.30	0.35	
南	0.45	0.50	

注：(1)窗墙面积比应按开间计算，敞开式阳台门透明部分计入窗户面积；(2)窗墙比大于表中数值时应进行围护结构热工性能权衡判断，即便如此，该值也只能比表中限制大。

虽然窗墙比越小越节能，但除了建筑采光系数要求，窗面积还和人的感觉有关，一般不能小于房间面积的 6%。当窗(包括透明幕墙)墙比小于 0.40 时，玻璃(或其他透明材料)的可见光透射比不应小于 0.4。在实际工程中，体形系数小的建筑相比体形系数大的建筑，窗墙比允许值可以有所增大；对于供暖能耗所占比例较大的北方地区，南向窗墙比可在一定范围内适当加大。

(2) 凸窗

高层建筑单个窗一般以点的形式出现，其中最典型的是凸窗。凸窗有两种基本形式：一种是两侧凸出外墙面，而上下层相接，以楼板分隔；另一种是上下左右均凸出外墙面，亦称为飘窗。根据位置不同，凸窗可分为平面凸窗、转角凸窗等。凸窗使外立面造型生动活泼，在高层住宅中随处可见。设计中应注意如下要点。

一是转角凸窗一般会要求取消角柱，对结构十分不利，因而从结构的角度应慎用转角凸窗；二是由于上下凸窗之间的凹入区多为室外空调机位，从立面构图的角度观察，一定要保证凸窗宽度和上下凸窗之间的高度，以确保空调机位的安装尺度；三是凸窗深度、窗台高度以及窗高可能涉及楼面地价的问题，我国不少城市规定住宅凸窗深度不大于 600 mm，窗台高度不小于 400 mm，窗台高加上窗高不大于 2.2 m，否则需要计算建筑面积；四是凸窗对节能不利，处理不周时可能产生结露现象。我国《严寒和寒冷地区居住建筑节能设计标准》规定：居住建筑不宜设置凸窗，严寒地区不应设置凸窗，寒冷地区北向卧室、起居室不应设置凸窗；设置凸窗时，凸窗凸出（从外墙面至凸窗外表面）不应大于 400 mm，凸窗的传热系数限制比普通窗降低 15%。

【案例 4】建筑师黑川纪章（Kisho Kurokawa）1972 年设计的东京中银舱体楼，其居室空间单元作为主要的功能空间要素，设备和其他辅助空间作为另一种单元要素，以此组合与变化平面。其构成关系是：核心筒内置一台电梯和一座楼梯的服务空间为支承受力的悬挂母体，围绕母体用两个高强度螺栓以悬挑方式固定房间单元为正六面体的舱体，并可以根据使用者的需要增减数量。整个建筑有 140 个外壳，如图 7-52 所示。

图 7-52　东京中银舱体楼

（居住单位在立面为点）

(3) 阳台

阳台是高层居住类建筑常见的立面构件，在南方住宅中的比重较大。阳台在立面形成的强烈光影变化,丰富了建筑形象。如图 7-53 所示,其栏板的虚实处理,平面轮廓和色彩的变化亦会产生各种不同的装饰效果,阳台的整体排列会使立面具有某种韵律感,其在立面上的位置变动和形式变化也可带来具有个性的形象——只在某个部位增设阳台或在某个部分使阳台形式发生突变。例如,顺德纯水岸花园在楼房主体中部出挑了四层阳台并以灰蓝色标志出来,使原来平直的形体上出现了令人兴奋的节点。而如图 7-54 所示,成都娇子世纪城高层住宅通过阳台水平位置的律动表现建筑的动感,强化了空中花园的立体效果。

图 7-53　顺德纯水岸花园极富特色的深蓝色阳台

图 7-54　成都娇子世纪城高层住宅

(通过阳台虚实变化强化建筑构图的垂直关系)

从安全、节能和挡风的角度考虑,高层阳台宜采用实体栏板,且不宜低于 1.10 m,不宜高于 1.20 m。玻璃栏板只要保证其安全性,在外观上感觉高档精巧,使建筑造型轻盈,给人时尚的感觉。

初学者需要注意的是:我国北方地区应封闭北阳台(实际工程中,北方高层建筑很少设北阳台),并控制阳台及其外伸长度,以免遮挡楼下一户的冬季日照。

(4) 室外空调机位

高层住宅立面设计应统一考虑装设室外空调机的位置,尽量不在建筑物临街立面装设空调机,预留空调机位主要包括窗式、传统分体式以及户式中央空调三类机型。

根据不同的家用空调机种类,目前预留空调机位的做法有几种:在外墙上直接预留空调机洞口,适用于窗式空调,表现在立面上空调机位成为独立的造型构件;利用飘板或结合凸窗套,适用于窗式或传统分体式空调室外机,立面造型上手法多样;利用生活阳台和入户花园,适用于分体式空调和户式中央空调;有条件时,传统分体式预留空调机位置可以放在开口天井内,或隐藏在建筑立面的凹槽内,以上几种方式均应同时组织好空调冷凝水的收集和排放。空调机及预留位置的参考尺寸参见本书 10.4 节"高层建筑空气调节"。

室外机位设计影响到住宅能耗,为避免空调器效率的下降,相邻的多台室外空调机吹出的气流射程应互不干扰。如果两个相对空调室外机的距离小于 6 m 时,就应考虑机位有一定角度的偏转。

许多高层住宅在空调机预留位上加设了百叶防护罩(如图 7-55、图 7-56 所示),使建筑立面整洁美观,但用百叶窗封闭空调室外机的做法不利于室外机夏季排放热量,可能降低空调能效比。

图 7-55　窗台下设置空调机位

图 7-56　窗间竖向设置空调机位

5) 空中花园

在高层建筑立面上的开洞是其形体组合的特殊形式,有贯穿与非贯穿建筑物之分。洞口是由对外开口与凹入形成的功能性或非功能性空间,一般多与空中花园结合,表现为高层建筑的一种生态策略和造型特征,在高层办公楼和高层住宅中尤为多见。

由于局部的挖空,建筑产生了强烈的虚实对比,凹入产生的光影变化极大地丰富了建筑形象,但北方地区高层建筑立面开洞要慎重,主要是容易引起峡谷效应,也不利于节能。结合绿化策略,高层建筑的空中花园有三种基本的位置:并置、混合和一体化(如图 7-57 所示),其中以并置为多见,一体化最为少见。从建筑平面效率的角度分析,除了裙楼屋顶花园,标准层空中花园不宜太多,位置不宜太低、太集中,小尺度的空中花园的分布应有一定规律,如图 7-40、图7-43、图 7-58、图 7-59 所示。

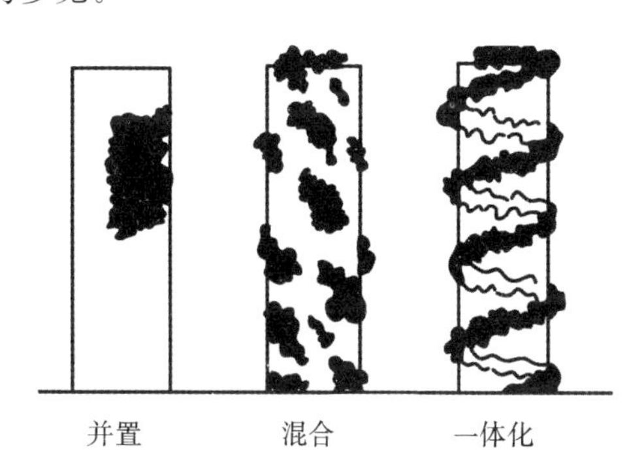

图 7-57　空中花园三种基本策略

此外,有初学者喜欢随意在空中的休闲空间平(立)面图上随意画上树木,而忽略了植物生长的自然条件。从生态效应方面考察,草本、灌木与乔木要求的覆土厚度为 0.15～1.5 m,覆土下面的排水深度也不相同,为 0.10～0.3 m,空中花园或者说屋顶植物生长的关键是覆土厚度,有的城市对此提出了基本要求,见表 7-5。

一般采用楼面局部下沉(俗称沉箱)或在楼面上设置树池来保证空中花园植物需要的覆土厚度。应根据项目当地的气候特点,因地制宜,做出既节省能源又有地方特色的高层建筑造型。

图 7-58 深圳熙园垂直分布的空中花园

图 7-59 深圳香蜜山垂直错位空中花园
(注意避免户间干扰)

表 7-5 种植覆土深度控制表

种植物	种植土最小厚度/cm
花卉草坪地	30
灌木	50
小乔木、藤本植物	80
中高乔木	110

资料来源:《佛山市城市规划管理技术规定》。

【案例 5】SOM 设计的沙特国家商业银行大楼,采用 V 形平面,创造了 3 个内凹式的空中庭园。其造型除南、西立面上的 3 个 8 层高的大洞外,其余均为实墙,以防暴晒和风沙。玻璃窗只开在空中庭园内侧,避开了灼热的阳光。巨型洞口结合中庭可促使空气流动并引入光线,还能透过空洞观赏城市景色,充分体现了形式与气候的结合,大大降低了空调能耗,收到了良好的节能效果(如图 7-60、图 7-61 所示)。

马来西亚著名建筑师杨经文将“空中花园”的理念与建筑技术相结合,采用一体化的绿化策略,同时引入马来西亚传统造园手法,不只是改善了高层建筑的生态环境,也创造了高层建筑的形式语言。建筑造型的具体设计手法包括以下四个方面。

其一,将电梯、卫生间等服务性空间置于建筑东西两侧,减少太阳对建筑中部空间的热辐射。但此举可能引起结构偏心,结构可能不经济,建筑高度亦受限。

其二,底层架空,一体化空中花园植物栽培从底层扇形的侧护坡开始,沿深凹的大平台螺旋上升攀长到屋顶,并在高层建筑中部引入大量的绿化开敞空间,实例如吉隆坡梅纳拉大厦(如图 7-62 所示)。注意:此举不利于采暖,不适合寒冷和严寒地区,因标准层平面系数较低,其他地区也应慎用。

图 7-60 沙特国家商业银行大楼外观

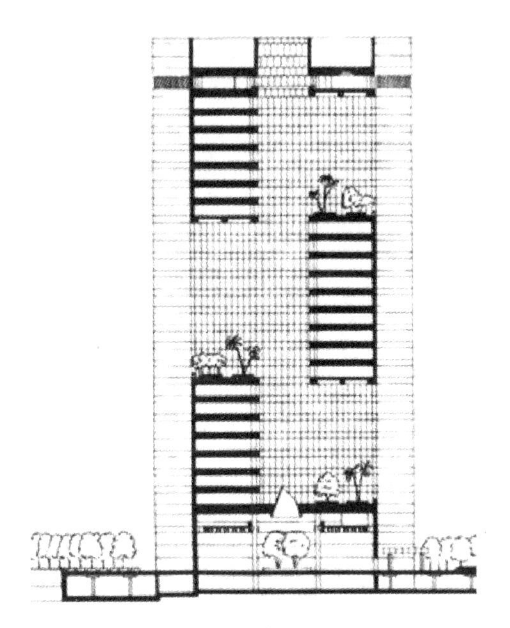

图 7-61 沙特国家商业银行大楼剖面

其三，设置不同凹入深度的过渡空间来塑造阴影空间（灰空间），并使遮阳与绿化深度结合形成复合空间或空气间层，所谓“二层皮”（double-skin）的外墙。

其四，丰富的外墙遮阳板类型。例如在屋顶设置遮阳格片，其角度根据不同时段和季节变化。

其五，特色风墙。为了使开口处产生压力引入自然风，将引导季风的建筑翼板（风墙，wing-wall）安排在有通高推拉门的阳台部位，阳台推拉门可根据所需风量，控制开口的大小，也可完全关闭，形成“空气锁”。风墙体系利用上下贯通的中庭和“二层皮”间的烟囱效应创造自然通风系统。

梅纳拉大厦（如图 7-62 所示）为安装太阳能采用引导季风的建筑电池，为遮阳顶提供了一个圆盘状的空间翼板，形成建筑顶部造型特征；而吉隆坡 UMNO 大楼（如图 7-63、图 7-64 所示）导风墙处于推拉门的阳台部位，强化了导风效果，突出了建筑立面特色。

7.2.3 高层建筑顶部

格式塔完形心理学实验证明，顶部造型是视觉在对高层建筑形象产生认知时最受关注的区域。当人们从拥挤的街道上欣赏高层建筑物时，它的墙身，特别是基座很容易被遮挡，唯有顶部造型能完整地呈现出来，因此，高层建筑物的顶部造型往往成为建筑师充分发挥想象力的地方。

高层建筑的顶部并没有严格意义上的比例划分，它一般位于高层建筑标准层之上，跟建筑平面及造型设计关系很大，偶尔会与楼身同等大小。有的高层建筑竖向划分已经突破了三段式的界限，倾向整体造型的把握，顶部只是作为楼身的延伸和其一体化处理，因而有的高层建筑没有顶部；从功能要求上来看，高层建筑特别是超高层建筑，顶部的用房往往具有一定的公共性，一般能够提供俯瞰城市景观的场所。

图 7-62　吉隆坡梅纳拉大厦

图 7-63　吉隆坡 UMNO 大楼

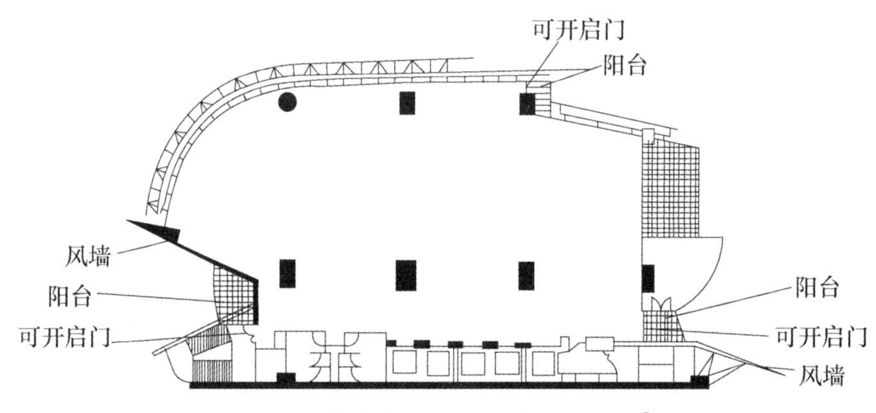

图 7-64　吉隆坡 UMNO 大楼标准层平面①

高层建筑顶部对城市区域空间结构,特别是城市轮廓线,有相当重要的控制作用,是反映城市形象及特色的标志性元素,成功的高层建筑顶部形象是市民对城市产生认同和归属感的心理寄托。

1) 一般原则

高层建筑的顶部具有独立的个性,它是高层建筑主体的终结点,与主体呼应并突出建筑个性设计时,应将优化城市轮廓线放在首位,因而顶部对造型的要求往往高于对功能的要求,这与其作为高层建筑的标志、象征等作用也是一致的。

① 涂君辉.高层建筑的生态设计手法——解读杨经文生态摩天楼的建筑实践[J].建筑,2006(3).

尖顶、坡顶、平顶等是高层建筑顶部基本形式。由于特殊功能和整体形体的综合处理，又形成了一些诸如表现构架、通信设备、擦窗机以及观光厅和旋转餐厅等多样化造型。此外，民族性、地域性建筑造型的抽取，也是顶部造型思路的重要来源。

高层建筑顶部设计主要手法有以下几种。

其一，收分。收分是视觉心理对顶部造型的基本设计手法，坡顶、尖顶以及顶部退台应视为最明显的收分。建筑师应依据建筑物的总高以及顶部后退的距离，在立面上将顶部的高度适当加大，避免塔楼主体对顶部的视线遮挡影响顶部的造型效果，这也是初学者设计高层建筑顶部时最容易犯的错误之一。

其二，套用"原型"。它主要是指新古典主义、现代传统主义以及新地方主义风格的高层建筑套用传统建筑屋顶的设计手法，往往附加很多装饰，在高层住宅中尤为多见。不过，随着建筑高度的增加，其艺术表现力越弱。我国高层建筑最常见屋顶"原型"是欧洲风情的坡顶和尖顶。

其三，遮蔽。遮蔽手法指设置高起的女儿墙等，将楼顶设备空间隐蔽起来。高层建筑屋面设有水箱与电梯间，以及出屋面的各种管道和竖井等，这些设施较难从造型上统一。高层公共建筑多用百叶遮蔽，也有高层建筑结合构架和广告等进行遮蔽。

其四，设备造型。设备造型即高层建筑顶部通过天线、发射塔和擦窗机的起吊设备等，表现高层公共建筑的性格和高技派等风格特征，而高层住宅一般突出水箱与电梯间的造型。

其五，注意南北方建筑屋顶造型的差异。从节能的角度，北方地区屋顶尽量不设通风窗，对屋顶上人孔需做密封处理。如设通风窗，则应在冬季能关闭且采取密闭措施，使屋顶下部的空间形成一个封闭的保温空间。

其六，高层建筑顶部与中部的衔接是设计难点。初学者应意识到顶部与中部交接形成的交线，不应是简单的水平横线，同时还要避免生硬的体量碰撞，应结合顶部造型强化交接处的细部处理，顶部和中部造型元素应适当保持呼应。

2）类型与设计要点

（1）尖顶

高层建筑有多种风格的尖顶，如曾在我国流行的意大利南部风格、地中海西班牙风格以及瑞士风格等，都是以尖顶为显著特征的浪漫复兴风格。尖顶可以叠加在塔楼的正中，也可分置塔楼角部；可以平放，也可扭转45°。尖顶易于造成视觉上的冲击和多角度的变化，常与竖向线条为主的建筑主体相结合构成挺拔向上的建筑形象。尖顶的形式在城市轮廓的塑造中有异常突出的表现力（如图7-65、图7-66所示）。

图7-65 广州星河湾住区意大利风格尖顶

（2）锥顶

锥顶是德式和法式建筑的象征，有鲜明的风格特征。但锥顶空间较大不好利用，施工也比较复杂，因而较少采用。广州蓝色康园法式屋顶为典型的锥顶造型，由于建筑太高，主街面锥顶的尺度偏小，艺术表现力明显削弱（如图7-67、图7-68所示）。

图 7-66　广州锦绣银湾住区西班牙风格尖顶

图 7-67　广州蓝色康园住宅小区的法式屋顶

图 7-68　远望广州蓝色康园高层住宅

(3) 坡顶

坡顶是经常采用的传统建筑屋顶形式,类型很多,可以是单坡顶、双坡顶、四坡顶等。除了常年降雨量对坡顶的坡度有一定的要求,坡顶造型对视距也有一定要求,仰视时,过于平缓的坡顶易被遮挡,因而设计时应注意设坡顶的高层建筑不宜太高,一般不超过 18 层(如图 7-69 所示)。

坡顶多在普通高层住宅中使用,作为地方传统文化的象征,经过精心处理和设计可以形成高层顶部造型的特色。有的建筑师将传统民居山墙重构置于高层住宅顶部,是对高层建筑新型坡顶造型的成功探索(如图 7-70 所示)。

(4) 平顶与构架

平顶与构架是高层建筑最简洁的一种顶部形式,顶部形状往往采取完整的几何形式,延续楼身造型的处理,体现出平缓的特征。平顶常与百叶、构架、广告牌和檐部装饰线结合(如图 7-71、图

图 7-69　广州星河湾住宅小区意大利风情的屋顶仰俯视的效果区别

图 7-70　广州云山诗意住宅小区中国传统民居屋顶重构

7-72 所示)，为了遮挡屋顶设备和机房等，其高度常常高达数米，一般裙楼 2.5 m 左右，塔楼 4～6 m。当然，这并非要求必须处处平齐，还可以与凸顶结合形成起伏变化的屋顶轮廓；也可利用建筑各部分的层层跌落丰富顶部造型。平顶常与构架结合，初学者感到特别困难的是对构架尺度的把握(如图 7-73、图 7-74 所示)。

图 7-71　广州保利国际广场顶部的玻璃百叶

图 7-72　深圳某大楼构架造型屋顶

(5) 其他屋顶

高层建筑顶部空间通常是结合设备、屋面设施和使用用房为一体的综合性空间形态，这些也是高层建筑顶部造型的要素，主要有以下几种设计手法。

①表现设备间。设备包括高位水箱间、电梯机房及其他设备间等，是支撑高层建筑服务系统正常运转所必需的水、电、暖设施，也是顶部空间造型必须考虑的元素。注意有的城市对设备用房高出高层建筑屋顶高度有控制要求。

②表现屋面设施，特别是电子、通信设备和擦窗机。其中，擦窗机是高层建筑特别是超高层建筑特有设施。屋面设施还包括屋顶直升机停机坪、太阳能集热装置、防避雷装置、无线电接收与发射杆塔、电子广告屏和屋顶眺望台等，设计时要精心布置，以免凌乱(如图 7-75～图 7-78 所示)。

图 7-73　从街道上看,100 m 高的屋顶的构架很小

图 7-74　和直径 3 m 的冷却塔对比,屋顶的构架实际尺度很大

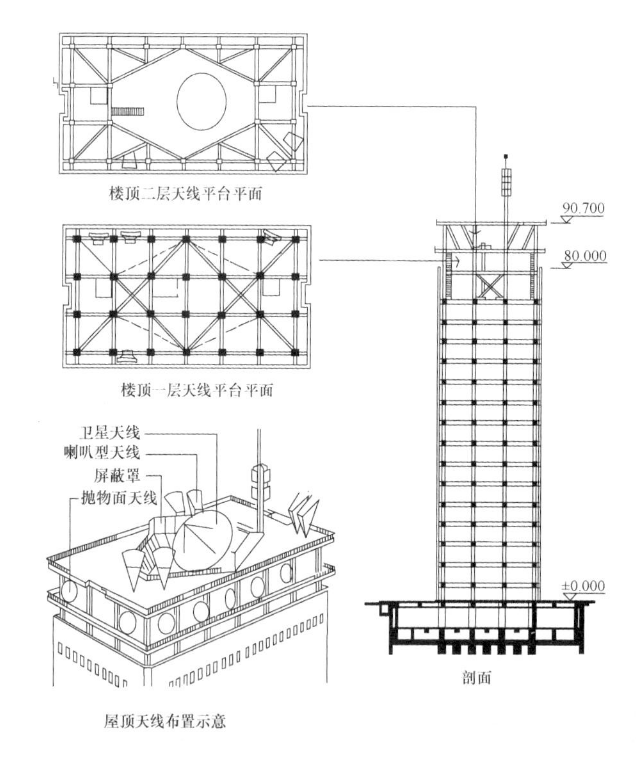

图 7-75　广岛仁保电信大楼表现通信设施的屋顶造型

③表现旋转餐厅。旋转餐厅多用作西餐厅或自助餐厅,其与高层建筑塔楼主体外形的关系有三种:旋转餐厅平面尺寸大于塔楼顶部尺寸时为外挑型,顶部平面小于塔楼时为内收型,局部由主塔楼顶向外突出时为半挑半收型。

旋转餐厅被称为现代高层旅馆的“皇冠”,以其现代感和稳定感起到了很好的标志作用,设计

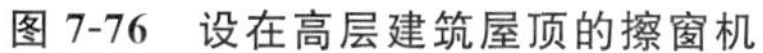

图 7-76 设在高层建筑屋顶的擦窗机

图 7-77 高层建筑屋顶的擦窗机轨道

时应避免内收型旋转餐厅因尺度太小而被塔楼主体遮挡，同时还要特别注意旋转餐厅与塔楼主体之间应有竖向的过渡，避免“脖子”太短。

图 7-78 纽约孔代·纳斯特大楼屋顶电子广告屏

【案例 6】北京西苑饭店旋转餐厅平面为正八角形，对边之间最大处为 32 m，在内径 22 m、外径 31 m、宽 4.5 m 的圆形转动环上布置餐桌，能同时容纳 200 人进餐，北京西苑饭店外观如图 7-79所示。

图 7-79　北京西苑饭店外观

旋转餐厅的平面及剖面如图 7-80 所示。地板为两层 19 mm 厚的七夹板间衬 0.8 mm 厚薄钢板，通过 11 根木龙骨支承在 150 mm 高、呈放射状布置的工字钢大龙骨上。钢龙骨支承在两条圆环钢轨上，内外圈钢轨分别落在 48 个直径为 150 mm 的轮子上，轮子通过支架用胀管螺栓固定在钢筋混凝土楼板上。为了消音和减少振动，在支架与楼板间垫橡胶垫，为了稳定环形地板的平面位置，在内圈钢轨的外侧每隔一个轮子装一个水平轮顶住内圈钢轨侧面。

环形地板由两台 1.5 kW 的电动机驱动，电动机经变速，由直径为 600 mm 的尼龙主动轮和 300 mm 的被动轮摩擦带动与钢龙骨相连的工字钢，使整个环形地板转动。转速分为每圈 1 h 或每圈 2 h 两种，可正转或反转，按需要进行调速和转向。案例来源：雷春浓. 高层建筑设计手册[M]. 北京：中国建筑工业出版社，2002.

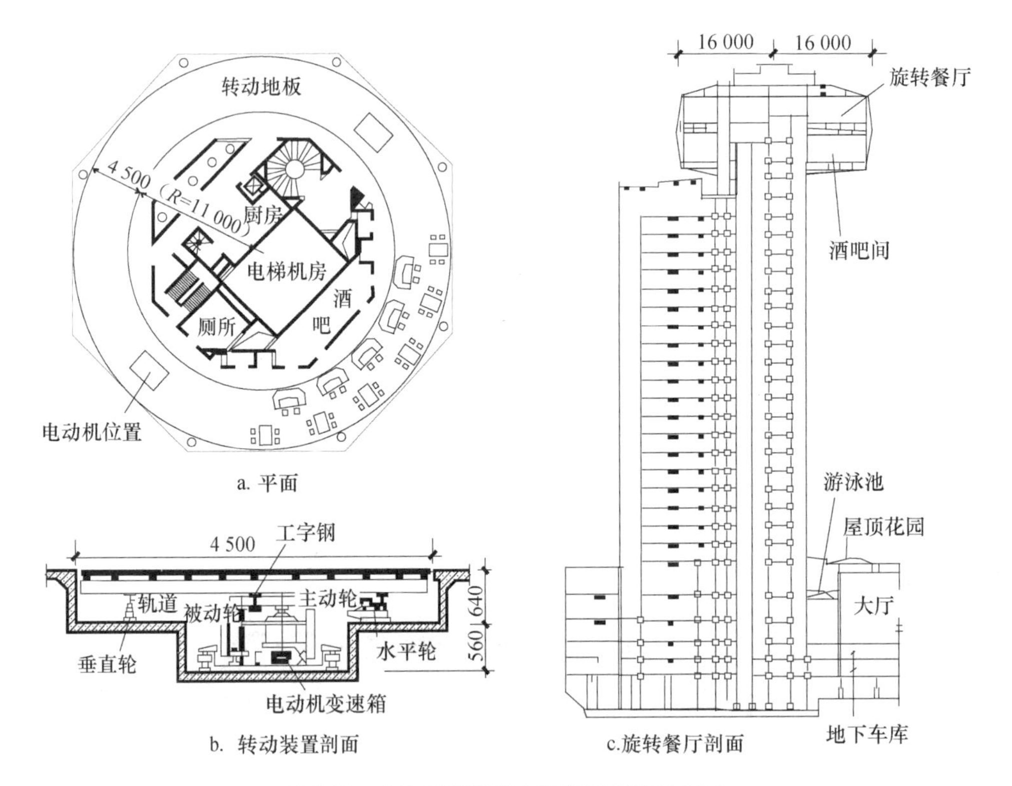

图 7-80　北京西苑饭店旋转餐厅平面及剖面

7.3　高层建筑色彩设计

色彩造型是高层建筑立面设计的重要组成部分，对建筑造型和空间的强调是建筑彩色的基本功能。特别是高层建筑体量大，不恰当的色彩足以使高层建筑成为视觉污染。如何利用色彩掩饰设计中的缺陷，大到体型比例失调，小到如水箱、管道并、烟囱、落水管等的屏蔽，通过改变色彩的面积、形状、明度等方法加以补救，掩饰一部分瑕疵等，都是设计师需要掌握的技巧。

由于建筑内部色彩与建筑高度没有必然联系，本节只讨论高层建筑的外部色彩。

7.3.1　一般概念

1）对高层建筑色彩的基本认识

（1）气候对建筑色彩的要求

气候对建筑色彩有一定要求，对高层建筑色彩效果影响尤为明显，如严寒和寒冷地区建筑宜采用暖色调，炎热和湿热地区建筑应避免使用鲜红、深黄、深紫等耀眼刺目的色彩，也不宜使用橙、红、青、紫等，以免与绿荫形成对比而产生发暗的补色，显沉闷。宜采用反光率较强的中性色或高明度的冷色调，可减少太阳辐射热。

干热地区为减少热传导，多以白色涂装建筑外表；多雨地区建筑色彩受冲刷或潮湿容易发生改变，应考虑材料的耐久性，宜选用较深的高明度色，如橙色、中黄、明黄等色彩，如用灰色、湖蓝色、湖绿色会使人产生阴湿的不快感。多雾地区的建筑彩色则要考虑灰霾天气给人带来的压抑感，用明亮和鲜艳的颜色可以增添一些欢快气氛。

（2）光影和大气尘埃对高层建筑的影响

由于高层建筑体量巨大，不同时段或同一时段不同天气，同一建筑明度和彩度会出现较大反差，尤其是日出和日落的时候，因此设计要考虑不同光线下建筑色彩效果的巨大差异。比如，晴天时太阳光线一般是极浅的黄色，建筑色彩表现为清晰的本色；早上日出后 2 h 显橙黄，建筑色调趋向于黄色；日落前 2 h 显橙红，建筑色调又会向红色偏移。即使是相同的时间和色彩，受光面和背光面也会有明显差异，如受光面色彩明度比背光面高，背光面色彩纯度和明度都会降到最低。

如图 7-81 所示是广州华南新城同一高层住宅（南偏东 15°）不同时段和不同天气情况下的不同色彩，其中，晴天照片为同一天拍摄。从照片可以看出南方地区晴天和阴天有一定的变化，但晴天和雨天变化很大，同一天气中间时段变化不大。

（3）色彩、尺度与材质

建筑的色调、明度和纯度与视距有关，主要反映在以下几个方面。

一是近距离观看时色彩较接近于本色，远距离观察时，则会受大气的影响而趋向于冷色调，明度和纯度也随之降低，并向灰色调靠近，这个现象在高层建筑尤为明显。

二是由于高度拉开了观赏者和塔楼的距离，使建筑材料本色表现受到削弱，有些多层建筑使用很有表现力的定色材料，如清水砖墙，由于标准砖尺度小且视距远，在高层建筑塔楼中其质感和肌理会明显受到削弱，如图 7-82、图 7-83 所示。

三是高层建筑幕墙色彩应考虑材料本色与尺度的关系，不能简单凭样板墙给人的感觉，应按幕墙设计面积的大小,相应提高或降低凭样板墙拟定材料的彩度和明度。

四是高层建筑表面积大,色彩和材质的组合十分重要。如高层住宅外墙有的采用涂料和面砖结合;有的将抹灰墙面、窗套,毛石墙面以及清水砖墙相结合都有一定的效果;有的高层住宅外墙采用类似砖墙效果的窑变烟熏砂砖,结合浅灰色墙面与深灰色金属空调板,恰当地表现了旧城区浓厚的历史氛围。

雨天上午 7:30

雨天下午 5:30

暴雨下午 6:00

晴天上午 6:15　　晴天上午 12:00　　晴天下午 3:45　　晴天下午 6:15

图 7-81　广州华南新城同一高层住宅(南偏东 15°)不同时段和不同天气情况下的不同色彩

图 7-82　80 m 外拍摄广州尚东尚筑住宅

(无法感受外墙砖质感,且晨光中色彩明显变暖)

图 7-83　尚东尚筑住宅外墙光面米色面砖(95×45)和火烧面的毛面砖(230×75)的本色和质感

2）高层建筑色彩设计的要点

（1）把握好色彩的视觉平衡

由于高层建筑在城市空间中举足轻重的作用，除了高层建筑自身的色彩平衡，密集高层建筑群体中高层建筑色彩还应相互平衡。

高层建筑自身色彩平衡的基本原则是：在高层建筑的底部采用相对深暗的色彩，以加强其稳重感。高层建筑底部（裙楼）因地面、树木及周围建筑的衬托和反射而显得明亮，所以可以选择明度低一些、质感粗糙一些的材料（如图 7-84、图 7-85 所示）。工程实践中多用花岗岩等石材，应注意混凝土、毛石等粗糙表面在阳光下一般保持固有色不变，但文化石等表面凸起不平的材料，会造成下部较深的阴影（在顶光时尤甚），使固有色加深。

图 7-84　30 m 外尚东尚筑住宅

（可以感受毛面砖质感，但砖原尺度已不清，且阴天色调变冷）

图 7-85　广州三新大厦用材质和低明度色彩标志建筑底部

高层建筑体量大，塔楼与天空的关系密切，与蓝天白云对比时易使建筑色彩显得深暗，为了避免压抑感，高层建筑中部和顶部一般情况较少使用重色，而是强调材料的反射作用，但在建筑中较轻、较空的部位可增加一些重色，以调节视觉上的构图平衡（如图 7-86 所示）。一般多用明度高、质感光滑的材料，如玻璃、釉面砖、金属等反射材料。不少建筑师追求玻璃和抛光金属材料的反射效果以及环境印像色彩，但应注意抛光花岗岩类石材容重太大，即使通过了拉拔实验，符合《建筑工程饰面砖粘结强度检验标准》（JGJ/

图 7-86　纽约高层建筑色彩之间的相互平衡

T110-2017)也不宜高空使用。

(2) 调整高层建筑的尺度和比例

对于形体比例尺度欠佳的高层建筑,可通过色彩调整建筑的比例和尺度,通过改变色彩的面积、形状、明度等方法来掩饰建筑造型上的一部分瑕疵,这是高层色彩设计的重点。

高层建筑比例的调节与再创造,可采用分层、分段设色的方法,利用这些横向或竖向的色彩变化,重新划分建筑的上、中、下或左、中、右各个部分的比例关系(如图 7-87、图 7-88 所示)。例如,根据造型的需要调节窗洞的尺度,将窗洞周边的窗间墙部涂成与窗洞接近的深灰色,可以形成扩大窗洞尺的效果。不过,需要初学者注意的是:建筑尺度和比例的调整受色彩依附的实体限制。

图 7-87 北京安邦金融中心用玻璃色彩改变形体比例

图 7-88 北京某高层建筑用构架和色彩改变形体比例

(3) 注意色彩与建筑类型的关系

每种类型的建筑都有相对适合它的色彩,色彩设计应该能正确表现建筑的性格和气质。例如,高层建筑商业裙楼色彩宜华丽和醒目,可以采用一些纯度较高的色彩,以刺激顾客购物的欲望;高层办公楼的色彩宜清新、雅致、富态,多用中明度、低彩度的中性色彩;居住建筑如住宅、公寓、旅馆等追求的是轻松、明快、亲切、温馨的气氛,宜采用中性偏暖的色调。

在实际工程中,往往需要降低高层住宅与环境的色彩对比。因此,高层住宅混水墙面的色彩或偏红、偏粉,或偏黄、偏橙,色相大都集中在黄色与红色之间。

灰色虽然在我国传统民居中很常见,但高层住宅墙面大,不宜用深灰色,否则容易显沉闷。此外,对复色的使用也要慎重,居住建筑中使用的复色多为偏橙或偏红的暖色系,一般北方多用。

(4) 充分利用色彩对建筑功能的识别作用

色彩具有识别的作用,设计时可利用色彩清晰地对建筑的各个组成部分进行归类,如区分功能区、部位、材料和结构等。例如,高层建筑综合体的裙楼有各种公共活动空间和商业空间,可在分析、归纳后把公共活动、休闲及商业空间,在外观上以不同的色彩表示不同的功能,还可对特别部位如屋顶、檐部、入口等赋予和其余部分不同的色彩来强化高层建筑自身的特征。

另一方面,有的色彩不宜在室外大面积使用,例如,深圳中国银行大楼整体上利用了建筑外墙极少采用的粉红色标志大楼的特色,粉红色幕墙给人郁闷和压抑感,因而不能说这是一个成功的例子(如图 7-89 所示)。

图 7-89　粉红色的深圳中国银行大楼和旁边的住宅楼

(5) 把握高层建筑的色彩空间感

色彩有向前、后退的空间感觉。高层建筑往往矗立于城市干道边，容易使人产生压抑感，这种情况下可通过调节色彩的空间感，减轻高层建筑带给人的压抑感。也就是说，由于色彩的远近感差别，同一平面上的色彩可以在感觉上拉开距离不同的空间层次。一般暖色有接近感，冷色有远离感；明色显得近，暗色显得远；彩度高的色显得近，彩度低的色显得远。在建筑造型设计中，建筑师可以根据这一原理，利用色彩的冷暖和明度增强建筑的空间感和丰富感(如图 7-90、图 7-91 所示)。

图 7-90　惠州百合家园色彩的进退带来丰富的层次感

图 7-91　通过提高色彩的彩度弱化高层住宅的体量感

7.3.2　高层建筑色彩基调以及装饰色和点缀色的确定

根据色彩理论，占据 70%以上的色彩在画面中会成为主色，高层建筑表面积大，确定高层建筑的色彩基调十分重要。

图 7-92　广州万科城市花园立面
(用高彩度的装饰色突出塔楼的识别性)

高层建筑色彩基调主要由塔楼控制(如图 7-92 所示),应充分体现城市界面的色彩延续,以及与周边高层建筑色彩之间的相互平衡。

1) 基调色为低明度色调

当基调色采用低明度的深色时,建筑会给人以厚重、沉稳之感,但也容易显得沉闷,这时建筑的装饰色宜采用浅色调。装饰色的着色部位主要是高层建筑阳台、窗台、大型的构架、柱、玻璃等,并与基调色形成图底关系。实际工程中,一般以低明度暖色为多(如图 7-93 所示)。当基调色为暖色时,可采用所谓的三色法,即二暖一冷或二冷一暖的配色方式。将装饰色采用明度更高一些的暖色调,或者中性的白色,而点缀色可以采用纯度较高的冷色;基调色为低明度冷色调的较少见(如图 7-94 所示),这时宜选用高明度色的装饰色,用于装饰建筑的构架、装饰线、墙体等,可以形成色彩的明度对比。

2) 基调色为中明度色调

中明度系列的颜色特别适合作为高层建筑的基调色。它的装饰色一般以高明度色彩为主,尤其是与纯白色搭配,可以突出色彩的纯净感。点缀色则要依据位置及建筑风格来进行选择。

图 7-93　低明度暖色调的长春国际大厦酒店

图 7-94　成都中海蓝庭高层住宅
(并不多见的中明度和低明度色调组合)

中明度色彩可以分为中明度冷色调(其中灰色最为常见,如图 7-95 所示)和中明度暖色调(如图 7-96 所示),其装饰色和点缀色除了应该符合色彩明度的搭配规律,还要考虑色彩的色相和纯度的关系,高层建筑白色纯度不宜太高,否则给人的感觉太冷。

图 7-95　灰色是高层建筑最常见的中明度冷色调

图 7-96　中明度暖色调——上海翠湖天地

3）基调色为高明度色调

当基调色采用高明度低彩度的浅色时，建筑会给人以清新、雅致的感觉，有利于反射热量，并利于节能，但也容易显得没有质量感，且时间久了不耐脏。这时，建筑的装饰色宜采用高彩度的深色调，装饰色的着色部位主要是窗台、大型的构架、底层柱等，并与基调色形成图底关系，且有一定的标志作用。当白色充当基调色时，可点缀一些较为温暖的色彩，抵消白色带给人的冷漠感。不过北方建筑不宜采用白色为基调色。如图 7-97、图 7-98 所示均为高明度色调为基色调的实例。

图 7-97　高明度色调加点缀色的广州万科蓝山高层住宅

图 7-98　高明度高彩度色调装饰色标志住宅单元入口——深圳蔚蓝海岸高层住宅

7.3.3 高层建筑的色彩造型方法

高层建筑色彩造型的要点主要包括软化建筑材料的冰冷感、弱化高层建筑的体量感以及把握高层建筑的色彩空间感。其中,软化建筑材料的冰冷感非初学者探讨的内容。

图 7-99 北京某高层建筑的色彩穿插表现了酒店造型的特色

1) 高层建筑色彩造型的一般方法

建筑色彩的组织和构成主要有并置、相交、嵌套、穿插、相似、相离几种方法。其中,色块并置是将相似体量的色彩并列在一起;色块穿插是大小和颜色不同的两体量相互穿插(小体量穿插大体量)的情形(如图 7-99 所示);色块相离一般指位置不发生关系的建筑,色彩也不相同。由于高层建筑具有集中和整体的特点,很少使用这三种色彩构成方式,而较多采用的是色彩相似、色块嵌套和色块渐变等设计手法。

(1) 色彩相似

相似的形象组合容易产生和谐完整的印象,相似因素的存在能够弱化视觉反应引起的紧张心态。高层建筑追求的相似指的是其与城市色彩的近似。

(2) 色块嵌套

色块嵌套就是当两个大小不等的体量从远处慢慢接近,从相离到接近,再到相交,最后就是嵌套。色彩表现建筑的嵌套时常常将内部建筑颜色与外部建筑颜色区分开来。

(3) 色块渐变

色块渐变是指重复的色彩元素在有规律的变化中表现出来的韵律感。色彩渐变是当代高层建筑色彩造型的新手法。渐变是指颜色按层次逐渐变化,层次是有规律的,而各层颜色之间的界线却可有可无,当建筑中色彩的表现以自身为终极目标时,建筑体积和质量特征将大大弱化。

【案例 7】巴塞罗那阿格巴摩天楼位于城市主干道交汇的 Glorias 广场处。阿格巴使用了轻盈的玻璃和彩色波形铝板,这是一种柔和的突破。随着它向天空伸展,建筑物外墙的色彩也在变化,越来越浅,最终和天空融为一体。

阿格巴摩天楼的建筑表皮分为两层。内层表皮是混凝土墙,大楼外墙所用的波形铝板有红、橙、蓝等 25 种色彩。每块波形铝板均为正方形(色彩由深到浅、由地面的暖色到天空的冷色,变化丰富),与同样大小的 4 400 个方窗(另一种随着时间推移而变化的色彩)一起随机组合,这种排列方式就像当地传统建筑中的马赛克拼图,和加泰隆尼亚的传统文化相通(如图 7-100、图 7-101 所示)。

起伏的色彩韵律也是渐变韵律的一种,是指色彩按照规律变化,从而产生犹如波浪起伏的不规则节奏感(如图 7-102、图 7-103 所示)。

2) 装饰色和点缀色的造型方法

高层建筑装饰色和点缀色设计的关键在于把握色彩的分布与构成方法以及色相的确定,装饰

图 7-100　巴塞罗那阿格巴摩天楼远观

图 7-101　巴塞罗那阿格巴摩天楼遮阳细部

图 7-102　色彩渐变——南京某高层住宅通过色彩弱化体量感

图 7-103　伦敦瑞士再生保险公司总部大楼

（表现了相似和渐变的色彩韵律）

色和点缀色在高层建筑造型中的构图方式一般有点式、线式、网络式、单元式、层间式、绘画式以及混合式等多种。

（1）点式构图

点式构图是指色彩在高层建筑上呈点状分布，产生活泼的、跳跃的感觉，可以呈规律分布或者自由式存在。前者多呈现出韵律感和秩序感，后者则有天然成趣的感觉。点的数量可以为单个或多个，其面积可大可小。

点式构图在高层建筑中属于部件构图，色点一般依附于建筑的一些小构件，如阳台、雨篷、空调机位、窗台等，有些色点只是附加于建筑上面的装饰。点式构图在高层住宅中极为常见，如图 7-104所示即为一个实例。

图 7-104　长沙阳光 100 点式构图的装饰色

(2) 线式构图

线式构图是通过让色彩在建筑表面上呈线形、条带状分布而获得色彩装饰效果的一种构图方法，有横线式和竖线式两种构图方式。初学者应注意，高层建筑有颜色的线条元素不只是色彩线条、檐口线条、腰线等具有平面化特征的线性元素，还存在具有体量特征的线性元素，比如横向的百叶窗以及竖向的柱、墙等。

横线式构图色带沿水平方向分布，给人以宁静、舒展、平缓之感，可以引起人们对建筑水平方向的关注；竖线式构图指色彩与垂直线相结合，沿竖向分布，表现建筑克服重力的倾向，线的长度越长，这种向上升腾的感觉就会越强烈，运用竖线式构图还可增加建筑的视觉高度，给人以挺拔和崇高之感。高层建筑多用竖线式构图(如图 7-105～图7-107所示)。

(3) 层间构图

结合高层建筑楼层变化来施色的构图方式叫层间构图，可用不同色彩标志楼层功能分区。层间构图具有横向展开的效果，构图稳重，层间构图多在高层居住建筑中应用(如图 7-108 所示)。

图 7-105　惠州 KADE 国际酒店立面的深色线式构图

图7-106 南宁阳光100线面结合的装饰色(过多)

图7-107 广州美林海岸线式构图的装饰色

【案例8】Colorium办公楼位于莱茵河畔的杜塞尔多夫港，其所在的Spedition大街聚集了德国新一代电子领域的企业家。建筑师通过重点开发传统幕墙体系的装修潜力得到了独特的建筑效果。玻璃板、窗户和窗间墙都固定在预制铝合金框架中，玻璃板经丝网印制成同一图案，但有30种不同颜色和17种不同类型的玻璃，这使得大楼的规模和形状产生了视觉效果的改变(如图7-109所示)。建筑师采用的图案模糊了建筑物的层高，使得相对来说较小的一个18层结构看起来有些夸张。因考虑采光，建筑的窗户部位限制了有些颜色的使用。矩阵排列的丝网印制玻璃板削弱了建筑外观的晦暗感，营造出感性的深色，而光的反射更是强化了这种效果。

案例来源：马休·韦尔斯.摩天大楼结构与设计[M].北京：中国建筑工业出版社，2006.

图7-108 成都某高层住宅色彩的层间构图

图7-109 杜塞尔多夫Colorium办公楼

(4) 单元构图

单元构图即色彩编码,就是将编码对象从建筑整体结构中拆分出来,通过赋予其色彩来表达建筑形态的意义。色彩在高层建筑立面竖向规律分布,反映出高层建筑的标准层特征,此外,高层住宅阳台特别是地下车库的色彩编码非常典型(如图 7-110 所示)。

【案例 9】伦佐·皮亚罗和理查德·罗杰斯设计的巴黎蓬皮杜艺术中心使用了色彩编码的方法。设计师大量使用符号性的色彩,将钢结构、柱、桁架、拉杆等部件以及各种管线都涂上颜色暴露在外立面上。红色的是交通运输设备,蓝色的是空调设备,绿色的是给水、排水管道,黄色的是电气设施,从大街上望去五彩缤纷(如图 7-111 所示)。

图 7-110 用绿色标识阳台单元的成都某高层住宅

图 7-111 蓬皮杜艺术中心的色彩编码

(5) 网络构图

网络构图即建筑立面上纵横两个方向的色彩构图,可以是横线条和竖线条的交织,也可以是色点形成的矩阵。高层办公楼立面常采用色彩网络构图,立面构架或玻璃幕墙纵横装饰线构建了一个均质化的色彩网格立面形态。

(6) 绘画式构图

绘画式构图应用极少,一般有墙面喷绘和马赛克拼图两种做法。把建筑物当作一件可供涂抹的工艺品,在墙面上绘以装饰广告画,设计后的效果可能会完全或局部打破建筑原来的立面规律,改变原有的视觉形象。外墙绘画应源自建筑物本身,融入周围的环境,否则很容易形成一个引人注目的大败笔。

除了以上几种色彩构图之外,在实际的应用中,很多时候是几种构图方式同时存在,所以综合式的构图往往更为常见(如图 7-112 所示)。

图 7-112 深圳华侨城桂花苑高层住宅楼体彩绘

【综合案例1】由SOM事务所设计的广州保利国际广场位于广州城市副中心琶洲新港西路旁，北依珠江。项目占地57 565 m^2，总建筑面积约196 000 m^2，由两座165 m高的大厦组成。

广州保利国际广场塔楼和裙楼为毗连方式，造型上强调了板式建筑俊逸挺拔的特征，平屋顶、主立面塔楼直接落地，造型上弱化了立面三段式的构图。大楼采用超长板式钢结构，有着细长条的办公空间，保证光线能够最大限度地进入内部。

大厦采用了创新性的结构脊柱、双层格子支架，室内无柱，中心部分采用了轻型透明材料，使得临江面的景观有高度的开放性。玻璃升降梯、楼梯井、休息室和露台都充满了阳光。建筑师充分考虑了节能、景观和空间功能的关系，既没有采用大面积玻璃幕墙，也没有采用简单的大面积方窗，而是根据空间的使用性质和尺度大小以及对采光、通风和景观的要求，采取了透明幕墙和非透明幕墙、结构遮阳和玻璃百叶等材料的组合造型。大厦朝北的一面用较为经济的明框玻璃幕墙（如图7-113所示）和垂直的百叶；朝南一面则暴露结构框架，利用外露结构构架，建筑立面采用了简单而又典型的双层立面系统；平屋顶则用玻璃百叶收头，与塔楼中部一气呵成（如图7-71所示）。

大厦采用了中明度冷色调为基调色，装饰色为高明度的白色，突出了色彩的纯净感，色彩的色相和纯度的关系十分协调（如图7-114所示）。

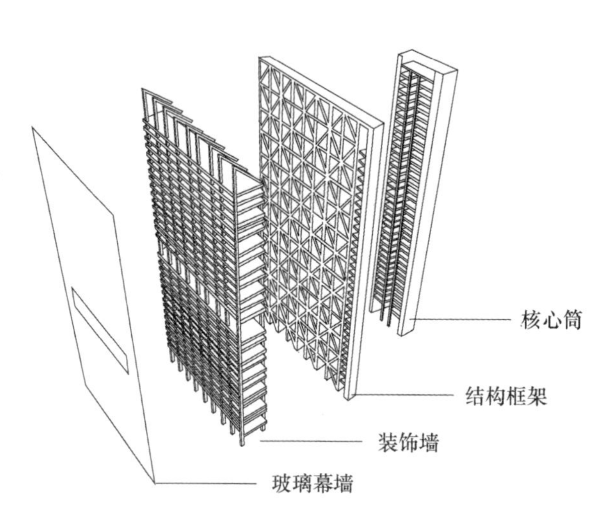

图7-113　广州保利国际广场立面构成要素

图片来源：www.far2000.com，仅供参考

图7-114　广州保利国际广场外观

第 8 章 高层建筑防火设计

8.1 一般概念

初学者首先需要建立的概念是防火要求是个相对概念，其受制于材料、技术和经济等条件。不同国家和地区对高层建筑防火要求不同，本章只讨论我国 250 m 以下高层建筑防火设计，超过 250 m 高层建筑防火设计按有关消防超限审查意见及其技术要求执行。

8.1.1 高层建筑火灾特点

1）高层建筑的火灾特点

（1）建筑越高，火势蔓延越快：如果防火措施不到位，发生火灾时，高层建筑楼梯间和各种竖井好像一座座高耸的烟囱[①]，很快成为火势迅速蔓延的途径。

（2）疏散困难：一是疏散到地面或其他安全场所需要的时间较多层建筑会长很多；二是人员集中，疏散途径少。

（3）扑救难度大：高层建筑火灾从室外扑救相当困难，主要靠室内消防设施。

（4）火险隐患多：高层建筑功能越复杂，可燃物越多，火险隐患越大。

2）建筑消防分类

根据使用性质、火灾危险性、疏散和扑救难度等，《建筑设计防火规范》（GB 50016—2014）（以下简称《防火规范》）将民用建筑分为两类，见表 8-1，并规定一类建筑（含地下、半地下室）耐火等级不应低于一级，二类建筑耐火等级不应低于二级。

表 8-1 高层建筑分类

名称	一类	二类
住宅建筑	建筑高度大于 54 m 住宅建筑（包括设置商业服务网点的住宅建筑）	建筑高度大于 27 m，但不大于 54 m 的住宅建筑（包括设置商业服务网点的住宅建筑）
公共建筑	①建筑高度超过 50 m 的高层公共建筑。 ②建筑高度 24 m 以上部分任一楼层建筑面积超过 1 000 m^2 的商店、展览、电信、邮政财贸、金融建筑和其他多功能组合的建筑。 ③医疗建筑、重要公共建筑以及独立建造的老年人照料设施。 ④省级及以上的广播电视楼、防灾指挥调度楼、网局级和省级电力调度建筑。 ⑤藏书超过 100 万册的图书馆、书库	除一类建筑高层公共建筑以外的高层公共建筑

① 《建筑设计防火规范》（GB 50016—2014）（2018 年版）条文说明。

8.1.2 高层建筑防火设计的常见错误和学习难点

1）防火设计分工

高层建筑消防设计涉及建筑、结构、暖通、给排水、电气等专业，而各个工种之间的关联性和协调性十分重要。从防火的角度观察：建筑以防火安全性为主；给排水以“灭火”为主；电气工种以“报警”为主；空调通风以“防排烟”为主；结构工种则要保证主体结构有足够的耐火性能，火灾时不致全部烧塌，且经过重修后能继续使用。

高层建筑防火设计重点是安全疏散和避难设计，除必须遵守有关法规外，防火设计程序要求十分严格，消防设计需送消防主管部门审核。

《防火规范》规定：凡是建筑高度超过 250 m 的民用建筑，除应符合《防火规范》要求外，尚应采取更加严格的防火措施，其防火设计应提交国家消防主管部门组织专题研究和论证。

建筑设计方案中存在消防问题是建筑的一种本质性缺陷，为日后火灾的发生和延烧埋下了祸根，也为防火灭火带来很多困难。因此，从一开始构思方案时，设计人就应把防火问题综合考虑进去，这是初学者应该牢固树立的概念。

2）初学者学习难点与常见严重错误

①有关规范冲突及规范条文太多，初学者感到很难判断和把握。

②复杂场地条件下难以布置消防登高操作场地，导致其尺度错误和位置偏差明显。

③忽略防火单元的存在，没有建立防火分隔概念，防火分区形同虚设。

④大空间和人员密集场所水平疏散距离计算概念模糊或计算错误。

⑤商场等人员密集场所疏散楼梯疏散宽度计算概念模糊或计算错误。

⑥安全出口概念模糊，合用前室和（剪刀）疏散楼梯与户门的关系处理错误。

8.2 总平面防火设计

高层建筑总平面的消防设计主要涉及防火间距、消防车道、消防登高操作场地三个方面的问题。在进行总平面设计时应结合交通组织合理确定建筑物的位置，留出足够的防火间距并保证消防车道的畅通。

8.2.1 防火间距

1）高层建筑防火间距控制的基本要求

防火间距的确定按“防止火势向邻近建筑蔓延、满足登高消防车灭火扑救要求、尽量节省用地”这三个原则考虑。我国高层建筑之间及高层建筑与其他民用建筑之间的防火间距，不应小于表 8-2 的规定。

表 8-2　高层建筑之间及高层建筑与其他民用建筑之间的防火间距　　(单位:m)

建筑类别		高层民用建筑	裙房和其他民用建筑	备注
		一、二级	一、二级	高层建筑与耐火等级为三、四级的裙房和其他民用建筑的防火间距详见《防火规范》表 5.2.2
高层民用建筑	一、二级	13	9	
裙房和其他民用建筑	一、二级	9	6	

注:①防火间距应按相邻建筑外墙的最近距离计算;当外墙有突出可燃构件时,应从其突出部分的外缘算起。
②裙楼连通的高度超过 24 m 塔楼之间应保持不少于 13 m 的防火间距,其裙楼中设过街通道时宽度不应小于 9 m。
③U 字形和回字形平面建筑不同防火分区的相对外墙之间的距离不小于 6 m,如图 8-1 所示。

资料来源:《建筑设计防火规范》(GB 50016—2014)(2018 年版)条文说明。

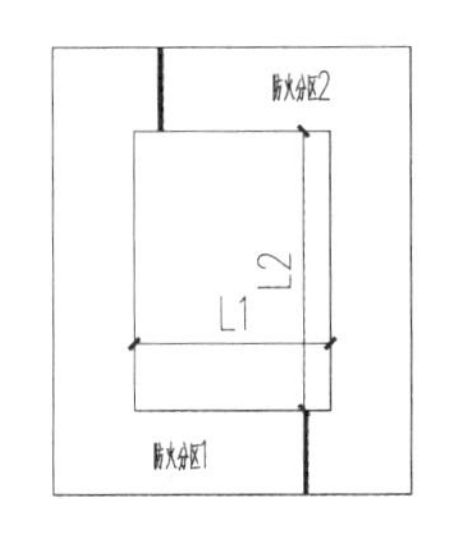

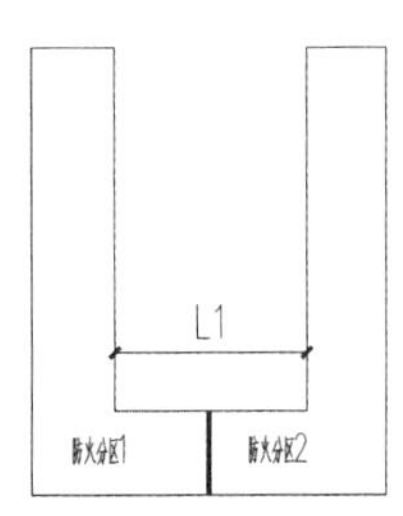

图 8-1　回字形和 U 字形平面建筑不同防火分区的相对外墙之间的距离 L_1 和 L_2 不小于 6 m

2) 合理调整侧面防火间距的条件

一般情况下,因为需要满足正面采光间距的要求,正面防火间距易满足要求,而侧面防火间距则容易被忽视,应注意《防火规范》对特殊标准层平面形式防火间距的有关规定(如图 8-1 所示)。至于住宅之间侧面防火间距的调整,基本原则可理解为:直接拼接的住宅单元之间应为不小于 2.00 h 防火隔墙,两单元之间凹槽的防火间距不小于 1 m(如图8-2所示)。

实际工程中高层住宅多南北向布置,东西向一般无窗,为了节约用地,住宅单元尽可能直接拼接。民用建筑相邻外墙最小防火间距涉及多种特殊情况,详见《防火规范》5.2.2 条。住宅弧形布置时,山墙之间多采用 20°夹角连接(如图 8-3 所示)。裙房和塔楼用天桥连接以及塔楼之间用天桥和空中花园直接连接时,塔楼之间防火间距必须保证不小于 13 m。

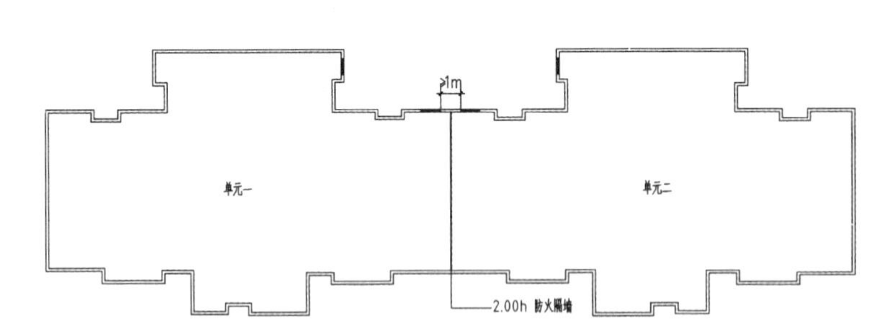

图 8-2　住宅建筑单元之间凹槽防火间距 L 不小于 1 m

图片来源:消防资源网

图 8-3　住宅山墙夹角连接实例——广州华南新城总平面局部

8.2.2　消防车道

1) 消防车道与建筑的关系

(1) 消防车道的布局要求

高层建筑周围应设环形消防车道,以确保火势较大时几个主立面的施救,设环形车道确有困难时，可沿建筑的两个长边设置消防车道(如图 8-4 所示)。

(2) 消防车道穿越高层建筑的要求

高层建筑沿街长度(如图 8-5 所示)超过 150 m 或总长度超过 220 m 时，应在适中位置设置穿过高层建筑的消防车道；当封闭内院或天井的高层建筑沿街时，应设置连通街道和内院的人行通道(可利用楼梯间，如图 8-6 所示)，通道之间距离不宜超过 80 m；无论是否临街，高层建筑内院或天井短边长度超过 24 m 时，宜设有进入内院或天井的消防车道，这里的所谓“宜”在实施中基本是一种硬性要求。

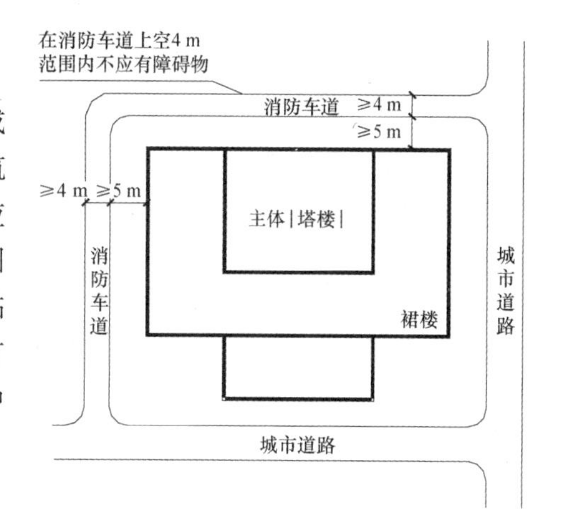

图 8-4　环形消防车道布置要求

图片来源：亓育岱，宁岐，张福岭

2) 消防车道的设置要求

①保证一定的宽度。消防车道宽度应不小于 4 m，双行道最小为 7 m。但实际工程中，当消防车道环通且有两处能与其他车道连通时，亦可设 3.5 m 宽的消防车道。但穿过高层建筑的消防车道，其净宽和净高均不应小于 4 m，穿过大门垛时净宽也不应小于 3.5 m。如高度达不到要求，可通过局部降低门洞处的室外地面标高以满足要求。

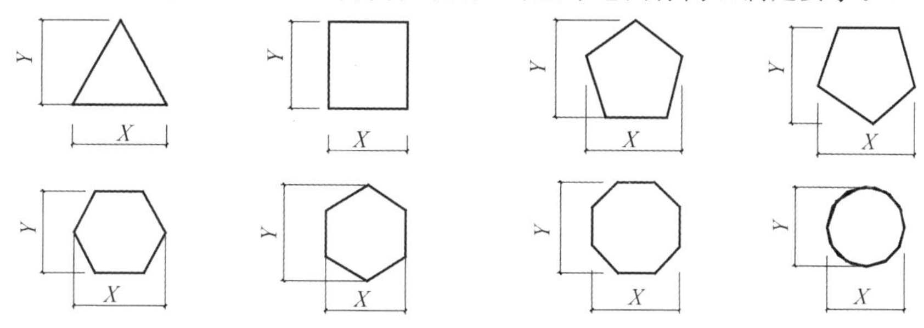

图 8-5　建筑物长度的确定

注：沿街建筑物的长度是按实际长度(各段长度的代数和)确定，大体量建筑的沿街长度计算如图，高层建筑沿街长度为 X 和 Y 任一边，总长度为两者之和。

图片来源：《〈建筑设计防火规范〉图示》(国家建筑标准设计图集)

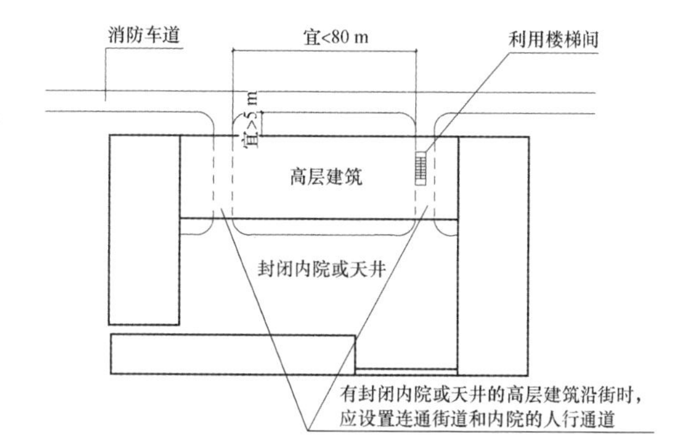

图 8-6　有内天井时消防车道布置要求

图片来源：亓育岱，宁岐，张福岭

②保证一定的转弯半径。普通消防车不应小于 9 m,登高消防车不应小于 12 m。高层建筑转角两侧墙体与另外一幢建筑内转角两侧墙体相邻时,虽然消防车道宽度符合规范要求,但还必须保证消防车有效的转弯半径不小于 12 m。

消防车道尽头应设回车场地。回车场可设计成 Y 形或 T 形,场地 15 m×15 m,若考虑大型消防车,应尽可能采用 18 m×18 m 回车场地。注意:12 m×12 m 的回车场消防车道转弯半径不足 10 m,一般用于住宅区。

③为确保消防车辆迅速到达火场,要注意避免绿化带布置的路牙、花池以及乔木等阻碍消防车辆通行。

④保证消防车道与高层建筑的消防有效距离,既不能太近,也不宜太远。考虑到火灾时热辐射和散落物对消防车辆的影响和云梯的工作幅度,车道距建筑物一般不应小于 5 m,亦不宜大于 10 m。

8.2.3 消防救援场地

消防救援场地即消防登高操作场地,设计要求如下。

消防车登高操作场地,是登高消防车靠近高层建筑主体,开展消防车登高作业和消防队员进入高层建筑内部,抢救被困人员、扑救火灾的场地。场地对应的建筑立面,是消防车登高操作面,也称消防扑救面,高层建筑需要设置消防车登高操作场地,设计要点如下。

①高层建筑应至少沿一个长边或周边长度的 1/4 且不小于一个长边长度的底边连续布置消防车登高操作场地,该范围内的裙房进深不应大于 4 m,突出的雨篷、挑檐等也不应大于 4 m。

②建筑高度不大于 50 m 的建筑,连续布置消防车登高操作场地确有困难时,可间隔布置,但间隔距离不宜大于 30 m,且消防车登高操作场地的总长度仍应符合上述规定;建筑高度≤50 m 的建筑,消防车登高操作场地的长度和宽度分别不应小于 15 m 和 10 m。建筑高度>50 m 的建筑,场地的长度和宽度分别不应小于 20 m 和 10 m。如图 8-7～图 8-9 所示。

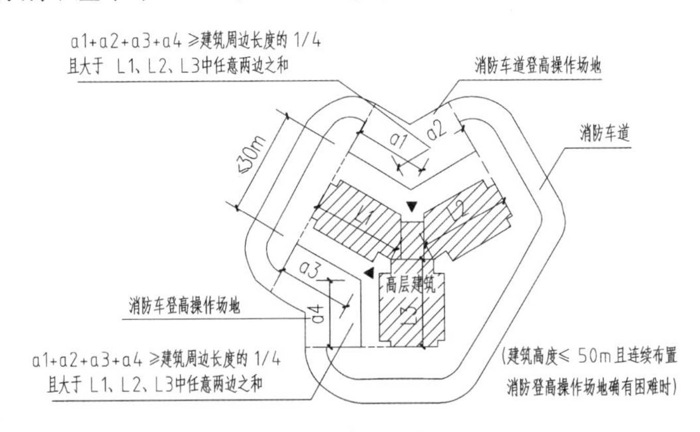

图 8-7 消防登高场地布置图示 1

图片来源:消防资源网

③消防车登高操作场地应与消防车道连通,场地靠建筑外墙一侧的边缘距离建筑外墙不宜小于 5 m,且不应大于 10 m。消防车登高操作场地靠建筑外墙一侧的边缘距离,包括与裙房、雨篷、挑檐等突出物的边缘距离,如图 8-7～图 8-9 所示。

④在建筑物与消防车登高操作场地相对应的范围内,应设置直通室外的楼梯或直通楼梯间的入口。住宅建筑每个单元的楼梯间,均应直通消防车登高操作场地。

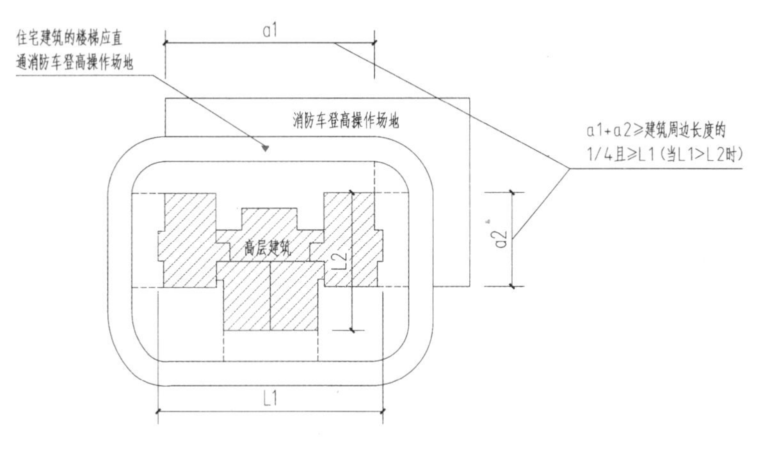

图 8-8　消防登高场地布置图示 2

图片来源：消防资源网

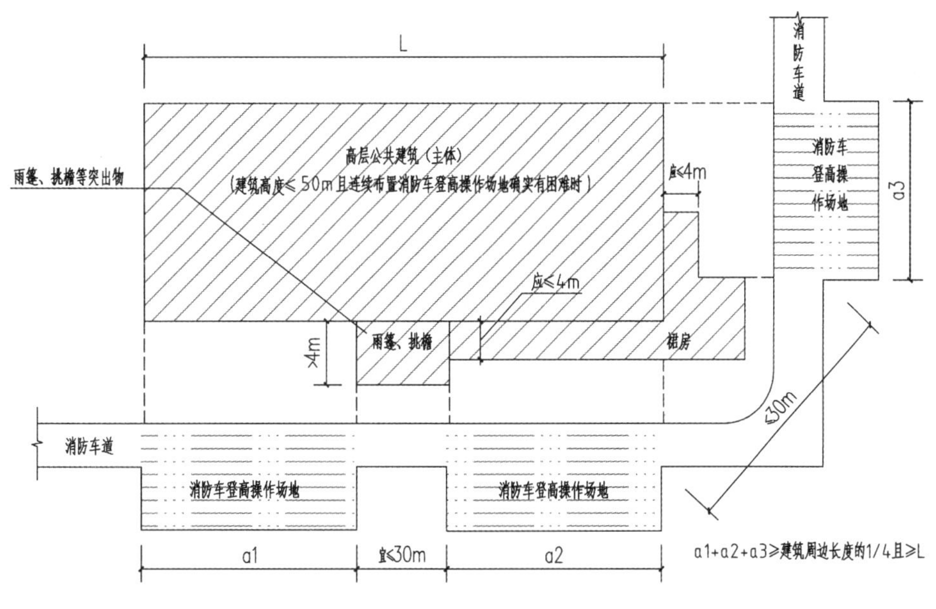

图 8-9　消防登高场地布置图示 3

图片来源：消防资源网

⑤在登高面范围内可以考虑设置伸出建筑外的露台、阳台等，便于登高消防车操作。在登高面范围内出口上方应设置宽度不小于 1 m 的防火挑檐，其目的是防止落物对消防队员构成威胁。但登高作业场上空，消防（云梯）车举高作业范围内不能架空管线和高大树木、大型广告牌、路灯等障碍物；在登高面所在的车道或登高场地的范围内，不得设置影响消防车停靠的地下车库和人防工程的出入口。

⑥建筑屋顶或高架桥等兼做消防车登高操作场地时，其承载能力要符合消防车满载时的停靠要求。消防车登高操作场地及其下面的结构、管道、暗沟以及化粪池等应能承受重型消防车的压力。

⑦地形高差太大时，高层建筑有必要设置多个消防扑救场地，例如，山城重庆对处于不同地形

高差的高层建筑消防登高面就做了详尽的规定,如图 8-10 所示。

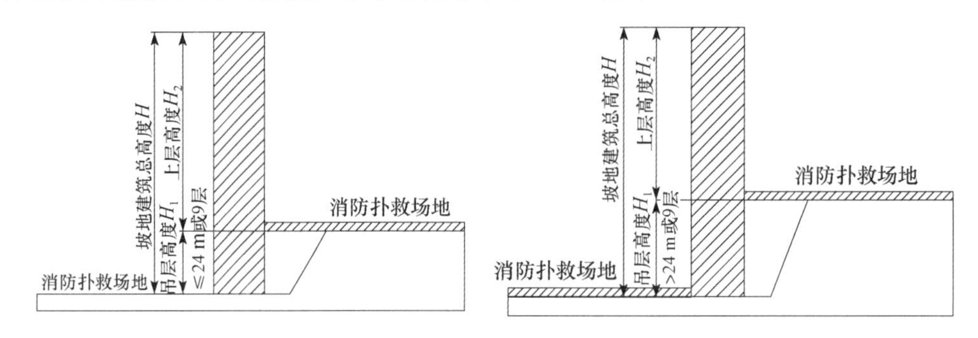

图 8-10　地形有高差的高层建筑消防登高面示例

图片来源:《重庆市坡地高层民用建筑设计防火规范》

8.3　防火分区

8.3.1　防火分区的概念

防火分区是用具有一定耐火能力的墙和楼板等分隔构件,能够在一定时间内把火灾控制在某一范围内的基本空间,可分为水平防火分区和竖向防火分区。通过防火分区,在火灾时可以控制燃烧面积,减少辐射强度,防止火势蔓延扩散,给消防扑救和安全疏散赢得时间。

一般情况下,疏散人员离开火灾房间后,先要进入公共走道,走道的安全性就应高于火灾房间,故称走道为第一防火分区。依此类推,防烟前室为第二防火分区,疏散楼梯间为第三防火分区。注意:有的情况下不需要设前室,故此时疏散楼梯间为第二防火分区。一般说来,疏散楼梯间不能进烟,所以人员疏散进入防烟楼梯间,便认为到达了安全地方。

1) 防火分区类型

水平分区就是采用防火墙等区域边界耐火构件划分防火分区,在每层水平方向上按一定面积以防火墙等划为两个或两个以上的防火分区(如图 8-11 所示)。水平防火分区是按照面积划分的,因此,又称为面积防火分区。

竖向防火分区就是按垂直方向划分防火分区,在垂直方向上以各层楼板作耐火分隔,对贯穿部分须有相应的耐火封闭措施。建筑内设置自动扶梯、敞开楼梯等上下层相连通的开口时,其防火分区的建筑面积应按上下层相连通的建筑面积叠加计算,当计算后建筑面积大于表 8-3 规定时,应划分防火分区。建筑内设置中庭时,其防火分区的建筑面积按上下层相连通的建筑面积计算且大于表 8-3 的规定时,采用防火玻璃墙、防火卷帘以及自动喷水灭火系统等进行防火分隔,详见本书 8.5 节“特殊空间防火”。

2) 防火分区面积控制

按照《防火规范》和《汽车库、修车库、停车场设计防火规范》的相关条款规定,我国高层民用建筑每个防火分区允许最大建筑面积,不应超过表 8-3 的规定。

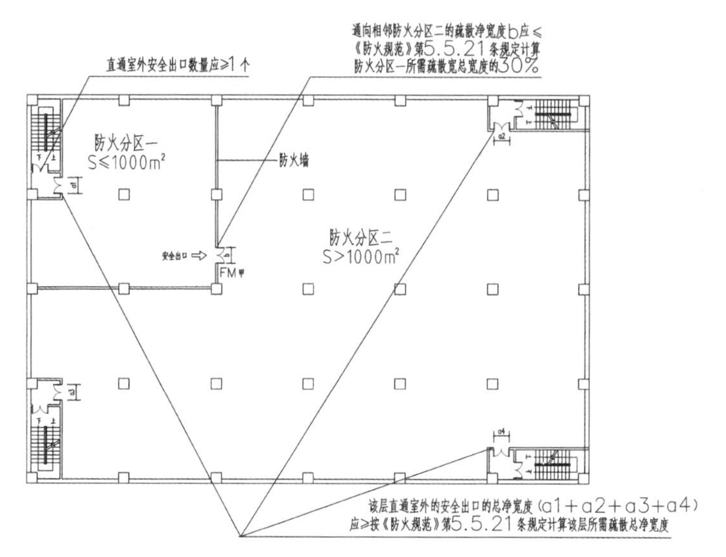

图 8-11 水平防火分区(借用安全出口)

图片来源:消防资源网

表 8-3 民用建筑防火分区最大允许建筑面积

名称	耐火等级	允许建筑高度或层数	防火分区最大允许面积
高层民用建筑	一、二级	按《防火规范》5.3.1条确定	1 500 m²
地下或半地下室	一级	—	500 m²
高层车库、地下车库	一级	—	2000 m²

注:①当建筑内设置自动灭火系统时,表中面积可扩大一倍;当局部设置自动灭火系统时,则增加面积可按该局部面积的1倍计算。

②设备用房防火分区最大允许建筑面积不应超过1 000 m²。

③裙房与高层建筑主体之间设置防火墙时,裙房防火分区可为2 500 m,设置自动灭火系统时可扩大至5 000 m。

④对非通廊式单元式住宅建筑主要按单元进行防火分隔,一般情况下一个楼层不大于1 500 m。

⑤高层建筑内的商店营业厅、展览厅,当设置自动灭火系统和火灾自动报警系统并采用不燃或难燃装修材料时,其每个防火分区的最大允许建筑面积不应大于4 000 m²,设置在地下或半地下时,不应大于2 000 m²。

⑥裙房与高层建筑主体之间设置防火墙时,裙房部分的商店营业厅、展览厅的防火分区最大允许建筑面积,可以按单、多层建筑要求设置,当仅设置在裙房的首层,且设置自动灭火系统和火灾自动报警系统并采用不燃或难燃装修材料时,其每个防火分区的最大允许建筑面积不应大于10 000 m²。

⑦室内地坪低于室外地坪面高度超过该层汽车库净高1/3且不超过净高1/2的汽车库,或设在建筑物首层的汽车库的防火分区最大允许建筑面积不应超过2 500 m²,复式汽车库的防火分区最大允许建筑面积应相应减少35%。

标准层防火分区的划分常为初学者所忽视。一般情况下,标准层面积设计不应太小,应尽量接近一个防火分区的最小面积。当然,标准层面积太大会导致人数增多,疏散路线太长,亦会增加疏散楼梯的宽度,导致平面系数太低,同时采光通风质量差,对层高要求也会相应提高等,因而不可行。以高层办公建筑为例,由于市场对租赁跨度和办公物理环境有一定的要求,在标准层的使用空间设置防火分隔有一定困难,特别是采用中央型核心体的标准层,因此高层建筑标准层的面积不可能太大。

3）防火单元

防火分区除按照规范规定的面积设置外，还应根据建筑不同使用功能区域，生产与储存物品的不同火灾危险性区域划分防火单元。

防火单元，一是根据垂直交通结构方式，将相对集中的空间进行分隔包围而成的小的防火区域，这是一种广义的概念，例如，单元式住宅一般每个单元构成为一个独立的防火分区，单元间以防火墙相隔，因此每个单元必须布置消防电梯(可以与客梯共用)；二是在防火分区内，对某些火灾危险性大或有贵重设备的部位，采用防火墙或其他有效的技术措施进行分隔包围而成的小的防火区域，如饭店建筑的厨房有明火作业，应划作独立的防火单元，此外，各种设备机房也是独立的防火单元。

除了考虑不同的火灾危险性外，还需要按照灭火剂的种类划分防火单元。例如，电力设备房以及内燃机动力房，当采用二氧化碳或卤代烷灭火剂时，由于这些灭火剂毒性大，应划作独立防火单元，以便施放灭火剂后能够密闭，防止毒性气体扩散。

8.3.2 防火分区的分隔

防火分区的分隔主要指防火分区之间及其与防火单元之间，在水平和垂直两个方向通过材料和构造方式(主要为防火墙、楼板与防火门)形成的闭合耐火屏障，表8-4为常见防火分隔要素，有关疏散楼梯防火分隔要求见8.4.2节“垂直疏散”，有关防火分隔构造内容详见8.6.2节“防火墙”。

表8-4 民用建筑防火分区的分隔

场所		防火分隔			备注
		防火墙/h	楼板/h	防火门	
合建建筑	商业服务网点与住宅	2.00	1.50	乙级	商业单元间隔墙耐火2.00 h
	多层住宅与非住宅	2.00	2.00	乙级	
	地下车库与其他	2.50	1.50	甲级	含车库不同分区之间
	会议厅与多功能厅	2.00		乙级	
	商场与展厅			乙级	
	歌舞娱乐游艺放映场所	2.00	1.00	乙级	
设备空间	柴油发电机储油间	3.00	1.50	甲级	储油量不大于1 m^3
	柴油发电机房	2.00	1.50	甲级	采用防火墙与贴邻建筑分隔，且不应布置在人员密集场所的上一层、下一层或贴邻
	燃油燃气锅炉房、油浸变压器室、充有燃油的高压电容器室、多油开关室	2.00	1.50	甲级	
	消防水泵房	2.00	1.50	甲级	
	消防控制室	2.00	1.50	乙级	
	灭火设备室、通风空气调节机房、变配电室	2.00	1.50	乙级	包括变压器室之间，变压器室与配电室之间
	消防电梯井	2.00			其与贴邻电梯井和机房之间
	消防电梯机房			乙级	

除了表8-4中内容，设计人还应注意以下几个方面。

其一，变压器室之间、变压器室与配电室之间，应设置耐火极限不低于2.00 h的防火隔墙。

其二，避难层可兼作设备层时，设备管道宜集中布置，其中的易燃、可燃液体或气体管道应集中布置，设备管道区应采用耐火极限不低于3.00 h的防火墙与避难区分隔。

其三，汽车库不能与托儿所、幼儿园以及老年人活动与照料设施等建筑合建。用地紧张需在地下车库上部用地布置托儿所和幼儿园时，须用耐火极限不低于2.00 h楼板将两者完全分开，即使如此一般也很难获政府批准，其会坚持托幼建筑下部不设地下空间。地下车库防火分区之间以及地下车库与贴邻房间之间，应采用耐火极限不低于2.50 h墙体和不低于1.50 h的楼板分开。

其四，中庭、幕墙以及管井等防火分隔详见本书8.5节“特殊空间防火”以及8.6节“耐火构造”。

其五，住宅相邻套房之间应保证分户墙的耐火性能，工程实践中砌体厚度不小于18 cm。

其六，建筑高度大于100 m的民用建筑，其楼板的耐火极限不应低于2.00 h。

8.4 安全疏散

安全疏散是当建筑物发生火灾后确保人员生命安全的有效措施，也是建筑防火设计中的最重要的环节，要求路线疏散简单明了，高层建筑安全疏散路线有水平和垂直两个方向，其中水平方向应同时提供从室内任何位置向外逃生的可能性。

8.4.1 水平疏散

水平方向的疏散路线是指火灾发生时，人们从着火地点进入公共走道，通过走道到达防烟前室，然后达到疏散楼梯间的路线。路线应便捷，方向明确。即使采用开敞式布局或用隔断灵活分隔的空间，其报建图中往往也要求标明最便捷的疏散通道。

1）疏散走道形式和布局

一般情况下水平疏散是围绕两个安全出口组织的，疏散走道的形式要求直接，少转弯或转弯角度不小于90°，转弯处尽可能安排垂直安全出口（疏散楼梯），避免阻塞和混乱，疏散走道不宜采用“十”字形、“门”字形或回转式，亦应避免S形及U形。尽量避免出现袋形走道，限制袋形走道长度，并在其端部设置避难口、避难阳台之类的辅助设施。疏散走道尽量布置成环形或双向走道。

除设有排烟设施和应急照明者外，高层建筑内的走道长度超过20 m时，应设置直接天然采光和自然通风的设施。

2）安全疏散距离与疏散楼梯布局

安全疏散距离一般是指从房间门至最近的外部出口或疏散楼梯间的最大距离，《防火规范》对不同类型高层建筑的疏散通道的长度和宽度均有限制，见表8-5。原则上疏散楼梯在平面中的位置一方面要处于高层建筑消防登高面，另一方面应尽量少占建筑的采光通风面。

表8-5 安全疏散距离

单位：m

高层建筑	房间门或住宅户门至最近的外部出口或楼梯间的最大距离	
	位于两个安全出口之间的房间	位于袋形走道两侧或尽端的房间
高层旅馆/展览建筑	30	15
其他	40	20

注：建筑物内全部设置自动喷水灭火系统时，其安全疏散距离可按本表规定增加25%。

资料来源：《建筑设计防火规范》（GB 50016—2014）（2018年版）。

(1) 板式标准层平面

疏散楼梯之间的距离应控制在规范允许的范围之内:太近会使疏散人流不均匀而造成拥堵,太远则使疏散人员不能脱离危险区。图 8-12～图 8-14 为常见高层建筑安全疏散距离规定示例。假设“一”字形平面疏散房间位于两疏散楼梯间的中点,且没有支线疏散通道,故其到两疏散楼梯距离(以梯间疏散门最近点计)均为 40 m(即两梯最大距离 80 m);而 L 形平面有支线疏散通道,没有假设疏散房间的具体位置,故 L 形疏散通道上任何房间门至最近的外部出口或疏散楼梯间的最大距离均不超过 40 m,$L_1+L_2\leqslant 80$ m,如是高层旅馆,则两疏散楼梯最大距离 $L_1+L_2\leqslant 60$ m。注意疏散走道设自动喷淋时,疏散楼梯间距可适当加长,详见《防火规范》有关条文。

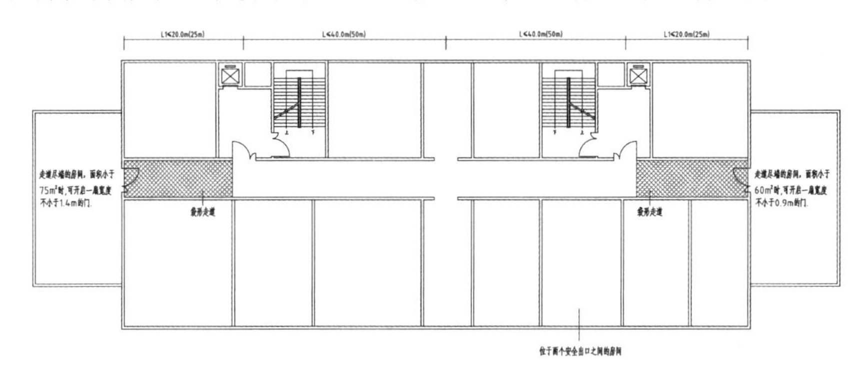

图 8-12 高层建筑安全疏散距离规定示例之一

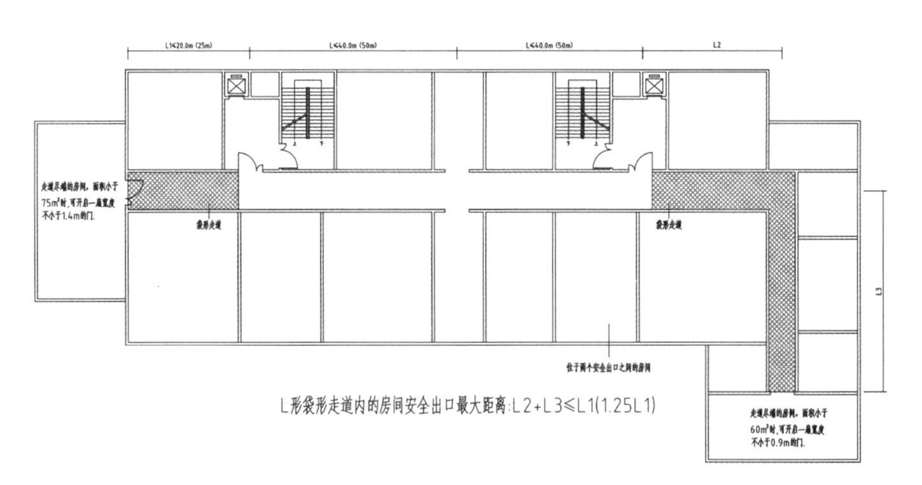

图 8-13 高层建筑安全疏散距离规定示例之二

(2) 大空间平面

初学者要特别注意控制高层建筑大空间的安全疏散距离。实践中除中央型核心体标准层平面外,外周型、偏心型以及分离型核心体标准层常常会出现内部不设分隔的大空间(详见本书 4.4 节“标准层核心体设计”),也就是没有设置明确的水平疏散通道,整体作为一个办公或空中大堂等功能空间,这种情况应保证疏散楼梯的数量,严格控制安全疏散距离。

一、二级耐火等级建筑内,对于开敞式办公区、展览厅、多功能厅、餐厅、营业厅、会议报告厅、宴会厅及其入场等候与休息厅等场所(注:不包括用作舞厅和娱乐场所的多功能厅),当疏散门或

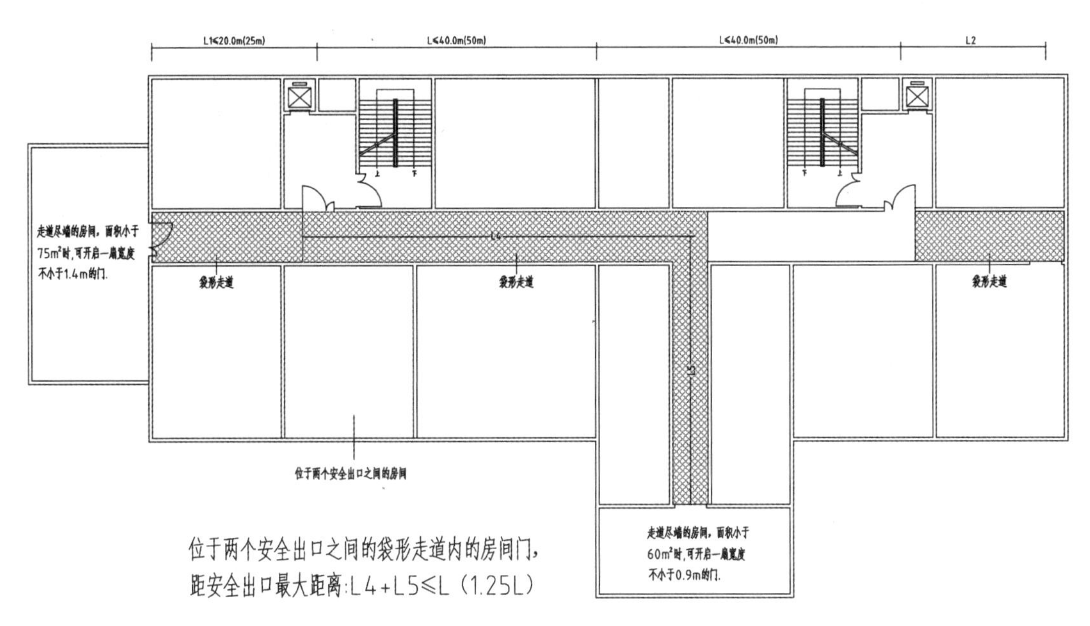

图 8-14　高层建筑安全疏散距离规定示例之三

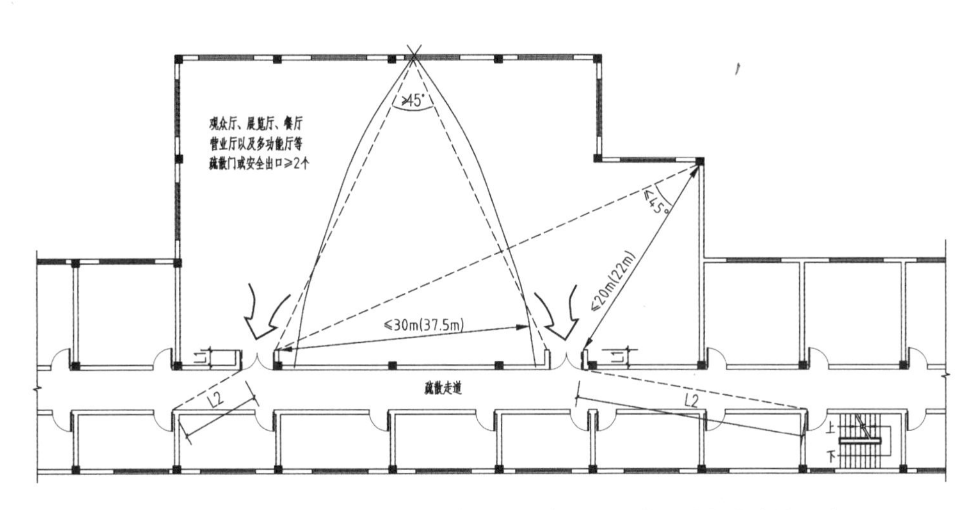

图 8-15　高层建筑大空间内任何一点或最远点至疏散出口的最大直线距离(一)

图片来源：消防资源网

安全出口不少于 2 个时，其室内任一点至最近疏散门或安全出口的直线距离，应遵行以下规定。

①当房间内某一点与两个疏散门的连线夹角≥45°时，这一点至最近的疏散门或安全出口的直线距离应≤30 m(喷淋时 37.5 m)。当某一点与两个疏散门的连线夹角<45°时，这一点至最近的疏散门或安全出口的直线距离应≤20 m(喷淋时 22.0 m)。疏散门可经疏散走道通至安全出口，长度不应大于 10 m，即 $L_1+L_2 \leqslant 10$ m(喷淋时 12.5 m)。如图 8-15 所示。

②当房间内设置隔间时，室内任意一点至最近疏散门或安全出口的直线距离应按行走距离计算，当隔间内任意一点与两个疏散门的连线夹角均≥45°时，如图 8-16 所示，行走距离可以放宽至 45 m(即 $a_1+a_2 \leqslant 45$ m)，但隔间内任意一点至最近的疏散门或安全出口的直线距离仍应≤30 m

(喷淋时 37.5 m)。

③当房间室内任意一点至最近疏散门或安全出口的直线距离均≤20 m(喷淋时 22 m)时，位于两个安全出口之间的疏散门，经疏散走道通至最近安全出口的长度可适当放宽，但不应大于 40 m(喷淋时 50 m)，即 $L_1+L_2\leqslant 40$ m(喷淋时 50 m)。如图 8-17 所示，同一房间的两个疏散门均应满足此要求。

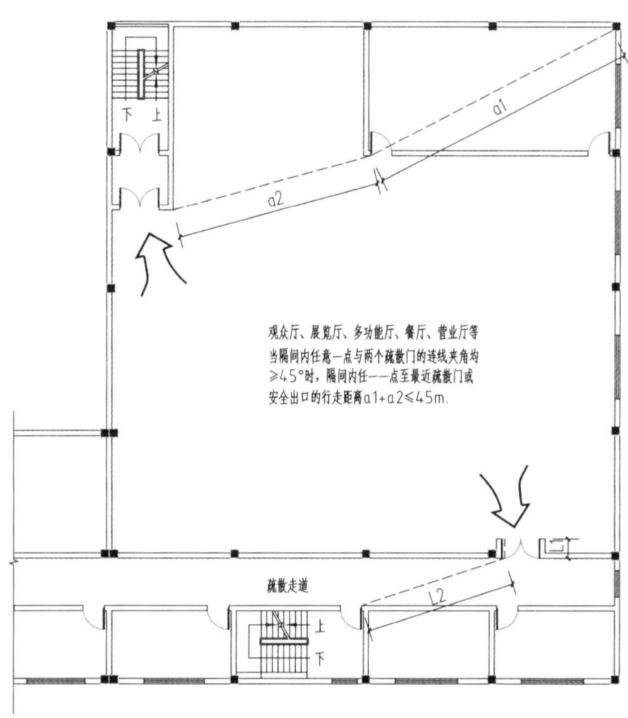

图 8-16　高层建筑大空间内任何一点或最远点至疏散出口的最大直线距离(二)

图片来源：消防资源网

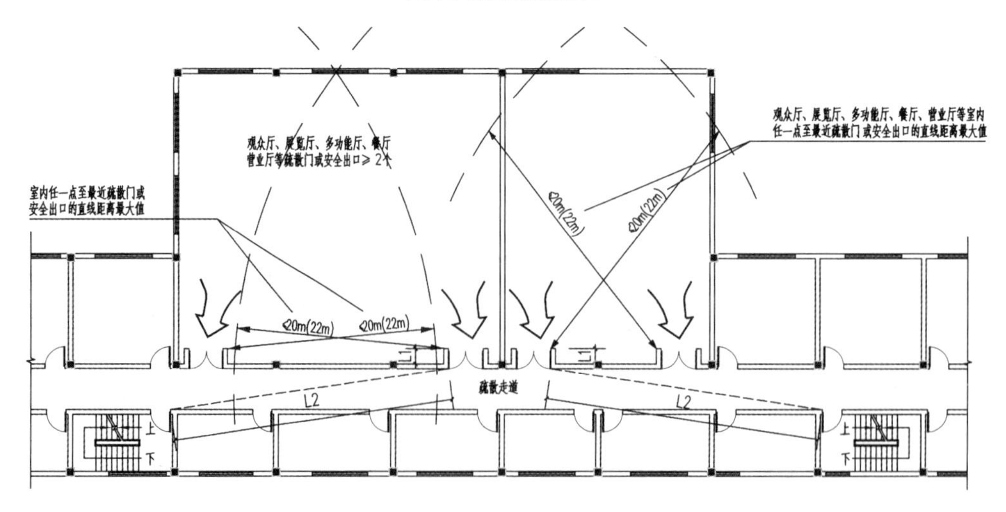

图 8-17　高层建筑大空间内任何一点或最远点至疏散出口的最大直线距离(三)

图片来源：消防资源网

④疏散走道应满足对应耐火等级建筑的燃烧性能和耐火极限要求，当不能满足要求时，应按照室内隔间的要求计算疏散距离。如图 8-18 所示的大开间办公室，采用普通玻璃分隔，因此核心筒周围的走道不能作为疏散走道，A 点疏散距离应满足第 2 条要求的室内疏散距离的要求。以 A 点为例，当 A 点与两个疏散门的连线夹角≥45°时，行走距离不应超过 45 m（即 $b_1+b_2+b_3 \leqslant 45$ m），否则行走距离不应超过 20 m（喷淋时 22 m），即 $b_1+b_2+b_3 \leqslant 20$ m（喷淋时 22 m）。

⑤当疏散走道采用防火玻璃分隔时，应采用 A 类隔热型防火玻璃。

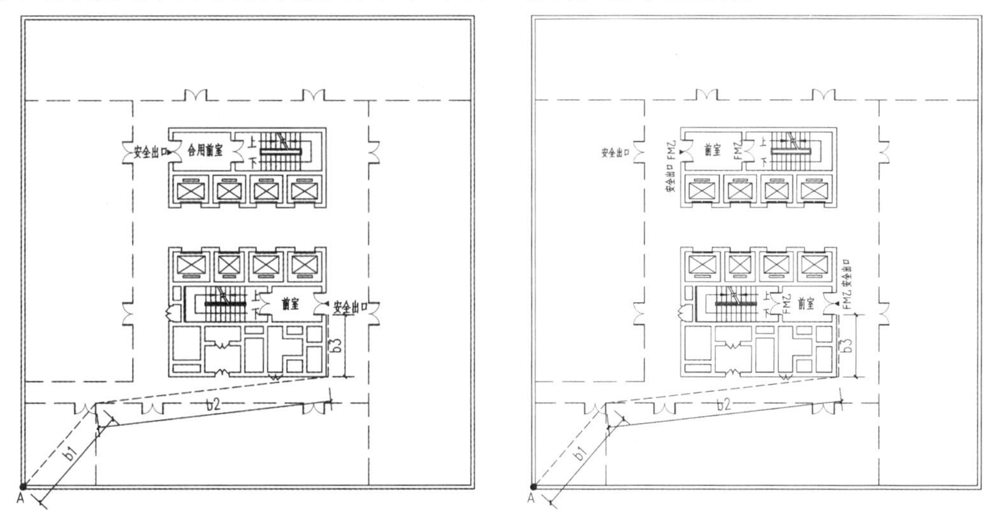

图 8-18 高层建筑大空间内任何一点或最远点至疏散出口的最大直线距离（四）

图片来源：消防资源网

3）水平疏散通道中的房间疏散门

公共建筑内房间的疏散门数量应经计算确定且不少于 2 个，两扇门之间的距离不应小于 5 m。房间设置 1 个疏散门的两种情况：一是位于两个安全出口之间或袋形走道两侧，非托幼和老人照料设施以及医疗和教学的其他用房，且建筑面积不大于 120 m^2；二是位于走道尽端，建筑面积小于 50 m^2，疏散门净宽不小于 0.9 m，或房间内任一点至疏散门的直线距离不大于 15 m，疏散门净宽不小于 1.4 m，且建筑面积不大于 200 m^2，如图 8-19 所示。

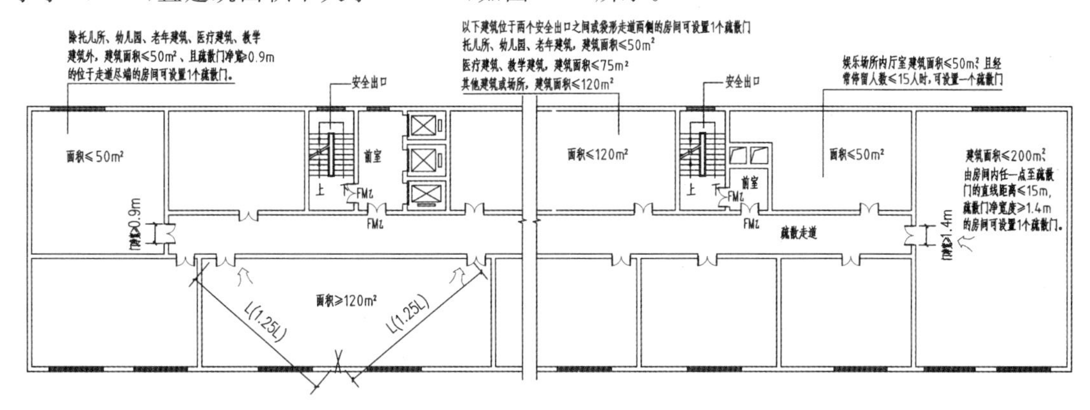

图 8-19 防火对房间面积、开门数量和门宽等要求

图片来源：《〈建筑设计防火规范〉图示》（国家建筑标准设计图集）

8.4.2 垂直疏散

高层建筑垂直疏散设计的关键是垂直交通体系的选择(如图 8-20 所示)、核心体交通布局方式和疏散楼梯形式，特别是防烟楼梯合用前室与户门的复杂关系，这是本节讨论的重点，本书不讨论开敞楼梯。

1) 疏散楼梯体系及竖向设计要求

高层建筑疏散楼梯主要起疏散作用，但也是高层建筑日常垂直交通的辅助形式，一般用于电梯使用高峰期时相邻层上下和垂直服务通道，或停电及电梯维修时备用。以高层旅馆为例，其标准层楼梯和客房房间数量需要遵循一定的比例关系，即每楼梯对应 35～85 间客房(平均 55 间)①。

这里讨论的垂直疏散仅指利用疏散楼梯进行疏散，不包括疏散滑梯等辅助手段。根据排烟方式不同，可将高层建筑疏散楼梯分为开敞楼梯、封闭楼梯和防烟楼梯三种类型。由于开敞楼梯要求较为简单，适用于多层公共建筑和高度为 21 m 以下的住宅，所以本书不予讨论。

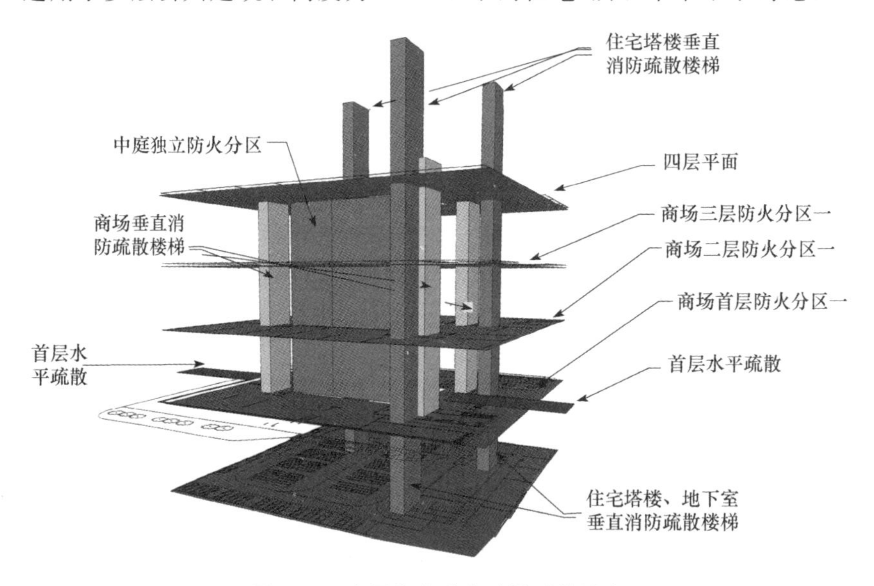

图 8-20 高层住宅垂直疏散系统示意

注意：地下和地上疏散可对位，但需用防火门分隔

图片来源：周平

高层建筑疏散楼梯竖向设计要点如下。

其一，高层建筑主体和裙房采用防火墙分隔时，裙楼楼梯可按多层建筑要求设置封闭楼梯甚至开敞楼梯。有条件时，高层公共建筑主体和裙房都应分别设置垂直疏散系统，以避免下部人员与高层建筑向下疏散人流的交叉。有关规范规定商住楼中住宅的疏散楼梯应独立设置，不能和商业裙房共用疏散楼梯。②

---

① 住房和城乡建设部工程质量安全监管司，中国建筑标准设计研究院. 全国民用建筑工程设计技术措施：规划 · 建筑 · 景观(2009 版)[M]. 北京：中国计划出版社，2010.

② 《建筑设计资料集》编委会. 建筑设计资料集 4[M]. 2 版. 北京：中国建筑工业出版社，1994.

其二，室内地面与室外出入口地坪高差大于 10 m 或 3 层及以上的地下室、半地下室疏散采用防烟楼梯，否则采用封闭楼梯。地下与地上部分不应共用楼梯间，实际工程中，塔楼主体疏散楼梯和地下室疏散楼梯往往处在平面同一位置，但地下室或半地下室与地上层必须共用楼梯间时，一定要在首层与地下或半地下层的出入口处，设置耐火极限不低于 2 h 的隔墙和乙级的防火门将楼梯上下分隔，如图 8-21 所示。

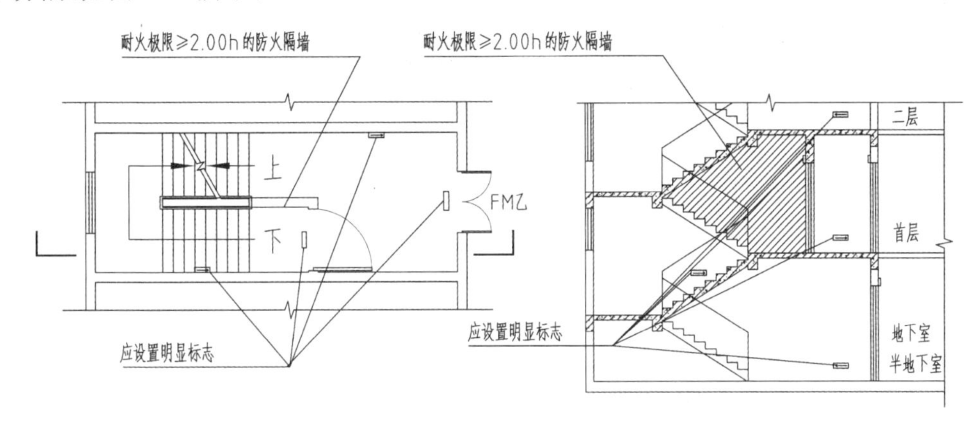

图 8-21　首层与地下室疏散楼梯间防火分隔平面和剖面示意

其三，除通向避难层错位的楼梯外，疏散楼梯间在各层的位置不应改变。有的初学者随意改变一座疏散楼梯在某层的平面位置，如图 8-22 所示。实际工程中门在单向疏散方向特别明确的条件下，消防主管部门批准允许疏散楼梯平面位置错位不大的情况除外。

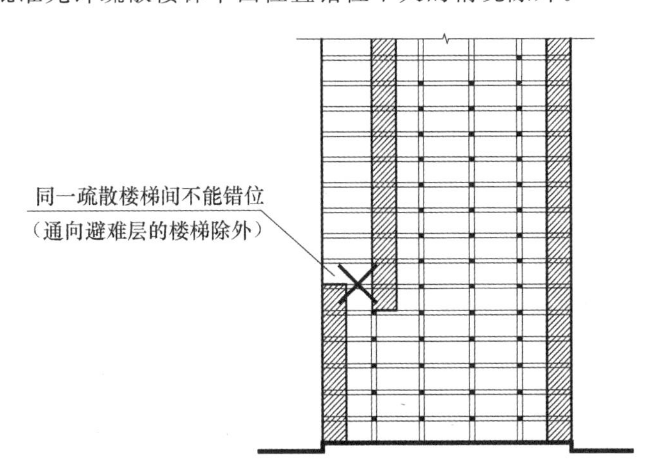

图 8-22　典型错误：同一疏散楼梯间水平错位

图片来源：亓育岱，宁荍，张福岭

其四，通向避难层的防烟楼梯应在避难层分隔、同层错位或上、下层断开，但人员不必经避难层也能上下。

其五，商场建筑营业层在五层以上时，宜设置通往屋顶平台的疏散楼梯间不少于 2 座，屋顶平台上无障碍物的避难面积不宜小于最大营业层建筑面积的 50%。

其六，一般情况下，一栋高层建筑疏散楼梯间原则上不少于两部，且都应该直通屋面，与屋面连通。特殊情况下允许设置一部疏散楼梯间时，则楼梯间必须直通屋面。这方面高层住宅规定比较复杂，请读者自行查阅有关资料。

2）封闭楼梯间

封闭楼梯间适合高度大于 21 m、不大于 33 m 的住宅建筑（当户门为乙级防火门时，可采用敞开楼梯间）和高度为 24 m 以上、32 m 以下的二类公共建筑。初学者的常见错误有：一是在裙房无条件（如无可开启外窗）设置封闭楼梯时，未按要求设防烟楼梯；二是在有条件设置封闭楼梯间的情况下，将疏散楼梯间设计为防烟楼梯间造成浪费。封闭楼梯间应靠外墙，设乙级防火门和开启的外窗，并应向疏散方向开启。当不能直接天然采光和自然通风时，应按防烟楼梯间规定设置。

3）防烟楼梯

防烟楼梯适用于高度超过 32 m 的公共建筑和高度超过 33 m 的住宅建筑。

防烟楼梯与封闭楼梯最大的不同在于是否设有防烟前室（以下称前室），防烟楼梯间入口处应设前室。前室功能之一是缓冲水平和竖向人流交叉时的拥挤，保证楼梯间疏散畅通，功能之二是增加楼梯间的防烟能力。单用前室面积不应小于 6 m^2，合用前室面积不小于 10 m^2；居住建筑单用前室面积不小于 4.5 m^2，合用前室面积不小于 6 m^2。立加压送风系统的剪刀楼梯间也可合用前室；《防火规范》规定公共建筑防烟楼梯间前室内墙上除在同层开设通向公共走道的疏散门外，不应开设其他门窗，初学者的典型错误是将住宅和办公室直接向前室开门。

注意两个前室不能直接相邻，其间须用走道隔开，这也是初学者在高层住宅设计中的常见错误。

对防烟楼梯间及其防烟前室、消防电梯前室和两者合用前室，设置的防、排烟设施为机械加压送风的防烟设施，或可开启外窗的自然排烟措施。除此之外，其他防烟、排烟方式均不宜采用。防烟楼梯的防排烟详见本书 10.5 节“高层建筑防烟与排烟”。

此外，住宅公共走道具有扩大前室的功能（如图 8-23 所示），但必须采取相应的防火措施：一是扩大前室相邻墙体，具有防火作用；二是各住户之间的分户墙有足够高的耐火极限；三是各住户开向走道的户门为乙级防火门。户门不宜直接开向前室，确有困难时，每层开向同一前室的户门不多于 3 樘，且应采用乙级防火门。

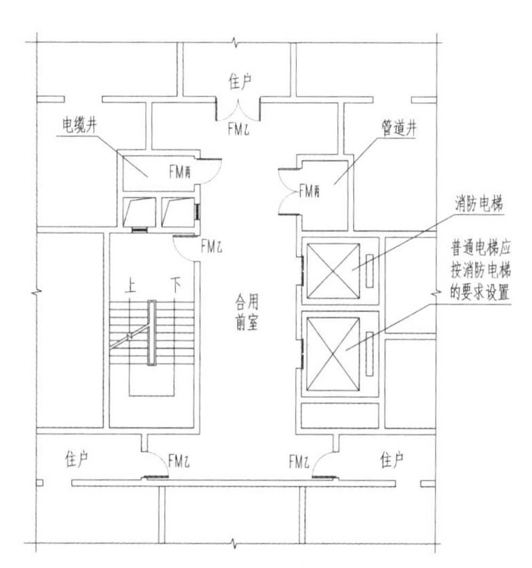

图 8-23 住宅公共通道扩大合用前室

4）剪刀式楼梯

剪刀式楼梯又称叠合楼梯或套梯，简称剪刀梯，是指在同一楼梯间设置一对相互重叠又互不相通的两部楼梯。剪刀楼梯有单跑和双跑两种形式，具有两条垂直方向疏散通道的功能，所占楼层面积较两座单独设置的楼梯少许多。

住宅单元疏散楼梯分散设置确有困难且任一户门至最近疏散楼梯间入口的距离不大于 10 m 时，可采用剪刀楼梯间。当任一疏散门至最近疏散楼梯间入口距离不大于 10 m 时，公共建筑也可采用剪刀楼梯间。

剪刀楼梯间应为防烟楼梯间。剪刀楼梯的梯段之间，应设置耐火极限不低于 1 h 的实体墙分隔，这一点特别重要，否则两条通道是处在同一空间内，若楼梯间的一个出口进烟，会使整个楼梯间充斥烟雾。剪刀楼梯应分别设置前室（如图 8-24 所示），确有困难时可设置一个前室，但两座楼梯应分别设置加压送风系统（如图 8-25 所示），详见本书 10.5.3 节“防烟和排烟方式”。

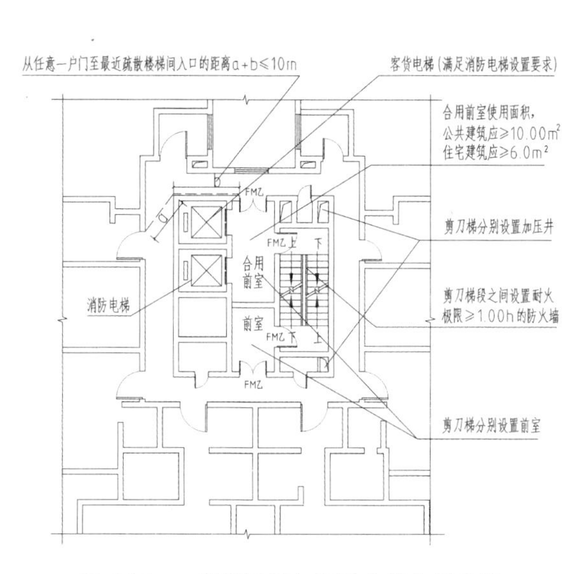

图 8-24　一部剪刀梯与消防电梯合用前室

图片来源：消防资源网

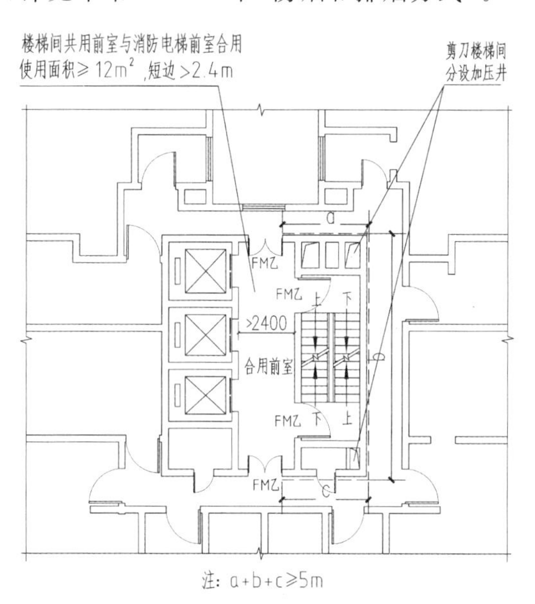

图 8-25　两部剪刀梯与消防电梯合用前室

楼梯间的前室或共用前室不宜与消防电梯的前室合用。楼梯间的共用前室与消防电梯的前室合用时，合用前室的使用面积不应小于 12 m²，且短边不应小于 2.4 m（如图 8-25 所示）。图 8-26 所示两部剪刀楼梯通过同一入口进入合用前室，为设计中的典型错误，这种情况在首层较为常见，即剪刀楼梯一般共用一个直接对外的出口，显然对疏散不利。

高层公共建筑人流量大，剪刀楼梯疏散有明显局限性，最有保障的依然是将两座楼梯独立设置，剪刀楼梯较适用于袋形走道房间人员的疏散。

此外，初学者设计剪刀楼梯时，梯段之间不加任何分隔或无机械加压送风，需加注意。

8.4.3　安全出口

安全疏散出口是指保证人员疏散的楼梯或直通室外地面的出口，火灾条件下人员进入安全出口，即可认为到达安全区域。《统一标准》明确规定自动扶梯和电梯不得计作安全出口。出于安全考虑，原则上要求各类物业出入口分开布置，住宅与附建公共用房的出入口则应分开布置。

1）一般概念

（1）安全出口之间的距离关系

高层建筑安全出口应分散布置，高层住宅两个安全出口（疏散楼梯）间的距离不应小于 5 m。两个安全出口间的距离包括：疏散楼梯出入口之间、疏散楼梯消防前室之间、剪刀楼梯两出入口之间及首层对外安全门之间的距离，均按楼梯间防火门或前室防火门及对外安全门最近点计算。

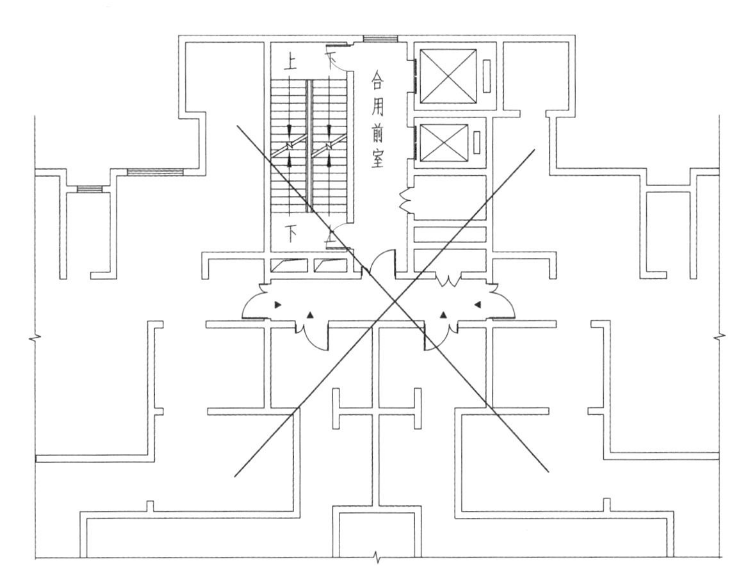

图 8-26　错例:两部剪刀梯通过同一入口进入合用前室

图片来源:消防资源网

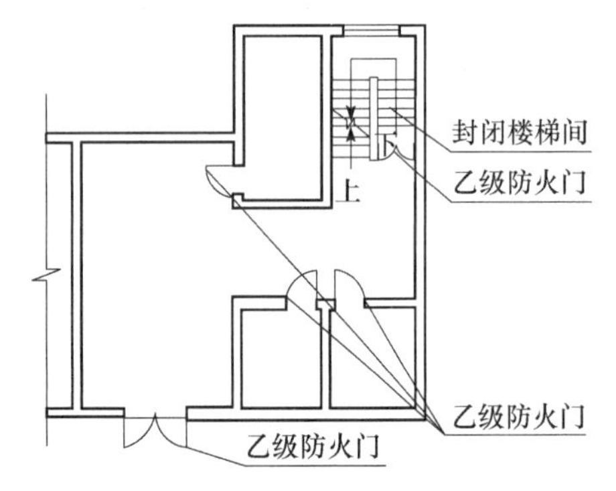

图 8-27　扩大的封闭楼梯间

首层应有直通室外的出口,直通室外的出入口一般要求设在登高面。安全出口上方应设置宽度不小于 1 m 的防火挑檐。其实设计中很难做到每个疏散楼梯都能直通室外,住宅楼梯一般在首层接驳直通室外的疏散通道;公共建筑一般在首层门厅形成扩大的封闭楼梯间(如图 8-27 所示)。通往扩大前室的走道和房间采用与疏散楼梯间相同耐火时间的墙体和乙级防火门予以分隔。不过,规范未明确的接驳通道长度和扩大封闭楼梯间内房间数量等,均须项目所在地消防主管部门审查批准。

(2) 安全出口的数量

大多数情况下,高层建筑安全出入口数量就是指疏散楼梯数量。高层建筑内人员的安全疏散实行双向疏散原则,每个防火分区的安全出口不应少于两个。但双向疏散不等于两个安全出口,例如,剪刀楼梯间可构成双向疏散,但只有一楼梯间,只能算作一个安全出口。按照《防火规范》对安全出口的定义,对于不能直通室外的楼层而言,每个防火分区的一个安全出口等于一部疏散楼梯。至于公共建筑借用相邻防火分区安全出入口条件苛刻,见图 8-11,请读者详查《防火规范》5.5.9条。符合下列条件之一(原则上人少面积小)可设一个安全出口,即一部疏散楼梯。

其一,一、二级耐火等级公共建筑,面积不大于 1000 m²,且可利用相邻防火分区安全出口。

其二,住宅建筑高度不大于 27 m,每个单元任一层建筑面积不超过 650 m²,任一户门至最近安全出口的距离小于 15 m。

其三,住宅建筑高度在 27～54 m 之间,每个单元任一层建筑面积不超过 650 m²,任一户门至最近安全出口的距离小于 10 m。

其四，一、二级防火，建筑面积小于200 m^2，二、三层使用人数之和少于50人。

其五，建筑面积小于200 m^2 地下室和半地下设备间，设一个直通室外的疏散门。

其六，建筑面积小于500 m^2 地下室和半地下室，使用人数少于30人。

注意：有的单元式高层住宅剪刀梯服务两户，每户两出口，一个从消防电梯前室进入剪刀梯前室，另一个从自家敞开阳台通向剪刀梯，公共区内人员只有一个安全出口，不满足疏散要求，如图8-28所示。

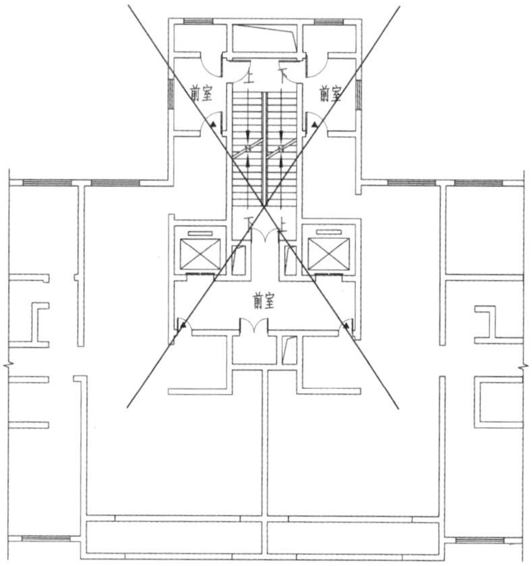

图8-28 剪刀梯公共区内人员只有一个安全出口

图片来源：消防资源网

由于有关规范对安全出口等设计要求不尽相同，设计时原则上应满足不同规范对同一内容的要求，特殊情况应征得项目所在地政府消防主管部门的同意。

初学者设计中的典型错误：一是在用防火卷帘将大空间（如裙房大商场）分成若干个防火分区的同时，却忘记了为每个防火分区设置至少两个安全出口；二是将自动扶梯计作安全出口；三是未将商业部分的安全出口与建筑其他部分分开，如将高层住宅和裙房商场共用一个出入口，有悖《防火规范》和《商店建筑设计规范》（JGJ 48—2014）的规定。

2）疏散宽度计算

疏散宽度是指疏散走道、疏散楼梯和疏散门的宽度。原则上疏散宽度根据有关规范按通过人数的最大交通量计算确定，例如，《统一标准》规定：公共建筑中如为多功能用途，各种场所有可能同时开放并使用同一出口时，在水平方向应按各部分使用人数叠加计算。

我国以建筑安全疏散百人宽度指标来衡量疏散宽度。有关规范中规定的百人宽度指标，是指每百人在允许疏散时间内安全疏散所需要的最小宽度，要点如下。

其一，高层建筑内走道的净宽，应按通过人数每100人不小于1 m计算；疏散楼梯间前室门的净宽应按通过人数每100人不小于1 m计算，但最小净宽不应小于0.9 m；首层疏散外门的总宽度，应按人数最多的一层每100人不小于1 m计算。首层疏散外门和走道的净宽不应小于表8-6的规定。

表8-6 楼梯间首层疏散门、首层疏散外门、疏散走道、疏散楼梯间最小净宽 （单位：m）

高层建筑（非医疗建筑）	首层疏散门、首层疏散外门最小净宽	走道净宽		疏散楼梯间
		单面布房	双面布房	
居住建筑	1.10	1.20	1.30	1.10
公共建筑	1.20	1.30	1.40	1.20

注：高层建筑内设有固定座位的观众厅、会议厅等人员密集场所，其疏散走道和出口宽度详见本书8.5节“特殊空间防火”。

资料来源：《防火规范》。

其二,高层建筑的疏散楼梯总宽度,应按其通过人数每 100 人不小于 1 m 计算。每层楼梯的总宽度,可按该层或该层以上人数最多的一层计算。也就是楼梯总宽度可分段计算,即下层楼梯宽度按其上层人数最多的一层计算,举例如下。

【案例 1】一幢 15 层楼的高层办公建筑。从首层到十层,人数最多的楼层为第十层,使用人数为 190 人;从十层到十五层,人数最多的楼层在第十五层,使用人数是 200 人。因此,二至十五层中人数最多的楼层为第十五层,需要疏散楼梯总宽度为 2 m。按《防火规范》规定,楼梯净宽应不小于 1.2 m,考虑到双向疏散,所以应设置两个净宽 1.2 m 的疏散楼梯。

实际工程中有些高层建筑的楼层面积较大,但人数并不多。如按每 100 人 1 m 宽度指标计算,设计宽度可能会不足 1.1 m。这种情况楼梯宽度应按表 8-6 规定的最小净宽进行设计。还应注意室外楼梯最小净宽不应小于 0.9 m,当倾斜角度不大于 45°、栏杆扶手的高度不小于 1.1 m 时,室外楼梯宽度才可计入疏散楼梯总宽度。

其三,商店营业厅一般按建筑面积折算系数和疏散人数换算系数,估算通过疏散楼梯的实际人数,其中建筑面积折算值去掉的是与疏散关联度小的建筑面积,折算系数地上宜为 50%～70%,地下不应小于 70%;根据竖向疏散人员换算系数换算垂直疏散交通的通过率。计算式举例如下。

本层疏散楼梯总宽度(m)=本层营业厅建筑面积(m^2)×面积折算系数×疏散人数换算系数(人/m^2)×疏散宽度指标(m/百人)

式中,建筑面积折算值、竖向疏散人员换算系数与建筑类型和高度有关(见表 8-7),一般按经验值,以通过当地消防主管部门的审查为准。

表 8-7 商店营业厅人员密度(换算系数) 单位:人/m^2

楼层位置	地下二层	地下一层	地上一、二层	地上三层	地上四层及四层以上各层
换算系数	0.56	0.60	0.43～0.60	0.39～0.54	0.30～0.42

资料来源:《防火规范》 注意:建材商店、家具和灯饰展示建筑,其人员密度可按本表规定值的 30%确定。

其四,按照百人宽度指标算出安全出口的总宽度,实际确定的安全出口总宽度,必须大于规定的出口宽度指标所计算出来的需要总宽度。还必须要考虑通过人流股数的多少和宽度,如单股人流的宽度为 0.55 m,两股人流的宽度为 1.1 m,三股人流的宽度为 1.65 m。只有设计合理才能发挥每个安全出口的疏散功能。

此外,根据疏散人数计算出来的疏散时间应小于控制疏散时间。有的高层建筑设计虽然安全出口总宽度符合规范要求,但每个安全出口的实际疏散时间都超过了应该控制的疏散时间。

8.4.4 安全区

1) 安全区设置的概念

高层建筑火灾发生后直至扑灭,并非楼内所有的人都能经过疏散通道到达室外地面,更多的人只是集结到了高楼中相对安全的位置,这些地方称为安全区。

安全区是一个相对概念,理论上离火灾现场的距离越远越安全,且是有耐火功能的有氧无烟区。防火疏散通道(避难走道和防火隔间)、疏散梯及前室、避难层、避难间以及开敞阳台等均是安全区,其中,避难层和避难间为专设安全区。

2）避难走道

避难走道不同于疏散走道，对防火有更严格的要求，本书排除了复杂和大型（超过 20 000 m^2）的地下商业空间设计，故此省略讨论此部分内容。有兴趣的读者可查阅有关文献。

3）避难层与避难间

（1）避难层与避难间的基本概念

超高层建筑由于向下疏散通路甚长，故应在疏散途中开辟若干避难区，以使疏散人员得以缓冲和暂时避难。避难层应设消防电梯出口，以便消防队员灭火救生。避难区所在楼层称避难层，避难单位空间称为避难间。《防火规范》规定：建筑高度大于 54 m 的住宅，每户应有一间房间可开启外窗；内外墙耐火极限不低于 1.00 h，乙级防火门，外窗耐火完整性不宜低于 1.00 h。

避难层是高层建筑中专供发生火灾时人员临时避难用的楼层。避难层可以采用全敞开式、半敞开式、封闭式三种类型，《防火规范》规定建筑高度超过 100 m 的公共建筑应设避难层或避难间，避难层使用面积按 5 人/m^2 计算，如图 8-29 所示。

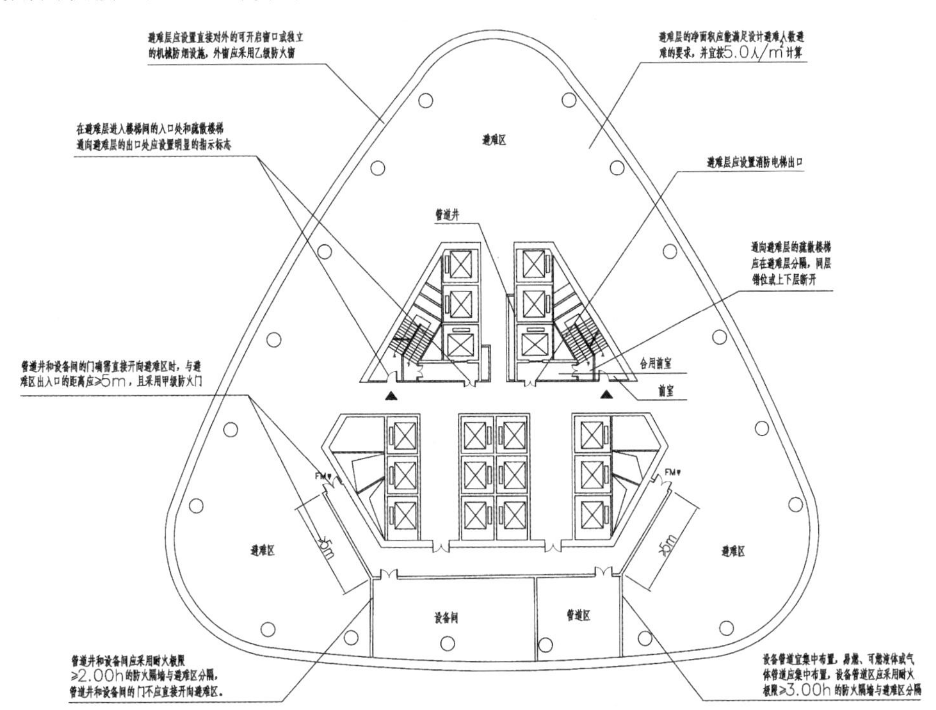

图 8-29　某超高层公共建筑楼避难层平面示意

图片来源：消防资源网

全敞开式避难层完全自然通风排烟，一般设于建筑顶层或屋顶，但不能保证火灾时本身不受烟气侵害，也不能防止雨雪的侵袭，因此这种避难层在我国北方大部分地区都不适用；半敞开式避难层四周设有不低于 1.1 m 的防护墙，墙上半部设窗，或用金属百叶窗封闭，通常也采用自然通风排烟方式，防护墙或金属百叶窗可起到防烟火侵害的作用，但其仍有敞开式避难层的不足，故也只适用于南方地区；封闭式避难层周围设有耐火围护结构，室内设有独立的空调和防排烟系统，如需在外墙上开设窗口时应采用防火窗，这种避难层足以防止烟气和火焰的侵害，同时还可以避免外界气候条件的影响,因而适用范围不受地域影响。

(2) 避难层的位置

避难层定位的基本原则:一是避难层沿竖向间距不宜超过 15 层,并与疏散楼梯串联布置,如果建筑物的层高较高则避难层之间层数相应减少;二是根据当地消防登高车的云梯高度,确定第一避难层距地面的高度;三是第一避难层或避难间的有效避难面积宜大于上部各避难层,因为高层建筑越是接近地面所承受的疏散人员越多,如图 8-30 所示。

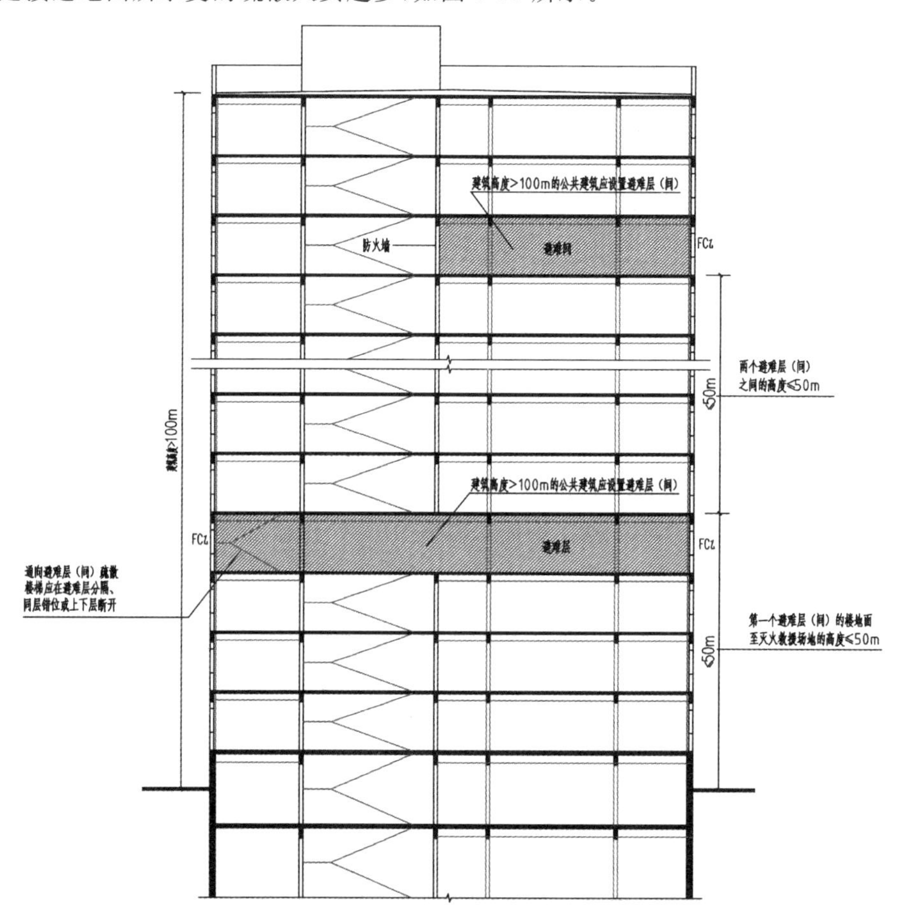

图 8-30　避难层剖面示意

图片来源:消防资源网

实际工程中,避难层原则上和设备层或结构转换层结合,但要求设备、管道集中布置,避难区与设备区(#)需用防火墙隔离,详见《防火规范》。高层建筑的空中花园和屋顶花园等休闲空间,在火灾时可实施层内水平避难,设计布置应考虑相应的安全措施。

阳台或平台可供临时避难之用,当其设计成连通阳台或环通阳台形式时,则又可通过它进入疏散楼梯或避难滑梯、避难袋等辅助避难设施。在建筑造型和结构允许的前提下,在第一个避难层周围设置避难回廊或避难阳台是十分必要的,这样消防云梯车可借此实施火场救人。

(3) 避难层与疏散楼梯的设计

《防火规范》规定:消防电梯在避难层必须停靠,其他客货梯不得在避难层处设出口,疏散人员不必经过避难层或避难间可继续向下疏散(如图 8-31、图 8-32 所示)。

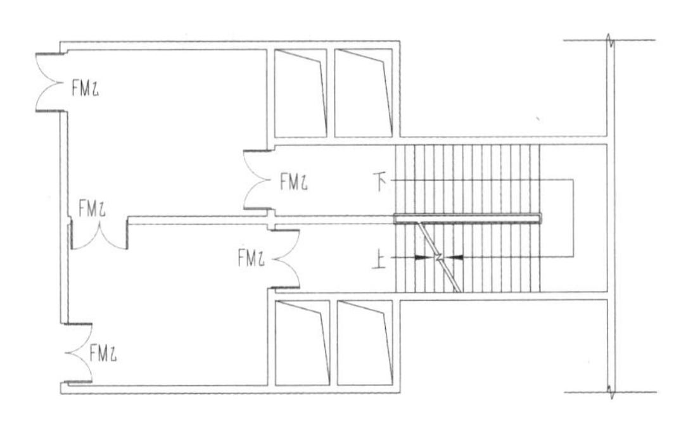

图 8-31　避难层楼梯分隔平面示意图

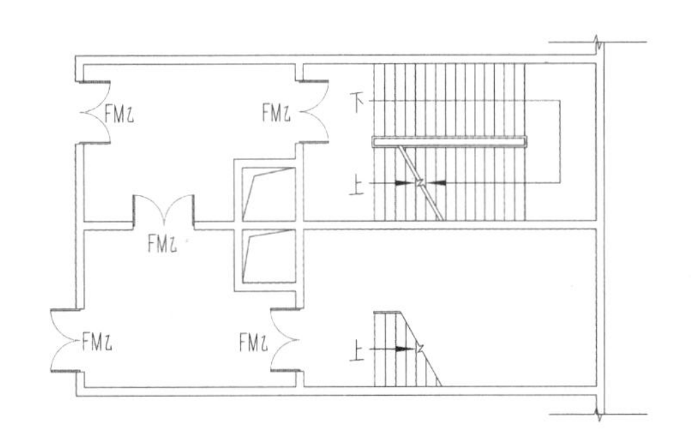

图 8-32　避难层楼梯同层错位示意图

8.4.5　救援

在高层建筑中实施救援活动主要涉及消防电梯的配置、安全出口的位置、消防登高面实施救援活动所需救援窗口(如图 8-33 所示,注意救援窗口水平位置须和建筑内走道对应)以及直升机停机坪的设计。前面已讨论过安全出口的位置,下面讨论消防电梯的配置。由于一般高层建筑较少设置直升机场,这里只是提出直升机停机坪的设计要点。

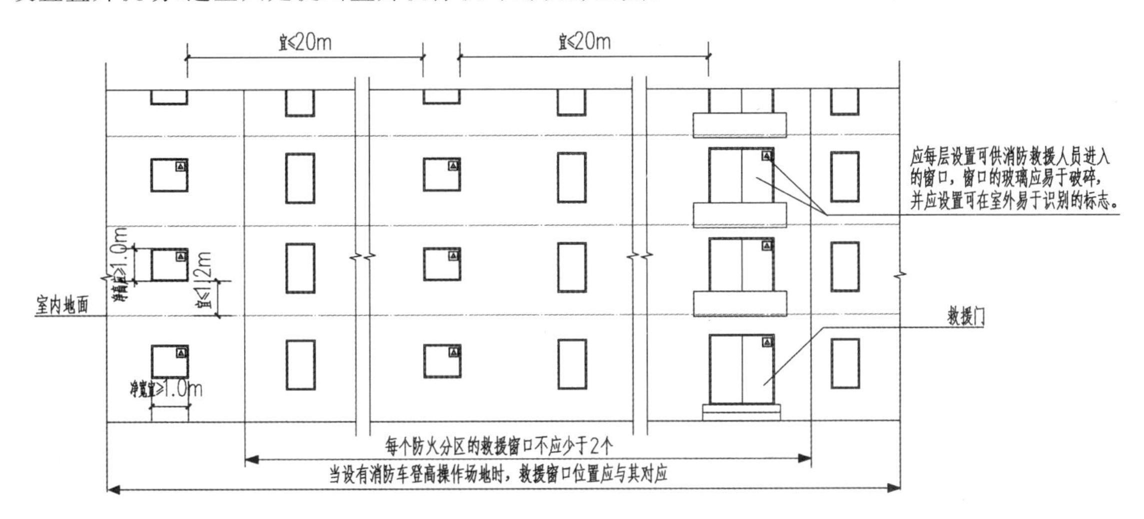

图 8-33　高层住宅登高面救援窗口示意图

图片来源:消防资源网

1) 消防电梯

(1) 消防电梯配置要求

消防电梯是消防队员从建筑物内部迅速登高灭火、抢救老幼病残和因被烟火封闭未能疏散出来的楼内受伤人员的最主要通道,消防电梯并非疏散人员使用。

《防火规范》规定:一类公共建筑和高度超过 32 m 的二类公共建筑,建筑高度大于 33 m(12 层及以上)住宅建筑以及埋深大于 10 m,且总建筑面积大于 3000 m^2 的其他地下和半地下建筑(室)必须设置消防电梯。每个防火分区必须配置一台消防电梯,相邻防火分区的地下和半地下室可共用一台消防电梯。

在高层办公楼和旅馆中,消防电梯一般兼作服务梯,客梯符合消防电梯要求的前提下,亦可兼作消防电梯(高层住宅较常见)。

(2) 设计要点

消防电梯设计要点如下。

其一,消防电梯间应设前室,消防电梯前室面积不小于6 m^2,前室短边不少于 2.4 m。前室不宜合用,公共建筑楼梯与消防电梯合用前室时,使用面积不小于 10 m^2;住宅楼梯与消防电梯合用前室时,使用面积不小于 6 m^2;楼梯间共用前室与消防电梯的前室合用时,合用前室的使用面积不应小于 12.0 m^2。前室采用乙级防火门,且不得用防火卷帘代替。

其二,消防电梯的载重量不应小于 800 kg。轿厢尺寸不小于 1.5 m×2.0 m。消防电梯行驶速度应按从首层到顶层的运行时间不超过 60 s 计算确定。

其三,消防电梯间前室宜靠外墙设置,在首层应设直通室外的出口,或经过长度不超过 30 m 的通道通向室外,要求消防电梯到该防火分区最远救护的步行距离也不宜超过 30 m,一些工程设计往往容易忽视救护距离。

其四,消防电梯井底应有排水设施,排水容量不少于 2 m^3,前室门口应有挡水设施。

(3) 设计典型错误

高层建筑消防电梯在设计方面存在的典型问题如下。

其一,消防电梯与客梯合用电梯机房,相互之间没有进行有效的防火分隔,有的在电梯井壁上开设电缆、风管等穿墙孔洞,但没有进行及时封堵。

其二,在建筑楼层未设置堵水设施,由于火灾扑救时大量用水,灭火用水若不能及时排走,极易导致水漫延至电梯,可能危及消防电梯的安全运行。

其三,消防电梯不能每层停靠。在单元式高层住宅中,建设方为了节省电梯和有利于管理,电梯布置在相隔数层与各单元疏散楼梯相通的联系廊上,增加了消防人员由电梯到住户内的距离。

其四,地下室深度不超过 10 m 时,并非兼做货梯的消防电梯通往地下室。

2) 直升机救援

超高层建筑屋顶设置直升机坪既可以满足医疗急救需要,又可在火灾时起到疏散人员和灭火救援的重要作用。《防火规范》规定:建筑高度超过 100 m,且标准层建筑面积超过 2 000 m^2 的公共建筑,宜设置屋顶直升机停机坪或供直升机救助的设施,其出口不应少于 2 个,每个出口宽度不宜小于 0.9 m。

设在屋顶平台上的停机坪,距设备机房、电梯机房、水箱间、共用天线等突出物的距离,不应小于 5 m;楼梯间的屋顶部分应设置前室;消防电梯应直达停机坪或建筑屋顶;机场与屋顶避难区有所分隔乃至分层设置,以免互相干扰及造成危险;屋顶机场的升降区长、宽分别为所接纳直升机长、宽的 1.5～2 倍;直升机着陆区位于该区中心,一般为 15 m×15 m,屋顶紧急救助面积不宜小于 10 m×10 m;屋顶地面应有专门的标志,还应配备多种照明灯具及灭火抢险器材等。

有关屋顶直升机停机坪的详细设计内容,可参阅其他相关书籍。

【案例 2】广州汾水花园 28 层商住楼,其中 1～2 层为商业,高度超过 54 m。按防火级别要求,塔楼主体属一类一级,裙楼属二类二级;按防火分区要求,塔楼、裙楼在垂直方向各层分别为一个防火分区。

该商住楼裙房高度虽低于 24 m，但属于高层建筑下部的裙楼，适用《防火规范》中的相关条文进行防火设计，如图 8-34 所示为总平面与防火分区示意。

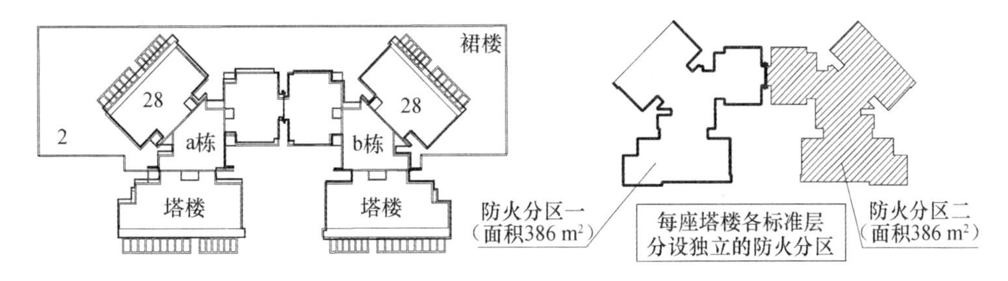

图 8-34　总平面与防火分区示意

首层平面防火设计要点（如图 8-35 所示）如下。

（1）住宅的疏散楼梯在首层与下地下室的楼梯用防火墙分隔开。住宅大堂在首层按扩大前室设计，消防电梯到室外出口的距离不大于 30 m。每座住宅塔楼首层的总疏散宽度为 2.4 m，大于 1.4 m 的要求。

（2）首层沿街商铺直接对外开门，面积大于 60 m^2 的，开两疏散门。商场内最远点距安全出口的距离为 20 m，满足规范要求。

二层平面防火设计要点（如图 8-36、图 8-37 所示）如下。

（1）二层商业营业厅的疏散楼梯临外墙布置，为封闭楼梯间，在首层设扩大楼梯间，并与其他用房用防火墙、乙级防火门分隔开，在外墙上开设直接对外的出口，楼梯距出口的距离小于 15 m。二层商业营业厅在首层的总疏散宽度为 4 个出口（即首层疏散出口 3、4、5、6）之和，即 8 400 mm，满足要求。

（2）二层商场建筑面积为 1 624 m^2，设一个防火分区（有自动喷淋灭火设施）。住宅核心体不在本层开门，因此，防火分区面积不含该部分面积，防火分区面积应为 1 540 m^2。

（3）商场疏散宽度的计算，按照《商店建筑设计规范》(JGJ 48—2014)的要求，建筑面积小于 3 000 m^2 的，营业厅面积和为顾客服务部分的面积之和按 0.55 系数的面积折算值计算。顾客疏散人数按 0.85 人/m^2 的换算系数指标计算，计算该商场二层需要疏散的顾客人数为 1 540×0.55×0.85=720（人）。疏散宽度按照每 100 人不少于 1 m 的要求，共需要 7.2 m。因此，按照《商店建筑设计规范》(JGJ 48—2014)的要求，疏散楼梯的宽度不小于 1.5 m，结合平面条件，设计了两个 2 m 宽和两个 1.6 m 宽，共 4 个楼梯、7.2 m 的梯段宽度，满足商场的安全疏散要求。

标准层平面防火设计要点（如图 8-38 所示）如下。

（1）住宅标准层一部疏散楼梯与一台消防电梯合用前室。虽然前室有临外墙开窗的条件，但窗口宽度仅为 900 mm，每层的开窗面积不能满足不小于 3 m^2 的要求，不能采取自然防排烟，必须设风井，对其进行机械加压送风。

（2）另一部剪刀疏散楼梯以阳台、凹廊为前室，采取自然排烟，前室面积应大于 4.5 m^2。

（3）住宅标准层设两部剪刀防烟楼梯，梯段净宽 1.2 m。设一个正压送风井，风井截面积及风量须满足两个楼梯间的需求。楼梯间窗可采光，不能开启，以保证火灾时机械加压防烟作用。

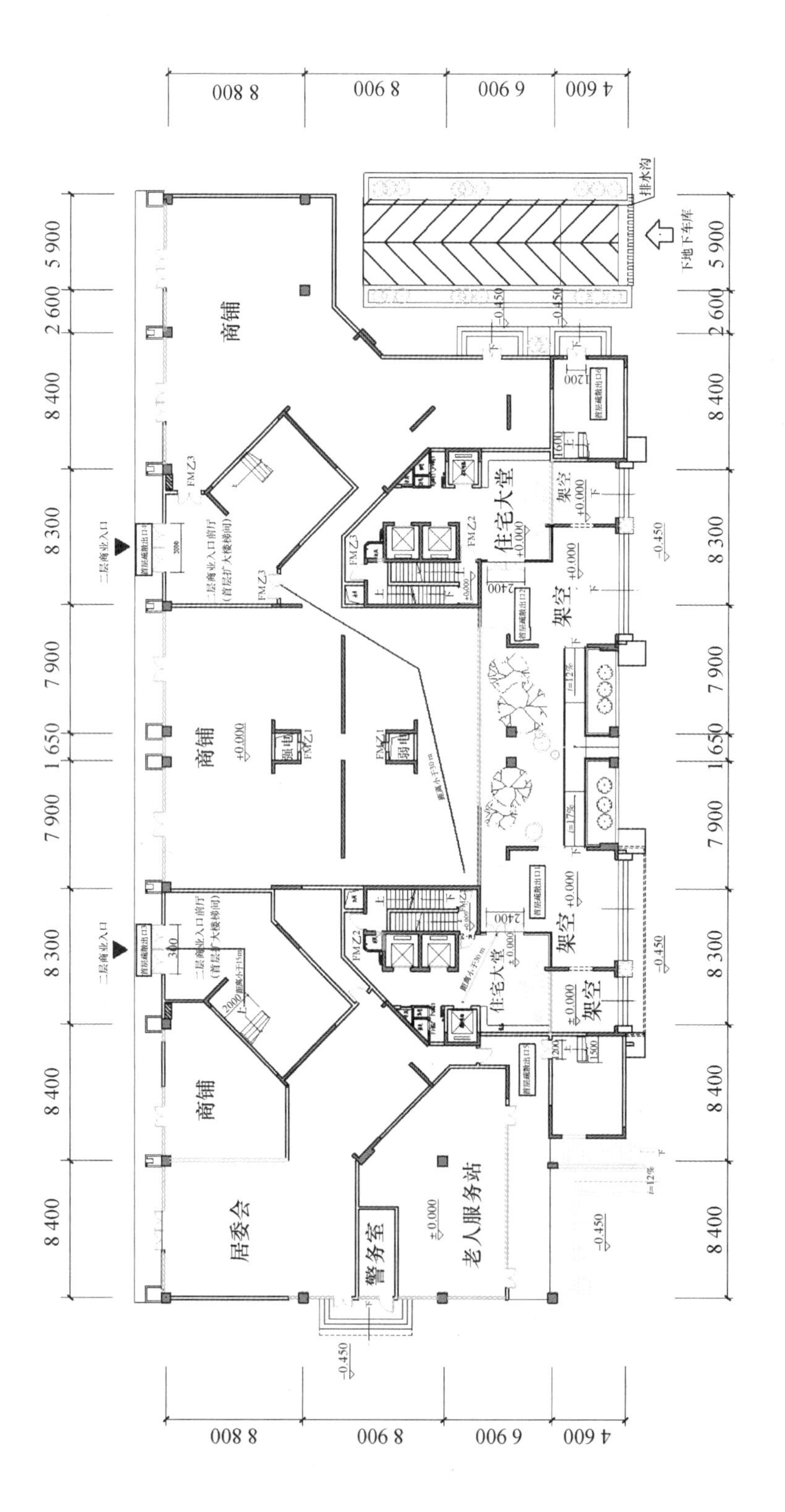

商铺
商铺
商铺
居委会
警务室
老人服务站
住宅大堂
住宅大堂
架空
架空
架空
架空
强电
弱电
二层商业入口
二层商业入口
下地下车库
排水沟
8 800
8 900
6 900
4 600
5 900
2 600
8 400
8 300
7 900
1 650
7 900
8 300
8 400
8 400

图 8-35　首层平面图

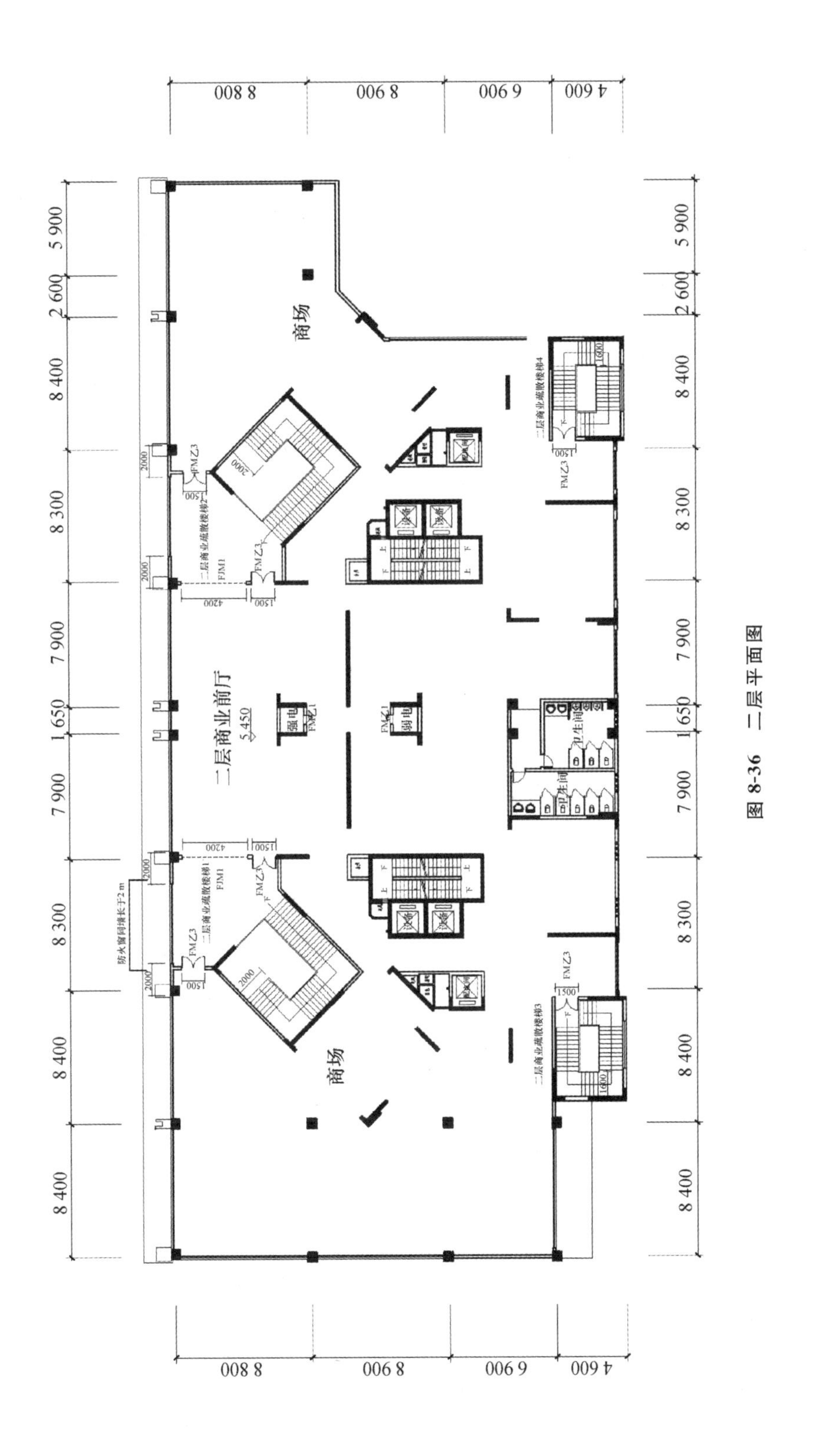
8 800
8 900
6 900
4 600
5 900
2 600
8 400
8 300
7 900
1 650
7 900
8 300
8 400
8 400
商场
二层商业前厅
5.450
强电
弱电
卫生间
卫生间
FM乙3
FJM1
二层商业疏散楼梯1
二层商业疏散楼梯2
二层商业疏散楼梯3
二层商业疏散楼梯4
防火窗间墙长于2 m
5 900
2 600
8 400
8 300
7 900
1 650
7 900
8 300
8 400
8 400
8 800
8 900
6 900
4 600

图 8-36　二层平面图

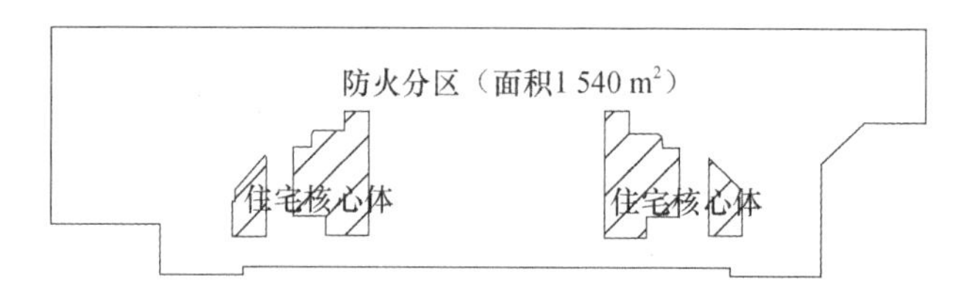

图 8-37 二层防火分区示意

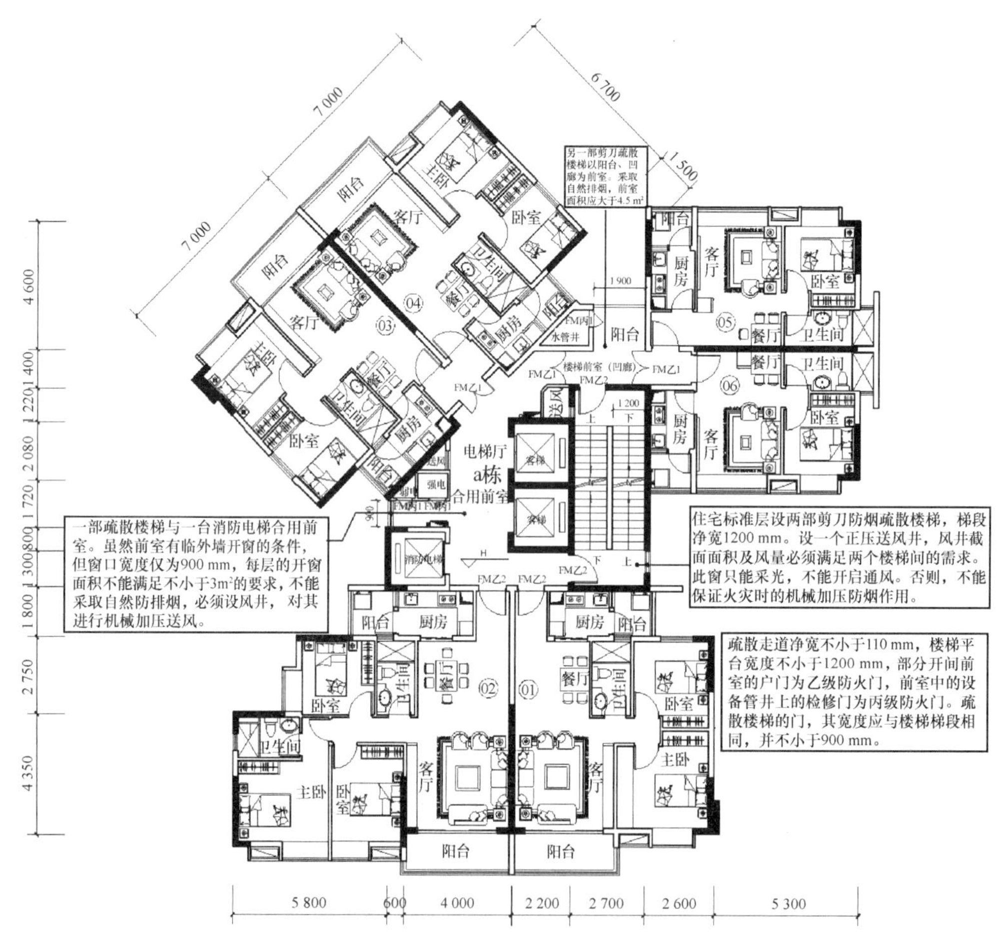

图 8-38 a 栋标准层

屋面防火设计要点(如图 8-39 所示)如下。

(1) 两部剪刀防烟楼梯均通往屋面,安全出口的门开向屋面室外,出口的上方设宽度不小于1 m的防火挑檐。

(2) 消防电梯机房与普通电梯机房分开设置,并采用耐火极限不低于 2 h 的隔墙与相邻其他电梯井、机房之间隔开。消防电梯机房设置甲级防火门。

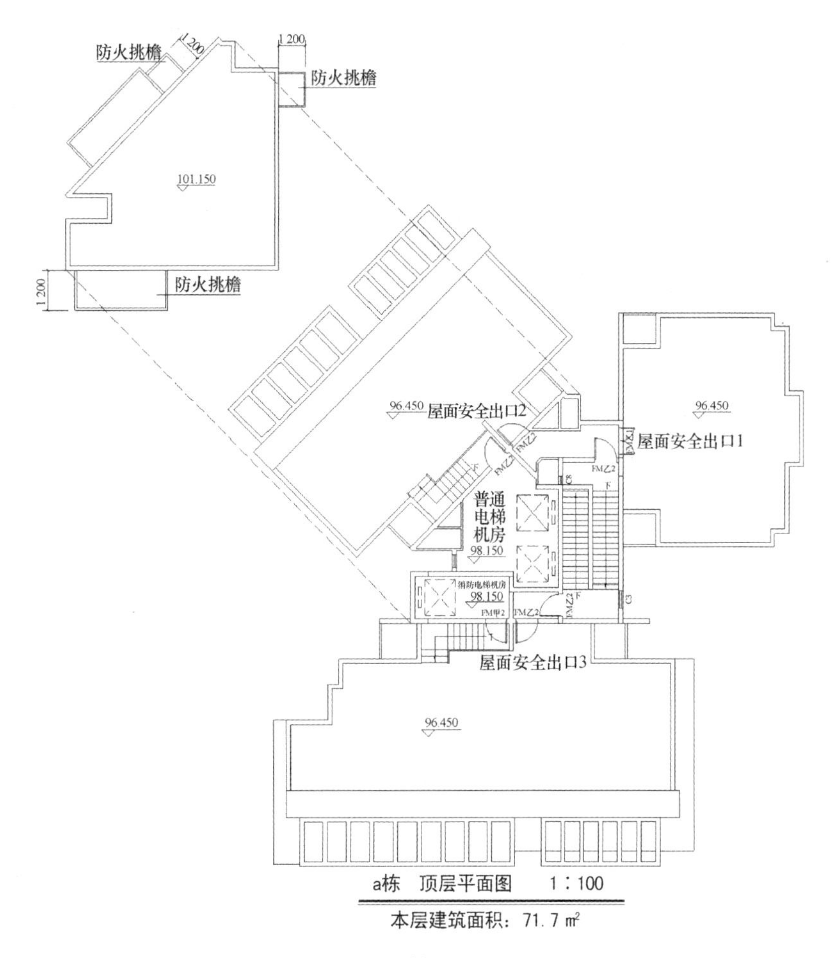

图 8-39 a 栋顶层平面图

8.5 特殊空间防火

特殊空间的防火是指高层建筑的中庭、大堂、歌舞厅、商场、宴会厅、多功能厅、会议厅、录像厅、放映厅、桑拿浴室、游艺厅、网吧等空间的防火。同一时间内聚集人数超过 50 人的人员密集场所和车库等大空间的防火设计，设备机房的防火需要按照灭火剂的种类划分防火单元，详见本书 8.3 节“防火分区”和第 10 章“高层建筑设备与智能化”。

虽然人员密集场所特别是商场等大空间的防火较适合采用性能化防火，但除了特大型商业综合体（非本书讨论范围），我国采用的主要是处方式防火设计标准（prescriptive fire protection design code），因此，这里不讨论特殊空间的性能化防火。

8.5.1 中庭防火

高层建筑中庭贯穿多层的封闭空间极易造成烟火的四处蔓延，成为烟气与火焰积聚和扩散的主要场所，对防排烟设计造成了很大的困难。有关规定中庭四周应设防火卷帘及防火门窗分隔，并设自动报警、自动喷水设施保护,以及顶部采取排烟措施等,如图 8-40、图8-41所示。

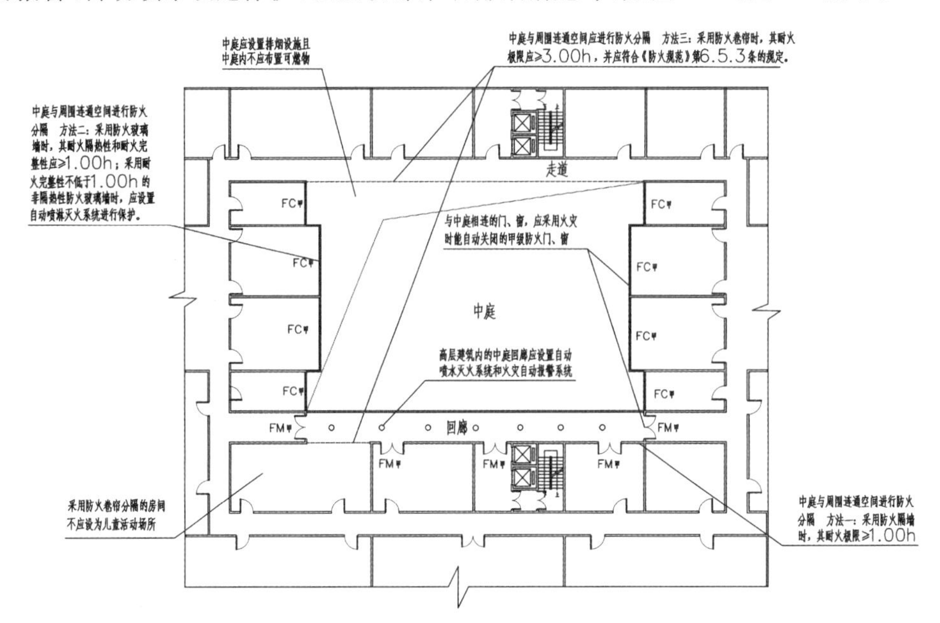

图 8-40　中庭防火分区平面示意

图片来源:消防资源网

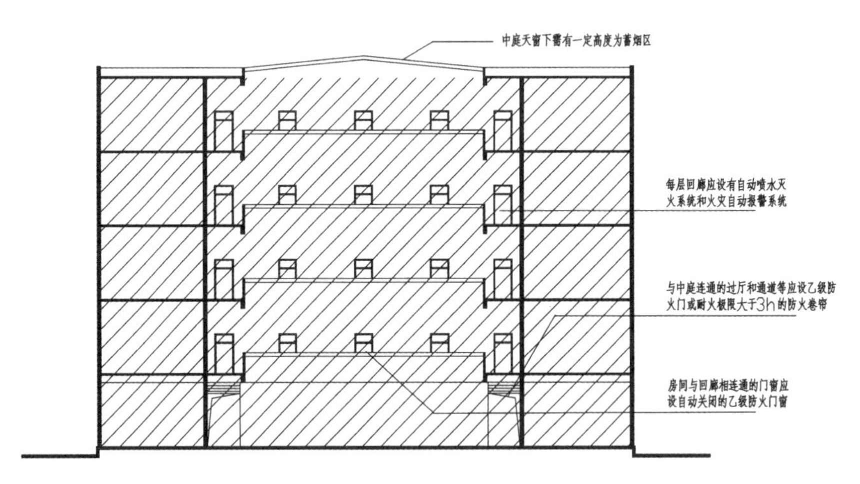

图 8-41　中庭防火分区剖面示意

图片来源:亓育岱,宁苂,张福岭

中庭防火的重点是防排烟,设计要点如下。

一是在防火分区时,常将中庭作为一个独立的防火分区考虑。当通过天桥连接的建筑物围成的空间有顶盖时,被围合空间亦视为“中庭”。中庭与周围连通空间应进行防火分隔:采用防火隔墙时,其耐火极限不应低于 1.00 h;采用防火玻璃墙时,其耐火隔热性和耐火完整性不应低于 1.00 h,采用耐火完整性不低于 1.00 h 的非隔热性防火玻璃墙时,应设置自动喷水灭火系统进行保护;采用防火卷帘时,其耐火极限不应低于 3.00 h,与中庭相连通的门、窗,应采用火灾时能自行关闭的甲级防火门、窗。

二是中庭应设排烟设施，不局限于高层建筑中的中庭。

三是中庭体积小于或等于 17 000 m^3 时，其排烟量按其体积的 6 次/h 换气计算；中庭体积大于 17 000 m^3 时，其排烟量按其体积的 4 次/h 换气计算，但最小排烟量不应小于 102 000 m^3/h。因此，中庭的容积控制很重要。

四是高度小于 12 m 的中庭采用自然排烟形式时，可开启的天窗或高侧窗的面积不应小于中庭地面面积的 5%；不具备自然排烟条件，或净空高度超过 12 m 的中庭应设置机械排烟设施。可见从节约投资角度，中庭净空高度一般不宜大于 12 m，也不宜小于 9 m（不同于步行商业街）。

实验证明，中庭宽度要在 6 m 以上才能防止火焰对边相串，每层的水平投影要在 93 m^2（1 000 ft^2）以上才能提供足够的容积冷却火焰和处理烟气①。

五是中庭使用玻璃幕墙时，应满足玻璃幕墙的防火设计要求，使用防火玻璃。

六是中庭顶部楼板或钢结构的耐火极限要符合《防火规范》要求，在顶部应布置自动喷淋系统加以保护，中庭之间用防火卷帘加自动喷淋进行分隔。对于几个中庭连通的楼层或走道部分，防火分区面积要叠加计算。

七是贯通式中庭有的布置在建筑物的上部区域，有的贯穿整个建筑物，能够利用“烟囱效应”进行排烟，但应保证排烟系统有充分的排烟量，充分考虑顶棚的消防安全，必须保证玻璃和钢结构符合耐火要求，必要时可设置喷淋系统保护或在结构上做防火处理。

八是回廊式中庭应充分利用回廊这个对消防有重要作用的区域，在中庭和相邻使用区域之间形成一道阻止烟气流动和火焰蔓延的缓冲区。如果回廊里的防火分隔不合理或耐火极限达不到要求，就可能造成烟气和火焰蔓延到整个中庭空间，而回廊也不可能起到有效疏散人群的作用。为防止火焰竖向贴墙蔓延，在回廊外沿应设高度不低于 80 cm 的不燃烧体裙墙，或用防火玻璃。

九是为了人员疏散和灭火活动的展开，在建筑物的首层一般不设防火卷帘，但应设挡烟垂壁。

十是特大型和复杂中庭等空间防火，主管部门将要求进行性能设计，并请专家进行审查。

中庭形式并不是独立存在的，而是相互组合的空间形式。中庭形式千变万化，必须对具体的组合形式进行专门的防火设计。表 8-8 为国内高层建筑中庭防火实例。

表 8-8 国内高层建筑中庭防火实例

序号	建筑名称	层数	中庭设置特点及消防设施
1	北京京广大厦	52	中庭 12 层高，回廊设有自动报警、自动喷水和水幕系统
2	广州白天鹅宾馆	31	中庭开度为 70 m×11.5 m，高 10.8 m
3	上海宾馆	26	中庭高 13 m，回廊设有自动喷水灭火设备
4	北京长城饭店	18	中庭 6 层高，回廊设有自动报警、自动喷水和水幕
5	厦门假日酒店	6	中庭 6 层高，回廊设有自动报警、自动喷水，设有排烟系统、防火门

① 许营春. 高层建筑中庭防排烟设计若干问题分析[J]. 南方建筑，2007(3).

续表

序号	建筑名称	层数	中庭设置特点及消防设施
6	厦门海景大酒店	26	中庭高10层(36.9 m),回廊设有自动报警、自动喷水、水幕和防火门
7	上海国际贸易中心	41	中庭设在底部,高16 m,设有自动报警和自动喷水设备

资料来源:《防火规范》条文说明。

8.5.2 厅堂防火

厅堂防火是指人员密集场所防火。人员密集场所包括歌舞娱乐放映游艺场所、观众厅、会议厅、展览厅、多功能厅、餐厅、营业厅和阅览室等,根据不同类型大致有首层或二、三层,地下一层以及其他楼层三种位置,其面积限制也不同。

有条件时,人员密集场所应独立一体或与主体毗邻,既脱离又有联系,或者放在离地面较近的楼层,对防火疏散有利。但《防火规范》并没有绝对限制厅堂设在建筑高位,如高层建筑中的旋转餐厅和超高层建筑上部设置的空中大堂和观光厅等。

1) 歌舞娱乐放映游艺场所

高层建筑内的歌舞厅、卡拉OK厅(含具有卡拉OK功能的餐厅)、夜总会、录像厅、放映厅、桑拿浴室(除洗浴部分外)、游艺厅(含电子游艺厅)、网吧等歌舞娱乐放映游艺场所(以下简称歌舞娱乐放映游艺场所),宜设在首层或二、三层,并靠外墙设置,不应布置在袋形走道的两侧和尽端。当必须设置在其他楼层时要求如下。

其一,不应设置在地下二层及二层以下,设置在地下一层时,地下一层地面与室外出入口地坪的高差不应大于10 m。

其二,一个独立的歌舞娱乐放映游艺空间(如卡拉OK包房)建筑面积不应超过200 m^2,出口不应少于两个。当其建筑面积小于50 m^2 时,可设置一个出口。图8-42所示为娱乐厅的防火设计要求。

2) 其他人员密集场所

此处所谓其他人员密集场所指高层建筑内的会议厅、展览厅、多功能厅、餐厅、营业厅和阅览室等,一般设在首层或二、三层;当必须设在其他楼层时,一个独立的厅(室)的建筑面积不宜超过400 m^2,安全出口不应少于两个(如图8-43所示)。初学者应特别注意:营业厅不宜设在地下三层及三层以下。其他有关防火设计的要求详见表8-3。

高层建筑内设有固定座位的观众厅、礼堂等人员密集场所,一般出现于各种综合体中,非本书讨论的内容。

8.5.3 车库防火

车库是人车混用的特殊建筑空间,对防火分类和防火分区都有特别要求,既要考虑人的疏散,又要考虑车的疏散,同时,地下和地上防火要求也不尽相同,防火设计的重点为防火分区和安全出口,特别是汽车疏散口的数量和设置。本书主要讨论高层建筑最常见的坡道式地下车库防火。

1) 防火分类

按照我国《停车场库防火规范》,车库的防火应分为四类,并应符合表8-9的规定。

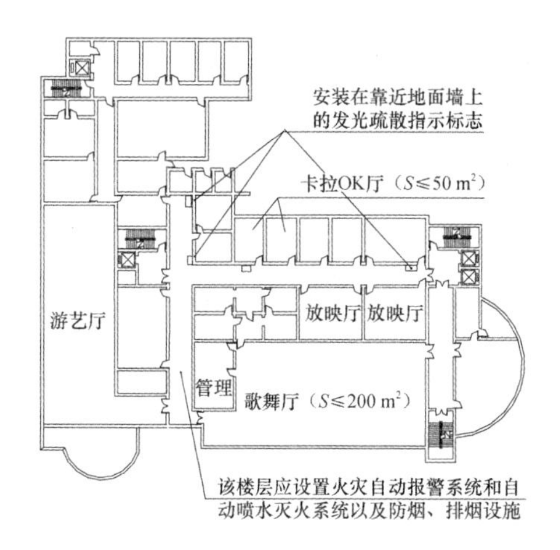

图 8-42　娱乐厅防火设计要求

图片来源：亓育岱，宁荍，张福岭

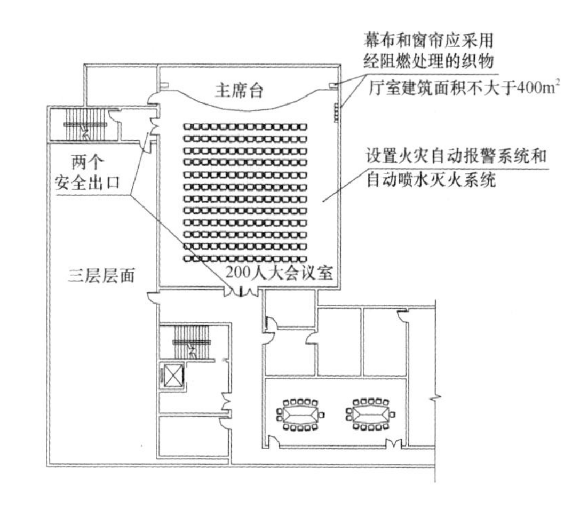

图 8-43　会议厅防火设计要求

图片来源：亓育岱，宁荍，张福岭

表 8-9　车库的防火分类

名称	类别			
	Ⅰ	Ⅱ	Ⅲ	Ⅳ
	数量			
汽车库	＞300 辆	151～300 辆	51～150 辆	≤50 辆
停车场	＞400 辆	251～400 辆	101～250 辆	≤100 辆

注：汽车库的屋面亦停放汽车时，其停车数量应计算在汽车库的总车辆数内。地下汽车库的耐火等级应为一级。

2）防火分隔要求

（详见本书 8.3.2 节“防火分区的分隔”）

3）安全出口

汽车库的人员安全出口和汽车疏散出口应分开设置。

（1）人员安全出口的设置

其一，在汽车库的每个防火分区内，其人员安全出口不应少于两个，但同一时间的人数不超过 25 人以及Ⅳ类汽车库可设一个，特大型汽车库设人流专用安全出入口。

其二，高层建筑汽车库多设于地下，室内疏散楼梯应为防烟楼梯，疏散楼梯宽度不应小于 1.1 m，楼梯间和前室的门应采用乙级防火门，并应向疏散方向开启。

其三，汽车库室内最远工作地点至楼梯间的距离不应超过 45 m，当设有自动灭火系统时，其距离不应超过 60 m。

其四，汽车库人员疏散可借助住宅疏散楼梯，或用走道和其连接，但开向走道的门应为乙级防火门。

（2）汽车疏散出口的设置

其一，停车 50 辆以下的车库，可设一条单行坡道出口；停车 100 辆以下的车库，可设一条双行坡道出口；停车数大于 500 辆的地下汽车库，汽车疏散出口不应少于 3 个。

其二，Ⅰ、Ⅱ类地上汽车库和停车数大于100辆的地下和半地下汽车库，当采用错层式且车道、坡道为双车道时，其首层或地下一层至室外的汽车疏散出口不应少于两个，其他楼层汽车疏散可设一条双行坡道。

其三，设置双车道汽车疏散出口、停车数量小于或等于100辆且建筑面积小于4 000 m^2 的地下或半地下汽车库，可设置1个汽车疏散出口。

其四，设置双车道汽车疏散出口的Ⅲ类地上汽车库，可设置1个汽车疏散出口。

(3) 其他疏散要求

其一，汽车疏散单行坡道宽度不应小于4 m，双车道不宜小于7 m。

其二，两个汽车疏散出口之间的间距不应小于10 m，两个汽车坡道毗邻设置时，应采用防火隔墙隔离开。

其三，地下车库的车道应满足一次出车要求。即车道布置及车辆停放形式应满足当任何一辆汽车起火时，其他车辆不需要调头、倒车，而直接驶出车位，并且单行疏散车道宽不应小于5.5 m，内转弯半径通常不小于6 m，详见本书5.3节“停车库”。

8.6 耐火构造

8.6.1 耐火等级

高层建筑耐火等级是由组成建筑物的墙、柱、梁、楼板等主要构件的燃烧性能和耐火极限决定的，是以楼板的耐火极限为基准，其他与之相比较而决定的。

我国《建筑内部装修设计防火规范》(GB 50222—2017)，要求高层建筑内装修基本应采用不燃和难燃材料，家具、窗帘等亦应做阻燃处理。建筑外保温材料按燃烧性能分为A、B_1、B_2 三种，其适用性与建筑类型和高度均有一定关系，具体内容可查阅相关规范或规定。

8.6.2 防火墙

防火墙亦称防火隔墙，指防止火灾蔓延相邻建筑或相邻水平防火分区，且耐火极限不低于规定要求(一般2.0～3.0 h)的不燃墙体。其可以根据需要而独立设置，也可以将其他隔墙、围护墙按照防火墙的构造要求砌筑而成，但要保证在防火墙上支撑的梁、板等构件在塌落时不会影响防火墙的强度和稳定。

从建筑平面看，防火墙有纵横之分，并有内墙、外墙和室外独立防火墙之别。内防火墙是将建筑划分成防火分区的内部分隔墙，如作为独立防火单元的设备机房的分隔墙；外防火墙如高层住宅东西向不开窗的山墙；而单元式住宅的隔墙具有防火墙性质，需要保证一定的厚度和密度。

防火墙有严格的构造要求，如不能与玻璃直接连接而应与其框架连接；防火墙两侧的可燃构件应全部截断；防火墙上不应开设窗和门洞，否则，应设置能自行关闭的甲级防火门。

防火墙不宜设在U形、L形等高层建筑的内转角处。当设在转角附近时，内转角两侧墙上的门、窗、洞口之间最近边缘的水平距离不应小于4 m；当相邻一侧装有固定乙级防火窗时，距离不限，如图8-44所示。

此外，建筑外墙为难燃性或可燃性墙体时，防火墙应凸出墙外表面 0.4 m 以上，且防火墙两侧的外墙均应为宽度不小于 2.0 m 的不燃性墙体，其耐火极限不应低于外墙耐火极限；建筑外墙为不燃性墙体时，防火墙可不凸出墙的外表面，紧靠防火墙两侧的门、窗、洞口之间最近边缘的水平距离不应小于 2.0 m，采取设置乙级防火窗等防止火灾水平蔓延的措施时，该距离不限。

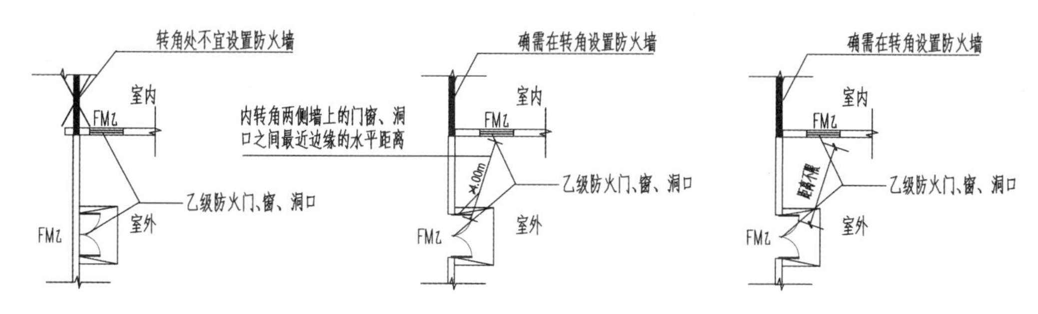

图 8-44 门窗与防火墙关系

8.6.3 窗间墙、窗槛墙、防火挑檐、防护挑檐

1）基本概念和功能

窗间墙和窗槛墙是指建筑外立面开口部位之间的实体墙，通常情况下，水平（左右）方向的分隔墙体称为窗间墙，竖直（上下）方向的分隔墙体为窗槛墙，统称窗间墙。窗槛墙、窗间墙已是过去的称呼，现行《防火规范》中已不再采用类似称呼，统称为“开口之间的实体墙”。设计人首先需要建立的概念，一是这类实体墙耐火极限和燃烧性能均不应低于相应耐火等级建筑外墙的要求；二是同一防火分区的建筑外墙开口之间，并不需要设置窗间墙、窗槛墙或防火挑檐。

窗间墙的作用是防止火灾通过建筑外立面的开口（从建筑外部）在同层蔓延，通常包括以下情况：一是住宅建筑的外墙上，相邻户的开口之间应设置窗间墙或突出外墙的隔板；二是疏散楼梯间、前室及合用前室外墙上的窗口与两侧门、窗、洞口需要保持一定的水平距离；三是防火墙两侧的建筑外墙，均应为一定宽度的不燃性墙体。窗槛墙的功能和防火挑檐类似，是为了防止火灾通过建筑外立面的开口（从建筑外部）在上、下层间蔓延。

2）窗槛墙、防火挑檐、防护挑檐设置要求

为了满足防火要求，实体墙（窗间墙和窗槛墙）防火挑檐和隔板的耐火极限和燃烧性能，均不应低于相应耐火等级建筑外墙的要求。

（1）一般民用建筑

其一，建筑外墙上、下层开口之间应设置高度不小于 1.2 m 的实体墙或挑出宽度不小于 1.0 m、长度不小于开口宽度的防火挑檐。当室内设置自动喷水灭火系统时，上、下层开口之间的实体墙高度不应小于 0.8 m。注意《住宅设计规范》关于窗槛墙和挑檐的设置要求与《防火规范》有别，应以《防火规范》为准。

其二，住宅建筑外墙上相邻户的开口之间，墙体（实体墙）宽度不应小于 1.0 m；小于 1.0 m 时，应在开口之间设置突出外墙不小于 0.6 m 的隔板。

其三，疏散楼梯间靠外墙设置时，楼梯间、前室及合用前室外墙上的窗口与两侧门、窗、洞口最近边缘的水平距离不应小于1.0 m。

其四,厨房有明火的加工区(间)上层有餐厅或其他用房时,其外墙开口上方应设置宽度不小于1.0 m、长度不小于开口宽度的防火挑檐;或在建筑外墙上、下层开口之间设置高度不小于1.2 m的实体墙。

(2) 车库

外墙门、窗、洞口的上方应设置不燃烧体的防火挑檐。外墙的上、下窗间墙高度不应小于1.2 m,防火挑檐的宽度不应小于1 m,耐火极限不应低于1 h。

(3) 设备机房

其一,裙房首层布置油浸变压器的变电站时,首层外墙开口部位的上方应设置宽度不小于1.0 m的不燃烧体防火挑檐或高度不小于1.2 m的窗槛墙。

其二,油浸变压器室外墙开口部位的上方应设置宽度不小于1 m的不燃性防火挑檐或高度不小于1.2 m的窗槛墙。

8.6.4 防火疏散门、防火窗以及防火卷帘

1) 设置部位

安全疏散涉及的疏散门,主要是指建筑内各房间直接通向疏散走道的门,或设置在安全出口上的门。有一般疏散门和防火门两类,其中防火门按其耐火极限分为甲、乙、丙三级,即甲级为1.2 h,乙级为0.9 h,丙级为0.6 h。设计时需要注意在变形缝处附近的防火门应设在楼层数较多的一侧,且防火门开启后不应跨越变形缝。防火窗一般设置在防火间距不足部位的建筑外墙上的开口和天窗、建筑内防火墙或防火隔墙上需观察等部位以及需要防止火灾竖向蔓延的外墙开口部位。表8-10所示为各级防火门的安装地点。

表8-10 各级防火门的安装地点

甲级防火门(1.2 h)	燃油或燃气锅炉、油浸变压器、充有可燃油的高压电容器和多油开关房,柴油发电机房和储油间、通风、空气调节机房、变配电室、消防水泵房、避难走道前室,与中庭连通的门、经常有人停留或可燃物较多的地下室,以及消防电梯前室等防火墙上的门等
乙级防火门(0.9 h)	封闭楼梯间、防烟楼梯间及前室、消防电梯前室、不设封闭楼梯间的单元住宅户、消防控制室、灭火设备室、屋顶风机房、歌舞娱乐放映游艺等人员密集场所、通向室外地面、连廊、上人屋面、天桥的门
丙级防火门(0.6 h)	电缆井、排烟井、排气道、管道井,风道检查门,气体灭火防护区的疏散门

注:①防火墙上开设门窗洞口时,应设置甲级防火门、窗或耐火极限不低于3.00 h的防火卷帘。

②地下车库直通住宅单元的疏散楼梯及前室(电梯间)应设乙级防火门。

③消防电梯间前室与合用前室的门应采用乙级防火门,不应设置防火卷帘。

2) 疏散门开启方向

高层建筑的公共疏散门均应向疏散方向开启,且不应采用侧拉门、吊门和转门,高层建筑的非公共疏散门不应开向前室和楼梯间。有的高层建筑设备间、杂物间,特别是户门直接开向前室和

楼梯间均为不妥，当确有困难时，这些开向前室的门均应为乙级防火门。

疏散门的开启方向也是初学者容易出错的地方。设计时要注意：一是门扇开启应与疏散方向一致，否则将会因人流拥堵无法拉开此门而使疏散集体陷于险境，应注意出屋面疏散楼梯疏散门开启方向是屋顶，而与配电室相邻房间的门应向低压方向开启，变压器室、配电室、电容器室的门应向外开，应上锁；二是门扇的位置应与楼梯下跑配合，否则将会出现水平与垂直方向两股人流相对撞；三是当疏散门完全开启时，不应减少楼梯平台的有效宽度。防止因平台宽度不够，造成下行人流纠集堵塞，而使水平进入的人流无法推开疏散门，或当门推开后阻挡下行人流的前进，此时门不能再行自动关闭，影响楼梯间保持正压防烟。

3）防火卷帘

防火卷帘不可用于封闭楼梯间、防烟楼梯间及前室，不能作为疏散门。除中庭外，防火分隔部位宽度不大于 30 m 时，防火卷帘宽度不应大于 10 m；当防火分隔部位宽度大于 30 m 时，防火卷帘的宽度不应大于该部位宽度的 1/3，且不应大于 20 m（如图 8-45 所示）。

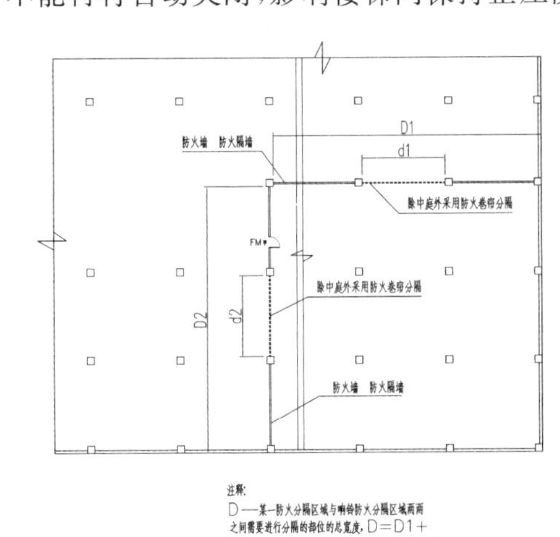

图 8-45　防火卷帘尺度控制

图片来源：消防资源网

8.6.5　玻璃幕墙

从消防的角度看，玻璃幕墙总体防火性能低，其骨架材料在受热条件下，极易发生结构变形，导致幕墙上的玻璃因温度应力的作用而大面积变形破碎，给灭火营救带来极大的困难。有的高层建筑玻璃幕墙与每层楼板和房间隔墙之间的缝隙相当大，一旦火灾发生就会形成“引火风道”，导致火势迅速蔓延，因此，从综合避免光污染的考虑，不少城市出台了限制玻璃幕墙部位和面积的规定。除此之外，建筑师还应注意消防登高立面上不应设计大面积的玻璃幕墙。

设计中应注意：一是上、下墙开口之间设置实体墙（窗槛墙）确有困难时，可设置玻璃幕墙；二是玻璃幕墙窗间墙、窗槛墙填充材料采用岩棉、矿棉、玻璃棉、硅酸棉等不燃烧材料，当其外墙面采用耐火极限不低于 1 h 的墙体（如轻质混凝土墙面）时，填充材料也可采用阻燃泡沫塑料等难燃材料（如图 8-46 所示）；三是无窗间墙和窗槛墙或窗槛墙高度小于 0.8 m 的建筑幕墙，应在每层楼板外沿设置耐火极限不低于 1 h、高度不低于 0.8 m 的不燃烧体裙墙或防火玻璃裙墙；四是玻璃幕墙与每层楼板、隔墙处的缝隙应采用不燃烧材料严密填实（如图 8-47 所示）；五是玻璃幕墙可开启面积较小，应避免设在楼梯间和前室附近。

8.6.6　竖井防火

高层建筑中的竖井包括电梯井、电缆井、进风井、排烟井、排气井、水管井、水暖井等竖向管道井，除了特殊条件下水、暖井和强、弱（电缆）井可分别合并外，原则上各类管井均应独立设置。其中进风井、排烟井和排气井分别设有相应的新风口、排烟口和排气口，设计时应注意新风入口不应

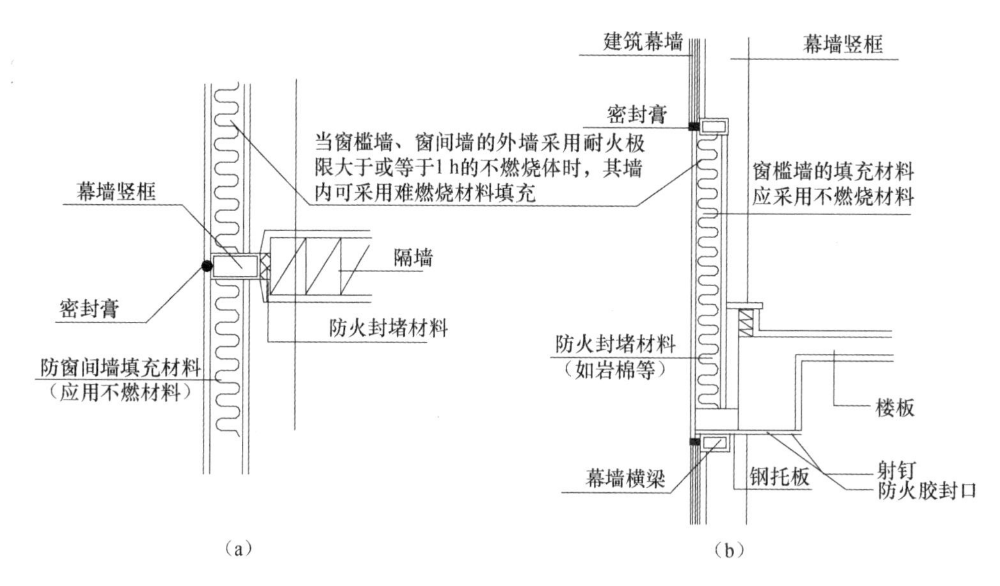

图 8-46　窗间墙、窗槛墙的填充材料

(a) 平面示意图；(b) 剖面示意图

图片来源：《〈建筑设计防火规范〉图示》(国家建筑标准设计图集)

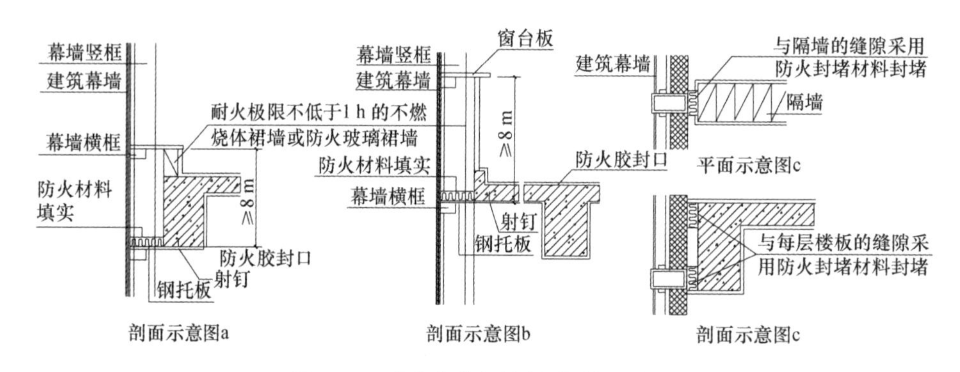

图 8-47　玻璃幕墙与楼板、隔墙处缝隙

图片来源：《〈建筑设计防火规范〉图示》(国家建筑标准设计图集)

位于排烟口附近。

1) 洞口布置

从防火角度，洞口布置主要是处理好排烟口的位置。一是排烟口应设在顶棚上或靠近顶棚的墙面上，且与附近安全出口沿走道方向相邻边缘之间的最小水平距离不应小于 1.5 m；二是设在顶棚上的排烟口距可燃构件或可燃物的距离不应小于 1 m；三是排烟口平时关闭，并应设置有手动和自动开启装置；四是防烟分区内的排烟口距最远点的水平距离不应超过 30 m；五是在排烟支管上应设有当烟气温度超过 280 ℃时能自行关闭的排烟防火阀。

高层建筑内走道的排烟井多位于核心体中，多与加压送风井相邻。有的设计人将走道所设的排烟口置于前室开向走道的门边，虽然排烟口设置的水平距离符合规范要求，但烟气运动方向与人的疏散方向一致，前室的门扇疏散开启时，就会造成一部分烟气进入疏散通道，影响人员疏散。因此，设计时应注意走道的排烟口，尽可能远离疏散出口或使烟气运动方向逆于人员疏散方向。

2）井道构造

从防火角度考虑，井道构造主要是井壁材料和洞口密闭措施两个方面。一是竖井井壁应为耐火极限不低于 1 h 的不燃烧体；二是井壁上的检查门应采用丙级防火门；三是井道与房间和走道等相连通的孔洞，其空隙应采用不燃烧材料填塞密实，应注意电梯井内严禁敷设可燃气体和甲、乙、丙类液体管道，且不应敷设与电梯无关的电缆、电线等；四是电梯井井壁除开设电梯门洞和通气孔洞外，不应开设其他洞口，电梯门不应采用栅栏门。

由于竖井在垂直方向几乎连续贯通，火灾时就成了火灾蔓延的途径和向上拔烟火的通道。因此，除了进风井、排烟井、排气井等，有必要对各种管道井采取隔离、水平分隔、封堵等构造措施。《防火规范》规定：建筑高度不超过 100 m 的高层建筑，其电缆井、管道井应每隔 2～3 层，在楼板处用相当于楼板耐火极限的不燃烧体作防火分隔；建筑高度超过 100 m 的高层建筑，要求在每层楼板处，用相当于楼板耐火极限的不燃烧体作防火分隔，以起到切断火势向上蔓延的目的和作用，如图 8-48 所示。

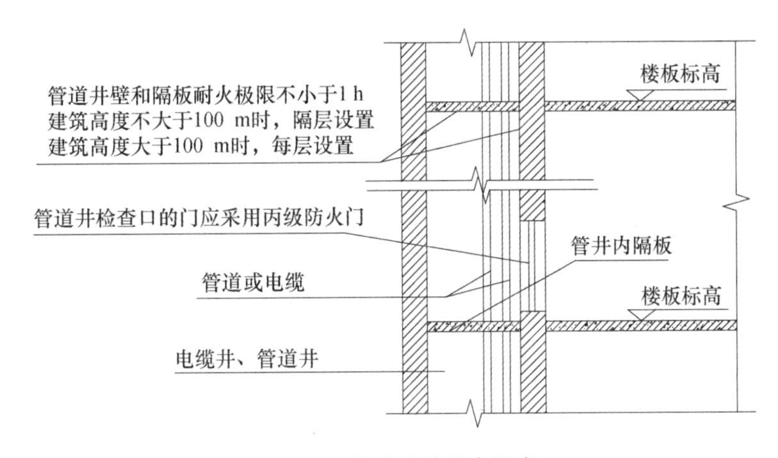

图 8-48　管道井的防火要求

【综合案例 1】防火设计

本项目为地上 24 层（一至四层为裙楼）、地下 2 层的高层综合办公楼，总建筑高度 93.60 m，总建筑面积为 42 295 m^2，地下车库停车位 160 个，其建筑功能配置见表 8-11。

表 8-11　建筑功能配置表

楼层		功能
裙楼	1 层	办公、裙楼入口门厅、休息厅，少量的商业空间及消防控制中心
	2 层	餐厅、厨房
	3 层	康体中心
	4 层	会议中心

续表

楼层		功能
塔楼	5～7 层	培训课室
	8～20 层	办公空间
地下室	－1 层	地下车库
	－2 层	地下车库、设备用房

建筑类别及耐火等级为一类一级，设有火灾自动报警系统和自动灭火系统，且采用不燃烧或难燃烧材料装修。按地下车库不大于 4 000 m^2/个、地下设备用房不大于 1 000 m^2/个、裙楼不大于 4 000 m^2/个、塔楼不大于 3 000 m^2/个的要求进行防火分区。

总平面(如图 8-49 所示)设计说明如下。

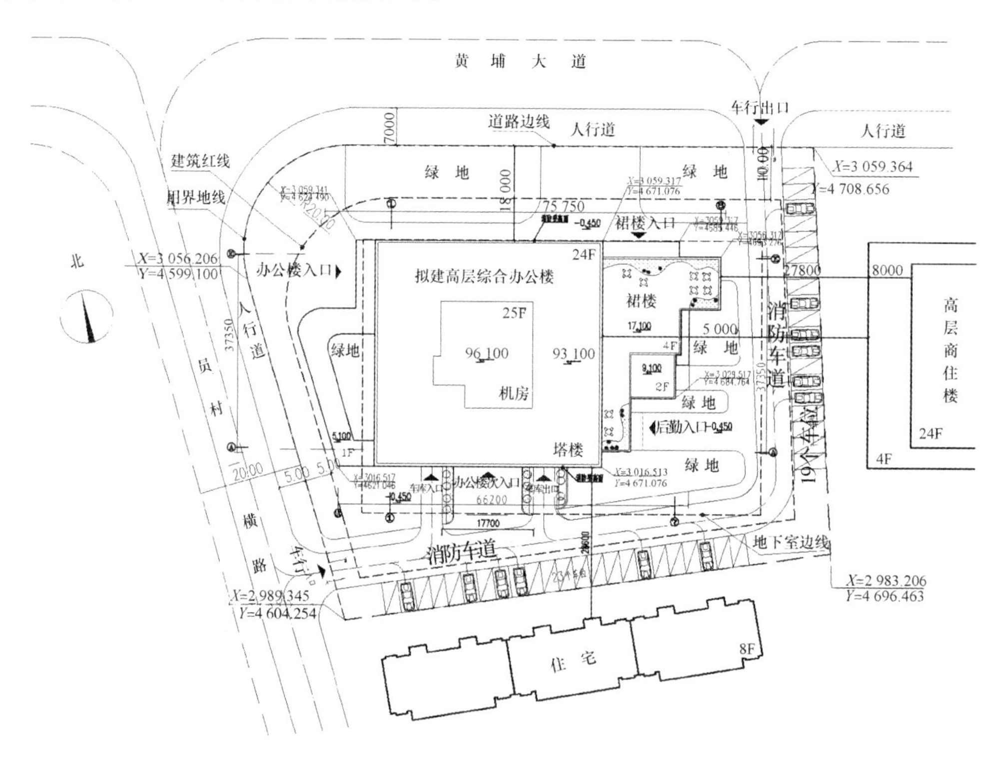

图 8-49 总平面图

(1) 建筑场地内沿建筑周边与市政道路、广场布置环形消防车道，满足消防要求。

(2) 建筑塔楼为矩形，有两个长边直接落地，其消防登高面大于 1/4 周边长，满足规范要求。

(3) 建筑的高层塔楼、裙楼(高度小于 24 m)与邻近高层的塔楼、裙楼(高度小于 24 m)的间距分别满足规范 13 m、9 m、6 m 的防火间距相关要求。

地下室(如图 8-50、图 8-51 所示)设计说明如下。

(1) 地下一层为汽车库，设有 87 个车位，建筑面积 3 893 m^2，设一个防火分区，设人员安全疏散出口两个。

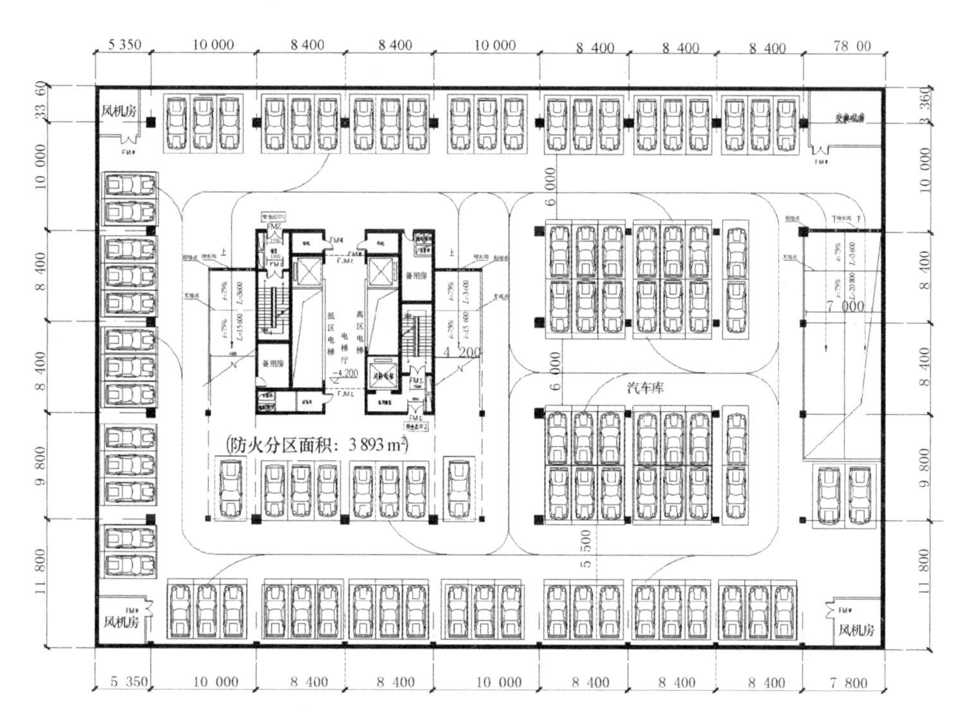

图 8-50　地下一层平面(层面积:3 893 m²　车位:87 个)

(2) 地下二层为汽车库和设备用房,设有 73 个车位,建筑面积 3 893 m²,设一个防火分区。每个机房设甲级防火门自成防火区,方案保证了机房门至疏散梯距离均满足规范要求,这种情况下即使设备用房区没有单独的疏散楼梯,而是将机房与车库合并考虑防火分区,人员安全疏散出口两个,满足最远疏散距离不大于 60 m 的规范要求,实际工程中一般也能通过消防报批和施工图审查。但最好将西边楼梯出入口调整到设备用房区的范围,设备用房区独立为一个防火分区,以保证每个防火分区有两个安全出口。

(3) 两层地下汽车库共有车位 160 个,地下一层设两个净宽不小于 4 m 的汽车疏散坡道通往首层地面。地下二层设 73 个车位,设一个净宽不小于 7 m 的汽车疏散坡道通往地下一层。满足规范对汽车疏散的要求。

(4) 地下二层设备用房出口按规范要求应为甲级防火门;宽度按工程要求不小于 1 m。

(5) 消防电梯兼作货梯,下地下室。

首层(如图 8-52 所示)设计说明如下。

(1) 建筑首层设四个安全出口(如图所示,安全出口 A～D),各疏散出口边缘间距大于 5 m,各疏散外门净宽不小于 1.2 m、并向室外方向开启。首层总疏散宽度 $=W_A+W_B+W_C+W_D=3+3+3+1.5=10.5$(m),满足人数最多的一层(四层、370 人)宽度不小于 1 m/(100 人)的规范要求。

(2) 裙楼的封闭疏散楼梯间在首层通往室外安全地区的距离不大于 15 m(含设扩大封闭楼梯间)。消防电梯间前室虽未能直接靠外墙设置,但在首层经过长度不大于 30 m 的通道通向室外,满足规范要求。

(3) 两部塔楼防烟楼梯与地下室共用楼梯间,在首层地下室入口处,设置耐火极限不低于 2 h

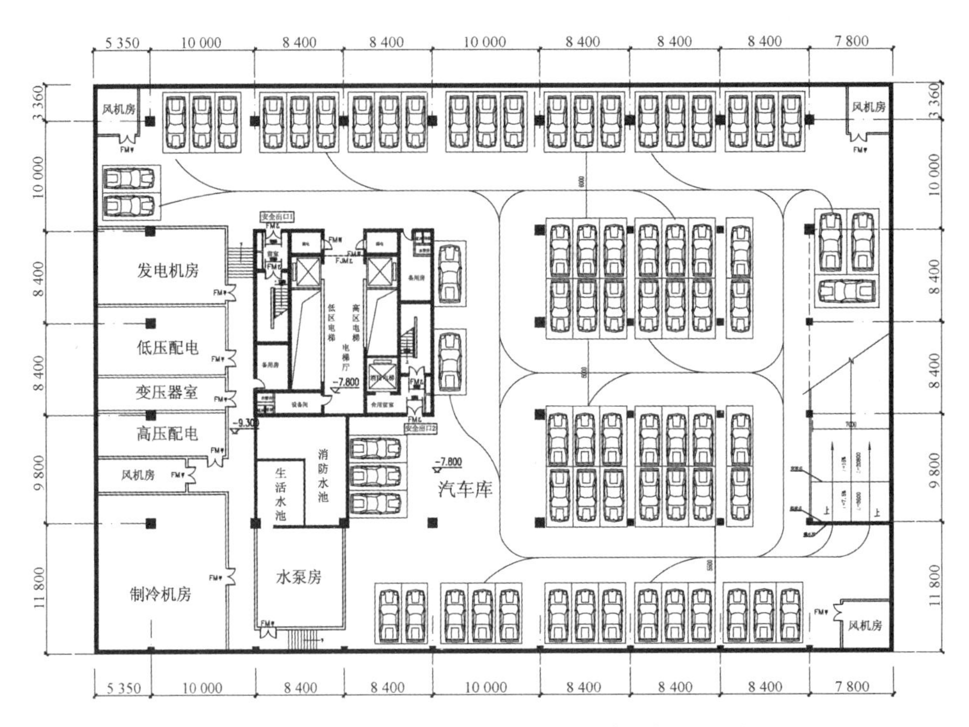

图 8-51　地下二层平面(层面积:3 893 m^2　车位:73 个)

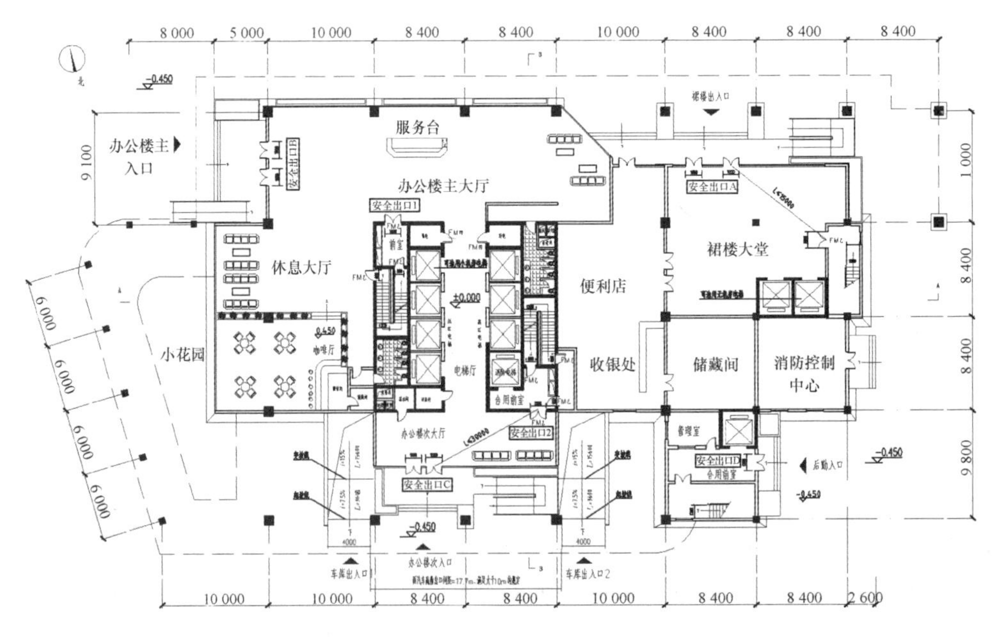

图 8-52　首层平面(层面积:1 560 m^2)

的隔墙和乙级防火门隔开,并设明显标志,满足规范要求。

(4) 消防控制室设于首层临外墙部分,并用防火墙与其他用房隔开,隔墙上的门为乙级防火门。

(5) 地下车库在首层设两个净宽不小于 4 m 的汽车疏散出口，两个疏散口的间距满足大于 10 m的规范要求。

裙楼(如图 8-53～图 8-55 所示)设计说明如下。

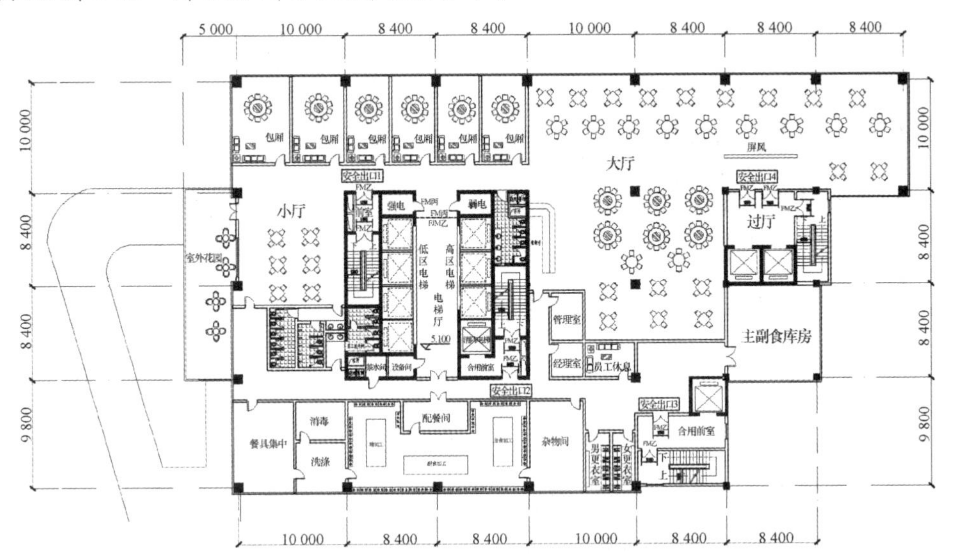

图 8-53　二层平面(层面积：1 983 m^2，人数：310 人)

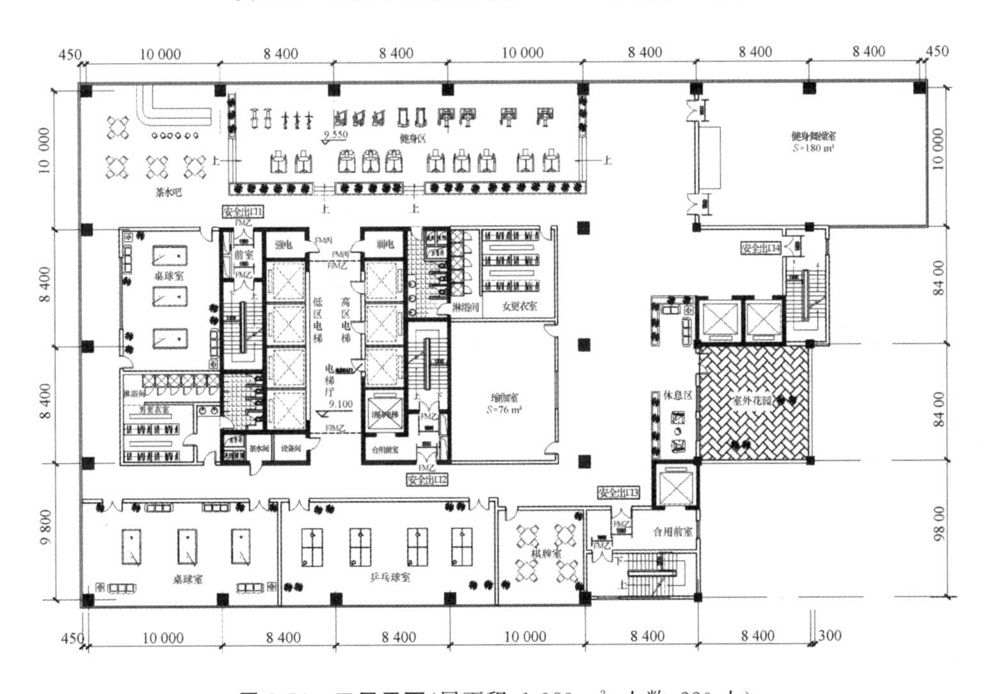

图 8-54　三层平面(层面积：1 983 m^2，人数：220 人)

(1) 裙楼每层建筑面积为 1 983 m^2，二、三、四层总人数分别为 310、220、370 人。

(2) 每层设一个防火分区、四个安全出口(如图所示，安全出口 1～4)，各疏散出口边缘间距大于 5 m，各疏散门净宽不小于 1.5 m，并向疏散楼梯方向开启。每层总疏散宽度 $=W_1+W_2+W_3+$

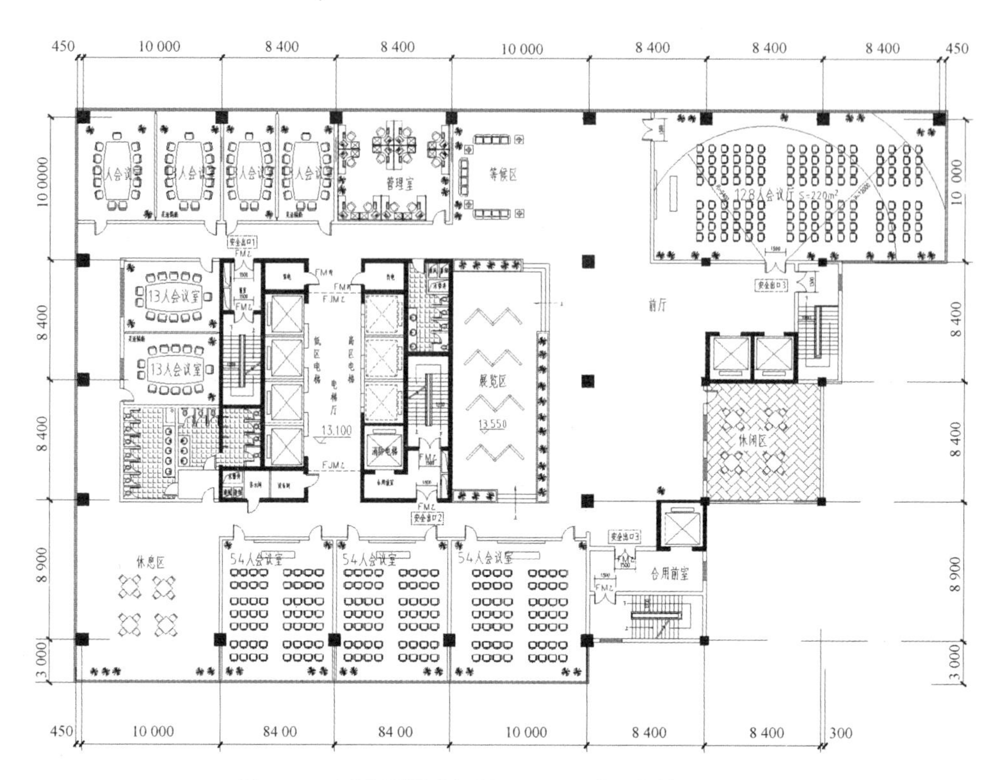

图 8-55　四层平面(层面积:1 983 m^2　人数:370 人)

W_4=1.5+1.5+1.5+1.5=6(m),满足人数最多的一层(四层、370 人)宽度不小于 1 m/(100 人)的规范要求。

(3) 按 1 m/(100 人)计算疏散楼梯总疏散宽度,要满足人数最多一层(四层、370 人)的疏散要求,各层疏散楼梯总宽度应不小于 3.7 m。如图 8-56 所示,在核心体内设两部防烟疏散楼梯,梯段净宽各为 1.2 m,总疏散宽度为 2.4 m;在核心体外,设两部封闭疏散楼梯,梯段净宽各为 1.2 m,总疏散宽度为 2.4 m,四部疏散楼梯合计总疏散宽度为 4.8 m(大于 3.7 m),满足规范要求。

(4) 进出两个疏散楼梯间及前室的安全门净宽各为 1.5 m,大于梯段净宽 1.2 m(且不小于 0.9 m),满足规范要求。

(5) 本项目的会议厅等人员密集场所设在四层,单个厅、室的建筑面积不超过 200 m^2;单个厅、室的安全出口不少于两个;设置火灾自动报警系统和自动喷水灭火系统,满足规范要求。

(6) 展览厅、多功能厅、餐厅、营业厅、阅览室等室内任何一点至最近的安全疏散出口的直线距离小于 30 m,其他房间内最远点至房门的直线距离小于 15 m,满足规范要求。

(7) 位于两个安全出口之间的房间,建筑面积不超过 120 m^2,设置一扇门,门的净宽不小于 0.9 m;位于走道尽端的房间,建筑面积不超过 50 m^2,设置一扇门,门的净宽不小于 1.4 m,房间非老人和幼童使用,非医疗和教学用途,疏散口设计满足规范要求。

主体塔楼(如图 8-56～图 8-58 所示)设计说明如下。

(1) 每层建筑面积为 1 520 m^2,为开敞式办公布局,全勤办公人数为 86～216 人。

(2) 每层设一个防火分区、两个安全出口。按 1 m/(100 人)计算疏散宽度,总疏散宽度应不小

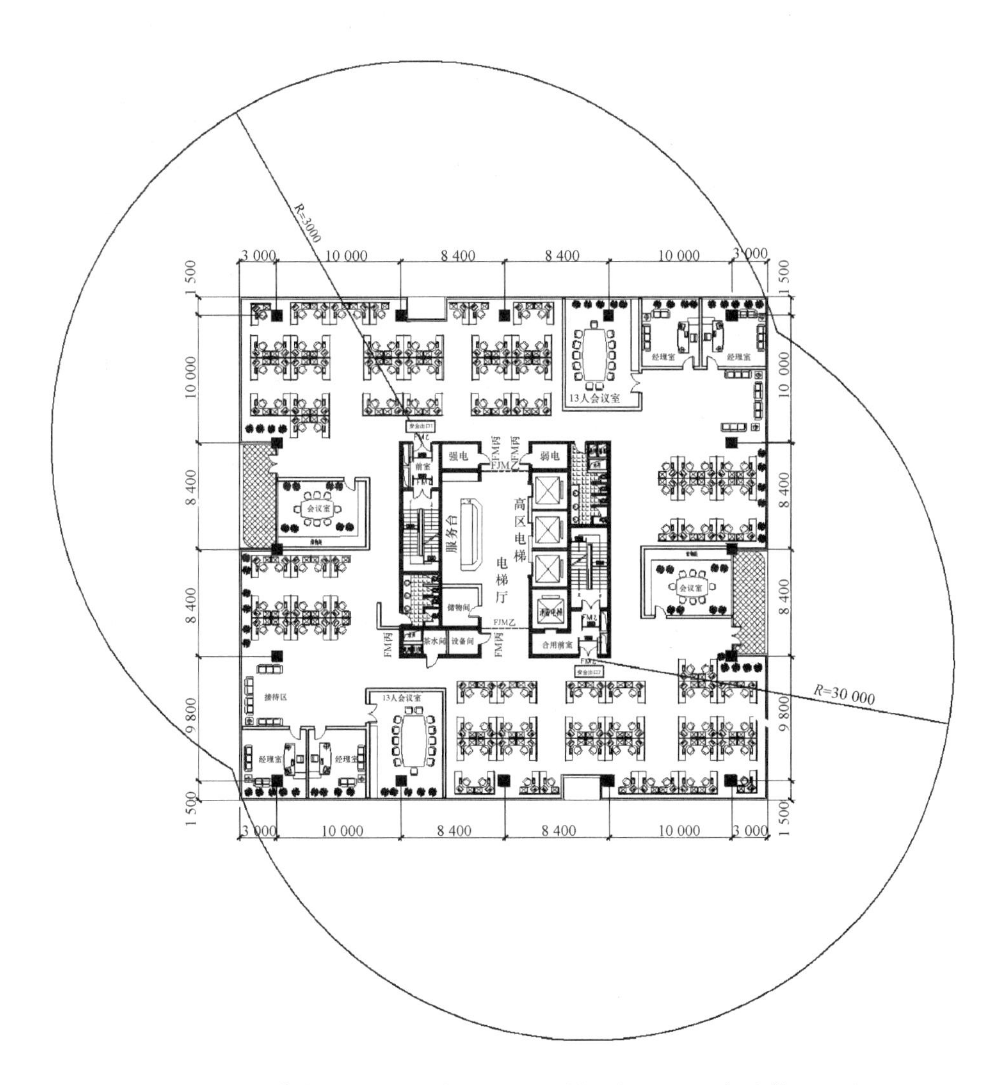

图 8-56　塔楼二十一至二十四层平面(层面积:1 520 m²,人数:130 人)

于 1.3 m。如图所示,每层设两个安全出口,每个安全出口的净宽为 1.5 m,本层总疏散宽度为 3 m(大于 1.3 m),满足规范要求。

(3) 按 1 m/(100 人)计算疏散楼梯总疏散宽度,本层疏散楼梯总宽度应不小于 1.3 m。如图所示,本层核心筒内设两部防烟疏散楼梯,梯段净宽各为 1.2 m,本层疏散楼梯总疏散宽度为2.4 m(大于 1.3 m),满足规范要求。

(4) 进出两个疏散楼梯间及前室的安全门净宽各为 1.5 m,大于梯段净宽 1.2 m 且不小于 0.9 m,满足规范要求。

(5) 室内任何一点至最近的安全疏散出口的直线距离小于 30 m,其他房间内最远点至房门的直线距离小于 15 m,满足规范要求。

核心体(如图 8-59 所示)设计说明如下。

(1) 该方案核心体布置较为紧凑,面积为 294 m²,占标准层面积的 19.3%,比例恰当。

(2) 核心体内设两部防烟疏散楼梯,各梯段净宽为 1.2 m,楼梯总疏散宽度为 2.4 m,满足塔楼

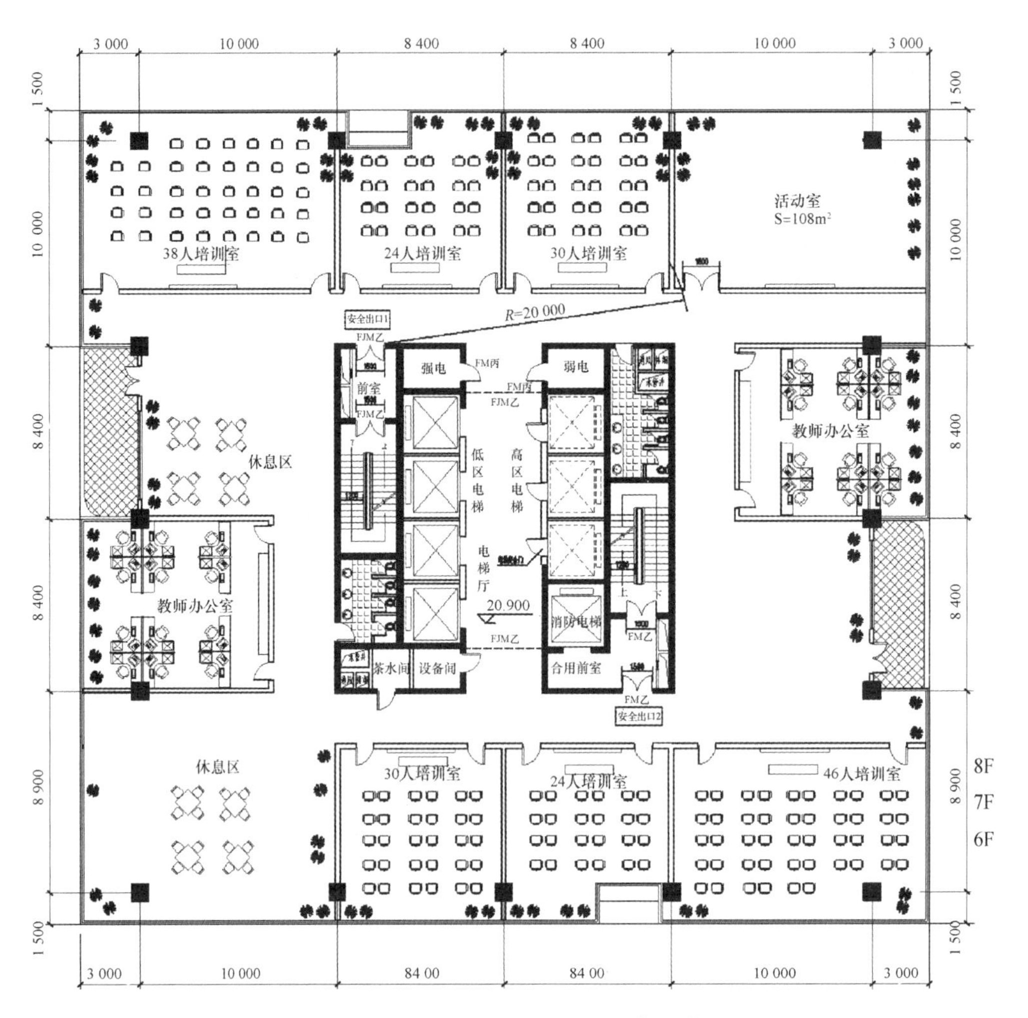

图 8-57　六至八层平面(层面积:1 520 m²,人数:216 人)

各层中最多人数层 216 人及疏散宽度不小于 1 m/(100 人)的规范要求。

(3) 设于两部防烟疏散楼梯间及前室的疏散门为乙级防火门,向疏散楼梯方向开启。门的净宽为 1.5 m,满足通过人数 1 m/(100 人)且不小于 0.9 m 的规范要求。

(4) 一部防烟楼梯前室净面积为 7.7 m²,另一部防烟楼梯与消防电梯合用前室,合用前室净面积为 13 m²,均满足规范要求。防烟楼梯管井分别为前室和楼梯间进行加压送风。

(5) 电梯厅通道上应设置乙级防火门或具有停滞功能的防火卷帘门。

(6) 设于设备管井墙上的门,均为丙级防火门。

顶层(如图 8-60 所示)设计说明如下。

(1) 防烟疏散楼梯通向屋面,疏散门向屋面方向开启。

(2) 消防电梯机房独立设置,并用防火墙与其他用房隔开,隔墙上的门为甲级防火门。

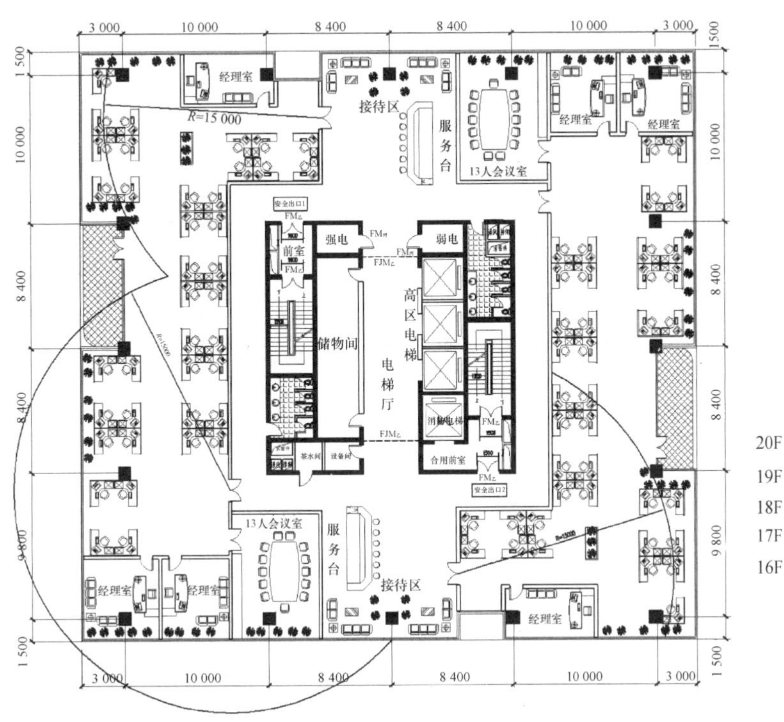

图 8-58　十六至二十层平面(层面积:1 520 m², 人数:86 人)

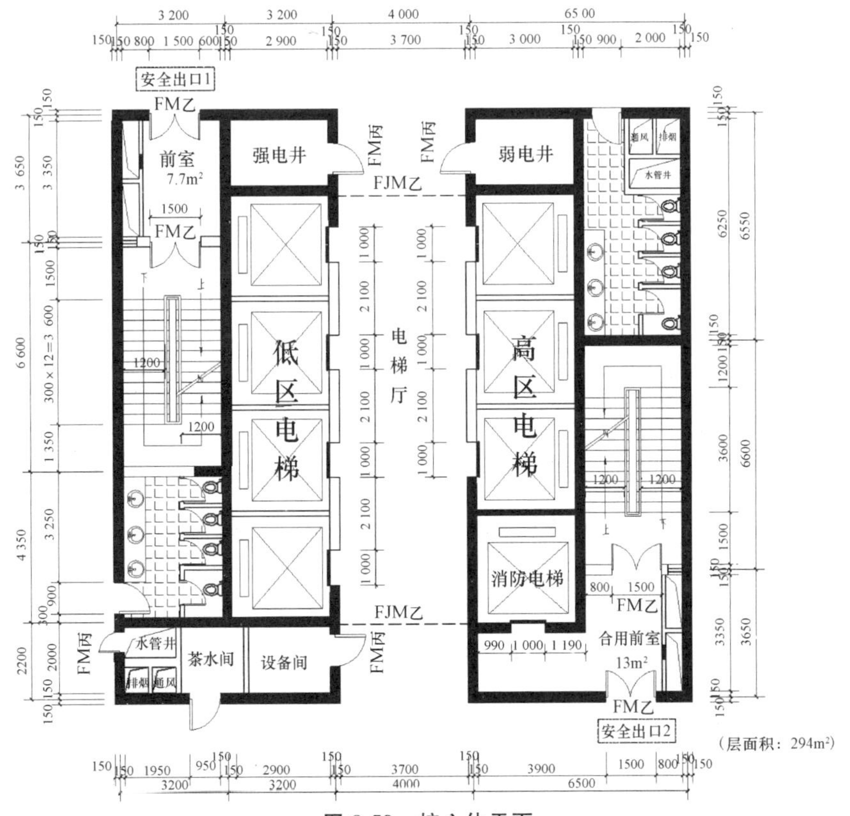

图 8-59　核心体平面

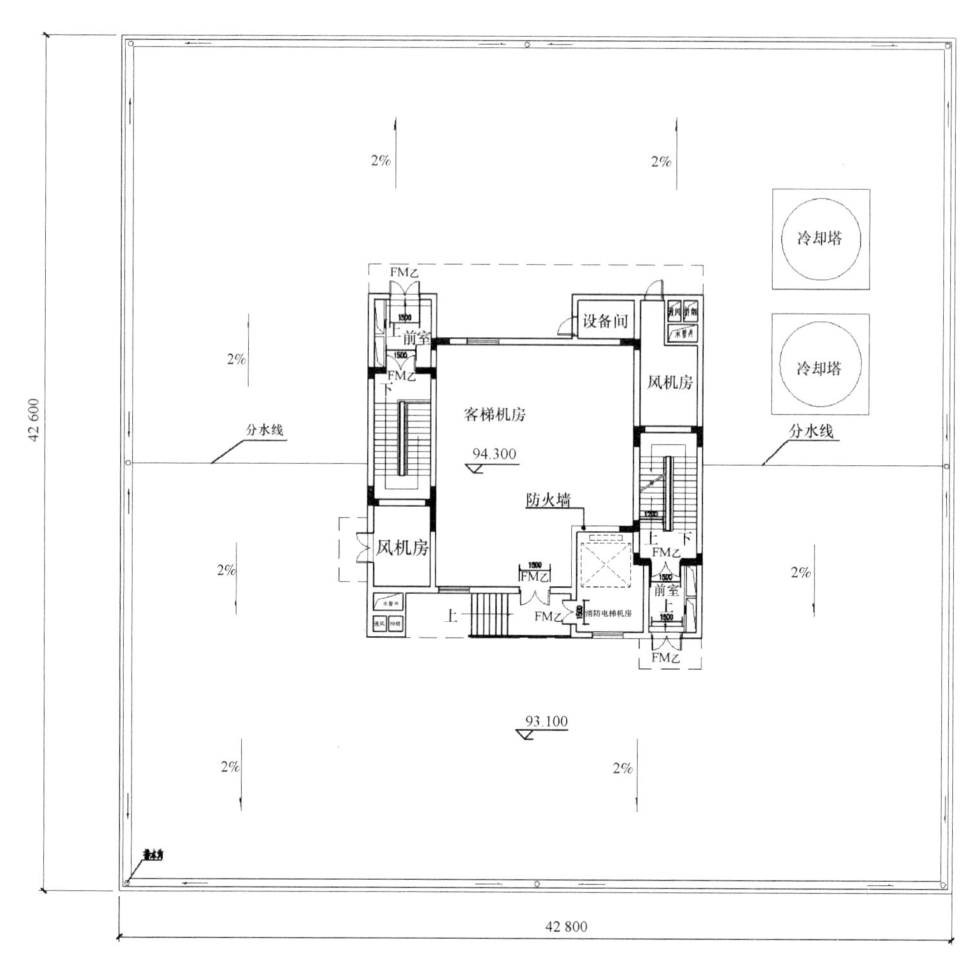

2%
2%
冷却塔
冷却塔
FM乙
前室
设备间
风机房
客梯机房
94.300
分水线
分水线
防火墙
风机房
FM乙
前室
FM乙
FM乙
消防电梯机房
93.100
42 600
42 800

图 8-60 顶层平面

第 9 章　高层建筑结构

9.1　一般概念

建筑师虽然并非从事结构设计工作，但必须建立结构的基本概念才能从事建筑设计工作。

在建筑方案设计的初级阶段，结构工程师往往还没有介入，由建筑师初定结构选型，因而，了解各种结构体系形成建筑空间的构成方式以及空间效果对建筑创作十分重要。有的项目结构造型（如高技派和解构主义风格的作品）决定了建筑造型，因而建筑师考虑结构问题的思路更加重要。如图 9-1 是从一个建筑师的角度应该考虑的高层建筑结构问题。

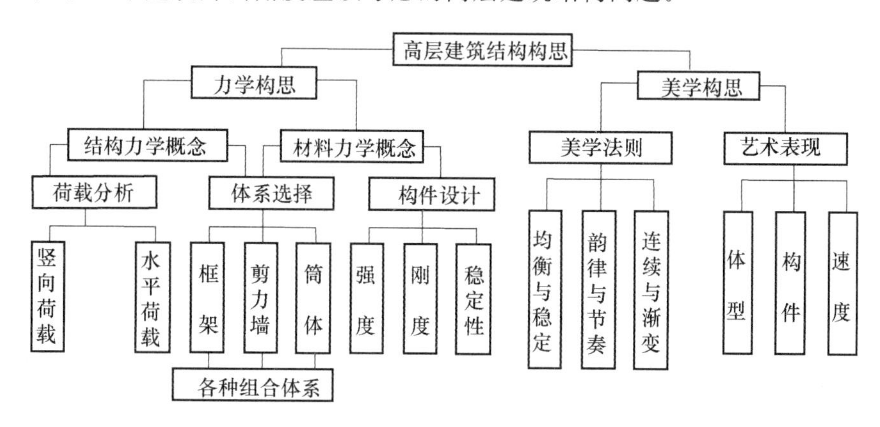

图 9-1　高层建筑的结构构思

本书以 150 m 以下高层建筑为主要研究对象，而我国 150m 以下高层建筑多采用钢筋混凝土结构，因而本书只讨论高层建筑钢筋混凝土结构，不讨论高层建筑钢结构。

由于一般的建筑设计初学者结构概念较为薄弱或者说比较模糊，对结构类型了解不多，即使对常见的钢筋混凝土结构类型的特点往往也只是一知半解，对钢结构和结构组合则几乎完全没有概念，这方面需要读者阅读有关专门的书籍。

建筑高度与结构体系的关系、高层建筑的高宽比控制，以及标准层筒体和剪力墙的布置等，都是建筑设计的初学者易缺失或者不明确的概念。初学者在高层建筑结构选型和结构表达方面一般有如下的典型错误。

第一，忽视不同结构类型的适用高度，特别是纯框架结构的高度局限，导致结构选型不合理。

第二，对高宽比没有概念，仅仅是为了造型比例需要压缩标准层面积。标准层平面太小（不包括项目定位对高层住宅标准层面积的影响），导致结构高宽比太大，结构容易失稳。

第三，对平面长宽比没有概念。特别是对有抗震设防要求的高层建筑，无意控制其平面的长宽比，平面过于狭长，导致地震相位差的不规则震动。

第四,对结构合理跨度没有正确的认识,跨度太大或太小,结构布置不均衡。特别是不知何处需要设置剪力墙,或剪力墙肢太短,柱与剪力墙的对位关系混乱。

第五,没有区分梁的主次概念。为了架设楼梯或自动扶梯,随意切断主框架梁,使结构框架无法形成;或忽视了框架梁的存在,致使楼梯面通行高度不够。

第六,对筒体结构的核心筒缺乏认识,核心筒位置不合理。楼梯和电梯位置过于分散,或剪力墙没有围合,无法成筒;剪力墙时有时无,或没有上下垂直贯通等,导致标准层有核心体无核心筒。

第七,对楼盖和屋盖形式不了解,不知道如何争取结构高度空间;对结构构件基本尺度没有概念,不会估算梁高。建筑方案图表达的柱子的形状和断面过大或过小,或塔楼和裙楼柱断面大小没有区别,也没有柱断面随着高度增加分段缩小的概念。

9.1.1 结构体系

结构是建筑的骨架,结构形式对建筑设计的影响最直接。目前一般高层建筑主要有三大体系、四个类型:钢筋混凝土结构、钢结构和混合结构三大体系,以及框架、框剪、剪力墙以及筒体四个主要类型,如图 9-2 所示。

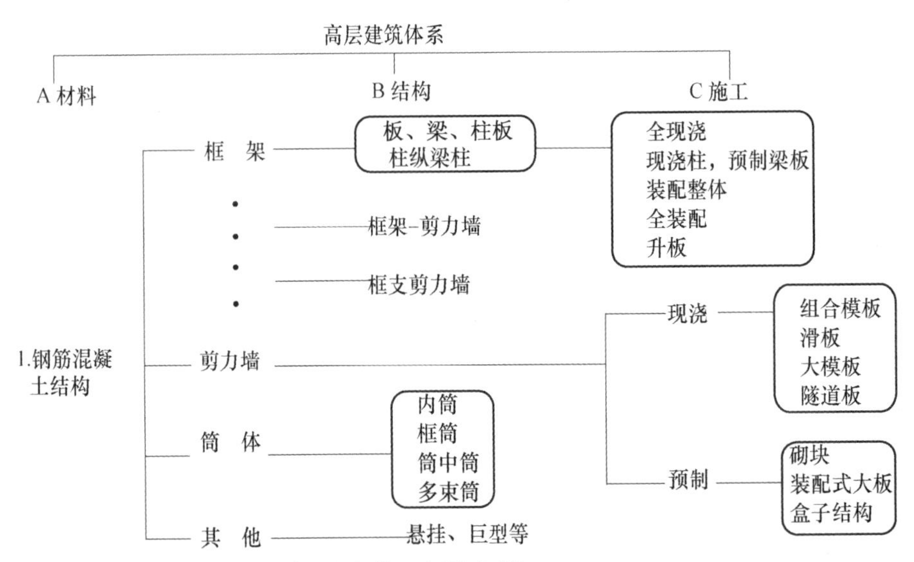

图 9-2 高层建筑的结构体系和结构类型

9.1.2 结构选型

1)结构选型的概念和意义

高层建筑结构的选型决策,属于建筑结构方案设计的内容,就是在建筑方案基本确定的情况下,建筑师和结构工程师一起,结合建筑造型,综合有关抗震、抗风、防火等多种要求,有效使用材料,选择一个经济合理的结构方案。

随着建筑规模与投资力度的增大及可选结构形式的增多,高层建筑结构选型的难度不断增大,选型不当带来的风险与经济浪费也将增加。一个不合理的结构形式将会影响到结构的整体设计和构件设计的所有决策,导致不合理的结构设计。即使再用先进的结构理论和精确的结构计算,也会给结构的安全使用及耐久性带来无法弥补的缺陷,或者延误工期,或提高造价等。因此正确处理高层建筑结构体系选型问题,对于高层建筑的设计、施工、使用、维护等都有重要意义。

【案例1】华北某市某高层建筑高20层,高度为67.8 m,8度抗震设防。原设计采用框筒-剪力墙方案,通过合理选择结构体系、调整结构刚度、减轻结构自重和加强结构整体性等措施,把结构体系改为框架-剪力墙结构体系,经修改后结构自重减轻了20%,结构自振周期延长了70%,地震作用相应减少了50%,桩数也相应减少了一百多根,仅此一项就节约了基础投资25万元以上,且结构指标均符合规范要求。

2)结构选型时有关建筑设计的三条原则

(1)所选结构类型应对建筑的功能有较大的适应性

结构选型要分析建筑方案特征对结构选型的影响,影响因素包括:建筑高度、高宽比、长宽比以及建筑体型。其中,建筑体型包括平面形式和立体体型,平面形式由平面规则性、平面对称性、平面质量和刚度偏心等组成,立体体型则由结构高宽比、立面收进、塔楼和层间刚度等组成。这些因素的确定将影响结构的可行性和经济性。不同结构体系提供的建筑内部空间效果及结构构件所占用空间并不相同。常用结构体系所能提供的建筑内部空间见表9-1。

表9-1 常用结构体系所能提供的建筑内部空间①

结构体系	框架	剪力墙	框-墙	框筒	筒中筒	框筒束
结构平面			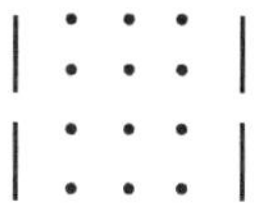	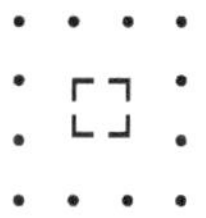		
建筑平面布置	灵活	限制大	比较灵活	灵活	比较灵活	灵活
内部空间	大空间	小空间	较大空间	较大空间	大空间	大空间

(2)考虑不同的结构体系对建筑高度的影响

综合地震因素、材料性能、造价以及结构受力的合理性等,不同的结构体系对建筑高度有不同的要求,而且同一体系中也有高度的限制。

《高层建筑混凝土结构技术规程》(JGJ 3—2010)将高层建筑结构的最大适用高度分为A级和B级(A、B级分类主要由房屋的高宽比决定):A级高度是指一般常规的高层建筑,B级高度是指较高的、设计更严格的建筑。B级高度高层建筑结构的最大适用高度可较A级适当放宽,其结构抗震等级、有关的计算和构造措施应更加严格,并应符合相关规程有关条文的规定。

《建筑工程抗震设防分类标准》(GB 50223—2008)依据建筑用途设定的甲、乙、丙、丁四类抗震设防类别。A级高度钢筋混凝土乙类和丙类高层建筑的最大适用高度应符合表9-2的规定;框架-剪力墙、剪力墙和筒体结构高层建筑,其高度超过表9-2规定时为B级高度高层建筑。B级高度钢筋混凝土乙类和丙类高层建筑的最大适用高度应符合表9-3的规定。

① 刘大海,杨翠如.高层建筑结构方案优选[M].中国建筑工业出版社.1996.

表 9-2　A 级高度钢筋混凝土高层建筑的最大适用高度　　单位:m

结构体系		非抗震设计	抗震设防烈度			
			6 度	7 度	8 度	9 度
框架		70	60	55	45	25
框架-剪力墙		140	130	120	100	50
剪力墙	全部落地剪力墙	150	140	120	100	60
	部分框支剪力墙	130	120	100	80	不应采用
筒体	框架-核心筒	160	150	130	100	70
	筒中筒	200	180	150	120	80
板柱-剪力墙		70	40	35	30	不应采用

注:①建筑高度是指室外主要地坪至主要屋面高度,不包括局部突出屋面的电梯机房、水箱、构架等高度;
②表中框架不含异形柱框架结构;
③部分框支剪力墙结构是指地面以上有部分框支剪力墙的剪力墙结构;
④平面和竖向均不规则的结构或Ⅳ类场地上的结构,最大适用高度应适当降低;
⑤甲类建筑,6 度、7 度、8 度时宜按本地区抗震设防烈度提高 1 度后符合本表的要求,9 度时应专门研究;
⑥9 度抗震设防、房屋高度超过本表数值时,结构设计应有可靠依据,并采取有效措施。
资料来源:《高层建筑混凝土结构技术规程》(JGJ 3—2010)。

表 9-3　B 级高度钢筋混凝土高层建筑的最大适用高度　　单位:m

结构体系		非抗震设计	抗震设防烈度		
			6 度	7 度	8 度
框架-剪力墙		170	160	140	120
剪力墙	全部落地剪力墙	180	170	150	130
	部分框支剪力墙	150	140	120	100
筒体	框架-核心筒	220	210	180	140
	筒中筒	300	280	230	170

注:①房屋高度是指室外地面至主要屋面高度,不包括局部突出屋面的电梯机房、水箱、构架等高度;
②部分框支剪力墙结构是指地面以上有部分框支剪力墙的剪力墙结构;
③平面和竖向均不规则的建筑或位于Ⅳ类场地的建筑,表中数值应适当降低;
④甲类建筑,6 度、7 度时宜按本地区设防烈度提高 1 度后符合本表的要求,8 度时应专门研究;
⑤当房屋高度超过表中数值时,结构设计应有可靠依据,并采取有效措施。
资料来源:《高层建筑混凝土结构技术规程》(JGJ 3—2010)。

(3) 建筑造型对结构选型的要求

一般情况下,高层建筑较少有结构造型的要求,即使有也非常理性,说明结构造型不能随心所欲;但非一般的超高层建筑,特别是标志性建筑往往有结构造型的要求。有的结构类型如巨型框架、悬挂结构、桁架体系以及束筒等本身就具有良好的内外部空间特征,因而受到建筑师的喜爱。

【案例 2】广州电力调度大楼

广州南方电力调度大楼(如图 9-3 所示)地上 36 层,地下 3 层,裙楼 7 层,主楼顶部还有 4 层微波天线塔，主楼设计高度为136 m。为了加强角柱对结构抗扭效果，其将把角柱做成筒体，甚至把角筒作为主要承重结构。四个大圆筒，位于四角，耸入天空，使建筑更为挺拔有力，裙楼以两个大圆筒收边，形成弧线造型，与主楼成为一个整体，建筑的东、西、南北四个立面均能获得较好的视觉效果。

图 9-3 广州南方电力调度大楼

3）控制高层建筑平面和体型的基本原则

控制高层建筑平面和体型主要有以下四条基本原则。

(1) 简单规整的结构平面布置

从力学角度出发，高层建筑应避免和减小由于抗侧力结构分布不均导致质量(水平荷载作用中心)偏离抗侧力结构刚度中心而产生扭矩，所以，对高层建筑来说，其抗侧力结构的布置原则都是尽量使平面的质量中心接近于抗侧力结构的刚度中心；平面形式比较复杂的高层建筑，可通过调整抗侧力结构位置，达到质量中心尽可能接近刚度中心的目的。因此，在满足使用要求的前提下，高层建筑结构平面布置应尽量简洁、对称、规整，尤其有抗震设计要求的高层建筑更应该尽量采用简单形状，从而避免结构形式复杂化，或需对结构采取较多改进措施而提高结构造价。当然，在实际工程中，即使结构布置完全对称，由于质量分布很难做到均匀对称，质心和刚心的偏离在所难免。在满足建筑功能的条件下，把抗侧力构件从中心布置和分散布置，改为沿建筑周边或四个角上布置，可以大大提高结构的抗扭能力。

(2) 控制高层建筑平面长宽比

对有抗震设防要求的高层建筑，宜控制其平面的长宽比，以避免两端受到不同地震运动的作用而产生复杂的应力情况。钢筋混凝土高层建筑平面长宽比的限值宜满足表9-4规定。

表 9-4 钢筋混凝土高层建筑平面长宽比的限值[①]

设防烈度	L/B	c/B_{max}	c/b
6度、7度	≤6.0	≤0.35	≤2.0
8度、9度	≤5.0	≤0.30	≤1.5

平面中突出部位的长宽比也需要控制(如图9-4所示)，并在平面凹角处采用加强措施，同时应避免在拐角部位布置电梯间和楼梯间，因为这些部位应力往往比较集中，而电梯间和楼梯间是竖向空间，没有平面内刚度很大的楼板贯通。

(3) 控制高层建筑的高宽比

建筑的高宽比是指建筑总高度与建筑平面宽度的比值。如果高宽比较大，建筑物在地震或强风的作用下，因水平力产生的变形较大，结构的抗倾覆能力也较差，这对建筑整体稳定性非常不利。

① 《高层建筑混凝土结构技术规程》(JGJ 3—2010)。

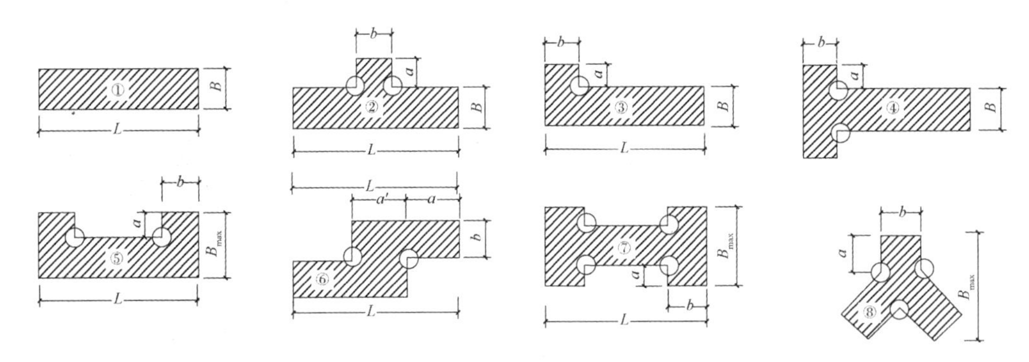

图 9-4 标准层平面结构加强部位

不同的结构类型高宽比要求不同。《高层建筑混凝土结构技术规程》(JGJ 3—2010)规定:A级、B级高度钢筋混凝土高层建筑结构适用的最大高宽比应满足表 9-5 和表 9-6 的规定。

表 9-5 A 级高度钢筋混凝土高层建筑结构适用的最大高宽比

结构体系	非抗震设计	抗震设防烈度		
		6 度、7 度	8 度	9 度
框架、板柱-剪力墙	5	4	3	2
框架-剪力墙	5	5	4	3
剪力墙	6	6	5	4
筒中筒、框架-核心筒	6	6	5	4

表 9-6 B 级高度钢筋混凝土高层建筑结构适用的最大高宽比

非抗震设计	抗震设防烈度	
	6 度、7 度	8 度
8	7	6

(4) 均匀的结构竖向布置

高层建筑的抗侧力结构刚度,应由基础向顶层逐渐过渡,刚度的较大突变将削弱其抵抗水平荷载的能力,应尽量避免出现竖向刚度发生突变的现象,因此采用逐渐向上倾斜的建筑造型对结构受力非常有利,可以提高建筑的整体刚度,减少侧移。这种形式的主要形体包括锥形体、上削楔形体和退缩体,其中,退缩体的形式比较多样,有收进式、截切式、台阶式。

虽然阶梯状造型的建筑对抗震有利,但如果收进的比例过大,容易引起突变部位刚度突变与塑性变形集中,不利于抗震。因此,此类建筑的立面尺寸变化率 b/B 宜不小于 0.75;当下部楼层收进时,其立面尺寸变化率 b/B 宜不小于 0.9,且水平外挑尺寸 a 不宜大于 4 m,如图 9-5 所示。

建筑的竖向体形应力求规则、均匀和连续。结构侧向刚度沿竖向应均匀变化,由下至上逐渐减小,不发生突变,尽量避免夹层、错层、抽柱及过大的外挑和内收等情况。例如,在框支剪力墙结构体系中,就应将上部剪力墙的一部分延伸到下部框架中,从而保证上下刚度相差不会过分悬殊。

此外,高层建筑必须有相应的锚固深度,有关规范规定:采用天然基础时,基础埋深不宜小于建筑高度的 1/15;采用桩基础时,基础埋深不宜小于建筑高度的 1/18(桩长不计入埋置深度)。可

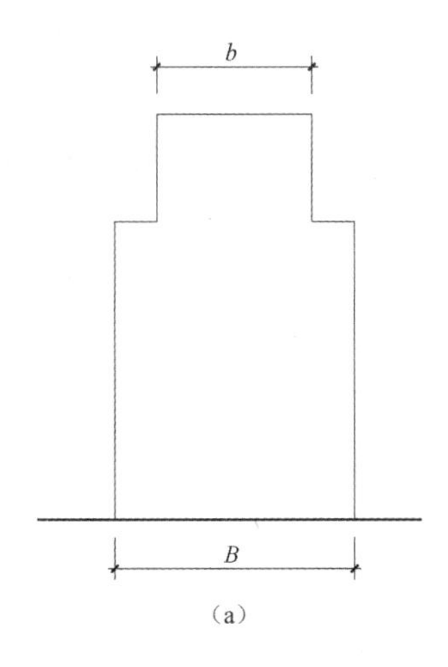

(a)

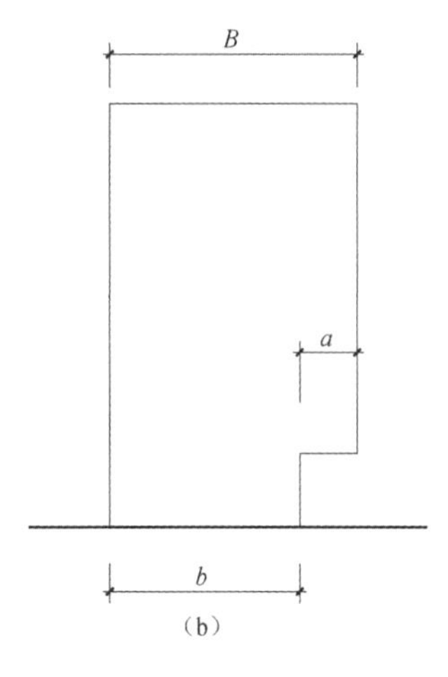

(b)

图 9-5　阶梯状造型的建筑立面

(a) 楼层上部收进；(b) 楼层下部收进

结合布置设备用房和地下停车库的需要，做成一层或多层地下空间，对于降低高层建筑的重心有利，可提高建筑的抗震能力。研究表明，对于 12 层的框剪结构，有地下室比无地下室的地震反应降低 20%～30%①。

4）减弱由风激振力作用下建筑物产生的振动

改善高层建筑中人体舒适度的一个重要方面，是控制和减弱由风激振力作用下建筑物产生的振动，建筑师应注意建筑物的高宽比和建筑体形设计，尽可能减少风激振力的作用。各种流线型的形体非常有利于减少风激振力的作用，但要注意建筑功能空间的组织；而增加结构阻尼的建筑结构，减少振动加速度的峰值效应，可大大减少高层建筑的振动。

9.2　结构类型

按材料划分，高层建筑结构主要有钢筋混凝土、钢结构和两者的组合结构，其中钢筋混凝土结构是我国高层建筑的主要结构体系，因其造价较低，材料来源丰富，可浇铸成各种复杂断面形状，节省钢材，承载力也不低，经过合理设计也可获得较好的抗震性能，尤其是与钢结构结合做成混合结构或组合结构后，可满足超高层和大空间结构的需要。

钢筋混凝土结构形式主要有框架结构、剪力墙结构、框架-剪力墙结构、框架-筒体结构、筒体结构（包括框筒、筒中筒、束筒或组合筒结构体系等），下面从建筑师的角度进行简单的介绍。

9.2.1　框架体系

1）结构特征

框架结构是指由梁、柱通过刚性连接所组成的结构体系，一般为多个平面框架，通过纵向框架梁加以连接而成的空间结构体系。框架结构全部竖向和水平荷载由框架承受，墙为非承重构件只

---

① 陈集珣，盛涛. 高层建筑结构构思与建筑创作[J]. 建筑学报，1997(6).

起分隔作用,结构延性较好,建筑平面布置灵活,可根据需要分隔房间,提供较大的使用空间。

2) 适用范围

框架体系适用于从顶层到底层空间使用性质大体相同的楼房。框架结构高度一般不宜超过50 m,在较高地震烈度区高度更加受到限制。当层高和柱距较大时,框架承载能力受到限制,而梁、柱截面不宜过大,否则会影响层高、使用面积和使用效果,同时还应严格控制其高宽比。

9.2.2 剪力墙体系

1) 基本概念

(1) 体系特征

剪力墙体系亦称全墙体系。剪力墙体系是指由纵、横向钢筋混凝土墙体作为竖向承重和抵抗侧力的结构体系,墙体同时也作为维护及分隔空间的构件。剪力墙体系有剪力墙结构、框支剪力墙结构和短肢剪力墙结构三种主要结构形式。

以剪力墙为主要结构的钢筋混凝土建筑,一般最高可达35层。剪力墙体系可以将剪力墙与分隔墙合而为一,结构整体性好,隔声效果好,室内无外凸柱角,利于家具布置和分隔,但是空间分隔不灵活,尤其不利于底层商业空间,但可以通过结构转换,在底部将剪力墙转换为框架的梁柱体系。

(2) 适用范围

受楼板跨度的限制,剪力墙结构开间一般为3～8 m,因而剪力墙结构适用于层数较多、水平荷载较大及房间较小的高层居住建筑。

小开间(3～4.2 m)剪力墙结构承重墙多、建筑平面不灵活,不宜形成较大空间;而大开间一般指承重墙间距5.4 m左右;分户墙作剪力墙,其间距为5.4～8.4 m,可以分为两个或更多房间,既承受垂直荷载,又承受水平荷载。

(3) 剪力墙布置的一般原则

一般剪力墙肢长大于厚度的8倍。剪力墙形状并无任何限制,矩形、弧形、三角形、L形等较为常见。建筑设计方案阶段,建筑师需要布置楼梯井、电梯井、风井和管道井,涉及剪力墙的布置和筒体的组织,这对建筑设计初学者是个难题。

设计中一般将高层建筑中的电梯井、楼梯井、设备管道井等组成一个或几个核心剪力筒体,为结构提供必要的侧向稳定性构件。一个剪力筒若处于平面偏心位置,将要承受扭转、弯曲和直接剪切,因此,标准层中剪力墙尽可能对称布置,应尽量做到分散、均匀、周边、对称;如果剪力墙在平面中非对称布置,则会对侧向力作用下的结构性能有很大影响。剪力墙一般性布置原则如下。

其一,剪力墙应沿楼层平面各主要轴线方向布置。一般情况下,对于矩形、L形、T形、II形和"口"字形平面,剪力墙可沿纵、横两个方向布置;对于圆形或弧形平面,可沿径向和环向布置;对于三角形、三叉形以及复杂平面,可沿纵向、横向或斜向等两个或三个主轴方向布置。

其二,剪力墙体系宜采取间距为6～8 m的大间距承重墙方案,以减弱结构上的地震作用,并充分发挥剪力墙的材料强度的优势。所有剪力墙均应上下对齐,并从底到顶连续设置,不得中断。

其三,为使剪力墙在水平地震力作用下呈现延性的弯曲破坏,不发生脆性的剪切破坏,每片剪力墙不宜过长,其高长比(总高度/长度)不宜小于2。对于太长的剪力墙,可以将它划分为若干个,由各层楼板或弱梁相连接的独立墙段,使每个独立墙段的高长比不小于2,目的是使墙体水平剪力能达到均匀分布，而同方向各片剪力墙的墙肢宽度应大致相等。

其四，墙体上的各楼层洞口宜上下对齐，成列布置，尽量避免左右错位以及各墙肢的抗推刚度大小悬殊，造成水平剪应力的不均匀分布。

其五，独立墙段可以是整体墙、小开口墙、联肢墙或壁式框架。每片独立墙段中任一墙肢的宽度均不宜小于 0.5 m 或墙厚的 3 倍。对于在结构上无法进一步划小的、宽度大于 8 m 的墙肢，可以在墙面上于各楼层开设高度不小于 2/3 层高的施工洞，将它划分成较窄的墙肢，施工洞可用砌体填补。

其六，底层的现浇剪力墙的总截面面积，可取底层楼面面积的 5%～6%，剪力墙的底层厚度不应小于层高或剪力墙无支长度的 1/25，且不小于 160 mm。

其七，为使楼层抗推刚度尽量做到连续、均匀变化，剪力墙的厚度应沿高度分段减薄，每次宜减薄 50～100 mm，而且每次减少的厚度不宜超过墙厚的 25%，而墙厚的减薄与混凝土强度等级的降低应错开楼层。除外墙和电梯井墙减薄时需单面收进外，其余墙体均应双面对称收进。

此外，房屋顶层若布置为大空间的舞厅、会堂或宴会厅，大部分剪力墙必须在顶层的楼板处中止时，被中止的各片剪力墙应在顶层以下的两三层内逐渐减少或减薄，以免刚度突变给顶层结构带来不利的集中变形效应。

【案例 3】深圳亚洲大酒店主塔楼由 6 片最厚达 1 m 的剪力墙，支承平面为 Y 形的 33 层建筑。中央 3 片剪力墙形成核心剪力墙（非封闭式），安排楼梯、电梯、管道井等；结合独特平面形状和建筑造型，6 片剪力墙布局为标准层平面的组织和客房空间的变换提供了灵活性，如图 9-6 所示。

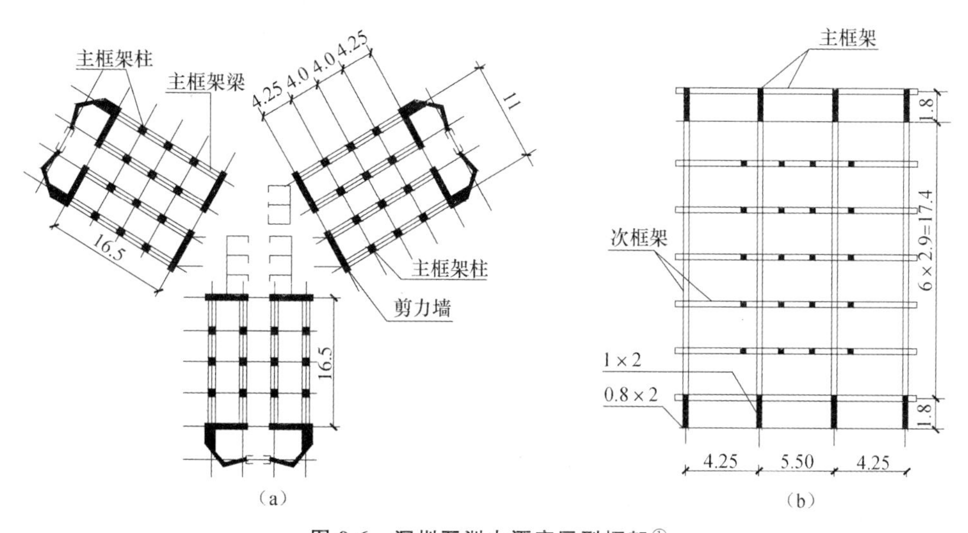

图 9-6 深圳亚洲大酒店巨型框架①

（a）主框架结构平面；（b）次框架结构剖面

2）端筒-剪力墙

（1）结构特征

端筒-剪力墙体系的结构特征是：在房屋独立结构单元两端的一到两个开间内，利用楼梯、电

① 刘大海，杨翠如. 高层建筑结构方案优选[M]. 北京：中国建筑工业出版社，1996.

梯、卫生间、设备间等公共交通或服务用房，设置由现浇钢筋混凝土纵横墙组成的实腹筒体，而在结构单元的中部区段内，仅设置大间距(8 m左右)现浇钢筋混凝土横向承重墙(简称横墙，即剪力墙)；外纵墙采用非承重的预制墙板，内纵墙及户内分隔墙则采用轻质材料墙体。

端筒-剪力墙体系适用于抗震设防烈度为7度、8度，总高度不超过70 m的高楼。

(2) 结构布置

端筒-剪力墙与建筑设计关联度较大的结构设计要点如下。

其一，结构平面布置应力求简单、规则、对称，不要发生突变，避免出现柔弱楼层。

其二，若仅按轴线设置纵墙和横墙所形成的端部筒体，纵向受剪承载力不足时，可以沿电梯间和楼梯间分隔墙的位置，在端筒内增设几道现浇钢筋混凝土纵墙。

其三，同一结构单元两个端筒之间的净距不宜大于6个开间，开间尺寸为7.2～9 m；结构单元的长宽比不宜大于5。

其四，剪力墙的外端(外纵墙处)宜设置宽1 m左右的翼缘，并与各层楼板边梁形成两榀纵向框架，适当增强房屋中段的纵向抗弯能力。

其五，端筒内的山墙和纵墙厚度宜分别不小于250 mm和300 mm，大开间区段内的剪力墙厚度不宜小于$h/15$(h为层高)。当剪力墙外端不设置纵向翼缘时，宜在墙端部增设暗柱或边缘约束构件，以提高剪力墙端部承压能力和整体变形能力，端筒-剪力墙体系结构平面如图9-7所示。

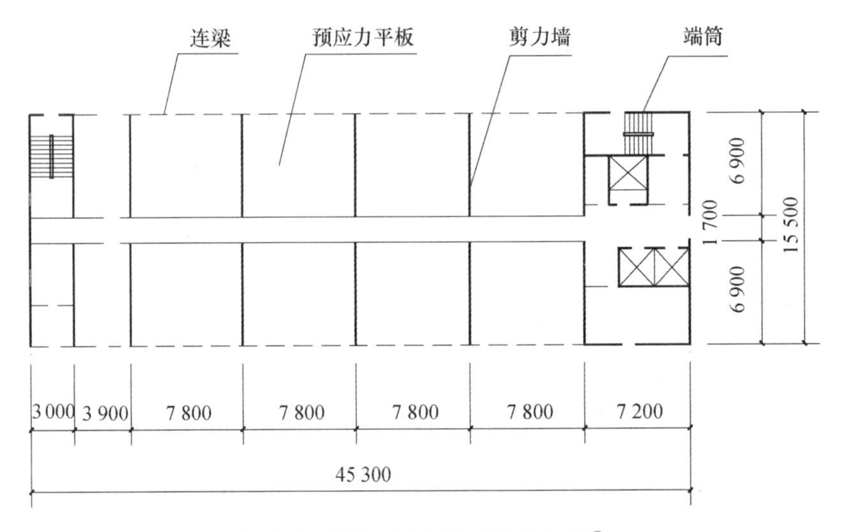

图9-7 端筒-剪力墙体系结构平面①

3) 框架-剪力墙

(1) 体系特征与适用范围

框架-剪力墙体系是在框架体系的基础上，增设一定数量的纵向和横向剪力墙所构成的双重体系。框架-剪力墙结构一般适用于15～30层的高层建筑，比框架结构更为经济，如图9-8所示。

框架-剪力墙结构对平面布局和形状构成均表现出很大灵活性，特别是对高层建筑综合体更显其优越性，柱网布置原则和柱距与跨度要求基本上与框架体系相同。

① 刘大海，杨翠如. 高层建筑结构方案优选[M]. 北京：中国建筑工业出版社，1996.

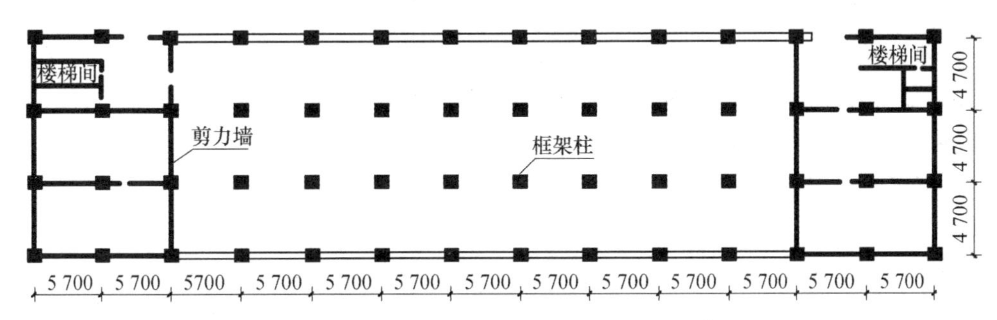

图 9-8　框架-剪力墙结构平面布置示例①

(2) 剪力墙的平面位置

剪力墙一般布置在竖向荷载较大处，平面形状变化处或楼盖水平刚度剧变处，楼梯间、电梯间以及楼板较大洞口的两侧。防震缝的两侧不宜设置成对的剪力墙，以免给施工支模和拆模带来困难，还应避开需要在墙面上开设大洞的位置。一般情况下，切忌仅在较大洞口的一侧设置剪力墙，以避免已被洞口严重削弱的楼板承受过大的水平地震剪力。

为了用较少的墙体获取较大的纵、横向抗推刚度和受弯承载力，纵、横向剪力墙最好能连接成 T 形、L 形和"口"字形。同一横向轴线上的两片剪力墙可利用各层框架梁来组成双肢墙。如果同一横向轴线上两片纵向剪力墙之间的距离过大，各层楼盖均应在间距中点附近的某开间内设置横贯房屋全宽的施工"后浇带"，以消除混凝土的收缩影响。

(3) 布置要求

墙面应避免开大洞，且要少开洞；任一楼层洞口面积与墙面面积的比值不应大于 1/6，洞口上方的梁的截面高度不应小于层高的 1/5；各楼层的洞口还应上下对齐。

(4) 剪力墙数量和长度

一个独立结构单元内，沿每一主轴方向分开设置的剪力墙均不宜少于 3 片。每片剪力墙(包括单片墙、小开洞墙和双肢墙)的总高度与总长度之比 H/L 不应小于 2，其中每一墙肢的宽度不宜大于 8 m。

(5) 剪力墙最大间距

在框架-剪力墙体系中，剪力墙是主要抗震构件，剪力墙的间距一般不应超过表 9-7 中的数值，当这些剪力墙之间的楼盖有较大开洞时，剪力墙的间距应适当减小。

表 9-7　剪力墙间距　　单位：m

楼盖、屋盖类型	非抗震设计	抗震设防烈度		
		6 度、7 度	8 度	9 度
现浇	5.0B，60	4.0B，50	3.0B，40	2.0B，30
装配整体	3.5B，50	3.0B，40	2.5B，30	—

① 刘大海，杨翠如. 高层建筑结构方案优选[M]. 北京：中国建筑工业出版社，1996.

(6) 剪力墙的边框

除电梯间、楼梯间处的剪力墙已组成筒体的情况外，对于单片剪力墙上的框架柱应予保留，作为剪力墙的边缘构件。对比试验结果表明，框架柱取消后，承载力将下降30%。各楼层的框架梁也应该保留，否则，剪力墙的极限承载力将下降9%。

剪力墙的中心线应与框架梁、柱的中心线相重合，在任何情况下，剪力墙中心线偏离框架中心线的距离均不宜大于该方向柱截面边长的1/4。

4) 框支剪力墙

对于必须在主体结构底部布置大空间的高层建筑，可将剪力墙体系底部一层或几层取消的部分剪力墙代之以框架或其他转换结构，构成框支剪力墙结构体系，如图9-9所示。

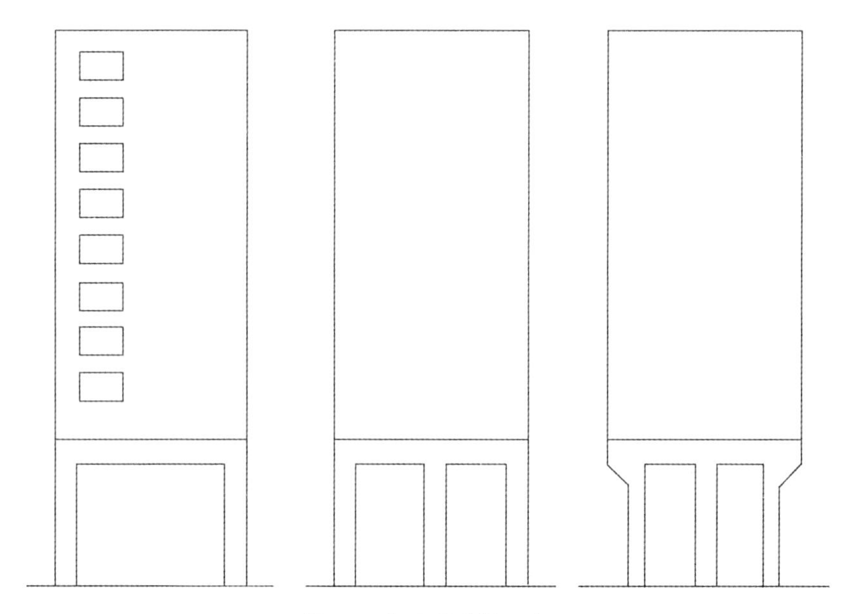

图 9-9　框支剪力墙示意

在实际工程中，需要采取一定措施加强框支剪力墙结构体系的抗震性能。如将落地剪力墙尽量布置在两端或中间，使纵、横两个方向的墙体成筒状，最大限度地提高建筑下部的刚度，且有利于建筑平面布置。底部大空间楼层剪力墙的布置方案如图9-10所示。

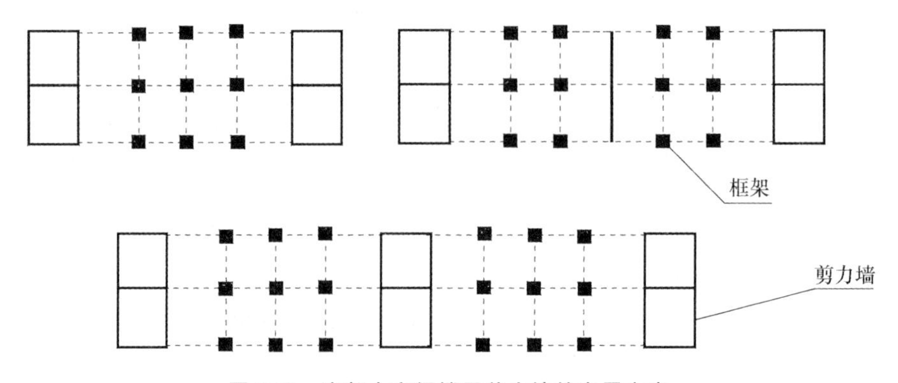

图 9-10　底部大空间楼层剪力墙的布置方案

【案例4】北京中国国际贸易中心中国大饭店主楼地上21层，地下2层，高76 m，建筑平面为弧形，东西长117 m，南北宽21 m；底层层高为6 m，标准层层高2.95 m。该大楼按8度抗震设防，主体结构采用框支剪力墙体系，四层以上为钢筋混凝土横向剪力墙体系，横墙间距有4.2 m和4.8 m两种，墙厚200～300 mm（如图9-11所示），图中，(a)为框墙体系，横向承重构件的间距扩大为两个开间，即每隔9 m设置一榀框架或一片落地剪力墙；(b)为四层楼板，是转换层楼盖，并在房屋的两端各设置两道加厚的钢筋混凝土落地墙。

案例来源：刘建荣. 高层建筑设计与技术[M]. 北京：中国建筑工业出版社，2005.

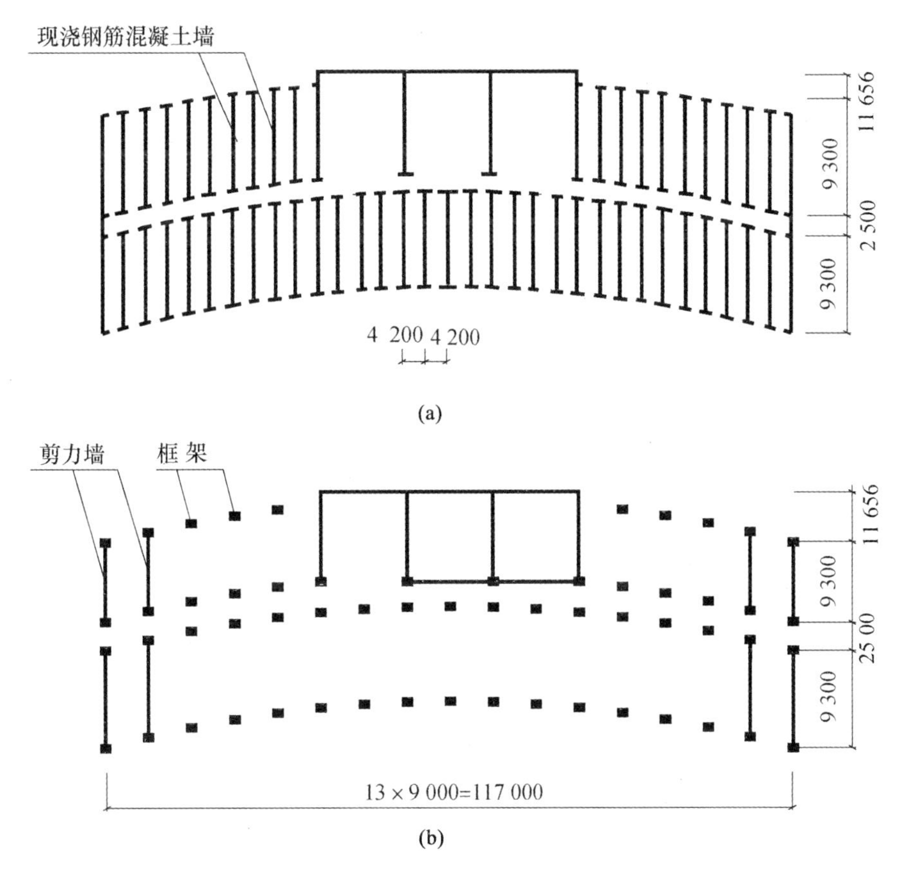

图9-11　北京中国国际贸易中心中国大饭店

(a) 框墙体系；(b) 四层楼板

5）短肢剪力墙

短肢剪力墙是指墙肢的长度为厚度的5～8倍范围内的剪力墙，它介于异形柱和一般剪力墙之间。短肢的常用形状有T形、L形、“十”字形等，常设置在房间隔墙的交接处，用连系梁将它们相互连接成整体，以构成结构体系。

短肢剪力墙体系的特点包括三方面内容：一是利用隔墙位置来布置竖向构件，功能适应性强，结构平面布置灵活；二是剪力墙的位置、数量以及肢的长短可根据抗侧力的需要而定，容易使平面刚度中心与质量中心接近，减少扭转作用；三是连接各墙体的连系梁可隐藏在隔墙中，基本保证了室内空间的完整性。我国当代高层住宅普遍常用短肢剪力墙结构。

短肢剪力墙(包括异形柱)结构布置应遵循以下原则:一是考虑住宅主要功能空间的适应性和灵活性,但要保证墙肢的长度为厚度的5～8倍,异形柱肢长与厚度之比为2～4,而一般剪力墙肢长大于厚度8倍;二是各短肢剪力墙应尽量对齐拉直;三是短肢剪力墙应尽量分布均匀,数量适中;四是在平面转角和凹凸处应布置短肢剪力墙,并考虑设置连系梁;五是每道短肢剪力墙宜有两个方向的梁与之相连,即一般不采用“一”字形的短肢剪力墙;六是短肢剪力墙的厚度以200 mm、250 mm、300 mm为宜;七是在必要时也可以混合布置方柱或扁柱。

需要注意的是:由于短肢剪力墙抗震性能较差,其建筑适用高度比一般剪力墙有所降低。在高层住宅设计方案初步的结构布置时,初学者常犯以下三种典型错误。

(1) 结构平面布置本身不合理

套型平面设计导致结构布置本身不合理,如剪力墙和异形柱的间距太大,异形柱常用柱网尺寸为3.9 m×4.5 m和3.3 m×5.0 m等,可用于4 m×8 m以下的柱网,但工程实践中超过常见跨度的比比皆是,容易引起楼板开裂或加大结构投入。

(2) 剪力墙位置欠佳

剪力墙位置欠佳表现在两个方面:一是初学者在初步布置结构方案时,随意布置剪力墙,缺乏结构意识;二是建筑师缺乏市场意识,没有和结构工程师很好地沟通,结果是在有更好选择的情况下,将剪力墙布置在对建筑空间最不利的位置,或剪力墙和异形柱的布置欠佳,使住宅主要功能空间缺乏灵活性。最典型的是户型平面布置不合理,导致剪力墙对大户型客厅等大开间的限制。

(3) 建筑师对剪力墙的构造概念模糊

建筑师对剪力墙的受力和形态缺乏基本的认识,例如,在方案图中随意增减剪力墙的长度或去掉剪力墙的翼缘(弯勾)等,导致结构方案实施时卫生间等空间不敷使用。

注意:异形柱有T形、L形和“十”字形三种,分别用于外柱、角柱和内柱,截面的肢厚不应小于200 mm,肢长不应小于500 mm;由于异形柱的肢厚较薄,其中心线宜与梁中心线对齐,尽量避免由于二者中心线偏移对受力产生的不利影响,平面节点处(轴线交叉点处)应尽可能设柱,避免主次梁搭接。异形柱与断肢剪力墙的区别,请查阅有关书籍。

9.2.3 筒体体系

以竖向筒体为主的承受竖向和水平作用的建筑结构称为筒体结构。一般有两种形式:一种为剪力墙围成的薄壁筒体(简称墙筒),一般由电梯间、楼梯间及设备管井组成,水平截面为筒形(如图9-12所示),一般处中心位置,故称芯筒。另一种为框筒,是由布置在建筑四周的密集立柱与高跨比很大的窗裙梁所组成的多孔筒体(如图9-13所示),这种密柱深梁结构称为密柱框架或壁式框架,实质上是一个开了许多洞口的筒体,因此称为框筒。

筒体是一个空间受力体系,具有很大的抗侧刚度。单个筒体很少使用,一般是多个筒体相互嵌套或积聚成束使用(如筒中筒结构、成束筒结构等),或者与框架等结构结合使用(如框架-筒体结构体系)。筒体内部空间尺度较大,建筑平面布置灵活,能适应多种建筑类型对空间的要求。

1) 框架-筒体

由筒体和框架共同组成的结构体系称为框架-筒体体系。根据筒体的数量和位置,可将框架-筒体体系分为核芯筒-框架体系和多筒-框架体系两类。

图 9-12　筒中筒结构平面示意

图 9-13　框筒结构平面示意

(1) 核芯筒-框架体系

核芯筒-框架体系是指将筒体布置在建筑的核心部分，并在外围布置框架的结构体系。通常将标准层核心体内的交通梯井、设备用房和管井以及卫生间等集中布置形成芯筒，以保证标准层壳体大空间的完整性和灵活性。核芯筒-框架体系主要用于平面形状比较规则，并采用中央型核心体的标准层。

(2) 多筒-框架体系

多筒-框架体系包括两个端筒＋框架、芯筒＋端筒＋框架、芯筒＋角筒＋框架等类型。其中，端筒＋框架的特点是可以在建筑中获得开敞大空间，芯筒＋端筒＋框架适用于平面形状狭长的标准层，而芯筒＋角筒＋框架类型适用于平面尺寸较大的标准层平面。多筒-框架体系有多个筒体，虽然平面利用率会有所降低，但比核芯筒-框架体系有更广的功能适用范围。

【案例 5】南京金陵饭店，主体地面以上 39 层，高 98 m。标准层采用正方形平面，外轮廓尺寸为 31.5 m×31.5 m；芯筒平面亦为正方形，尺寸为 12.8 m×12.8 m；内圈和外圈框架的柱距均为 4.05 m。整个结构属芯筒-框架体系，如图 9-14 所示。

案例来源：刘建荣．高层建筑设计与技术[M]．北京：中国建筑工业出版社，2005.

2) 筒中筒体系

由两个及以上的筒体内外嵌套所组成的结构体系，称为筒中筒体系，根据筒体数量的不同，又分为二重筒体系(如图 9-12 所示)、三重筒体系(如图 9-15 所示)等。在钢筋混凝土筒中筒体系中，芯筒一般布置成辅助房间和交通空间，多采用实腹墙筒，外筒一般都是采用由密柱深梁型框架形成的空腹框筒。筒中筒结构形成的内部空间较大，加上其抗侧性能好，适用于超高层建筑综合体(如图 9-16 所示)。

筒中筒结构的平面外形可以为圆形、正多边形、椭圆形或矩形等。内外筒之间一般不设柱，若跨度过大，则需要设柱以减小水平构件的跨度。内筒的边长(直径)一般为外框筒边长(直径)的 1/2左右，为高度的 1/15～1/12，内筒要贯通建筑全高。

9.2.4　新型钢筋混凝土结构体系

1) 主次框架

主次框架体系也称巨型框架体系，即由主框架和次框架组成的结构体系。主框架是一种大型跨层框架，即每隔若干层设置一根大截面框架梁，每隔若干开间设置一根大截面框架柱。主框架大梁之间的几个楼层另设置柱网尺寸较小的次框架，提高了一般框架结构的适用高度。

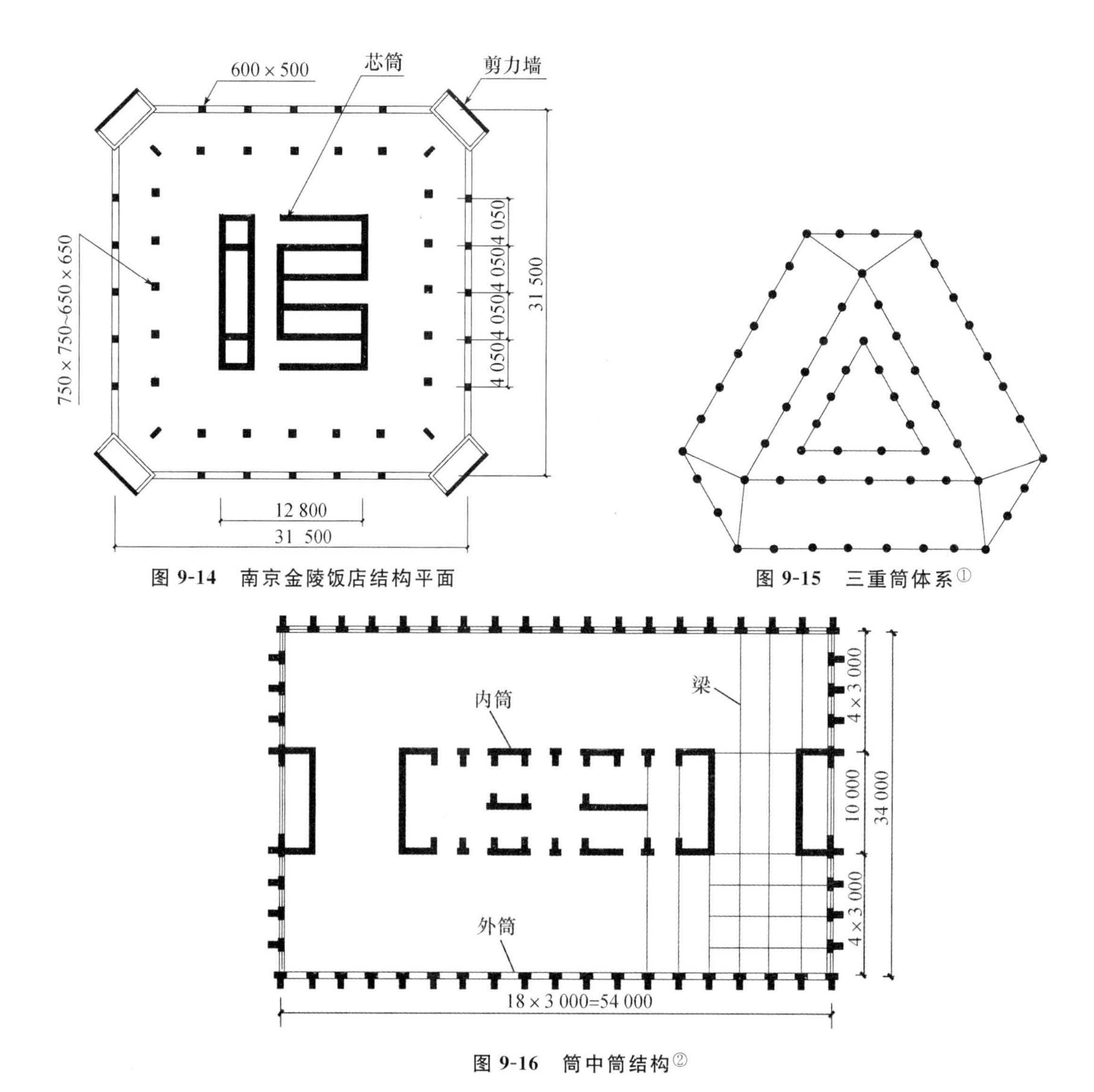

图 9-14 南京金陵饭店结构平面

图 9-15 三重筒体系①

图 9-16 筒中筒结构②

主次框架体系的构成方式一般有两种:一种是由钢筋混凝土墙围合而成的芯筒与外圈的大型主框架及次框架组成,如图 9-17、图 9-18 所示。另一种是由几个分开布置的钢筋混凝土墙筒直接充当大型主框架的柱,每隔若干层设置的大截面梁或桁架直接搁置在墙筒之上,从而形成主框架,每层大梁之上另设若干层次框架。

主次框架结构中,主框架各层大梁之间的各个次框架是相互独立的,因而柱网形式和尺寸均可互不相同,如果功能需要还可抽去某些楼层的一些柱子,扩大柱网,甚至在一个区段的顶层把次框架的柱子全部取消,变为无柱大空间。

【案例 6】深圳新华大厦标准层为正方形,边长 22.8 m,建筑地面以上 35 层。主体结构采用钢

① 刘建荣.高层建筑设计与技术[M].北京:中国建筑工业出版社,2005.

② 刘大海,杨翠如.高层建筑结构方案优选[M].北京:中国建筑工业出版社,1996.

筋混凝土主次框架体系，由芯筒和外圈大型框架组成。芯筒为 11.96 m×9.7 m 的矩形，在芯筒内部设 4 道横隔墙和 2 道纵隔墙；标准层平面的外圈为钢筋混凝土框架，由主框架和次框架组成；平面四角大截面双肢柱作为四边主框架的四根角柱，沿楼房高度从下到上，分别每隔 3 层、9 层、10 层设置钢筋混凝土大截面梁，与四根角柱一起构成主框架；在主框架各层大梁之间设置 3～9 层高的较小的次框架，分别承担每个区段内的竖向荷载和局部水平荷载（如图 9-18 所示）。

案例来源：刘大海，杨翠如. 高层建筑结构方案优选[M]. 北京：中国建筑工业出版社，1996.

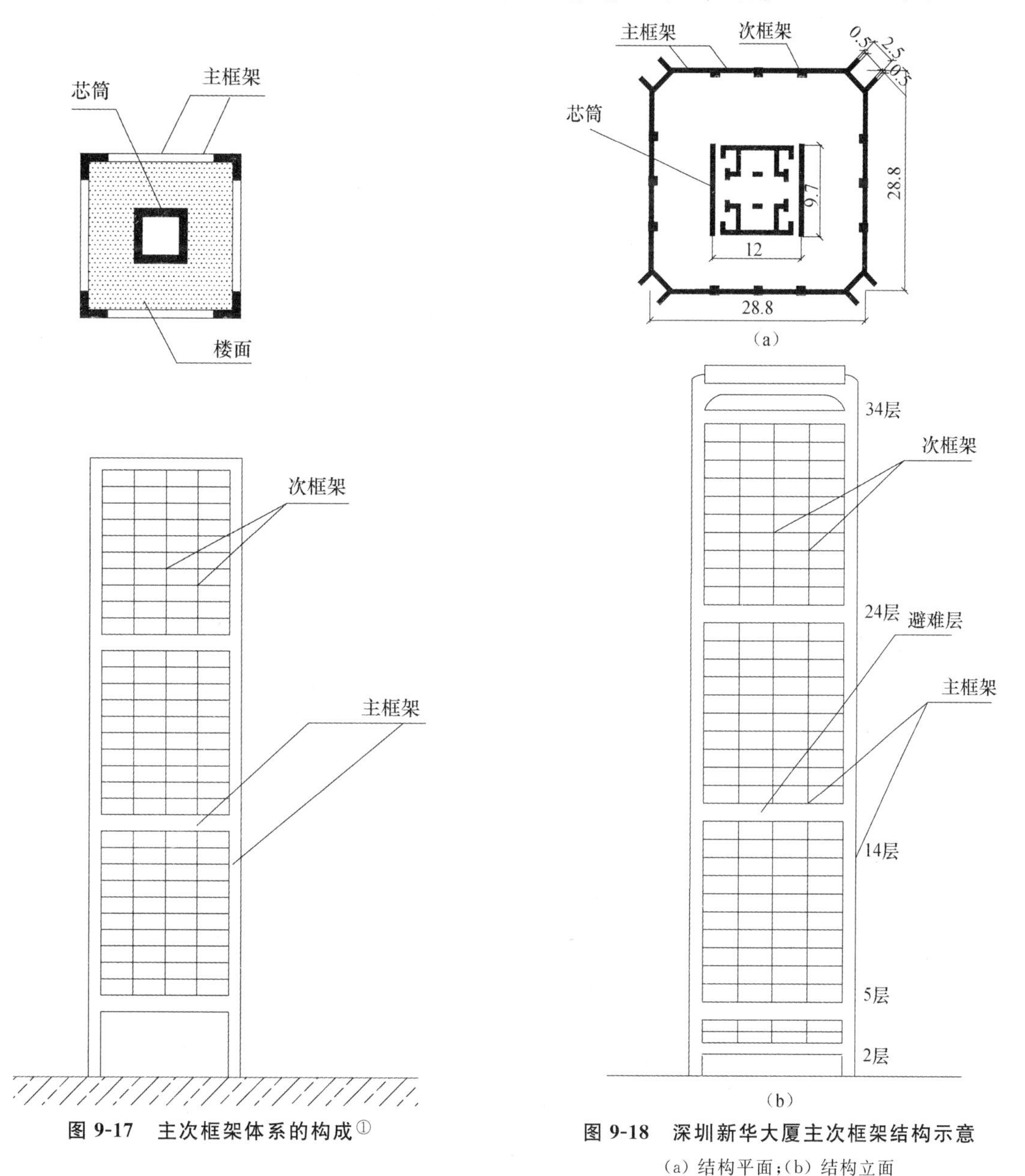

图 9-17　主次框架体系的构成①

图 9-18　深圳新华大厦主次框架结构示意
(a) 结构平面；(b) 结构立面

① 刘大海，杨翠如. 高层建筑结构方案优选[M]. 北京：中国建筑工业出版社，1996.

2) 竖筒挑托体系

竖筒挑托体系是将中央核心体平面的标准层核心部位做成圆形、矩形或多边形钢筋混凝土竖筒,沿高度每隔 6～9 层再由竖筒上伸出一道环形悬臂梁(水平挑梁),来承托其间若干楼层的重力荷载。建筑外圈可做成稀柱式框架,梁和柱的截面均可很小,底部几层还可仅保留中心竖筒,从而创造出了金鸡独立的奇特造型。

该结构水平挑梁悬挑长度通常为 6～8 m,上面 6～9 层楼面重力荷载、弯矩和剪力均很大。除荷载较小时采用环形悬挑厚板外,一般均做成悬臂深梁、箱形梁或空腹桁架。竖筒挑托结构不利于抗震,因此不宜在高烈度区的建筑中采用。

3) 竖筒悬挂体系

竖筒悬挂体系利用楼面中心部位的公用部分做成竖向芯筒,作为结构体系主要承力构件。在竖筒的顶部或每隔若干层在竖筒中段,沿径向伸出若干根悬臂桁架,再在每榀桁架端部悬挂一根吊杆;或在每榀桁架的根部和端部各悬挂一根吊杆,吊挂其下各楼层楼盖大梁。竖筒悬挂体系由芯筒、桁架、吊杆、楼盖四部分组成,如图 9-19 所示。

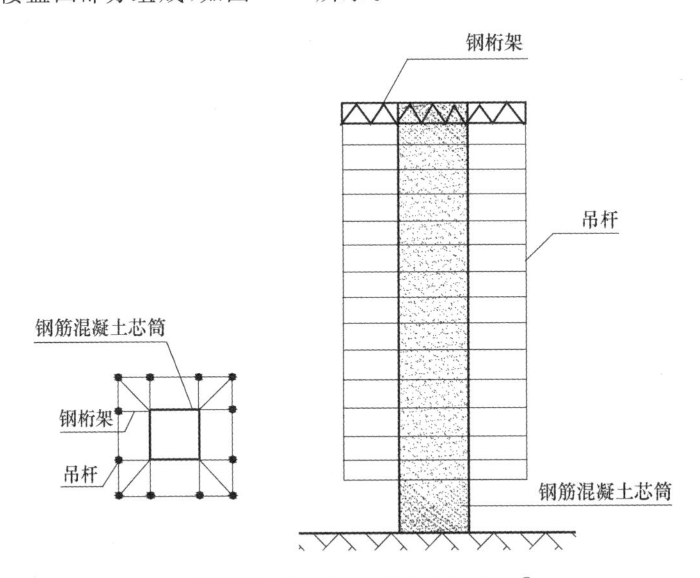

图 9-19 竖筒悬挂结构体系示意①

竖筒悬挂体系楼盖一般由径向梁、环向梁和楼板组成。径向梁的支撑方式有两种:一种是一端吊挂式,另一种是两端吊挂式。

采用一端吊挂式楼盖的建筑,当抗震设防烈度为 6 度或 7 度时,建筑高度应分别不超过 80 m 和 60 m;竖向芯筒的高宽比不宜大于 8(非抗震区)、6(6 度设防)、5(7 度设防);采用两端吊挂式楼盖的建筑,可用于高烈度区,建筑高度也可适当增加;芯筒的高宽比也可适当放宽,但任何情况下均不得大于 8。

【案例 7】慕尼黑 BMW 公司办公大楼共 22 层,高 84 m,由裙楼、碗状的陈列管和办公塔楼 3 部分组成,顶层和中部各有一个设备层,标准层面积 1 600 m^2,层高 3.82 m,3 层裙楼与上部悬挂的

① 刘大海,杨翠如.高层建筑结构方案优选[M].北京:中国建筑工业出版社,1996.

办公单元脱开。为了增加天然采光面积，标准层采用由 4 个花瓣组成的平面，整个楼面空间连通开敞，每片花瓣为楼面的一个小单元，供 40 人办公。主体结构采用竖筒悬挂体系，利用核心体形成钢筋混凝土芯筒，4 个楼面单元的各层楼盖分别悬挂在 4 根预应力钢筋混凝土吊杆上，4 根吊杆则连接在由芯筒挑出的支架上，并暴露出顶部的 4 个中心悬挂点，显示了该结构造型奇特的艺术价值(如图 9-20 所示)。

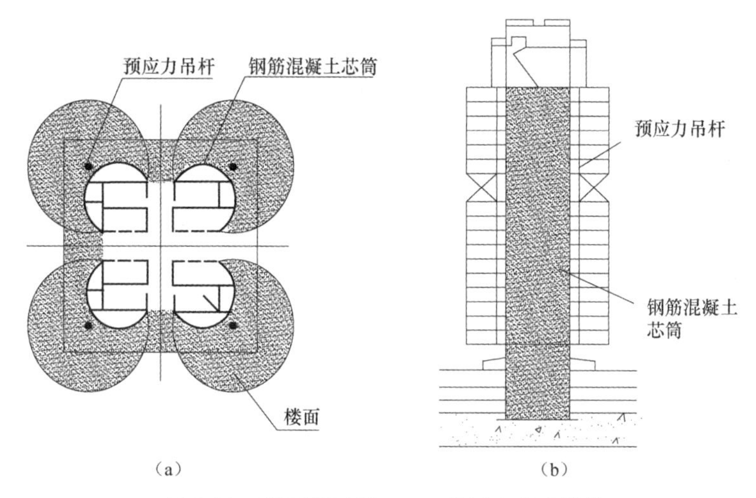

图 9-20　德国慕尼黑 BMW 公司办公大楼①

(a) 结构平面;(b) 结构剖面

9.3　结构转换

9.3.1　结构转换的概念

结构转换在高层建筑中较为常见。由于裙房的柱网布置既要衔接主体建筑，又必须考虑地下车库停放车辆和设备空间的尺度要求，以及塔楼垂直管道水平转向的需要，因而裙房和主体塔楼可能涉及上下两种结构类型空间的衔接或转换。

在高层建筑综合体中，可能上部楼层布置住宅、客房，中部楼层作办公用房，下部楼层往往需要布置商场、餐饮等，不同功能用途的楼层对结构布置提出了不同的要求：上部需要的是多墙体的小开间，中部楼层则需小的和中等大小的空间，而下部楼层则要求是尽可能大的、能自由灵活分隔的大空间。但高层建筑下部楼层受力大，要求刚度大，则墙多柱密；而上部楼层受力逐渐变小，则可减少墙柱，这就形成了结构的合理性与建筑功能需要正好相反的情况。因此，结构转换往往使建筑造价增加和建筑层高的增大而不一定可取。

要满足建筑功能要求，结构就必须以与常规方式相反的方式进行布置，需要设置转换层来完成上下不同柱网、不同开间、不同结构形式的转换。高层建筑中凡是使用要求造成刚度变化特别大，或结构布置发生较大变化时，都必须设置结构转换层。

① 刘大海，杨翠如. 高层建筑结构方案优选[M]. 中国建筑工业出版社，1996.

结构转换层是在整个结构体系中,合理解决竖向结构的突变性转化和平面的连续性变化的结构单元体系。其在主要满足结构安全要求的同时,多数情况下能解决建筑对技术性空间要求,如在转换层空间内布置管道、设备等。

结构转换层广泛应用于剪力墙结构和框架-剪力墙等结构体系中。按照不同的结构转换功能,转换层可分为三种类型:

其一,高层建筑上下层结构形式不同,通过转换层完成上下层不同结构形式的转换;

其二,高层建筑上下层的结构形式不变,通过转换层完成上下层不同柱网轴线布置的转换;

其三,通过转换层同时完成高层建筑上下层结构形式与柱网轴线布置的转换。

9.3.2 结构转换的方式

转换层在建筑功能上的作用主要有三个方面:一是提供大的室内空间,二是为建筑提供大的入口,三是为高楼中部提供通透大空间,也是在结构上为高层建筑形成空中花园创造条件。转换层结构布置要点有以下两方面。

1) 使内部形成大空间的转换层

使内部形成大空间的转换层主要有梁式转换、桁架转换、巨型框架转换、箱形转换以及板式转换等几种。

(1) 梁式转换

梁式转换是指在现浇钢筋混凝土楼板上,布置单向托梁或纵横双向托梁或斜向托梁,以承托在该层落空的上面各层的承重柱或剪力墙。这种转换层形式适用于以下几种情况:一是上层剪力墙转换为下层框架柱;二是上层小柱网转换为下层大柱网,要求结构轴线不能错位,且下层柱网的跨度不是很大;三是上下层柱网仅沿一个方向出现错位。梁式转换如图 9-21 所示。

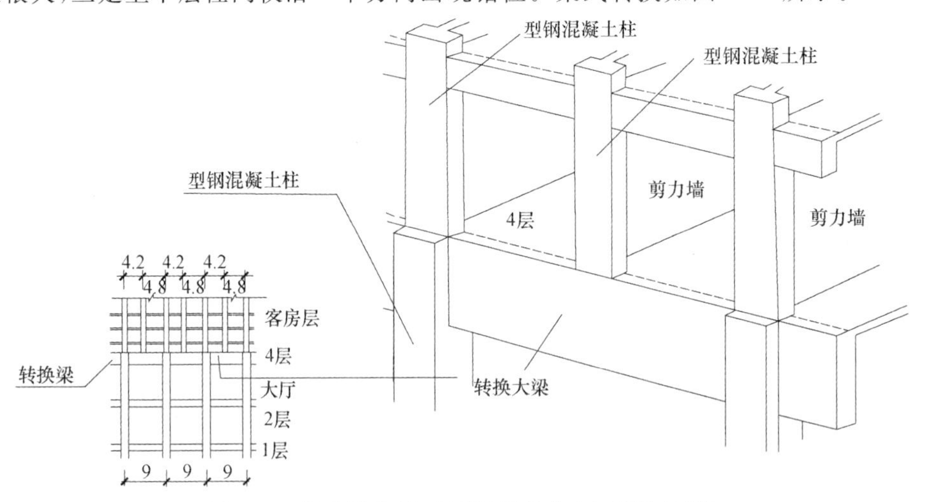

图 9-21 梁式转换(北京国际贸易中心国际旅馆)①

(2) 桁架转换

当底部大空间楼层柱距较大时,如果用梁式转换,则梁高常达到楼层的高度,而转换大梁的工

---

① 雷春浓.高层建筑设计手册[M].北京:中国建筑工业出版社,2002.

作特性决定了它不能开较大的孔洞,因而使转换层空间无法利用。采用桁架式转换层,则可以方便地设置通道和门窗,使转换层空间得以利用。

(3) 巨型框架转换

巨型框架转换层即结构底部楼层,设置少数截面尺寸非常大的巨型框架柱,与截面尺寸也很大的转换梁组成巨型框架,承受上部传来的全部荷载。

(4) 箱形转换

箱形转换是通过箱形楼盖实现上下不同结构形式的转换。转换层箱形楼盖的适用范围与梁式楼盖大致相同,即可用于上下层的构件类型转换,柱网尺寸扩大以及构件轴线单向错位等,特别适用于大跨度以及承托大荷载的柱和墙。箱形楼盖的截面高度可取其跨度的 1/8～1/5,箱形楼盖上、下楼板的厚度均不宜小于 300 mm。

(5) 板式转换

板式转换是指将结构转换层设计为一块整浇的厚平板,其厚度常达到 2～3 m。体形复杂的楼房,当上部结构与下部柱网轴线错位较多时,如果上层为剪力墙体系,墙体的布置有纵向、横向、斜向,以致在转换层很难用布置比较简单的托梁网格,将上层荷载传至下层柱网;或高楼的上段虽为框架体系或框-墙体系,但上层柱网很不规则或与下层柱网的轴线发生双向错位,难用转换梁和桁架式楼盖过渡到下层柱网时,可将结构转换层做成板,形成板式承台转换层。厚板下部的柱网可视需要灵活布置,无需与上部结构轴线对齐。板式转换层特别适用于体型较复杂的商住楼。

从建筑设计角度看,板式转换不能像梁式转换那样设置设备层和其他辅助功能,不能充分利用建筑空间。从结构设计角度看,厚板对结构抗震不利,因此地震区高层建筑应慎用板式转换层。

2) 底部要形成大入口的结构转换

对于外围结构,往往由于建筑功能的需要在底部扩大柱距,一般采用墙梁转换、拱式转换、间接拱转换以及合柱转换。

(1) 墙梁转换

墙梁转换是在楼层中或要制造更大开口的情况下,将大梁扩展为一层或两层墙梁的转换方式,比大梁式更厚实、笨重,但入口空间更通畅、开放。

(2) 拱式转换

通过拱式改进梁式的承载力不足、开口不够大及传力路径过长等弊病的转换形式,经济美观,但其上下结构的协调问题比较突出。

(3) 间接拱转换

间接拱转换式是将拱的力学传达路径扩大,转化为由数个楼层以开口部位的尺寸渐变的方式进行,这不但可达到扩大底层柱距的目的,而且增强了立面的趣味性。

(4) 合柱转换

合柱转换式是将细柱直接收束为粗柱,其传力过程直接显露于立面,是极具创意的和谐构成,但其开口尺度有一定限制。

【案例 8】北京太平洋饭店地下 3 层,地上 16 层,高 49 m。大楼底层为车库,二层为大厅,三层为商店、餐厅,四层为多功能厅,五层为结构转换层,六层以上为客房。主体结构采用框托墙体系,六层以上为现浇承重墙体系,墙的间距为 7.8 m,墙与各层楼板厚度为 180 mm;五层为转换层,采

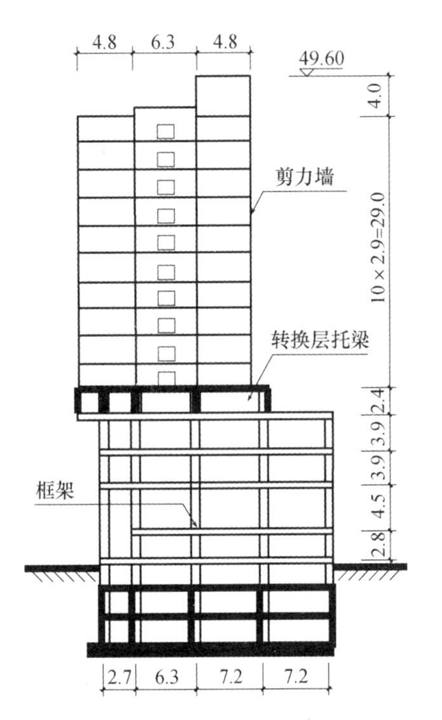

图 9-22 北京太平洋饭店框托墙体系的结构转换

用梁式楼盖，楼板厚度为 250 mm，托梁截面高度为 2.4 m，四层以下为框-墙体系，落地剪力墙的厚度为 200～400 mm，框架柱则采用型钢混凝土柱，截面尺寸为 900 mm×900 mm，如图 9-22 所示。

【案例 9】深圳华侨大酒店地面以上 28 层，高 103.1 m。抗震设防烈度为 6 度，按 7 度做抗震计算。7 层以上为客房，采用内廊式布置，横向采用中距为 7.8 m 的大间距抗剪墙体系，纵向采用设置两道内纵墙的鱼骨式抗剪墙体系，墙厚 200～400 mm。6 层以下为公用部分，改用框-墙体系，落地墙的厚度为 500 mm；框架部分为单跨，跨度为 12 m，间距 7.8 m，柱截面尺寸为 1 400 mm×1 600 mm～1 400 mm×2 750 mm。转换层采用梁式楼盖，楼板厚 200 mm，沿纵向设置，4 道纵梁，并沿每根横梁为单跨，跨度为 12 m，间距 7.8 m，柱截面尺寸为 1 400 mm×1 600 mm ～1 400 mm×2 750mm。转换层采用梁式楼盖，楼板厚 200 mm，沿纵向设置 4 道纵梁，并沿每根横向轴线设置横向托梁，托梁截面尺寸为 1.7 m×2.5 m，如图 9-23 所示。案例来源：刘大海，杨翠如. 高层建筑结构方案优选[M]. 北京：中国建筑工业出版社，1996.

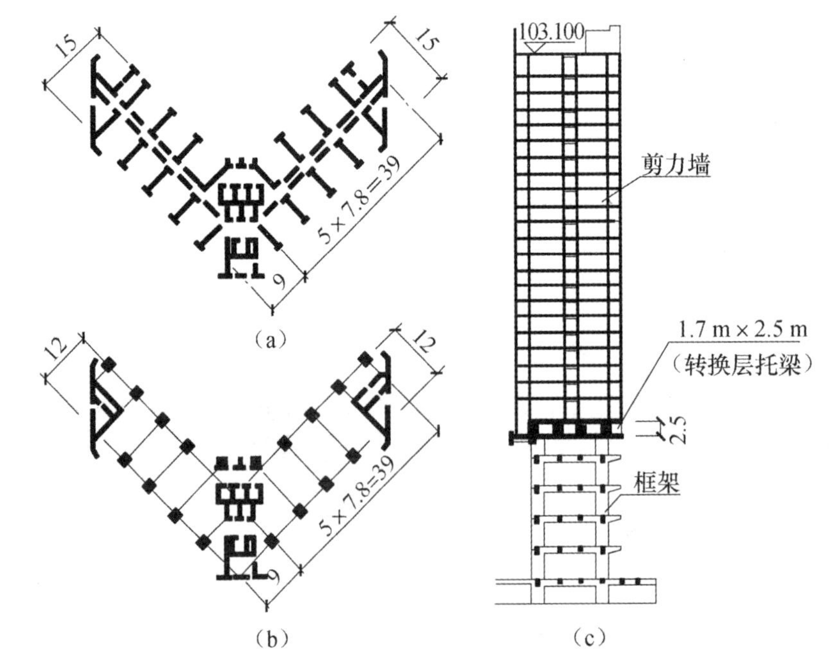

图 9-23 深圳华侨大酒店转换层梁式楼盖

(a) 结构平面；(b) 结构平面；(c) 结构剖面

第 10 章　高层建筑设备与智能化

10.1　一般概念

建筑师对高层建筑设备知识的基本要求，主要是建立高层建筑的设备系统概念，满足高层建筑设备工艺对设备空间的要求，目的是合理布置设备层、机房和竖井（以下统称设备空间）的位置，并控制其面积，并非从事设备系统设计。

本章从高层建筑特点和设计的需要出发，仅对这些系统组成和基本原理作简单的介绍，为其设计设备空间提供基本的依据，设备空间的位置及其相对关系和面积大小是本章讨论的重点。

10.1.1　设备系统

高层建筑，特别是高层公共建筑常常采用大量机械化、自动化、电气化设备，包括采暖、通风、空调、防排烟、给排水、供配电、火灾自动控制和智能化等系统（见表 10-1），各种设备和系统之间、系统与系统之间又有千丝万缕的联系，内容十分复杂。

表 10-1　设备系统类型

序号	设备大类	设备系统类型	序号	设备大类	设备系统类型
1	热源设备	锅炉房设备 热力站设备 燃气供应系统	5	室内给排水设备	给水系统 排水系统 热水系统 消防给水系统
2	冷源设备	制冷机房设备 冷冻水管道系统 冷却水管道系统 冷凝水管道系统	6	弱电设备	通信、网络、电视、音响、广播、办公自动化以及报警与控制系统
3	空调及通风设备	空调机房设备 送风系统 回风系统 新风系统 排风系统 消声装置 减振装置 空气净化装置	7	供配电设备	变电系统 高压配电系统 低压配电系统 设备自动控制系统 照明系统 备用发电、配电系统 应急照明与疏散指示系统 防雷系统
4	防排烟设备	防烟系统 排烟系统			

注：①本表根据钟朝安编写的《现代建筑设备》（中国建材工业出版社，1995 年 4 月版）的内容修改。

②本表不含电梯设备、环保设备、洗衣设备、厨房设备以及康乐设备。

高层建筑众多的设备需要大量的设备空间,如制冷机房、空调机房、通风机房、锅炉房、热交换站、变电房、配电房、备用发电机房、电梯机房、通信用房、消防及监控中心、洗衣房、水泵房、污水处理站、地下蓄水池、高位水箱等。

设备用房的多少与建筑类型有关,旅馆、办公楼和住宅比较,旅馆设备最复杂,写字楼次之,住宅设备用房相对简单;设备用房的大小与建筑高度有关,取决于竖向分区的复杂程度;设备用房的大小与设备技术关联度较大,且不同国家和地区生产的设备对机房空间尺度要求不同。

10.1.2 设计要求和设计配合

一般初学者对设备空间面积和层高以及竖井类型和大小一片茫然,诸如,到底需要哪些设备用房,各种设备用房的位置、面积、层高为多少,在什么位置要多少、尺寸多大的管道井,等等。因此做出的设备空间平面方案问题颇多,或缺项,或位置不当,或面积相差太大。

设备空间设计的基本程序是:建筑师根据项目类型和定位等,在方案阶段预留机房空间位置;初步设计和技术设计阶段则需要细分设备空间,由各工种协调确定各设备空间的位置和大小,由设备和结构工种确定设备基础方案。

由于设备空间与设备工艺关系密切,设备空间的大小和位置与设备技术关联度较大,设备系统和空间设计涉及的专业多,因此各工种之间的配合十分重要,对于缺少高层建筑设计经验的建筑师难度很大。

设备设计条件图由建筑师向设备工程师提供,设备工程师根据条件图确定设备用房位置和大小。有的建筑师不重视设备空间的设计,随便提供条件图,结果不是设备空间面积不够,就是位置不合理,造成各个工种设计返工。

1)建筑师方面

从建筑师的角度,设备空间设计应注意以下几个方面的问题。

首先,要清楚建筑物的类型,了解需要安装的主要设备类型及其对机房空间的影响,特别是对一些较大的设备机房需要的面积有一个基本概念:如制冷机房面积一般占公共建筑总建筑面积的0.5%~1%;换热站面积占公共建筑总建筑面积的0.3%~0.5%;锅炉房面积约占公共建筑总建筑面积的1%;空调机房面积占公共建筑总建筑面积的4%~6%[①](含制冷机房和锅炉房面积)。基本原则是:总建筑面积越小,设备用房所占比例越大;总建筑面积越大,设备用房所占比例越小。

其次,初定机房的基本位置。一是考虑城市水、暖、电、燃气、排污等基础设施管网与建筑的接口位置,并应尽量靠近负荷中心。二是考虑空调机房是集中还是分散,各要多大面积,设在什么位置,如果不是集中设在设备层,则使用空调的楼层可能需要层层或隔层设空调机房(当然与空调系统和方式有关)。三是在高层建筑中设备空间多设于地下室,和停车库处于同一大空间,初学者往往因为停车位的压力而将设备机房随意分散布置,致使设备管线过长,造成能源浪费(有关地下设备层与停车库的关系详见本书5.3节“停车库”)。四是设计中要注意同一设备和设备空间可能同时服务于不同的设备系统,这类机房应尽量居中设置,节约管线和能量。五是有的机房如进排风机房和高压配电室需要靠外墙设置,如高压配电室不靠外墙设置,则需要设专门的进线室或在室

① 李娥飞.民用建筑暖通空调设计体会[J].暖通空调 HV&AC,2007,37(6).

外埋地设电缆沟引线(10 kV)入高压配电室;锅炉房、直燃机房以及柴油发电机房需要泄爆口,亦需靠外墙布置。六是有的机房不宜设在地下二层及以下,如消防控制中心、消防泵室以及变配电房,前两者还要求有直通室外的出入口。七是对体积大、重量大且不宜拆卸的设备,在确定机房位置时应考虑设备安装、检修、更换的水平、竖向运输的通道。

其三,建立机房分区的概念。一是设备系统的竖向分区有一定的规律性,要求设备机房和设备层结合,超高层建筑的避难层往往兼用作设备层(避难一般用不了标准层整层面积)。二是设备系统需要垂直分区,例如给水、热水、消防系统静水压力大,如果只采用一个区供水,不仅影响使用,而且管道及配件容易被破坏。三是水平方向的设备空间的分区指同一设备层的机房分区,分区的关键是防火分区、防爆分区以及干湿分区。其中,干湿分区主要指水电设备空间的分区,即水电类机房(含贮水池)不宜共墙(至少用走道隔开),而电房消防原则上单独分区。四是设备机房的防火与防排烟分区。每一个设备空间原则上为独立的防火单元,有直通室外的出入口或要求其疏散门靠近安全出口,机房外门一般要求为甲级防火门。从防火与防烟的角度,应特别注意使用特殊介质灭火的电气用房(容积超过2000 m^3 时需要进行适当分隔),产生烟尘的锅炉房、直燃机房和柴油发动机房等应独立为防火单元,还应注意设备空间与地下车库应尽量相对独立成区。实际工程中,很多情况下风机房等仍会设在车库内,注意应用防火墙和防火门将其与车库分开,注意空调风管不应跨越防火分区。

其四,高度、层高与结构的把握。设备机房要求的层高一般在4～6 m之间,主要与设备类型和建筑结构形式有关,而其与地下车库的结合,可能有多种竖向空间的组合方式(详见本书第5章"高层建筑停车场库设计")。

其五,竖井及其与机房的关系,如机房与塔楼竖井的对位和室外进排风口的位置等,并应注意设备竖井的尺度和对位关系,管井的门均应向外开。建筑师还要了解各专业在建筑物中都需要设哪些竖井,竖井需要多大,设在哪个部位,水平管线走在吊顶内还是走廊内,管线需占高度空间多少,垂直风管和水平风管的大致方向,等等。初学者设计中的常见错误是:没有考虑管井的位置或不知竖井在建筑垂直方向的起点和终点,特别是缺少新风井或强弱电不分井;竖井的位置和大小是随意的,特别是管井没有检修门,或短边太短无法检修,或是管井太长造成空间浪费。

其六,设备布置对机房的要求。其基本原则是考虑设备相对分区布置,保证大型设备对面积、形状和空间的要求,以及设备进出口的宽度和高度,注意所有机房门均向外开。设备周边和墙体周边应留出0.8～2.0 m的走道(视机房性质和设备操作要求而定,如变配电房设备到墙的距离较远,其间往往设有电缆沟),以便操作和检修。此外,还涉及建筑物的级别或档次,使用人数和使用时间(主要指设备连续工作时间),使用年限以及使用方式(出租还是自用),投资金额,回收年限,运行管理水平,维修更换标准,甚至空调的费用由谁承担,自动控制水平的要求等等。

2)设备工程师方面

设备工程师之间、设备工程师和结构工程师之间有密切的配合关系,以便协调。设备工程师在收到建筑师的条件图时,需要弄清建筑物的性质、规模、功能等,一般会尽快根据建筑物类型、设备系统要求以及工程经验,确定所需设备种类和台数,向建筑专业提出所需设备空间的面积。

以给排水为例:在建筑方案设计阶段,给排水专业设计师会根据建筑物的性质、所需设计的消防系统及设计经验,确定所需泵的台数,向建筑专业提出所需泵房面积;在水泵型号确定后,会向水电专业提供泵的用电负荷以及控制方式;在设备方案确定后,会向结构专业提供所有设备的重量及基础,主要包括水泵、水箱间内生活水箱、膨胀水箱的重量等。

由于设备重量很大,结构工程师必须向设备供应商咨询。在管道走向明确以后,设备工程师会要求结构工程师在需要设备管道穿过的梁、楼板以及剪力墙处预留孔洞(注意剪力墙上的所有孔洞均要预留),并要求设备专业人员认真配合,避免因为遗漏剪力墙及梁上的孔洞而出现问题;进出室外的管线亦需预留进出孔洞;需要在地沟内敷设管线的建筑,还要及时给结构专业提供检查井及地沟的位置和尺寸。

消防系统的设计在给排水设计中也是至关重要的。给排水工程师需要了解建筑物内的防火分区、防火措施、结构形式和装饰材料、电梯配置与控制方式、竖井布置、房间功能等,还应弄清楚暖通和电气专业的消防设施及要求。例如,暖通专业主要采用的系统形式,有无集中空调,电气专业有无自动报警系统等。在消防系统确定后,设计人员应向电气专业明确消火栓位置,消防泵及稳压泵的控制要求,水流指示器、压力开关的位置,喷淋泵的控制要求,以及气体消防系统和水幕系统的用电负荷和控制要求等等。当建筑处于开敞地带或是被楼群包围时,计算供暖负荷时还要考虑阴影区对负荷的影响。

设备专业最好在初设阶段介入,就各设备间的面积、位置要求等向建筑专业提出要求,并同建筑专业协商确定各设备位置、间距,如果设备专业介入太晚,可能造成设备间面积不够,管道走向不畅甚至影响其使用功能,最终导致不得不在施工图阶段反复修改。在建筑专业施工图改动后,应及时正式通知设备专业,避免发生建筑专业施工图已改而设备专业未做相应修改的情况。这就要求建筑方案一旦形成,就应尽快提供一定深度的图纸(中间资料),使其他专业可以进行本专业设计(这一点建筑设计初学者往往忘记)。尤其是必要的大样图及设备间、管道井的布置,这些往往都是设备专业设计的重点,这些方面如果考虑得不合理,会引起以后的变动,并导致整个设备系统设计的改变。

此外,由于高层建筑的技术含量越来越高,因此,高层建筑空调、给排水、供配电和消防设计相互之间及其与建筑设计的关系也越来越密切,以致有的高层建筑立面造型中对技术的表现成为一种重要的设计思路。例如,有的高层建筑暴露管道设备使设备成为造型的一部分,可见对设备工程师也提出了设备造型要求。

10.2 高层建筑采暖

10.2.1 系统的组成和热源

1) 系统的组成

采暖系统一般由热媒制备(热源)、热媒输送(热网)、热媒利用(散热设备)三部分组成。采暖系统的基本工作原理是:热媒循环于三环节中,热源将热媒加热,通过热网输送到散热设备,热媒在散热设备内散热并降温,然后再通过热网输送到热源加热,循环往复。

采暖系统按照采暖媒介可分为热水采暖和蒸汽采暖两种方式,以热水为热媒的采暖系统主要应用于民用建筑;以蒸汽为热媒的采暖系统,主要应用于工业建筑。本书主要讨论热水采暖系统。

根据三个组成部分的相互位置关系，高层建筑采暖主要有集中供暖和局部采暖两种形式。

虽然区域集中供暖是建筑采暖的基本形式，但并非所有建筑采暖一定采用这种方式。随着生活水平的提高，我国非采暖地区的城市有的建筑也有采暖，这些城市一般没有集中的供暖系统，因此，这些城市中有的高层旅馆常常结合其热水和蒸汽供应的需要，采用自建锅炉的集中供暖系统，在高层建筑中附建锅炉房，或采用空调冷热水机组集中供暖。附建锅炉房对高层建筑设计影响很大，本节将重点讨论高层建筑附建锅炉房采暖。

2）热源

采暖系统的热源是指供热热量的来源，目前应用最广泛的热源是区域锅炉房和热电厂，核能、地热、电能和工业余热也可作为集中供热系统的热源。

锅炉是将冷水加热，生产出具有一定温度和压力的热水或蒸汽的设备，旅馆厨房和洗衣房多用，而热水亦可用溴化锂直燃机提供。除了作为建筑采暖的热源之外，还供应建筑生活用热水和蒸汽。锅炉按介质有热水锅炉和蒸汽锅炉之别，按使用的燃料不同可分为燃煤锅炉、燃气（油）锅炉和电锅炉等。

高层建筑自建锅炉一般采用快装燃气（油）常压锅炉，容量由设备工程师根据计算和有关规范规定确定，建筑师根据锅炉容量和设备工程师一起确定锅炉房的位置和面积。锅炉房设在高层建筑内部时，必须高度重视安全问题，除了要严格遵守《锅炉房设计标准》（GB 50041—2020）外，还必须严格执行《防火规范》等有关规范规定，并将设计方案报送当地消防部门批准。

（1）高层建筑锅炉房位置

锅炉房的设置必须符合项目所在城市规划控制的要求，住宅区的锅炉房应独立设置，住宅建筑内不宜设置锅炉房。需要设在高层建筑物地下室、楼层中间或顶层间时，基本原则：一是应设置在靠近热负荷集中的地方，以减少管道输送损失；二是不应布置在人员密集场所的上一层、下一层或与之贴邻；三是为减少烟尘的影响，锅炉房尽可能布置在建筑的下风向；四是建筑内部的锅炉房应考虑燃料补给，设备安装、检修与更换的水平与垂直通道。

高层建筑附建（燃气）锅炉房位置有地面布置、地下室布置、屋顶布置及中间层布置等方式，锅炉设备位置示意如图 10-1 所示。

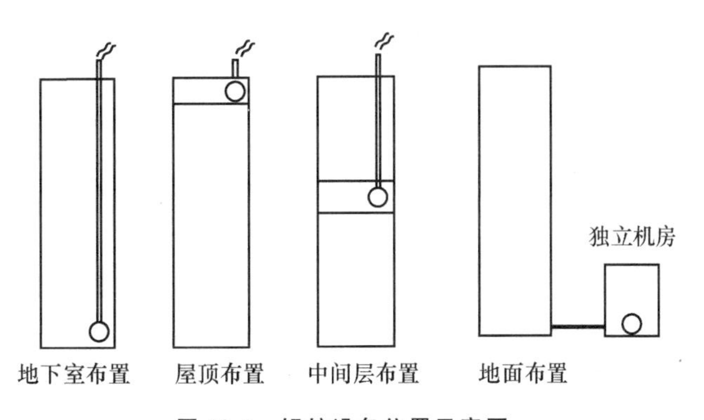

图 10-1　锅炉设备位置示意图

①地面布置。可设在裙房首层，偏僻且靠外墙处，并尽量避开消防登高面，有条件时可独立设置。其优点是通风排气条件好，燃料供应易于解决，安装管理方便；缺点是占用首层建筑面积。

②地下室布置。这是高层建筑附建锅炉常见做法。常(负)压燃气锅炉可设置在地下二层,应靠外墙部位(泄爆面)。其优点是节省占地面积,噪声小;缺点是需有机械送排风,烟道长。

③屋顶布置。当常(负)压燃油或燃气锅炉房距安全出口的距离大于 6 m 时,锅炉可设置在屋顶。其优点是设备承压低,通风排气方便,噪声小,节省占地面积,即使发生爆炸,损失也小得多;缺点是增加设备吊装费用,土建荷载也将增大。

④中间层布置。常见于超高层建筑。出于防止系统设备超压的考虑,布置在中间技术层内的锅炉仅限于常压热水锅炉。

(2) 高层建筑锅炉房的布置

确定了位置之后,锅炉房在高层建筑中的具体布置要点如下。

其一,燃气锅炉房与高层建筑贴邻布置时,应设置在耐火等级不低于二级的建筑内。

其二,燃气调压间、锅炉给水和水处理、化验室和仪表控制室等辅助间与锅炉间应用防火墙隔开。燃气调压间不应设在地下,门窗应向外开启,同时采用防爆泄压措施,并不应直接通向锅炉房,其余辅助用房和锅炉间之间应采用甲级防火门,仪表控制室应采用防火隔声门。

其三,锅炉房门均应直通室外或直通安全出口,这是为了满足泄爆和疏散的要求。初学者注意锅炉房在地下室时,安全出口指直接通向地面的疏散楼梯;外墙上的门、窗等开口部位上方应设置宽度不小于 1 m 的不燃烧体防火挑檐,或高度不小于 1.2 m 的窗槛墙;在隔墙和楼板上不应开设洞口,当必须在隔墙上开门窗时,应设置耐火极限不低于 1.2 h 的防火门窗;必须开门时,应设甲级防火门。

地下锅炉房出入口不应少于 2 个,其中一个必须能直通室外,或直通安全出口。通向室外的门应向外开启,锅炉房内的工作间直通锅炉间的门应向锅炉间内开启。

其四,锅炉房特别是燃气锅炉房对通风要求严格,应尽量避免有积聚气体的死角。地下室或半地下室的锅炉房应采取可靠的机械通风措施,锅炉房外墙窗的面积应尽量满足采光、通风和泄压要求。

锅炉间应做成抗爆体,在抗爆体上开设足够面积的泄压口(如玻璃窗、天窗、轻型屋面、轻型墙体等),采用竖井泄爆方式时,竖井的净横断面积应满足泄压面积的要求。此外,泄压口应设在容易发生爆炸的部位,并避开人员集中的场所和主要道路,泄压面积至少应为锅炉房占地面积的 10%。

其五,应考虑排烟道的合理布置,排烟道的外观处理应结合建筑立面造型设计。同种燃料的真空锅炉、直燃机可以共用烟道,但不能与非同种燃料或其他类型设备(如发电机)共用烟道。公共烟道截面积为各支烟道截面积之和。

(3) 锅炉房设备布置

锅炉房空间类型和尺度因燃料不同有较大差别,设备布置要点如下。

其一,锅炉间内承重梁、柱等构件与锅炉之间应有一定距离,或采取隔热措施。

其二,锅炉房层高与设备类型(卧式或立式)和设备组合以及项目总建筑面积有关。一般情况下,锅炉房层高不小于 5 m,亦不大于 6 m。

其三,锅炉上部检修平台距梁下高度不小于 2 m。(燃气锅炉)炉前净距根据锅炉型号的不同,一般控制在 1.5～3 m;炉侧、炉后净距一般控制在 0.8～1.5 m,其他设备间距不小于 0.7 m。锅炉操作地点和通道的净空高度不小于2 m,并应满足起吊设备操作高度的要求。

10.2.2　系统基本形式

热水采暖有按以下四种方式划分的基本类型,详细内容请参阅有关专业书籍。

①按系统循环动力可分为(重力)自然循环系统和机械循环系统。

②按供回水方式不同,可分为单管系统和双管系统。

③按系统管道敷设方式的不同,可分为垂直式与水平式系统。

④按热媒温度的不同,可分为低温水(不高于110 ℃)采暖系统和高温水(高于110 ℃)采暖系统,民用建筑一般采用低温水采暖系统。

上述类型的划分是基于不同的观察角度,其实各种类型之间联系密切。建筑师需要留意的是不同的采暖系统管网与建筑的关系,例如,不同类型采暖系统立管的位置和数量,其是否需要穿楼板,是否需要设置高位膨胀水箱以及系统对层高的要求,等等。

10.2.3　系统连接与设备用房

在区域供暖系统中,城市供热管网(亦称室外热网、热网和外网)与高层建筑采暖系统的连接方式十分复杂,涉及高层建筑采暖设备空间的配置,亦是供热设计的难点之一。下面讨论高层建筑供暖系统与城市供热管网的连接。

1)连接方式

(1) 直接连接方式

直接连接方式即高层建筑供暖系统与室外热网直接连接。高层建筑供暖系统与室外热网的连接应垂直分区,一定条件下,低区可与室外热网直接连接。

(2) 间接连接方式

间接连接方式即换热站连接方式,亦称隔绝式,就是将区域锅炉房生产的高温热水转换成能够直接给用户供热的热水中转站。换热站属于供热系统的一部分,其工艺流程是:在热源侧,锅炉房—(高温热水)—换热站—(低温热水)—锅炉房;在负荷侧,换热站—(采暖供水)—用户—(采暖回水)—换热站。

在城市集中供暖的地区,高层建筑采暖系统(至少高区)和室外热网一般采用间接连接方式,即通过换热站和室外热网连接。当室外热网供水温度较高,建筑物散热器的承压能力又较低时,采用这种方式比较可靠,且经济可行。

图10-2所示为高层建筑采暖连接方式示意图,低区为直接连接,高区为间接连接。

2)设备用房

(1) 热力入口室

在区域供暖系统中,城市集中供热的热力管道进入高层建筑处,必须设热力引入口即热力入口室。热力入口室一般具有换热站性质,供安装蒸汽减压装置和热水混合或调节装置设备用。高层建筑采暖热力入口室平面尺寸一般为3 m×4 m。设计时应注意如果有地下室,在地面敷设供暖

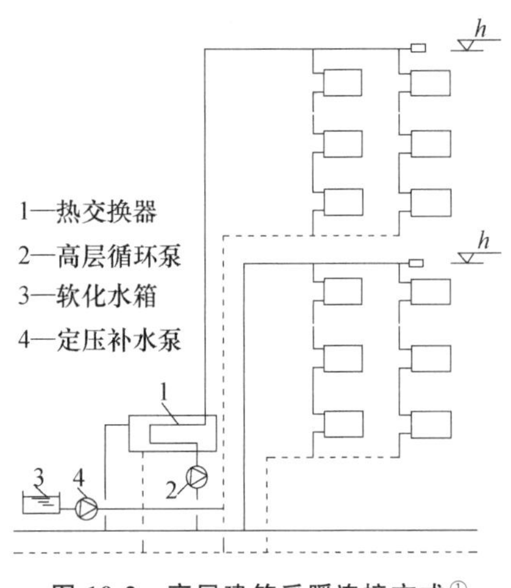

图 10-2　高层建筑采暖连接方式[①]

回水管时，经过门处必须做一个地沟，以便安装回水管。

(2) 热交换站

热交换站又称集中换热站，热交换站宜靠近热负荷中心，可独立设置，也可附属于锅炉房辅助间内或热用户建筑内。在规范和技术条件允许时，可设在建筑物地下室、中间层或屋顶层。热源为蒸汽时，热交换站宜设在锅炉房内或靠近锅炉房设置，以便冷凝水回收。

当热点分散时，热交换站宜以一定作用半径分片设置，供热区域内建筑高度相差不宜过大，以便选择相同的连接方式。供热半径在 1.5 km 以内，宜设集中供热站，比在每幢建筑物设热力引入口减少运行管理工作量，便于检测、计量和遥控。

热交换站设置在建筑首层或地下室时，不宜设在有安静要求房间的上面、下面或与之贴邻，设备用房面积应保证设备之间有必要的运行操作和维修空间。

采用固定吊钩或移动吊架时，梁下净高不应小于 3 m。

10.2.4　散热设备对使用房间的影响

散热设备对使用房间的影响是建筑设计初学者常常忽视的问题。

采暖系统安装在使用房间的主要设备有散热器、暖风机、辐射板和地板采暖管等。其中，散热器以对流和辐射两种方式散热，暖风机以对流方式散热，而辐射板则主要依靠辐射传热的方式放出辐射热(伴随一部分对流热)。

设计人既要考虑采暖系统对散热器的布置要求，也要考虑散热器布置对使用空间艺术效果的影响：一是有外窗时，一般应布置在每个外窗的窗台下；二是当安装和布置管道有困难(例如分户计量时)，为了有利于户内管道的布置，也可靠内墙安装；三是在进深较小的房间，散热器也可沿内墙布置，但要注意在双层门的外室及门斗中不宜设置散热器。此外，在楼梯间布置散热器时，考虑到热压的作用，应尽量将散热器布置在底层或按一定比例分配在建筑下部各层。

地板辐射采暖方式对层高的影响详见本书 4.6 节“标准层层高设计”。

10.3　高层建筑通风

10.3.1　通风的方法

高层建筑进深大，特别是裙楼暗房多，往往需要机械通风。本书 2.3 节“总平面设计中的建筑布局”，3.4.3 节“中庭采光通风”以及 4.1.5 节“通风与节能”等已讨论过自然通风，本节只讨论机械通风。

---

① 刘梦真，王宇清. 高层建筑采暖设计技术[M]. 北京：机械工业出版社，2005.

机械通风是利用通风机所产生的动力迫使空气流动，使室内外空气进行交换的方式。高层民用建筑需要机械通风的场所有：地下室所有房间、卫生间、厨房、餐厅、各种设备房、无空调的房间和仓库等。原则上，当自然通风无法满足要求时，就必须采用机械通风。特别注意：地下车库严禁利用楼梯间和电梯间进行自然通风。

机械通风分为全面通风与局部通风。局部通风又分为局部送风和局部排风，而全面通风则是指对整个房间全面地进行进风及排风，一般做法有三种：一是机械进风，机械排风；二是机械进风，自然排风；三是自然进风，机械排风。

10.3.2　通风与建筑的关系

机械通风有机械进风系统及机械排风系统。不管是进风或是排风系统，一般均由风口、风管、净化设备、通风机等几部分组成。除了厨房应设单独的通风机房及安装设备净化装置的地方外，其余通风场所一般将风机吊装在顶棚下，不需要机房，如设机房，进、排风机房应相对独立，进风机房应布置排风机房的下风向，最好是北向进风。注意空调进风补风系统宜设置机房，否则消防会要求耐火保护，而环保提出噪声问题。本书 4.6 节“标准层层高设计”已讨论了风管与建筑层高的关系，这里主要讨论风口与建筑的关系。

(1) 风口的位置

高层建筑外立面一般不可能随便设风口。因而设备工程师一般会将进风口或排风口集中设在设备层（避难层）或屋面，沿垂直方向布置风管。如设备层外墙仍为玻璃窗，则在可开启窗的里面设集气箱，底部排水，由集气箱接进风或排风管；如建筑立面允许设风口，则风口的形状及尺寸应统一，位置也应统一在同一垂直线或水平线上。若处理得当，则可以给建筑立面增加美观，但应注意，位于外墙的进风口和排风口应有一定的距离，一般不少于 10 m。

建筑师应给通风“出路”：一是尽可能考虑立面设计设置风口的可能性，例如，在非主立面处理时留有较隐蔽的设置风口的地方，如立面确实不能设风口，则平面布置应考虑竖管或竖井位置；二是地下室，特别是有两三层或更多层的地下室，如果进风口及排风口周围都是外门及通道，地下室的进风及排风就极难布置，例如，地下车库排风口要求设于下风向，且不应朝邻近建筑和公共活动场所，排风口距室外地坪高度应大于 2.5 m；三是进风口或排风口在室外地面时，为了既保证通风效果，又不妨碍观瞻，可把通风口做成一个塔形的建筑小品。

风口一般为矩形金属百叶风口。进风口一般设在北墙，应在排风口上风向，应有防止吸入雨水的构造，底边距地面应 2 m 以上。排风口的排风气流可能对风口前面几米远处的行人都有影响，在不妨碍行人与邻近房间及防水的前提下，可设在任何位置。进、排风口都有可能传出风机的机械噪声，因此，风口应避免设在对噪声要求严格的房间附近。

(2) 风口的大小

风口的大小与房间使用功能、通风设计方案等多种因素有关，很难给出一个具体的数值。下面以地下汽车库为例，说明进风口及排风口的大致尺寸。当排风管数量多、尺寸大时，对建筑平面的布置影响也相对较大。

【案例 1】某高层建筑有两层地下室，每层 1 100 m^2，地下一层为汽车库，层高 4.0 m，地下二层为制冷机房、配电房、水泵房及储水池等，层高 5.0 m。地下一层汽车库由坡道自然进风，机械排风。每个防火分区（500 m^2）设一个机械排风兼排烟系统；地下二层设两个机械进风系统，两个机械排风兼排烟系统。在两端或非主进出口面共有2个进风口,每个约1.3 m^2;共4个排风口,每个为0.5～0.6 m^2。

(3) 排烟和排气口

风口的设计往往需要结合排烟和排气综合考虑。为避免排出室外的有害物再进入室内或对室外环境及建筑外墙造成污染,高层建筑要求含有害物的排烟和排气口高出塔楼屋面。例如,发电机及锅炉房烟囱、营业性厨房炉灶含油废气等。

【案例2】一座地面20层的旅游综合楼,其一、二、三层各有一个300 m^2、400 m^2、500 m^2的中餐厅,层高4.0 m,裙房屋面女儿墙距塔楼外墙最远只有6 m。当地环境主管部门规定营业性厨房的含油废气必须从主楼屋面排放。

设备工程师的方案为:一、二、三层厨房,每层设一个排风,排风管从一层直通二十层屋面。排风管的截面面积分别为1.4 m^2、1.8 m^2、2.3 m^2,如果合设一个排风竖井,则三至二十层的竖井截面面积需5.5 m^2。

柴油发电机房发热量大,通风十分重要。绝大部分高层建筑的备用柴油发电机房都设在地下室,发电机房的布置应注意以下问题。

其一,应有一面靠外墙,以便设进风口及排风口。

其二,必须预留足够大的进风口及排风口。为了有效地冷却发电机组,进风口与排风口应分别在发电机组的尾端及前端;若是水冷式发电机组,则没有散热风机,只需机房常规的换气通风即可,但室外应有放置冷却塔的场所。

其三,柴油发电机的运行噪声一般为110 dB左右。因此,机房的进、排风口均需设消声器,尽可能避免对居住区造成干扰。

【案例3】一台500 kV·A的风冷柴油发电机房的通风换气次数取40次/h,机房面积为60 m^2,层高5 m,则进风及排风口面积应有0.8～1.0 m^2。考虑设消声器,应再加大50%。风冷式发电机的前端有一台轴流式通风机作为设备的排风散热器。此风机的压头在127 Pa以下,因此,排风通道截面积应大于发电机组散热的截面积。500 kV·A发电机的排风通道面积应各有1 m^2左右,直通室外。

10.4 高层建筑空气调节

空调分舒适性空调和工艺性空调两种类型,并有集中式空调、半集中式空调以及局部空调三种形式,其中对高层公共建筑影响最大的是集中式空调。集中式空调工程由冷(热)源系统、水系统、风系统、自动控制系统及空调房间组成,本书只讨论舒适性集中空调。

10.4.1 冷热源

空气调节需要冷源和热源,本章10.2节已讨论过高层建筑采暖热源的基本形式,这里不再讨论热源。当城市或区域不设置集中供冷设施时,高层建筑需设置冷源为空调系统提供冷量,空调用制冷系统主要有压缩式制冷系统和溴化锂吸收式制冷系统,对于一般高层建筑可设置一套冷源系统。冷热源有多种形式和多种组合方式,其工作原理可查阅有关书籍。

10.4.2　高层建筑空调系统

1）高层建筑空调分区

从经济性的角度考虑，空调末端系统不宜太大，且为了与防火、防烟分区相适应，一般一个空调末端系统服务面积不宜大于500 m^2。高层建筑周边（指进深5～6 m的区域，亦称外区）受到室外空气和日照的影响大，冬夏季空调负荷变化大；而内部区由于远离外围护结构，室内负荷主要是人体、照明、设备等的发热，全年可能都是冷负荷。因此，从空调的角度，业界通常将高层建筑平面分为周边区和内部区（亦称外区和内区），对应于各区负荷变化特点分别进行空调。

周边区域由于日射负荷随时间变化大，故常按东、南、西、北等朝向分成四个或四个以上的空调区；细长型平面的建筑物，则可分成南、北和内部三区；当建筑进深小于10 m时，可不分内外区。除按朝向、内外分区以外，还可按建筑物各房间不同用途、不同要求、不同使用时间分区，亦可按大堂、餐饮、会议、康体、娱乐、行政等不同的功能区域设置不同的空调系统，不仅能满足各用途房间的使用要求，且有利于节约空调能耗，便于维护管理。注意弱电机房不能采用集中空调系统。

2）高层建筑空调方式

高层建筑可以采用的空调方式种类较多，目前主要采用的空调方式如下。

（1）全空气空调系统

该系统是空气处理设备集中在空调机房内，空气处理后达到房间送风要求，再经送风系统送入房间的空调方式（本书未特别说明时均指全空气空调系统）。

全空气空调系统可以充分换气，室内卫生条件好；还可以全新风运行，过渡季节能充分利用室外冷量，节省能源消耗，设备集中，系统简单，维护管理方便。其主要缺点是风管占用建筑空间大，每层需设空调机房，各房间不能独立控制，因此常使用于裙房大堂、商场、餐厅或会议室、娱乐用房等大空间场合。绝大多数高档的高层办公建筑都采用全空气空调系统。

（2）空气-水空调系统

空气-水空调系统亦称风机盘管空调系统。风机盘管空调系统的优点是节省建筑空间和空调机房面积，各房间空调设备可以独立控制调节，布置灵活；主要缺点是空调房间有噪声，室内湿度、气流组织的控制不易保证，因为设备分散，且管理维修工作较麻烦，空调房间顶部有滋生细菌的湿盘管，空气品质不够好。风机盘管空调系统主要用于客房，以及一般标准的办公楼等小房间。

（3）冷剂式空调系统

多联机空调机组（简称多联机）是由室外机配置多台室内机组成的冷剂式空调系统，通过制冷剂直接蒸发处理空调房间空气。其体积小，不需设机房，室外机可放在屋面或通风良好的场所，不适合高层建筑综合体。

近年开始流行于住宅的户式中央空调（此处沿用其行业名称，本书统称集中空调）是指单台制冷量在780 kW，适用于面积80～600 m^2 需求的空调系统新类型。其包括多联机机组、风管式机组、冷热水机组三种主要类型，以及小型空气源热泵冷热水机、风管机、VRV式、燃气式等多种形式。该系统不需设机房，室内机需要占用150～250 mm吊顶空间（图4-63、图4-64）；而室外机可设在阳台和屋顶，管理方便，所以小型办公空间也多用，读者可自行查阅有关资料。

3) 高层建筑空调的新风系统

新风系统的新风口位置、新风管道和新风井等与建筑设计关系密切。新鲜空气通过新风口及新风管进入空调机房。根据建筑特点,新风系统可以分层集中设置和多层集中设置。若用垂直分布风系统,通常以10～15层分为一个区,每个区独立进风,水平布置在楼层内分区。新风单独设置,新风参数和风量能按要求处理和控制,适应面广,新风口能较好地与建筑配合,在高层建筑空调中广泛应用。

4) 高层建筑空调水系统

高层建筑空调水系统与新风系统一样,有水平式和垂直式。一般裙楼用水平式,水管布置在吊顶内,占用一定建筑空间;塔楼多用垂直式,水管布置在管道井内,不占用建筑层高。空调水系统可分为:闭式和开式系统;同程和异程系统;定流量和变流量系统;两管制、三管制和四管制等系统,其中,四管制可以全年使用冷水和热水,调节灵活,可适应房间负荷的各种变化情况,没有冷热混合损失,运行操作简单,但其缺点是初投资高,管道占建筑空间大,管井面积大。

10.4.3 空调设备用房设计

1) 设备用房配置的基本要求

空调设备用房的配置和气候、规范、项目条件与定位有关。以集中空调为例,风管对梁板布置和建筑层高影响较大;VRV变频多联机组不需要冷却塔、水泵和锅炉房,无需专用机房,但主机外挂影响建筑外观;柜式机组不需要水泵和锅炉房,亦无需专用机房;而冷水机组锅炉系统需要较大的专用机房,冷却塔也需占用一定的面积;采用直燃式溴化锂冷热水机组虽可不设锅炉房,但要求采用专用机房,只是面积无需太大,不过冷却塔占用面积大;而空气源热泵机组占地面积小,不需要专用机房,亦不需冷却塔;地源热泵需要足够的场地埋设管道(土壤换热器或地下冷热交换装置);水源热泵机组需要专用机房,但两者都不需要锅炉房和冷却塔。

2) 冷源设备的位置

高层建筑的冷源设备通常布置在地下层、中间设备层和屋顶等处。设计选择其位置时既要考虑经济性,还要考虑结构安全、设备安装和维护管理等问题。高层建筑冷源设备位置如图10-3所示,其优劣性分析如下。

其一,冷源集中在地下层。一般冷冻机荷载较大(一台美国500冷吨离心式冷水机外形尺寸,长×宽×高约为5 m×2 m×2.7 m,重量约为11 t),置于地下室对主体结构的影响最小,对设备的维护管理和隔声、减振等的处理也比较有利,一般用于20～25层以下的建筑物,否则设备承受压力过大。

其二,冷源集中布置在顶层,冷却塔与冷冻机(包括蒸发器、冷调器)之间管路短,冷冻机承压小,节省管道。但应注意燃料供应、防火、设备搬运、消声防振等问题,欧美国家在30～60层的建筑物中常采用这种方式。注意:在屋顶露天放置的一般为风冷冷水机组。

其三,冷源在顶层和中间层分区设置,对于使用分低区、高区的建筑较合适。层数在30层以上的办公楼或旅馆常采用。

其四,冷源集中在中间层,设备承受一定压力,管理方便,但中间设备层要比标准层高,噪声和振动容易上下传递,应考虑隔振和隔声。

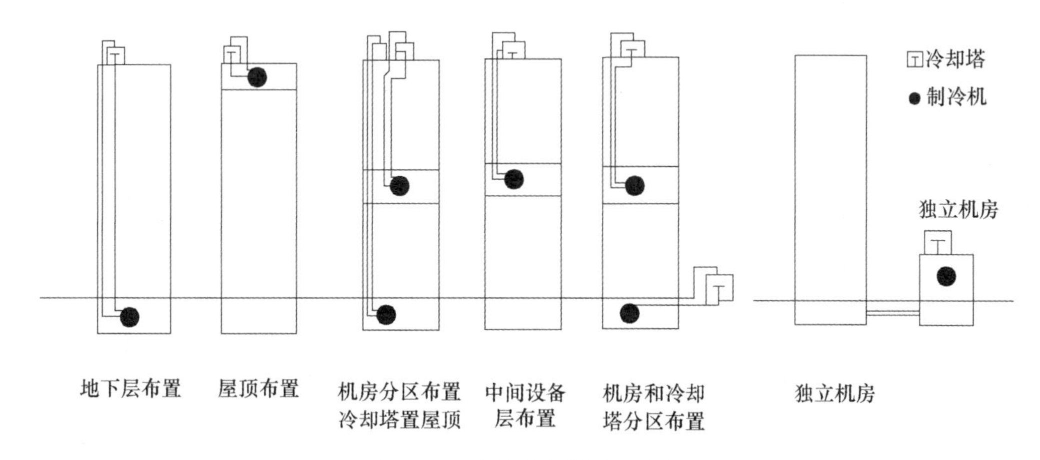

图 10-3　冷源设备位置示意图

其五，冷源在顶层和中间层分区设置，将部分冷冻机、冷却塔放在地面上减轻承压，但冷却塔需考虑隔声。

其六，设置独立机房。常应用在无地下层可供利用或增设空调系统的高层建筑中，优点是隔声防振有利，但由于管线较长，现在已极少采用。

3）制冷机房(制冷站)

(1) 制冷机房设备布置要点

全空调的建筑，其通风、空调、制冷机房与热交换站的面积可按空调总建筑的 3%～5%考虑，其中，风道和管道井面积占空调总建筑的 1%～3%，冷冻机房占空调总建筑的 0.5%～1.2%。

制冷机房设备有制冷机组、冷冻水泵、冷却水泵等设备，制冷主要分为溴化锂吸收式和电动压缩式两种方式，平面布置如图 10-4、图 10-5 所示，注意设备之间需留出 0.8～1.5 m 检修通道。为了保证操作人员安全，大型制冷机房原则上应考虑有两个门。

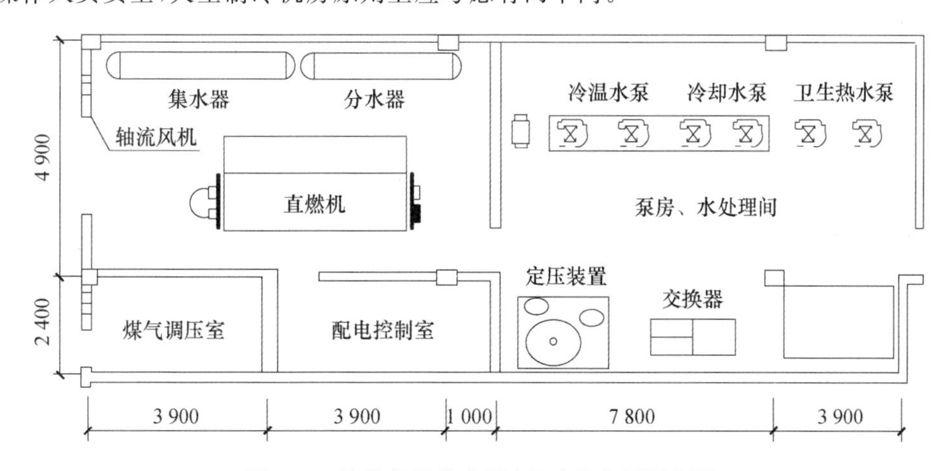

图 10-4　溴化锂吸收式制冷机房设备平面布置

制冷机房设备布置要点：一是由于冷水机组运行时振动和噪声大且有水洒落在地面，放在地下室要注意防水和防潮，在机房地板的适当位置应设 100 mm×100 mm 的排水明沟；二是根据燃气和防火规范，直燃式可提供冷热水，机房要求有直接对外的门窗，有通风换气要求，在地下室时

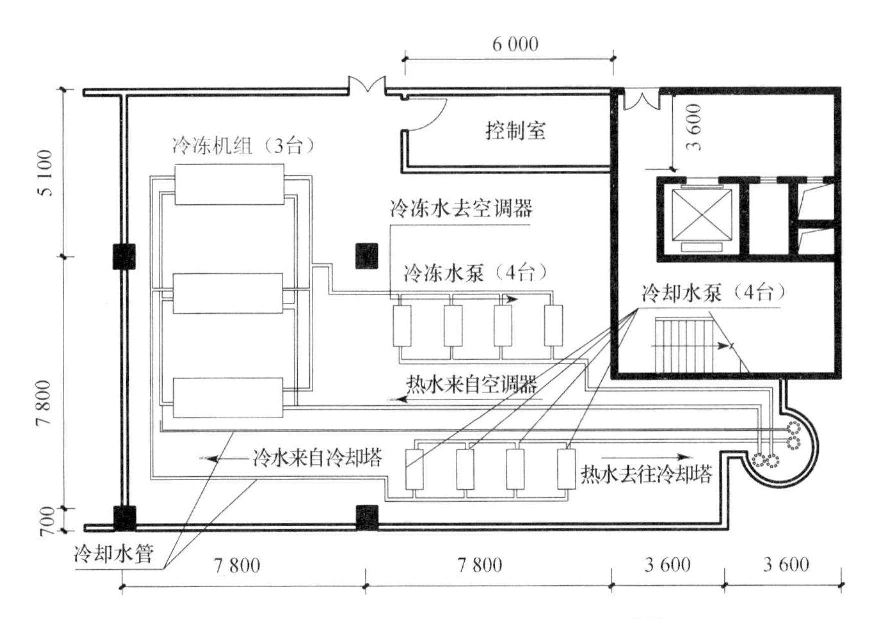

图 10-5 电动压缩式制冷机房设备平面布置①

有出屋顶烟道；三是制冷机房的门应为隔声密闭门，机房的四壁及顶棚宜做吸声装置，在制冷机房上方不宜设置噪声要求较严的房间；四是不同制冷机对机房净高有不同的要求，例如，小型制冷机房净高宜控制在 3～4.5 m，大中型制冷机房净高宜控制在 4.5～5 m，吸收式制冷机则要求设备顶部距板或梁下不小于 1.2 m。

(2) 冷却塔的布置

冷却塔是空调系统的散热设备，体积大，重量也大，其噪声、飘水和热污染会影响周边环境，宜设置在通风良好的室外空间。

冷却塔最常见的位置是放在塔楼或裙楼屋顶上，对散热有利。高大的冷却塔应通过建筑造型处理掩饰而不致影响建筑美观，一般在塔楼顶部时多用框架加百叶封闭。虽然冷却塔放在塔楼屋顶对周边建筑影响少，但从节省造价的观点看，将冷却塔放在裙楼屋顶可以减少冷却水管道行程（如图 10-6 所示），但冷却塔散发的湿热空气对其所在建筑塔楼相邻房间及外墙影响甚大，必须在设计时解决。

冷却塔平面布置还要注意：一是塔与塔的间距应大于塔体直径的 0.5～1 倍，且应安装在专用基础上；二是塔与建筑物的墙体要有一定距离；三是塔顶不能有建筑物或构筑物，否则，热空气会被循环吸入冷却塔内；四是冷却塔不能安装在有热空气或有扬尘的场所。此外，高层建筑的内区往往需要常年送冷气，因此冷却塔在严冬季节也要运转，并应考虑用供热部件来防冻。

4) 空调机房与设备管道

(1) 位置

空调机房是安装独立式空调机组或集中式空气处理机的专用房间，初学者很容易将其和制冷机房混淆。空调机房设计要点如下。

---

① 刘建荣. 高层建筑设计与技术[M]. 北京：中国建筑工业出版社，2005.

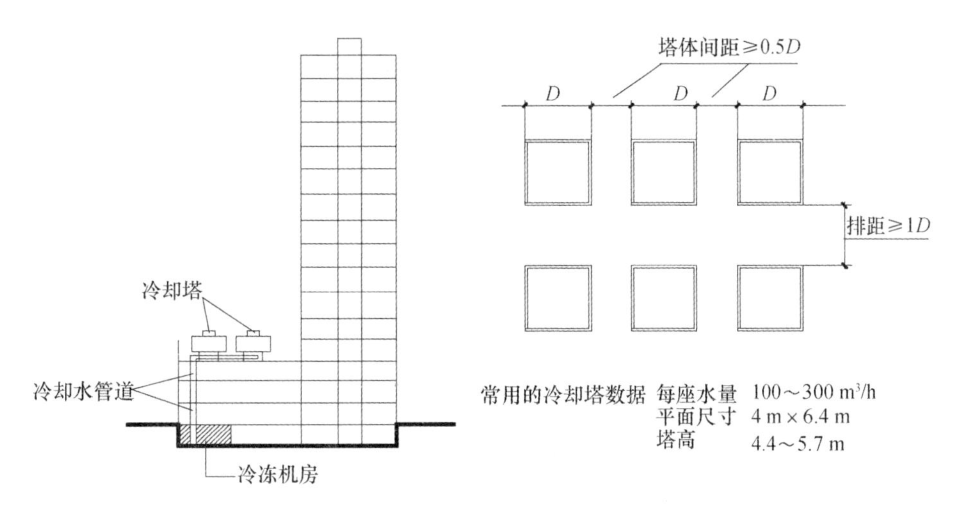

图 10-6　冷却塔位置①

注：一台与 500 冷吨冷水机组匹配的冷却塔的外形尺寸约为：直径 6 m，高 5.3 m。运转重量约 12 t。

其一，各空调机房应尽量靠近空调房间以减少风管及冷量损耗，空调机房的作用半径不宜太大，一般为 30～50 m。服务面积在 500 m^2 左右时，要求空调机房面积约 30 m^2；1 000 m^2 时需要空调机房面积 35～45 m^2；2 000 m^2 时需要空调机房面积 45～55 m^2；3 000 m^2 时需要空调机房面积 55～75 $m^2$②；集中式大型空调机房宜设在空调大房间附近；中型空调机房应按各个防火分区分别独立设置，不能将一个防火分区的机房放在另一个防火分区内。

其二，地面以上的空调机房应尽可能有一面外墙，使其进新风和排风方便；设在地下室时要有新风和排风管道通向地面，在平面上要考虑适当的风道竖井位置；尽量避免将空调机房布置在有两面以上剪力墙的房间，以便风管穿墙。

其三，对噪声有严格要求的空调房间，其空调机房与空调房间之间应有一定距离（不宜一墙之隔），以便装设消声器，防止噪声和振动的直接传递。

其四，空调机房宜分层设置，上下层空调机房应力求上下对齐，以便配管。

其五，机房不应靠近厕所、厨房等散发有害物的场所。

(2) 空调机房面积

空调机房面积与空调总面积大小有关，比例随空调方式的不同有较大的差别。注意：每个空调机房的最小面积一般应大于 3 m×4 m。

(3) 空调机房布置

机房布置应以方便布置风管及水管，节省空间和能源为原则：一是不同用途或不同使用时间的空调房间，应分别设置空调机房；二是虽然使用功能或使用时间相同，但房间的面积较大（2 000 m^2 以上）时，需设置两个以上机房；三是对于两个以上系统相隔较远，不便布置风管的房间，亦需两个以上机房。

① 刘建荣. 高层建筑设计与技术[M]. 北京：中国建筑工业出版社，2005. 根据 P216 图改绘。

② 李娥飞. 民用建筑暖通空调设计体会. 暖通空调 HV&AC，2007(6).

(4) 空调管道设备与层高处理

空调分配系统的管道尺寸较大,往往占用较多的建筑空间,确定建筑层高时,必须结合不同空调系统的特点(即管道大小不同)来进行,既要保证使用的要求,又不能浪费空间。

空调机房净高要求 3.5～4.5 m。当层高很高时,可以设计为双层高(即利用建筑两层通高),此举通常需要设置进新风和排废气的通风窗,导致设备层建筑外观与其他楼层往往不一样。

(5) 空调机房新风进风口和排风口

进风口应设置在室外空气洁净的地方,宜在北墙上,降温用的进风口宜设置在建筑背阴处。进风口应设在排风口的上风侧,低于排风口并尽量和其保持不小于 10 m 的距离。进风口底部距室外地面不宜少于 2 m,在绿地中不少于 1 m。

排风口应位于建筑空气动力阴影区和正压区以上,排风主管至少高出屋面 0.5 m。

5) 其他方面

其一,机房转动设备应有减振措施,有的机房内应有消声措施,机房设计应考虑设备安装的出入口,满足空调机的运输要求,机房门宽最小为 1.2 m;机房与使用房间相通时,需采用防火保温密闭门,机房门应向外开。

其二,空调新风口、排风口等需要在外墙上开口,但地下汽车库的新风口宜设在地面以上,顶层通风机室应设在管井的上方附近,新风口与排风口需要有安全距离。如在住宅阳台上安装分体式空调的室外机,则要保证出风口 2 m 以内不被遮挡,以便散热。

其三,如果利用机房门兼作集中回风口,应做成百叶门,并向外开;如果由回风管回风,机房门应做成隔声门,亦向外开。

其四,注意室外机组对建筑立面的影响,特别是高层建筑住宅,空调室外机数量大。如设百叶遮挡室外机,叶片角度应少于 15°,以免妨碍室外机散热,详见本书 7.2.2“高层建筑中部”。

其五,注意采用窗式和分体式空调时,一般窗式空调机安装洞口宽×高不宜小于 700 mm×500 mm,而预留分体室外机的飘板放置一部室外机的空间尺寸一般为长×宽×高小于(850～1 150)mm×(800～1 000)mm×(400～500)mm。此外,还要适应两个房间之间多机安装的可能性,如安置两部室外机时飘板的长度就需要 2 m 以上。因此,建筑师需要了解市场上主要空调机的基本参数,保证预留室外机组的空间尺寸。

10.5 高层建筑防烟与排烟

10.5.1 高层建筑防烟分区

《建筑防烟排烟系统技术标准》(GB 51251—2017)(以下简称《防排烟规范》)规定:公共建筑防烟分区最大允许面积及其长边最大允许长度应符合表 10-2 的规定。

表 10-2 公共建筑防烟分区最大允许面积及其长边最大允许长度

空间净高 H/m	最大允许面积/m^2	长边最大允许长度/m
$H \leqslant 3.0$	500	24
$3.0 < H \leqslant 6.0$	1 000	36

续表

空间净高 H/m	最大允许面积/m²	长边最大允许长度/m
$H>6.0$	2 000	60 m;具有自然对流条件时,不应大于75 m

设置挡烟垂壁(垂帘)是划分防烟分区的主要措施。挡烟垂壁(垂帘)所需高度应根据建筑所需的清晰高度以及设置排烟的可开启外窗或排烟风机的量,针对区域内是否有吊顶以及吊顶方式分别进行确定,活动挡烟垂壁的性能还应符合现行行业标准《挡烟垂壁》(GA 533—2012)的技术要求。当空间净高大于9 m时,防烟分区之间可不设置挡烟设施。

10.5.2 防烟和排烟的范围

《防排烟规范》规定:消防前室、防烟楼梯间和消防电梯间以及避难空间应设置防烟设施。高度不大于50 m的公共建筑和不大于100 m的住宅建筑,当其防烟楼梯间前室符合下列条件之一,楼梯间可不设置防烟系统:①前室采用敞开的阳台、凹廊;②设有两个及以上不同朝向的可开启外窗,且两外窗面积均不小于2.0 m²,合用前室两个外窗面积分别不小于3.0 m²。

下列场所或部位应设置排烟设施:①中庭;②人员密集场所;③面积大于100 m²且经常有人停留的地上房间以及面积;④长度大于20 m的疏散走道;⑤地下或半地下建筑(室)地上建筑内的无窗房间,面积大于200 m²或一个房间面积大于50 m²,且经常有人停留或可燃物较多。

图10-7为北京京广大厦防排烟平面示意图。

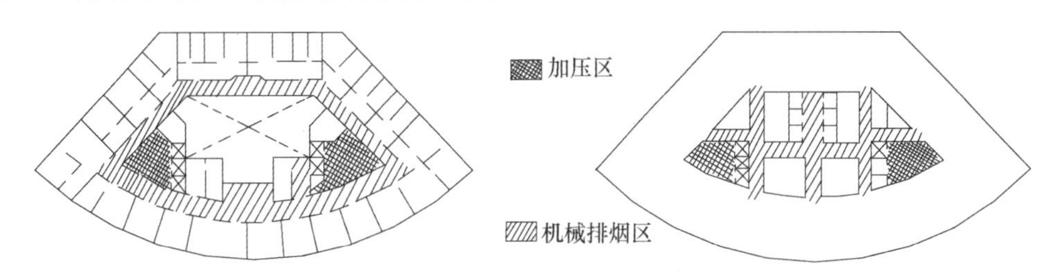

图10-7 北京京广大厦防排烟平面示意图①

10.5.3 防烟和排烟方式

高层建筑的防烟设施分为机械加压送风的防烟设施和可开启外窗的自然排烟设施,排烟设施分为机械排烟设施和可开启外窗的自然排烟设施。对建筑师而言,防排烟要求意味着可能需要根据设备专业的要求,设计加压送风管井、排烟管井和排烟口,有关管井的设计内容详见本书10.10“设备层与竖井”。

1)自然排烟

自然排烟是利用风压和火灾时产生的热压,通过可开启的外窗或排烟窗(包括在火灾发生时破碎玻璃以打开外窗)把烟气排至室外。《防火规范》规定:除建筑高度超过50 m的一类公共建筑和建筑高度超过100 m的居住建筑外,靠外墙的防烟楼梯间及其前室、消防电梯间前室和合用前室,宜采用自然排烟方式。

① 翁如璧.现代办公楼设计[M].北京:中国建筑工业出版社,1995.

用作自然排烟的部位一般是可开启外窗或专为排烟设置的排烟口,采用自然排烟的开窗面积应符合下列规定。

其一,防烟楼梯间前室、消防电梯间前室可开启外窗面积不应小于 2 m²,合用前室不应小于 3 m²。

其二,靠外墙楼梯间每 5 层可开启外窗总面积之和不应小于 2 m²,且布置间隔不大于 3 层。

其三,长度不超过 60 m 的内走道可开启外窗面积不应小于走道面积的 2%。

其四,需要排烟的房间可开启外窗面积不应小于该房间面积的 2%。

其五,净空高度小于 12 m 的中庭可开启的天窗或高侧窗的面积不应小于该中庭面积的 5%。

其六,排烟窗宜设置在上方,并应有方便开启的装置。要考虑排烟窗的构造方式,保证开启扇的实际面积达到防火要求。如不能满足排烟窗面积要求,则应设机械排烟,如图 10-8 所示。

此外,前室采用自然通风方式时,独立前室、消防电梯前室可开启外窗或开口的面积不应小于 2.0 m²,共用前室、合用前室不应小于 3.0 m²,可自然排烟,如图 10-9、图 10-10 所示。

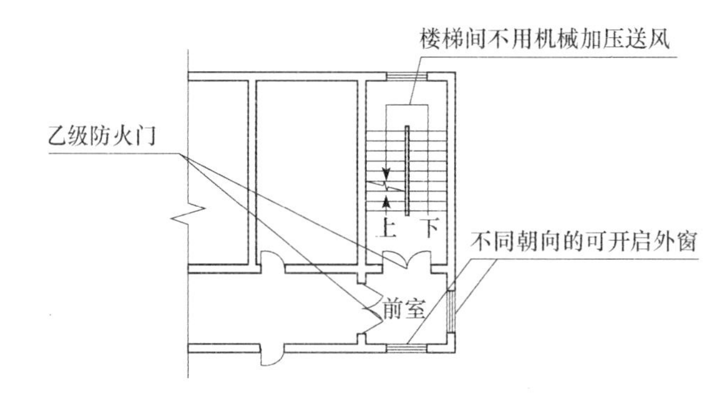

图 10-8 前室内有不同朝向的可开启外窗自然排烟

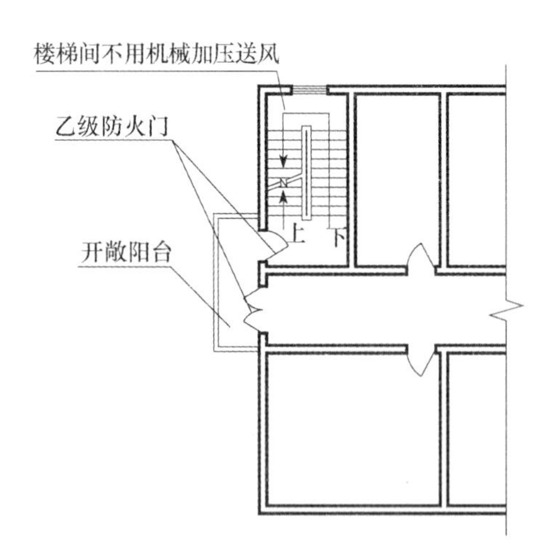

图 10-9 利用开敞阳台作前室的防烟楼梯间

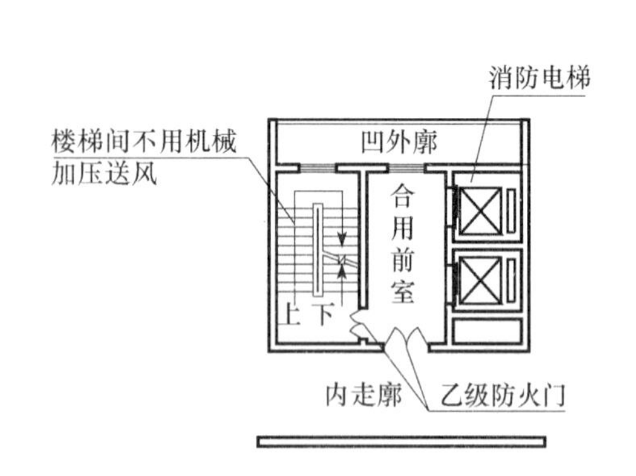

图 10-10 利用凹外廊作前室的防烟楼梯间

自然排烟不需要专门的排烟设备,但因受室外风向、风速和建筑本身的密封性或热压作用的影响,排烟效果不太稳定。例如,靠外墙有窗前室若要解决着火时迎风面窗口排烟受阻问题,需要在每个楼层高 2/3 以上的位置开高窗,在窗口外面加上装饰性的挡风板,即使窗口处于迎风面不利的情况下，也能顺利地通风和排烟。

2）机械防烟

机械防烟就是设置机械加压送风系统，通过设置加压井，增加该区域压力使烟气不侵入该区域，原则上不能自然排烟的疏散通道和封闭避难层(间)均应设置独立机械加压送风防烟设施。

如图 10-11 所示的排烟方式，防烟楼梯在两端，排烟口及竖井在走道中部，楼梯间及合用前室加压送风防烟，走廊排烟。这样不但可保证楼梯间无烟，并可大大减缓烟气向楼梯间的扩散速度，烟流向与人疏散走向相反，有利于人员逃生。

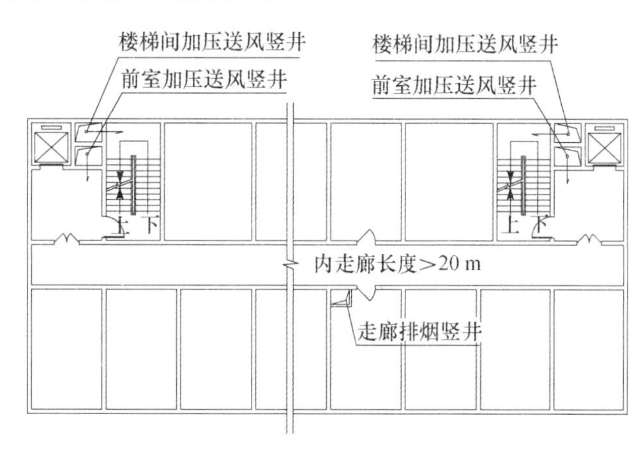

图 10-11　防烟楼梯间及前室加压送风竖井与走廊排烟竖井示意图

(1) 楼梯间及前室机械防烟的情况

高层建筑机械防烟的主要部位是疏散楼梯间及其前室，前室和楼梯间形式和位置以及建筑高度决定其是否需要机械防烟。对于高度超过 50 m 的公共建筑和高度超过 100 的居住建筑，无论有无外窗，均需要加压送风，且外窗皆为固定窗；对于高度 50 m 以下的公共建筑和建筑高度不超过 100 的居住建筑，有下列几种情况，建筑师酌情判断是否需要设置加压送风井。

其一，楼梯间入口处设开敞式凹廊或阳台，无论楼梯间有无外窗，楼梯间均不需要加压送风。不过，从环境、心理、安全等角度来看，高度超过 50 m 的公共建筑和高度超过 100 m 的居住建筑不宜设置建筑(开敞)阳台和外廊。

其二，楼梯间有外窗，而前室无外窗时，需在前室加压送风。

其三，楼梯间无外窗，而前室有外窗时，楼梯间应加压送风；但楼梯间无外窗，而前室有不同朝向外窗时，两者均不需要加压送风。

其四，楼梯间与前室均无外窗，只需对楼梯间加压送风。

其五，楼梯间和单用前室均有外窗时，两者均不需要加压送风；楼梯间和合用前室均有外窗时，一般不需要加压送风。

其六，无自然排烟条件时，消防电梯间单用前室应加压送风。

其七，高于 100 m 的建筑机械加压送风系统应竖向分段独立设置，每段高度不应超过 100 m。

其实，什么情况下疏散楼梯间需要机械加压送风，这是较为复杂的问题，首先要满足规范的要求，最终需要建筑师和设备工程师一起根据方案决定。设计中应特别注意，机械防烟与机械排烟不能混为一谈，也就是说，加压送风的前室和楼梯间不宜采用机械排烟设施，以防烟气被吸入前室和楼梯间。

(2) 机械防烟设计应注意的问题

在机械加压送风的防烟设计中,建筑师应注意下列几个问题。

其一,防烟楼梯间单用前室可只对防烟楼梯间加压送风,无自然排烟条件时,消防电梯间单用前室应加压送风;当采用合用前室时,楼梯间、合用前室应分别独立设置机械加压送风系统。

其二,独立设置的机械加压送风系统要求分别设置送风井(管)道,送风口(阀)和送风机。

其三,疏散楼梯间的送风量应大于前室的送风量,使疏散楼梯间压力高于前室,前室压力高于走道。反映在建筑设计上就是加压送风井断面大小的区别。

其四,楼梯间和前室的机械加压送风井原则上独立设置(图 10-12)。特别注意:采用剪刀楼梯时,两个楼梯间及其前室的机械加压送风系统应分别独立设置。过去的工程实践中,有剪刀楼梯合用一个加压送风井的做法,如图 10-13、图 10-14 所示,虽然风量按两个楼梯间风量计算,但属违规。

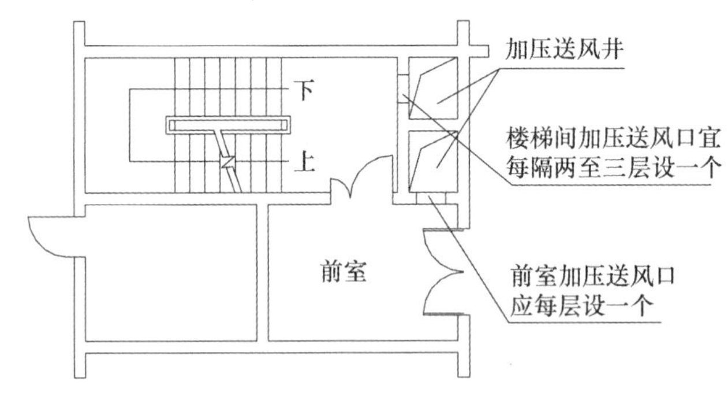

图 10-12 防烟楼梯和前室加压井和送风口的布置

图片来源:《〈建筑设计防火规范〉图示》(国家建筑标准设计图集)

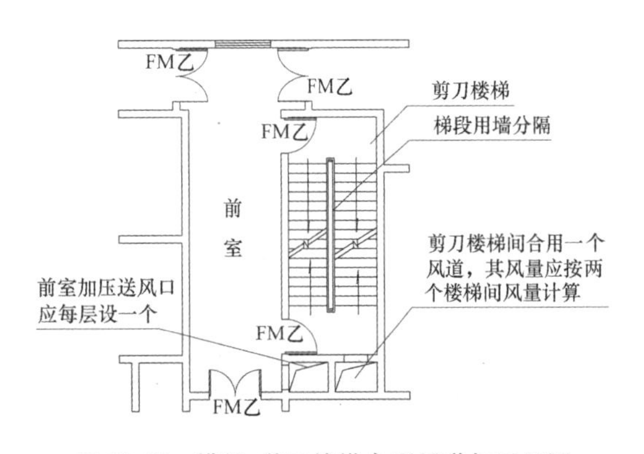

图 10-13 错例:剪刀楼梯合用风道加压平面

图片来源:《〈建筑设计防火规范〉图示》(国家建筑标准设计图集)

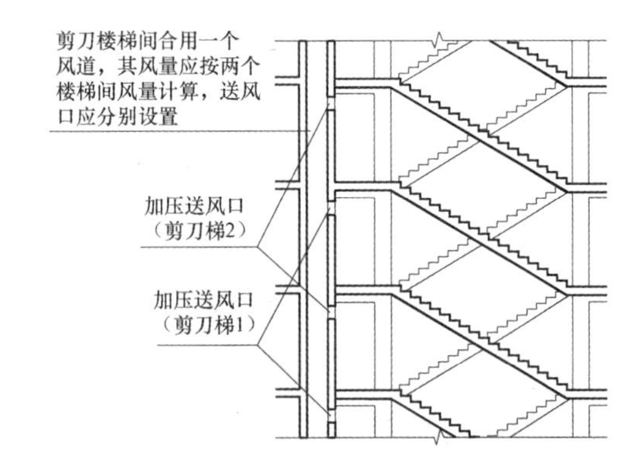

图 10-14 错例:剪刀楼梯合用风道加压剖面

由于楼梯间的送风量大于前室的送风量,楼梯间的送风井逻辑上也应大过前室的送风井且前室和楼梯间余压不同,风井不能合并设置,可直接采用砌体或混凝土风井和管井作风道,设计时切不可忽视加压井送风口的布置。

3）机械排烟设施

机械排烟设置专用的排烟口、排烟管道及排烟风机，把火灾产生的烟气与热量排至室外。进风可以为自然补风或机械补风。

机械排烟系统由排烟口、防火排烟阀、排烟风机、排烟风管或竖井、排烟出口、报警及控制系统组成。机械排烟分为局部排烟和集中排烟：局部排烟是在每个房间设置排烟风机排烟；集中排烟是将建筑物划分为若干个排烟分区，在每个区单设或若干个区合设排烟风机。

走道的机械排烟系统宜竖向设置，房间的机械排烟系统宜按防火分区设置，机械排烟系统与通风、空气调节系统宜分开设置。若合用时，必须采取可靠的防火安全措施，并应符合排烟系统要求。设置机械排烟的地下室，应同时设置送风系统。

机械排烟系统应采用管道排烟，且不应采用土建风道，排烟管道应采用不燃材料制作且内壁应光滑。

排烟口的设置应按《防排烟规范》标准第 4.6.3 条经计算确定，且防烟分区内任一点与最近的排烟口之间的水平距离不应大于 30 m。除《防排烟规范》标准第 4.4.13 条规定的情况以外，排烟口的设置尚应符合下列规定：

①排烟口宜设置在顶棚或靠近顶棚的墙面上。

②排烟口应设在储烟仓内，但走道、室内空间净高不大于 3 m 的区域，其排烟口可设置在其净空高度的 1/2 以上；当设置在侧墙时，吊顶与其最近边缘的距离不应大于 0.5 m。

③对于需要设置机械排烟系统的房间，当其建筑面积小于 50 m^2 时，可通过走道排烟，排烟口可设置在疏散走道；排烟量应按本标准第 4.6.3 条第 3 款计算。

④火灾时由火灾自动报警系统联动开启排烟区域的排烟阀或排烟口，应在现场设置手动开启装置。

⑤排烟口的设置宜使烟流方向与人员疏散方向相反，排烟口与附近安全出口相邻边缘之间的水平距离不应小于 1.5 m。

10.5.4　加压送风风机及排烟风机的机房

在能满足要求的前提下，加压送风可采用安装方便的轴流风机，一般无需单独设置风机房，但进风口的位置应避免吸入烟气。

垂直布置的排烟系统的风机应安装在最高一个排烟口的上方，排烟风机房一般设在屋面，机房门应采用甲级防火门。如果采用轴流式排烟风机，一台风机的机房面积一般有 3 m×3 m 即可。

10.6　高层建筑给排水

10.6.1　给水系统

高层民用建筑室内给水系统包括生活给水系统和消防给水系统。其中生活给水系统又分为生活饮用水系统、杂用水系统及中水系统；消防给水系统又分为消火栓给水系统与自动喷水灭火系统。

1）系统特征

高层建筑给水系统由引入管、水表节点、管道系统、给水附件、加压和储水设备和消防设备等组成。其中，加压和储水设备是在外部给水管网的水压或流量经常或间断不足，不能满足室内给水要求时才设置。常用加压和储水设备有贮水池、高位水箱或水塔、水泵装置等。

2）竖向分区

为了降低管道中的静水压力，消除或减轻上述弊端，当建筑达到一定高度时，给水系统需作竖向分区，即在建筑物的垂直方向按一定高度依次分为若干个供水区域，每个供水区域分别组成各自独立的给水系统。

当建筑高度较大时，应使高区与低区在水力系统上彻底分开。一般高层建筑的低层部分作为一个独立供水分区采用市政管网直接供水。特别是游泳池、洗衣房、锅炉房等用水量大，采用市政管网直接供水可以节省能量，保证供水安全。

10.6.2 给水方式

高层建筑给水方式的基本特征是分区和加压。高层建筑竖向分区给水方式有高位水箱给水方式、无水箱给水方式和气压罐给水方式等，其与建筑的关系主要体现在是否设置高位水箱和泵房的位置选择两方面。其中，是否设置高位水箱对高层建筑顶部造型有一定的影响，但不会根据顶部造型的需要决定高层建筑的给水方式。

1）高位水箱给水方式

高位水箱给水方式就是各分区的供水均由高位水箱供给，具体可分为串联给水方式、并联给水方式和减压给水方式，如图 10-15 所示，其中常用的是并联给水方式。

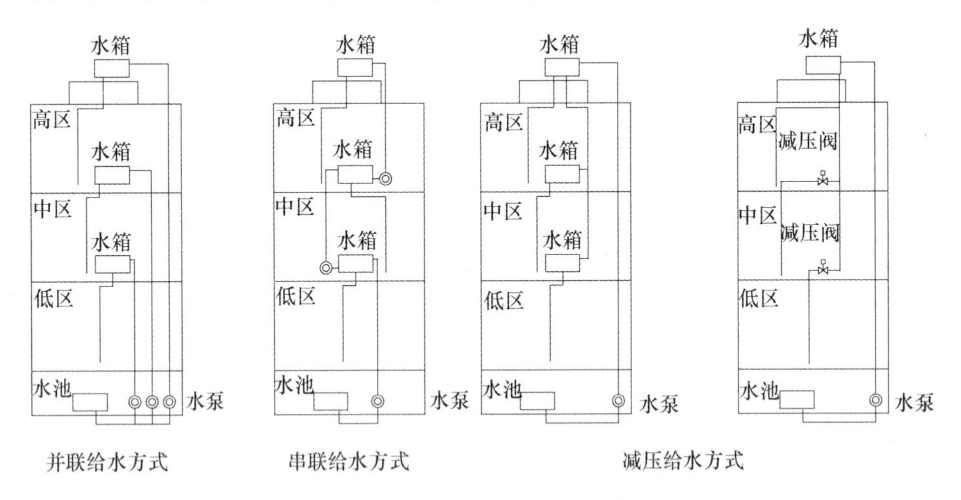

图 10-15　高位水箱给水方式

(1) 串联给水方式

各分区均设有水泵和水箱，上区水泵从下区水箱中抽水供上区用水。这种方式适用于允许分区设置水箱和水泵的高层建筑，在实际工程中应用并不多。

(2) 并联给水方式

各分区独立设置水箱和水泵，水泵集中布置在建筑底层或地下室，各区水泵独立向各区的水箱供水。水泵集中布置，便于维护管理，水泵效率高，能源消耗较小；水箱分散设置，各区水箱容积小，有利于结构设计。可见这种方式各区独立运行，互不干扰，供水安全可靠；其缺点为管材耗用较多，需要高压水泵和管道，设备费用较高，且水箱需占用楼层的使用面积。

由于这种方式优点显著，因而在允许分区设置水箱的高层建筑中被广泛采用，但因为高区水泵、管道及配件承受压力较大，水锤影响比较严重，超高层建筑中不宜盲目采用。

（3）减压给水方式

减压给水方式分为减压水箱给水方式和减压阀给水方式。减压水箱给水方式通过各区减压水箱实现减压供水，其优点是水泵台数少，管道简单，投资较省，设备布置集中，维护管理简单；其缺点是下区供水受上区供水限制，供水可靠性不如并联供水方式，此外，建筑内全部用水均要经水泵提升至屋顶总水箱，不仅能源消耗较大，而且水箱容积大，对建筑的结构和抗震不利。减压阀给水方式的工作原理与减压水箱给水方式相同，只是用减压阀替代减压水箱进行减压供水。这种方式与减压水箱给水方式相比，其最大优点是节省了建筑的使用面积。

2）无水箱给水方式

无水箱给水方式通常是各分区单独设置变速水泵，或采用多台水泵并联和分级供水的方式向各分区供水，水泵集中在建筑物的底层或地下室中，水泵的转速或运行台数及级数根据水泵出水量或水压调节。

无水箱给水方式主要有无水箱并联给水和无水箱减压阀给水两种方式（如图 10-16 所示）。无水箱并联给水适用于建筑高度不超过 100 m 的高层建筑，对建筑高度超过 100 m 的高层建筑，若仍采用并联供水方式，其输水管道承压过大，存在安全隐患，而串联供水可化解此矛盾。特别注意，多台水泵并联和分级供水的方式只适用于用水量较大的高层建筑群，不宜用于单体高层建筑，无水箱给水方式的单体高层建筑可各分区单独设置变速水泵。

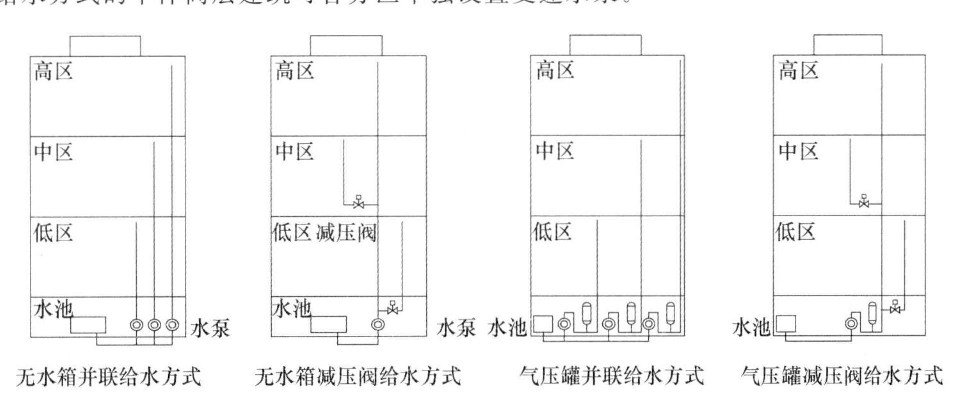

图 10-16　无水箱给水方式和气压罐给水方式

3）气压罐给水方式

气压给水设备是利用密闭压力罐内空气的可压缩性进行储存、调节和压送水量的装置，其作用与屋顶水箱或水塔相同，气压水罐的调节容积和总容积经计算确定。

高层建筑气压罐给水方式主要有气压罐并联给水方式和气压罐减压阀给水方式（如图 10-16 所示）。气压罐并联给水方式是将各分区的气压给水设备集中设于建筑物地下室或某一合适的场所，然后通过独立管道向各分区供水；无需设置高位水箱，不适于用水量大、层数多的高层建筑。

10.6.3 消防给水

1) 消防给水系统

消防给水系统按范围分类如下。

①独立高压(或临时高压)消防给水系统,每幢建筑设置独立的消防给水系统。

②区域或集中高压(或临时高压)消防给水系统,即两幢或两幢以上高层建筑共用一个泵房的消防给水系统。

2) 室内消防给水系统设计要点

其一,按管网服务范围,室内消防给水系统可分为独立式和集中式两种:每幢高层建筑设一个室内消防给水系统为独立式;在一个区域内若干幢高层建筑,合设一个消防给水系统的为集中式。

其二,建筑高度不超过 50 m 的建筑物,消防给水系统在垂直方向不分区;超过 50 m 时,室内消防给水系统难以从一般消防车得到供水支援,为加强供水安全和保证灭火用水,在垂直方向宜分区,即屋面及中间层各设两个消防水箱。

3) 消火栓灭火系统

除了不能用水扑救的部位,高层民用建筑必须设置室内及室外消火栓灭火系统。

由于高层建筑消火栓消防用水量对设备空间的影响较小,有关要求请查阅相关规范,这里主要讨论消火栓的布置。

(1) 室外消火栓的布置

室外消火栓的数量应按《防火规范》规定的用水量经计算确定,每个消火栓的用水量应为 10～15 L/s。室外消火栓应沿消防道路均匀布置,消火栓距离路边不宜大于 2 m,距建筑物外墙不宜小于 5 m,但不宜大于 40 m,在此范围内的市政消火栓可计入室外消火栓的数量。

(2) 室内消火栓的布置

《防火规范》规定,除无可燃物的设备层外,高层建筑和裙房的各层均应设室内消火栓,并应符合下列规定。

其一,消火栓应设在走道、楼梯附近等明显易于取用的地点,消火栓间距应保证同层任何部位都有两个消火栓的水枪充实水柱同时到达。消火栓的间距应由计算确定,且高层建筑中不应大于 30 m,裙房中不应大于 50 m。

其二,注意消防电梯前室应设消火栓。高层建筑的屋顶应设一个装有压力显示装置的检查用的消火栓,采暖地区可设在顶层出口处或水箱间内。

其三,消火栓栓口离地面高度宜为 1.1 m,栓口出水方向宜向下或与设置消火栓的墙面垂直。建筑应预留消火栓箱的安装孔。消火栓箱的外形尺寸(宽×高×厚)一般为 650 mm×800 mm×240 mm～700 mm×1 200 mm×280 mm。

10.6.4 给水设备用房设计

给水设备用房设计内容包括确定水泵房、热交换室、洗衣房、污水处理站、循环水处理等设备用房的位置和面积,确定水池、水箱、游泳池、喷水池的位置和容积,确定各管道竖井的位置及其平面尺寸以及确定预留孔洞位置及尺寸。水泵房、水池、水箱、洗衣房、污水处理房的参考面积和层高要求见表 10-3。

表 10-3　水泵房、水池、水箱、洗衣房、污水处理房参考面积和层高要求[①]

建筑面积/m^2	总用水量/(m^3/d)	消防水量/(m^3/d)	贮水池有效容积/m^3	高位水箱最小有效容积/m^3	水泵房和贮水池的面积关系		洗衣房		污水处理房面积/m^2
		括号内数值为不计室外水量			水泵房/m^2	贮水池/m^2	面积/m^2	层高/m^2	
5000	180	860(540)	880(557)	27	30	260(170)	—	3.6	—
10000	340	860(540)	898(574)	35	36	270(175)	—	3.6	—
15000	510	860(540)	915(590)	44	40	270(180)	150	3.6	—
20000	580	860(540)	932(608)	52	40	280(185)	200	3.6	150
25000	800	860(540)	944(620)	58	45	280(190)	250	4.0	150
30000	960	860(540)	960(636)	66	45	285(190)	300	4.0	200
35000	1120	860(540)	976(652)	74	50	290(195)	350	4.0	200
40000	1200	860(540)	984(660)	78	50	290(200)	400	4.0	200
45000	1350	860(540)	999(675)	86	55	295(200)	430	4.0	240
50000	1500	860(540)	1014(690)	93	60	300(205)	460	4.2	240
55000	1540	860(540)	1016(694)	96	65	300(210)	500	4.2	280
60000	1680	860(540)	1032(708)	102	70	305(210)	540	4.2	280
65000	1700	860(540)	1034(710)	105	70	305(210)	580	4.2	300
70000	1820	860(540)	1046(722)	109	75	310(215)	600	4.2	300

注：①本表根据国内外大量工程实例统计而得，主要统计对象是高层旅馆综合楼及少量办公楼。

②本表是按高度大于 50 m 的一类建筑计算的，对于高度在 50 m 以下的一类建筑或二类建筑，则可按计算减少。

③表中污水处理房面积指采用生物转盘法所需面积。

④表中的数值基本为综合平均值，括号内数值为不计室外水量时的情况。各种数值与地区及设计方案等因素有关，仅供参考。

1）水泵房

本节只讨论生活给水及消防水泵房，空调用水泵用房一般和制冷机房合并。

(1) 水泵房的设置要求

水泵有生活泵和消防泵之分，一般规模情况下两者合用机房，但需要按消防泵的要求设置。附设在高层建筑内的消防水泵房不应置于地下三层及以下或室内地面和室外地坪高差大于 10 m 的出入口，要求直通室外的出入口或要求其疏散门靠近安全出口，且有防止水淹的措施，图 10-17 为消防水泵房的防火要求示意。

高层建筑中的水泵房一般设在地下室，没有地下室时则设在建筑首层，一般与冷冻机房相邻或靠近，但不应设在有防震或有安静要求的房间上方、下方或贴邻，同时应保证和贮水池有一定的

① 钟朝安. 现代建筑设备[M]. 北京：中国建材工业出版社，1995.

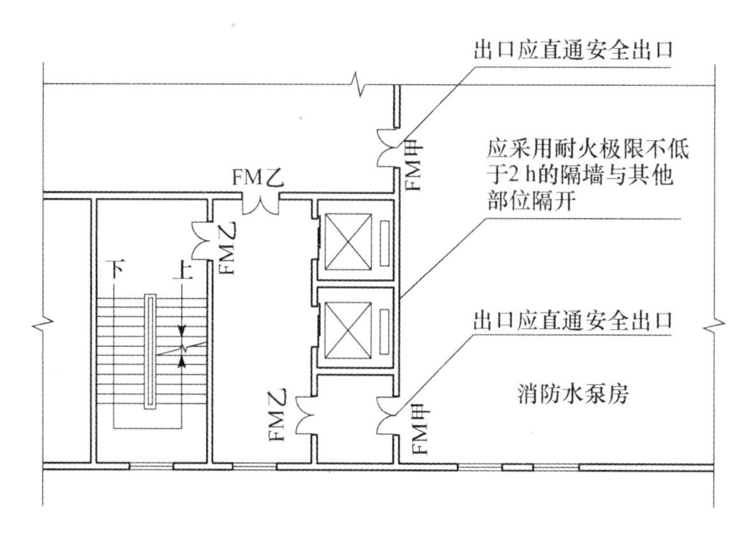

图 10-17 消防水泵房的防火要求示意图

图片来源:《〈建筑设计防火规范〉图示》(国家建筑标准设计图集)

共墙长度(初学者往往忽略这一点);水泵房应靠近供电中心布置,但严禁布置在电气用房上方。上下都有水泵房时,应尽可能布置在同一垂直位置上。此外,生活水泵房的上方不应有厕所、浴室、盥洗室、厨房和污水处理间。

(2) 水泵机组

水泵机组是指水泵与电动机的联合体,或已安装在金属座架上的多台水泵组合体。水泵机组一般分为"一用一备"两组,在平面布置上与分为两格的贮水池相对应。

水泵房内一般按供水分区情况每区设补给水泵 2 台(一用一备),消火栓系统加压泵 2 台以上(一台备用),自动喷水系统加压泵 2 台以上(一台备用)。如高位水箱高度不能满足顶层消防水压要求,则还应设消防系统增压水泵,水泵平面布置图如图 10-18 所示。

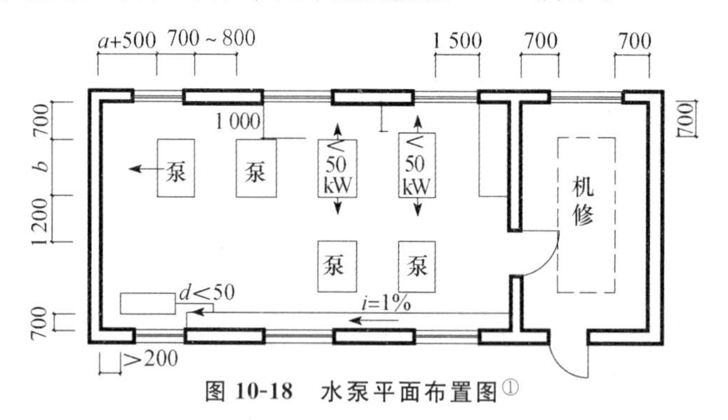

图 10-18 水泵平面布置图①

水泵布置的基本要求为:一是泵房内宜有检修水泵的场地,水泵基础侧边距离不得小于 0.7 m;二是水泵基础端边距墙面不得小于 1 m,并能抽出电机转子;三是水泵基础至少应高出地面 0.1 m。此外,水泵机组的布置,还与电动机额定功率有关,应符合表 10-4 的规定。

① 张树平,郝绍润,陈怀德.现代高层建筑防火设计与施工[M].北京:中国建筑工业出版社,1998.

表10-4 水泵机组外轮廓面与墙和相邻机组间的间距

电动机额定功率/kW	水泵机组外廓面与墙面之间的最小间距/m	相邻水泵机组外廓面之间的最小间距/m
≤22	0.8	0.4
>25,<55	1.0	0.8
≥55,≤160	1.2	1.2

注:水泵侧面有管道时,外轮廓面计至管道外壁面。

同时,建筑物内的给水泵房还应采用减振防噪措施,水泵基础、吸水管、出水管处均应考虑隔振、减噪的构造处理措施(消防水泵除外)。管道管外底距地面或管沟底面的距离,当管径不大于150 mm时,不应小于0.2 m;当管径不小于200 mm时,不应小于0.25 m。水泵房的地面应有积水、排水措施,如排水沟、积水坑、排水泵等,水泵房通风应良好,不得结冻。

2)贮水池

(1)基本特征

贮水池是各类水池和水箱的统称。在城市给水管网不能满足流量要求时,应在室内地下室或室外泵房附近设置贮水池以补充水量。高层建筑用水量大,一般不允许水泵从市政管网直接抽取供水,以免降低市政管网中的压力,因此高层建筑需要设置贮水池。吸水井可以看作一种特殊形式的贮水池,在市政供水量可以满足建筑最大供水要求时,可设吸水井解决压力提升的要求。

高层建筑的贮水池分为生活水池和消防水池(初学者往往忘记区分)。当市政给水管道和进水管或天然水源不能满足消防用水量,或市政给水管道为枝状或只有一条进水管(二类居住建筑除外)时,应设消防水池。消防水池的总容量超过500 m^3时,应分成两个能独立使用的消防水池。

(2)容量计算

贮水池(箱)的有效容积与水源的供水能力,和用水量变化情况以及用水可靠性要求有关,包括调节水量、消防贮备水量和安全用水量三部分,一般按下式计算;当资料不足时,宜按最高日用水量的20%~25%确定。

$$V_y \geqslant (Q_b - Q_g)T_b + V_x + V_s$$

$$Q_g T_t \geqslant (Q_b - Q_g)T_b$$

式中 V_y——贮水池的有效容积(m^3)(估算时,可查表10-2);

Q_b——水泵出水量(m^3/h);

Q_g——水源的供水能力(m^3/h);

T_b——水泵运行时间(h);

T_t——水泵运行间隔时间(h);

V_x——消防贮备水量(m^3);

V_s——安全贮备水量(m^3)。

水源的供水能力应满足下式的要求:

$$Q_g \geqslant \frac{T_b}{T_b + T_t} Q_b$$

式中 T_t——水泵运行的间隔时间(h)。

下面举例说明消防贮水池的容积计算。

【案例 4】一座建筑面积为 20 000 m^2 的 20 层旅馆综合楼，试计算其消防贮水池的容积。

【解】屋顶水箱补给水泵流量 $Q_g=50\ m^3/h$；

室外管网的供水能力 $Q_g=50\ m^3/h$；

消防贮备水量 V_x(延续时间 3 h)。

室内消火栓 $144\times3=432(m^3)$(40 L/s,3 h)

室外消火栓 $108\times3=324(m^3)$(30 L/s,3 h)

自动喷水 $108\times1=108(m^3)$(30 L/s,1 h)

$V_x=432+324+108=864(m^3)$

分设两个贮水池，每个长×宽×高=12.8 m×10 m×3.5 m

(3) 设计要点

贮水池设进水管、出水管、溢流管、泄水管和信号装置，如图 10-19、图 10-20 所示，设计要点如下。

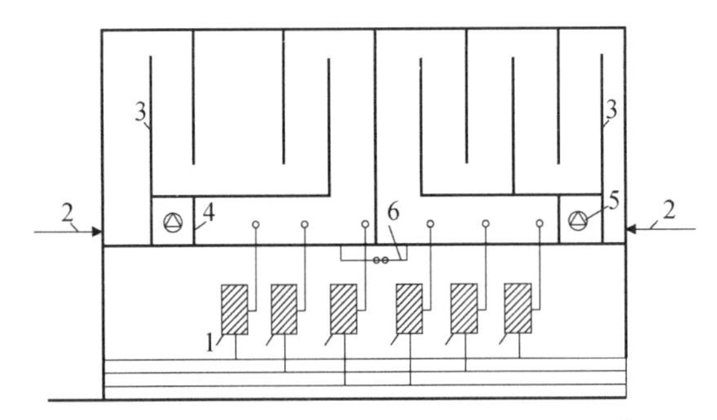

图 10-19　蓄水池及泵房平面布置示意图①

1—给水泵；2—水池进水管；3—导流板；4—溢流板；5—潜水泵；6—连通管

其一，可利用游泳池、喷泉水池等兼作消防水池。消防用水与其他用水共用的水池，应采取确保消防用水量不作他用的技术措施，但生活水池不能与其他水池兼用。注意：寒冷地区的消防水池应采取防冻措施。

其二，高层建筑贮水池一般多设在地下室。生活贮水池上方不应有厕所、浴室、盥洗室、厨房和污水处理间，与化粪池的净距离不小于 10 m。设在屋顶上的贮水池不宜设置在电梯机房上方。

其三，贮水池体应采用独立结构形式，不得利用建筑本体结构作为池壁，水泵房地面宜低于水池地面。生活水池一般与消防水池分开设置。为在不中断供水的情况下，便于水池的清洗和维修，贮水池宜设计为两个独立的水池，并以连通管相连，保证两池可并联工作。

其四，贮水池内宜设有水泵吸水坑，吸水坑的大小和深度应满足吸水管的安装要求。贮水池的设置高度应考虑水泵吸水，尽量设计成自灌引水(即引水管低于水泵进水轴线标高)。供消防车取水的消防水池应设取水口或取水井，其水位应保证吸水高度小于 6 m，取水口(井)距高层外墙距离应大于 5 m 且小于 100 m。当水池距地面高度超过 6 m 时，应在水池旁设专用水泵，从水池抽水送至室外取水井，取水井直径一般为 1.2 m。

---

① 刘建荣.高层建筑设计与技术[M].北京：中国建筑工业出版社，2005.

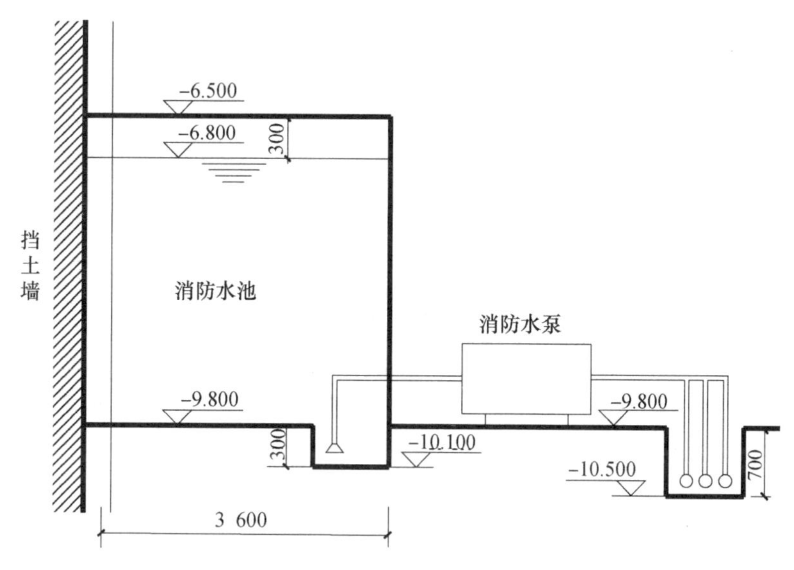

图 10-20　贮水池、水泵房剖面图①

3）高位水箱

（1）基本特征

高位水箱是贮水池的一种。水箱上设有进水管、出水管、泄水管、通气管、溢流管、透气管、水位计、人孔、爬梯等附件。高位水箱形状相对规整，平面形状有长方形、方形、圆形等。水箱布置间距要求如图 10-21 所示。

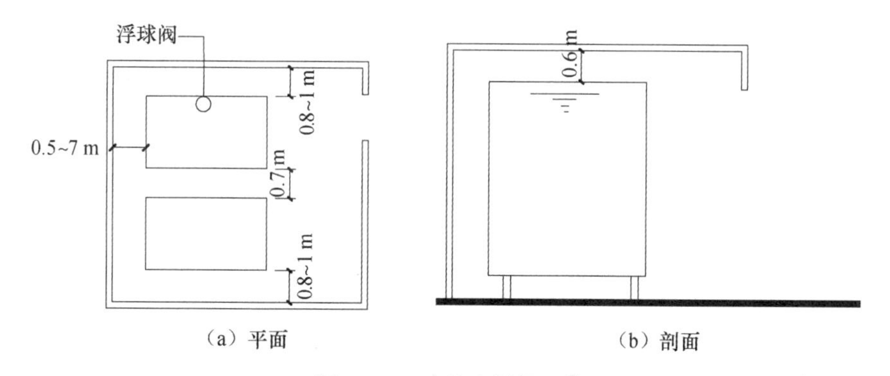

图 10-21　水箱布置间距②

设置高位水箱的目的是保证给水系统中的最高水压和最低水压，设不设高位水箱要看是否需要临时高压供水。采用高压给水系统时，可不设高位消防水箱，但采用临时高压给水系统时，亦应设高位消防水箱；高位水箱最高层水压不能满足要求时，需采用气压水箱、变频调速水泵等加压措施；最低层水压超过限定值，则应采用减压或分区设水箱措施。

① 刘建荣. 高层建筑设计与技术[M]. 北京：中国建筑工业出版社，2005.
② 刘建荣. 高层建筑设计与技术[M]. 北京：中国建筑工业出版社，2005.

消防用水出水管上应设止回阀。高位水箱很容易造成水质的二次污染,因而水箱应有补充消毒设施,最好将生活用水箱及消防水箱分开设置,并将每种水箱分成两格,以便清洗时不致停水。水箱布置的间距要求如图 10-22、图 10-23 所示。

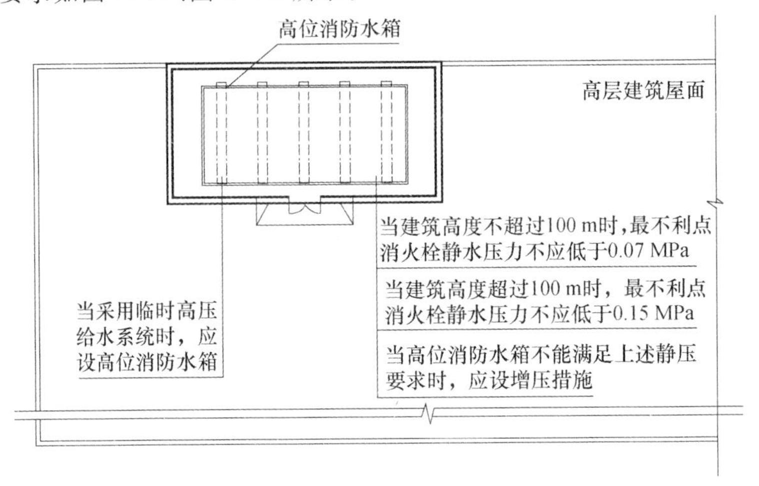

图 10-22 高位消防水箱平面示意

图片来源:《〈建筑设计防火规范〉图示》(国家建筑标准设计图集)

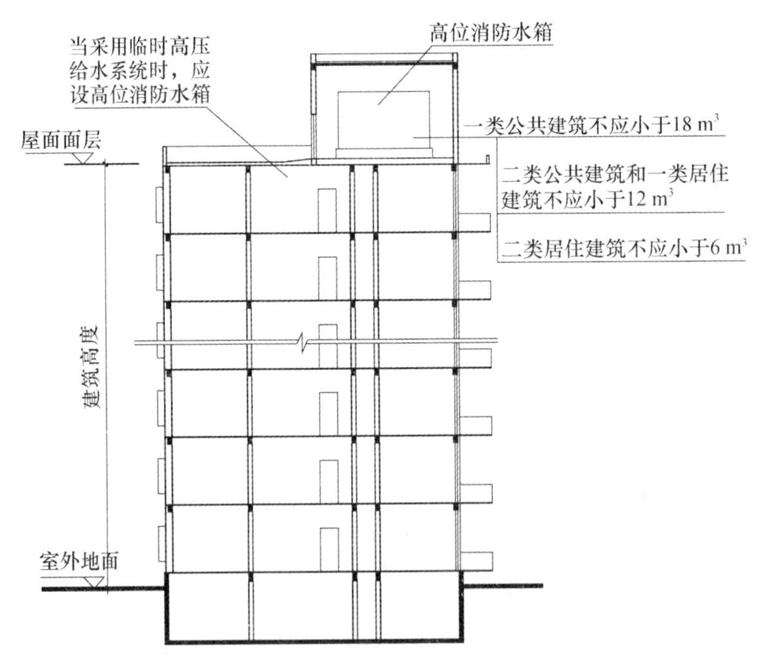

图 10-23 高位消防水箱剖面示意

图片来源:《〈建筑设计防火规范〉图示》(国家建筑标准设计图集)

(2) 高位水箱的容量

高位水箱可贮存一定生活和消防用水。由城市给水管网夜间直接进水的高位水箱,其生活用水调节容积,宜按用水人数和最高日用水定额确定;水泵联动提升进水的水箱,其生活用水调节容积，不宜小于最大用水时水量的 50%。

高位消防水箱的消防储水量要求如下：一类公共建筑不应小于 18 m^3；二类公共建筑和一类居住建筑不应小于 12 m^3；二类居住建筑不应小于 6 m^3。对于一类高层旅游综合体高位水箱的最小有效容积，可直接查表 10-2。

(3) 保证高位水箱系统最低水压

确定水箱高度及是否在不同高度分区设水箱的主要原则为：一是保证距水箱近处的用水点的最低压力不小于规定值；二是保证距水箱最远处用水点的压力不超过规定值。

①生活用水：为保证生活用水的基本水压(根据不同情况，一般为 0.03～0.07 MPa)，不能满足时，应设管道增压措施，高位水箱位置至少应高于最高用水点 7 m，水龙头和大便器流出水头应为 2 m；而距水箱最远的最低层用水点的压力，对旅馆等宜控制在 0.3～0.35 MPa，对其他建筑宜控制在 0.35～0.4 MPa 范围内。

②消防用水：当建筑高度不超过 100 m 时，高层建筑最不利点(顶层)消火栓静水压力不应低于 0.07MPa，即高位消防水箱位置不应低于 7m；当建筑高度超过 100 m 时，高层建筑最不利点(顶层)消火栓静水压力不应低于 0.15 MPa，即高位消防水箱不应低于 15 m。当高位消防水箱不能满足上述静压要求时，应设增压设施。

(4) 保证高位水箱系统不超过最高水压

在供水系统垂直分区的下部，可能会出现水压值高于最高限值，此时应采取的措施有减压水箱和减压阀，其中减压水箱是在一个垂直分区的下部设减压水箱，屋顶水箱的水输入到减压水箱，使下部的水压降低。此方法的缺点是全部水都要输送到屋顶，导致水泵耗能大，且水箱占用的建筑空间较多。但此方法投资相对较省，且管路简单。

10.6.5　排水系统

一个完整的室内排水系统由卫生器具、排水管系统、通气管系统、消能器材、清通设备、污水抽升设备及污水局部处理设备等部分组成，高层建筑管道长度特别要保证排水畅通和良好的排气。除了卫生器具的选择，排水系统设计时还应注意如下要点。

(1) 通气管系统

规范要求 10 层及 10 层以上高层建筑的生活污水立管宜设置专用通气立管。其中，连接 4 个及 4 个以上卫生器具且横支管长度大于 12 m 的排水横支管，连接 6 个及 6 个以上大便器的污水横支管，以及设有器具通气管的排水管段，均应设置环形通气管。

(2) 排水坑

①消防电梯井道排水：消防电梯井道内的水通过消防电梯井道集水坑和排水泵排除。一般集水坑设于消防电梯井道外侧或其附近，用管道将集水坑与消防电梯井道相连通。集水坑容积不得小于 2 m^3，其底部标高一般比消防电梯井道底低 1.5 m 左右，集水坑内的水由潜水泵或离心泵排出。

②地下车库排水：地下车库的排水一般采用明沟加铸铁排水栅系统。地下车库一般面积较大，排水明沟的最大深度控制在 200～300 mm，最小坡度为 5‰。集水坑容积与排水量视泵组工作情况而定。

(3) 污水处理房

高层建筑的生活污水在没有条件排入城市的集中处理站时,需自行设置污水处理站。污水处理站一般设在裙房的底层或地下室的边缘。

10.7 高层建筑供配电

10.7.1 供配电系统

1) 高层建筑主要用电设备

高层建筑用电设备具有用电量大和供电可靠性要求高的特点。高层建筑中,特别是空调设备用电负荷大,负荷密度高。高层公共建筑和商住楼的负荷密度都在 60 W/m^2 以上,有的高达 150 W/m^2。即便是高层住宅或公寓,其负荷密度也有 20～60 W/m^2。

2) 电力负荷分级及其对电源的要求

根据供电可靠性要求和中断供电对人身安全、经济损失上所造成的影响程度,电力负荷等级分三级,在一级负荷中将当中断供电会发生中毒、爆炸和火灾等情况的负荷,以及特别重要场所的不允许中断供电的负荷视为特别重要的负荷。

高层建筑中的消防控制室、消防水泵、消防电梯、防烟排烟设施、火灾自动报警、自动灭火系统、应急照明、疏散指示标志和电动防火门、窗、卷帘、阀门等消防用电,一类高层建筑应按一级负荷要求供电,二类高层建筑应按二级负荷要求供电;高层建筑中的监控和计算机及保安系统用电设备、生活水泵、客梯等应按二级负荷以上要求供电,空调负荷,住宅用电一般为三级负荷。

一级负荷应由两个独立电源供电,当一个电源发生故障时,另一个电源不能同时出现故障;一级负荷中,特别重要的负荷还必须增设应急电源,应急电源可以采用独立于正常电源的发电机组或 EPS(Emergeney Power Supply,紧急电力供给)电源;二级负荷宜由两回路供电,当发生变压器或电力线路常见故障时,不致中断供电或中断后能迅速恢复;三级负荷对供电电源无特殊要求。

3) 供配电系统的组成

建筑供配电系统是从建筑物引入电源端到为建筑物所有用电设备供电的配电线路和电气设备,如图 10-24 中的虚线框部分所示。图 10-25 为高层旅馆供配电系统示意图。

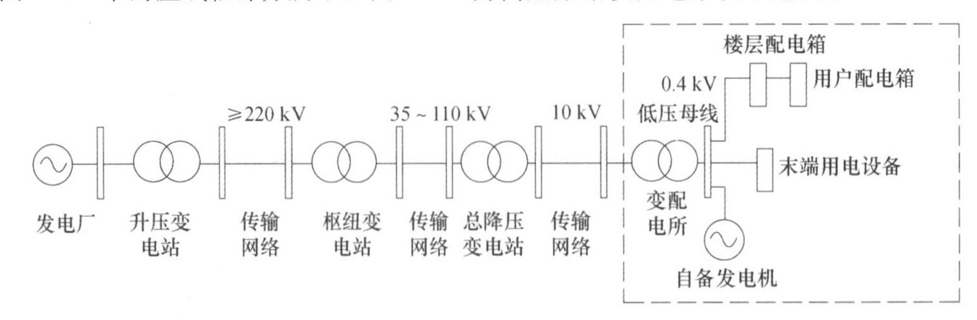

图 10-24 供配电系统示意图

用电设备额定电压为 380/220 V(三相/单相),电梯、水泵、空调机组等动力设备采用 380 V 三相电源,照明设备采用 220 V 单相电源。

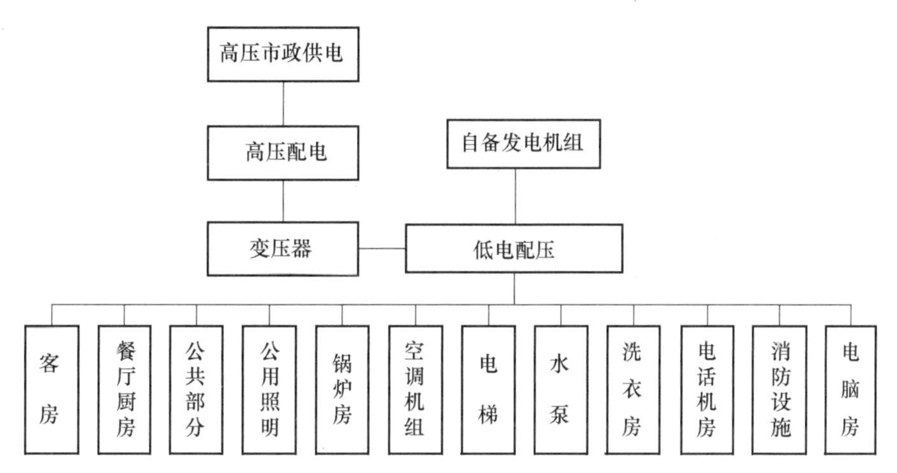

图 10-25 高层旅馆供配电系统示意图①

高层建筑采用高压供电方式。供电电源常常取自 35 kV 区域变电站，一般高层建筑引入 10 kV高压电源。高压电源经配电变压器降压至低压 400/230 V。

发电机组或 EPS 电源设备提供 400/230 V 应急电源。应急电源与城市供电电源不允许并列运行，当市电电网停电时，一类高层建筑要求备用发电机能在紧急状态下自动启动，并能在 30 s 内带负荷运行；当市电恢复或紧急状态消除时，机组能自动停机。

在高层建筑中应设置变配电所，通过变配电所中高压开关设备、变压器、低压开关设备、电力电容器等设备组成供配电网络，应急电源输出电压接入低压网络，与市电电源共同组成可靠的电源供配电系统。

10.7.2 变配电所的建筑设计

变配电所是建筑供配电系统的枢纽，10 kV 供电电源引入到变配电所，在变配电所完成降压、电能分配等功能，为建筑物内的用户和用电设备提供电源。高层建筑变配电所中采用成套设备装置，一般设有高压配电室、低压配电室、变压器室，当负荷较大或负荷重要时，可设置专用控制室或值班室。某大楼配电室内景如图 10-26 所示。有的城市为了便于产权和管理，要求高压分界室一般设于地下室靠外墙处，面积约 20 m^2。

1）变配电所的位置

变配电所应尽可能靠近负荷中心或大容量用电处和电源侧。变配电房应相对集中，同层布置，高层建筑的变配电所宜布置在首层或地下一层靠外墙部位，实际工程中多为地下一层，并应设置独立的出口；超高层建筑用电容量大，供电距离长，线路电压降增大，应设多个变配电所，其可布置在避难层、技术层或顶层，但严禁选用装有可燃性油的电气设备，同时应注意解决好设备的垂直搬运和电缆敷设问题。

变配电所位置的设置要便于进出线，便于设备运输，不应设在下列场所：一是剧烈振动、高温、高湿的场所；二是厕所、浴室、厨房、洗衣房等经常积水、漏水房间的正下方和贴邻；三是爆炸、火灾

① 郝树人. 现代饭店规划与建筑设计[M]. 大连：东北财经大学出版社，2004.

危险场所的正上、正下方,有腐蚀性气体的场所;四是有防电磁干扰要求的设备或机房相邻或位于正上方和正下方;五是地下室最底层,此外,当地下室仅有一层时,应适当抬高室内地面标高,同时在设备间、电缆夹层、电缆沟等处采取防水排水措施,避免洪水或积水从其他管道淹没变配电所的可能性;六是在通风、散热不好的位置,无条件时应设机械进排风;七是建筑物的变形缝处。

图 10-26　某大楼配电室内景

2) 柴油发电机房

在高层民用建筑中,自备发电机容量约为全楼电力变压器总装机容量的 10%～20%。高层建筑应急电源可采用 EPS 电源、燃气发电机组和柴油发电机组,目前广泛采用的是柴油发电机组。

(1) 位置

自备应急发电机房宜靠近大容量负荷或与变电所的低压配电室相邻,不应设在厕所、浴室、厨房、洗衣房等经常积水、漏水房间的正下方或贴邻。一般不宜设在民用高层建筑内,如受条件限制,可布置在高层建筑首层、地下一层或地下二层,但不应布置在地下三层及以下,不应布置在人员密集场所的上下层或贴邻,并有通风、防潮、排烟、消声和减振等措施,并满足环保要求。内部布置如图 10-27 所示。

(2) 设计要点

其一,柴油发电机房的空间必须满足机组和相关设备的要求,柴油发电机组的外形尺寸可根据柴油发电机组型号确定。发电机容量在 64 kW 以下,净高为 2.5 m;发电机容量在 75～400 kW 以上,净高为 3 m;发电机容量为 500～1 500 kW 时,净高为 4～5 m;发电机容量为 1 600～2 000 kW 时,净高为5～7 m。机组和墙之间应留有 1.50 m 左右的巡视通道;发电机房应有两个直通室外的出口,其中一个的大小应满足搬运机组的要求,且门应向外开;机房与控制室之间的门应为甲级防火隔声门,并开向发电机房。

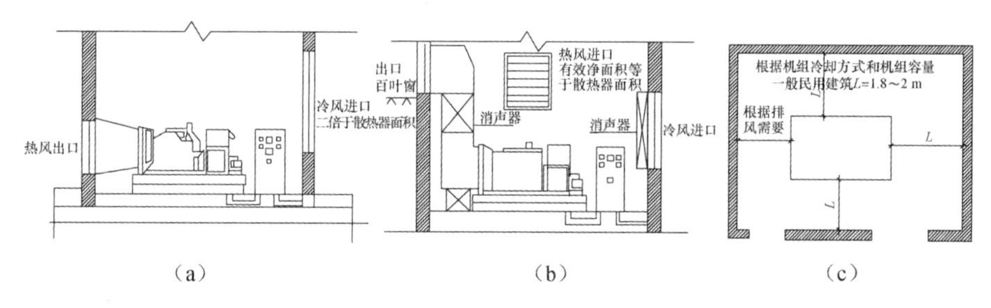

图 10-27 柴油发电机房的布置示意图[①]

(a)机组放在首层或楼层;(b)机组放在地下室;(c)柴油发动机房布置

其二,地下柴油发动机房应有足够的进风口和排风口,当通风孔直接与室外相通有困难时,可设置竖井导出。发电机室应设内置排烟道将烟气排至屋顶。当排烟口设在裙楼屋顶时,宜将烟气处理后再行排放。机组的烟囱应接至建筑顶部,并采取隔热保温措施,还应设伸缩器,以免烟囱热变形过大而损坏,穿墙处要设套管及隔热层。

其三,发电机室应有良好的通风条件,必须处理好热风出口,如设在地下室,热风通道应直通室外,不应使机组热风散至机房内再排至室外。机房要有足够的新风进口面积,并使气流先经过机组再排到室外,如通风散热不好,机房室温过高,机组的控制系统容易失灵。

10.8 高层建筑火灾自动报警系统

10.8.1 火灾自动报警系统组成

1) 火灾探测报警系统

火灾自动报警控制系统由火灾探测报警系统、消防联动控制系统、可燃气体探测报警系统和电气火灾监控系统等组成,火灾自动报警系统的保护对象分为特级、一级、二级。建筑高度超过100 m的高层民用建筑为特级保护对象,一类高层建筑为一级保护对象,二类高层建筑为二级保护对象。特级和一级保护对象宜采用控制中心报警系统,一级和二级保护对象宜采用集中报警系统,二级保护对象宜采用区域报警系统。

2) 消防设备联动控制

高层建筑中设有防火控制系统和灭火控制系统,为了充分发挥消防设备的作用,火灾自动报警系统通常与建筑物内的消防设备等装置进行联动控制(如图 10-28 所示)。与火灾自动报警系统联动的建筑消防系统,通常包括自动灭火系统、防排烟系统和空调通风系统、防火门和防火卷帘系统、消防电梯、火灾应急广播、火灾应急照明等。

10.8.2 消防控制室

一般需要设置火灾探测报警及联动控制系统的建筑物均设消防控制室。消防控制中心具有接受火灾报警,发出火灾信号和安全疏散指令,控制各种消防联动控制设备及显示电源运行情况

① 刘建荣.高层建筑设计与技术[M].北京:中国建筑工业出版社,2005.

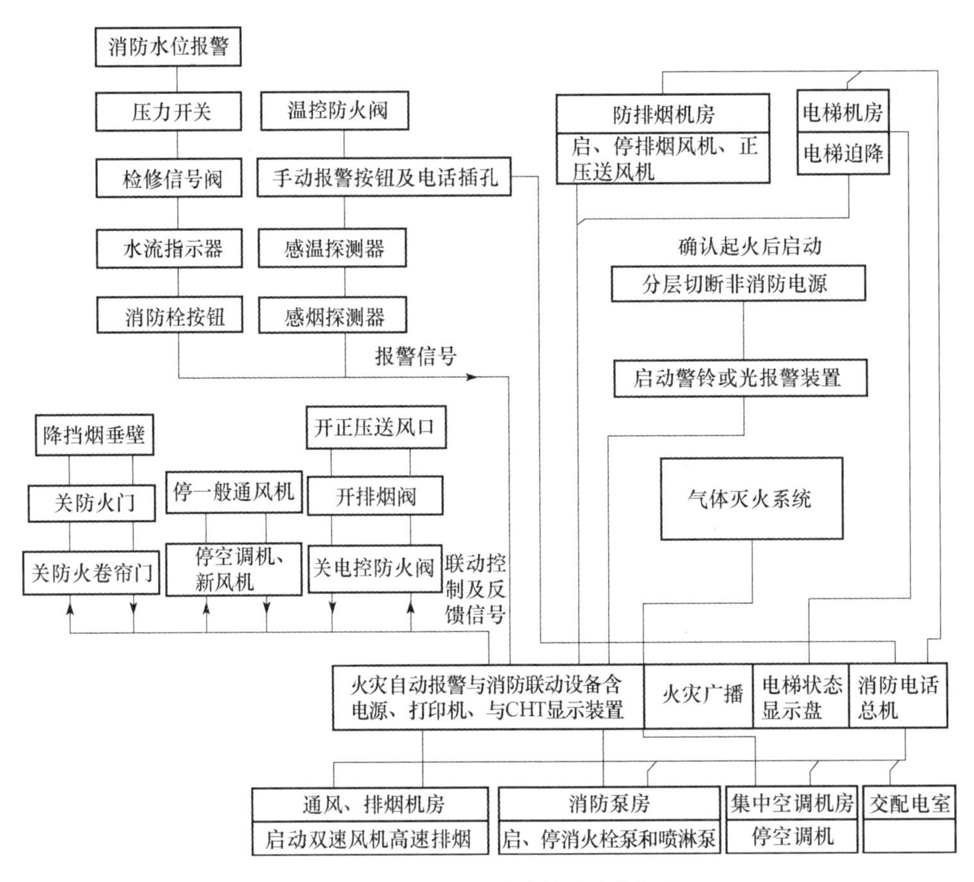

图 10-28　消防设备联动控制功能框图

的功能，负责整座大楼的火灾监控与消防工作的指挥。高层建筑不管是否有中央控制室，都必须有消防控制中心。

1）消防控制室设备

消防控制室根据需要可设下列部分或全部控制装置：集中报警控制器，消火栓系统监控装置，自动喷淋系统监控装置，卤代烷、二氧化碳等气体灭火系统控制装置，泡沫、干粉灭火系统控制装置，电动防火门，防火卷帘控制装置，防火阀和排烟阀控制装置，电梯控制装置，火灾事故广播系统控制装置，消防通信设备等等。

消防控制室面积一般为 15～20 m^2。为了节省机房面积且便于管理，一般与安防系统和设备监控系统合用控制室，面积可按 80～120 m^2 考虑。

2）消防控制室位置

消防控制室位置设计要点如下：一是应设在交通方便、消防人员能迅速到达，且火灾不易延燃的部位，尽可能与保安监控室、广播室、通信用房、消防电梯等邻近，不应设在厕所、锅炉房、浴室、汽车库、变压器室等房间的隔壁、上方或下方，也不宜设在人流密集的场所；二是宜设在高层建筑的首层或地下一层，靠近大楼入口；三是消防控制室应设两个出入口，对外的安全出口应直通消防登高面一侧的车道或登高场地，其到室外的距离不大于 20 m。

3）消防控制室布置

消防控制室应保证有容纳设备和操作、维修工作所必要的空间，如图10-29所示。

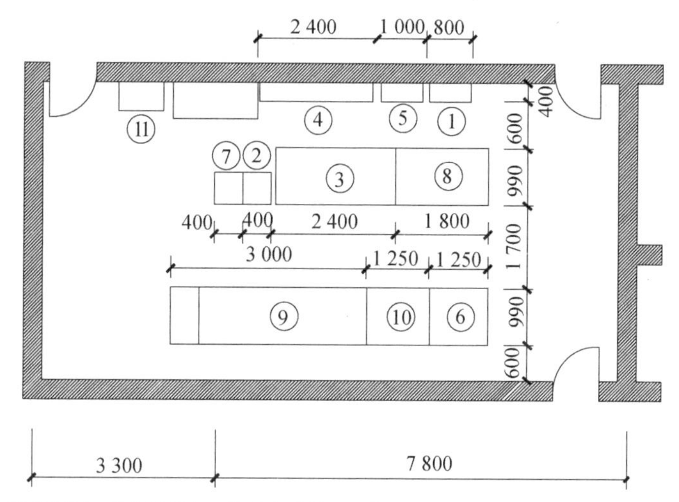

①车辆管理柜；②广播机柜；③防火监控器；④防火端子箱；⑤防灾电源柜；⑥维修电话盘；⑦安全监视盘；⑧电梯控制盘；⑨中央监视盘；⑩供电控制盘；⑪供电电源柜

图10-29 某消防控制中心平面图

10.9 高层建筑智能化

智能化是高层建筑特别是高层公共建筑的必备条件。《智能建筑设计标准》(GB/T 50314—2015)规定了智能化系统工程中各子系统的功能，智能化系统工程设计应根据建筑物的规模和功能需求等实际情况，选择配置相关的系统。建筑智能化构成总体框架如图10-30所示。

从工程的角度看，智能建筑中电缆和管线复杂，除了需要设置专用机房，智能化程度还决定了弱电井的位置和大小，但其对高层建筑特别是智能化办公楼最大的影响在于建筑层高方面。

1）建筑智能化工程

智能化从属于高层建筑弱电系统。从工程设计的角度，可将通信网络自动化、办公自动化、楼宇设备自动化三大系统的设计内容，细分为若干项智能化工程，主要内容如下：

①计算机管理系统工程；

②楼宇设备自控系统工程；

③保安监控及防盗报警系统工程；

④智能卡系统工程；

⑤通信系统工程；

⑥卫星及共用电视系统工程；

⑦车库管理系统工程；

⑧综合布线系统工程；

⑨计算机网络系统工程；

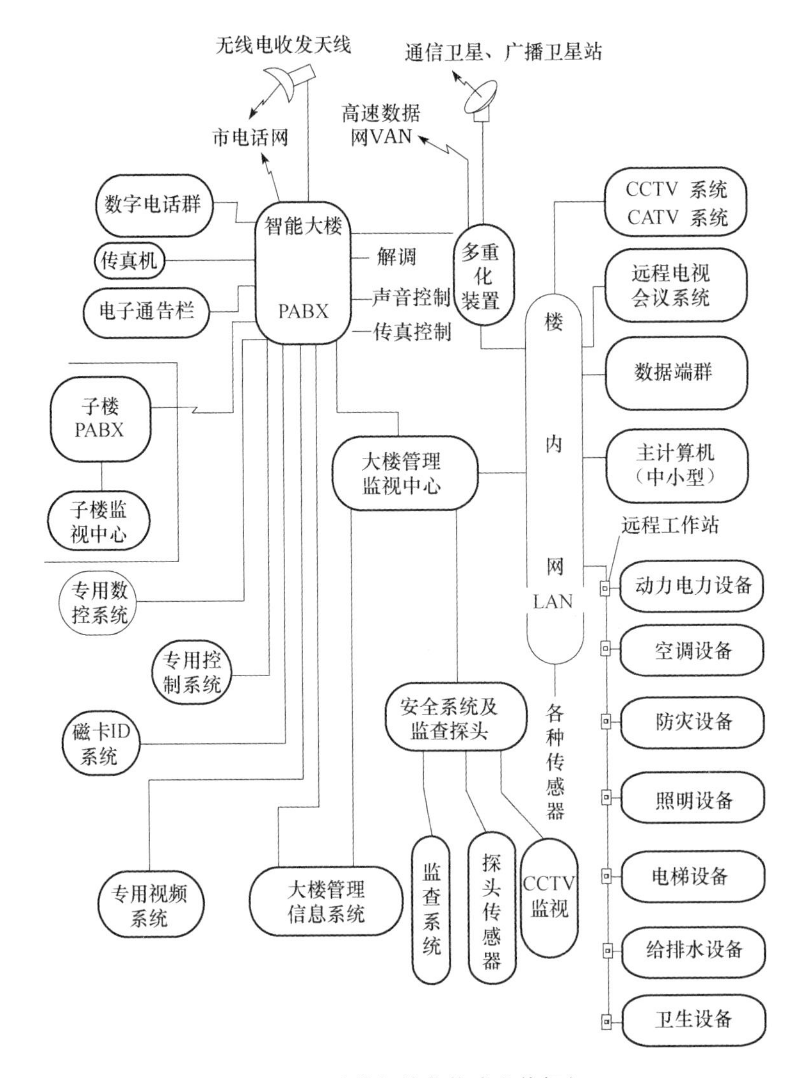

图 10-30　建筑智能化构成总体框架

⑩广播系统工程;

⑪会议系统工程;

⑫视频点播系统工程;

⑬智能化小区综合物业管理系统工程;

⑭可视会议系统工程;

⑮大屏幕显示系统工程;

⑯智能灯光、音响控制系统工程;

⑰火灾报警系统工程;

⑱计算机机房工程。

上述工程子项中,对高层建筑影响最大的是综合布线系统工程和计算机机房工程(含中央监控室和计算机网络中心机房等),对弱电井位置和大小有相当影响;地板和吊顶设计复杂,对层高有明确要求(详见本书4.6.3节“几种主要使用空间层高设计”)。

2)综合布线系统

智能建筑不同设备信息传输方式及相应的通信网络接口有所不同,综合布线系统在建筑物内构建统一的通信网络,以适用于多种不同方式的信息传输。综合布线系统分为建筑群干线子系统、设备间子系统、垂直干线子系统、管理区子系统、水平区子系统和工作区子系统六个子系统,图10-31为综合布线系统各子系统连接示意图。

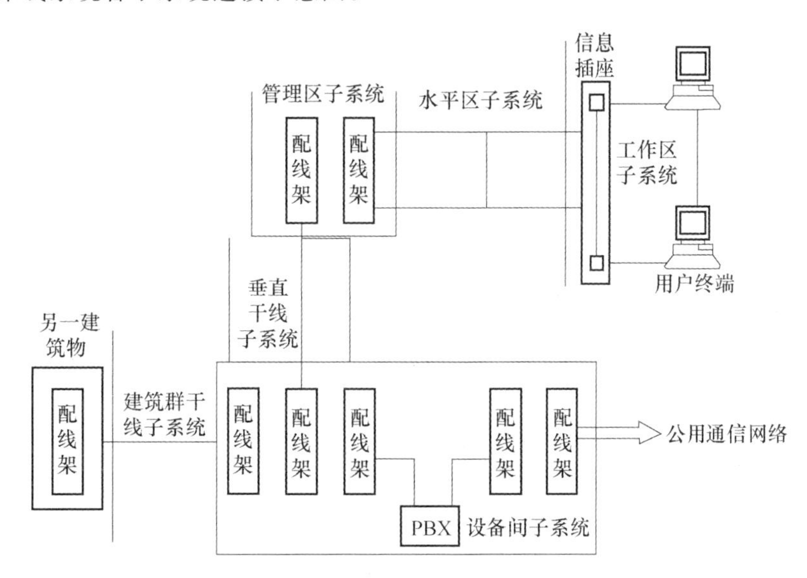

图10-31　综合布线系统各子系统连接示意图

建筑群干线子系统主要是实现建筑楼群之间通信网络的连接,传输信息量大,对传输速率和传输介质要求高;设备间子系统主要实现公共通信设备(如数字程控交换机,网络互联设备)与建筑物内布线系统的干线主配线架之间的连接;垂直干线子系统实现楼层管理区和设备间之间的连接,主要设备为光缆或大对数的双绞线;管理区子系统实现干线子系统和水平子系统的转换,主要设备为光缆或电缆配线架;水平区子系统完成管理区子系统和工作区子系统的连接,主要设备为4对非屏蔽双绞电缆线;工作区子系统为系统终端设备和信息插座之间的连接。

10.9.2　智能建筑设备机房设计

智能建筑设备机房为弱电机房,主要包括通信机房、计算机房以及中央控制室(有时也合并安防和设备监控)等,位置应远离电磁干扰场所,不应与强电机房(变配电所等)隔邻,且远离振动源和噪声源,各系统机房宜相对集中布置。除卫星电视接收机房外,机房位置均不宜太高。机房面积估算方法可参见《民用建筑电气设计规范》(JGJ 16—2008),主机房面积可按系统设备投影面积之和的5~7倍考虑或按机组台数乘以5 m^2 估算。

弱电机房要求独立空调系统,并采用防静电活动地板,但需注意其和办公室架空地板高度不同,一般为250~300 mm,后者高度详见本书4.6节“标准层层高设计”。弱电机房层高一般为3~3.5 m,净高要求不低于2.6 m。

1）通信机房

通信机房用于安装各种通信设备，例如，总机室中的设备包括电话接线板、传真机、电传机、分理台、紧急电话、电话会议控制设备、内部无线寻呼装置等，宜设在大楼底层或地下一层。总机室应设在数字程控交换机机房 50 m 的距离内。

现代化的程控数字用户交换机(Private Automatil Branch Exchange，PABX)带有将各种功能集成在个人电脑上的控制台，增加了总机接线员的工作面的需求。通信机房内所有设备应有足够的安装和维护空间，并考虑今后扩容的需要。图 10-32 为某通信机房平面图。

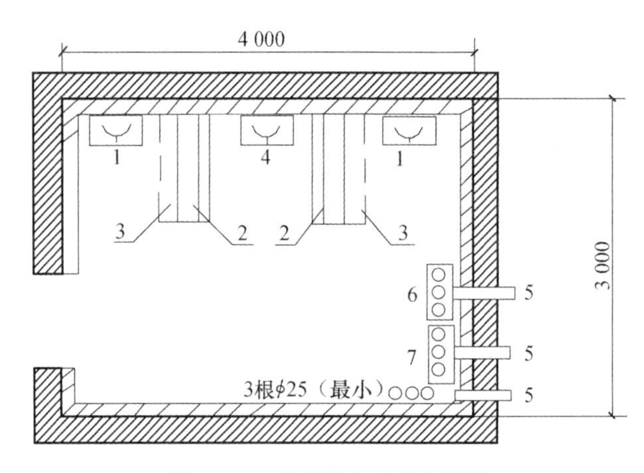

图 10-32　某通信机房平面图[①]

1—设备电源；2—设备架；3—电源排；4—仪器电源；5—互连导管(防火)；6—消防配线；7—BAS 配线

2）计算机网络中心机房

计算机网络中心机房用于安装各种网络设备，如主机服务器、路由器、交换器、主配线架等，一般设在地上一、二、三层，并应尽可能靠近建筑物电缆引入区和网络接口，靠近外墙面及靠近接入网引入方向，面积大约 20 m^2。网络中心机房内所有设备应有足够的安装和维护空间，具备扩容空间。网络中心机房最好与通信机房相邻，以满足网络传输距离限值。当网络设备规模较小时，可以与通信机房合并设置为设备间。

3）中央监控室

中央监控室用于安装楼宇自动化系统、(酒店)经营管理系统及安全监控系统的电脑主机。中央监控室可与安防、消防系统监控室(消防控制中心)合用。对于规模不大、标准不高的高层建筑，实际上可能只有一个消防控制中心而没有中央控制室。中央监控室设独立空调系统和气体消防系统，电池室设机械通风系统。

中央监控室的位置应尽量靠近负荷中心(主要指制冷机房)，远离变电所等电磁干扰源，并注意防潮、防振。中央监控室内所有设备应有足够的安装和维护空间，并具备扩容空间。中央监控室的面积视建筑规模和电脑规模而定，一般为 24～30 m^2。

4）配线间

每层楼干线与平面布线的接口称配线间，其空间上往往以弱电井的形式出现，弱电井的面积

---

① 窦志，赵敏. 建筑师与智能建筑[M]. 北京：中国建筑工业出版社，2003.

随楼宇智能化程度的提高而增加。

智能建筑物每一楼层的中央部位宜设置配线间，采用全高防火墙和防水吊顶。水平布线最长距离为90 m，每1 000 m^2 办公面积至少设一间。对于工作区面积较大及布局特殊的办公楼层，宜设置一个以上的配线间。同一楼层通信设备、网络设备的设备间和配线间合设时，配线间的面积按表10-5的标准予以配备。

表10-5 配线间面积 单位：m^2

服务面积	配线间面积
1000	10.0
800	8.0
400	6.0

配线间内只安装接线设备而不安装其他设备(如网络设备、交换设备等)时，使用面积为3～5 m^2，最小不小于1.8 m^2。对于建筑面积大、智能化等级要求高的超高层建筑，应根据工程总体要求和各功能子系统综合考虑，表10-6列出国内部分智能办公楼标准层配线间所需面积供参考。

表10-6 国内部分智能办公楼标准层配线间所需面积

项目名称	标准层面积/m^2	智能布线所需面积/m^2	百分率/(%)
北京发展大厦	1810	10	0.6
北京中化大厦	1095.6	10.43	1.00
上海金茂大厦	2704	44	1.63
上海环球金融中心	2709.2	50.4	1.86
万通商城	1086.38	12.6	1.16

关于弱电配线间的尺度，有关技术规定如下：不进人的配线间不宜小于1 m宽，0.4～0.6 m深；进人的配线间不宜小于1.5 m×2 m，兼作综合布线楼层电信间时，面积不少于5 m^2(安放楼层配线设备和网络机柜)，兼作综合布线系统设备间时，面积不应小于10 m^2(安放建筑物配线设备和网络机柜)。

10.10 设备层与竖井

10.10.1 设备层

1) 设备层的概念

设备层又称管道层或技术夹层，是指建筑物某层有效面积的大部分作为暖通、空调、给排水、电气等布置辅助设备和水平管线的楼层。设备层的作用主要如下：一是敷设各种连接众多的垂直管道的水平管道，如空调系统的冷冻水管、风管、给水管、排水管、热水管等；二是安装设备，如新风机、排风机、热回收器、热交换器、中间水箱等；三是将管道、阀门、仪表等设备布置在设备层，检修方便，万一发生漏水等现象，也不致影响房间的正常使用；四是当需要设置避难区时，技术夹层可与避难层结合。

2）设备层的位置和设计原则

设备层的具体位置应配合建筑的使用功能、建筑高度、平面形状、电梯布局和分区、空调方式、给水方式等因素综合考虑。高层建筑一般利用地下层或屋顶层作为主设备层房外，设备层有时以非上人屋顶的形式出现；有时需要在中间层设置设备层。一般在裙房与塔楼之间设一个，或在标准层中部每隔 15～20 层设一个；如上部为客房和住宅等卫生设备管线较多的房间，下部为大空间房间或转换为其他功能用房时，管线需转换，则宜在上下部之间设置设备层。图 10-33 为一般高层建筑设备层典型位置示意。

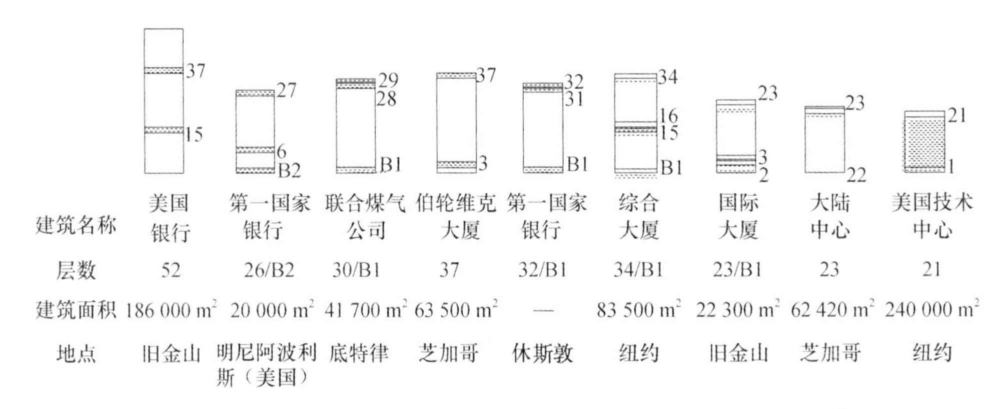

图 10-33　一般高层建筑设备层典型位置示意(B 为地下室的层数)①

为了支承设备重量，要求设备层的地板结构承载力比标准层大。一般将调节压力的和分区的辅助设备（如水箱、泵、空调器和热交换器等）放在中间设备层；将体积大且产生振动的重型设备（如制冷机、锅炉、水泵、空调器、热交换器、贮水池等）放在地下室；发热量大或需要对外换气的设备（如制冷机、锅炉、热交换器以及送风机等）也可放在屋顶设备层，如图 10-34 所示。

设计中，初学者应注意设备层的形态的多样性，设备层空间也不一定完全封闭。很多情况下，屋顶承担了（水系统）设备层的作用，特别是不上人屋顶；设备层常与避难层、结构转换层以及（裙房）屋顶花园相结合，如图 10-34 所示。

设备层的布置应便于市政管线接入，在防火、防爆和卫生等方面互有影响的设备用房不应相邻布置，设备层还应有自然通风或机械通风。当设备层设于地下室又无机械通风装置时，应在地下室外墙设置通风口或通风道，其面积应满足进、排风量的要求。

3）设备层的层高

设备层的净高应根据设备和管线的安装检修需要确定。单一功能的设备层高度以能布置各种设备和管道为准，且不能忽视设备基础对层高的影响。

设备层梁底至楼面的净高以 1.8～2.2 m 为好。如层高为 2.2 m，梁底至楼面净高大约只有 1.6 m，虽勉强可用，但设备及管道密度大，人员通行困难，难以兼顾其他功能，维护管理也十分不便，因此设备层一般不宜低于 3 m；但如果没有制冷机和锅炉，仅有各种管道和其他分散的空调设备，层高控制在 2.2 m 以内，则名义上可不计建筑面积。

---

① 吴景祥. 高层建筑设计[M]. 北京：中国建筑工业出版社，1987.

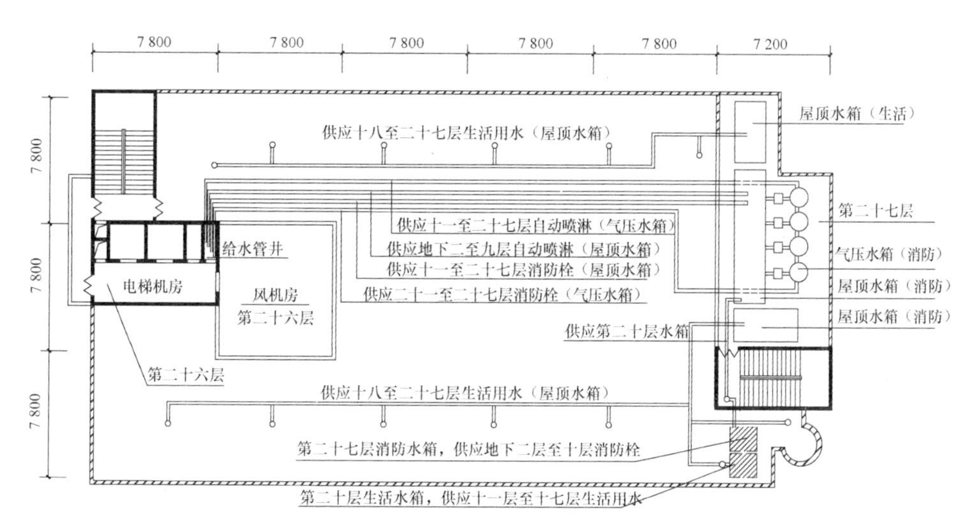

图 10-34 某高层建筑屋顶平面给水系统设备布置①

此外，还应注意设备层和其他楼层的防火分隔。有关机房高度与地下车库高度的协调详见本书 5.3 节“停车库”。

10.10.2 竖井

1) 竖井的类型和大小

高层建筑功能复杂，智能化程度高，设备多，管线复杂，需要专门的竖井，如管道井、电缆井、排烟道、排气道等，占总建筑面积的 1%～2%②。建筑物层数越多，竖井空间面积越大，因此应考虑优化组合设计。实际工程中，往往由建筑师初定竖井的位置，并按设备工程师提供的经验数据初定竖井大小，到初步设计阶段由设备工程师计算后，再确定竖井的断面尺寸。高层建筑竖井的基本类型和尺度见表 10-7。

表 10-7 高层建筑竖井的基本类型和尺度③

类别	名称	位置	截面尺寸	数量	出口位置	备注
采暖	水暖井	核心体附近（公共建筑）	3 000 mm×800 mm	—	—	水暖合用
		楼梯附近（住宅建筑）	700 mm×400 mm 900 mm×500 mm	每户一井	—	

① 刘建荣. 高层建筑设计与技术[M]. 北京：中国建筑工业出版社，2005.

② 李娥飞. 民用建筑暖通空调设计体会[J]. 暖通空调 HV&AC，2007，37(6).

③ 钟朝安. 现代建筑设备[M]. 北京：中国建材工业出版社，1995.

续表

类别	名称	位置	截面尺寸	数量	出口位置	备注
空调	冷冻水供、回水立管井	核心体附近	1 000 mm×500 mm～3 000 mm×800 mm	1	机房至顶层	管井面积最大可达 8～10 m²
	冷却水供、回水立管井	核心体附近	800 mm×400 mm～1 500 mm×500 mm	1	屋面	管井面积最大可达 8～10 m²
	冷凝水立管	适当位置留孔	不单独设井	2～5	±0.000 以下	—
	新风竖井	中部或两端	400 mm×800 mm～800 mm×1 200 mm	1～2	外墙或屋面	一般不超过 3 m²
通风	卫生间排风管竖井	卫生间内或邻近	400 mm×600 mm～800 mm×1 200 mm	每两个卫生间 1 个	屋面	—
	地下汽车库进风管竖井	每个防火分区 1 个	1 000 mm×600 mm～1 200 mm×1 000 mm	1	地面以上	
	地下汽车库排风井	每个防火分区 1 个	1 000 mm×600 mm～1 200 mm×1 000 mm	1	地面以上	
	地下室变配电房进风井	核心体附近	1 000 mm×400 mm～1 200mm×600 mm	1	地面以上	
	地下室变配电房排风井	核心体附近	1 000 mm×400 mm～1 200×600 mm	1	地面以上	
	地下室发电机房进风井	机房内	2 000 mm×1 000 mm～3 000 mm×1 000 mm	1	地面以上	
	地下室发电机房排风井	机房内	2 000 mm×1 000 mm～3 000 mm×1 000 mm	1	屋面	—
	发电机烟囱	机房附近	500 mm×500 mm～700 mm×700 mm	1	屋面	烟管石棉隔热
	厨房炉灶烟囱	厨房附近	ϕ300～ϕ500 不锈钢	1	屋面	—
	厨房排油烟风管竖井	厨房附近	1 600 mm×600 mm～1 600 mm×1 200 mm	1	屋面	—
	会议室、办公室排风管竖井	适当位置	1 000 mm×400 mm～1 200 mm×800 mm	1～2	屋面或外墙	—
	餐厅排风管竖井	餐厅附近	1 000 mm×500 mm～1 200 mm×800 mm	1～2	屋面	—

续表

类别	名称	位置	截面尺寸	数量	出口位置	备注
防排烟	疏散楼梯加压送风管竖井	紧靠梯间	1 000 mm×700 mm～1 400 mm×1 000 mm	同梯间数	地下室至屋面	每个面积大约 0.8 m²
	疏散楼梯前室加压送风管竖井	紧靠前室	1 000 mm×700 mm～1 400mm×1 000 mm	同梯间数	地下室至屋面	
	消防电梯前室加压送风管竖井	紧靠前室	1 000 mm×700 mm～1 400 mm×1 000 mm	同梯间数	地下室至屋面	
	内走廊排烟管竖井	走廊中部	1 000 mm×600 mm～1 200 mm×800 mm	同梯间数	至屋面	
室内给排水	给水立管(卫生间内)	—	公共卫生间管道井≥1 000 mm×800 mm 客房卫生间管道井≥2 000 mm×700 mm	每个卫生间 1 个	屋面	—
	热水立管(卫生间内)	—			屋面	—
	卫生间洗涤污水立管(卫生间内)	—			屋面	—
	卫生间粪便污水立管(卫生间内)	—			屋面	—
	卫生间透气管(卫生间内)	—			屋面	—
	天面水箱补给水立管卫生间内	—	$\phi 200$	—	屋面	—
	消火栓立管适当位置留孔	—	$\phi 200$	—	屋面	—
	自动喷水灭火立管适当位置留孔	—	$\phi 200$	—	至顶层	—
	内排雨水立管适当位置留孔	—	$\phi 200$	若干	屋面至±0.000 以下	—
电气	强电竖井及配电小室中部	—	≤2 000 mm×1 000 mm	1～2	1. 地下室至顶层 2. 地面比走廊高 20 mm 3. 一般标准层面积 600～800 m² 设一个电气竖井	
	弱电竖井中部	—	≤1 000 mm×1 000 mm	1～2		
烟囱	锅炉房烟囱	设备房附近	$\phi 300$～$\phi 500$	1	塔楼屋面	住宅内为成品烟道
	柴油发电机烟囱			1		
	餐饮厨房烟囱	厨房附近		一厨 1 只		
	住宅厨房烟囱		按计算确定截面尺寸，一般选用成品烟囱	每户 1 只		

注:①本表针对 1 万～7 万平方米的高层办公楼和高层旅馆综合体以及一般高层住宅建筑的一般情况,仅供参考。

②本表采暖井数据由孙瀛提供。

2）竖井的设置要求

竖井的设置要求如下。

其一，管道井断面尺寸应满足管道安装、检修所需空间的要求。宜在每层靠公共走道的一侧设检修门或可拆卸的壁板，管道井壁、检修门及管井开洞部分等应符合防火规范的有关规定。

其二，在安全、防火和卫生方面互有影响的管道不应敷设在同一竖井内，如燃气管不允许设在一般管井里，若一定要设在管井里，则要单独设管井，还应做管井通风。同时，水管井在高区应适当分散布置，在低区则相对集中布置，且应尽量靠外墙。

其三，一般采用无机玻璃钢或金属风管作为正压送风和排烟道的构造材料，用钢板制作时应按规范决定钢板厚度。不能用砖砌风道竖井当作风管，竖井应在安装风管后砌筑。

其四，燃油燃气的任何设备（锅炉、发电机、溴化锂吸收式制冷机）机房均要考虑散烟面和烟囱。烟囱烟气温度高达250～500 ℃，必须隔热，以防损坏建筑物及高温对附近房间的不利影响。锅炉、发电机和厨房炉灶烟囱应分开设置，以免相互影响，烟囱材料与直径由设计人员决定。

烟道和通风道的断面、形状、尺寸和内壁应有利于排烟（气）通畅，防止产生阻滞、涡流、串烟、漏气和倒灌等现象；烟道和通风道应伸出屋面，伸出高度应有利于烟气扩散，并应根据屋面形式、排出口周围遮挡物的高度、距离和积雪深度确定。平屋面伸出高度不得小于0.6 m，且不得低于女儿墙的高度；坡屋面伸出高度详见《统一标准》有关规定。

其五，采暖供回水总立管、给水总立管、消防立管、雨水立管和电气、电信干线（管）管道等应设置在公共管道井内，不应布置在住宅套内。

竖井防火要求详见本书8.6节“耐火构造”。

3）空调与通风管井

空调与通风管井主要包括：空调用冷热水管井、新风管井、送风井、回风管井、排风管井、排烟管井和风管竖井等。空调通风类管井的实际面积和数量与建筑空调与通风方式、建筑类型、建筑高度和建筑平面形式以及风管的类型等诸多因素有关，一般占高层建筑总面积的2%～4%，不同的高层建筑差别较大。

（1）风管的类型

风管立管系统主要包括新风管、送风管、回风管和排风管四种。风管是空调系统中冷热风的分配部分，主风管立管即主风管，从主空调机室通往各楼层；支风管从主风管引出通往各个空调房间。与其他各种管网相比，风管系统占用建筑面积较大。

由于空调方式不同，各种送、回风立管的数量和管径也有所不同。水-空气空调方式和全空气空调方式相比，前者送风、回风立管不仅数量少，且管径较小；而全空气单风道变风量方式管径较大；双风道方式①不但风管数量大，而且管径也大。

（2）风管竖井的断面尺寸

应根据管道数量、管径大小、排列方式、维修条件，结合建筑平面和结构形式等合理确定风管竖井断面的大小。自然送风、排风（烟）风管断面面积较大，需计算确定；机械送风、排风（烟）风管

---

① 双风道方式即双风管方式。出处：陆耀庆主编《实用供热空调设计手册》（中国建筑工业出版社出版，第二版）下册 P1486“各种空调的综合比较”。

断面面积相对较小,由输送的风(烟)量及控制流速计算确定。风管竖井的准确大小,由设备工程师根据管道类型和排列方式,按下式计算求得,风管竖井布置图如图 10-35 所示,相关计算案例可参阅有关书籍。

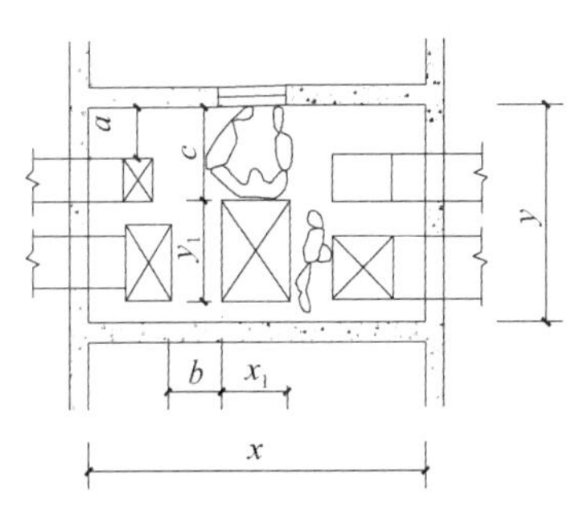

图 10-35　风管竖井布置图

$$x = 2a + \sum_{i=1}^{n} x_i + b(n-1)$$

$$y = a + \sum_{i=1}^{n} y_i + b(n-1) + c$$

式中　x、y——风管竖井的断面尺寸,已包括保温层厚度;

a、b——管道间距,不包括保温层厚度(mm);

n——各方向的管道数量;

c——操作空间,不小于 600 mm。

4) 给排水管道井

(1) 类型和布置原则

高层建筑给排水管井包括:卫生间水管井、空调水管井以及水暖合用的水暖井等。管井里的水管种类繁多,分别是消防水管、雨水管、高位水箱上水管、给水管、排污管、透气管、冷冻供水管、冷冻回水管、凝结水管、冷却回水管、冷却供水管、热水管、热循环管道等。当然,这些管道也不尽全有,有实际要求时才会设置。

给排水管道布置的原则是:一般小面积集中,大面积分散,便于使用和维修管理。一般应在供水、污水和废水量较集中的地方设井,如公共卫生间、厨房等,还可以利用便器相对集中的墙角、柱角设不进入检修的管道井。注意:空调用冷热水管井位置,尽量设置在负荷中心或靠近负荷中心的地方,以减少管道长度,利于管网平衡。表 10-8 给出了国内外部分高层建筑中给排水管道间状况的统计,以供参考。

表 10-8　国内外部分高层建筑中给排水管道间状况的统计

层数/层	标准层面积/m²	给排水管道间面积/m²	占标准层面积比例/(%)
18	351.10	2.12	0.6
29	864.0	1.52	0.2
22	1 455	10.19	0.7
26	1 490.0	12.00	0.8

(2) 水管井的断面尺寸

水管井的尺寸,应根据管道数量、管径大小、排列方式、维修条件,结合建筑平面和结构形式等合理确定,大的管井直径达 500～600 mm,管井要占 8～10 m²。水管井的准确大小,按下式计算求得,图 10-36 为管井管道布置图,相关计算案例可参阅有关书籍。

$$x = 2a + \sum_{i=1}^{n} d_i + b(n-1)$$

$$y = a + \sum_{i=1}^{n} d_i + b(n-1)$$

式中　d_i——管道外径(mm);

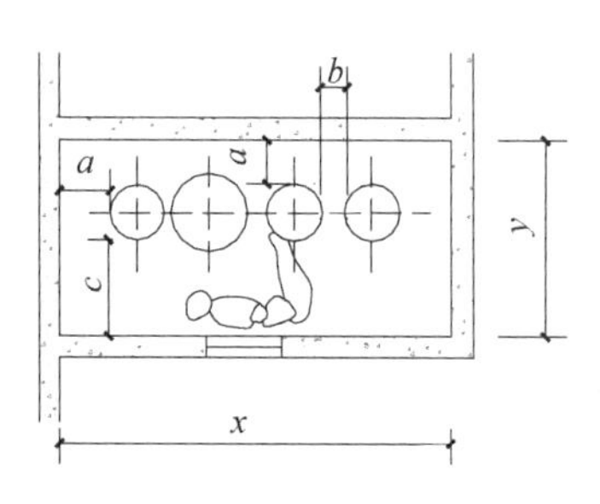

图 10-36 管井管道布置图

a、b——管道间距,不包括保温层厚度(mm);

n——各方向的管道数量;

c——操作空间,不小于 600 mm。

(3) 水管井的布置

实际工程中,多按经验决定管井尺寸大小。例如,假设每个卫生间管道井内有 10~14 根管道,大部分需要保温,则该管道井的净尺寸一般应为 2 100 mm×800 mm。注意:客房卫生间的管道井应避开有梁、柱的位置,尽量两个卫生间合用一个管道,避免一个卫生间一个管道井,否则很不经济。图 10-37 为高层旅馆卫生间管道井布置示例。

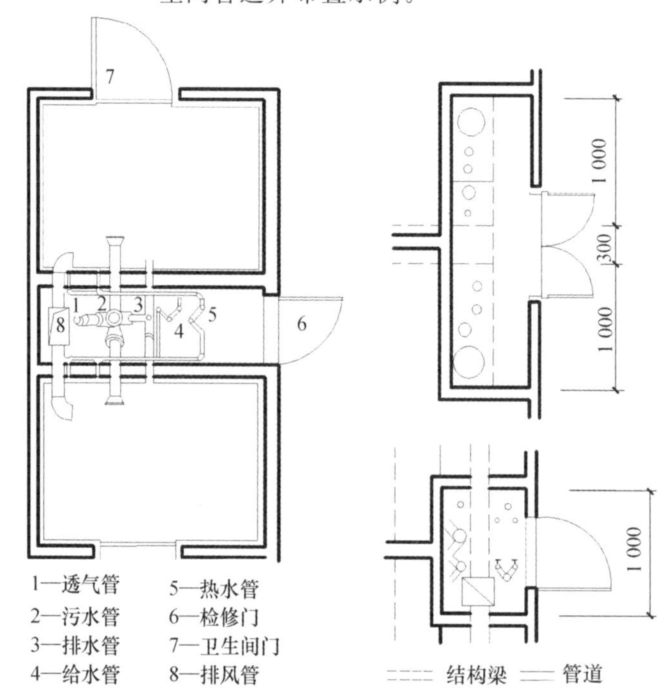

图 10-37 高层旅馆卫生间管道井布置①

需进人维修管道的管井,应设外开检修门,管井内维修通道净宽度不宜小于 0.6 m;宽面开敞(不进人)管道间,深度可在 400~500 mm(单排立管),窄面开敞(进人)管道井宽 700~800 mm(单排立管);管道井应尽量靠建筑四周外墙布置,可缩短排水排出管的距离,便于室外管道的进出连接。靠走廊边设检修门,长向的隔墙需待管道安装完毕后再砌。

管道(保温层)外壁距墙面不宜小于 0.1 m,距梁、柱可减少至 0.05 m;而管道(保温层)外壁之间的最小距离宜按下列规定确定:DN≤32 mm 时,不小于 0.1 m;DN>32 mm 时,不小于 0.15 m。管道上的阀门不宜并列安装,应尽量错开位置;若必须并列安装时,管道外壁最小净距:DN<50 时,宜小于 0.25 m;DN=50~150 mm 时,宜小于 0.3 m。

此外,采暖地区的供热管井往往和水管井合并为水暖管道井(简称水暖井),净空约 1 000 mm

① 《建筑设计资料集》编委会.建筑设计资料集 4[M].2 版.北京:中国建筑工业出版社,1994.

×600 mm，供热管井应布置在建筑保温区域，一般布置在楼梯间，供热管通过阳台时，则阳台需要保温，以防止冻裂，如图 10-38 所示。

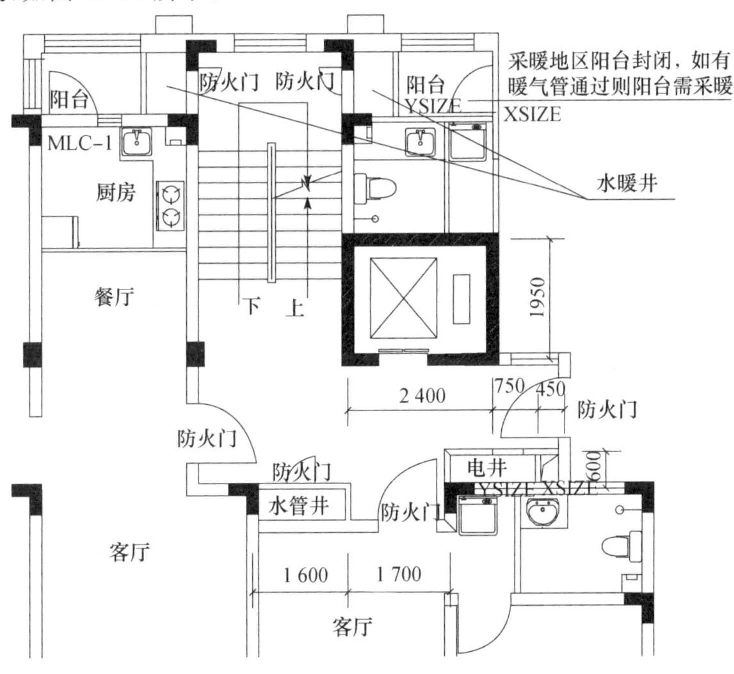

图 10-38　长春某高层住宅标准层反映的典型水暖井布置

5）防烟和排烟竖井（或竖风管）

（1）防烟和排烟竖井数量和面积

高层建筑的加压送风防烟及机械排烟的风管或建筑风道，一般垂直布置。为了保证防烟及排烟效果，竖井必须保证密闭不漏风，一般采用钢板风管。只需在楼板留孔，留孔面积比表 10-8 中的截面尺寸大 20%，安装风管后可用砖或其他不燃材料暗包装。

楼梯间及其前室或合用前室，宜分别各设置一个加压竖井，不得已时允许合设一个竖井，但其截面积应为二者之和；剪刀楼梯间可合设一个送风竖井，截面积按两个楼梯间计，但送风口应分别设置。表 10-8 为防、排烟竖井的截面积参考值。建筑层数超过 32 层时，其压送风及机械排烟应分为上下两段，每段的竖井或竖风管截面积参考表 10-9。

表 10-9　防、排烟竖井的截面积参考值　　（单位：m）

<table>
<tr><th colspan="3" rowspan="2">部位</th><th colspan="2">建筑层数</th></tr>
<tr><th><20</th><th>20～32</th></tr>
<tr><td rowspan="5">加压送风防烟</td><td colspan="2">楼梯间（前室不送风）</td><td>1.0</td><td>1.4</td></tr>
<tr><td rowspan="2">楼梯间与前室分别送风</td><td>楼梯间</td><td>0.7</td><td>0.9</td></tr>
<tr><td>前室</td><td>0.6</td><td>0.8</td></tr>
<tr><td colspan="2">前室或合用前室（楼梯间自然排烟）</td><td>1.0</td><td>1.2</td></tr>
<tr><td colspan="2">消防电梯前室</td><td>0.7</td><td>1.0</td></tr>
<tr><td colspan="3">内走廊排烟</td><td>0.8</td><td>1.0</td></tr>
</table>

注：表中竖井截面积仅供参考。

(2) 排烟口和送风口设计要点

其一,内走廊排烟口预留安装孔。每个竖井每层靠走廊一侧近顶棚处,均需预留排烟口安装孔。多叶排烟口宽×高一般在 500 mm×500 mm～1 600 mm×1 000 mm 范围内,排烟口的右侧还有宽度为 250 mm 的控制盒。例如,设计采用排烟口尺寸为 800 mm×500 mm,则预留安装孔尺寸应为 1 150 mm×600 mm。孔的顶边与顶棚底边平齐。如果有可能,则应在走廊顶棚设排烟口,排烟效果最好。

其二,前室加压送风口预留安装孔。每个加压送风竖井或竖风管与每层前室的隔墙,均需预留送风口安装孔。送风口的尺寸及预留尺寸一般与走廊多叶排烟口相近或相同。例如,设计采用多叶送风口尺寸为 1 000 mm×500 mm,则预留安装孔尺寸为 1 350 mm×600 mm,孔顶边距楼板 200 mm,在这种情况下,与前室相连的竖井宽度至少应有 1 350 mm。

在建筑平面布置上竖井宽度不够的情况下,可建议通风工程师改用非常规尺寸的多叶进风口,即将宽×高由 1 000 mm×500 mm 改为 500 mm×1 000 mm,并且采用顶置控制盒的送风口。这时的预留孔尺寸为:宽×高＝600 mm×1350 mm,但送风口一侧的竖井内宽度至少应有 600 mm。由此可见,排烟口和送风口的设计不但应满足截面积的要求,还应满足安装送风口或排风烟口最小尺寸的要求。安装风口一侧的竖井净宽一般不应小于 500 mm。

其三,防烟楼梯间加压送风口预留安装孔。送风口及其安装孔尺寸,一般与前室送风口安装孔相同或相近。送风口数量为每隔两三层设一个加压送风口,一般为每隔两层设一个送风口。送风口标高没有限制,为了便于手动控制,一般风口底边距楼面 1.5 m 左右。

6) 电气竖井(电气小室)

(1) 概念

电气竖井是高层建筑物强电及弱电竖向干线敷设的主要通道,每层都应有楼板隔开,只留穿线管或电缆的孔洞,安装后应封严。敷设电缆干线、封闭式母线及其他电线管的竖井及每层小室称为强电竖井;敷设智能化子系统的设备和管线、桥架、楼层网络交换机、配线架、电话分线箱、电视分配器箱等的竖井称为弱电竖井。弱电竖井比强电竖井面积小,其他要求基本同强电竖井。由于电气竖井往往用作各层的配电小室,小室内有层间动力、照明分配电箱及弱电设备的端子箱等电气设备,因此对每层来说又是电气小室,亦称电气小间,每层都应设防火门(如图 10-39 所示)。

电气竖井中敷设的电气线路复杂,为了保证线路的运行安全,避免强电对弱电的干扰,并便于维护管理,宜分别设置强电和弱电竖井,否则弱电井会受到电流强磁场的干扰而导致线路信号较差,影响使用;如条件不允许,也可将强电与弱电分侧设置或采用隔间分开设置。电气竖井应是专用井,应与其他管道井、电梯井等分开设置,同时应避免与房间、吊顶、壁柜等互相连通。各楼层的竖井需上下层相应对齐、便于垂直电缆干线的敷设。

(2) 位置

电气竖井的位置应根据建筑物规模、用电负荷性质、供电半径、建筑物的变形缝设置和防火分区等因素确定,应保证系统的可靠性,并尽量减少电能损耗。

电气竖井应设在高层建筑负荷中心,与变电所或机房等部位联系方便,以减少电缆干线沟道或电缆干线桥架的长度。电气竖井一般位于电梯两侧和楼梯走道附近,尽量利用建筑平面中的暗房,其中,强电竖井最常见的布置是紧邻电梯井道,利用核心筒的富余空间设置。

电气竖井应避免邻近烟道、热力管道及其他散热大的设施,远离有火灾危险和高温、潮湿的场所,否则电气竖井内温度升高或者变得潮湿,影响导线散热或降低线路绝缘强度,且金属易腐蚀。

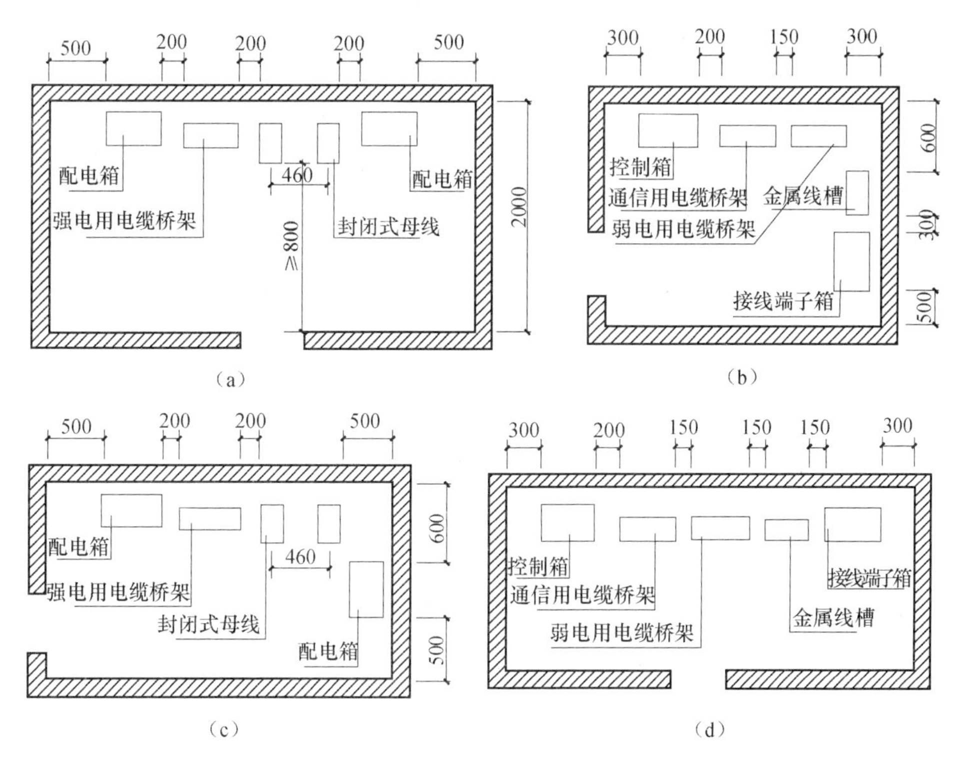

图 10-39　电气小间设备布置示意图①

(a)强电布置示意之一;(b)弱电布置示意之一;(c)强电布置示意之二;(d)弱电布置示意之二

如果无法远离烟道等热源或潮湿设施,则应采取相应的隔热、防潮措施。

(3) 面积、数量与高度

电气竖井个数与楼层面积大小有关,应根据线路及设备的布置确定,一般每 600~800 m^2 建筑面积设一个竖井。电气竖井的面积一般在 2 m^2 左右,大的为 4~5 m^2,小的仅为 0.9 m×0.5 m(一般住宅楼约为 1.5 m×1.2 m),具体尺寸应依据需要来确定。

电气小室层高与大厦的层高一致,但地坪应比小间外地坪高 3~5 cm,并应留出垂直穿行管线或电缆的沟槽。

7) 污物管道井

规模不大、标准不高的旅馆中,脏衣物的垂直运输通常采用服务电梯。规模大、标准高的旅馆一般专设污衣管井,从顶层至洗衣房设一根 ϕ400~ϕ600 的不锈钢管道,在每层设一个 300 mm×300 mm~500 mm×500 mm 的脏衣投入口,一般井道开口为 450 mm×450 mm。层数较多时,污衣管中部需拐弯两次,以免衣物落下速度过快而损坏。

污物管道井内壁一般用不锈钢板制作,内部光滑,管道走向流畅。污衣管道将污物送至洗衣房分拣处,污衣送入口与管道呈斜角,并装有防火门。主井道应考虑通风,并安装自动喷水灭火装置。此外,垃圾管井用于客房层垃圾处理,设计要求同污衣管井,但必须密封,并设防尘装置和冲洗、防火、通风设备(如图 10-40 所示)。

---

① 刘建荣.高层建筑设计与技术[M].北京:中国建筑工业出版社,2005.

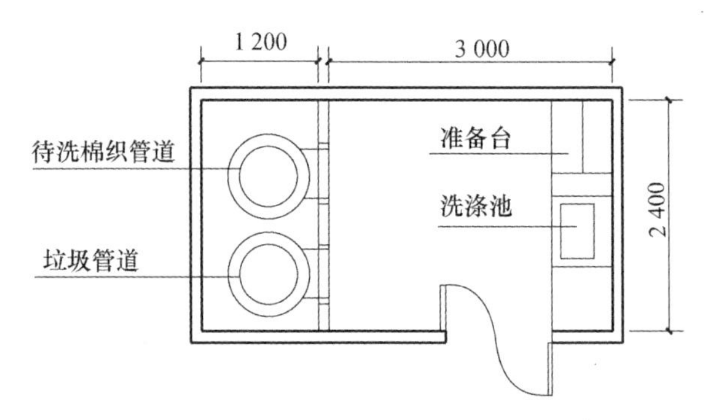

图 10-40 旅馆标准层污物管道间平面[①]

① 《建筑设计资料集》编委会. 建筑设计资料集 4[M]. 2 版. 北京:中国建筑工业出版社,1994.

参考文献

[1] 美国高层建筑和城市环境协会.高层建筑设计[M].罗福午,等,译.北京:中国建筑工业出版社,1992.

[2] 吴景祥.高层建筑设计[M].北京:中国建筑工业出版社,1987.

[3] 三栖邦博.超高层办公楼[M].刘树信,译.北京:中国建筑工业出版社,2003.

[4] 郝树人.现代饭店规划与建筑设计[M].大连:东北财经大学出版社,2004.

[5] 冒亚龙.高层建筑的美学价值与艺术表现[M].南京:东南大学出版社,2008.

[6] 戴复东.美国高楼概述[J].世界建筑,1990(4).

[7] 李晔.城市建筑综合体交通协调设计——以"杭州市民中心"为例[J].城市交通,2006(2).

[8] 赵文凯.日照标准与日照间距的关系[J].城市规划,2003(1).

[9] 赵文凯.日照间距的计算方法[J].城市规划,2002(11).

[10] 科恩,卡茨.办公建筑[M].周文正,译.北京:中国建筑工业出版社,2008.

[11] 住房和城乡建设部工程质量安全监管司,中国建筑标准设计研究院.全国民用建筑工程设计技术措施:规划·建筑·景观(2009版)[S].北京:中国计划出版社,2010.

[12] 雷涛,袁镔.生态建筑中的中庭空间设计探讨[J].建筑学报,2004(8).

[13] 邓洁.现代城市旅馆主要功能空间面积指标体系研究[D].北京:北京工业大学,2003.

[14] 郑凌.高层写字楼空间组成建筑策划研究[D].北京:清华大学,2002.

[15] 傅伟平.浅谈高层建筑主体与裙房的连接[J].中外建筑,1999(6).

[16] 窦志.智能办公楼的层高设计[J].建筑学报,1999(2).

[17] 刘华钢.广州的高层花园住宅[J].建筑学报,2006(4).

[18] 杨经文.绿色摩天楼的设计与规划[J].世界建筑,1999(2).

[19] 李珣聪.高层办公楼标准层平面规模与经济指标[J].南方建筑,2006(10).

[20] 苏士敏,陈恩甲,杨光辉.节能与高层建筑设计[J].低温建筑技术,1999(1).

[21] 宋德萱.高层建筑节能设计方法[J].时代建筑,1996(3).

[22] 姚砥中.高层单元式住宅公共部位平面布置分析[J].住宅科技,2004(4).

[23] 宋波,邹瑜,黄维,等.地面辐射供暖工程中敷设方式的探讨[J].建筑科学,2004(8).

[24] 朱永彬.低层高写字楼管线安装布置的实践与探讨[J].硅谷,2008(11).

[25] 刘玉珠.建筑标准层设计研究[D].哈尔滨:哈尔滨工业大学,2006.

[26] 吴霄红,林红.将共享空间引入高层住宅——北京现代城5号楼空中庭院设计构思[J].建筑学报,2001(7).

[27] 许笑冰.鄞州商会大厦标准层层高研究与分析[J].辽宁工业大学学报,2008(2).

[28] 钟朝安.现代建筑设备[M].北京:中国建材工业出版社,1995.

[29] 佳隆,王丽颖,李长荣.都市停车库设计[M].杭州:浙江科学技术出版社,1999.

[30] 王文卿.城市汽车停车场(库)设计手册[M].北京:中国建筑工业出版社,2002.
[31] 李宁.城市住宅区地下停车空间组织分析[J].建筑学报,2006(10).
[32] 朱德文,牛志成.电梯选型配置与量化[M].北京:中国电力出版社,2005.
[33] 林红,林琢.办公建筑电梯设计思路初探[J].建筑,2006(13).
[34] 陈新.高层建筑的垂直运输与电梯[J].建筑师,1989(6)—1990(2).
[35] 黄晓文.高层建筑垂直运输与电梯系统[J].电信工程技术与标准化,1999(2).
[36] 刘永康.无机房电梯与液压电梯的比较与选择[J].中国住宅设施,2006(12).
[37] 林卫东,陈汉民.高层建筑电梯客流分析与配置[J].福建建筑,1998(1).
[38] 《建筑设计资料集》编委会.建筑设计资料集 1[M].2 版.北京:中国建筑工业出版社,1994.
[39] 史信芳.电梯选用指南[M].广州:华南理工大学出版社,2003.
[40] 车学娅.玻璃幕墙与建筑节能设计[J].上海建设科技,2007(z1).
[41] 卢文平.浅谈生态技术在高层建筑中的运用[J].四川建筑,2005(1).
[42] 谢浩,倪红.建筑色彩与地域气候[J].城市问题,2004(3).
[43] 石谦飞.高层建筑外部空间的形态构成[J].太原理工大学学报,2005(4).
[44] 任娟.中国城市居住建筑外观色彩意象研究[D].天津:天津大学,2006.
[45] 亓育岱,宁莜,张福岭.高层民用建筑防火设计图说[M].济南:山东科学技术出版社,2005.
[46] 许营春.高层建筑中庭防排烟设计若干问题分析[J].南方建筑,2007(3).
[47] 杜志文,安艳华.高层公共建筑防烟楼梯间及消防电梯间设计[J].建筑技术,2001(6).
[48] 廖曙江,傅详钊,龙煜.中庭建筑分类及其火灾防治措施[J].重庆建筑大学学报,2001(4).
[49] 刘大海,杨翠如.高层建筑结构方案优选[M].北京:中国建筑工业出版社,1996.
[50] 王新平.高层建筑结构[M].北京:中国建筑工业出版社,2003.
[51] 方鄂华,钱稼茹,叶列平.高层建筑结构设计[M].北京:中国建筑工业出版社,2003.
[52] 霍达,何益斌.高层建筑结构设计[M].北京:高等教育出版社,2004.
[53] 陈集珣,盛涛.高层建筑结构构思与建筑创作[J].建筑学报,1997(6).
[54] 钱以明.高层建筑空调与节能[M].上海:同济大学出版社,1990.
[55] 张国强,柯水洲.高层建筑设备设计[M].长沙:湖南科学技术出版社,2000.
[56] 李亚峰.高层建筑给水排水工程[M].北京:化学工业出版社,2004.
[57] 陈方肃.高层建筑给水排水设计手册[M].长沙:湖南科学技术出版社,2001.
[58] 戴瑜兴.高层建筑电气设计及电气设备选择手册[M].长沙:湖南科学技术出版社,1995.
[59] 徐晓宁.建筑电气设计基础[M].广州:华南理工大学出版社,2007.
[60] 刘建荣.高层建筑设计与技术[M].北京:中国建筑工业出版社,2005.
[61] 刘昌明,鲍东杰.建筑设备工程[M].武汉:武汉理工大学出版社,2007.
[62] 刘梦真,王宇清.高层建筑采暖设计技术[M].北京:机械工业出版社,2005.

附录[①] 彩　　图

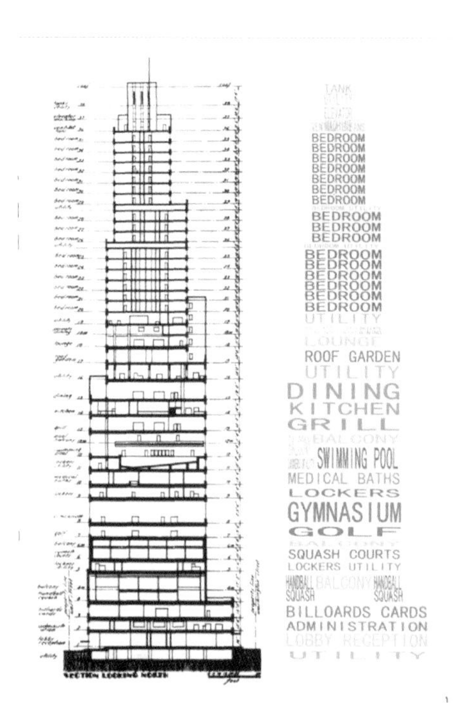

图 1-3　纽约下城体育俱乐部

图 1-16　北京京广中心玻璃幕墙眩光

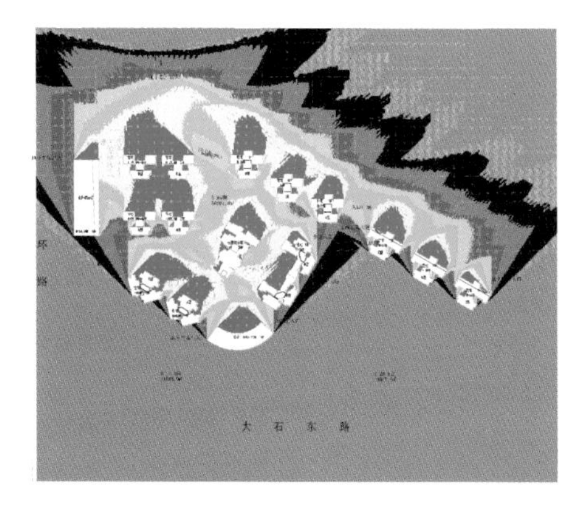

图 2-9　成都某住宅小区日照分析图

图 6-18　深圳京基 100KKMall 自动扶梯造型

① 此附录中的图均为正文中对应图的彩色版，供读者参考。

图 7-8　深圳招商城市公寓造型方案 a

图 7-8　深圳招商城市公寓造型方案 b

图 7-53　顺德纯水岸花园极富特色的深蓝色阳色

雨天上午 7:30

雨天下午 5:30

暴雨下午 6:00

晴天上午 6:15

晴天上午 12:00

晴天下午 3:45

晴天下午 6:15

图 7-81　广州华南新城同一高层住宅(南偏东 15°)不同时段和不同天气情况下的不同色彩

图 7-82　80 m 外拍摄广州尚东尚筑住宅

（无法感受外墙砖质感，且晨光中色彩明显变暖）

图 7-83　尚东尚筑住宅外墙光面米色面砖(90×45)和火烧面的毛面砖(230×75)的本色和质感

图 7-84　30 m 外尚东尚筑住宅

（可以感受毛面砖质感，但砖原尺度已不清，且阴天色调变冷）

图 7-85　广州三新大厦用材质和低明度色彩标志建筑底部

图 7-86　纽约高层建筑色彩之间的相互平衡

图 7-87　北京安邦金融中心用玻璃色彩改变形体比例

图 7-88　北京某高层建筑用构架和色彩改变形体比例

图 7-89　粉红色的深圳中国银行大楼和旁边的住宅楼

图 7-90　惠州百合家园色彩的进退带来丰富的层次感

图 7-91 通过提高色彩的彩度弱化高层住宅的体量感

图 7-92 广州成科城市花园立面
（用高彩度的装饰色突出塔楼的识别性）

图 7-93 低明度暖色调的长春国际大厦酒店

图 7-94 成都中海蓝庭高层住宅
（并不多见的中明度和低明度色调组合）

图 7-95 灰色调是高层建筑最常见的中明度冷色调

图 7-96 中明度暖色调——上海翠湖天地

图 7-97 高明度色调加点缀色的广州万科蓝山高层住宅

图 7-98　高明度高彩度色调装饰色标志住宅单元入口——深圳蔚蓝海岸高层住宅

图 7-99　北京某高层建筑的色彩穿插表现了酒店造型的特色

图 7-100　巴塞罗那阿格巴摩天楼远观

图 7-101　巴塞罗那阿格巴摩天楼遮阳细部

图 7-102　色彩渐变——南京某高层住宅通过色彩弱化体量感

图 7-103　伦敦瑞士再生保险公司总部大楼(表现了相似和渐变的色彩韵律)

图 7-104　长沙阳光 100 点式构图的装饰色

图 7-105　惠州 KADE 国际酒店立面的深色线式构图

图 7-106　南宁阳光 100 线面结合的装饰色(过多)

图 7-107　广州美林海岸线式构图的装饰色

图 7-108　成都某高层住宅色彩的层间构图

图 7-109　杜塞尔多夫 Colorium 办公楼

图 7-110　用绿色标识阳台单元的成都某高层住宅

图 7-111　蓬皮杜艺术中心的色彩编码

图 7-112　深圳华侨城桂花苑高层住宅楼体彩绘

图 7-114　广州保利国际广场外观